AF804453

# Der kleine DUDEN
## Mathematik

# Der kleine DUDEN

# Mathematik

Herausgegeben von den
Fachredaktionen des
Bibliographischen Instituts

Bearbeitet von
Dipl.-Math. Hermann Engesser

DUDENVERLAG
Mannheim/Wien/Zürich

CIP-Kurztitelaufnahme der Deutschen Bibliothek

Der **kleine Duden „Mathematik“**: [e. Lexikon math. Begriffe]/hrsg. von d. Fachred. d. Bibliograph. Inst. Bearb. von Hermann Engesser. – Mannheim; Wien; Zürich: Bibliographisches Institut, 1986.
ISBN 3-411-02180-0
NE: Engesser, Hermann [Bearb.]; Mathematik

Das Wort DUDEN ist für
Bücher aller Art für den Verlag
Bibliographisches Institut & F.A. Brockhaus AG
als Warenzeichen geschützt

Alle Rechte vorbehalten
Nachdruck, auch auszugsweise, verboten
© Bibliographisches Institut, Mannheim 1986
Satz: Bibliographisches Institut (DIACOS Siemens)
und Mannheimer Morgen Großdruckerei und Verlag GmbH
(Digiset 40 T 30)
Druck und Einband: Klambt-Druck GmbH, Speyer
Printed in Germany
ISBN 3-411-02180-2

# *Vorwort*

*Seit jeher bereiten Rechnen und Mathematik im täglichen Leben vielen Menschen große Mühe. Die um sich greifende Technisierung und Computerisierung der Gesellschaft bringt darüber hinaus mathematische Fragestellungen mit sich, von denen man in der Schule meist noch nichts gehört hat. Selbst geläufige mathematische Themen tauchen unter neuartigen Gesichtspunkten auf.*

*Der kleine Duden »Mathematik« ist in erster Linie als praktische Hilfe bei mathematischen Fragen des Alltagslebens gedacht. Er behandelt auch Themen der Datenverarbeitung und Informatik, die in diesem Zusammenhang von Bedeutung sind.*

*Besonderer Wert wurde darauf gelegt, die abstrakten mathematischen Begriffe in verständlicher Sprache zu erläutern und durch übersichtliche Darstellung mit zahlreichen Beispielen und Abbildungen zu veranschaulichen.*

*Der kleine Duden »Mathematik« enthält außerdem die geläufigen Begriffe des kaufmännischen Rechnens (z. B. Dreisatzrechnung, Rentenrechnung, Zinsrechnung, Diskontieren, Berechnung der Mehrwertsteuer, Rabatt).*

*Er ist ein unentbehrlicher Ratgeber, der über alle Begriffe aus Alltag, Beruf und Schule informiert, die mit Zahlen, Rechnen und Mathematik zu tun haben.*

*Mannheim, im Frühjahr 1986* *Bearbeiter und Verlag*

# A

**a:** 1) Zeichen für den Vorsatz Atto... (↑Vorsatzzeichen); 2) Einheitenzeichen für die Flächeneinheit Ar (↑Flächeninhalt).

**Abakus** (Abacus): Ein von der Antike bis ins 16. Jahrhundert benutztes Rechenbrett, auf dem Zahlen mit Hilfe von Steinen dargestellt werden. Bei diesem *Zählbrett* werden Rechnungen durch Umlegen dieser Rechensteine *(Calculi)* ausgeführt. Dabei liegt meistens ein ↑Stellenwertsystem zugrunde; der Wert eines Rechensteins hängt also von der Lage auf dem Rechenbrett ab. Hieraus entstand der russische Abakus *(Stschoty)*, bei dem Zahlen durch Kugeln auf Stäben dargestellt werden. Das Rechnen geschieht durch Verschieben dieser Kugeln (Abb. 1).

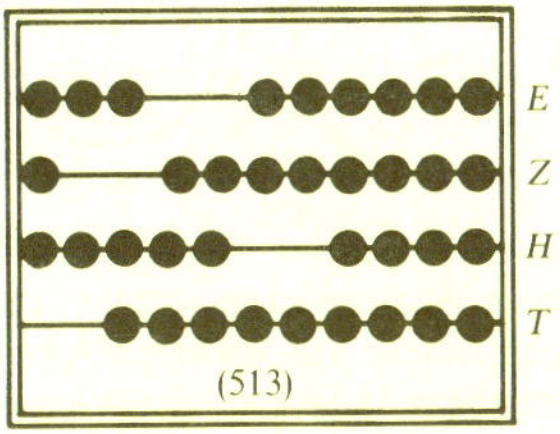


Abb. 1: Stschoty

Noch heute ist der chinesische Abakus *(Suanpan)* in asiatischen Ländern in Gebrauch (Abb. 2).

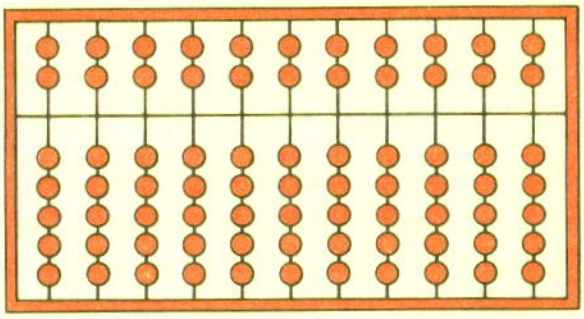

Abb. 2: Chinesischer Abakus (Suanpan)

Eine Zahl wird angegeben, indem man Kugeln zur Mitte hin schiebt. Die Kugeln der oberen Reihen haben den fünffachen Wert der Kugeln der unteren Reihen. Vor der Rechnung muß man festlegen, an welcher Stelle die Einer stehen sollen (Abb. 3).

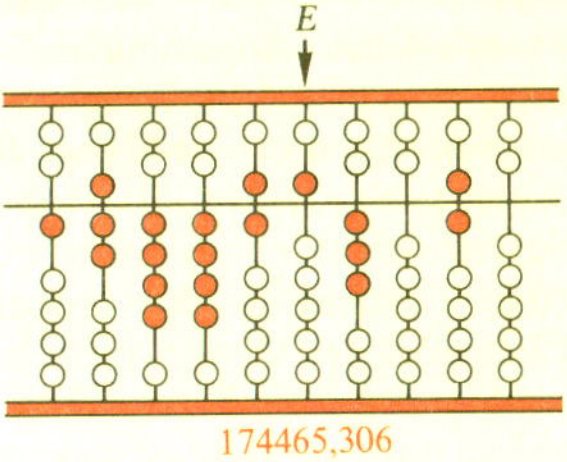


Abb. 3: Suanpan

Neben Additionen und Subtraktionen sind mit dem Suanpan auch Multiplikationen und Divisionen durchführbar. Man benutzt dabei das Verfahren der ↑russischen Multiplikation und ein entsprechendes Divisionsverfahren, da hierbei außer Verdopplungen und Halbierungen im wesentlichen nur Additionen ausgeführt werden müssen.

Beim japanischen Abakus, dem *Soroban,* befinden sich auf den Stäben jeweils 5 Kugeln, von denen je eine mit dem fünffachen Wert abgeteilt ist (Abb. 4).

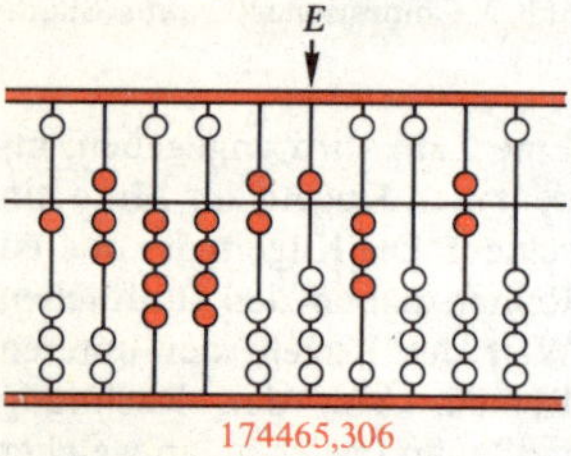


Abb. 4: Soroban

**Abbildung:** Begriff aus der Mengenlehre. Allgemein definiert man: Eine Abbildung $f$ einer Menge $A$ in eine Menge $B$ (Sprechweise: $f$ von $A$ nach $B$; Schreibweise: $f\colon A \to B$) ist eine Zuordnung, die jedem Element $a$ der Menge $A$ genau ein Element $b$ der Menge $B$ zuordnet (Sprechweise: $f$ von $a$ ist gleich $b$; Schreibweise: $f(a) = b$).

Bei einer Abbildung $f\colon A \to B$ heißt die Menge $A$ **Definitionsmenge (Ausgangsmenge, Definitionsbereich)** von $f$ und $B$ **Zielmenge** von $f$. Zur **Bildmenge (Wertemenge)** gehören genau die Elemente der Zielmenge $B$, die als zugeordnete Elemente (Bilder, Werte) auftreten. Die Zielmenge braucht nicht mit der Bildmenge übereinzustimmen, wie das folgende Beispiel zeigt.

*Beispiel:* Die Abbildung von der Menge der natürlichen Zahlen in die Menge der natürlichen Zahlen ordne jeder natürlichen Zahl ihr Quadrat zu. Es gilt z. B. $f(1) = 1$, $f(2) = 4$, $f(3) = 9, \ldots$ Bei dieser Abbildung beschreibt man die Zuordnungsvorschrift auch durch $f(x) = x^2$. Die Zielmenge von $f$ ist also die Menge der natürlichen Zahlen, während die Bildmenge gleich der Menge der Quadratzahlen ist.

Können jedoch einem Element der Ausgangsmenge mehrere Elemente der Bildmenge zugeordnet werden, so handelt es sich nicht um eine Abbildung.

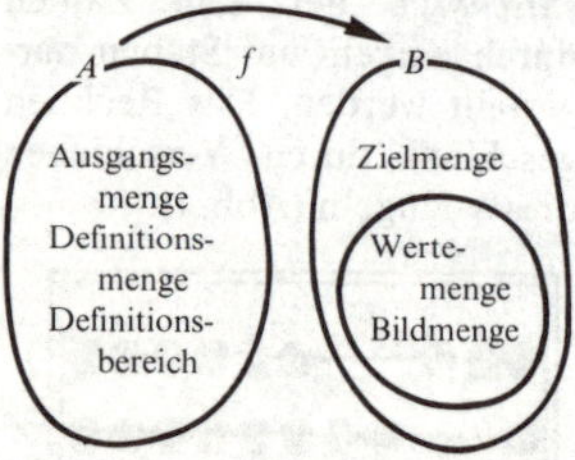


*Beispiel:* Beim Würfeln mit zwei Würfeln kann sich die Augensumme auf mehrere Arten ergeben. So ist etwa die Augensumme 7 durch 1 (Augenzahl des ersten Würfels) + 6 (Augenzahl des zweiten Würfels), $2+5$, $3+4$, $4+3$, $5+2$ und $6+1$ darstellbar. Es handelt sich also bei der „Zuordnung“

der Gesamtaugenzahl zu den Augenzahlen der Einzelwürfel um keine Abbildung, da es Elemente im Definitionsbereich gibt, denen mehrere (verschiedene) Elemente der Zielmenge entsprechen.
Gibt es Elemente der Definitionsmenge, denen bei einer Zuordnung kein Element entspricht, so handelt es sich um keine (mathematische) Abbildung.
Statt Abbildung benutzt man auch die Bezeichnungen Funktion oder Operator. Die wichtigsten Begriffe zum Gebrauch dieser Bezeichnungen sind in Tabelle 1 zusammengestellt. – Vgl. ↑bijektiv, ↑injektiv, ↑surjektiv.

**Abbildungsgeometrie** ↑Geometrie.
**Abbildungsmaßstab** ↑Maßstab.
**Abbildungsverkettung** ↑Verkettung.
**abbrechend** ↑Dezimalbruchentwicklung.
**abbrechender Kettenbruch** ↑Kettenbruch.
**abelsche Gruppe** ↑Gruppe.
**abgeschlossen:** Die Summe zweier natürlicher Zahlen ist wieder eine natürliche Zahl; ebenso ist das Produkt zweier natürlicher Zahlen eine natürliche Zahl. Man sagt: Die Menge der natürlichen Zahlen ist abgeschlossen bezüglich der Addition und der Multiplikation. Diese beiden Verknüpfungen

| $f: A \to B$ | Abbildung | Funktion | Operator |
|---|---|---|---|
| $A$ | Definitionsmenge<br>Definitionsbereich<br>Urbildmenge<br>Ausgangsmenge | Definitionsmenge<br>Definitionsbereich<br>Ausgangsmenge | Eingabemenge<br>Definitionsmenge<br>Definitionsbereich<br>Anwendungsbereich |
| Element $a$ von $A$ | Urbild | Stelle | Eingabe<br>Eingangszustand<br>Anfangszustand |
| $B$ | Zielmenge | Zielmenge | Zielmenge |
| $f(a)$ | Bild<br>Wert | Wert<br>Funktionswert | Ausgabe<br>Ausgabezustand<br>Endzustand |
| Menge der zugeordneten Elemente | Bildmenge<br>Wertemenge | Wertemenge | Ausgabemenge |

Tabelle 1: Abbildung, Funktion, Operator und die entsprechenden Bezeichnungen für Definitions- und Zielmenge.

führen also nicht aus der Menge der natürlichen Zahlen heraus.
Allgemein definiert man: Eine Menge $M$ heißt abgeschlossen bezüglich einer Verknüpfung $\circ$ (z. B. Addition, Subtraktion, Multiplikation, Division), wenn die Verknüpfung zweier Elemente dieser Menge stets wieder ein Element der Menge $M$ ergibt. Die Menge der natürlichen Zahlen ist also nicht abgeschlossen bezüglich der Subtraktion und der Division, weil etwa $-2$ $(= 5-7)$ und $\frac{5}{7}$ $(= 5:7)$ keine natürlichen Zahlen sind. – ↑auch Intervall.

**abhängiges Merkmal** ↑Unabhängigkeit von Ereignissen.

**abhängige Variable** ↑Variable.

**Ableitung:** Die Ableitung gibt die **Steigung** des Funktionsgraphen an der Stelle $x_0$ an. Zur Definition der Ableitung betrachtet man den **Differenzenquotienten**

$$\frac{f(x)-f(x_0)}{x-x_0},$$

der der Steigung der Sekante durch die Punkte $(x, f(x))$ und $(x_0, f(x_0))$ entspricht (Abb. 1).
Anhand des in Abb. 1 eingezeichneten **Steigungsdreiecks** erkennt man, daß der Wert des Differenzenquotienten gleich $\tan\alpha$ ist ($\tan\alpha$ = Gegenkathete : Ankathete). Beim Grenzübergang $x \to x_0$ (Sprechweise:

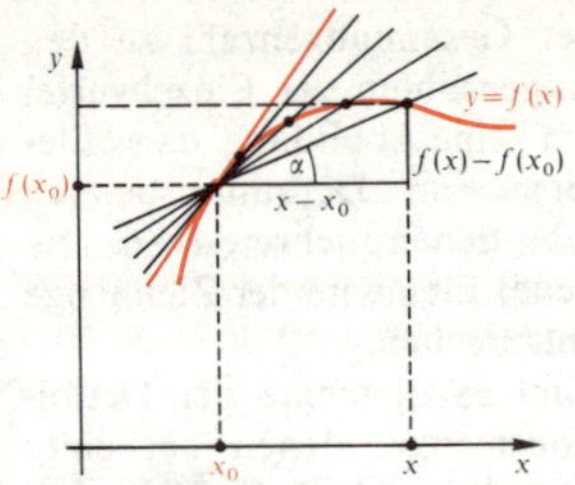

Abb. 1

„$x$ gegen $x_0$") geht die Sekante in die Tangente an der Stelle $x_0$ über.
Existiert also an einer Stelle $x_0$ des Definitionsbereichs einer Funktion $f$, deren Definitions- und Bildmenge Teilmengen der Menge der reellen Zahlen sind, der ↑Grenzwert

$$\lim_{x \to x_0} \frac{f(x)-f(x_0)}{x-x_0},$$

so wird dieser als **Ableitung** oder **Differentialquotient** der Funktion $f$ an der Stelle $x_0$ bezeichnet. Die Funktion $f$ heißt dann an der Stelle $x_0$ **differenzierbar.** Die Ableitung von $f$ an der Stelle $x_0$ bezeichnet man mit

$$f'(x_0), \quad \frac{\mathrm{d}f}{\mathrm{d}x}(x_0) \quad \text{oder} \quad \left.\frac{\mathrm{d}f}{\mathrm{d}x}\right|_{x_0}$$

(Sprechweise: „$f$ Strich von $x_0$" bzw. „d$f$ nach d$x$ an der Stelle $x_0$").

**Ableitungsfunktion.** Bildet man die ↑Ableitung einer Funktion $f$ an allen Stellen, an denen sie differenzierbar ist, so erhält man ihre Ableitungsfunktion $f'$ (Sprechweise: „$f$ Strich").

**Ableitungsregeln** (Differentiationsregeln): Regeln für die Berechnung der ↑Ableitung bzw. der ↑Ableitungsfunktion einer Funktion, die aus zwei oder mehreren Funktionen zusammengesetzt ist.

**Summenregel:** Sind $f$ und $g$ an der Stelle $x_0$ differenzierbar, so ist auch $f+g$ an der Stelle $x_0$ differenzierbar, und es gilt

$$(f+g)'(x_0) = f'(x_0) + g'(x_0).$$

Für die Ableitungsfunktionen gilt also

$$(f+g)' = f' + g'.$$

**Produktregel:** Sind $f$ und $g$ an der Stelle $x_0$ differenzierbar, so ist auch $f \cdot g$ an der Stelle $x_0$ differenzierbar, und es gilt

$$(f \cdot g)'(x_0) = f'(x_0)\, g(x_0) + f(x_0)\, g'(x_0).$$

Für die Ableitungsfunktionen ist also

$$(f \cdot g)' = f' \cdot g + g' \cdot f.$$

**Quotientenregel:** Sind $f$ und $g$ an der Stelle $x_0$ differenzierbar und ist $g(x_0) \neq 0$, so ist auch $\frac{f}{g}$ an der Stelle $x_0$ differenzierbar, und es gilt

$$\left(\frac{f}{g}\right)'(x_0) = \frac{f'(x_0)\, g(x_0) - f(x_0)\, g'(x_0)}{g^2(x_0)}.$$

Für die Ableitungsfunktionen ist also

$$\left(\frac{f}{g}\right)' = \frac{f' \cdot g - f \cdot g'}{g^2}.$$

**Kettenregel:** Ist $g$ an der Stelle $x_0$ differenzierbar und $f$ an der Stelle $g(x_0)$ differenzierbar, so ist auch die Verkettung $f \circ g$ an der Stelle $x_0$ differenzierbar, und es gilt

$$(f \circ g)'(x_0) = f'(g(x_0)) \cdot g'(x_0).$$

Für die Ableitungsfunktionen ist also

$$(f \circ g)' = (f' \circ g) \cdot g'.$$

**Abrunden** ↑Runden.

**Abschreibung:** Ein Neuwagen unterliegt bereits in den ersten Jahren einer beachtlichen Wertminderung. Allgemein bedeuten Wertminderungen bei Vermögensgegenständen für einen Betrieb Kosten, da diese Gegenstände durch neue ersetzt werden müssen. Die Abschreibung entspricht der rechnerischen Erfassung von Wertminderungen betrieblicher Gegenstände. Die Möglichkeiten der bilanzmäßigen Abschreibung hängen von Gesetzgebung und von der Art des Unternehmens ab.

Man unterscheidet die **konstante** oder **lineare Abschreibung** und die **degressive Abschreibung.** Bei der linearen Abschreibung werden entsprechend der Nutzungsdauer des Vermögensgegenstands jährlich gleichbleibende Abschreibungsbeträge abgeschrieben. Beträgt z. B. die Nutzungsdauer einer Maschine (Neupreis 5 000 DM) 5 Jahre, so werden pro Jahr 1 000 DM abgeschrieben (Abb. 1).

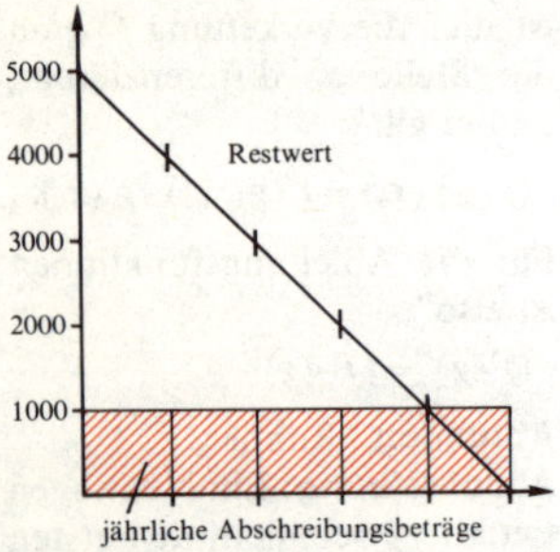


Abb. 1: Beispiel für die lineare Abschreibung

Die degressive Abschreibung entspricht einer „umgekehrten Verzinsung", bei der in jedem Jahr ein gleichbleibender Prozentsatz $p$% vom jeweiligen Wert (Buchwert) abgeschrieben wird. Hat sich der Anschaffungswert $A$ nach dem ersten Jahr um $p$% verringert, so gilt für den Buchwert $B_1$ nach einem Jahr:

$$B_1 = A - A \cdot p/100$$
$$= A(1 - p/100).$$

Entsprechend ergibt sich für die Buchwerte nach dem 2. und 3. Jahr:

$$B_2 = B_1 - B_1 \cdot p/100$$
$$= B_1(1 - p/100)$$
$$= A(1 - p/100)^2,$$
$$B_3 = A(1 - p/100)^3.$$

Allgemein gilt für den Restbuchwert $B_n$ nach $n$ Jahren $(n = 1, 2, 3, \ldots)$

$$B_n = A(1 - p/100)^n.$$

*Beispiel:* Eine Maschine (Neupreis 5 000 DM), die mit 33 % abgeschrieben wird, besitzt nach 5 Jahren den Restbuchwert (Abb. 2)

$$B_5 = 5000 \cdot (1 - 33/100)^5 \text{ DM}$$
$$= 675{,}06 \text{ DM}.$$

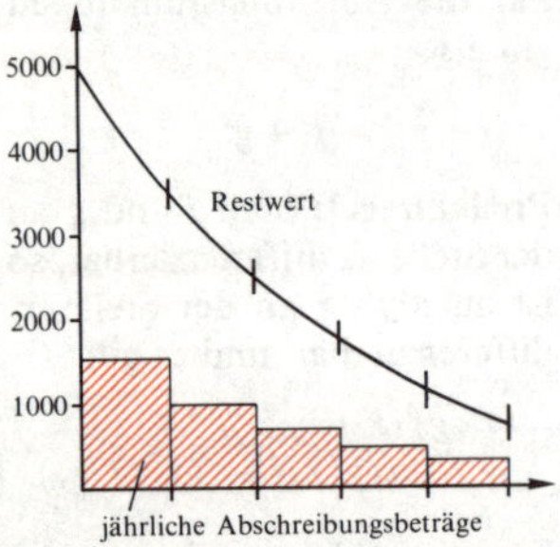


Abb. 2: Beispiel für die degressive Abschreibung

Die degressive Abschreibung wird im allgemeinen bei Vermögensgegenständen angewendet, die in den ersten Jahren verglichen mit späteren Jahren einer stärkeren Wertminderung unterliegen.

**Absolutbetrag**, svw. ↑Betrag.

**absolute Adresse** ↑Adresse.

**absolute Geometrie** ↑euklidische Geometrie.

**absolute Häufigkeit** ↑ Häufigkeit.
**absoluter Fehler** ↑ Fehler.
**absolutes Extremum** ↑ Extremwert.
**absolutes Glied** ↑ lineare Gleichungen, ↑ quadratische Gleichungen, ↑ Gleichungen.
**absolutes Maximum** ↑ Extremwert.
**absolutes Minimum** ↑ Extremwert.
**absolut konvergent** ↑ konvergent.
**Absolutwert,** svw. ↑ Betrag.
**absorbierend** ↑ Markoff-Kette.
**Absorptionsgesetz** ↑ Boolesche Algebra, ↑ Verband.
**Abstand.** Als Abstand oder **Entfernung** zweier Punkte $P$, $Q$ in der Ebene oder im Raum bezeichnet man die Länge der Strecke $PQ$.
Als Abstand eines Punktes $P$ von einer Geraden $g$ (in der Ebene oder im Raum) bezeichnet man den Abstand des Punktes *P vom Fußpunkt P'* des Lotes von $P$ auf die Gerade $g$ (Abb. 1).

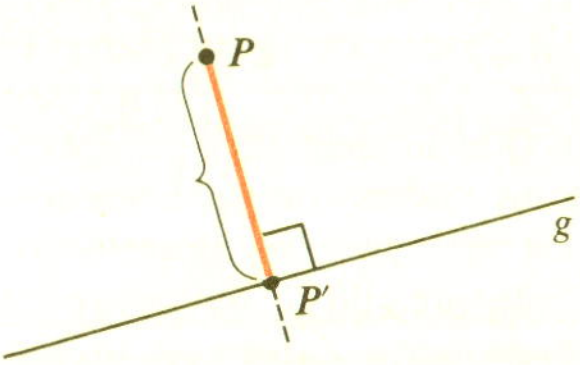


Abb. 1: Abstand eines Punktes $P$ von einer Geraden $g$

Der Abstand zweier parallelen Geraden $g$ und $h$ (in der Ebene oder im Raum) ist der Abstand eines Punktes $P$ aus $g$ von der Geraden $h$ (Abb. 2).

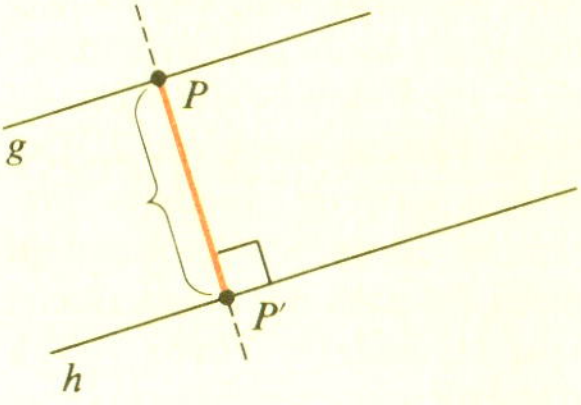


Abb. 2: Abstand zweier paralleler Geraden

Der Abstand zweier ↑ windschiefer Geraden (im Raum) ist gleich der Länge der Strecke, die zu beiden Geraden rechtwinklig ist (Abb. 3).

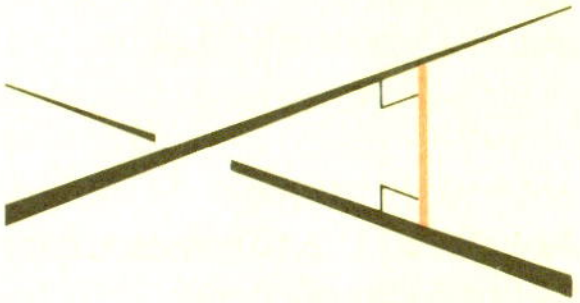

Abb. 3: Abstand zweier windschiefer Geraden

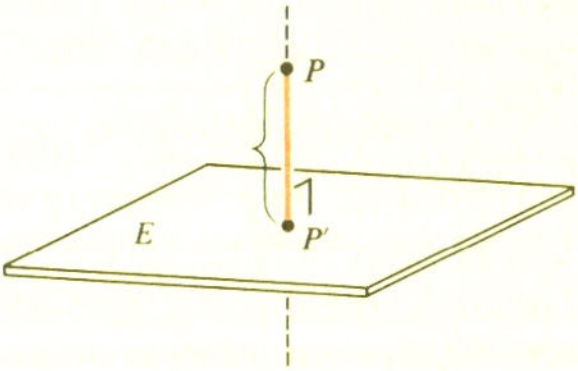


Abb. 4: Abstand eines Punktes von einer Ebene

Der Abstand eines Punktes $P$ von einer Ebene $E$ im Raum ist der Abstand von $P$ vom Fußpunkt $P'$ des Lotes von $P$ auf die Ebene $E$ (Abb. 4).

Der Abstand der Geraden $g$ von einer zu ihr parallelen Ebene $E$ im Raum ist der Abstand eines Punktes aus $g$ von $E$. Der Abstand zweier paralleler Ebenen im Raum ist der Abstand eines Punktes der einen Ebene von der anderen Ebene. – Vgl. ↑Metrik.

**Abstimmungsproblem:** Die Kandidaten $R$ und $S$ erhalten bei einer Wahl $r$ bzw. $s$ Stimmen. Für den Fall, daß $R$ mehr Stimmen erhält als $S$, ist nach der ↑Wahrscheinlichkeit gefragt, daß während der Auszählung der Kandidat $R$ ständig führte.

Die Wahrscheinlichkeit ist

$$\frac{r-s}{r+s}.$$

**abstrakte Gruppe** ↑Gruppe.

**Abszisse** (Abszissenachse) ↑Koordinatensystem.

**abundante Zahl.** Eine natürliche Zahl $n$, bei der die Summe der von $n$ verschiedenen Teiler größer als $n$ ist, heißt abundant.

*Beispiel:* 12 besitzt die Teiler 1, 2, 3, 4, 6, 12. Die Summe der von 12 verschiedenen Teiler ist $1+2+3+4+6=16$ (größer als 12), also ist 12 eine abundante Zahl. – ↑auch defiziente Zahl, ↑vollkommene Zahl.

**Abweichung.** In der Astronomie svw. ↑Deklination. In der Mathematik ↑Varianz.

**abwickelbare Fläche:** Jede durch die Bewegung einer Geraden im Raum erzeugbare Fläche, die sich – in geeigneter Weise aufgeschnitten – auf eine Ebene abwickeln läßt, bezeichnet man als abwickelbare Fläche. Abwickelbare Flächen sind z. B. Zylinder und Kegel.

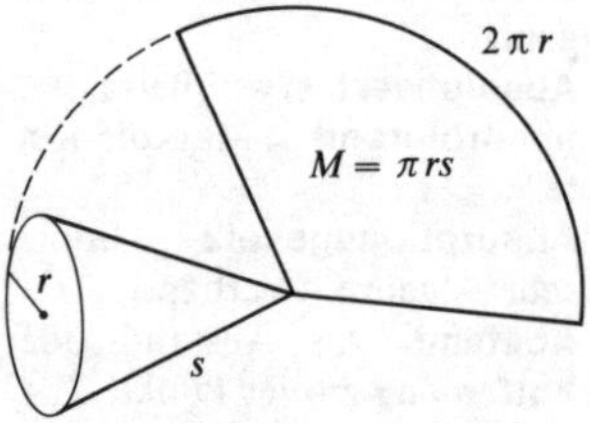


Abb. 1: abwickelbare Fläche (Kegelmantel $M$)

**Abwicklung:** ↑Dodekaeder, ↑Ikosaeder, ↑Oktaeder, ↑Tetraeder, ↑Würfel.

**abzählbar:** Begriff aus der Mengenlehre zur Kennzeichnung unendlicher Mengen. Eine Menge ist abzählbar (genauer **abzählbar-unendlich**), wenn sie gleichmächtig zur Menge $\mathbb{N}$ der natürlichen Zahlen ist (↑Gleichmächtigkeit von Mengen). Solche Mengen bezeichnet man auch als **numerierbar.** Jede unendliche Teilmenge der natürlichen Zahlen ist abzählbar. Die Menge $\mathbb{Z}$ der ↑ganzen Zahlen ist abzählbar:

$$\begin{array}{llllll} \mathbb{N} = \{1, & 2, & 3, & 4, & 5, & \ldots\} \\ & \downarrow & \downarrow & \downarrow & \downarrow & \downarrow \\ \mathbb{Z} = \{0, & -1, & 1, & -2, & 2, & \ldots\} \end{array}$$

Die Menge $\mathbb{Q}$ der ↑rationalen Zahlen ist abzählbar:

$$\begin{array}{llllll} \mathbb{N} = \{1, & 2, & 3, & 4, & 5, & \ldots\} \\ \downarrow & \downarrow & \downarrow & \downarrow & \downarrow & \\ \mathbb{Q} = \Big\{0, & -\frac{1}{1}, & \frac{1}{1}, & -\frac{1}{2}, & \frac{1}{2}, & \ldots\Big\} \end{array}$$

Die Mengen der ↑algebraischen Zahlen ist abzählbar. Die Menge der ↑reellen Zahlen ist nicht abzählbar, sondern **überabzählbar.**

Die Bezeichnung „abzählbar" wird manchmal auch so verwendet, daß sie endliche Mengen einschließt.

**Abziehen,** svw. ↑Subtraktion (↑Grundrechenarten).

**abzinsen** ↑Zinseszinsrechnung.

**Abzinsung,** svw. ↑Diskontierung, vgl. ↑Barwert.

**Abzinsungsfaktor** ↑Diskontierung, ↑Barwert, ↑Ratenzahlung.

**Achse,** eine ausgezeichnete Gerade in der Ebene oder im Raum, z. B. Achse einer ↑affinen Abbildung, Achse eines Rotationszylinders (↑Zylinder), Koordinatenachse (↑Koordinatensystem).

**Achsenabschnittsform** der Geradengleichung: Eine Gerade $g$ (Abb. 1) in der Ebene mit dem $x$-Achsenabschnitt $a$ ($a \neq 0$) und dem $y$-Achsenabschnitt $b$ ($b \neq 0$) läßt sich durch die *Achsenabschnittsform* der Geradengleichung beschreiben:

$$\frac{x}{a} + \frac{y}{b} = 1.$$

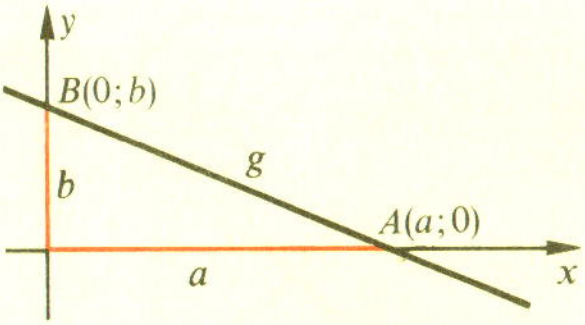


Abb. 1: Achsenabschnittsform

**Achsenaffinität** ↑affine Abbildung.

**Achsenkreuz** ↑Koordinatensystem.

**Achsenspiegelung** ↑Spiegelung.

**achsensymmetrisch** ↑Spiegelung, ↑Symmetrie, ↑Deckabbildung.

**Acht** (Zahlzeichen 8): Bezeichnung für die erste von Eins verschiedene Kubikzahl:

$$2^3 = 8.$$

Jede Quadratzahl läßt sich als um Eins vermehrtes Vielfaches der Acht darstellen,

z. B. gilt $7^2 = 6 \cdot 8 + 1,$
$9^2 = 10 \cdot 8 + 1.$

**Achteck:** Die Winkelsumme im Achteck beträgt 1080°. – Aus einem Quadrat läßt sich ein regelmäßiges Achteck dadurch konstruieren, daß man um die Eckpunkte des Quadrats je einen Kreisbogen mit der halben Länge der Quadratdiagonalen schlägt. Die Schnittpunkte der Kreisbögen mit den Quadratseiten sind die Achteckpunkte (Abb. 1).

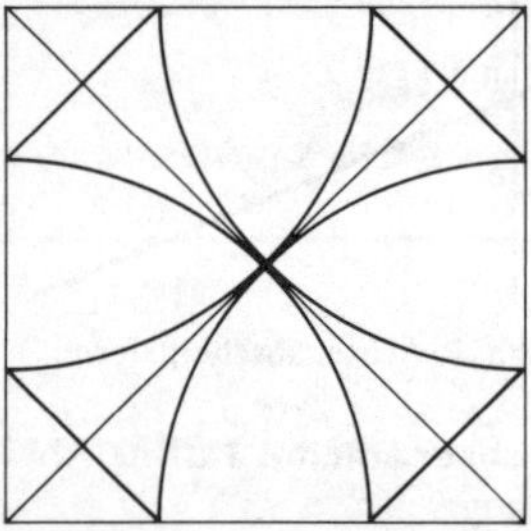

Abb. 1: Konstruktion eines regelmäßigen Achtecks aus einem Quadrat

**Achtflächner,** svw. ↑Oktaeder.

**Achtzell,** svw. ↑Tesserakt.

**addieren** ↑Addition.

**Addition.** Das Addieren („Zusammenzählen") von Zahlen wird mit dem Pluszeichen „+" beschrieben. Das Ergebnis einer Addition heißt **Summe.** Die Summe der Zahlen 5 und 7 ist 12. In Zeichen: $5+7=12$. Die Zahlen 5 und 7 sind dabei die **Summanden** der Summe. Die Addition einfacher Zahlen ist leicht durchführbar, wenn man die Summanden geschickt zerlegt:

$$\begin{aligned} 59+87 &= (59+80)+7 \\ &= 139+7 = 146, \\ 37+18 &= 37+(20-2) \\ &= (37+20)-2 \\ &= 57-2 = 55. \end{aligned}$$

Bei der Addition mehrerer Zahlen ist es oft zweckmäßig, die Reihenfolge der Summanden zu vertauschen und diese dann geeignet zusammenzufassen:

$$\begin{aligned} &17+39+13+11+20 \\ &= (17+13)+(39+11)+20 \\ &= 30+50+20 = 100. \end{aligned}$$

Zur Addition größerer Zahlen benutzt man den Taschenrechner oder das folgende *Verfahren zur schriftlichen Addition:* Zunächst schreibt man die Summanden stellengerecht untereinander. Dann bildet man die Summe der Einerziffern, der Zehnerziffern, der Hunderterziffern usw. Wird eine dieser Ziffernsummen größer als 9, dann ergibt sich eine *Ziffernübertragung:*

```
  5984
+  923
------
     7   = Summe der
           Einerziffern
    10   = Summe der
           Zehnerziffern
   18    = Summe der
           Hunderterziffern
   5     = Summe der
           Tausenderziffern
------
  6907
```

Kurzfassung:

```
  5984
+  923
   11   ←Ziffernüber-
          tragungen
------
  6907
```

Es ist also

$$5984+923=6907.$$

Auf diese Art kann man auch die Summe von mehr als zwei Zahlen berechnen:

```
   98497
+   5382
+    641
+   7425
--------
      15
     23
    17
   20
   9
--------
  111945
```

Kurzfassung:

```
   98497
+  5382
+   641
+  7425
   2121
-------
  111945
```

Bei der Addition von Dezimalzahlen verfährt man entsprechend. Dabei ist es üblich, durch Anhängen von Nullen zu erreichen, daß alle Summanden gleich viele Stellen nach dem Komma haben:

```
 37,1584
  0,0030
225,1000
 17,1240
 50,0000
--------
329,3854
```

Die Umkehrung der Addition ist die ↑Subtraktion. Vgl. auch Addition der ↑ganzen Zahlen, ↑Grundrechenarten, ↑Bruchrechnen.

**Additionsgesetze,** svw. ↑Additionstheoreme.

**Additionsmethode,** svw. Additionsverfahren (↑Eliminationsverfahren).

**Additionssatz** der Wahrscheinlichkeitsrechnung: Für zwei Ereignisse $A$, $B$ ist die Wahrscheinlichkeit, daß $A$ oder $B$ eintritt, gleich der Summe der Wahrscheinlichkeit, daß $A$ eintritt, und der Wahrscheinlichkeit, daß $B$ eintritt, vermindert um die Wahrscheinlichkeit, daß sowohl $A$ als auch $B$ eintreten. Schreibweise (↑Ereignisalgebra):

$$P(A \cup B) = P(A)+P(B)-P(A \cap B).$$

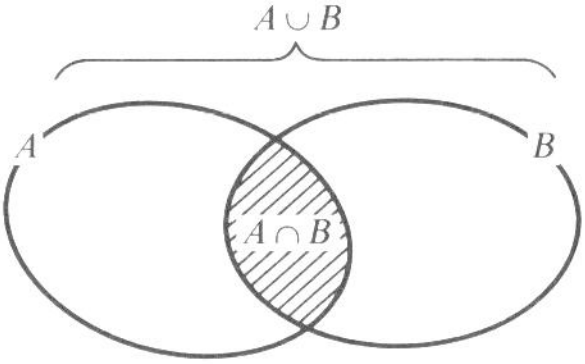


Abb. 1: Additionssatz der Wahrscheinlichkeitsrechnung

Für unvereinbare Ereignisse $A$ und $B$, d.h., wenn $A \cap B = \emptyset$ (↑leere Menge) ist, ist also die Wahrscheinlichkeit, daß $A$ oder $B$ eintritt, gleich der Summe der Einzelwahrscheinlichkeiten von $A$ und $B$:

$$P(A \cup B) = P(A)+P(B),$$

falls $A \cap B = \emptyset$.

*Beispiel:* Bei einem Glücksspiel werden drei Würfel geworfen; der Spieler gewinnt, wenn er drei gleiche Augenzahlen (= Ereignis $A$) oder mindestens eine 6 (= Ereignis $B$) hat. Es ist

$$P(A) = \frac{6}{216},$$

$$P(B) = 1 - \left(\frac{5}{6}\right)^3 = \frac{91}{216},$$

$$P(A \cap B) = \frac{1}{216},$$

$$P(A \cup B) = \frac{6}{216} + \frac{91}{216} - \frac{1}{216} = \frac{96}{216} \approx 44{,}4\,\%.$$

Der Additionssatz der Wahrscheinlichkeitsrechnung läßt sich auf mehr als zwei Ereignisse verallgemeinern.

**Additionstheoreme:** Am bekanntesten sind die Additionstheoreme für die ↑trigonometrischen Funktionen (↑Trigonometrie). Sie lauten:

$$\sin(\alpha \pm \beta) = \sin\alpha\cos\beta \pm \cos\alpha\sin\beta,$$

$$\cos(\alpha \pm \beta) = \cos\alpha\cos\beta \mp \sin\alpha\sin\beta,$$

$$\tan(\alpha \pm \beta) = \frac{\tan\alpha \pm \tan\beta}{1 \mp \tan\alpha\tan\beta},$$

$$\cot(\alpha \pm \beta) = \frac{\cot\alpha\cot\beta \mp 1}{\cot\beta \pm \cot\alpha}.$$

Mit diesen Additionstheoremen kann man die Funktionswerte einer Winkelsumme bzw. -differenz aus den Funktionen der Einzelwinkel bestimmen.

Allgemein bezeichnet man jede Formel, mit der sich eine Funktion $f$ an einer beliebigen Stelle $z = z_1 + z_2$ durch die Werte der Funktion an den Stellen $z_1$ und $z_2$ ausdrücken läßt, als **Additionstheorem (Additionsgesetz).**

**Additionsverfahren** ↑Eliminationsverfahren.

**Adjunktion,** svw. ↑Disjunktion.

**Adresse.** In der Datenverarbeitung bezeichnet man ein Kennzeichen (z. B. Platznummer) einer Speicherzelle im Speicher einer Rechenanlage als **Adresse (Speicheradresse).** Eine **absolute Adresse (direkte Adresse)** gibt unmittelbar die Speicherzelle an, in welcher ein Operand zu finden ist oder ein Ergebnis abgespeichert wird. **Symbolische Adressen** sind frei gewählte Namen – z. B. SUMME für die Adresse des Speicherplatzes von Summenwerten –, denen durch ein geeignetes Programm eine absolute Adresse zugeordnet wird. Eine **indirekte Adresse** verweist auf eine Speicherzelle, die ihrerseits selbst wieder die Adresse einer anderen Speicherzelle enthält **(indirekte Adressierung).** In der Regel werden die Speicherzellen des Arbeitsspeichers einer Datenverarbeitungsanlage von Null beginnend durchnumeriert.

Wenn mehrere Prozesse gleichzeitig ablaufen sollen, müßte zunächst jeder Benutzer angeben, welchen Speicherbereich er für sein Programm benötigt. Dieses Verfahren ist aber unzweckmäßig, so daß jedem Benutzer **virtuelle** (scheinbare) **Adressen** zugeordnet werden. Das ↑Betriebssystem übersetzt dann mit Hilfe eines **Adressenumsetzers** die virtuelle Adresse in eine jeweils freie absolute (reale) Adresse.

**affin** ↑affine Abbildung.

**affine Abbildung** (auch **Affinität**) heißt eine Abbildung der Ebene auf sich, welche **geradentreu** ist, bei welcher also Geraden wieder in Geraden abgebildet werden. Zwei Figuren (Teilmengen der Ebene) nennt man **affin** (zueinander), wenn sie durch eine affine Abbildung ineinander übergeführt werden können. – Vgl. ↑Ellipse.

Eine affine Abbildung ist **parallelentreu,** d.h., ein Paar paralleler Geraden wird wieder in ein Paar paralleler Geraden abgebildet (Abb. 1).

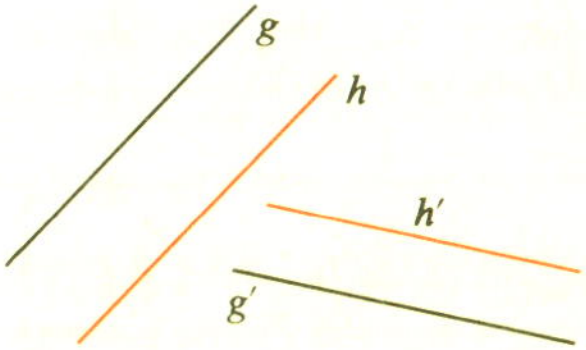


Abb. 1: Eine affine Abbildung ist parallelentreu

Eine affine Abbildung ist **teilverhältnistreu,** d.h., teilt der Punkt $X$ die Strecke $AB$ im Verhältnis $u:v$, so teilt der Bildpunkt $X'$ die Bildstrecke $A'B'$ im Verhältnis $u:v$ (Abb. 2).

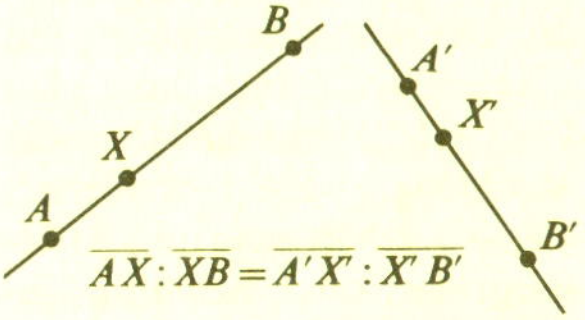


Abb. 2: Eine affine Abbildung ist teilverhältnistreu

Das Verhältnis der Flächeninhalte zweier Figuren bleibt bei einer affinen Abbildung erhalten.

*Beispiele affiner Abbildungen:*

**1) Achsenaffinität**

Gegeben sei eine Gerade $a$ **(Achse, Affinitätsachse),** eine Gerade $r$ **(Richtung),** die nicht parallel zu $a$ ist, und eine reelle Zahl $k \neq 0$. Dem Punkt $P$ wird der Bildpunkt $P'$ durch folgende Vorschrift zugeordnet: Es sei $g$ die Parallele zu $r$ durch $P$ und $A$ der Schnittpunkt von $g$ und $a$; dann liegt $P'$ auf $g$ und der ↑Vektor $\overrightarrow{P'A}$ ist gleich dem $k$-fachen des Vektors $\overrightarrow{PA}$ (vgl. Abb. 3).

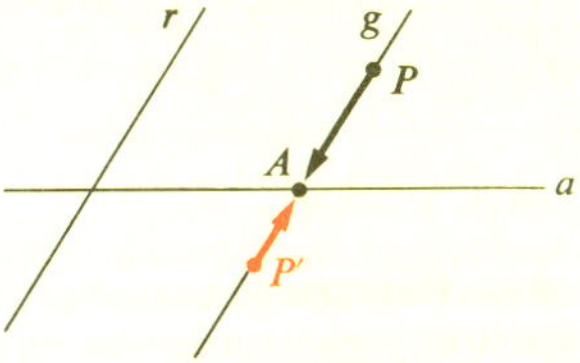


Abb. 3: Achsenaffinität

↑Fixpunkte dieser Abbildung sind genau die Punkte der Achse *a*, d.h., *a* ist ↑Fixpunktgerade. Die Parallelen zu *r* sind ↑Fixgeraden. Im Sonderfall $k = 1$ erhält man die **identische Abbildung.** Im Sonderfall $k = -1$ erhält man die **Affinspiegelung** oder **Schrägspiegelung.** Ist $k = -1$ und $r \perp a$ (*r* rechtwinklig zu *a*), so erhält man die **Geradenspiegelung,** also eine ↑Kongruenzabbildung. Ist $r \perp a$, so erhält man eine **Stauchung** für Werte von *k* zwischen 0 und 1 und eine **Streckung** für *k* größer als 1.

**2) Scherung**

Verkettet man zwei Achsenaffinitäten (↑Verkettung) mit der gleichen Achse *a* und den Richtungen $r_1$ und $r_2$, wobei für die Affinitätsfaktoren $k_1$ und $k_2$ die Beziehung $k_1 \cdot k_2 = 1$ gilt, so erhält man eine Scherung (Abb. 4).

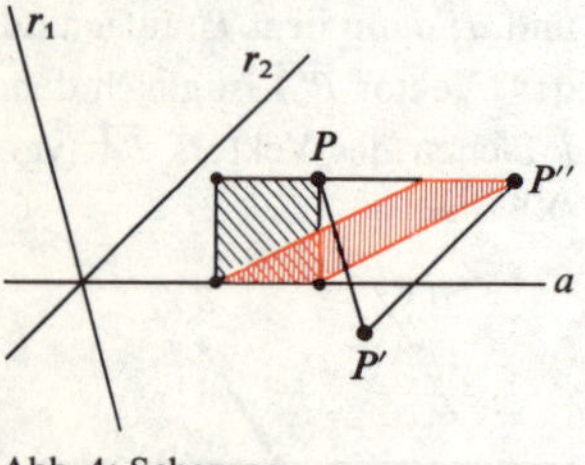


Abb. 4: Scherung

**affine Funktion** ↑Funktion.

**Affinität,** svw. ↑affine Abbildung.

**Affinitätsachse** ↑affine Abbildung.

**Affinspiegelung** ↑affine Abbildung.

**Agio** (Aufgeld): Betrag, um den der Preis eines Wertpapiers über dem Nennwert oder der Kurs einer Geldsorte über der Parität liegt; Gegensatz: ↑Disagio.

**ägyptische Multiplikation,** svw. ↑russische Multiplikation.

**ägyptische Ziffern** ↑Ziffern.

**ähnlich:** Geometrische Figuren, die die gleiche Gestalt besitzen, nennt man *ähnlich*. Ähnliche Figuren unterscheiden sich im allgemeinen nur in der Größe. Entsprechende Winkel und Seitenverhältnisse sind gleich. Zu zwei ähnlichen Figuren gibt es stets eine ↑Ähnlichkeitsabbildung, bei der die eine Figur auf die andere abgebildet wird. Gehen zwei Figuren durch eine zentrische Streckung auseinander hervor, so heißen sie *zentrisch ähnlich* (Abb. 1).

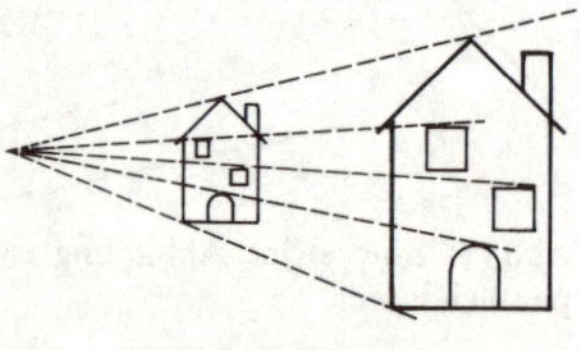

Abb. 1: Zentrisch ähnliche Figuren

**ähnliche Abbildung,** svw. ↑Ähnlichkeitsabbildung.

**Ähnlichkeitsabbildung** (*ähnliche* Abbildung): Abbildung der Ebene auf sich, welche **geradentreu** und **streckenverhältnistreu** ist, bei welcher also Geraden wieder in Geraden abgebildet werden und Streckenverhältnisse fest bleiben (Abb. 1).

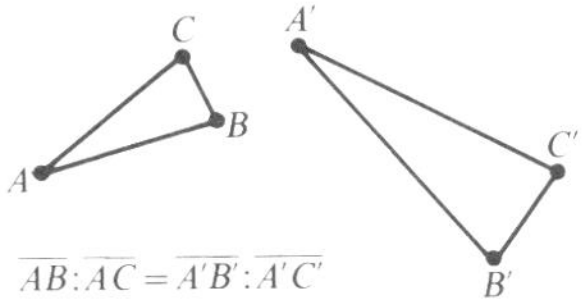


Abb. 1: Ähnliche Dreiecke

Ähnlichkeitsabbildungen sind spezielle ↑affine Abbildungen. Sie sind **parallelentreu,** d. h., ein Paar paralleler Geraden wird wieder in ein Paar paralleler Geraden abgebildet. Ferner sind sie **winkeltreu,** d. h., die Größe eines Winkels ändert sich bei einer Ähnlichkeitsabbildung nicht.
Die wichtigsten Ähnlichkeitsabbildungen sind die ↑*zentrischen Streckungen.*

**Ähnlichkeitspunkte:** Die Ähnlichkeitszentren (↑zentrische Streckung) zweier Kreise einer Ebene bezeichnet man als Ähnlichkeitspunkte. Es sind die Schnittpunkte *I* und *A* der an diese Kreise gelegten inneren bzw. äußeren Tangenten. Sie bewirken eine ↑harmonische Teilung der Verbindungsstrecke der Kreismittelpunkte $M_1$ und $M_2$ (Abb. 1).

**Ähnlichkeitssätze für Dreiecke:** Zwei Dreiecke sind ähnlich, wenn sie übereinstimmen

(1) im Verhältnis ihrer drei Seiten;
(2) im Verhältnis zweier Seiten und der Größe des eingeschlossenen Winkels;
(3) im Verhältnis zweier Seiten und der Größe des Winkels, der der größeren Seite gegenüberliegt;
(4) in der Größe zweier Winkel.

**Aiken-Code** ↑Code.

**Aleph:** der erste Buchstabe (א, Sprechweise: „alef") des hebräischen Alphabets. Aleph

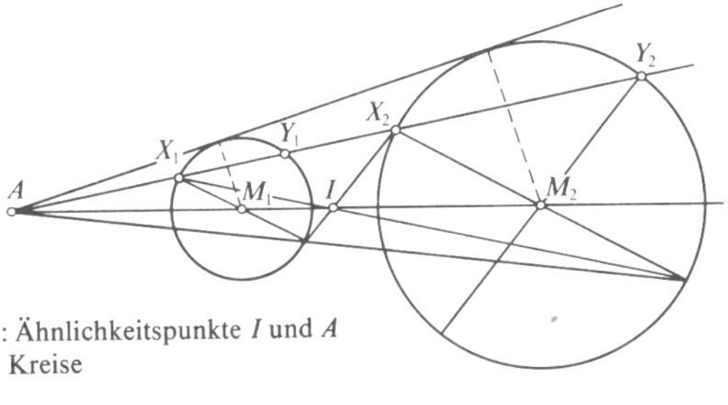


Abb. 1: Ähnlichkeitspunkte *I* und *A* zweier Kreise

wird in der Mathematik als Formelzeichen für die ↑Kardinalzahlen unendlicher Mengen verwendet. Z. B. wird mit $\aleph_0$ (Sprechweise: „alef null") die Kardinalzahl der Menge der natürlichen Zahlen bezeichnet. Mit $\aleph_1$ wird die Kardinalzahl der Menge der reellen Zahlen bezeichnet.

**Algebra,** im ursprünglichen Sinne die Lehre von den ↑algebraischen Gleichungen und ihrer Auflösung. Heute versteht man unter Algebra *(moderne Algebra)* den Teil der Mathematik, der sich mit den ↑Verknüpfungsgebilden befaßt. Vor allem beschäftigt man sich mit ↑Gruppen, ↑Ringen und ↑Körpern.

Die Bezeichnung „Algebra" ist auch für einen besonderen Typ von Verknüpfungsgebilden gebräuchlich, nämlich für solche ↑Vektorräume, in denen neben der Addition und der Vervielfachung auch eine Multiplikation definiert ist.

**algebraische Gleichung:** Jede ↑Gleichung der Form

$$a_n x^n + a_{n-1} x^{n-1} + \ldots + a_1 x + a_0 = 0,$$

wobei die **Koeffizienten** $a_0$, $a_1, \ldots, a_n$ reelle Zahlen sind, bezeichnet man als algebraische Gleichung. Falls $a_n$ von Null verschieden ist, nennt man $n$ den **Grad der Gleichung.** Die Lösbarkeit einer solchen Gleichung hängt davon ab, welche Zahlenarten man für die Variable (Unbekannte) $x$ „einsetzen darf", über welcher Grundmenge man also die Gleichung lösen möchte.

**algebraischer Körper** ↑Körper.

**algebraische Logik** ↑Taschenrechner.

**algebraische Notation** ↑Notation.

**algebraische Operation,** svw. ↑Verknüpfung.

**algebraische Struktur,** svw. ↑Verknüpfungsgebilde.

**algebraische Zahl.** Eine Zahl heißt algebraische Zahl, wenn sie Lösung einer ↑algebraischen Gleichung mit ganzzahligen Koeffizienten ist. Jede ↑rationale Zahl ist eine algebraische Zahl, denn $\frac{a}{b}$ (mit ganzzahligen $a$, $b$ und $b$ von Null verschieden) ist Lösung der Gleichung $bx - a = 0$.

*Beispiele:*

1) $\sqrt{2+\sqrt{3}}$ ist eine algebraische Zahl, denn sie ist eine Lösung von

$$x^4 - 4x^2 + 1 = 0.$$

Diese ↑biquadratische Gleichung ist gleichwertig zu

$$x^2 = 2 + \sqrt{3} \quad \text{oder} \quad x^2 = 2 - \sqrt{3},$$

hat also die Lösungen

$$\sqrt{2+\sqrt{3}},\ -\sqrt{2+\sqrt{3}},\ \sqrt{2-\sqrt{3}},\ -\sqrt{2-\sqrt{3}}.$$

2) $\sqrt[4]{2+\sqrt{2}}$ ist eine algebraische Zahl, denn sie ist eine Lösung von

$$x^8-4x^4+2=0.$$

3) Für natürliche Zahlen $n$ und $a$ ist $\sqrt[n]{a}$ eine algebraische Zahl, denn sie ist eine Lösung von $x^n-a=0$.

Es gibt auch algebraische Zahlen, die nicht durch Wurzelausdrücke darstellbar sind. Denn die algebraischen Gleichungen von höherem als 4. Grad können im allgemeinen nicht durch Wurzelausdrücke gelöst werden.

Die Menge der algebraischen Zahlen ist abzählbar, d.h., sie ist gleichmächtig zur Menge der natürlichen Zahlen (↑Gleichmächtigkeit von Mengen). Da die Menge der ↑reellen Zahlen überabzählbar ist, sind nicht alle reellen Zahlen algebraisch. Eine nicht-algebraische reelle Zahl heißt **transzendent.** Beispielsweise sind die Zahlen π (↑Kreiszahl), ↑e, $\log_{10}7$ (↑Logarithmus), sin 17° (↑trigonometrische Funktionen) transzendent. Bei diesen Zahlen spricht man genauer auch von **transzendent irrationalen Zahlen,** während die nicht rationalen algebraischen Zahlen auch **algebraisch irrational** genannt werden.

**algebraisch irrational** ↑algebraische Zahl.

**ALGOL:** Abkürzung für **Algorithmic Language** (= algorithmische Sprache). ALGOL (genauer ALGOL 60) ist eine höhere ↑Programmiersprache, die in den Jahren 1956 bis 1962 für die Behandlung von mathematischen, naturwissenschaftlichen und technischen Problemen entwickelt wurde. Bei ALGOL 60 ist die Ineinanderschachtelung von Anweisungen möglich. ALGOL 60 diente als Grundlage weiterer Programmiersprachen, die zur ALGOL-Familie zählen (z.B. ALGOL 68, ALGOL W, PASCAL).

**Algorithmus.** Die Bezeichnung *Algorithmus* wird auf den Namen des persisch-arabischen Mathematikers und Astronomen Muhammad Ibn Musa Al Chwarismi (9. Jh. n. Chr.) zurückgeführt. Man verstand darunter ursprünglich das um 1600 n. Chr. in Europa eingeführte Rechnen mit Dezimalzahlen. Heute versteht man darunter ein schematisches Rechenverfahren zur Lösung einer Aufgabe oder einer Klasse von Aufgaben. Dieses Verfahren kann selbst wieder auf andere Algorithmen zurückgreifen. Nur wenn sich ein Lösungsverfahren durch einen Algorithmus beschreiben läßt, kann es als Programm für eine Rechenanlage formuliert werden.

Es gibt abbrechende und nicht-abbrechende Algorithmen. Abbrechende Algorithmen sind z. B.

a) die schriftlichen Rechenverfahren zur Bestimmung der Summe, der Differenz, des Produktes oder des Quotienten zweier Zahlen, falls der Quotient eine abbrechende ↑Dezimalbruchentwicklung besitzt.
b) der ↑euklidische Algorithmus zur Bestimmung des größten gemeinsamen Teilers zweier Zahlen;
c) das ↑Sieb des Eratosthenes zur Bestimmung aller Primzahlen unterhalb einer vorgegebenen Schranke.

Nicht-abbrechende Algorithmen sind z. B.

a) das Verfahren zur schriftlichen Division zweier Zahlen, falls der Quotient eine unendliche ↑Dezimalbruchentwicklung besitzt;
b) das Verfahren zur Berechnung der Quadratwurzel aus einer natürlichen Zahl, falls diese keine Quadratzahl ist.

Die Durchführbarkeit eines Algorithmus kann problematisch sein. So läßt sich beispielsweise

$$777 \cdot 777 \cdot 777 \cdot 777 \cdot 777 \; (= 777^5)$$

sicher mit den bekannten Rechenvorschriften berechnen, d. h. im Ziffernsystem zur Basis 10 darstellen; die entsprechende Berechnung von

$$777^{\left\{777^{\left[777^{\left(777^{777}\right)}\right]}\right\}}$$

ist nicht möglich, da nicht genug Materie in der Welt existiert, um das Ergebnis aufzuschreiben.

Algorithmen lassen sich graphisch übersichtlich in ↑Flußdiagrammen und ↑Struktogrammen darstellen.

**Allaussage:** Werden jedem Element einer gegebenen Menge (der *Grundmenge*) eine oder mehrere Eigenschaften durch eine Aussage zugesprochen, so handelt es sich um eine Allaussage.

*Beispiel:* „Alle Katzen sind schwarz."

Zur formalen Schreibweise einer Allaussage verwendet man im allgemeinen den Allquantor $\bigwedge$ (ältere Schreibweise: $\forall$; Sprechweise: „für alle"). *Beispielsweise* liest man die Allaussage

$$\bigwedge_{n \in \mathbb{N}} (1 \leqq n \leqq 5 \rightarrow n \mid 60).$$

„Für alle natürlichen Zahlen gilt, wenn sie größer oder gleich 1 und kleiner oder gleich 5 sind, so sind sie Teiler von 60"; kurz: „Alle natürlichen Zahlen zwischen 1 und 5 (einschließlich 1 und 5) teilen die Zahl 60." Die Verneinung einer Allaussage ergibt eine ↑Existenzaussage; z. B. erhält man als Verneinung von „Alle Katzen sind schwarz" die Aussage:

„Es gibt (mindestens) eine Katze, die nicht schwarz ist.“

**allgemeiner pythagoreischer Lehrsatz** ↑ pythagoreischer Lehrsatz.

**allgemeine Zahl,** in der Gleichungslehre eine veraltete Bezeichnung für ↑ Variable.

**allgemeingültig** ↑ Aussageform, ↑ formale Logik, ↑ Gleichungen.

**Alligationsrechnung,** svw. ↑ Mischungsrechnung.

**Allquantor** ↑ Allaussage.

**Alphabet** ↑ Zeichen.

**alphabetische Anordung** ↑ lexikographische Anordnung.

**alphamerisch** ↑ numerisch.

**alphanumerisch** ↑ numerisch.

**altägyptische Multiplikation,** svw. ↑ russische Multiplikation.

**Alternative** (*logische Summe, Disjunktion;* Bezeichnungen vel$(A, B)$, $A \vee B$, $A + B$, $A$ OR $B$):

1) Schaltfunktion der ↑ Schaltalgebra, die durch folgende Tabelle festgelegt wird:

| $A$ | $B$ | $A$ OR $B$ |
|---|---|---|
| 0 | 0 | 0 |
| 0 | 1 | 1 |
| 1 | 0 | 1 |
| 1 | 1 | 1 |

Schaltsymbol:

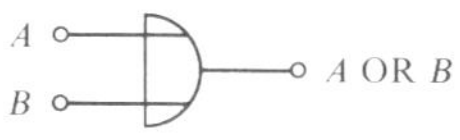


bzw.

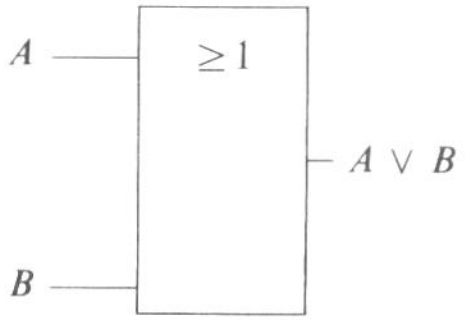


2) In der formalen Logik svw. ↑ Disjunktion.

**alternierend:** Eigenschaft von ↑ Folgen und ↑ Reihen.

a) Eine Folge heißt **alternierend,** wenn aufeinanderfolgende Folgeglieder jeweils verschiedene Vorzeichen besitzen.

*Beispiel:*

$$1, -\frac{1}{2}, +\frac{1}{3}, -\frac{1}{4}, +\frac{1}{5}, \ldots$$

b) Eine Reihe heißt **alternierend,** wenn aufeinanderfolgende Summanden jeweils verschiedene Vorzeichen besitzen.

*Beispiel:*

1) Die **Leibnizsche Reihe** (nach G. W. Leibniz, 1646–1716)

$$1 - \frac{1}{3} + \frac{1}{5} - \frac{1}{7} + \\ + \frac{1}{9} - \frac{1}{11} + - \ldots$$

ist eine alternierende Reihe. Sie ist ↑ konvergent und hat den Grenzwert $\pi/4$.

2) Die **alternierende harmonische Reihe**

$$1 - \frac{1}{2} + \frac{1}{3} - \frac{1}{4} + \\ + \frac{1}{5} - \frac{1}{6} + \frac{1}{7} - + \ldots$$

ist konvergent und hat den Grenzwert ln 2 (natürlicher ↑ Logarithmus).
Für alternierende Reihen gilt das **Leibnizsche Kriterium.** Bilden die Beträge der Summanden einer alternierenden Reihe eine monotone Nullfolge, so ist die Reihe konvergent.

**alternierende Quersumme** ↑ Quersumme, ↑ Neunerprobe.

**Altgrad** ↑ Gradmaß.

**Altminute** ↑ Gradmaß.

**Altsekunde** ↑ Gradmaß.

**ALU**, Abk. für engl. **a**rithmetical **l**ogical **u**nit, ↑ Computer.

**Amplitude** (Schwingungsweite): Der größte Wert, den der Betrag einer periodisch veränderlichen Größe annehmen kann. Die ↑ trigonometrischen Funktionen $y = \sin x$, $y = \cos x$ haben die Amplitude 1.

**analog.** Die Erzeugung von Werten durch einen Computer nennt man **analog,** wenn diese Werte durch analoge Größen, z. B. Stärke eines elektrischen Stromes, Größe einer elektrischen Spannung, eines magnetischen oder elektrischen Feldes, dargestellt werden. Computer, die nach diesem Prinzip arbeiten, heißen **Analogrechner.** Im Unterschied hierzu werden Computer, welche die Werte ziffernmäßig **(digital)** verarbeiten, **Digitalrechner** genannt. Computer, welche Informationen sowohl in analoger als auch in digitaler Form verarbeiten können, heißen **Hybridrechner.**

**analoge Datenverarbeitung** ↑ Datenverarbeitung.

**Analogrechner** ↑ analog.

**Analysis:** Gebiet der Mathematik, welches sich mit der Differential- und Integralrechnung beschäftigt. Eine andere Bezeichnung hierfür ist **Infinitesimalrechnung.** Auch die Untersuchung der Eigenschaften von Folgen und von Funktionen gehört in den Bereich der Analysis. In der **Differentialrechnung** werden ↑ Ableitungen bzw. ↑ Ableitungsfunktionen von Funktionen betrachtet. In der **Integralrechnung** untersucht man die Inhalte von Flächen und Körpern, die von Kurven in der Ebene bzw. Flächen im Raum begrenzt werden (↑ Integral).

**analytische Geometrie:** Teilgebiet der Mathematik, in dem man sich mit der zahlenmäßigen Beschreibung von Eigenschaften geometrischer Figuren beschäftigt. Mit Hilfe eines ↑ Koordinatensystems ordnet man jedem Punkt in der *ebenen* analytischen Geometrie zwei Zahlen (Zahlenpaar), in der *räumlichen* analytischen Geometrie drei Zahlen (Zahlentripel) zu. Dadurch werden geometrischen Figuren (Gerade, Ebene, Kreis, Kugel, Parabel, Hyperbel usw.) Mengen von Zahlenpaaren bzw. Zahlentripeln zugeordnet, welche sich in der Regel als Lösungsmengen von zwei- bzw. dreistelligen Aussageformen angeben lassen. Mit Hilfe des Koordinatensystems kann man dann jede geometrische Aussage in eine algebraische Aussage „übersetzen“ und umgekehrt. Einer Konstruktion (etwa Bestimmung des Schnittpunktes zweier Geraden) entspricht dann eine Rechnung (etwa Lösen eines ↑Gleichungssystems).

**AND** ↑Konjunktion.
**Anfangszustand** ↑Abbildung.
**Anfangsverteilung** ↑Markoff-Kette.
**angeordneter Bereich** ↑Anordnung.
**angeordneter Körper** ↑Körper, ↑Anordnung.
**Ankathete** ↑Trigonometrie, ↑Katheten.
**Ankreis.** Ein Kreis, der eine Seite eines Dreiecks und die Verlängerungen der beiden anderen Dreiecksseiten berührt, heißt **Ankreis** des Dreiecks. Der Mittelpunkt $O_a$ des Ankreises $K_a$, der die Seite $a$ von außen berührt, ist Schnittpunkt der ↑Winkelhalbierenden $w_\alpha$ und der beiden Winkelhalbierenden der Außenwinkel von $\beta$ und $\gamma$, die im Winkelfeld des Winkels $\alpha$ liegen. Der Radius des Ankreises $K_a$ wird mit $r_a$ bezeichnet. Für die beiden anderen Ankreise gelten entsprechende Bezeichnungen.

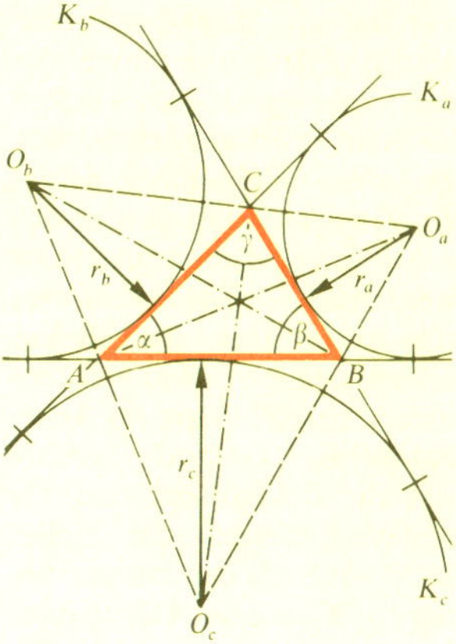

Abb. 1: Ankreise eines Dreiecks

**Anlaufvektor** ↑Markoff-Kette.
**Anleihe:** Schuldverschreibung mit fester Verzinsung und bestimmter Stückelung. Anleihen werden von Staaten *(Staatsanleihen)*, Gemeinden *(Kommunalanleihen* oder *Kommunalobligationen)*, Hypothekenbanken *(Pfandbriefe)* und Industrieunternehmen *(Industrieobligationen)* ausgegeben (zur Zeichnung ausgelegt). Bei *Rentenanleihen* werden nur Zinsen gezahlt; es gibt keinen Zwang zur Tilgung. Tilgungsanleihen werden nach einem festgelegten Tilgungsplan zurückgezahlt. Anleihen sind normalerweise in Beträgen von 100 DM, 200 DM, 500 DM und/oder 1 000 DM gestückelt. Stücke mit Beträgen unter 100 DM

werden als *Baby-bonds* bezeichnet. Anleihen können an der Börse gehandelt werden; ihr Kurs wird amtlich notiert. Zu jedem Anleiheschein gehört ein Zinsschein mit den zu den jeweiligen Zinsterminen fällig werdenden Zinsabschnitten *(Coupons)*. Der *Ausgabekurs (Zeichnungskurs)* liegt meistens unter dem Nennwert des Anleihescheins. Dadurch erhöht sich die *Effektivverzinsung* der Anleihe. Werden die Zinsen nicht am Ende des Jahres, sondern z. B. zu einer Hälfte nach jeweils einem halben Jahr fällig, so entspricht dies ebenfalls einer Erhöhung der Effektivverzinsung.

*Beispiel:* Der Ausgabekurs einer 8prozentigen Anleihe beträgt 98 %; Zinstermine sind der 1. Januar und der 1. Juli jeden Jahres. Wie hoch ist die Effektivverzinsung?

Der Zeichner der Anleihe erhält für 98 DM jeweils nach einem halben Jahr 4 DM. Unter Berücksichtigung der Verzinsung der ersten 4 DM betragen die Zinsen nach einem Jahr 8,32 DM für 98 DM. Die Effektivverzinsung beträgt also 8,49 %.

**Annuität:** Summe aus der jährlichen ↑Tilgung und dem Jahreszins. Bei der *gleichbleibenden Annuität* steigt die jährliche Tilgung, da der Jahreszins auf die jeweilige Restschuld sinkt. Bei der *fallenden Annuität* bleibt die jährliche Tilgung konstant (bei sinkendem Jahreszins). Bei der *steigenden Annuität* nimmt die jährliche Tilgung stärker zu als bei der gleichbleibenden Annuität.

**Anomalie,** bei Polarkoordinaten (↑Koordinatensystem) der Winkel zwischen der Nullrichtung und dem Radius $r = \overline{OP}$ (Abb. 1).

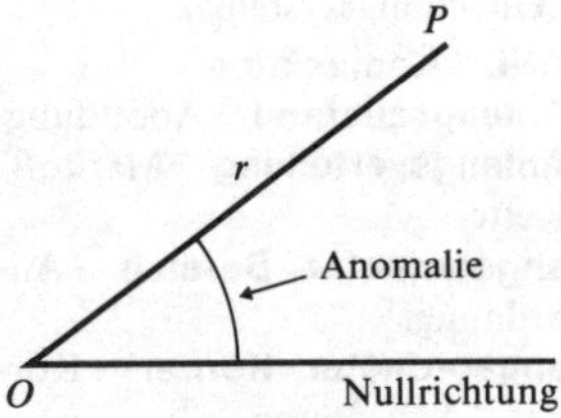


Abb. 1: Anomalie

**Anordnung.** Natürliche Zahlen lassen sich in bezug auf ihre Größe miteinander vergleichen. Sie können auf einem Zahlenstrahl so angeordnet werden, daß jeweils eine natürliche Zahl links von der nächstgrößeren steht:

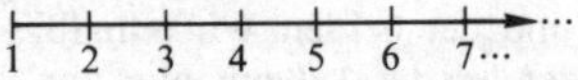


Ganze Zahlen lassen sich entsprechend auf einer Zahlengeraden (nach beiden Richtungen fortschreitend) anordnen:

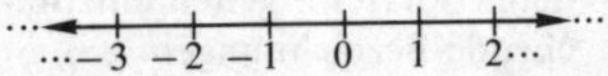

Falls eine Zahl $n$ links von einer Zahl $m$ steht, so ist $n$ kleiner als $m$ (Schreibweise: $n < m$). Die Addition einer ganzen Zahl und die Multiplikation mit einer positiven ganzen Zahl ändern die Kleiner-Beziehung (Anordnung) nicht: Wenn $n < m$ gilt, so gilt $n + k < m + k$ für jede ganze Zahl $k$ **(Monotoniegesetz der Addition)** und $n \cdot l < m \cdot l$ für jede positive ganze Zahl $l$ **(Monotoniegesetz der Multiplikation).** Man sagt, die Menge der ganzen Zahlen mit der Addition und Multiplikation ist ein **angeordneter Bereich.**

Die Monotoniegesetze der Addition bzw. der Multiplikation gelten auch in den Körpern der ↑rationalen Zahlen und der ↑reellen Zahlen mit der üblichen Ordnung. Diese Körper sind also weitere Beispiele für angeordnete Bereiche **(angeordnete Körper).** Im Körper der ↑komplexen Zahlen existiert keine Anordnung, bei der die Monotoniegesetze der Addition und der Multiplikation gelten. – Vgl. auch ↑lexikographische Anordnung.

**Anpassungstest:** Test zur Überprüfung der Hypothese, daß die Verteilungsfunktion einer ↑Zufallsgröße mit einer vorgegebenen Verteilungsfunktion zusammenfällt oder zu einer vorgegebenen Menge von Verteilungsfunktionen gehört.

**Anschauungsraum** ↑Raum.

**Antialternative,** svw. ↑Peirce-Funktion.

**Antikonjunktion,** svw. ↑Sheffer-Funktion.

**Antinomie** ↑Mengenlehre, ↑Paradoxon, ↑Russellsche Antinomie.

**antiparallel:** Zwei parallele Geraden mit entgegengesetzter Richtung heißen antiparallel (Abb. 1).

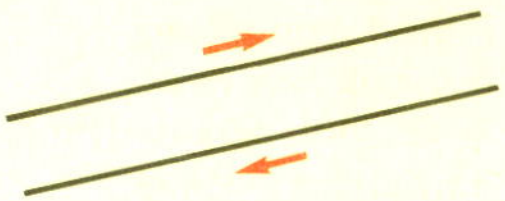

Abb. 1: Parallele Geraden mit entgegengesetzter Richtung

**Antiprisma** ↑Archimedische Körper.

**antireflexiv** (irreflexiv): Eine Relation $R$ in einer Menge $M$ heißt *antireflexiv,* wenn kein Element der Menge $M$ zu sich selbst in Beziehung steht.

*Beispiel:* Die Relation $<$ („kleiner als") in der Menge der ganzen Zahlen ist antireflexiv.

**antireflexive Ordnung** ↑Ordnung.

**antisymmetrisch** (identitiv): Eine Relation $R$ in einer Menge $M$ heißt *antisymmetrisch,* wenn für zwei Elemente $a$ und $b$ die Beziehungen $aRb$ und $bRa$ höchstens im Fall $a = b$ gelten.

*Beispiel:* Die Relation ≦ („kleiner oder gleich") in der Menge der ganzen Zahlen ist antisymmetrisch.
Vgl. ↑symmetrisch.

**Antwortzeit** ↑Betriebsart.

**Anweisung** (engl. *Statement*) nennt man eine in einer ↑Programmiersprache geschriebene Vorschrift. Wichtige Anweisungstypen sind

Wertzuweisung,
Sprunganweisung,
Prozeduranweisung,
bedingte Anweisung,
Wiederholungsanweisung,
Verbundanweisung,
leere Anweisung,
Ein- und Ausgabeanweisung.

**Wertzuweisungen** ersetzen den momentanen Wert einer Variablen durch einen neuen, der gegebenenfalls erst durch Berechnung gewonnen werden muß.
**Sprunganweisungen (GOTO-Anweisungen)** unterbrechen den Programmablauf, um ihn an einer angegebenen Stelle weiterzuführen.
**Prozeduranweisungen** rufen Prozeduren (↑Unterprogramm) auf.
**Bedingte Anweisungen** unterscheidet man nach der Anzahl der Verzweigungen.
Liegt nur eine Alternative vor, so benutzt man die **If-Anweisung** (Abb. 1).

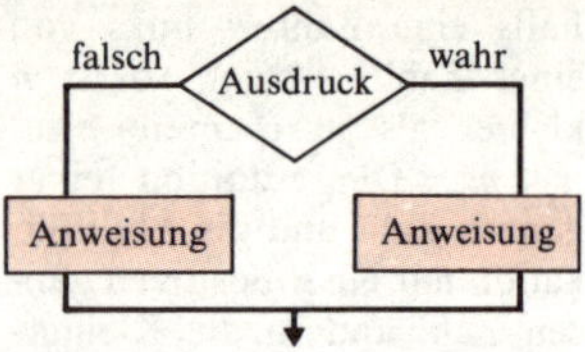

Abb. 1: If-Anweisung im Flußdiagramm

Im Falle von mehr als zwei Verzweigungen spricht man von **Mehrfachverzweigungen.**
Unter **Wiederholungsanweisungen** versteht man Anweisungen, die mehrfach ausgeführt werden sollen. Man unterscheidet While-Anweisungen, Repeat-Anweisungen und For-Anweisungen. Bei **While-Anweisungen** wird der Wiederholungsteil durchgeführt, solange ein gegebener Ausdruck wahr ist. Vor jedem Durchlauf wird die Bedingung überprüft (Abb. 2). Bei **Repeat-Anweisungen** erfolgt der Abbruchstest erst nach jedem Durchlauf. Eine Repeat-Anweisung wird also mindestens einmal durchlaufen (Abb. 3). Die **For-Anweisung** ist eine spezielle While-Anweisung; sie wird dann benutzt, wenn die Anzahl der Schleifendurchläufe bekannt ist.

*Beispiel* in BASIC:

FOR *I* = 1 TO 100
  ‚Anweisung'
NEXT *I*

*Beispiel* in PASCAL:
for *I*: = 1 to 100 do
begin ‚Anweisung‘ end;

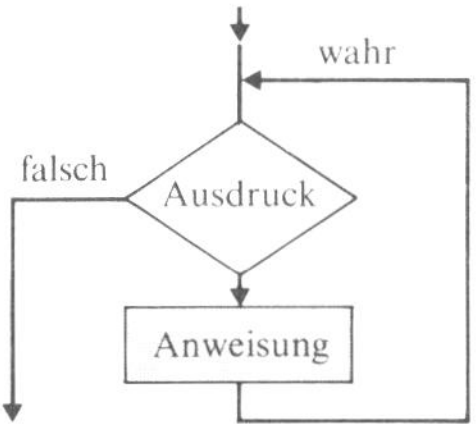


Abb. 2: While-Anweisung im Flußdiagramm

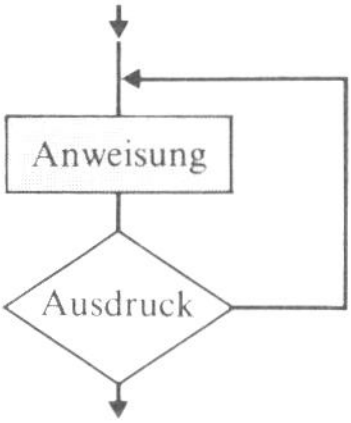


Abb. 3: Repeat-Anweisung im Flußdiagramm

Unter einer **Verbundanweisung** versteht man eine Folge von Anweisungen **(Sequenz),** die in der niedergeschriebenen Reihenfolge **(sequentiell)** durchgeführt werden.

**Leere Anweisungen** sind Anweisungen, in denen nichts geschieht. Man benötigt sie aus Darstellungsgründen und aus Gründen des Programmaufbaus. Die Anweisungsteile in bedingten Anweisungen können z. B. leere Anweisungen enthalten.

**Ein- und Ausgabeanweisungen** regeln die Ein- und Ausgabe von Daten und Programmen. Ein- und Ausgabeanweisungen lassen sich als spezielle Prozeduranweisungen interpretieren.

Läßt sich eine Anweisung nicht mehr in weitere Teilanweisungen zerlegen, so spricht man von einem **Befehl** (engl. **Instruction**). Ein solcher Befehl wird nach seinem Zweck benannt, etwa *Sprungbefehl, Startbefehl, Transportbefehl, Löschbefehl, Rechenbefehl, Vergleichsbefehl.*

**Anwendungsbereich** ↑Abbildung.

**anzahlgleich** ↑Kardinalzahl.

**apollonische Berührungsaufgabe** (nach Apollonios von Perge, 262–190 v. Chr.), eine auch als **Taktionsproblem** bezeichnete Aufgabe, Kreise zu konstruieren, welche gegebene Kreise und Geraden berühren oder durch vorgegebene Punkte gehen. Die ursprüngliche Aufgabe des Apollonios besteht darin, zu drei gegebenen Kreisen (bzw. ihren Entartungen: Punkte, Geraden) alle gemeinsamen Berührungskreise zu konstruieren. Im allgemeinen Fall gibt es acht solche Kreise. In Abb. 1 sind zu drei gegebenen Kreisen einige Lösungen eingezeichnet.

Anwendungen dieser Aufgabe und ihrer Lösung findet man z.B. im Maschinenbau beim Entwerfen von Dreirädergetrieben.

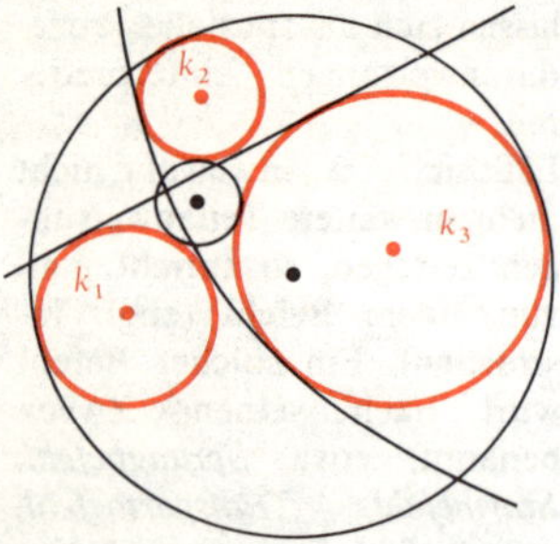


Abb. 1: Apollonische Berührungsaufgabe

**apollonischer Kreis** (Kreis des Apollonios): *A* und *B* seien Punkte der Ebene. Der ↑geometrische Ort aller Punkte *P*, die von *A* die doppelte Entfernung wie von *B* haben, ist ein Kreis (Abb. 1). Man nennt ihn den **Kreis des Apollonios** (nach Apollonios von Perge, um 262–190 v. Chr.).

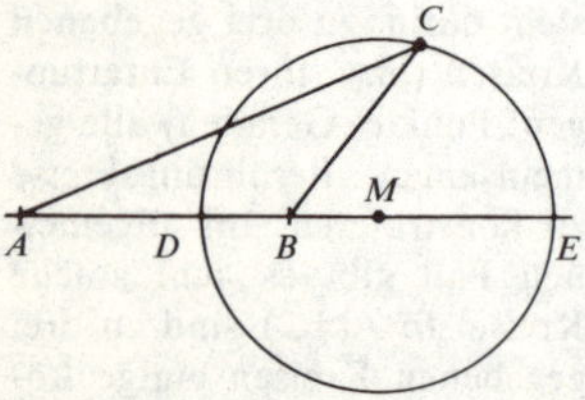


Abb. 1

Der Mittelpunkt *M* des apollonischen Kreises liegt auf der Geraden durch die Punkte *A* und *B*. Er schneidet diese Geraden in den Punkten *B* und *D*, die die Strecke $\overline{AB}$ im Verhältnis 2:1 teilen (↑harmonische Teilung). *A, B, D* und *E* bilden vier harmonische Punkte **(Satz des Apollonios).** Der Kreis des Apollonios kann zur Konstruktion von Dreiecken dienen, wenn das Verhältnis zweier Dreiecksseiten und ein unabhängiges Stück gegeben sind.

**Approximation,** die angenäherte Bestimmung oder Darstellung einer Größe oder einer Funktion durch eine einfache Größe bzw. Funktion (z.B. π durch 3,14). – ↑auch numerische Integration.

**Äquator** ↑mathematische Geographie.

**Äquatorsystem** *(Äquatorialsystem):* ↑astronomische Koordinatensysteme.

**äquidistant,** gleich weit voneinander entfernt, gleiche Abstände aufweisend.

**Äquinoktialpunkte** ↑Frühlingspunkt.

**äquivalent** ↑Äquivalenzumformung.

**Äquivalenz** (logische Äquivalenz), svw. ↑Bijunktion; vgl. ↑formale Logik.

**Äquivalenzklasse** ↑Äquivalenzrelation.

**Äquivalenzrelation:** In einer Menge von Geraden einer Ebene (Abb. 1) wird durch die Aussageform

„$x$ ist parallel zu $y$"

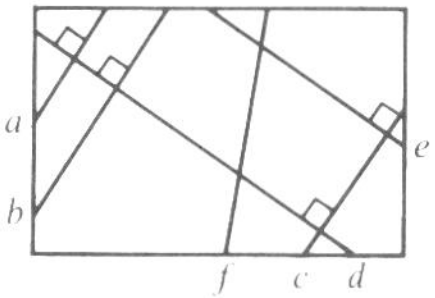


Abb. 1

eine ↑Relation definiert, die die folgenden Eigenschaften hat:

(1) Da jede Gerade zu sich selbst parallel ist, also für jede Gerade $g$ „$g$ ist parallel zu $g$" gilt, ist die Relation ↑reflexiv.

(2) Da für zwei Geraden $g$ und $h$ aus „$g$ ist parallel zu $h$" auch „$h$ ist parallel zu $g$" folgt, ist die Relation ↑symmetrisch.

(3) Da für drei Geraden $g, h, k$ aus „$g$ ist parallel zu $h$" und „$h$ ist parallel zu $k$" die Aussage „$g$ ist parallel zu $k$" folgt, ist die Relation ↑transitiv.

Man bezeichnet eine Relation, die reflexiv, symmetrisch und transitiv ist, als Äquivalenzrelation.

Durch Äquivalenzrelationen lassen sich also gemeinsame Eigenschaften von Elementen einer Menge ausdrücken.

Eine Äquivalenzrelation für die Dreiecke der Ebene ist z. B. durch die Aussageform

„$x$ ist kongruent zu $y$"

gegeben.

Äquivalenzrelationen werden z. B. auch durch die Aussageformen

„$x$ hat dieselben Eltern wie $y$",
„$x$ ist gleich alt wie $y$"

beschrieben.

Bei der Aussageform „$x$ ist senkrecht zu $y$" (auf einer Geradenmenge) handelt es sich nicht um eine Äquivalenzrelation, da z. B. eine Gerade nicht senkrecht zu sich selbst ist; die Relation ist also nicht reflexiv.

Bei der Aussageform „$x$ ist Teiler von $y$" (auf der Menge der natürlichen Zahlen) handelt es sich ebenfalls nicht um eine Äquivalenzrelation, da diese Relation nicht symmetrisch ist: 4 ist zwar Teiler von 12, aber 12 ist nicht Teiler von 4.

Die Relation „$x$ hat im Vornamen den gleichen Vokal wie $y$" auf der Menge der Vornamen ist reflexiv und symmetrisch, aber nicht transitiv. So hat etwa Fritz den gleichen Vokal im Vornamen wie Karin (nämlich das i) und Karin den gleichen Vokal im Vornamen wie Franz (nämlich das a). Fritz hat jedoch nicht den gleichen Vokal im Vornamen wie Franz.

Jeder Äquivalenzrelation $R$ auf einer Menge $M$ entspricht ein Sortiervorgang, bei dem alle

Elemente von $M$ in paarweise elementfremde und nichtleere Teilmengen von zueinander äquivalenten Elementen zusammengefaßt werden. Die so erhaltenen Teilmengen heißen **Äquivalenzklassen** bezüglich $R$; sie bilden eine **Klasseneinteilung** von $M$. Umgekehrt gibt es zu jeder Klasseneinteilung von $M$ auch eine Äquivalenzrelation $R$, die durch folgende Vorschrift definiert ist: Für alle Elemente $a$, $b$ aus $M$ gilt: $R$ trifft auf $a$ und $b$ genau dann zu, wenn $a$ und $b$ Elemente der gleichen Teilmenge sind.

*Beispiele:*

In der Menge $\mathbb{N}$ der natürlichen Zahlen ist durch die Aussageform

„$x$ läßt bei Division durch 4 denselben Rest wie $y$"

eine Äquivalenzrelation gegeben.

Diese zerlegt die Menge der natürlichen Zahlen in 4 Äquivalenzklassen:

| Rest 0 | Rest 1 | Rest 2 | Rest 3 |
|---|---|---|---|
| | 1 | 2 | 3 |
| 4 | 5 | 6 | 7 |
| 8 | 9 | 10 | 11 |
| 12 | 13 | 14 | 15 |
| 16 | 17 | 18 | 19 |
| . | . | . | . |
| . | . | . | . |
| . | . | . | . |

Die Aussageform

„$x$ hat die gleiche Quersumme wie $y$"

definiert eine Äquivalenzrelation in $\mathbb{N}$. Es gibt unendlich viele Äquivalenzklassen, und jede solche enthält unendlich viele Elemente:

Quersumme 1: $\{1, 10, 100, \ldots\}$
Quersumme 2: $\{2, 11, 20, \ldots\}$
Quersumme 3: $\{3, 12, 21, 30, \ldots\}$
⋮ ⋮

**Äquivalenzumformung:** Umformung einer ↑*Gleichung* oder ↑*Ungleichung* in eine andere, die dieselbe *Lösungsmenge* hat. Gleichungen (Ungleichungen) mit derselben Lösungsmenge nennt man **äquivalent** (Zeichen: $\Leftrightarrow$).

Gleichungen mit verschiedenen Lösungsmengen sind nicht äquivalent.

*Beispiele:*

1) Ersetzen eines ↑Terms durch einen äquivalenten Term:

$$5(x+3) = 7 \Leftrightarrow 5x+15 = 7,$$
$$4(x-2) > 4 \Leftrightarrow 4x-8 > 4.$$

2) Addition oder Subtraktion gleicher Zahlen (Terme) auf beiden Seiten der Gleichung (Ungleichung):

$$x-3 = 6 \Leftrightarrow x = 6+3,$$
$$4x-3 < 3x \Leftrightarrow 4x-3x < 3.$$

3) Multiplikation oder Division beider Seiten der Glei-

chung (Ungleichung) mit demselben Term, wenn dieser bei keiner zulässigen Einsetzung den Wert Null annimmt:

$$\frac{x}{3} = 5 \Leftrightarrow x = 5 \cdot 3,$$

$$6x = 30 \Leftrightarrow x = 30:6,$$
$$ax = 7a \Leftrightarrow x = 7 \quad (a \neq 0),$$
$$7x < 14 \Leftrightarrow x < 2.$$

Bei Ungleichungen muß die „Richtung" des Ungleichheitszeichens umgekehrt werden, falls die Zahl, mit der multipliziert oder dividiert wird, negativ ist:

$$-3x > 15 \Leftrightarrow x < 15:(-3).$$

4) Zieht man aus den beiderseits des Gleichheitszeichens stehenden Termen die Wurzel, so erhält man als äquivalente Aussageform die ↑Disjunktion zweier Gleichungen:

$$x^2 = 25$$
$$\Leftrightarrow x = +5 \text{ oder } x = -5.$$

Daraus folgt, daß das Quadrieren (das beim Lösen von ↑Wurzelgleichungen benötigt wird) keine Äquivalenzumformung ist. Bei quadratischen Ungleichungen gibt es für $a > 0$ folgende Äquivalenzumformungen:

$$x^2 > a$$
$$\Leftrightarrow x > +\sqrt{a} \text{ oder } x < -\sqrt{a}. \quad \text{(Disjunktion)},$$
$$x^2 < a$$
$$\Leftrightarrow x < +\sqrt{a} \text{ und } x > -\sqrt{a} \quad \text{(Konjunktion)}.$$

5) Logarithmieren beider Seiten einer Gleichung:

$$5^x = 7 \Leftrightarrow x \lg 5 = \lg 7$$
$$\Leftrightarrow x = \frac{\lg 7}{\lg 5}.$$

Zu beachten ist, daß die Äquivalenz von Gleichungen von der Grundmenge abhängt. So sind z. B. die Gleichungen $x^2 = 9$ und $x^3 = 27$ bezüglich der Grundmenge $\mathbb{N}$ äquivalent ($L_1 = \{3\}$, $L_2 = \{3\}$), während sie nicht äquivalent sind, wenn man $\mathbb{Z}$ als Grundmenge wählt ($L_1 = \{-3, 3\}$, $L_2 = \{3\}$).

**Ar** ↑Flächeninhalt.

**Arbeitsspeicher** ↑Computer.

**Arbelos** (Sichel des Archimedes, Schusterkneif, Schustermesser): Kreisbogendreieck, das aus drei Halbkreisen über den Strecken $\overline{AB}$, $\overline{AC}$ und $\overline{CB}$ ($A$, $B$ und $C$ Punkte einer Geraden) gebildet wird (Abb. 1). Der Flächeninhalt des Arbelos ist gleich dem eines Kreises mit dem Durchmesser $\overline{CD}$ ($\overline{CD}$ senkrecht auf $\overline{AB}$).

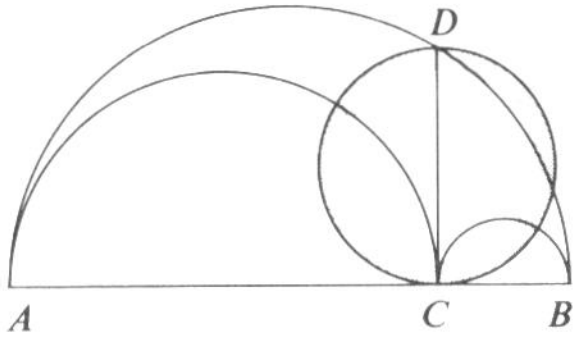

Abb. 1: Arbelos

**arc,** Formelzeichen für das ↑Bogenmaß.

**arccos** ↑ Arkusfunktionen.

**arccot** ↑ Arkusfunktionen.

**Archimedische Körper** (nach Archimedes von Syrakus, um 285–212; halbregelmäßige Körper): Sammelbezeichnung für geometrische Körper, deren Begrenzungsflächen regelmäßige ↑ Vielecke verschiedener Art sind und bei denen die Umgebungen aller Ecken ↑ kongruent sind.

Aus jedem ↑ platonischen Körper kann man einen archimedischen Körper herstellen, wenn die Ecken durch ebene Schnitte so „abgestumpft" werden, daß dabei kongruente Schnittflächen entstehen und aus den gegebenen Seitenflächen wiederum regelmäßige kongruente Vielecke werden.

*Beispiele:*

Ebene Schnitte durch die Mittelpunkte dreier benachbarter Kanten eines ↑ Würfels führen zu einem archimedischen Körper, der von 6 Quadraten und 8 gleichseitigen Dreiecken begrenzt ist (Kuboktaeder; Abb. 1).

Man erhält außerdem einen archimedischen Körper durch ebene Schnitte, die die Kanten des Würfels jeweils in drei Teile zerlegen, so daß sich 6 regelmäßige Achtecke und 8 gleichseitige Dreiecke als Seitenflächen ergeben (Abb. 2).

Verfährt man in entsprechender Weise beim Ikosaeder, so

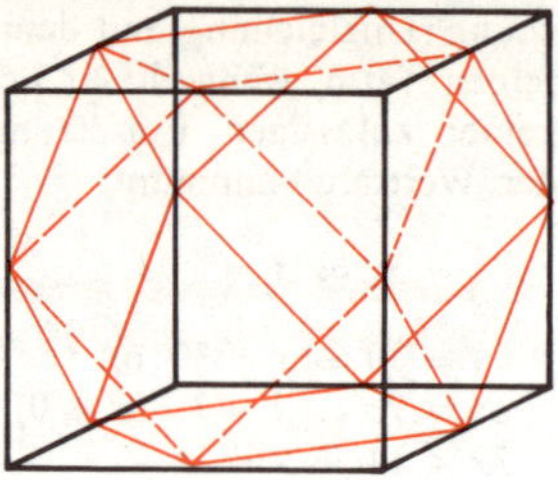

Abb. 1: Kuboktaeder

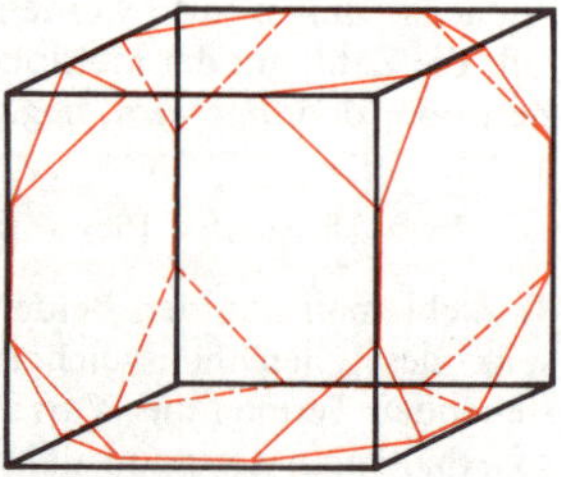

Abb. 2

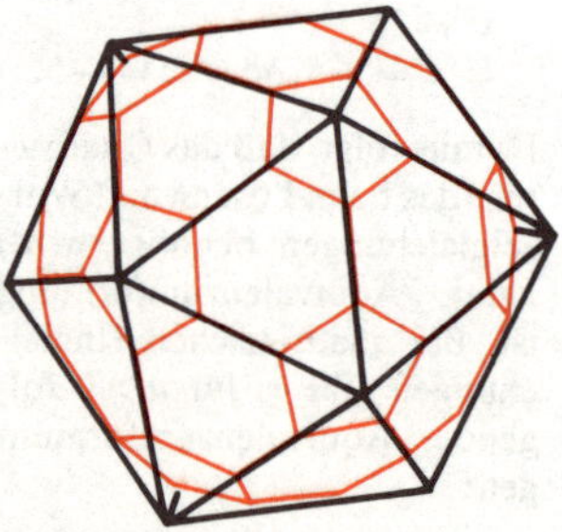

Abb. 3

entsteht ein Körper, der von 12 regelmäßigen Fünfecken und 20 regelmäßigen Sechsecken begrenzt ist (Abb. 3). Ein Modell hierfür ist der **„Europa-Fußball“.**

Weitere Beispiele für archimedische Körper sind *regelmäßige oder reguläre* ↑*Prismen,* deren Seitenflächen (Mantelflächen) Quadrate sind. Abb. 4 zeigt einen solchen Körper.

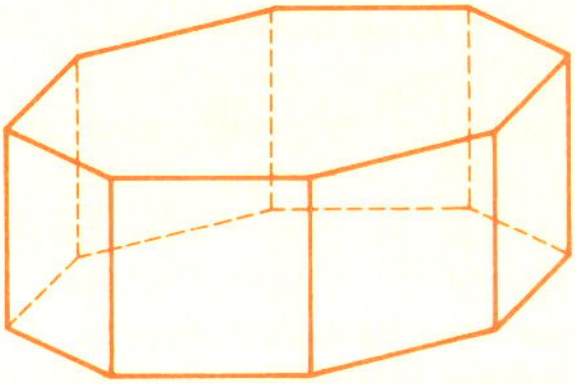

Abb. 4

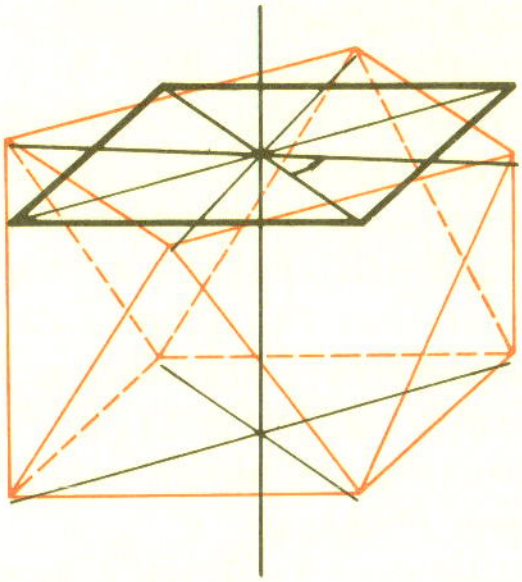

Abb. 5: Antiprisma

Der Körper in Abb. 5 hat zueinander parallele Quadrate als Grund- und Deckfläche, die gegeneinander um 45° verdreht sind. Alle Seitenflächen sind kongruente gleichseitige Dreiecke. Ein solcher Körper heißt **Antiprisma** und gehört ebenfalls zu den archimedischen Körpern.

Ganz allgemein weist jedes Antiprisma als Grund- und Deckfläche zwei kongruente regelmäßige $n$-Ecke auf, die parallel sind und um den halben Mittelpunktswinkel, also um $\frac{360°}{2n}$ gegeneinander verdreht sind. Als Seitenflächen hat es $2n$ Dreiecke, die gleichseitig und kongruent sind.

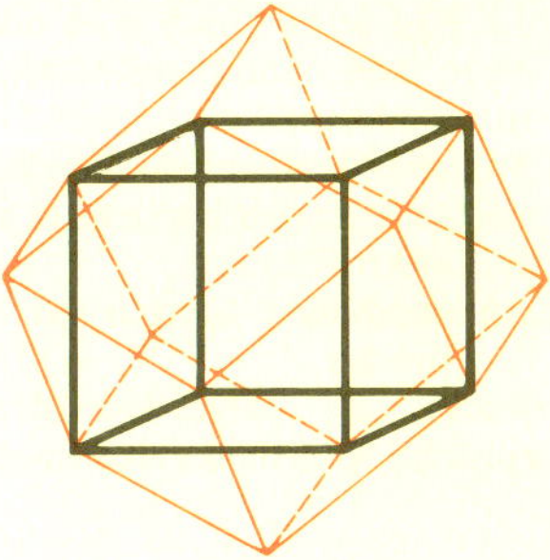

Abb. 6: Rhombendodekaeder

Archimedes fand heraus, daß es neben den regelmäßigen Prismen und Antiprismen 13 verschiedene halbreguläre Polyeder gibt. 10 dieser Polyeder weisen jeweils zwei Arten von $n$-Ecken als Seitenflächen auf, und bei 3 Polyedertypen gibt es drei Arten von Seitenflächen. Läßt man die Bedingung fallen, daß die Umgebungen der Ecken kongruent sind, und fordert dafür, daß alle Seitenflächen kongruente Vielecke sind, so entstehen **dual-archimedische** *Körper*. Ein Beispiel dafür ist das **Rhombendodekaeder,** das z. B. dadurch entsteht, daß man auf die Seitenflächen eines Würfels sechs quadratische ↑Pyramiden aufsetzt, deren Höhe gleich der halben Kantenlänge ist. In 6 Ecken des neuen Polyeders stoßen jeweils 4 ↑Rauten und in 8 Ecken je 3 Rauten zusammen (Abb. 6).

Rhombendodekaeder haben die Eigenschaft, daß man mit ihnen den Raum vollständig ausfüllen kann.

Archimedische und dual-archimedische Körper kommen u. a. als Salzkristalle vor.

**archimedische Spirale** (nach Archimedes, um 285–212): Kurve, die folgendermaßen entsteht: Man denke sich zu einem Kreis vom Radius $a$ eine Tangente und den zugehörigen Berührradius gezeichnet (vgl. Abb. 1). Dann denke man sich diese Tangente gemäß Abb. 1 auf dem Kreis abgerollt. Der Endpunkt des ursprünglichen Berührradius beschreibt dann eine spiralförmige Kurve. Diese Kurve hat in Polarkoordinaten (↑Koordinatensystem) die Gleichung $r = a \cdot \varphi$.

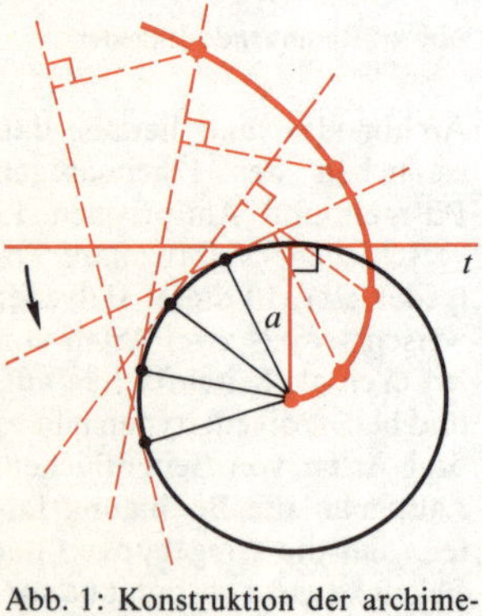

Abb. 1: Konstruktion der archimedischen Spirale

**arcosh** ↑hyperbolische Funktionen.

**arcoth** ↑hyperbolische Funktionen.

**arcsin** ↑Arkusfunktionen.

**arctan** ↑Arkusfunktionen.

**arcus** ↑Bogenmaß.

**Arcusfunktionen,** svw. ↑Arkusfunktionen.

**Areafunktionen,** Bezeichnung für die Umkehrfunktionen der ↑hyperbolischen Funktionen.

**Areal,** svw. ↑Flächeninhalt.

**arg,** Formelzeichen für ↑Argument einer ↑komplexen Zahl.

**Argument:** 1. Argument ist eine ältere Bezeichnung für „Element des Definitionsbereichs" einer Funktion.

2. Ist eine Funktion $f$ durch den ↑Term $f(x)$ definiert, so nennt man die Variable $x$ bzw. die für $x$ einzusetzenden Zahlen die **Argumente** bzw. **Argumentwerte** der Funktion.

3. Ist eine ↑komplexe Zahl in der Gaußschen Zahlenebene dargestellt mit

$$z = |z|(\cos\varphi + \mathrm{i}\sin\varphi),$$

so heißt $\varphi$ **Argument** von $z$; man schreibt dann $\varphi = \arg z$ (Abb. 1).

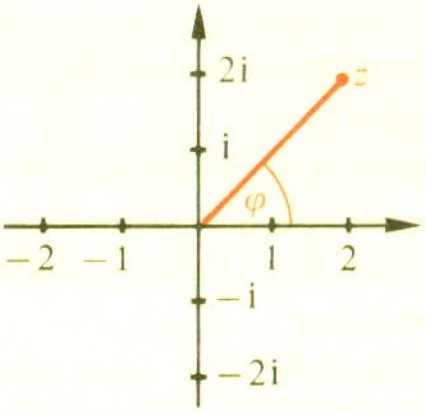


Abb. 1: Argument der komplexen Zahl $z$

**arithmetical logical unit** ↑Computer.

**Arithmetik:** Lehre von den Zahlen, speziell von den ↑natürlichen Zahlen. Sie beschäftigt sich mit den ↑Grundrechenarten, der Teilbarkeitslehre (↑Teiler) und mit der Erweiterung von ↑Zahlbereichen.

**arithmetische Folge:** Zahlenfolge, bei der die Differenz aufeinanderfolgender Glieder konstant ist. Die Zahlenfolge

$$1, 3, 5, 7, 9, 11, \ldots$$

ist z.B. eine arithmetische Folge.

Eine arithmetische Folge ist also eine Zahlenfolge $a_1$, $a_2$, $a_3$, ... mit

$$a_n = a + (n-1) \cdot d.$$

Die Zahl $a$ ist das Anfangsglied der Folge ($a_1 = a$), und je zwei aufeinanderfolgende Zahlen besitzen die Differenz $d$ ($a_{n+1} - a_n = d$). Bei drei aufeinanderfolgenden Zahlen der Folge ist die mittlere Zahl das arithmetische Mittel (↑Mittelwert) der beiden benachbarten Zahlen:

$$a_{n+1} = \frac{a_n + a_{n+2}}{2}.$$

*Beispiele:* 1) Mit $a = 2$ und $d = 5$ erhält man die Folge

$$2, 7, 12, 17, 22, 27, \ldots$$

2) Mit $a = 10$ und $d = -3$ erhält man

$$10, 7, 4, 1, -2, -5, -8, \ldots$$

3) Von einer arithmetischen Folge kennt man das 15. Glied und das 23. Glied, nämlich $a_{15} = 95$ und $a_{23} = 151$. Wie lautet das Bildungsgesetz der Folge? Es ist

$$a + 14d = 95$$
$$a + 22d = 151.$$

Daraus folgt durch Subtraktion der beiden Gleichungen

$$6d = 56, \quad \text{also} \quad d = 7;$$

dies liefert

$$a = 95 - 14 \cdot 7$$
$$= 95 - 98 = -3.$$

Es ist also

$$a_n = -3 + (n-1) \cdot 7.$$

Die Summe der ersten $n$ Glieder einer arithmetischen Folge kann man leicht berechnen, wenn man die Formel

$$1+2+3+\ldots+(n-1) = \frac{(n-1)\cdot n}{2}$$

beachtet: Es ist

$$a_1+a_2+\ldots+a_n = n\cdot a+\frac{(n-1)\cdot n}{2}\cdot d = n\cdot\frac{a_1+a_n}{2}.$$

Ist eine Folge $\langle a_n \rangle$ gegeben, so heißt die Folge $\langle d_n \rangle$ mit

$$d_n := a_{n+1}-a_n$$

die **erste Differenzenfolge** von $\langle a_n \rangle$. Die erste Differenzenfolge von $\langle d_n \rangle$ heißt die **zweite Differenzenfolge** von $\langle a_n \rangle$ usw. (Die *nullte* Differenzenfolge ist die Folge selbst.) Die erste Differenzenfolge einer arithmetischen Folge ist konstant ($d_n = d$ für alle $n \in \mathbb{N}$). Ist die $k$-te Differenzenfolge von $\langle a_n \rangle$ konstant (die $(k-1)$-te aber noch nicht), dann heißt $\langle a_n \rangle$ eine **arithmetische Folge $k$-ter Ordnung.** Der Begriff „arithmetische Folge“ wird auf diese Weise in einem allgemeineren Sinne verwendet. Die bisher behandelte arithmetische Folge, deren erste Differenzenfolge ja konstant ist, ist also eine arithmetische Folge 1. Ordnung. Die Folge der Quadratzahlen ist eine arithmetische Folge 2. Ordnung:

Folge der Quadratzahlen
1 4 9 16 25 36 ...
erste Differenzenfolge
3 5 7 9 11 ...
zweite Differenzenfolge
2 2 2 2 ...

**arithmetische Logik** ↑Taschenrechner.

**arithmetisches Mittel** ↑Mittelwert.

**arithmetisch-logische Einheit** ↑Computer.

**Arkusfunktionen** (Arcusfunktionen, zyklometrische Funktionen): Die ↑Umkehrfunktionen der ↑trigonometrischen Funktionen in einem geeigneten Intervall werden als Arkusfunktionen bezeichnet (Tab. 1). Es handelt sich um die Funktionen Arkussinus, Arkuskosinus (Abb. 1), Arkustangens und Arkuskotangens (Abb. 2).

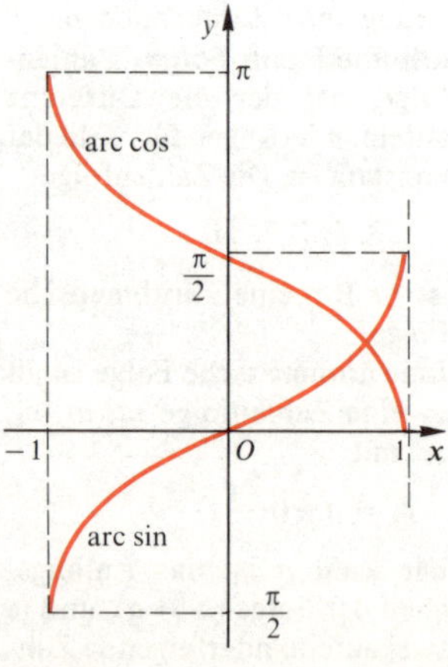

Abb. 1

| Funktion | Umkehrfunktion | Definitionsmenge | Bildmenge | Graph |
|---|---|---|---|---|
| $y = \sin x$ | $y = \arcsin x$ | $[-1,1]$ | $\left[-\frac{\pi}{2}, \frac{\pi}{2}\right]$ | Abb. 1 |
| $y = \cos x$ | $y = \arccos x$ | $[-1,1]$ | $[0, \pi]$ | Abb. 1 |
| $y = \tan x$ | $y = \arctan x$ | $\mathbb{R}$ | $\left]-\frac{\pi}{2}, \frac{\pi}{2}\right[$ | Abb. 2 |
| $y = \cot x$ | $y = \operatorname{arccot} x$ | $\mathbb{R}$ | $]0, \pi[$ | Abb. 2 |

Tabelle 1: Arkusfunktionen

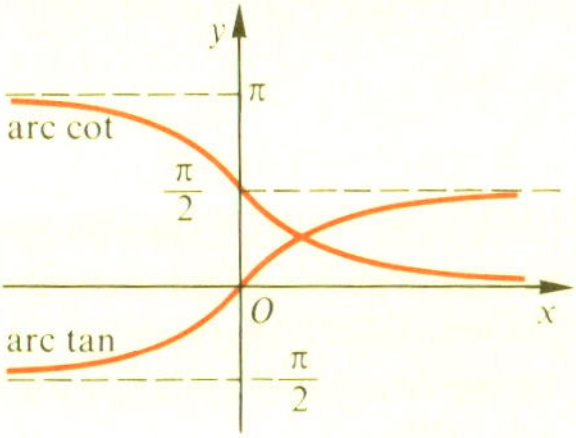


Abb. 2

Auf Taschenrechnern sind diese Funktionen meistens mit

$\sin^{-1}, \cos^{-1}, \tan^{-1}$

bezeichnet, in der Mathematik sind aber die in Tabelle 1 benutzten Bezeichnungen üblich.

**Arkuskosinus** ↑ Arkusfunktionen.

**Arkuskotangens** ↑ Arkusfunktionen.

**Arkussinus** ↑ Arkusfunktionen.

**Arkustangens** ↑ Arkusfunktionen.

**arsinh** ↑ hyperbolische Funktionen.

**artanh** ↑ hyperbolische Funktionen.

**Assembler** ↑ Assemblersprache, ↑ Programmiersprache.

**Assemblersprache** *(Assemblierspräche)*: Eine Programmiersprache, die einer ↑ Maschinensprache ähnlich ist. Zur Verbesserung der Lesbarkeit und Merkbarkeit der Befehle werden spezielle Abkürzungen (Symbole) verwendet, z. B.:

MOV B, C ‚Bewege den Inhalt des Registers C nach Register B' (bewegen, engl. move);

JMP Adam ‚Springe zum Programmpunkt ‚Adam'' (springen, engl. jump);

RET ‚Rücksprung aus einem Unterprogramm in das Hauptprogramm' (zurückkehren, engl. return).

Ein Programm in der Assemblersprache wird durch ein besonderes Übersetzungsprogramm, den **Assembler,** in die Maschinensprache der Rechenanlage übersetzt und kann dann ausgeführt werden.

Da die Befehle der Assemblersprachen die gleiche oder ähnliche Struktur wie die Befehle von Maschinensprachen haben, sind die Assemblersprachen im allgemeinen von Anlage zu Anlage verschieden. Man sagt auch, Assemblersprachen sind **maschinenorientiert.**

**assoziativ**: Bei der Addition dreier Zahlen *a, b, c* ist das Ergebnis unabhängig davon, ob man zur Summe $a+b$ die Zahl *c* hinzuaddiert oder ob man zur Zahl *a* die Summe $b+c$ hinzuaddiert:

$$(a+b)+c=a+(b+c).$$

Man sagt, es gilt das Assoziativgesetz bezüglich der Addition.

Allgemein heißt eine ↑Verknüpfung $*$ in einer Menge *M* assoziativ, wenn in *M* das **Assoziativgesetz** bezüglich $*$ gilt, d. h., für alle $a, b, c \in M$ gilt

$$(a*b)*c=a*(b*c).$$

Außer der Addition ist z. B. auch die Multiplikation von Zahlen eine assoziative Verknüpfung. – Nicht-assoziative Verknüpfungen in der Menge der reellen Zahlen sind die Subtraktion und die Division. Es gilt z. B.

$$-10=(2-5)-7$$
$$\neq 2-(5-7)=4$$

bzw.

$$2=(16:4):2 \neq 16:(4:2)=8.$$

Wenn in einem ↑Verknüpfungsgebilde das Assoziativgesetz gilt, dann kann man Verknüpfungen von mehr als zwei Elementen (mehrgliedriger Term) immer *ohne Klammern* hinschreiben, da es auf die Beklammerung nicht ankommt; außerdem darf man bei mehrgliedrigen Termen beliebig Klammern setzen. Für Zahlen kann man z. B. statt

$$(((a_1+a_2)+(a_3+a_4))+a_5)$$

einfach

$$a_1+a_2+a_3+a_4+a_5$$

schreiben. Ein assoziatives Verknüpfungsgebilde bezeichnet man als **Halbgruppe.**

**Assoziativgesetz** ↑assoziativ.

**Ast** ↑Hyperbel.

**Asteroide,** svw. ↑Astroide.

**Astroide** (Asteroide, Sternkurve): Sternförmige ebene Kurve mit vier Spitzen, die ein Punkt eines Kreises vom Radius *r* be-

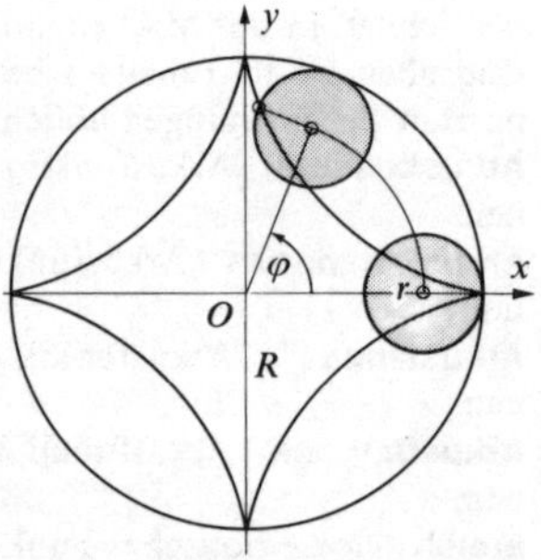

Abb. 1: Astroide

schreibt, der innen auf einem Kreis vom Radius $R = 4r$ abrollt (Abb. 1).
In kartesischen Koordinaten (↑Koordinatensystem) ist die Gleichung der Astroiden durch

$$x^{\frac{2}{3}} + y^{\frac{2}{3}} = R^{\frac{2}{3}}$$

(mit $R > 0$) gegeben.

**astronomische Koordinatensysteme:** Koordinatensysteme zur Festlegung von Sternörtern (und Örtern anderer astronomischer Objekte). Um die Richtung eines Punktes $S$ an der Sphäre vom Ursprungspunkt $U$ aus zu bestimmen, wählt man eine Ebene als Grundebene und in dem Großkreis, den diese an der Sphäre ausschneidet, einen Punkt $R$ als Richtpunkt. Die Lage des Punktes $S$ ist dann eindeutig durch zwei Winkel bestimmt, nämlich den Winkel $SUM$, den die Richtung nach $S$ mit der Grundebene bildet, und den Winkel $RUM$, den eine senkrecht zur Grundebene durch $S$ gelegte Ebene mit der Richtung zum Punkt $R$ einschließt (Abb. 1).
Die Winkel werden durch die ihnen entsprechenden Kreisbogen $\widehat{SM}$ und $\widehat{RM}$ gemessen. Auf dieser Grundlage kann man durch Angabe der Grundkreisebene, des Richtpunktes auf ihr und durch Festlegen der Zählung der Winkel entsprechend die gebräuchlichen

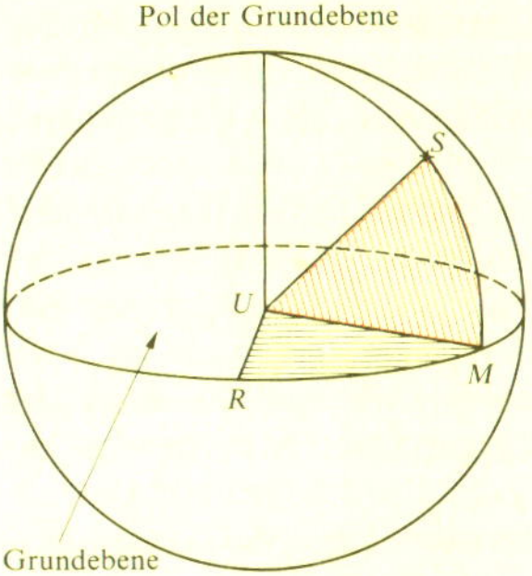


Abb. 1: Bestimmung der Lage eines Punktes $S$ durch zwei Winkel

astronomischen Koordinatensysteme definieren (Abb. 2): das *Horizontal-* oder *Azimutsystem* (Horizontebene als die Grundebene, Azimut als $\sphericalangle\, RUM$, Höhe als $\sphericalangle\, SUM$), das *feste Äquatorialsystem* **(Stundenwinkelsystem)** sowie das *bewegte Äquatorialsystem (Rektaszensionssystem)* mit der Äquatorebene als Grundebene, Stundenwinkel bzw. Rekt-

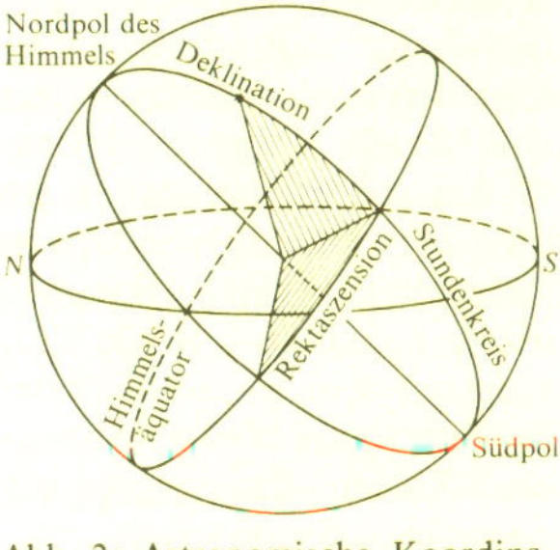


Abb. 2: Astronomische Koordinatensysteme

aszension und Deklination als Winkel, das *Ekliptikalsystem* (Ekliptik als Grundebene, ekliptikale Länge und Breite als Winkel) sowie das *alte* und *neue galaktische System* mit der Milchstraßenebene als Grundebene und den sich im Ausgangspunkt und Richtung der Zählung unterscheidenden galaktischen Längen und Breiten. Je nach Lage des Ursprungspunktes spricht man von *geozentrischen Systemen* (Ursprung im Schwerpunkt der Erde), *heliozentrischen Systemen* (Ursprung im Schwerpunkt der Sonne) oder *baryzentrischen Systemen* (Ursprung im Schwerpunkt mehrerer Himmelskörper liegend).

**astronomisches Dreieck** (nautisches Dreieck), das sphärische Dreieck mit den Eckpunkten Himmelspol, Zenit, Stern.

**asymmetrisch:** Eine Relation $R$ in einer Menge $M$ heißt asymmetrisch, wenn für keine Beziehung zugleich die Umkehrbeziehung besteht, wenn also für alle Elemente $a, b$ aus $M$ aus $aRb$ folgt, daß nicht $bRa$ gilt. Jede asymmetrische Relation ist auch antisymmetrisch. Jedoch ist z. B. die Ordnungsrelation $\leq$ („kleiner oder gleich") in der Menge der ganzen Zahlen antisymmetrisch und nicht asymmetrisch.

*Beispiel:* Die Ordnungsrelation $<$ („kleiner") in der Menge der ganzen Zahlen ist asymmetrisch.

**Asymptote:** Eine Gerade, welcher sich eine gegebene Kurve immer stärker nähert („anschmiegt"), ohne sie zu berühren, nennt man Asymptote. Beim Durchlaufen der Kurve wird der Abstand zwischen Kurve und Asymptote beliebig klein.

*Beispiel:* Der Graph der Funktion $x \mapsto \frac{1}{x}$ hat zwei Asymptoten, die $x$-Achse und die $y$-Achse (Abb. 1).

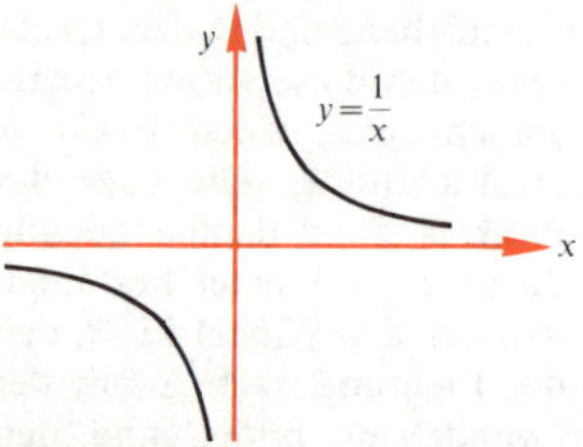


Abb. 1: Asymptoten

Den Begriff der Asymptote kann man zum Begriff der **asymptotischen Linie** verallgemeinern. Dies ist eine Kurve, welche sich der gegebenen Kurve immer stärker nähert („anschmiegt"), wenn man die Kurven durchläuft.

*Beispiel:* Die gebrochen-rationale Funktion $f$ mit

$$f(x) = \frac{x^3 + 2x^2 - 3x + 4}{4x - 4}$$

$$= \frac{1}{4}(x^2 + 3x) + \frac{1}{x-1}$$

hat die Asymptote $x = 1$ und als asymptotische Linie die Parabel mit der Gleichung

$$y = \frac{1}{4}(x^2 + 3x)$$

(Abb. 2).

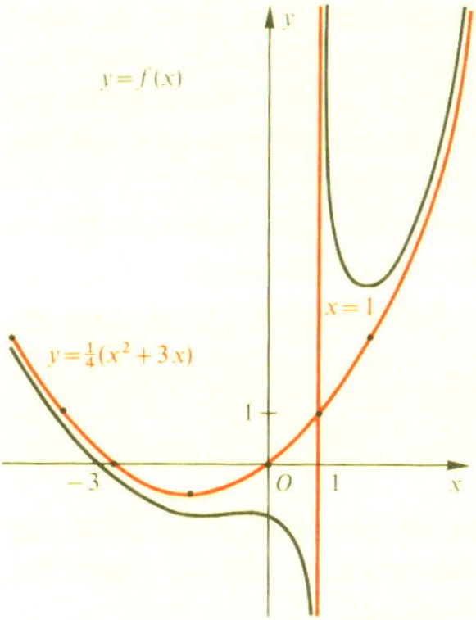


Abb. 2: Eine Parabel als asymptotische Linie

**asymptotische Linie** ↑Asymptote.

**asynchron**: Arbeitsweise einer Datenverarbeitungsanlage, bei der Daten innerhalb der Anlage oder von externen bzw. zu externen Geräten so übertragen werden, daß ein nachfolgendes Zeichen erst dann gesendet wird, wenn der vorhergehende Befehl ausgeführt ist.

**Atto...**, Zeichen a, Vorsatz vor Einheiten, bezeichnet den $10^{18}$ten Teil der betreffenden Einheit (↑Vorsatzzeichen).

**Aufriß**: Abbildung eines Körpers, die durch senkrechte Parallelprojektion auf eine vertikale Ebene entsteht.

**Aufruf**, in der Datenverarbeitung ↑Unterprogramm.

**Aufrißschrägbild** ↑Projektion.

**Aufrunden** ↑Runden.

**Aufsicht** ↑Perspektive.

**aufzinsen** ↑Zinseszinsrechnung.

**Aufzinsung** ↑Zinseszinsrechnung.

**Augpunkt** ↑Perspektive.

**Ausdruck**: 1) In der mathematischen Logik ist ‚Ausdruck' ein Oberbegriff für ↑Aussage und ↑Aussageform. – 2) Bei Programmiersprachen verwendet man ‚Ausdruck' gleichbedeutend mit ↑Term.

**Ausfall**, mögliches Ergebnis eines ↑Zufallsversuchs.

**Ausgabe** ↑Abbildung.

**Ausgabeanweisung** ↑Anweisung.

**Ausgabeeinheit** ↑Computer.

**Ausgabegeräte** ↑Peripheriegeräte.

**Ausgabekurs** ↑Anleihen.

**Ausgabemenge** ↑Abbildung.

**Ausgangsmenge**, svw. Definitionsmenge (↑Abbildung).

**Ausgangszustand** ↑Abbildung.

**Ausgleichsgerade** ↑Regression.

**Ausgleichsrechnung**: Ein mathematisches Verfahren, um

aus $n$ gegebenen Meßwerten

$$x_1, x_2, \ldots, x_n$$

einen solchen Wert $\bar{x}$ zu berechnen, für welchen die Summe der Fehlerquadrate

$$(\bar{x}-x_1)^2+(\bar{x}-x_2)^2+\ldots+(\bar{x}-x_n)^2$$

am kleinsten (minimal) ist (↑Methode der kleinsten Quadrate). Diese Summe ist minimal für das arithmetische Mittel

$$\bar{x}=\frac{1}{n}(x_1+x_2+\ldots+x_n)$$

(↑Mittelwert).
*Beispiel:* Für die Meßwerte 24, 20, 17, 15, 28, 23, 21, 23 ist $n=8$ und

$$\bar{x}=\frac{1}{8}(24+20+17+15+28+23+21+28)=\frac{176}{8}=22.$$

**Ausklammern:** Zerlegen einer Summe in Faktoren.
*Beispiele:*

$$3x+15y=3(x+5y),$$
$$9x-6y=3(3x-2y),$$
$$7x^2+14x=7x(x+2),$$
$$-5x+10y=-5(x-2y).$$

Das Ausklammern macht also das ↑Ausmultiplizieren rückgängig und umgekehrt.
**Ausmultiplizieren:** Die Umformung des Produkts eines ↑Terms und einer Summe, bei der unter Berücksichtigung der Vorzeichenregeln (↑Vorzeichen) der Term mit jedem Summanden multipliziert wird. Die umgekehrte Umformung nennt man ↑Ausklammern.
*Beispiele:*

$$5(3x+7)=15x+35,$$
$$2x(1+y)=2x+2xy,$$
$$(3+4y)\cdot 2x=6x+8xy.$$

**Ausreißer:** Ein Wert in einer Meßreihe, der sich wesentlich stärker vom ↑Mittelwert der Meßreihe unterscheidet als fast alle übrigen Meßwerte.
*Beispiel:* Eine Meßreihe bestehe aus den Zahlen

$$24, 20, 17, \underline{2}, 15, 28, \underline{119}, 23.$$

Das arithmetische Mittel ist

$$31=\frac{248}{8}.$$

In diesem Fall kann man die Werte 2 und 119 als Ausreißer ansehen.
Bei der Berechnung eines brauchbaren Mittelwertes läßt man in manchen Fällen Ausreißer einfach weg, da diese meistens auf Fehlern beim Messen beruhen. – Vgl. ↑Zentralwert.
**Ausrufungszeichen,** mathematisches Zeichen für die ↑Fakultät.
**Aussage.** Eine **Aussage** ist ein Satz („sprachliches Gebilde“), der entweder *wahr* oder *falsch* ist (vgl. ↑formale Logik). Bei einer Aussage muß also grundsätzlich feststehen, ob sie wahr oder falsch ist. Unwesentlich

ist hingegen, ob ein Leser oder Hörer einer Aussage über deren Wahrheitsgehalt entscheiden kann. Aussagen sind z. B.

„3 ist eine Primzahl“,
„Der Rhein fließt durch Berlin“,
„23 ist durch 6 teilbar“.

Von diesen Aussagen ist die erste wahr, die zweite und dritte falsch. Keine Aussagen sind z. B.

„Öffne das Fenster!“,
„Regnet es morgen?“,
„Teile 180 durch 6!“.

**Aussageform.** Eine Zeichenreihe, die ↑*Variable (Platzhalter, Leerstellen)* enthält, nennt man *Aussageform,* wenn sie bei jeder Ersetzung der Variablen durch Elemente einer vorgegebenen Menge, der **Grundmenge,** in eine Aussage übergeht (↑formale Logik).
Eine Aussageform mit *einer* Variablen heißt *einstellige Aussageform,* z. B.

$3x+5=19$,
$x$ teilt 24,
$x^2+2x-5=0$.

Eine Aussageform mit *zwei* Variablen heißt *zweistellige Aussageform,* z. B.

$3x+4y-7=0$,
$x$ teilt $y$,
$x^2+y^2=25$.

Entsprechend sind 3-, 4-, 5-, ...stellige Aussageformen erklärt.
In einer Aussageform muß die gleiche Variable immer durch das gleiche Element ersetzt werden; verschiedene Variable kann man durch verschiedene oder gleiche Elemente ersetzen.
Wichtige Aussageformen sind ↑Gleichungen und ↑Ungleichungen.
Ist $G$ die Grundmenge einer Aussageform, so heißt ein Element $g$ aus $G$, welches bei Einsetzen aus der Aussageform eine *wahre* Aussage macht, eine **Lösung** der Aussageform. Die Menge aller Lösungen heißt die **Lösungsmenge** der Aussageform (über $G$).

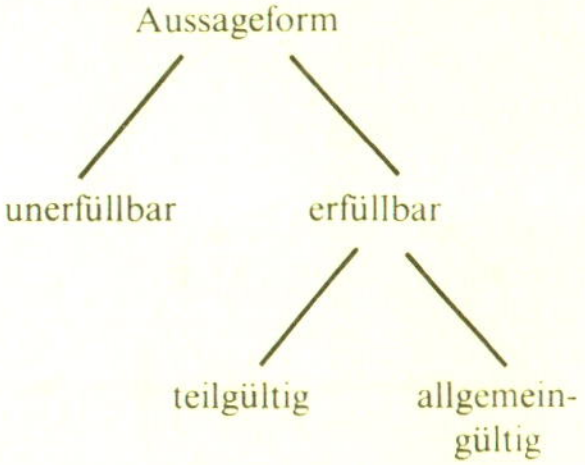


Abb. 1: Arten von Aussageformen

Aussageformen, die (bei gegebener Grundmenge) eine Lösung besitzen, heißen **erfüllbar;** Aussageformen, die keine Lösung besitzen, heißen **unerfüllbar.** Bei den erfüllbaren Aussageformen unterscheidet man die **allgemeingültigen** (jedes Element der Grundmenge ist Lösung) und die **teilgültigen** (nicht jedes Element ist Lösung) Aussageformen (vgl. Abb. 1).

*Beispiele:* 1) Die Aussageform „$3x+5=19$" hat über der Menge $\mathbb{N}$ der natürlichen Zahlen keine Lösung, über der Menge $\mathbb{Q}$ der rationalen Zahlen jedoch die Lösung $\frac{14}{3}$.

2) Die Aussageform „$x$ teilt 24" hat über $\mathbb{N}$ die Lösungsmenge

$$\{1, 2, 3, 4, 6, 8, 12, 24\}.$$

3) Über $\mathbb{R} \times \mathbb{R}$ hat die Aussageform „$x^2+y^2=25$" eine unendliche Lösungsmenge, die im kartesischen ↑Koordinatensystem als eine Kreislinie dargestellt werden kann (Abb. 2).

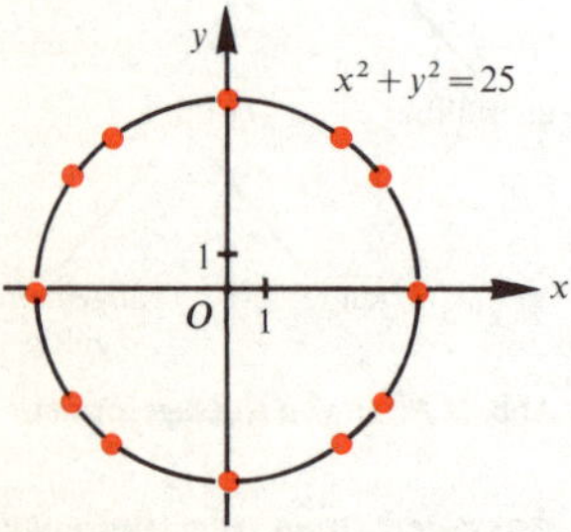


Abb. 2

Über $\mathbb{Z} \times \mathbb{Z}$ hat diese Aussageform lediglich 12 Lösungen, die den Gitterpunkten auf dem Kreis entsprechen.

**Aussagenlogik** ↑formale Logik.

**Außengebiet** ↑Dreieck.

**Außenwinkel** ↑Dreieck.

**Außenwinkelfelder:** Die im Äußeren eines Vielecks gelegenen Winkelfelder zwischen den Seiten des Vielecks (bzw. den Verlängerungen der Seiten),

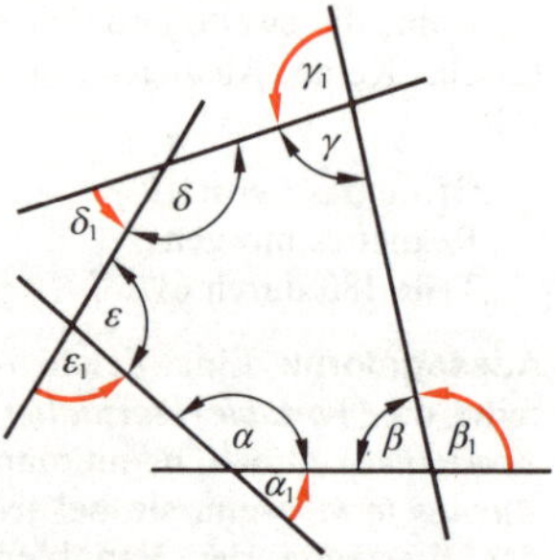


Abb. 1: Außenwinkel (rot)

welche Nebenwinkelfelder eines Innenwinkelfeldes des Polygons sind, bezeichnet man als Außenwinkelfelder. Zu jedem Innenwinkelfeld gibt es stets zwei kongruente Außenwinkelfelder; betrachtet man jeweils nur eines dieser beiden Außenwinkelfelder, so gilt der **Außenwinkelsatz:** Die Summe der Außenwinkel eines Vielecks beträgt 360° (Abb. 1).

**äußeres Produkt,** svw. ↑Vektorprodukt.

**äußeres Winkelfeld** ↑Winkel.

**äußere Verknüpfung** ↑Verknüpfung.

**Auswahl** ↑Kombinatorik.

**Auswahlaxiom** (Zermelosches Axiom; nach E. Zermelo, 1871–1953): Axiom der Mengenlehre: Ist $M$ eine Menge von durchschnittsfremden und nicht leeren Mengen $M_i$, so gibt es eine Menge $Z$, die **Auswahlmenge,** die aus jeder der Mengen $M_i$ genau ein Element $a_i$, den **Repräsentanten** von $M_i$, enthält.

**Automorphismus:** ↑Isomorphismus eines Verknüpfungsgebildes auf sich.

**axialsymmetrisch** ↑Symmetrie.

**Axiom** ↑Axiomensystem.

**Axiomensystem:** Ein System von Sätzen **(Axiome, „Grundsätze"),** die als wahr angenommen werden und aus denen alle übrigen Sätze einer mathematischen Theorie (z. B. euklidische Geometrie) mit den Regeln der Logik ableitbar sind, bezeichnet man als Axiomensystem. Selbstverständlich muß ein Axiomensystem **widerspruchsfrei** sein, d. h., es dürfen aus ihm nicht zugleich ein Satz und dessen logisches Gegenteil ableitbar sein. Bei **unabhängigen** Axiomensystemen ist kein Axiom als Lehrsatz aus den übrigen Axiomen ableitbar. Bei **vollständigen** Axiomensystemen ist jeder in der entsprechenden Theorie formulierbare Satz oder sein logisches Gegenteil aus den Axiomen ableitbar. – Vgl. z. B. ↑Peanosches Axiomensystem.

**Axonometrie:** Teilgebiet der ↑darstellenden Geometrie, in dem Verfahren zur Herstellung von Schrägbildern von Körpern behandelt werden. Dabei erhält man je nach ↑Projektion des Raumes in der Ebene verschiedene *axonometrische Bilder* (Kavalierprojektion, Militärprojektion, Ingenieurprojektion). – Parallelprojektionen werden auch als Axonometrien bezeichnet.

**Azimut,** in einem räumlichen Polarkoordinatensystem der Winkel $A$, den der auf die Grundebene (Horizontebene) projizierte Radiusvektor $\boldsymbol{r}$ eines Punktes $P$ mit einer Bezugsrichtung (Nullrichtung) bildet (Abb. 1). In der *Astronomie* wird als Bezugsrichtung die Südrichtung gewählt. Auf anderen Gebieten *(Navigation, Geodäsie)* werden andere Be-

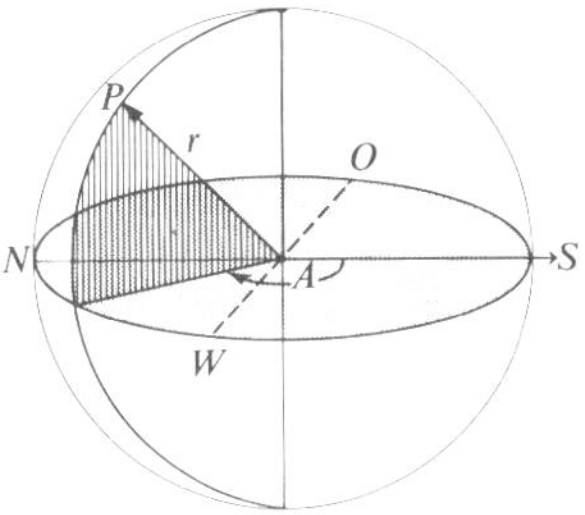

Abb. 1: Azimut

zugsrichtungen bzw. Meßrichtungen verwendet, z. B. als Bezugsrichtung rechtweisend Nord, als Meßrichtung (von 0° bis 360°) der Uhrzeigersinn.

**Azimutalprojektion:** Kartennetzentwurf, bei dem die Projektionsfläche eine Ebene ist, die die Erde in einem Punkt berührt. Sie wird überwiegend als polständiger Kartennetzentwurf angewandt (Abb. 1); ein

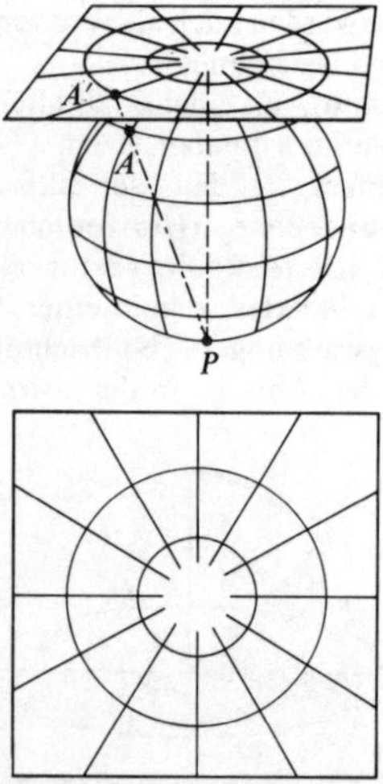


Abb. 1: Prinzip der Azimutalprojektion

Pol bildet dann den Mittelpunkt der Projektion. Eine solche Projektion kann daher nur eine Halbkugel der Erde abbilden. Je nach der Lage der Projektionsachse zur Erdachse bezeichnet man den Kartennetzentwurf als *polständig, äquatorständig* oder *zwischenständig* (schiefachsig).

**Azimutsystem,** ein ↑astronomisches Koordinatensystem.

# B

𝔹, die Menge der Bruchzahlen (↑Bruch).

**Baby-bond** ↑Anleihe.

**babylonische Ziffern** ↑Ziffern.

**Bandornament** ↑Ornament, ↑Deckabbildung.

**Bankzahl** ↑Pferdewetten, ↑Zahlenlotto.

**Barwert** (Gegenwartswert): Eine später fällige Geldzahlung besitzt gegenwärtig einen geringeren Wert. Diesen Sachverhalt drückt man mathematisch durch den Barwert der Zahlung aus: Ist eine Geldzahlung vom Betrag **(Endkapital)** $K_n$ in $n$ Jahren fällig, so besitzt diese Zahlung gegenwärtig den **Barwert**

$$K_0 = \frac{K_n}{r^n} = K_n \cdot \left(\frac{1}{r}\right)^n;$$

hierbei ist $r = 1 + \frac{1}{100}$ der Zinsfaktor und $p$ der Zinsfuß. Man bezeichnet $\left(\frac{1}{r}\right)^n$ auch als **Abzinsungsfaktor.** Der Barwert $K_0$ ist also der Betrag, der beim Zinsfuß $p$ in $n$ Jahren auf den Wert $K_n$ anwächst.

*Beispiel:* In 10 Jahren ist eine Summe von 10 000 DM fällig.

Legt man einen Zinsfuß von 7 zugrunde, so beträgt der Barwert 5 083,49 DM:

$$K_0 = \frac{10000}{(1+\frac{7}{100})^{10}} = \frac{10000}{1{,}07^{10}}$$
$$= 5\,083{,}49 \text{ DM}.$$

Die Berechnung von $K_0$ bei gegebenem Endkapital $K_n$ bezeichnet man auch als **Diskontierung** oder **Abzinsung.** – Vgl. auch ↑Rentenrechnung, ↑Ratenzahlung.

**baryzentrisches System** ↑astronomische Koordinatensysteme.

**Barzahlungsrabatt** ↑Rabatt.

**BASIC:** Abkürzung für **B**eginners **A**ll Purpose **S**ymbolic **I**nstruction **C**ode. BASIC ist eine höhere ↑Programmiersprache, die seit der Verwendung von Kleinrechnern zu den weitestverbreiteten Programmiersprachen gehört. Sie wurde in den Jahren 1963–1965 vom Dartmouth College in Hanover (USA) entwickelt. BASIC ist zur Lösung von einfachen mathematisch-technischen Problemen gut geeignet. Spezielle erweiterte Versionen lassen auch die Lösung kommerzieller Aufgaben zu. Es gibt etwa 50 verschiedene BASIC-Versionen.

**Basis:** 1) *Geometrie:* In einem gleichschenkligen Dreieck nennt man die Seite, an welcher die beiden gleichen Winkel anliegen, die *Basis* (Abb. 1). Die Grundfläche eines Körpers bezeichnet man auch als *Basis*.

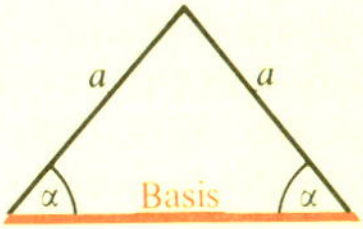


Abb. 1: Basis eines gleichschenkligen Dreiecks

2) *Potenzrechnung:* In der ↑Potenz

$$b^x$$

nennt man die Zahl $b$ die *Basis*. Entsprechend nennt man in dem Logarithmus

$${}_b\log x$$

die Zahl $b$ die *Basis* des ↑Logarithmus.

3) *Vektorrechnung:* Lassen sich die ↑Vektoren eines Vektorraumes alle als Linearkombination von $n$ linear unabhängigen Vektoren

$$\vec{v}_1, \vec{v}_2, \ldots, \vec{v}_n,$$

den **Basisvektoren,** ausdrücken, so bezeichnet man das System der Basisvektoren als *Basis* des ↑Vektorraumes.

**Batch processing** ↑Betriebsart.

**Baud** (Einheitenzeichen Bd): Maß für die Übertragungsrate bei informationsverarbeitenden Maschinen. Baud gibt die Anzahl der pro Sekunde übertragenen ↑Bits an. Eine Übertragungsrate von 9600 Baud besagt, daß 9600 Bit/s übermittelt werden. Die Einheit wurde nach dem französischen Techniker É. Baudot (1845 bis 1903) benannt, der 1874 den nach ihm bezeichneten Baudot-Telegraphen erfand.

**Bauernmultiplikation** ↑russische Multiplikation.

**Baumdiagramme** verwendet man vor allem in der ↑Kombinatorik zur Darstellung von Zählproblemen und zur Bestimmung von Anzahlen.

*Beispiel:* Aus den Buchstaben *a, b, c* kann man 6 Wörter mit drei verschiedenen Buchstaben bilden. Dies kann man dem Baumdiagramm in Abb. 1 entnehmen:

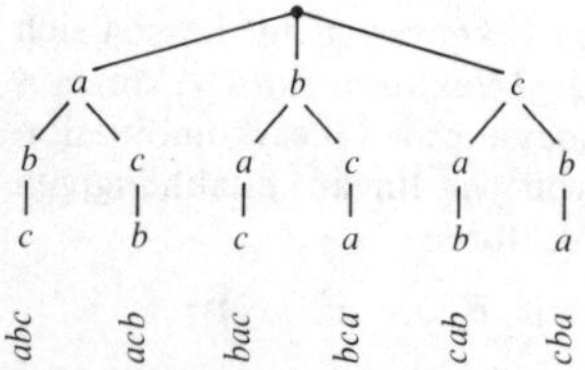


Abb. 1

Vgl. ↑mehrstufiger Zufallsversuch.

**BCD** ↑Code.

**Bd,** Einheitenzeichen, ↑Baud.

**bedingte Wahrscheinlichkeit:** Bei der Berechnung der Wahrscheinlichkeiten von zusammengesetzten Zufallsversuchen, die nicht voneinander unabhängig sind, kann der Ausgang des ersten Versuchs den zweiten Versuch beeinflussen. Mathematisch berücksichtigt man diesen Sachverhalt durch die bedingte Wahrscheinlichkeit. Darunter versteht man die Wahrscheinlichkeit für das Eintreten eines Ereignisses $B$ unter der Voraussetzung, daß ein Ereignis $A$ bereits eingetreten ist: Die **bedingte Wahrscheinlichkeit** des Ereignisses $B$ unter dem bedingenden Ereignis $A$ ist der Quotient aus der Wahrscheinlichkeit, daß $B$ und $A$ eintritt, und der Wahrscheinlichkeit daß $A$ eintritt (falls $P(A) \neq 0$ gilt):

$$P(B|A) := \frac{P(A \cap B)}{P(A)}.$$

*Beispiel:* In der Urne $U_1$ seien eine blaue und zwei rote Kugeln; in der Urne $U_2$ seien drei blaue und zwei rote Kugeln. Es wird blind eine blaue Kugel gezogen. Gesucht ist die Wahrscheinlichkeit, daß die blaue Kugel aus der Urne $U_1$ stammt.

$A$: Ziehen einer Kugel aus der Urne $U_1$,
$B$: Ziehen einer blauen Kugel,
$A \cap B$: Ziehen einer blauen Kugel aus der Urne $U_1$,

$$P(A) = \frac{1}{2},$$

$$P(A \cap B) = \frac{1}{8},$$

$$P(B|A) = \frac{P(A \cap B)}{P(A)} = \frac{\frac{1}{8}}{\frac{1}{2}} = \frac{2}{8} = \frac{1}{4}.$$

Die Wahrscheinlichkeit, daß eine gezogene blaue Kugel aus der Urne $U_1$ stammt, ist 25%.

**bedingt konvergent** ↑konvergent.

**Bedingung:** In einer Aussage der Form „Wenn *A*, dann *B*" bezeichnet man *A* als **hinreichende Bedingung** und *B* als **notwendige Bedingung.**

*Beispiel:* In der Aussage „Wenn eine Zahl durch 4 teilbar ist, dann ist sie auch durch 2 teilbar" ist die Teilbarkeit durch 4 hinreichende Bedingung für die Teilbarkeit durch 2. Umgekehrt ist die Teilbarkeit durch 2 notwendige Bedingung für die Teilbarkeit durch 4.

**Bedingungsgleichung** ↑Gleichungen.

**Befehl** ↑Anweisung.

**befreundete Zahlen:** Zwei natürliche Zahlen *a*, *b* heißen **befreundet** bzw. **verwandt,** wenn die Summe der von *a* verschiedenen Teiler von *a* gleich *b* ist, und die Summe der von *b* verschiedenen Teiler von *b* gleich *a* ist. Ein befreundetes Zahlenpaar ist (220; 284), denn die Teiler von 220 sind

$$1, 2, 4, 5, 10, 11, 20, 22, 44, 55, 110, 220$$

und

$$1+2+4+5+10+11+20+22+44+55+110 = 284;$$

284 besitzt die Teiler

$$1, 2, 4, 71, 142, 284$$

und

$$1+2+4+71+142 = 220.$$

Dies ist das kleinste befreundete Zahlenpaar mit verschiedenen Zahlen. Das nächstgrößere Paar mit verschiedenen befreundeten Zahlen ist (1 184; 1 210). Man kennt heute etwa 500 Paare befreundeter Zahlen. Spezielle, mit sich selbst befreundete Zahlen sind die vollkommenen Zahlen.

**Behauptung** ↑Satz.

**Beizahl,** svw. ↑Koeffizient.

**Belegleser** ↑Peripheriegeräte.

**Bell-Zahlen** (*Bellsche Exponentialzahlen* [nach E. T. Bell, 1883 – 1960]): Bezeichnung für die Zahlen

$B_n :=$ Anzahl aller Zerlegungen einer *n*-elementigen Menge.

Beispielsweise ist $B_3 = 5$, denn die Menge $\{a, b, c\}$ besitzt genau die folgenden 5 Zerlegungen:

$$\{a, b, c\},$$
$$\{a\} \cup \{b, c\},$$
$$\{b\} \cup \{a, c\},$$
$$\{c\} \cup \{a, b\},$$
$$\{a\} \cup \{b\} \cup \{c\}.$$

Tabelle 1 enthält die ersten 5 Bell-Zahlen:

| $n$ | 1 | 2 | 3 | 4 | 5 |
|---|---|---|---|---|---|
| $B_n$ | 1 | 2 | 5 | 15 | 52 |

Tabelle 1: Bell-Zahlen

**benachbart** ↑Nachbargebiete.

**Bernoulli-Kette** (nach Jakob Bernoulli, 1654–1705): Die folgenden Zufallsversuche können jeweils als $n$-malige Wiederholung eines Zufallsversuchs mit genau zwei Ausfällen **(Bernoulli-Versuch)** gedeutet werden:

1) $n$-maliger Münzwurf;
Treffer: Wappen (Wahrscheinlichkeit $=\frac{1}{2}$),
Fehlschlag: Zahl.

2) $n$-maliges Würfeln;
Treffer: Sechs (Wahrscheinlichkeit $=\frac{1}{6}$).
Fehlschlag: keine Sechs.

Derartige Zufallsversuche bezeichnet man als **Bernoulli-Ketten.**

Hat der Bernoulli-Versuch die Ausfälle + („Treffer") und – („Fehlschlag") mit den Wahrscheinlichkeiten $p$ und $1-p$, so hat die Bernoulli-Kette $2^n$ verschiedene Ausfälle (z.B. $(+,+,-,+,-,-,-,+,-,-)$ für $n=10$); ein bestimmter Ausfall hat die Wahrscheinlichkeit $p^k(1-p)^{n-k}$, wenn er genau $k$ Treffer enthält.

**Bernoullische Ungleichung** (nach Johann Bernoulli, 1667 bis 1748): Bezeichnung für die für alle natürlichen Zahlen $n$ und alle reellen Zahlen $a$ mit $a > -1$ gültige Ungleichung

$$(1+a)^n \geqq 1+na.$$

Das Gleichheitszeichen gilt nur für $a=0$ oder $n=1$.

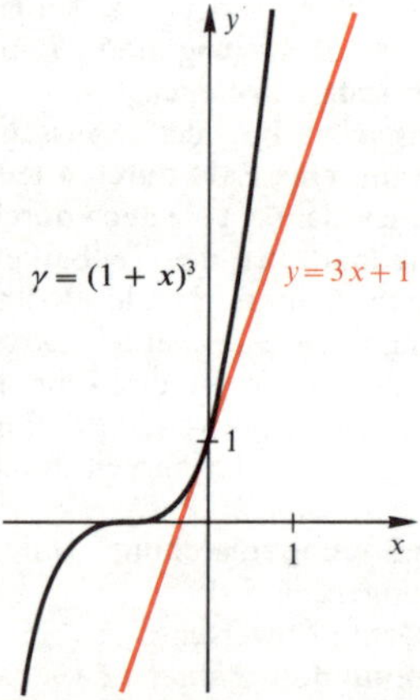


Abb. 1: Veranschaulichung der Bernoullischen Ungleichung für $n=3$

Die Bernoullische Ungleichung besagt, daß der Graph der Funktion $x \to (1+x)^n$ für $x > -1$ oberhalb der Geraden mit der Gleichung $y = nx+1$ verläuft; im Punkt (0, 1) berühren sich die beiden Graphen (Abb. 1).

Ein Beweis der Bernoullischen Ungleichung erfolgt mittels ↑vollständiger Induktion.

**Bernoulli-Versuch** (nach Jakob Bernoulli, 1654–1705): Zufallsversuch mit genau zwei Ausfällen.

*Beispiele:*

1) Werfen einer Münze;
Ausfälle: Wappen; Zahl;

2) Würfeln;
Ausfälle: Sechs, keine Sechs.

Aus einem Bernoulli-Versuch werden ↑Bernoulli-Ketten aufgebaut.

**Bernoulli-Verteilung,** svw. ↑Binomialverteilung.

**Bertrandsches Paradoxon** (nach J. Bertrand, 1822–1900): In einem Kreis mit Radius $r$ wird „auf gut Glück" eine Sehne gezeichnet. Wie groß ist die Wahrscheinlichkeit dafür, daß diese länger ausfällt als die Seite des einbeschriebenen gleichseitigen Dreiecks?

*1. Lösung:* Jede Richtung der Sehne sei „gleich wahrscheinlich".

Dann ist die gesuchte Wahrscheinlichkeit

$$\frac{\overline{AB}}{2r} = \frac{1}{2} \qquad \text{(vgl. Abb. 1).}$$

*2. Lösung:* Jeder Punkt der Kreislinie sei als Endpunkt der Sehne „gleich wahrscheinlich".
Dann ist die gesuchte Wahrscheinlichkeit

$$\frac{60°}{180°} = \frac{1}{3} \qquad \text{(vgl. Abb. 2).}$$

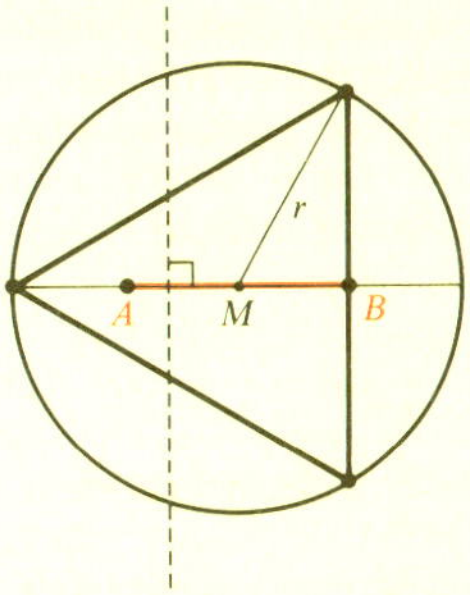

Abb. 1

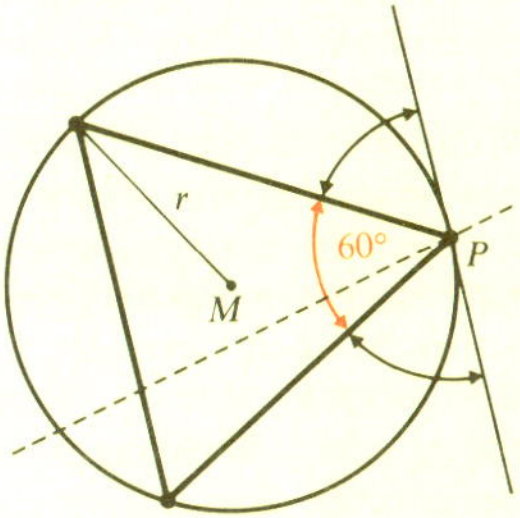

Abb. 2

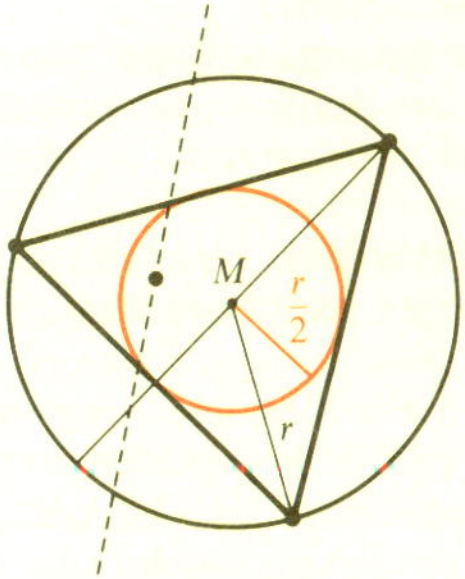

Abb. 3

*3. Lösung:* Jeder Punkt der Kreisfläche sei als Mittelpunkt der Sehne „gleich wahrscheinlich". Dann ist die gesuchte Wahrscheinlichkeit

$$\frac{\pi\left(\frac{r}{2}\right)^2}{\pi r^2} = \frac{1}{4} \quad \text{(vgl. Abb. 3).}$$

Diese widersprüchlichen Ergebnisse entstehen dadurch, daß der zugrundeliegende Zufallsversuch „Zeichnen einer Sehne" nicht ausreichend beschrieben ist: Die „Menge der möglichen Ausfälle" ist nicht klar definiert. Um die gesuchte Wahrscheinlichkeit zu berechnen, muß man zuvor den Zufallsversuch festlegen und damit bestimmen, was als „gleichwahrscheinlich" anzusehen ist.

**Berührpunkt,** svw. Berührungspunkt (↑Berührung).

**Berührung:** Zusammentreffen zweier Kurven mit Übereinstimmung der Tangenten im gemeinsamen Punkt, dem **Berührungspunkt.**

**Berührungsaufgabe** ↑apollonische Berührungsaufgabe.

**Berührungspunkt** ↑Berührung.

**beschränkt:** Eine Menge von Zahlen heißt **beschränkt,** wenn es reelle Zahlen $r$ und $s$ gibt, so daß alle Elemente dieser Menge größer als $r$ und kleiner als $s$ sind, wenn die Menge also nach unten beschränkt und nach oben beschränkt ist. $r$ heißt **untere Schranke,** $s$ heißt **obere Schranke.** Die untere Schranke kann also von keinem Element der Menge „unterschritten" und die obere Schranke kann von keinem Element der Menge „überschritten" werden (Abb. 1).

Abb. 1

Eine Funktion $f: A \to B$ mit $A$, $B$ Teilmengen der reellen Zahlen $\mathbb{R}$ heißt **beschränkt** (nach oben beschränkt, nach unten beschränkt), wenn ihre Bildmenge (die Menge der Funktionswerte) beschränkt (nach oben beschränkt, nach unten beschränkt) ist.

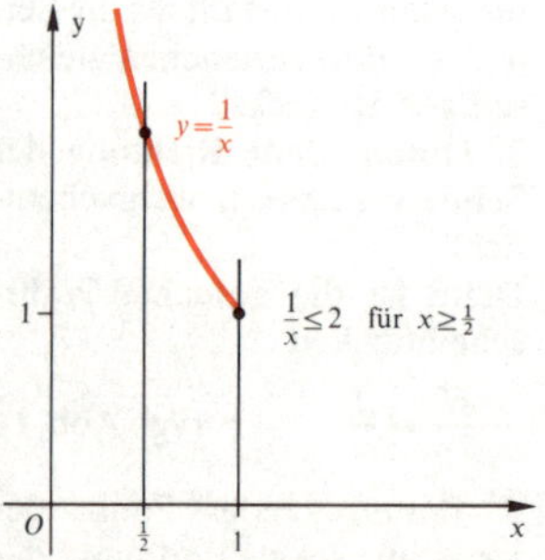


Abb. 2

*Beispiel:* Die Funktion

$$f: ]0, 1] \to \mathbb{R} \text{ mit } f(x) = \frac{1}{x}$$

ist nicht nach oben beschränkt. Betrachtet man diese Funktion nur auf dem abgeschlossenen Intervall $[\frac{1}{2}, 1]$, so ist sie dort beschränkt (Abb. 2).
Eine Folge heißt **beschränkt** (nach oben, nach unten beschränkt), wenn die aus ihren Gliedern bestehende Menge beschränkt (nach oben, nach unten beschränkt) ist.
**Beschränktheitsaxiom** ↑ Vollständigkeit.
**Bestimmungsgleichung** ↑ Gleichungen.
**Bestimmungsproportion,** svw. ↑ Verhältnisgleichung.
**Bestimmungsungleichung** ↑ Ungleichung.
**Betrag:** Der Betrag einer ↑ reellen Zahl $a$ ist definiert durch

$$|a| := \begin{cases} a, & \text{falls} \quad a \geqq 0, \\ -a, & \text{falls} \quad a < 0. \end{cases}$$

Also ist z. B.

$$|2| = 2, \quad |0| = 0, \quad |-3| = 3.$$

Zuweilen findet man dafür auch die (ältere) Bezeichnung **absoluter Betrag, Absolutwert** oder **Absolutbetrag.**
Der Betrag einer ↑ komplexen Zahl

$$\alpha = a + \mathrm{i}\, b$$

ist

$$|\alpha| = \sqrt{a^2 + b^2}.$$

Für reelle Zahlen ($b = 0$) stimmen die beiden angegebenen Definitionen überein.
In Abb. 1 ist die **Betragsfunktion** $f(x) = |x|$ dargestellt. Sie besitzt bei 0 ein Minimum.

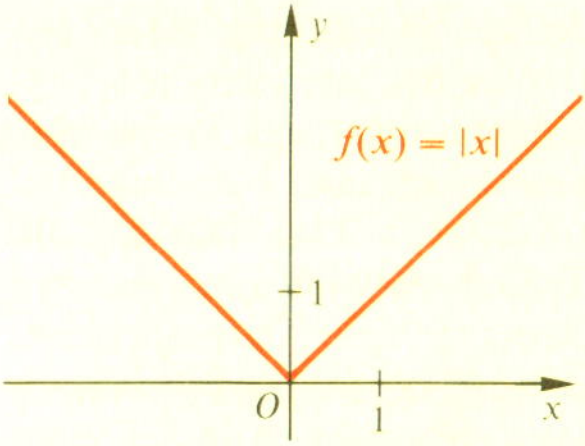


Abb. 1: Betragsfunktion

**Betragsungleichung** ↑ Ungleichung.
**Betriebsart:** Art des Einsatzes einer Datenverarbeitungsanlage. Die Steuerung der Aufträge **(Jobs)** wird vom ↑ Betriebssystem in einer bestimmten Betriebsart durchgeführt.
Im **Stapelbetrieb (Schubbetrieb,** engl. **Batch processing)** werden zunächst genügend Jobs gesammelt. Danach werden alle Aufträge nacheinander (sequentiell) abgearbeitet.
Im **Dialogbetrieb** (engl. **Conversational mode**) kann der Benutzer mit Hilfe von Datenstationen (Dialoggeräte sind z. B. Datensichtgeräte) mit der Datenverarbeitungsanlage Kontakt aufnehmen. Diese Betriebsart liegt auch dann vor, wenn die Anlage nur über ein einziges Ein- und Ausgabegerät verfügt, wie dies bei den meisten Kleinrechnern der Fall

ist. Man spricht hier auch von **Monoprogrammierung.**

Bei **Mehrbenutzersystemen** benutzen mehrere Anwender eine Anlage gleichzeitig. Man unterscheidet hier zwischen Teilhaberbetrieb (engl. **Transaction processing**) und Teilnehmerbetrieb (engl. **Time sharing**). Im **Teilhaberbetrieb** sind mehrere Benutzer über Datenstationen mit der Datenverarbeitungsanlage verbunden. Alle Teilhaber arbeiten mit dem gleichen Programm. Typische Einsatzbereiche für den Teilhaberbetrieb sind z. B. Zentralbuchungen bei Banken und Buchungen von Reisen in einem Reisebüroverbund.

Im **Teilnehmerbetrieb** kann jeder Teilnehmer unabhängig von den anderen Teilnehmern eigene Programme entwickeln und durchführen.

Im **Echtzeitbetrieb (Realzeitbetrieb,** engl. **Real-time processing)** werden die ankommenden Eingabedaten sofort verarbeitet und die Resultate innerhalb eines gewissen Zeitintervalls **(Antwortzeit)** zur Verfügung gestellt. Typische Anwendungen sind die Steuerung und Überwachung von chemischen Großprozessen (z. B. in einer Raffinerie), von Raketenstarts und von Maschinen.

Im Gegensatz zum **On-line-Betrieb** ist im **Off-line-Betrieb** das Datenerfassungsgerät nicht mit einer Datenverarbeitungsanlage verbunden. Die Daten werden vor der Verarbeitung zunächst aufbereitet und auf ein Datenmedium gebracht (z. B. Diskette, Magnetband).

**Betriebssoftware,** svw. ↑Betriebssystem.

**Betriebssystem** (engl. **Operating system**): Programmsystem, das die Durchführung aller Benutzerprogramme ermöglicht. Das Betriebssystem nennt man auch **Betriebssoftware** oder **Systemsoftware.** Über das Betriebssystem wird die Koordinierung mit der zur Verfügung stehenden ↑Hardware und ↑Software vorgenommen. Das Betriebssystem enthält auch Übersetzungsprogramme, um Quellprogramme in die entsprechenden Maschinenprogramme zu übersetzen. Außerdem ermöglicht es die Überwachung, Sicherung und Archivierung von Programmen und Daten.

**Bevölkerungspyramide** ↑Bevölkerungsstatistik.

**Bevölkerungsstatistik:** Bezeichnung für die auf Volkszählungen oder Schätzungen beruhende Erfassung der altersmäßigen Zusammensetzung der Bevölkerung eines Staates. Abb. 1 zeigt die **Bevölkerungspyramide** der Bundesrepublik Deutschland am 1. 1. 1983. Bei ungestörtem Bevölkerungswachstum (keine Krie-

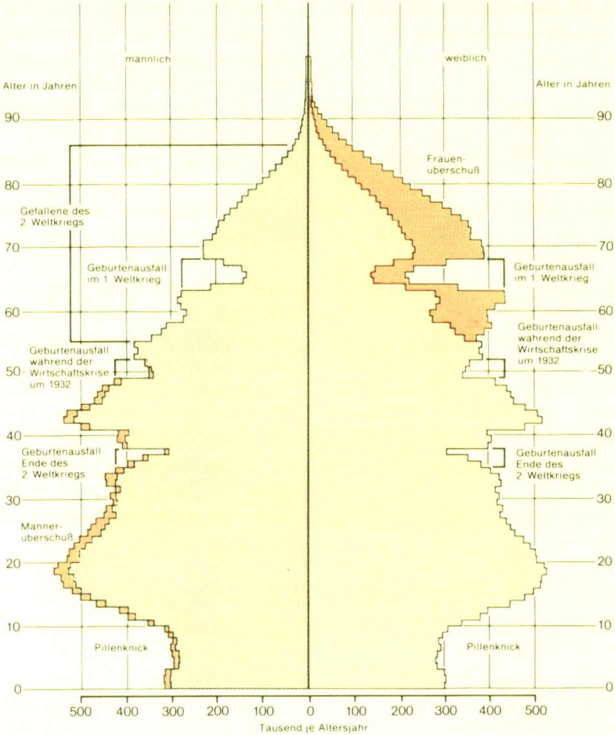


Abb. 1: Bevölkerungspyramide der Bundesrepublik Deutschland (Stand 1. 1. 1983)

ge o. ä.) treten keine „Einbuchtungen" wie in Abb. 1 auf. Die Geburtsraten betragen 51,4% für Knabengeburten und 48,6% für Mädchengeburten. Der Aufbau der Bevölkerungspyramide ist bei der Berechnung von Lebensversicherungen von Bedeutung.

**Bewegung:** Abbildung, bei der die Originalfigur und die Bildfigur kongruent sind. Man unterscheidet die **eigentlichen Bewegungen,** die den ↑Umlaufsinn einer Figur nicht ändern, von den **uneigentlichen Bewegungen.** Beispiele für eigentliche Bewegungen in der Ebene sind **Drehungen** (Abb. 1) und **Verschiebungen** (Abb. 2).

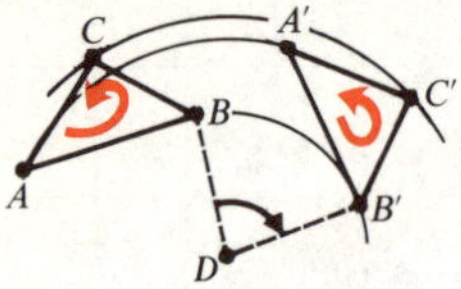


Abb. 1: Drehung

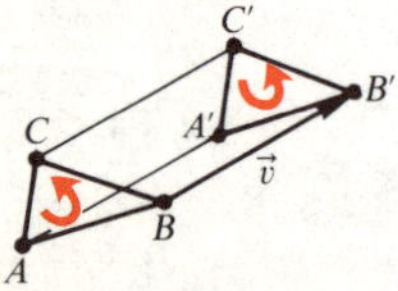


Abb. 2: Verschiebung

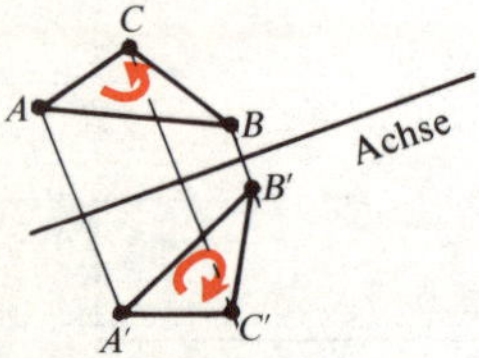


Abb. 3: Spiegelung

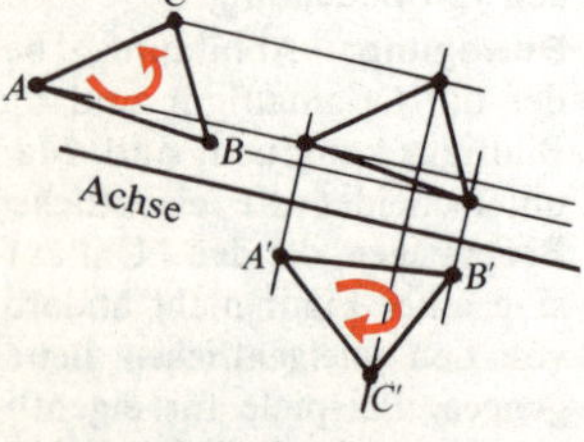


Abb. 4: Schubspiegelung

Beispiele für uneigentliche Bewegungen in der Ebene sind **Spiegelungen** (Abb. 3) und **Schubspiegelungen** (Abb. 4).

Die Realisierung einer eigentlichen Bewegung kann man so vornehmen, daß keine Figur während des Abbildungsvorgangs die Ebene verläßt; im Gegensatz dazu muß man bei einer uneigentlichen Bewegung eine **Klappung** vornehmen.

**Beweis.** Der Beweis eines mathematischen ↑Satzes besteht darin, aus den gegebenen Voraussetzungen mit Hilfe schon bewiesener Sätze (oder mit Hilfe von Axiomen) nach bestimmten logischen Schlußregeln die Behauptung herzuleiten (↑formale Logik). Ein Satz hat in der Regel die Form

$$A \Rightarrow B$$

(Sprechweise: „wenn *A,* dann *B*“ oder „aus *A* folgt *B*“). Damit Voraussetzung und Behauptung klar zu erkennen sind, ist es sinnvoll, einen Satz möglichst auf diese Form zu bringen.

*Beispiel:* Der Satz „Die Dezimalbruchentwicklung einer rationalen Zahl ist periodisch“ läßt sich auch folgendermaßen schreiben:

| | | |
|---|---|---|
| $a$ ist rational | $\Rightarrow$ | die Dezimalbruchentwicklung von $a$ ist periodisch |

Eine viel benutzte Beweismethode ist der **indirekte Beweis:** Man nimmt die Negation der Behauptung **(kontradiktorisches Gegenteil)** zusammen mit den gegebenen Voraussetzungen als gültig an und leitet daraus einen Widerspruch her **(Widerspruchsbeweis).** Für viele Sätze über natürliche Zahlen kann man die Beweismethode der ↑vollständigen Induktion verwenden.

**Bijektion** ↑bijektiv.

**bijektiv:** Eine Abbildung $f: A \to B$ heißt bijektiv bzw. eine **Bijektion,** wenn es zu jedem Element $b$ aus $B$ genau ein Urbild $a$ aus $A$ gibt mit $f(a) = b$. In diesem Fall kann man auch die **Umkehrabbildung (inverse Abbildung)**

$$f^{-1}: B \to A \quad \text{mit} \quad f^{-1}(b) = a$$

bilden. Eine Abbildung ist genau dann bijektiv, wenn sie zugleich ↑surjektiv und ↑injektiv ist (vgl. ↑eindeutig).

Manchmal benutzt man für bijektiv auch die Bezeichnungen **eineindeutig** bzw. **umkehrbar eindeutig.**

**Bijunktion** (Äquivalenz): Verknüpfung zweier Aussagen $A$ und $B$ durch den ↑Junktor *„genau dann, wenn“* (Schreibweise: $A \Leftrightarrow B$).

*Beispiel:* Eine Zahl ist genau dann durch 6 teilbar, wenn sie durch 2 und durch 3 teilbar ist.

**Bild** ↑Abbildung.

**Bildbereich,** svw. Bildmenge (↑Abbildung).

**Bildebene** ↑Perspektive.

**Bildmenge** ↑Abbildung.

**Bildschirmanzeigegerät** ↑Peripheriegeräte.

**Billiarde,** Bezeichnung für die ↑Zahl 1 000 000 000 000 000.

**Billion,** Bezeichnung für die ↑Zahl 1 000 000 000 000.

**Binärcode** (binärer Code), aus einem Zeichenvorrat von nur zwei Zeichen **(Binärzeichen)** aufgebauter ↑Code. Die Binärzeichen werden meist durch 0 und 1 symbolisiert.

**binäre Entscheidung** ↑Informationstheorie.

**binärer Code** ↑Code.

**Binärwort** ↑Zeichen.

**Binärzahl** ↑Dualsystem.

**Binärzeichen** ↑Binärcode, ↑Zeichen.

**Binom:** Zweigliedriger mathematischer ↑Term der Form $a + b$ oder $a - b$.

**Binomialkoeffizienten:** Positive, ganze Zahlen, die im binomischen Lehrsatz (↑binomische Formeln) auftreten. Man benutzt die Schreibweise $\binom{n}{k}$ (Sprechweise „$n$ über $k$“).

Für $n = 0, 1, 2, 3, \ldots$ gilt:

$$\binom{n}{1} = \frac{n}{1}, \qquad \binom{n}{2} = \frac{n(n-1)}{1 \cdot 2},$$

$$\binom{n}{3} = \frac{n(n-1)(n-2)}{1 \cdot 2 \cdot 3} \qquad \text{usw.,}$$

allgemein für alle positiven

ganzen Zahlen $k \leqq n$

$$\binom{n}{k} = \frac{n(n-1)(n-2)\ldots(n-k+1)}{1\cdot 2\cdot 3\ldots k}$$

$$= \frac{n!}{(n-k)!\,k!} \quad (\uparrow\textit{Fakultät}).$$

Definitionsgemäß ist

$$\binom{n}{n} = 1,$$

während

$$\binom{n}{0} = 1 \quad \text{und} \quad \binom{n}{k} = 0$$

für $k > n$ festgesetzt wird.
Die als Binomialkoeffizienten bezeichneten Zahlen können auch im ↑Pascalschen Dreieck (nach B. Pascal, 1623–1662) dargestellt und berechnet werden.

**Binomialverteilung** (auch **Bernoulli-Verteilung** nach Jakob Bernoulli, 1654 bis 1705): Die Binomialverteilung ergibt sich als Wahrscheinlichkeitsverteilung der Anzahl der „Treffer" bei einer ↑Bernoulli-Kette. Hierbei nimmt die ↑Zufallsgröße die Werte $k = 0, 1, 2, \ldots, n$ mit den Wahrscheinlichkeiten

$$\binom{n}{k} p^k (1-p)^{n-k} \qquad (1)$$

an; sie heißt **binomial verteilt.**

*Beispiele:*

1) Beim 10-maligen Werfen einer Münze betrachte man als Zufallsgröße die Anzahl der gefallenen „Wappen". Die Wahrscheinlichkeit, daß $k$ mal Wappen erscheint, ist

$$\binom{10}{k}\left(\frac{1}{2}\right)^k\left(\frac{1}{2}\right)^{10-k} = \binom{10}{k}\left(\frac{1}{2}\right)^{10}.$$

Dies ist eine **symmetrische Binomialverteilung.** Abb. 1 zeigt ihr Stabdiagramm.

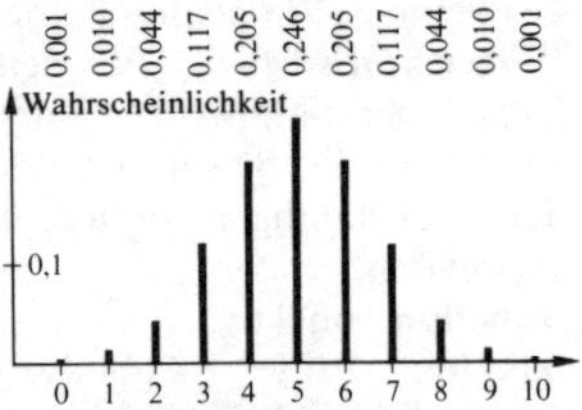


Abb. 1: Stabdiagramm einer symmetrischen Binomialverteilung

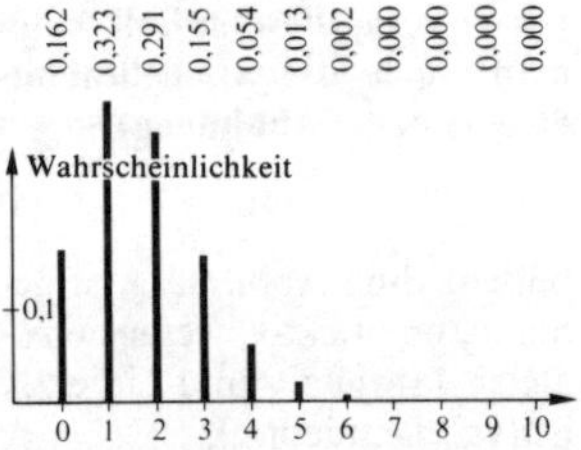


Abb. 2: Stabdiagramm einer unsymmetrischen Binomialverteilung

2) Beim 10-maligen Werfen eines Würfels betrachte man als Zufallsgröße die Anzahl der geworfenen Sechsen.
Die Wahrscheinlichkeit, daß $k$ mal eine Sechs geworfen wird, ist

$$\binom{10}{k}\left(\frac{1}{6}\right)^k\left(\frac{5}{6}\right)^{10-k}.$$

Dies ist eine **unsymmetrische Binomialverteilung** (Abb. 2).
Die symmetrische Binomialverteilung (vgl. Beispiel 1) kann man mit dem **Galtonschen Brett** (nach F. Galton, 1822–1911) demonstrieren (Abb. 3).

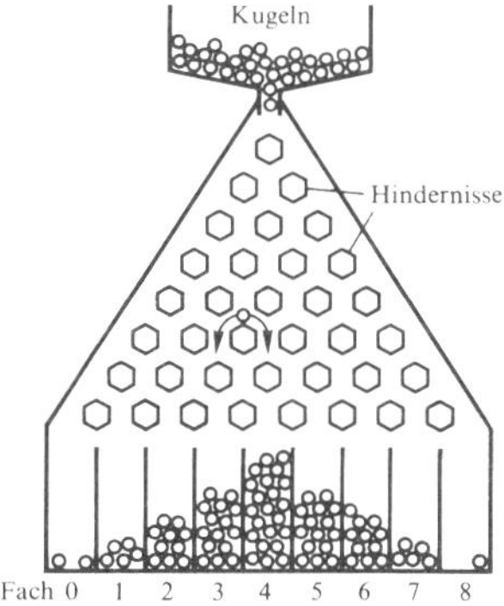


Abb. 3: Galtonsches Brett

**binomische Formeln:** Bezeichnung für die für alle Zahlen $a$, $b$ geltenden Formeln

| | |
|---|---|
| (1) | $(a+b)^2 = a^2 + 2ab + b^2$ |
| (2) | $(a-b)^2 = a^2 - 2ab + b^2$ |
| (3) | $(a+b)(a-b) = a^2 - b^2$ |

In Verallgemeinerung von (1) gilt der *binomische Lehrsatz* für die Berechnung von $(a+b)^n$, welcher für

$$n = 0, 1, 2, 3, 4, 5, 6$$

in Tabelle 1 angegeben ist. Die ↑Koeffizienten der einzelnen Potenzprodukte sind die ↑*Binomialkoeffizienten.*

**binomischer Lehrsatz** ↑binomische Formeln.

**biquadratische Gleichung:** Bezeichnung für eine ↑algebraische Gleichung der Gestalt

$$ax^4 + bx^2 + c = 0$$

($a$, $b$, $c$ reelle Zahlen, $a \neq 0$); diese Gleichung kann als quadratische Gleichung mit der Variablen $x^2$ aufgefaßt werden. Hat die quadratische Gleichung

$$ay^2 + by + c = 0$$

die Lösungen $y_1$ und $y_2$, so hat die obige biquadratische Gleichung die Lösung

$$\sqrt{y_1},\ -\sqrt{y_1},\ \sqrt{y_2},\ -\sqrt{y_2}.$$

Manchmal findet man die Bezeichnung „biquadratische

Tabelle 1

$$(a+b)^0 = 1$$
$$(a+b)^1 = a+b$$
$$(a+b)^2 = a^2 + 2ab + b^2$$
$$(a+b)^3 = a^3 + 3a^2b + 3ab^2 + b^3$$
$$(a+b)^4 = a^4 + 4a^3b + 6a^2b^2 + 4ab^3 + b^4$$
$$(a+b)^5 = a^5 + 5a^4b + 10a^3b^2 + 10a^2b^3 + 5ab^4 + b^5$$
$$(a+b)^6 = a^6 + 6a^5b + 15a^4b^2 + 20a^3b^3 + 15a^2b^4 + 6ab^5 + b^6$$

Gleichung“ auch für jede algebraische Gleichung 4. Grades.

**bit** (**b**asic **i**ndissoluble informa**t**ion unit), in der ↑Informationstheorie Einheit für den Informationsgehalt einer Nachricht. Zur Darstellung von *n* bit in einer Datenverarbeitungsanlage benötigt man mindestens *n* ↑Bit.

**Bit** (Kurzwort aus engl. **bi**nary digi**t**): Bezeichnung für die kleinste Darstellungseinheit für Daten in binärer Zahlendarstellung. Es kann die Bedeutungen **binär Null** oder **binär Eins** annehmen. Zur Darstellung verwendet man die Zeichen 0 und 1 bzw. O und L. Das Bit wird auch als Einheit für Datenspeicher verwendet: Die Anzahl der Bits gibt an, wie viele Binärstellen ein Speicher aufnehmen kann (vgl. Abb. 1).

Eine in vielen Rechenanlagen gebräuchliche Einheit für die zu verarbeitende Information ist das **Byte,** das aus neun Bits (acht **Datenbits** und ein **Prüf(bit)** zusammengesetzt ist.

Durch je ein Byte kann eines von $2^8 = 256$ verschiedenen Zeichen (Ziffern, Buchstaben und Sonderzeichen) dargestellt werden. Beschränkt man sich auf die Darstellung von Ziffern, dann ist mit 4 Byte eine 7stellige Gleitpunktzahl mit Vorzeichen und 2stelliger Zehnerpotenz darstellbar.

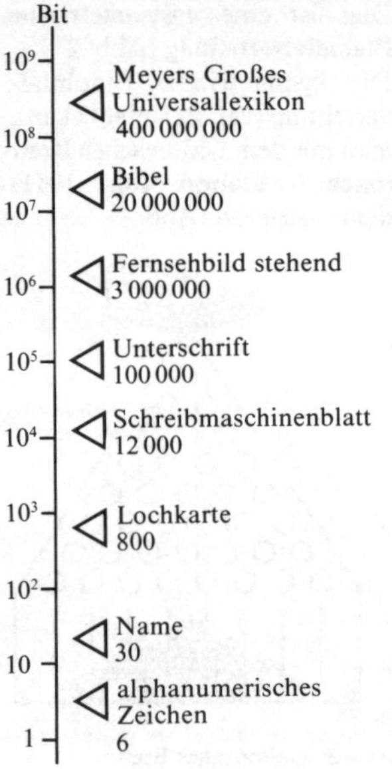


Abb. 1: Größenordnungsvergleich der Informationsgehalte verschiedener Informationsträger

**Bistromchiffrierung,** in der Datenverarbeitung ↑Verschlüsselung.

**Blatt des Descartes,** svw. ↑kartesisches Blatt.

**Blattgrößen,** svw. ↑Papierformate.

**Block** (Datenblock): Einheit von gespeicherten Daten, die mit einem gemeinsamen Ein- und Ausgabebefehl behandelt werden. Die Anzahl der Bytes pro Block ergibt die Blocklänge. In Kleinrechnern sind

Blocklängen von 128, 256 bzw. 512 Bytes üblich.

**Blockchiffrierung** ↑ Verschlüsselung.

**Blockplan:** Beim ↑ Zahlenlotto bildet man beim System VEW 22 (Verkürzte engere Wahl mit 22 Tips) aus 12 Zahlen 22 Tips nach dem Schema in Abb. 1. Jede 3-Teilmenge der gewählten 12 Zahlen kommt in genau 2 Tips vor. Eine solche Darstellung bezeichnet man als Blockplan.

**Bogen** (Kreisbogen): Bezeichnung für ein durch zwei Punkte begrenztes Stück einer Kreislinie (↑ Kreis). Die Strecke, die die beiden Endpunkte des Bogens verbindet, ist die zum Bogen gehörige **Sehne.** Zeichnet man die Radien durch die Endpunkte des Bogens, so entsteht mit dem Mittelpunkt des Kreises als Scheitel der zum Bogen gehörige **Mittelpunktswinkel** oder **Zentriwinkel.** In einem Kreis vom Radius $r$ gilt für die Länge $b$ des Bogens, der zum Zentriwinkel $\alpha$ gehört.

$$b = 2\pi r \cdot \frac{\alpha}{360^\circ},$$

wenn $\alpha$ im Gradmaß gemessen wird (Abb. 1).

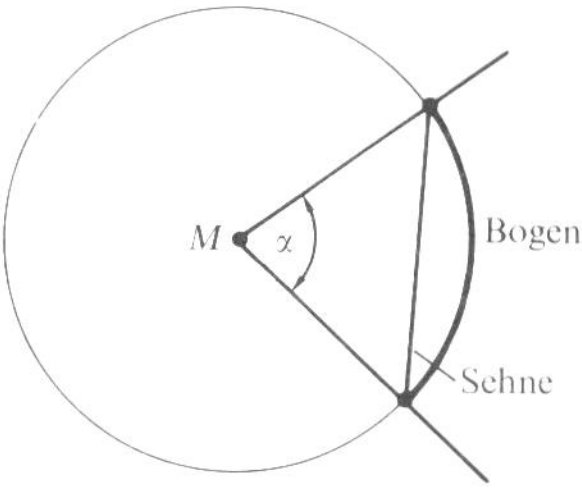


Abb. 1: Kreisbogen

**Bogenmaß** eines Winkels: Länge des Kreisbogens, den das zugehörige Winkelfeld aus dem Einheitskreis ausschneidet; man bezeichnet es mit

| 12 Zahlen | 22 Tips | | | | | | | | | | | | | | | | | | | | | |
|---|---|---|---|---|---|---|---|---|---|---|---|---|---|---|---|---|---|---|---|---|---|---|
| 5 | × | × | × | | | | × | | | × | × | | | × | × | | × | × | × | | | |
| 9 | × | × | | × | | | | × | × | × | | × | | | | × | × | × | | × | | |
| 12 | × | × | | | × | × | | | × | | × | | × | | × | × | | | × | × | | |
| 18 | × | | × | × | | × | | × | | | × | | × | × | | × | | × | | | × | |
| 19 | × | | × | | × | | × | × | × | | | × | × | | | | × | | × | | × | |
| 27 | × | | | × | × | × | × | | | × | | × | | × | × | | | | | × | × | |
| 30 | | × | × | × | | × | × | | × | | | × | × | | × | | | × | | | | × |
| 31 | | × | × | | × | × | | × | | × | | × | | × | | × | | | × | | | × |
| 42 | | × | | × | × | | × | × | | | × | | × | × | | | × | | | × | | × |
| 44 | | | × | × | × | | | | × | × | × | | | | × | × | × | | | | × | × |
| 45 | | | | | | × | × | × | × | × | × | | | | | | | × | × | × | × | × |
| 49 | | | | | | | | | | | | × | × | × | × | × | × | × | × | × | × | × |

Abb. 1: Blockplan

arc $\alpha$ (gelesen „arcus $\alpha$"; lat. arcus = Bogen) (vgl. Abb. 1).

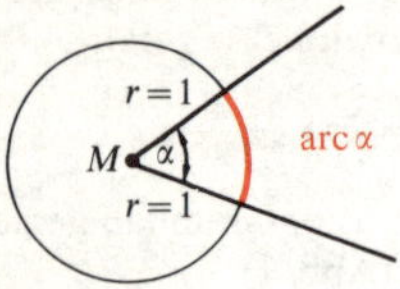


Abb. 1: Bogenmaß

Dem Winkel 360° entspricht das Bogenmaß $2\pi$; es gilt also:

| $\alpha$ | arc $\alpha$ |
|---|---|
| 0° | 0 |
| 30° | $\frac{\pi}{6}$ |
| 45° | $\frac{\pi}{4}$ |
| 60° | $\frac{\pi}{3}$ |
| 90° | $\frac{\pi}{2}$ |
| 180° | $\pi$ |
| 270° | $\frac{3\pi}{2}$ |
| 360° | $2\pi$ |

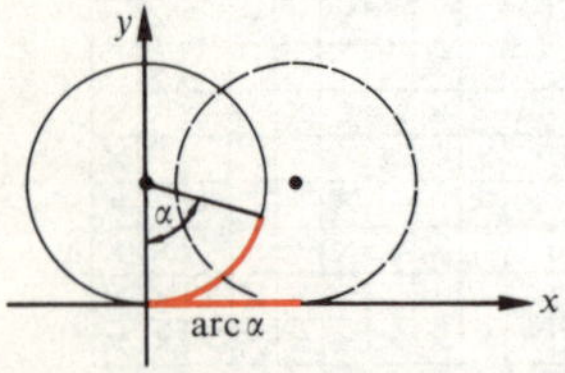


Abb. 2: Bogenmaß bei Drehwinkeln

Um auch Drehwinkeln (Linksdrehungen, Rechtsdrehungen, Drehungen mit mehreren Umläufen) ein Bogenmaß zuordnen zu können, denke man sich den Einheitskreis auf der Zahlengeraden abgerollt (Abb. 2). Jetzt kann man Winkel auf der Zahlengeraden in Vielfachen von π angeben (Abb. 3).

*Umrechnung:*

$$\alpha = a^\circ \Rightarrow$$

$$\text{arc}\,\alpha = \frac{a}{180} \cdot \pi \; (= 0{,}0175 \cdot a)$$

$$\text{arc}\beta = b \Rightarrow$$

$$\beta = \left(\frac{b \cdot 180}{\pi}\right)^\circ = (57{,}3 \cdot b)^\circ$$

*Beispiele:*

$$\alpha = 17{,}3^\circ \Rightarrow$$

$$\text{arc}\,\alpha = \frac{17{,}3}{180} \cdot \pi = 0{,}3019$$

$$\text{arc}\beta = 9{,}57 \Rightarrow$$

$$\beta = \frac{9{,}57 \cdot 180^\circ}{\pi} = 1{,}5231 \cdot 360^\circ$$

$$= 360^\circ + 188{,}32^\circ = 548{,}32^\circ$$

Einheit für die im Bogenmaß gemessene Größe eines Winkels ist der **Radiant** (Einheitszeichen rad), der Winkel, für den die Bogenlänge des Einheitskreises den Wert 1 hat.

Entsprechend dem Bogenmaß kann man dem Öffnungswinkel eines Kegels (gerader Kreiskegel) ein Flächenmaß zuordnen, indem man ein

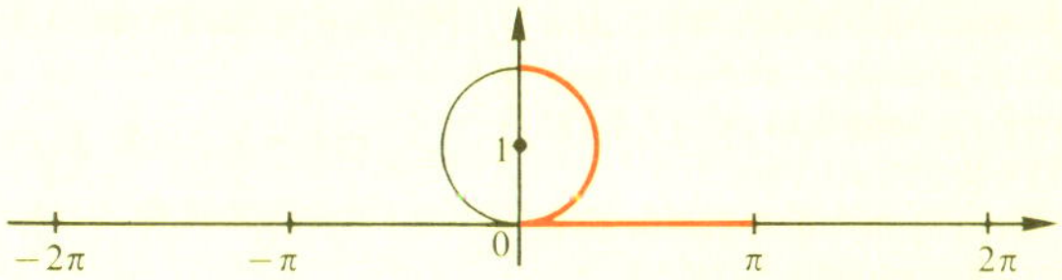


Abb. 3: Winkel als Vielfache von π

räumliches Winkelmaß **(Raumwinkel)** betrachtet: Um die Spitze des Kegels als Mittelpunkt sei eine Kugel vom Radius 1 gegeben. Der Inhalt $\Phi$ des vom Kegel ausgeschnittenen Flächenstücks der Kugel ist dann der Raumwinkel des Kegels (Abb. 4). Hat der Kegel den Öffnungswinkel $\alpha$, dann ist

$$\Phi = 4\pi \sin^2 \frac{\alpha}{4}.$$

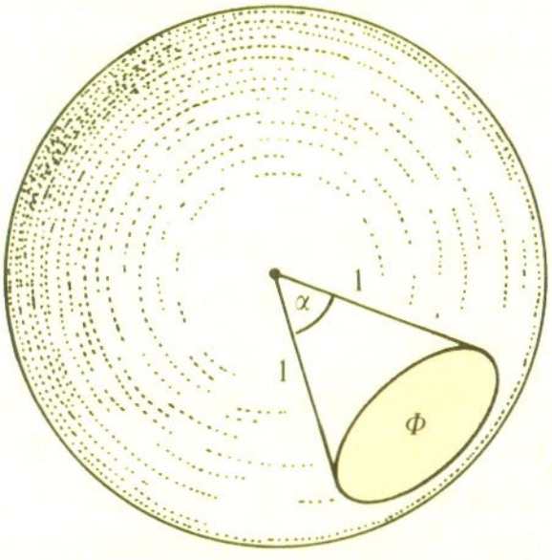


Abb. 4: Raumwinkel

**Bogenminute,** zur Unterscheidung von der Zeiteinheit Minute verwendete Bezeichnung für die gleichlautende Winkeleinheit.

**Bogensekunde,** zur Unterscheidung von der Zeiteinheit Sekunde verwendete Bezeichnung für die gleichlautende Winkeleinheit.

**Bolzano-Weierstraß, Satz von** ↑Häufungspunkt.

**Bolzano-Weierstraß-Axiom** ↑Vollständigkeit.

**boolean** ↑Datentyp.

**Boolesche Algebra** (nach G. Boole, 1815–1864): Die Boolesche Algebra hat mit der Entwicklung der Computertechnik in der ↑Schaltalgebra besondere Bedeutung erlangt. Sie ist die mathematische Grundlage aller Rechen- und Steuerschaltungen, die in zahlreichen technischen Anwendungen realisiert sind. Sie beschreibt u.a. Regeln für das Umformen und Vereinfachen von Schaltungen, die ein von zweiwertigen Eingangssignalen abhängiges zweiwertiges Ausgangssignal erzeugen.

Ein einfaches Modell einer Booleschen Algebra ist das Verknüpfungsgebilde, das aus der Menge

$$T = \{1, 2, 3, 5, 6, 10, 15, 30\}$$

der Teiler von 30 und den Verknüpfungen kgV (↑kleinstes

gemeinsames Vielfaches) und ggT (↑größter gemeinsamer Teiler) besteht und mit ($T$, kgV, ggT) bezeichnet wird.

In der allgemeinen Definition einer Booleschen Algebra verwendet man für die beiden Verknüpfungen die Symbole $\sqcap$ und $\sqcup$, die man jeweils zwischen die Operanden schreibt. Ein Verknüpfungsgebilde ($M$, $\sqcap$, $\sqcup$) mit zwei Verknüpfungen ist eine Boolesche Algebra, wenn gilt:

(1) $x \sqcap (y \sqcap z) = (x \sqcap y) \sqcap z$
für alle $x, y, z \in M$

(2) $x \sqcup (y \sqcup z) = (x \sqcup y) \sqcup z$
für alle $x, y, z \in M$

(3) $x \sqcap y = y \sqcap x$
für alle $x, y \in M$

(4) $x \sqcup y = y \sqcup x$
für alle $x, y \in M$

(5) $x \sqcap (x \sqcup y) = x$
für alle $x, y \in M$

(6) $x \sqcup (x \sqcap y) = x$
für alle $x, y \in M$

(7) $x \sqcap (y \sqcup z)$
$= (x \sqcap y) \sqcup (x \sqcap z)$
für alle $x, y, z \in M$

(8) $x \sqcup (y \sqcap z)$
$= (x \sqcup y) \sqcap (x \sqcup z)$
für alle $x, y, z \in M$

(9) es gibt ein Element $0 \in M$ mit

$0 \sqcap x = 0$ und $0 \sqcup x = x$

für alle $x \in M$

(10) es gibt ein Element $1 \in M$ mit

$1 \sqcap x = x$ und $1 \sqcup x = 1$

für alle $x \in M$

(11) für jedes $x \in M$ existiert ein $y \in M$

mit $x \sqcap y = 0$
und $x \sqcup y = 1$

Die Regeln (1) und (2) besagen, daß die Verknüpfungen $\sqcap$ und $\sqcup$ ↑assoziativ sind; (3) und (4) besagen, daß beide Verknüpfungen ↑kommutativ sind. Die Regeln (5) und (6) heißen *Verschmelzungsgesetze* oder *Absorptionsgesetze*. Die Regeln (7) und (8) sind *Distributivgesetze* (↑distributiv). Die Elemente 0 und 1 in (9) und (10) sind ↑neutrale Elemente bezüglich $\sqcup$ bzw. $\sqcap$; manchmal heißen sie auch „kleinstes" und „größtes" Element der Booleschen Algebra. Regel (11) besagt, daß zu jedem Element ein *komplementäres* Element existiert.

Bei dem Verknüpfungsgebilde ($T$, kgV, ggT) entspricht der Verknüpfung $\sqcap$ die Bildung des kleinsten gemeinsamen Vielfachen kgV und der Verknüpfung $\sqcup$ die Bildung des größten gemeinsamen Teilers ggT. Im folgenden sind die Regeln (9) bis (11) für das Verknüpfungsgebilde ($T$, kgV, ggT) dargestellt.

(9) Das neutrale Element bezüglich der Verknüpfung kgV ist 1, denn
$\mathrm{kgV}(1, x) = x$
für alle $x$ aus $T$;
ferner gilt
$\mathrm{ggT}(1, x) = 1$
für alle $x$ aus $T$.

(10) Das neutrale Element bezüglich der Verknüpfung ggT ist 30, denn
$\mathrm{ggT}(30, x) = x$
für alle $x$ aus $T$;
ferner gilt
$\mathrm{kgV}(30, x) = 30$
für alle $x$ aus $T$.

(11) Für jedes Element $x$ aus $T$ existiert ein komplementäres Element, d.h. ein Element $y$ aus $T$ mit
$\mathrm{kgV}(x, y) = 30$ und
$\mathrm{ggT}(x, y) = 1$,
denn es gilt

$\mathrm{kgV}(1, 30) = 30$ und
$\mathrm{ggT}(1, 30) = 1$,
$\mathrm{kgV}(2, 15) = 30$ und
$\mathrm{ggT}(2, 15) = 1$,
$\mathrm{kgV}(3, 10) = 30$ und
$\mathrm{ggT}(3, 10) = 1$,
$\mathrm{kgV}(5, 6) = 30$ und
$\mathrm{ggT}(5, 6) = 1$.

Endliche Boolesche Algebren lassen sich durch Diagramme darstellen. Das liegt daran, daß in $(M, \sqcap, \sqcup)$ durch

$$x \preccurlyeq y :\Leftrightarrow x \sqcap y = x$$

eine Ordnungsrelation definiert ist.

*Beispiel:* Ist M die ↑Potenzmenge einer Menge $A$, also die Menge aller Teilmengen von $A$, so ist $(M, \cap, \cup)$ eine Boolesche Algebra. Dabei ist das in (9) geforderte „Nullelement" die ↑leere Menge $\emptyset$, und das in (10) geforderte „Einselement" ist dann die Menge $A$. Regel (11) ist gültig, denn

$$X \cap Y = \emptyset \quad \text{und} \quad X \cup Y = A,$$

falls $Y = A \setminus X$, falls also $Y$ die Komplementärmenge (Ergänzungsmenge) der Menge $X$ ist (Abb. 1).

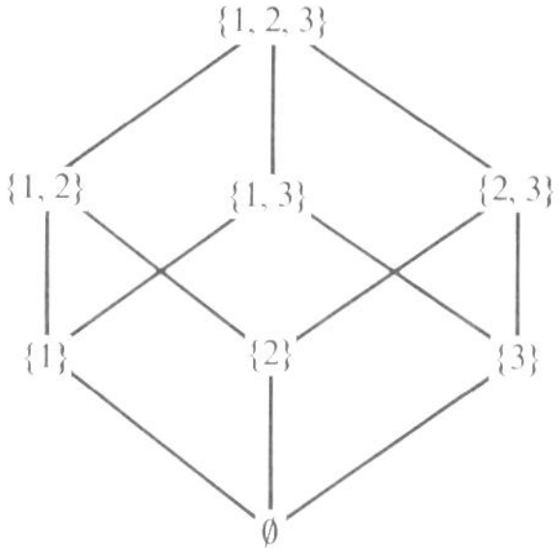


Abb. 1: Boolesche Algebra der Teilmengen von $\{1, 2, 3\}$

Ein Verknüpfungsgebilde $(M, \sqcap, \sqcup)$, in dem nur die Gültigkeit von (1) bis (6) gefordert wird, heißt *Verband*. Werden zusätzlich die Regeln (7) und (8) gefordert, so handelt es sich um einen *distributiven Verband*. Eine Boolesche Algebra wird wegen (11) auch manchmal als *distributiver komplementärer Verband* definiert.

**Böschung** (Böschungsfläche): Neigung eines Geländes zwischen verschieden hohen Ebenen. – In der Mathematik bezeichnet man eine Fläche, deren Tangentialebenen (in jedem Flächenpunkt) mit einer festen, etwa waagerecht gedachten Grundebene einen konstanten Winkel, den **Böschungswinkel,** einschließen, als Böschungsfläche. Die Böschungsflächen gehören zu den ↑abwickelbaren Flächen. Sie haben daher eine Gratlinie (Abb. 1). Straßenböschungen können als Teil von Böschungsflächen dargestellt werden, die die Gratlinie nicht enthalten.

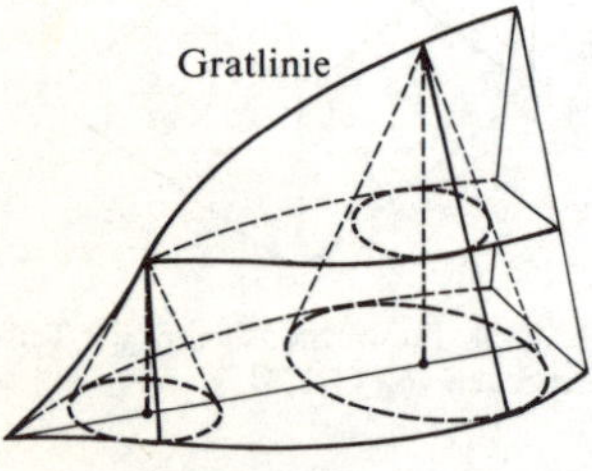


Abb. 1: Beispiel einer Böschungsfläche

**Bottom-up-Programmierung** ↑Programmierung.

**Bourbaki,** Nicolas: Deckname für eine Gruppe führender, meist französischer Mathematiker, die seit 1938 daran arbeitet, die gesamte Mathematik einheitlich darzustellen. Mitglieder der Gruppe sind u. a. H. Cartan, C. Chevalley, J. Dieudonné, A. Weil und S. Eilenberg.

**Breitenkreis** ↑Gradnetz, ↑mathematische Geographie.

**Brennpunkt** ↑Ellipse, ↑Hyperbel, ↑Parabel, ↑Kegelschnitte.

**Brennweite** ↑Hyperbel.

**Brianchon, Satz von** (nach Ch. J. Brianchon, 1783–1864): Ein Sechseck ist genau dann ein **Tangentensechseck** einer Kurve zweiter Ordnung (Kegelschnitt), wenn sich die Verbindungsgeraden gegenüberliegender Ecken in einem Punkt schneiden (Abb. 1). Dieser Punkt heißt dann **Brianchonscher Punkt** des Sechsecks.

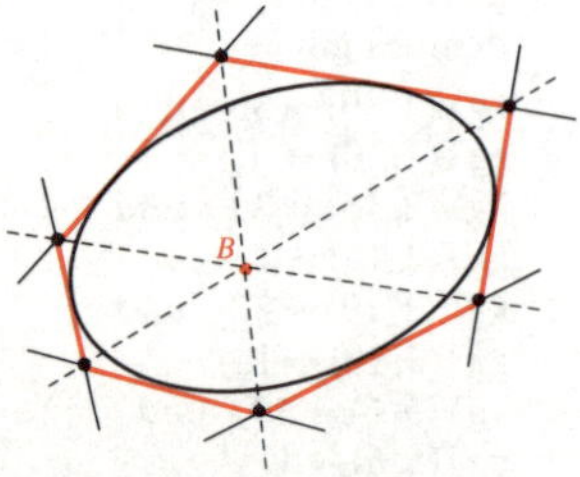


Abb. 1: Tangentensechseck mit Brianchonschem Punkt

Dieser Satz ist dual (↑Dualitätsprinzip) zum Satz von ↑Pascal.

**Briggscher Logarithmus** ↑Logarithmus.

**Bruch:** Auf dem Größenbereich der Längen (oder einem anderen Größenbereich) bedeutet $\frac{2}{3}$ eine ↑ Abbildung: Jeder Länge wird ihre $\frac{2}{3}$-fache zugeordnet:

$$60\ \text{cm} \;\overset{\boxed{\frac{2}{3}}}{\longmapsto}\; 40\ \text{cm},$$

$$87\ \text{cm} \;\overset{\boxed{\frac{2}{3}}}{\longmapsto}\; 58\ \text{cm},$$

$$15{,}72\ \text{km} \;\overset{\boxed{\frac{2}{3}}}{\longmapsto}\; 10{,}48\ \text{km}.$$

Man schreibt

$$\frac{2}{3} \cdot 60\ \text{cm} = 40\ \text{cm}$$

und liest dies

$$\frac{2}{3}\ \text{von 60 cm ist gleich 40 cm.}$$

Der **Bruch**

$$\frac{m}{n}\ (m, n\ \text{↑ natürliche Zahlen})$$

teilt also zuerst jede Länge in $n$ gleiche Teile und setzt dann $m$ dieser Teile aneinander (Abb. 1).

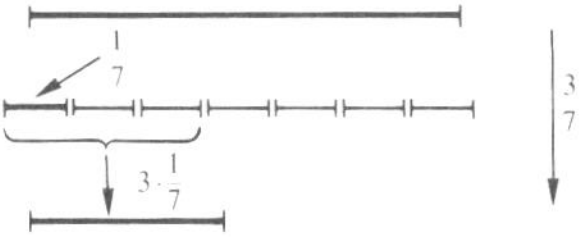


Abb. 1: Graphische Darstellung des Bruchs $\frac{3}{7}$

Statt „Bruch" sagt man daher auch oft

Bruch*funktion*,
Bruch*operator*,
Bruch*automat*

usw. Damit will man betonen, daß ein Bruch aus einer Größe (Länge, Gewicht, Preis, ...) wieder eine solche Größe macht. Man nennt $m$ den **Zähler** und $n$ den **Nenner** des Bruchs $\frac{m}{n}$.

Zwei Brüche

$$\frac{a}{b}, \frac{c}{d}$$

($a, b, c, d$ natürliche Zahlen) heißen **gleichwertig,** wenn sie jede gegebene Länge in gleicher Weise abbilden:

$$\frac{a}{b} \cdot x[\text{cm}] = \frac{c}{d} \cdot x[\text{cm}].$$

Insbesondere ist dann

$$\frac{a}{b} \cdot bd[\text{cm}] = \frac{c}{d} \cdot bd[\text{cm}],$$

also $a \cdot d = b \cdot c$.
Die Menge aller Brüche, die zu dem Bruch $\frac{a}{b}$ gleichwertig sind, heißt die **Bruchklasse** oder **Bruchzahl** zu $\frac{a}{b}$ und wird einfachheitshalber auch mit $\frac{a}{b}$ bezeichnet. Zwei Bruchzahlen $\frac{a}{b}$ und $\frac{c}{d}$ sind also genau dann gleich, wenn $a \cdot d = b \cdot c$ gilt.

*Beispiel:*

$$\left\{\frac{2}{3}, \frac{4}{6}, \frac{6}{9}, \frac{8}{12}, \frac{10}{15}, \ldots\right\} = \text{Bruchzahl}\ \frac{34}{51}.$$

Für Bruchzahlen gilt

$$\frac{a}{b} = \frac{a \cdot c}{b \cdot c}$$

für alle natürlichen Zahlen $c$.
Den Übergang von

$$\frac{a}{b} \text{ zu } \frac{ac}{bc}$$

nennt man **Erweitern,** den Übergang von

$$\frac{ac}{bc} \text{ zu } \frac{a}{b}$$

**Kürzen.** Durch Erweitern und Kürzen ändert man also nicht die Bruchzahl, sondern nur den Bruch, durch welchen man die Bruchzahl darstellt.
Zwei Brüche heißen **gleichnamig,** wenn sie den gleichen Nenner haben. Durch geeignetes Erweitern kann man zwei Brüche stets gleichnamig machen:

$$\frac{a}{b} = \frac{ad}{bd} \quad \text{und} \quad \frac{c}{d} = \frac{bc}{bd}.$$

Möchte man dabei einen möglichst kleinen gemeinsamen Nenner haben, so wählt man als **Hauptnenner** von $\frac{a}{b}$ und $\frac{c}{d}$ das ↑kleinste gemeinsame Vielfache (kgV) der beiden Zahlen $b$ und $d$.

*Beispiel:* Die beiden (voll gekürzten) Brüche

$$\frac{193}{360} \quad \text{und} \quad \frac{383}{594}$$

sind gleichnamig zu machen:

$$\begin{aligned} 360 &= 2^3 \cdot 3^2 \cdot 5 \\ 594 &= 2 \cdot 3^3 \cdot 11 \\ \hline \text{kgV} &= 2^3 \cdot 3^3 \cdot 5 \cdot 11 \\ &= 11\,880 \end{aligned}$$

$$\begin{aligned} \frac{193}{360} &= \frac{\frac{11880}{360} \cdot 193}{11\,880} \\ &= \frac{33 \cdot 193}{11\,880} = \frac{6369}{11\,880} \\ \frac{383}{594} &= \frac{\frac{11880}{594} \cdot 383}{11\,880} \\ &= \frac{20 \cdot 383}{11\,880} = \frac{7660}{11\,880}. \end{aligned}$$

Die Brüche $\frac{a}{b}$ mit $a < b$ nennt man **eigentlich,** die anderen **uneigentlich.** Uneigentliche Brüche schreibt man oft auch als **gemischte Zahl,** z. B. $3\frac{1}{7}$ statt $\frac{22}{7}$.
Die Darstellung von

$$\frac{a}{b} \quad \text{mit} \quad a > b$$

als gemischte Zahl findet man mit der ↑Division mit Rest.
Statt etwa $12 + \frac{7}{9}$ schreibt man dabei $12\frac{7}{9}$.
Die **Stammbrüche** $\frac{1}{2}, \frac{1}{3}, \frac{1}{4}, \frac{1}{5}, \ldots$ spielten früher eine große Rolle.
Besondere Bedeutung für das praktische Rechnen haben die **Zehnerbrüche,** d. h. die Brüche mit den Nennern der Form 10, 100, 1 000, . . . (↑Dezimalbruchentwicklung). Ein Bruch mit der voll gekürzten Darstellung $\frac{a}{b}$ kann genau dann in einen Zehnerbruch verwandelt werden, wenn $b$ nur die Primteiler 2 und 5 enthält.
*Beispiele:*

$$\frac{1}{4} = \frac{1 \cdot 25}{4 \cdot 25} = \frac{25}{100}$$

(= 0,25),

$$\frac{17}{125} = \frac{17 \cdot 8}{125 \cdot 8} = \frac{136}{1000}$$

$(= 0{,}136)$.

Die Menge der Bruchzahlen bezeichnet man mit $\mathbb{B}$, die Menge der Bruchzahlen einschließlich der Zahl 0 mit $\mathbb{B}_0$. Nimmt man auch die negativen Bruchzahlen hinzu, so entsteht die Menge $\mathbb{Q}$ der ↑rationalen Zahlen.

**Bruchautomat** ↑Bruch.

**Bruchfunktion** ↑Bruch.

**Bruchgleichung:** Gleichung, in welcher die Variable im Nenner eines Bruches vorkommt.

*Beispiel:*

$$\frac{3x-5}{x+1} = \frac{2x+6}{x+3}.$$

Um die Lösungsmenge einer Bruchgleichung zu bestimmen, stellt man zunächst die Definitionsmengen der einzelnen ↑Bruchterme fest. (Die Bruchterme sind ja nur definiert, wenn der Nenner nicht Null ist.) Die Definitionsmenge der Bruchgleichung ist der Durchschnitt der Definitionsmengen der einzelnen Terme. Im Beispiel besteht die Definitionsmenge $D$ der Bruchgleichung aus allen reellen Zahlen außer $-1$ und $-3$.

Nun multipliziert man beide Seiten der Gleichung mit einem Term $H(x)$, der alle Nennerwerte als Faktoren enthält. Damit eine ↑Äquivalenzumformung vorliegt, muß der Term $H(x)$ in der Definitionsmenge $D$ definiert sein und darf bei keiner zulässigen Einsetzung aus $D$ Null werden. Diese Bedingungen erfüllt z. B. der Hauptnenner aller auftretenden Bruchterme. Im Beispiel ist der Hauptnenner der Bruchterme

$$H(x) = (x+1)(x+3).$$

Nach Multiplikation mit $H(x)$ erhält man die Gleichung

$$\frac{(3x-5)(x+1)(x+3)}{x+1} = \frac{(2x+6)(x+1)(x+3)}{x+3}.$$

Nach Kürzen erhält man eine Gleichung, die keine Bruchterme mehr enthält:

$$(3x-5)(x+3) = (2x+6)(x+1).$$

Diese Gleichung ist äquivalent zu

$$x^2 - 4x - 21 = 0.$$

Die Lösungsmenge dieser quadratischen Gleichung ist $L = \{-3; 7\}$. Da $-3$ nicht zur Definitionsmenge der Bruchgleichung gehört, ist also 7 einzige Lösung der Bruchgleichung.

Bruchgleichungen kommen wie im Beispiel häufig in der Form

$$\frac{R}{S} = \frac{T}{U}$$

vor. Durch Multiplikation mit dem Term $S \cdot U$, welcher oft nicht der Hauptnenner der Bruchterme ist, da er nicht das „kleinste“ gemeinsame Vielfache von $S$ und $U$ zu sein braucht, entsteht die Gleichung

$$\frac{R \cdot S \cdot U}{S} = \frac{T \cdot S \cdot U}{U},$$

welche nach Kürzen die Form

$$R \cdot U = S \cdot T$$

hat. In der Definitionsmenge sind die erste und die letzte Gleichung äquivalent:

$$\frac{R}{S} = \frac{T}{U} \Leftrightarrow RU = ST.$$

Den Übergang von der linken zur rechten Gleichung nennt man anschaulich **Überkreuzmultiplizieren.**

**Bruchklasse** ↑Bruch.

**Bruchoperator** ↑Bruch, ↑Operator.

**Bruchrechnen.** Man kann ↑Brüche bzw. ↑rationale Zahlen *addieren, subtrahieren, multiplizieren, dividieren* und *der Größe nach vergleichen.*

*Addition und Subtraktion*

Die Addition und Subtraktion *gleichnamiger* Brüche (also von Brüchen mit gleichem Nenner) erfolgt durch Addition bzw. Subtraktion der Zähler dieser Brüche:

$$\frac{a}{n} \pm \frac{b}{n} := \frac{a \pm b}{n}.$$

Sind die Brüche nicht gleichnamig, so muß man sie zuerst gleichnamig machen (↑Bruch).

*Beispiele:*

$$\frac{193}{360} + \frac{383}{594} = \frac{6369}{11880} + \frac{7660}{11880} = \frac{14029}{11880},$$

$$\frac{1}{12} - \frac{1}{13} = \frac{13}{12 \cdot 13} - \frac{12}{12 \cdot 13} = \frac{13-12}{156} = \frac{1}{156},$$

$$\frac{7}{30} - \frac{19}{42} = \frac{7 \cdot 7}{30 \cdot 7} - \frac{19 \cdot 5}{42 \cdot 5} = \frac{49-95}{210} = -\frac{23}{105}.$$

*Multiplikation und Division*

Das $\frac{3}{4}$fache des $\frac{2}{9}$fachen einer Länge ist das $\frac{3 \cdot 2}{4 \cdot 9}$fache dieser Länge. Dies legt folgende Definition der Multiplikation der Bruchzahlen nahe:

$$\frac{a}{b} \cdot \frac{c}{d} := \frac{a \cdot c}{b \cdot d}.$$

Zwei Bruchzahlen werden also multipliziert, indem man Zähler mit Zähler und Nenner mit Nenner multipliziert.

Da die Division die Umkehrung der Multiplikation ist, gilt:

$$\frac{a}{b} : \frac{c}{d} = \frac{a}{b} \cdot \frac{d}{c}.$$

Man dividiert also durch eine von 0 verschiedene Bruchzahl $\frac{c}{d}$, indem man mit ihrem **Kehrwert** $\frac{d}{c}$ multipliziert.

*Beispiele:*

$$\frac{36}{53} \cdot \frac{16}{27} = \frac{\overset{4}{\cancel{36}} \cdot 16}{53 \cdot \underset{3}{\cancel{27}}} = \frac{64}{159}$$

$$\frac{64}{159} : \frac{16}{27} = \frac{\overset{4}{\cancel{64}} \cdot \overset{9}{\cancel{27}}}{\underset{53}{\cancel{159}} \cdot \underset{1}{\cancel{16}}} = \frac{36}{53}$$

*Größenvergleich*

Es gilt $\frac{a}{b} < \frac{c}{d}$ (für positive ganze Zahlen $a, b, c, d$), wenn jede Länge von dem Bruchoperator $\frac{a}{b}$ in eine kleinere Länge als von dem Bruchoperator $\frac{c}{d}$ abgebildet wird. Insbesondere muß dann also gelten:

$$\frac{a}{b} \cdot bd[\text{cm}] < \frac{c}{d} \cdot bd[\text{cm}],$$

also $ad < bc$. Man kann also definieren:

$$\frac{a}{b} < \frac{c}{d} \cdot \Leftrightarrow a \cdot d < b \cdot c.$$

Bei gleichnamigen Brüchen ist der Größenvergleich besonders einfach, da es nur auf den Vergleich der Zähler ankommt:

$$\frac{a}{n} < \frac{b}{n} \Leftrightarrow a < b$$

(für positive ganze Zahlen $a, b, n$). Man könnte sich also beim Größenvergleich grundsätzlich auf gleichnamige Brüche beschränken.

*Beispiele:*

$$\frac{3}{7} < \frac{4}{9},$$

denn

$$3 \cdot 9 < 4 \cdot 7,$$

$$\frac{9}{10} < \frac{4}{15},$$

denn

$$\frac{9 \cdot 3}{120} < \frac{4 \cdot 8}{120}.$$

**Bruchterme:** Ein Term der Form $\frac{S}{T}$, wobei $S$ und $T$ ↑Terme sind. Dabei darf $T$ nicht Null sein. Enthält der Term $T$ Variable, so müssen die Einsetzungen für die Variablen so gewählt werden, daß stets $T \neq 0$ gilt. Die Menge der im obigen Sinn möglichen Einsetzungen ist der **Definitionsbereich** oder die **Definitionsmenge** des Bruchterms.

**Bruchzahl** ↑Bruch, ↑Bruchrechnen.

**Buchstabenrechnen,** das Rechnen mit Variablen. Für die Wahl der Buchstaben bzw. Symbole gelten zum Teil gewisse DIN-Normen. – Vgl. ↑mathematische Zeichen.

**Buffonsches Nadelproblem** (nach G. L. Leclerc, Graf von Buffon, 1707–1788). Man werfe eine Nadel der Länge $l$ „zufällig" auf die mit Parallelen im Abstand $a (a \geqq l)$ versehene Ebene und berechne die Wahrscheinlichkeit $P$ dafür, daß die Nadel eine der Geraden schneidet.

Für die Wahrscheinlichkeit $P$ läßt sich der Wert

$$P = \frac{2l}{\pi a}$$

ableiten. Ermittelt man einen Näherungswert für $P$, so ergibt sich daraus gemäß

$$\pi = \frac{2 \cdot l}{a \cdot P}$$

ein Näherungswert für die Kreiszahl π.

Das Buffonsche Nadelproblem zeigt, daß man einen allgemeinen Wahrscheinlichkeitsbegriff nicht durch das Verhältnis der Anzahl der günstigen Fälle zur Anzahl der möglichen Fälle definieren kann, denn im vorliegenden Beispiel gibt es jeweils unendlich viele Fälle. Man kann einen allgemeinen Wahrscheinlichkeitsbegriff jedoch axiomatisch einführen.

**Bündeln:** Zusammenfassen von Einern zu Zehnern, Zehnern zu Hundertern usw. Natürlich kann man nicht nur im Zehnersystem, sondern auch in jedem anderen ↑Stellenwertsystem bündeln. Umgekehrt kann man durch Bündeln auch Stellenwertsysteme erklären. Im folgenden ist die Bündelung im 3er-System dargestellt.

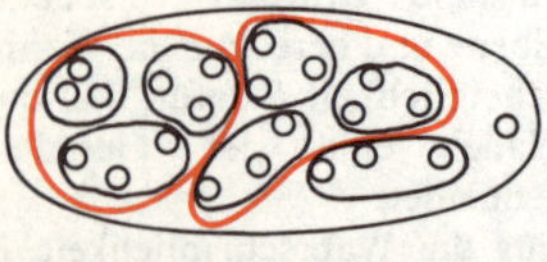

Abb. 1: Bündelung im 3er-System

Die in dem Mengenbild (Abb. 1) dargestellte Zahl besteht aus

zwei 9er-Bündeln,
einem 3er-Bündel,
einem Einer.

Diese Zahl besitzt die Ziffernschreibweise $(211)_{③}$. Man kann sie auch in einer Tabelle darstellen:

| 27 | 9 | 3 | 1 |
|---|---|---|---|
| | II | I | I |

**Bündelungszahlen (Stufenzahlen)** sind in diesem Fall 1, 3, 9, 27, ....

**bushel,** englisches Hohlmaß (↑Raumeinheit).

**Byte** ↑Bit.

# C

**c,** Zeichen für den Vorsatz Zenti... (↑Vorsatzzeichen).

**c** (hochgestellt: $^c$): Kurzzeichen für Neusekunde (↑Gradmaß).

**C** ↑römische Zahlen.

**Calculus:** Rechenstein beim ↑Abakus.

**Cantorscher Satz** ↑Diagonalverfahren.

**Cantorsches Diagonalverfahren** ↑Diagonalverfahren.

**Capture-recapture-Methode** ↑Maximum-Likelihood-Methode, ↑Schätzen.

**Cardanosche Formeln** (Cardanische Formeln; nach G. Cardano, 1501 bis 1576): Formeln zur Lösung kubischer Gleichungen der Form

$$x^3 + 3px + 2q = 0$$

**(reduzierte kubische Gleichung).**
Mit

$$u = \sqrt[3]{-q + \sqrt{q^2 + p^3}}$$

und

$$v = \sqrt[3]{-q - \sqrt{q^2 + p^3}}$$

lauten die Lösungen der reduzierten kubischen Gleichung

$$y_1 = u + v,$$

$$y_2 = -\frac{u+v}{2} + \frac{i}{2}\sqrt{3}\,(u-v),$$

$$y_3 = -\frac{u+v}{2} - \frac{i}{2}\sqrt{3}\,(u-v)$$

(↑ i).
Aus der Normalform

$$x^3 + ax^2 + bx + c = 0$$

kann man durch die Ersetzung

$$x = y - \frac{a}{3}$$

die reduzierte kubische Gleichung herstellen.
Dabei ist

$$3p = -\frac{a^2}{3} + b$$

und

$$2q = \frac{2a^3}{27} - \frac{ab}{3} + c.$$

Wenn $q^2 + p^3 > 0$ ist, dann ist $y_1$ reell (↑ reelle Zahlen), $y_2$ und $y_3$ sind konjugiert komplex (↑ komplexe Zahlen). Wenn $q^2 + p^3 = 0$ ist, dann sind alle Lösungen reell, und es gilt $y_2 = y_3$. Ist $q^2 + p^3 < 0$, so liegt der **irreduzible Fall (Casus irreducibilis)** vor. Bei diesem existieren drei reelle Lösungen, die allerdings in komplexer Darstellung erscheinen.

*Beispiel:*

$$x^3 - 6x^2 - 60x - 144 = 0.$$

Es ist $a = -6$, man setzt $x = y + 2$. Dann ist $3p = -72$ und $2q = -280$. Die reduzierte Gleichung lautet:

$$y^3 - 72y - 280 = 0.$$

Es ist

$$p = -24,\ p^3 = -13824,$$
$$q = -140,\ q^2 = 19600,$$
$$q^2 + p^3 = 5776 > 0.$$

Man erhält

$$u = \sqrt[3]{140 + \sqrt{5776}} = \sqrt[3]{140 + 76} = \sqrt[3]{216} = 6$$

und

$$v = \sqrt[3]{140 - \sqrt{5776}} = \sqrt[3]{140 - 76} = \sqrt[3]{64} = 4.$$

Dann ist $y_1 = 6 + 4 = 10,$
$y_2 = -5 + i\sqrt{3},$
$y_3 = -5 - i\sqrt{3}.$

Daraus erhält man mit $x = y + 2$ die Lösungen der ursprünglichen Gleichung:

$x_1 = 12,$
$x_2 = -3 + i\sqrt{3},$
$x_3 = -3 - i\sqrt{3}.$

**Cardioide,** svw. ↑Kardioide.

**Casus irreducibilis,** spezieller Fall bei den ↑Cardanoschen Formeln.

**Catalan-Zahlen** (nach E.-Ch. Catalan, 1814–1894): Anzahl der möglichen Beklammerungen eines Produktes aus $n$ Faktoren, so daß immer nur die Multiplikation von zwei Faktoren durchzuführen ist. Es ist $C(4) = 5$, denn alle möglichen Beklammerungen von $x_1 x_2 x_3 x_4$ sind die folgenden:

$(x_1 x_2)(x_3 x_4),$
$(x_1(x_2 x_3))x_4,$
$x_1((x_2 x_3)x_4),$
$((x_1 x_2)x_3)x_4,$
$x_1(x_2(x_3 x_4)).$

Tabelle 1 enthält die Catalan-Zahlen von $n = 4$ bis $n = 10$.

| $n$ | 4 | 5 | 6 | 7 | 8 | 9 | 10 |
|---|---|---|---|---|---|---|---|
| $C$ | 5 | 14 | 42 | 132 | 429 | 1430 | 4862 |

Tabelle 1

**Cauchy-Axiom** ↑Vollständigkeit.

**Cauchy-Folge** (nach A. L. Cauchy, 1789 bis 1857): Wird für eine Folge von Zahlen $\langle a_n \rangle$ für hinreichend große Indizes $k$, $l$ der Abstand der Folgenglieder $a_k$, $a_l$ beliebig klein, so bezeichnet man diese Folge als **Cauchy-Folge** oder **Fundamentalfolge.**

**Cauchysches Konvergenzkriterium** (nach A. L. Cauchy, 1789–1857): Eine Zahlenfolge $\langle a_n \rangle$ ist genau dann konvergent im Körper $\mathbb{R}$ der reellen Zahlen, wenn sie eine ↑Cauchy-Folge ist. Im Körper $\mathbb{Q}$ der ↑rationalen Zahlen gilt dieser Satz nicht, da eine Cauchy-Folge aus rationalen Zahlen einen irrationalen Grenzwert (z. B. $\sqrt{2}$) haben kann.

**Cavalierisches Prinzip** (nach B. Cavalieri, 1598–1647). Dieses Prinzip zur Körperberechnung lautet: Haben zwei Körper gleiche Höhe und gleiche Grundflächen und sind alle zur Grundfläche parallelen Schnittflächen in gleicher Höhe inhaltsgleich, so sind die Körper rauminhaltsgleich (vgl. Abb. 1). Dieses Prinzip gilt in der entsprechenden Form auch für ebene Figuren: Sind für zwei ebene Figuren, die zwischen zwei parallelen Geraden liegen, sowohl in diesem als auch in allen parallelen, dazwischenliegenden Geraden die Schnittstrecken gleich lang, so sind sie flächengleich.

Abb. 1: Cavalierisches Prinzip

Aufgrund des Prinzips von Cavalieri kann man den Rauminhalt von *schiefen* Pyramiden und Kegeln auf die gleiche Art berechnen wie den von *geraden* Pyramiden und Kegeln, nämlich nach der Formel

$$V = \frac{1}{3} \cdot G \cdot h$$

($G$ Grundfläche, $h$ Höhe); vgl. Abb. 2 und Abb. 3.

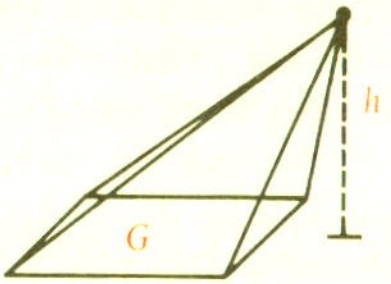


Abb. 2

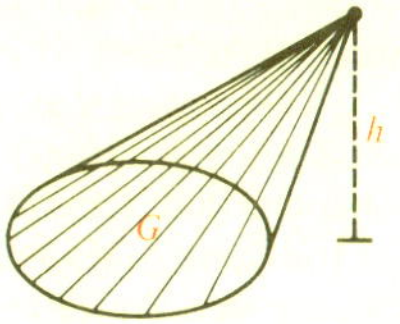


Abb. 3

**central processing unit** ↑Computer.

**Ceva,** Satz von (nach G. Ceva, 1648 bis 1737): Es sei $S$ ein Punkt im Innern eines Dreiecks $ABC$, und $S_1, S_2, S_3$ seien die Schnittpunkte der Geraden $g_{AS}, g_{BS}, g_{CS}$ mit den Dreiecksseiten (Abb. 1). Dann gilt folgende Beziehung für die Teilverhältnisse auf den Seiten:

$$\frac{a_1}{a_2} \cdot \frac{b_1}{b_2} \cdot \frac{c_1}{c_2} = 1.$$

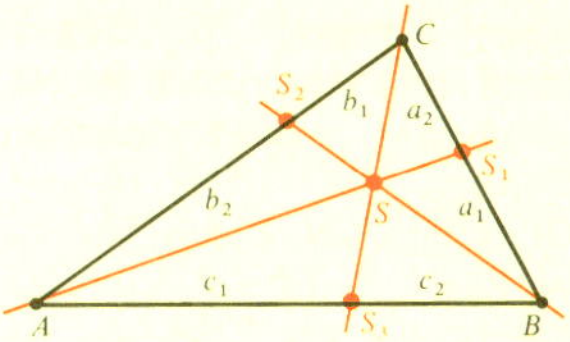


Abb. 1: Satz von Ceva

**Chance:** In der Wahrscheinlichkeitsrechnung mißt man die „Chance" für das Eintreten eines Ereignisses mit Hilfe der ↑Wahrscheinlichkeit des Ereignisses oder näherungsweise durch seine relative Häufigkeit. Eine „Chance von 20%" bedeutet, daß man in 20% aller Fälle das betreffende Ereignis erwarten kann, falls man den entsprechenden Zufallsversuch sehr oft wiederholt. In der Umgangssprache wird mit *Chance* auch das Verhältnis der Anzahl der „günstigen" zur Anzahl der „ungünstigen" Fälle bezeichnet. Eine Chance von 5:1 („5 zu 1") bedeutet dann, daß man in 5 von 6 Fällen (also mit der Wahrscheinlichkeit $\frac{5}{6}$) das betreffende Ereignis erwarten kann.

**Chaos:** In der Umgangssprache verwendet man die Bezeichnung Chaos für „völliges Durcheinander". Die Beschreibung von „chaotischen Zuständen" bei physikalischen, technischen, wirtschaftlichen, gesellschaftlichen oder ökologischen Prozessen ist Gegenstand einer bisher noch unvollständigen mathematischen Theorie, der *Chaos-Theorie*. Grundlage der Chaos-Theorie ist das *schwache Kausalitätsprinzip:* Gleiche Ursachen haben gleiche Wirkungen. Ähnliche Ursachen können verschiedene Wirkungen besitzen. Dieses Prinzip stellt im Gegensatz zu dem z. B. in der klassischen Physik geltenden *starken Kausalitätsprinzip* (ähnliche Ursachen haben ähnliche Wirkungen) nur eine sehr schwache Bedingung dar. Das starke Kausalitätsprinzip gilt beispielsweise beim Autofahren: Geringe Abweichungen etwa beim Lenken oder Gasgeben haben auch nur geringe Änderungen im Fahrverhalten zur Folge. Würde nur das schwache Kausalitätsprinzip gelten, so könnte niemand mehr autofahren, weil schon geringe Änderungen beim Lenken das Fahrzeug in eine völlig andere Richtung führen könnten. Die Chaos-Theorie versucht Vorgänge, bei denen kleine Einwirkungen große Änderungen hervorrufen (z. B. bei der Entwicklung des Wetters), rechnerisch zu beherrschen bzw. in manchen Fällen die Unmöglichkeit einer mathematischen Beherrschung zu beweisen. Das Hauptproblem besteht meistens darin, ansonsten vernachlässigbare Einflußgrößen korrekt bei der mathematischen Modellbildung einzubringen.

**char** ↑Datentyp.

**charakteristische Funktion** ↑Indikator.

**Chiffrierung** ↑Verschlüsselung.

**chinesische Rechenmaschine** ↑Abakus.

**chinesische Zahlzeichen** ↑Ziffern.

**Chi-Quadrat-Tests** ($\chi^2$-Tests): Spezielle statistische Testverfahren zur Feststellung des Sachverhalts, ob eine beobachtete Verteilung mit einer gegebenen statistischen Verteilung übereinstimmt oder von ihr abweicht. Man unterscheidet den $\chi^2$-Anpassungstest und den $\chi^2$ Unabhängigkeitstest.

Der *$\chi^2$-Anpassungstest* **(Chi-Quadrat-Anpassungstest)** wird u. a. benutzt zur Überprüfung der Annahme (Hypothese), daß bestimmte Ausfälle eines ↑Zufallsversuchs bestimmte ↑Wahrscheinlichkeiten besitzen. Der *$\chi^2$-Unabhängigkeitstest* **(Chi-Quadrat-Unabhängigkeitstest)** wird verwendet, um die Annahme der Unabhängigkeit von zwei Merkmalen (Ereignissen) zu überprüfen.

**Chordale** *(Potenzlinie)* zweier Kreise: Bezeichnung für diejenige Gerade, von deren Punkten aus die Tangentenabschnitte an die beiden Kreise gleich lang sind (in Abb. 1 gestrichelt dargestellt).

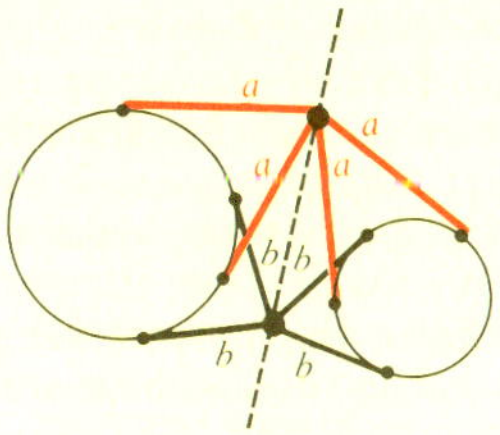


Abb. 1: Chordale (gestrichelt)

**Cissoide,** svw. ↑Zissoide.
**cl,** Einheitenzeichen für Zentiliter (↑Hohlmaß).
**COBOL:** Abkürzung für **Com**mon **B**usiness **O**riented **L**anguage. COBOL ist eine höhere Programmiersprache, die in den Jahren 1959–1960 für die kommerzielle Datenverarbeitung entwickelt wurde. Die Anweisungen sind sehr stark an die englische Sprache angelehnt. COBOL eignet sich nicht für mathematische Probleme, ermöglicht jedoch die Verarbeitung großer Datenmengen.
**Code.** Eine Vorschrift, welche jedem Zeichen eines Zeichenvorrats (Definitionsbereich) eindeutig die Zeichen aus einem anderen Zeichenvorrat (Bildmenge) zuordnet, heißt Code. Der Vorgang des Übersetzens eines Zeichens in das entsprechende Zeichen der Bildmenge heißt **Codierung (Kodierung).** Häufig bezeichnet man auch die Bildmenge als **Code.** In der Informatik werden nur Codes benutzt, bei denen die Codewörter alle die gleiche Länge (Anzahl der Zeichen) besitzen. Codes, deren Wörter nur zwei Zeichen enthalten, z. B. die binären Zeichen 0 und 1 bzw. O und L werden **binäre Codes (Binärcodes)** genannt. Die Tabelle gibt einige binäre Codes zur Darstellung der Dezimalziffern an. (Dabei ist BCD eine Abkürzung für **B**inary **C**oded **D**ecimals.)
Bei der Informationsverarbeitung allgemeiner Daten werden Ziffern, Buchstaben und Sonderzeichen codiert.
Auf Rechenanlagen wird dazu meist der EBCDI-Code (Extended **B**inary **C**oded **D**ecimals **I**nterchange) benutzt, für Klein- und Mini-Rechner fast ausschließlich der ASCII-Code (**A**merican **S**tandard **C**ode for **I**nformation **I**nterchange). Jeder binären Codierung ent-

| Ziffer | BCD | Gray-Code | Aiken-Code |
|---|---|---|---|
| 0 | 0000 | 0000 | 0000 |
| 1 | 0001 | 0001 | 0001 |
| 2 | 0010 | 0011 | 0010 |
| 3 | 0011 | 0010 | 0011 |
| 4 | 0100 | 0110 | 0100 |
| 5 | 0101 | 0111 | 1011 |
| 6 | 0110 | 0101 | 1100 |
| 7 | 0111 | 0100 | 1101 |
| 8 | 1000 | 1100 | 1110 |
| 9 | 1001 | 1101 | 1111 |

spricht eine Codierung im 16er-System *(hexadezimale Darstellung)* mit den Ziffern

0, 1, ..., 9, A, B, C, D, E, F.

**Compiler.** Ein Compiler ist ein Übersetzungsprogramm, welches ein Programm aus einer höheren ↑Programmiersprache **(Quellprogramm)** in die benötigte ↑Maschinensprache übersetzt.

**Computer.** Ein Computer ist ein System von Geräten zur Behandlung umfangreicher Aufgaben der ↑Datenverarbeitung. Man spricht auch von **EDVA** (Abk. für **e**lektronische **D**aten**v**erarbeitungs**a**nlage), **DVA** (Abk. für **D**aten**v**erarbeitungs**a**nlage), **elektronischer Rechenanlage** oder kurz **Rechenanlage.** Der Aufbau eines Computers ist in Abb. 1 schematisch dargestellt.

Die *Zentraleinheit* (**CPU,** Abk. für engl. **c**entral **p**rocessing **u**nit) enthält alle Schaltungen, die für die Interpretation und Durchführung von Anweisungen notwendig sind. Die wichtigsten Bestandteile sind das **Rechenwerk (ALU,** Abk. für engl. **a**rithmetical **l**ogical **u**nit = **arithmetisch-logische Einheit),** das **Leitwerk (Kontrolleinheit, Steuerwerk)** und der **Arbeitsspeicher.** Das Rechenwerk besteht im wesentlichen aus arithmetischen Schaltungen (Addierwerk) und verschiedenen **Registern** zum Speichern von Zwischenergebnissen und als Befehlsregister oder Adressenregister. Die Inhalte der Register können in den **Akkumulator** (zentrales Register des Rechenwerks) gebracht und dort arithmetischen oder logischen Operationen unterworfen werden.

Durch die **Eingabeeinheit** werden dem Rechner die zu verarbeitenden Daten und das Programm zugeleitet. Durch die **Ausgabeeinheit** werden die Ergebnisse zur weiteren Verwendung zur Verfügung gestellt. Die Geräte der Ein- und Ausgabeeinheit bezeichnet man als ↑Peripheriegeräte.

Die **Speichereinheit,** bestehend aus Arbeitsspeicher und externen ↑Datenspeichern, dient zur Speicherung der Verarbeitungsvorschrift, der Daten, der Zwischenergebnisse und der Ergebnisse. Dabei dient der Arbeitsspeicher hauptsächlich der Durchführung des Programms.

Durch das **Leitwerk** werden die Einheiten des Computers bei der Durchführung der Verarbeitungsschritte koordiniert.

Neben den Übersetzungsprogrammen (↑Compiler), die die verschiedenen Programmiersprachen in die zum Computer gehörende Maschinensprache übersetzen, existiert zu jedem Computer ein Programmsy-

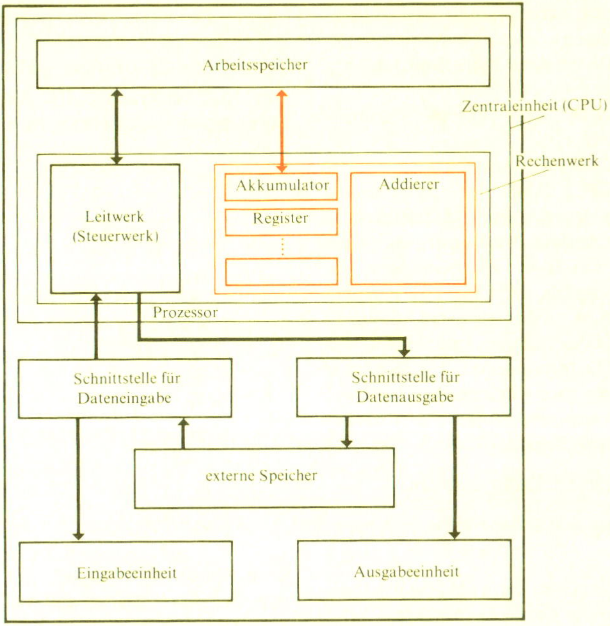


Abb. 1: Schematische Darstellung eines Computers

stem, das für den Ablauf und die Koordinierung der gesamten Anlage verantwortlich ist (↑Betriebssystem).

An den **Schnittstellen (Interface)** werden Steuersignale oder Daten zwischen dem Rechenwerk und den Speichern und den Peripheriegeräten ausgetauscht.

Einen Verarbeitungsauftrag an einen Computer nennt man einen **Job.** Er umfaßt Befehle an das Betriebssystem, das eigentliche Programm, Daten und die ↑Betriebsart.

**Conversational mode** ↑Betriebsart.

**cos** ↑trigonometrische Funktionen.

**$\cos^{-1}$** ↑Arkusfunktionen.

**cosech** ↑hyperbolische Funktionen.

**cosh** ↑hyperbolische Funktionen.

**Cosinus,** svw. Kosinus (↑trigonometrische Funktionen).

**Cosinus hyperbolicus** ↑hyperbolische Funktionen.

**cot** ↑trigonometrische Funktionen.

**Cotangens hyperbolicus** ↑hyperbolische Funktionen.

**coth** ↑hyperbolische Funktionen.

**Coupon** ↑Anleihe.

**CPU,** Abk. für engl. central processing unit, ↑Computer.

**Cramersche Regel** (nach dem Schweizer Mathematiker G. Cramer, 1704 bis 1752): Regel zum Auflösen von linearen ↑Gleichungen mit Hilfe von ↑Determinanten. Für Systeme von zwei Gleichungen mit zwei Variablen lautet die *Cramersche Regel:*

Ein Gleichungssystem

$$\text{(S)}\quad \begin{aligned} a_1 x + a_2 y &= a_0 \\ b_1 x + b_2 y &= b_0 \end{aligned}$$

ist genau dann *eindeutig lösbar,* wenn die Determinante

$$D = \begin{vmatrix} a_1 & a_2 \\ b_1 & b_2 \end{vmatrix} = a_1 b_2 - a_2 b_1$$

von Null verschieden ist. Für das Lösungspaar $(x, y)$ gilt in diesem Falle

$$x = \frac{\begin{vmatrix} a_0 & a_2 \\ b_0 & b_2 \end{vmatrix}}{D} = \frac{a_0 b_2 - a_2 b_0}{a_1 b_2 - a_2 b_1},$$

$$y = \frac{\begin{vmatrix} a_1 & a_0 \\ b_1 & b_0 \end{vmatrix}}{D} = \frac{a_1 b_0 - a_0 b_1}{a_1 b_2 - a_2 b_1}.$$

Das System

$$\begin{aligned} x + 7y &= 21 \\ 4x - 3y &= 22 \end{aligned}$$

ist eindeutig lösbar, da

$$D = \begin{vmatrix} 1 & 7 \\ 4 & -3 \end{vmatrix} = 1 \cdot (-3) - 4 \cdot 7 = -31$$

von Null verschieden ist. Als Lösungspaar $(x, y)$ erhält man

$$x = \frac{\begin{vmatrix} 21 & 7 \\ 22 & -3 \end{vmatrix}}{-31} = \frac{21 \cdot (-3) - 22 \cdot 7}{-31} = \frac{-217}{-31} = 7,$$

$$y = \frac{\begin{vmatrix} 1 & 21 \\ 4 & 22 \end{vmatrix}}{-31} = \frac{1 \cdot 22 - 4 \cdot 21}{-31} = \frac{-62}{-31} = 2.$$

**Crap-Spiel:** Würfelspiel mit zwei Würfeln. Besitzt die Augensumme die Werte 7 oder 11, dann hat man gewonnen. Besitzt die Augensumme die Werte 2, 3 oder 12, dann hat man verloren. Falls die Augensumme 4, 5, 6, 8, 9 oder 10 ist, muß der Doppelwurf so lange wiederholt werden, bis die gleiche Augensumme wieder erscheint (dann hat man gewonnen) oder bis die Augensumme 7 erscheint (dann hat man verloren). Die Wahrscheinlichkeit für „Gewinn" ist $\frac{244}{495}$, also etwa 49,3 %. Bei Crap-Spiel handelt es sich um eine spezielle ↑Markoff-Kette.

# D

**d,** Zeichen für den Vorsatz Dezi... (↑ Vorsatzzeichen).

**D** ↑ römische Zahlen.

**da,** Zeichen für den Vorsatz Deka... (↑ Vorsatzzeichen).

**Damnum:** Abzug vom Nennwert eines Darlehens als Vergütung für die Darlehensgewährung.

**Dandelinsche Kugeln** (nach P. G. Dandelin, 1794–1847): Kugeln, die einen geraden Kreiskegel und eine durch diesen gehende Schnittebene berühren.

**darstellende Geometrie.** In der darstellenden Geometrie behandelt man Abbildungen des dreidimensionalen Raumes in eine Zeichenebene. Der Zweck solcher Abbildungen besteht im Herstellen anschaulicher Bilder von Raumobjekten und der Interpretation vorliegender Bilder. Aus solchen Bildern soll das Raumobjekt rekonstruierbar sein, man will also der Zeichnung die wahren Größen des dargestellten Objektes (Streckenlänge, Winkel) entnehmen können.

Das Verfahren, dessen sich die darstellende Geometrie bedient, ist die ↑ Projektion, d. h., durch die Raumpunkte werden Geraden (Projektionsstrahlen) gelegt, deren Schnittpunkte mit einer Ebene (Bildebene) die Bilder dieser Raumpunkte sind.

**Datei** (engl. *file*): In der Datenverarbeitung ein nach bestimmten Gesichtspunkten zusammengestellter Datenbestand. Die Komponenten einer Datei sind Sätze (engl. *record*), die ihrerseits wieder in Felder zerlegt sind (Abb. 1).

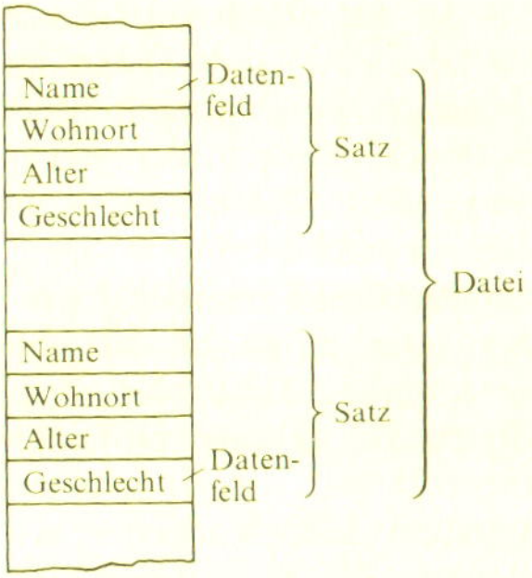


Abb. 1: Beispiel einer Datei

**Daten,** ursprünglich Bezeichnung für geschichtliche Zeitangaben. Heute verwendet man diesen Begriff allgemein für bestimmte Informationen über Objekte, Ereignisse, Prozesse und Abläufe (z. B. Betriebsdaten bei technischen Vorgängen und Geräten, Bahndaten der Bewegungen von Himmels- und Raumflugkörpern) sowie über andere Gegebenheiten (z. B. Produktions-, Bevölkerungsdaten), wie sie durch Beobachtungen, Experimente

und Messungen, durch statistische Erhebungen u. a. gewonnen oder (z. B. bei technischen Geräten durch Konstruktion) vorgegeben werden.
In der *Mathematik* werden als Daten die zur Lösung bzw. Durchrechnung einer Aufgabe vorgegebenen Zahlenwerte (z. B. für die Koeffizienten von linearen Gleichungen) bezeichnet. In der *Datenverarbeitung* versteht man unter Daten im Gegensatz zu Programminformationen (die z. B. der Steuerung des Maschinenablaufs dienen) solche Informationen, die maschinell verarbeitet werden oder durch maschinelle Verarbeitung entstanden sind. Die zur Darstellung von Daten verwendeten Zeichenfolgen bestehen dabei entweder aus bloßen Zahlen (numerische Daten) oder aus Buchstaben, Ziffern und Sonderzeichen (alphanumerische Daten). Dabei wird eine Zeichenfolge mit selbständiger Bedeutung als **Datenwort** oder **Dateneinheit** bezeichnet. Miteinander verbundene und einem Ordnungsmerkmal zugeordnete Dateneinheiten bilden einen **Datensatz.** Folgen miteinander verbundener Datensätze eine **Satzfolge.**

**Datenbit** ↑ Bit.

**Datenblock,** svw. ↑ Block.

**Dateneinheit** ↑ Daten.

**Datenfeld** ↑ Datei.

**Datenflußplan:** In der Datenverarbeitung ein Ablaufplan, der einen Überblick gibt über die an einem Programm beteiligten Datenträger und Speicher, über die auszuführenden Arbeiten und die Reihenfolge der Unterprogramme (Abb. 1).

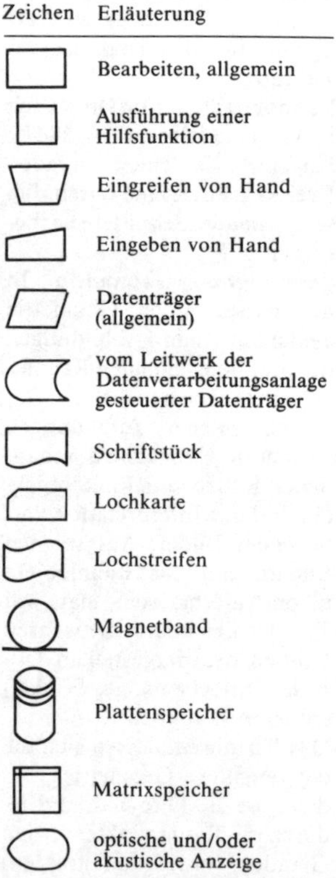

Abb. 1: Wichtige Symbole für Datenflußpläne

**Datensatz** ↑Daten.

**Datensichtgerät** ↑Peripheriegeräte.

**Datenspeicher** (Informationsspeicher): Einrichtung, mit deren Hilfe sich Daten aufnehmen und zu einem späteren Zeitpunkt wieder zur Verfügung stellen lassen; auch Bezeichnung für die als **Speicherwerk** bezeichnete Funktionseinheit einer Datenverarbeitungsanlage zum Speichern von Daten und Informationen.

**Datentyp.** Zur Beschreibung von Datenmaterial wird dieses nach Typen geordnet.

Für Variable vom Typ **integer** sind als Werte nur ganze Zahlen zugelassen. Variable vom Typ **real** dürfen alle vom Rechner realisierbaren Zahlenwerte annehmen. Man spricht kurz von reellen Zahlen, obwohl von Rechnern nur bestimmte rationale Zahlen dargestellt und verarbeitet werden können. Der Datentyp **boolean** (nach G. Boole, 1815–1864) bezieht sich auf die Werte **false** (falsch) und **true** (wahr). Variable vom Typ boolean können nur diese beiden Werte, meist realisiert durch 0 und 1, annehmen. Variable vom Typ **char** (Abk. für engl. character = Zeichen) dürfen als Werte alle Zeichen des Zeichenvorrats annehmen. Die Typen integer, real, char boolean bezeichnet man auch als Standardtypen.

**Datenverarbeitung:** Im weiteren Sinne jeder Prozeß, bei dem aus gegebenen Eingangsdaten durch Erfassung, Aufbereitung, Speicherung und Bearbeitung Ausgangsdaten gewonnen werden; im engeren Sinne die Gesamtheit der in einem ↑Computer auf Grund logischer bzw. mathematischer Verknüpfungen ablaufenden Prozesse.

Die Ein- bzw. Ausgangsdaten können jede darstellbare Information (z. B. Zahlenwerte, Texte, Bilder, elektrische Signale, physikalische Meßwerte) beschreiben. Der Ablauf der Verarbeitung der Eingangsdaten hängt von der Informationsdarstellung ab. Werden diese Informationen durch kontinuierlich veränderliche physikalische Größen darstellt, so spricht man von **analoger Datenverarbeitung.**

Bei der **digitalen Datenverarbeitung** wird die Information durch Folgen von Zeichen aus einem endlichen Zeichenvorrat dargestellt. Dabei wird jedes Datenelement, das nur endlich viele Werte (z. B. 0, 1, 2, ..., 9) annehmen kann, durch digital dargestellte Information, d. h. durch endliche Zeichenfolgen beschrieben. Sind dagegen für ein Datenelement unendlich viele Werte möglich, so werden endlich viele repräsentative herausgegriffen, die dann auf dieselbe Art darstellbar sind. Jeder Wert wird unter Begehung eines gewissen Fehlers durch den ihm nächstliegenden Repräsentanten dargestellt **(digitalisierte Darstellung).**

**Datenverarbeitungsanlage,** svw. ↑Computer.

**Datenwort** ↑Daten.

**Dechiffrierung** ↑Verschlüsselung.

**Deckabbildung.** Ein gleichseitiges Dreieck kann durch drei Spiegelungen und drei Drehungen (einschließlich der Drehung um 0°) auf sich abgebildet werden (Abb. 1).

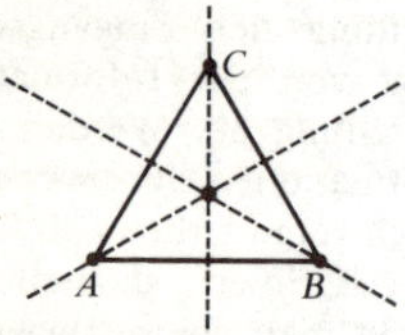


Abb. 1: Gleichseitiges Dreieck mit Symmetrieachsen

Allgemein bezeichnet man eine ↑Kongruenzabbildung, welche eine Figur auf sich abbildet, als Deckabbildung. Das gleichseitige Dreieck besitzt also 6 Deckabbildungen. Das Quadrat besitzt 8 Deckabbildungen (Abb. 2), nämlich die Spiegelungen an den Geraden *a*, *b*, *c*, *d* und die Drehungen um den Punkt 0 mit 0°, 90°, 180°, 270° (Abb. 2).

Zu den Deckabbildungen eines

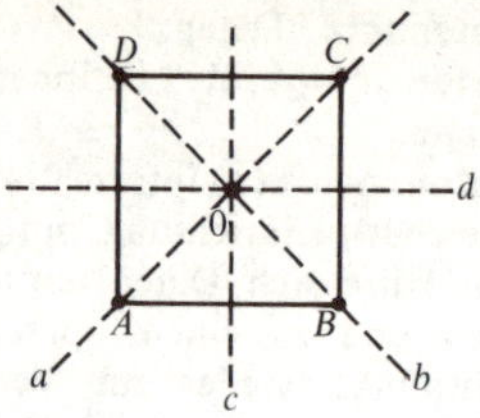


Abb. 2: Quadrat mit Symmetrieachsen

Kreises gehören alle Spiegelungen an Geraden durch den Kreismittelpunkt und alle Drehungen um den Mittelpunkt. Eine Figur ist **achsensymmetrisch,** wenn unter ihren Deckabbildungen eine Geradenspiegelung ist; sie ist **punktsymmetrisch,** wenn unter ihren Deckabbildungen eine Punktspiegelung ist.

Eine Figur heißt ein **Bandornament** (↑Ornament), wenn sie eine Verschiebung (die nicht die identische Abbildung ist) als Deckabbildung besitzt (Abb. 3).

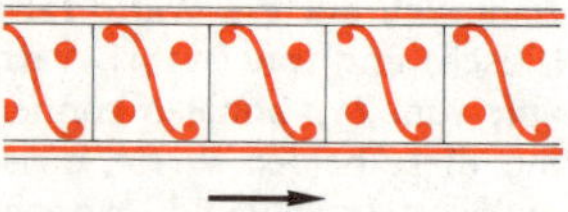

Abb. 3: Bandornament

Eine Figur heißt **Flächenornament,** wenn sie zwei Verschiebungen in verschiedene Richtungen als Deckabbildungen besitzt (Abb. 4).

Abb. 4: Flächenornament

**Definition.** Eine Definition ist die genaue Beschreibung eines Begriffs, der zur Bezeichnung eines mathematischen Sachverhalts eingeführt wird. Dabei benutzt man meistens einen umfassenden Begriff **(Oberbegriff)** und gibt dann eine kennzeichnende Eigenschaft für den zu definierenden Begriff an.
*Beispiel:* Eine Raute ist ein Parallelogramm mit vier gleichlangen Seiten.
Zu definierender Begriff:

Raute

Oberbegriff:

Parallelogramm

kennzeichnende Eigenschaft:

vier gleichlange Seiten

Man schreibt dann auch:

Raute: = Parallelogramm besitzt vier gleichlange Seiten.

oder

Parallelogramm ist
Raute: $\Leftrightarrow$ Parallelogramm hat vier gleichlange Seiten.

**Definitionsbereich,** svw. Definitionsmenge (↑ Abbildung).

**Definitionsmenge** ↑ Abbildung. – Vgl. ↑ Bruchterm, ↑ Gleichungen.

**defiziente Zahl.** Eine natürliche Zahl $n$, bei der die Summe der von $n$ verschiedenen Teiler kleiner als $n$ ist, heißt defizient.
*Beispiel:* 8 besitzt die Teiler 1, 2, 4, 8. Die Summe der von 8 verschiedenen Teiler ist $1+2+4=7$ (kleiner als 8), also ist 8 eine defiziente Zahl. ↑ auch abundante Zahl, ↑ vollkommene Zahl.

**DEG** (DEG): Taste eines ↑ Taschenrechners zur Einstellung auf Gradmaß (vgl. ↑ Winkel).

**degressive Abschreibung** ↑ Abschreibung.

**Deka...,** Zeichen da, Vorsatz vor Einheiten, bezeichnet das 10fache der betreffenden Einheit (↑ Vorsatzzeichen).

**Dekade:** Größe oder Anzahl von 10 Einheiten, z. B. ein Zeitraum von 10 Jahren (Jahrzehnt).

**dekadische Ergänzung:** Ergänzung einer Zahl zu einer Zehnerpotenz.
*Beispiel:* Die dekadische Ergänzung von 8 134 ist 1 866, denn

$$8\,134+1\,866=10\,000=10^4.$$

**dekadischer Logarithmus** ↑ Logarithmus.

**dekadisches System,** svw. ↑ Dezimalsystem.

**Deklination.** In der Astronomie bezeichnet man den Winkel, der in Abhängigkeit von der geographischen Breite gemeinsam mit dem Stundenwinkel die Lage eines Gestirns festlegt, als **Deklination** oder **Abweichung.**

**delisches Problem** ↑Würfelverdoppelung, ↑Konstruktion mit Zirkel und Lineal.

**Deltasymbol,** svw. ↑Kronekker-Symbol.

**Deltoid** (Windvogelviereck): Viereck mit zwei Paaren gleichlanger Nachbarseiten und einem überstumpfen Innenwinkel (Abb. 1). – Häufig wird auch das ↑Drachenviereck als Deltoid bezeichnet.

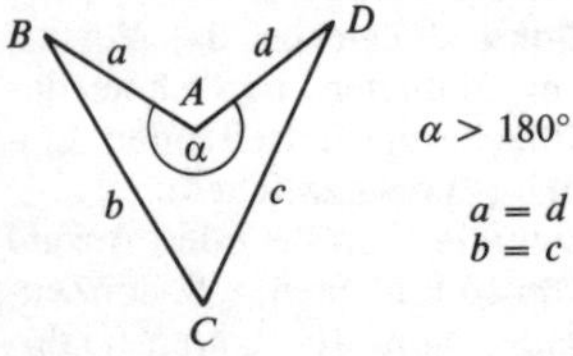


Abb. 1: Deltoid

**Deltoiddodekaeder** ↑Dodekaeder.

**Deltoidikositetraeder** ↑Ikositetraeder.

**De Morgansche Regeln** (Formeln von De Morgan; nach A. De Morgan, 1806–1871).

Sind $A$, $B$ Teilmengen einer Menge $G$, und bezeichnet man mit $\overline{X}$ die Ergänzungsmenge von $X$ bezüglich $G$, so gilt

$$\overline{A \cap B} = \overline{A} \cup \overline{B},$$
$$\overline{A \cup B} = \overline{A} \cap \overline{B}.$$

Sprechweise: „Die Ergänzungsmenge des Durchschnitts der Mengen $A$ und $B$ ist gleich der Vereinigungsmenge der Ergänzungsmenge von $A$ und der Ergänzungsmenge von $B$“ bzw. „Die Ergänzungsmenge der Vereinigung der Mengen $A$ und $B$ ist gleich dem Durchschnitt der Ergänzungsmenge von $A$ und der Ergänzungsmenge von $B$“.

Dies sind die Formeln von De Morgan für Mengen.

Sind $A$, $B$ Aussagen, und bezeichnet $\neg X$ die Negation (Verneinung) von $X$, so gilt

$$\neg(A \wedge B) \Leftrightarrow \neg A \vee \neg B,$$
$$\neg(A \vee B) \Leftrightarrow \neg A \wedge \neg B.$$

Sprechweise: „Die Verneinung von ‚$A$ und $B$‘ ist genau dann wahr, wenn die Verneinung von $A$ oder die Verneinung von $B$ wahr sind“ bzw. „Die Verneinung von ‚$A$ oder $B$‘ ist genau dann wahr, wenn die Verneinung von $A$ und die Verneinung von $B$ wahr sind“.

Dies sind die Formeln von De Morgan für Aussagen. Analoge Formeln gelten für Aussageformen.

**Desargues, Satz von** (nach G. Desargues, 1593–1662). Der Satz von Desargues macht eine Aussage über die gegenseitige Lage zweier Dreiecke $ABC$ und $A'B'C'$: Wenn sich die drei

Geraden, die die entsprechenden Ecken zweier Dreiecke verbinden, in einem Punkt $S$ schneiden, so liegen die Schnittpunkte der geradlinigen Verlängerung einander zugeordneter Seiten, falls diese Schnittpunkte vorhanden sind, auf einer Geraden $g$ (Abb. 1).

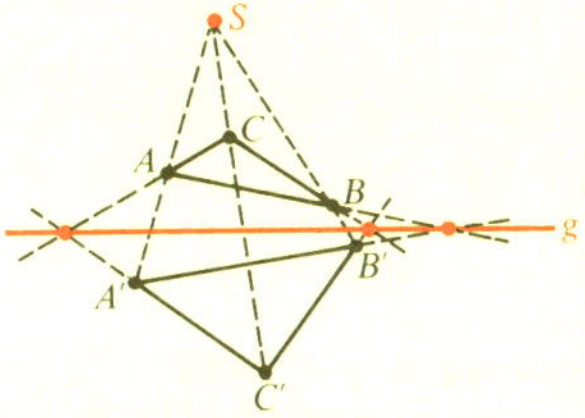


Abb. 1: Satz von Desargues

Es gilt auch die Umkehrung des Satzes von Desargues: Wenn die drei Punkte, in denen sich die Verlängerungen entsprechender Seiten zweier Dreiecke schneiden, auf einer Geraden $g$ liegen, so schneiden sich die Verbindungsgeraden einander zugeordneter Punkte in einem Punkt $S$.

**Determinante:** Mathematischer Term, der in vielen Bereichen der Mathematik, der Physik und der Technik auftritt. Determinanten können beispielsweise zur Lösung von linearen Gleichungssystemen verwendet werden (↑Cramersche Regel). Unter einer **2-reihigen Determinante** der reellen Zahlen $a$, $b$, $c$, $d$ versteht man den Ausdruck $ad-bc$ und schreibt dafür

$$\begin{vmatrix} a & b \\ c & d \end{vmatrix} = ad-bc. \qquad (1)$$

(Man merkt sich: Produkt der Zahlen der „Hauptdiagonale" minus Produkt der Zahlen der „Nebendiagonale".) So ist beispielsweise

$$\begin{vmatrix} 3 & -7 \\ 1 & 3 \end{vmatrix} = 3\cdot 3 - 1\cdot(-7) = 16$$

und

$$\begin{vmatrix} 0 & 0 \\ 3 & -4 \end{vmatrix} = 0\cdot(-4) - 0\cdot 3 = 0.$$

Bei der Definition 3-reihiger Determinanten kann man auf die der 2-reihigen zurückgreifen.

Man definiert **3-reihige Determinanten** durch

$$\begin{vmatrix} a_1 & a_2 & a_3 \\ b_1 & b_2 & b_3 \\ c_1 & c_2 & c_3 \end{vmatrix} \qquad (2)$$

$$= a_1 \begin{vmatrix} b_2 & b_3 \\ c_2 & c_3 \end{vmatrix} - b_1 \begin{vmatrix} a_2 & a_3 \\ c_2 & c_3 \end{vmatrix} + c_1 \begin{vmatrix} a_2 & a_3 \\ b_2 & b_3 \end{vmatrix}.$$

Berechnet man die rechte Seite von (2) gemäß (1), so erhält man die **Regel von Sarrus** (nach dem frz. Mathematiker P. F. Sarrus, 1798–1861) zur Berechnung 3-reihiger Determinanten:

$$\begin{vmatrix} a_1 & a_2 & a_3 \\ b_1 & b_2 & b_3 \\ c_1 & c_2 & c_3 \end{vmatrix} \qquad (3)$$

$$= a_1 b_2 c_3 + a_2 b_3 c_1 + a_3 b_1 c_2 - a_3 b_2 c_1 - a_2 b_1 c_3 - a_1 b_3 c_2.$$

Als Merkhilfe für diese Regel gilt:
Man verlängert die Determinante um die ersten beiden Spalten

$$\begin{matrix} a_1 & & a_2 \\ b_1 & \text{und} & b_2\,, \\ c_1 & & c_2 \end{matrix}$$

und bildet dann die Produkte der Zahlen in der Richtung der Hauptdiagonalen und der Nebendiagonalen. Die Produkte der Hauptdiagonalrichtung addiert man, die Produkte der Nebendiagonalrichtung subtrahiert man von dieser Summe:

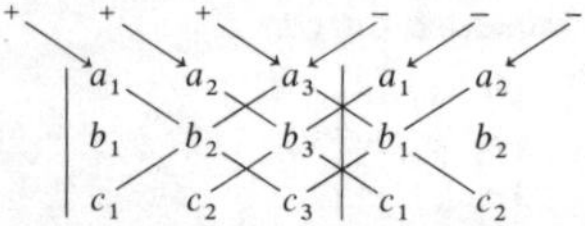


*Beispiele:* Die Determinanten

$$\begin{vmatrix} 1 & 3 & 0 \\ 2 & 2 & 1 \\ 3 & 1 & 0 \end{vmatrix}$$

und

$$\begin{vmatrix} -1 & 2 & 0 \\ 1 & -5 & 3 \\ 0 & 4 & 0 \end{vmatrix}$$

sollen berechnet werden. Aus

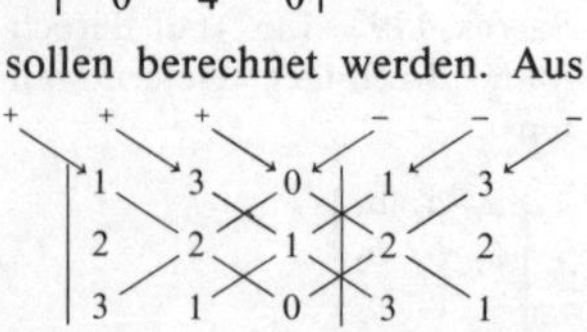


erhält man

$$\begin{vmatrix} 1 & 3 & 0 \\ 2 & 2 & 1 \\ 3 & 1 & 0 \end{vmatrix}$$

$$= 0 + 9 + 0 - 0 - 1 - 0 = 8.$$

Berechnung von

$$\begin{vmatrix} -1 & 2 & 0 \\ 1 & -5 & 3 \\ 0 & 4 & 0 \end{vmatrix}$$

gemäß Definition (2) liefert

$$\begin{vmatrix} -1 & 2 & 0 \\ 1 & -5 & 3 \\ 0 & 4 & 0 \end{vmatrix} = -1 \begin{vmatrix} -5 & 3 \\ 4 & 0 \end{vmatrix} - 1 \begin{vmatrix} 2 & 0 \\ 4 & 0 \end{vmatrix} + 0 \begin{vmatrix} 2 & 0 \\ -5 & 3 \end{vmatrix}$$

$$= (-1) \cdot (-12) - 0 + 0 = 12.$$

Eine $n$-reihige Determinante wird aus $n^2$ (reellen) Zahlen gebildet. Sie besitzt $n$ Zeilen und $n$ Spalten.

**Dezi...**, Zeichen d, Vorsatz vor Einheiten, bezeichnet den 10ten Teil der betreffenden Einheit (↑ Vorsatzzeichen).

**Deziliter** ↑ Hohlmaß.

**Dezimalbruch**, svw. Zehnerbruch (↑ Dezimalbruchentwicklung, ↑ Bruch).

**Dezimalbruchentwicklung.** Für **Zehnerbrüche** (Brüche, deren Nenner eine Potenz von 10 ist) hat man die **Dezimalschreibweise** eingeführt (↑ Bruch): $\frac{236}{1000} = \frac{236}{10^3} = 0{,}236$

(lies: „Null Komma zwei drei sechs"). Ein Bruch, dessen Nenner nur die ↑Primteiler 2 und 5 enthält, kann durch Erweitern in einen Zehnerbruch verwandelt werden und dann ebenfalls dezimal geschrieben werden:

$$\frac{3}{4} = \frac{3 \cdot 25}{4 \cdot 25} = \frac{75}{100} = \frac{75}{10^2} = 0{,}75,$$

$$\frac{1713}{250} = \frac{1713 \cdot 4}{250 \cdot 4} = \frac{6852}{1000} = \frac{6852}{10^3} = 6{,}852.$$

Für eine Bruchzahl $\frac{a}{b}$ erhält man bei Ausführung der Division $a:b$ eine Folge

$$g, z_1, z_2, z_3, \ldots \quad \text{mit}$$

$$\frac{a}{b} = g, z_1 z_2 z_3 \ldots$$

Dies ist die **Dezimalbruchentwicklung** von $\frac{a}{b}$.

*Beispiele:*

1) Es soll die Dezimalbruchentwicklung von $\frac{32}{15}$ bestimmt werden:

$$32:15 = 2{,}1333\ldots$$

```
32:15 = 2,1333...
30
 20
 15
  50
  45
   50
   45
   50   usw.
```

Es ist also $\frac{32}{15} = 2{,}1333333\ldots$; es folgt nur noch die Ziffer 3. Man schreibt

$$\frac{32}{15} = 2{,}1\overline{3}$$

(Sprechweise: „2 Komma 1 Periode 3").

2) Es soll die Dezimalbruchentwicklung von $\frac{7}{33}$ bestimmt werden. Statt vom Divisionsverfahren für 7:33 kann man auch vom Verfahren des „geschickten Erweiterns" Gebrauch machen:

$$\frac{7}{33} = \frac{21}{99} = 21 \cdot \frac{1}{99} = 21 \cdot 0{,}010101\ldots = 0{,}212121\ldots = 0{,}\overline{21}.$$

In Beispiel 2) hat man eine der folgenden besonderen Dezimalbruchentwicklungen benutzt:

$$\frac{1}{9} = 0{,}111\ldots = 0{,}\overline{1}$$

$$\frac{1}{99} = 0{,}010101\ldots = 0{,}\overline{01}$$

$$\frac{1}{999} = 0{,}001001001\ldots = 0{,}\overline{001}$$

$$\frac{1}{9999} = 0{,}000100010001\ldots = 0{,}\overline{0001} \quad \text{usw.}$$

Damit erhält man etwa folgende Dezimalbruchentwicklungen:

$$\frac{7}{9} = 0{,}\overline{7}$$

$$\frac{13}{99} = 0{,}\overline{13}$$

$$\frac{97}{999} = 0,\overline{097}$$

$$\frac{7314}{9999} = 0,\overline{7314}.$$

Die Dezimalbruchentwicklung $g, z_1 z_2 z_3 \ldots$ heißt **abbrechend,** wenn ab einer bestimmten Stelle nur noch die Ziffer 0 erscheint; sie heißt **unendlich,** wenn hinter jeder Ziffer immer noch eine von 0 verschiedene Ziffer kommt.

Wiederholt sich bei einer Dezimalbruchentwicklung eine bestimmte Ziffernfolge ab einer gewissen Stelle, so heißt die Dezimalbruchentwicklung **periodisch;** die sich wiederholende Ziffernfolge bezeichnet man als **Periode,** die Anzahl ihrer Ziffern als **Länge der Periode.** Die Ziffernfolge hinter dem Dezimalkomma und vor der Periode heißt **Vorperiode,** die Anzahl ihrer Ziffern heißt **Länge der Vorperiode.** Gibt es keine Vorperiode, so heißt die Dezimalbruchentwicklung **reinperiodisch,** andernfalls **gemischtperiodisch.**

Bei $\frac{6}{165} = 0,0\overline{36}$ ist so z. B. 0 die Vorperiode mit einer Länge 1, 36 die Periode mit der Länge 2.

*Beispiele:*

$$\frac{1}{2} = 0,5 \qquad \frac{1}{5} = 0,2$$

$$\frac{1}{3} = 0,\overline{3} \qquad \frac{1}{6} = 0,1\overline{6}$$

$$\frac{1}{4} = 0,25 \qquad \frac{1}{7} = 0,\overline{142857}$$

$$\frac{1}{8} = 0,125 \qquad \frac{1}{10} = 0,1$$

$$\frac{1}{9} = 0,\overline{1}$$

Die Dezimalbruchentwicklung einer Bruchzahl ist stets abbrechend oder periodisch, denn bei Ausführung der Division $a:b$ sind höchstens $b$ verschiedene Reste möglich („irgendwann geht es wieder von vorne los“).

↑Reelle Zahlen werden ebenfalls durch ihre Dezimalbruchentwicklung dargestellt; die *Berechnung* einer reellen Zahl (z. B. der Kreiszahl $\pi$ oder der Zahl $\sqrt{2}$) bedeutet die *Bestimmung ihrer Dezimalbruchdarstellung.* Die Dezimalbruchdarstellung einer irrationalen Zahl ist nicht endlich und nicht periodisch, so daß man sie nie vollständig bestimmen kann; man kann immer nur einen (endlichen) Anfang dieser Entwicklung aufschreiben. Im Gegensatz dazu kann man z. B. die 10 000 000te Ziffer der Dezimalbruchentwicklung von $\frac{1}{7}$ sofort angeben; sie lautet 8.

**Dezimalsystem** *(Zehnersystem, dekadisches System),* das ↑Stellenwertsystem zur Basis 10. Mit diesem kann man z. B. die natürlichen Zahlen, die rationalen Zahlen und näherungsweise auch die reellen Zahlen darstellen (↑Dezimalbruchentwicklung).

**Dezimalzahl,** eine im Dezimal-

*d'Hondtsche Höchstzahlen (Beispiel)*

| Teiler | Partei A | Partei B | Partei C |
|---|---|---|---|
| 1 | 4 160 (1) | 3 380 (2) | 2 460 (3) |
| 2 | 2 080 (4) | 1 690 (5) | 1 230 (7) |
| 3 | 1 386 (6) | 1 126 (8) | 820 |
| 4 | 1 040 (9) | 845 (10) | 615 |
| 5 | 832 | 676 | 492 |

Tabelle 1

system angegebene Zahl; insbesondere eine in ihrer Dezimalbruchentwicklung dargestellte Zahl (z. B. 2,583).

**Dezimeter** ↑ Längeneinheit.

**d'Hondtsches Höchstzahlverfahren** (d'Hondtsches System): Von Victor d'Hondt (1841–1901) im Jahre 1882 entwickelter Berechnungsmodus für die Verteilung der Sitze in Vertretungskörperschaften bei der ↑ Verhältniswahl. Dabei werden die für die einzelnen Wahlvorschläge (Parteien, Listen) abgegebenen gültigen Stimmen (sofern sie gegebenenfalls den Mindestanteil von 5% überschritten haben) nacheinander durch 1, 2, 3 usw. geteilt, bis aus diesen Teilungszahlen so viele Höchstzahlen ausgesondert werden können, wie Sitze zu vergeben sind. Jeder Wahlvorschlag erhält so viele Sitze, wie Höchstzahlen auf ihn entfallen.

*Beispiel:* Im Wahlkreis sind 10 Abgeordnete zu wählen. Bei der Wahl werden für die Partei A 4 160, die Partei B 3 380 und die Partei C 2 460 Stimmen abgegeben (vgl. Tab. 1).

Demgemäß erhalten die Parteien A und B je 4, die Partei C erhält 2 Sitze.

Dieser Verteilungsmodus begünstigt in gewissem Umfange die größeren Parteien. Das Höchstzahlverfahren wird heute in der Bundesrepublik Deutschland sowohl bei den Bundestagswahlen als auch bei den meisten Landtags- und Kommunalwahlen angewandt. Ferner dient es der Verteilung der Ausschußsitze auf die in einer Vertretungskörperschaft vertretenen Fraktionen und Gruppen; an die Stelle der Wählerstimmen treten hier die Zahlen der Abgeordneten.

In Österreich gilt das d'Hondtsche Höchstzahlverfahren bei der Nationalratswahl im zweiten Ermittlungsverfahren bei der Vergabe der Reststimmenmandate.

**Diagonaldreieck** ↑ Viereck.

**Diagonale:** Jede Strecke, die

zwei nicht benachbarte Ecken eines Vielecks miteinander verbindet, bezeichnet man als Diagonale (Abb. 1).

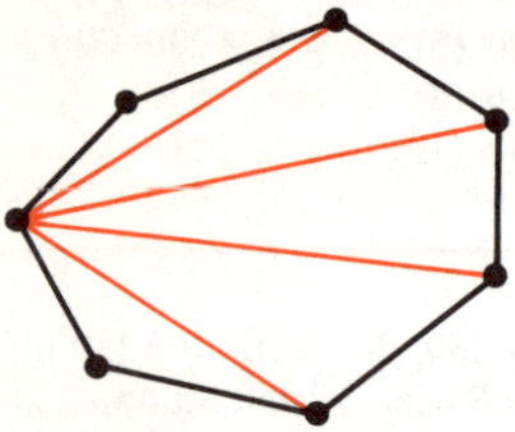

Abb. 1: Diagonalen in einem Siebeneck

Bei Vielflächnern unterscheidet man **Raumdiagonalen,** das sind durch das Innere eines Körpers verlaufende Verbindungslinien zweier Ecken, und **Flächendiagonalen,** die Diagonalen einer Begrenzungsfläche. Vgl. ↑Vieleck, ↑Viereck.

**Diagonalmatrix,** eine ↑Matrix, die nur in ihrer Diagonale von Null verschiedene Elemente besitzt.

**Diagonalprinzip** ↑Diagonalverfahren.

**Diagonalpunkte,** spezielle Punkte im ↑Viereck.

**Diagonalverfahren** (Cantorsches Diagonalverfahren), von G. Cantor (1845–1918) entwickeltes Verfahren zum Beweis der Abzählbarkeit der Menge der ↑rationalen Zahlen *(erstes Cantorsches Diagonalverfahren).* Die rationalen Zahlen werden dabei in einem Schema geordnet und in Pfeilrichtung durchlaufen („abgezählt"):

$$
\begin{array}{ccccccccccc}
0 \\
\downarrow \\
\frac{1}{1} & & \frac{-1}{1} & \rightarrow & \frac{2}{1} & & \frac{-2}{1} & \rightarrow & \frac{3}{1} & \cdots \\
\downarrow & \nearrow & & \swarrow & & \nearrow & & \swarrow \\
\frac{1}{2} & & \frac{-1}{2} & & \frac{2}{2} & & \frac{-2}{2} & & \frac{3}{2} & \cdots \\
& \swarrow & & \nearrow & & \swarrow & & \nearrow \\
\frac{1}{3} & & \frac{-1}{3} & & \frac{2}{3} & & \frac{-2}{3} & & \frac{3}{3} & \cdots \\
\downarrow & \nearrow & & \swarrow \\
\frac{1}{4} & & \frac{-1}{4} & & \cdots & & \cdots & & \cdots & \cdots \\
\cdots & & \cdots & & \cdots & & \cdots & & \cdots & \cdots
\end{array}
$$

Von diesem Diagonalverfahren unterscheidet sich das sog. *zweite Cantorsche Diagonalverfahren.* Dieses auch **Diagonalprinzip** genannte Verfahren wurde erstmals 1874 von G. Cantor angewandt, um zu zeigen, daß es keine Abzählungen aller reellen Zahlen gibt. Die Menge der reellen Zahlen ist also nicht abzählbar **(Cantorscher Satz).**

**Diagramm:** *Darstellung* von Größenverhältnissen (Zahlenwerten) in anschaulicher, leicht überblickbarer Form, z. B. als **Stabdiagramm** (nebeneinandergestellte, in ihrer Länge den zu vergleichenden Größen proportionale Strecken oder Rechtecke), als **Kreisdiagramm** (in Sektoren unterschiedlicher Größe unterteilter Kreis), als **Strahlendiagramm** (von einem Punkt ausgehende Strecken [Strahlen], deren Länge oder

Stärke der jeweiligen Größe entspricht). Weitere Beispiele sind ↑Flußdiagramme und ↑Pfeildiagramme. – Als Diagramm bezeichnet man ferner die Darstellung einer funktionalen Abhängigkeit in einem Koordinatensystem **(Kurvendiagramm).**

**Dialogbetrieb** ↑Betriebsart.

**Diameter,** svw. ↑Durchmesser.

**Diedergruppe** (Aussprache: „Di-eder"): Bezeichnung für die ↑Gruppe der ↑Deckabbildungen eines regelmäßigen $n$-Ecks (Dieder). Sie wird mit $D_n$ bezeichnet; sie besitzt $2n$ Elemente, nämlich $n$ Spiegelungen und $n$ Drehungen (einschließlich der Drehung um 0°). Die Deckabbildungen des $n$-Ecks kann man als ↑Permutationen der Ecken angeben.

*Beispiel:* Die Diedergruppe $D_5$:

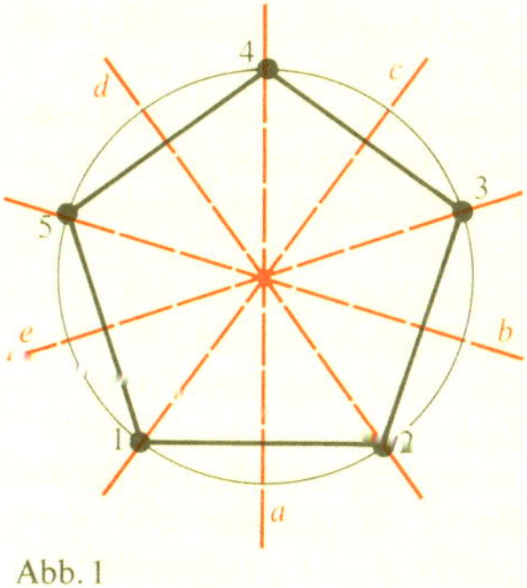


Abb. 1

Spiegelung an $a$: $\begin{pmatrix}1 & 2 & 3 & 4 & 5\\2 & 1 & 5 & 4 & 3\end{pmatrix}$

Spiegelung an $b$: $\begin{pmatrix}1 & 2 & 3 & 4 & 5\\4 & 3 & 2 & 1 & 5\end{pmatrix}$

Spiegelung an $c$: $\begin{pmatrix}1 & 2 & 3 & 4 & 5\\1 & 5 & 4 & 3 & 2\end{pmatrix}$

Spiegelung an $d$: $\begin{pmatrix}1 & 2 & 3 & 4 & 5\\3 & 2 & 1 & 5 & 4\end{pmatrix}$

Spiegelung an $e$: $\begin{pmatrix}1 & 2 & 3 & 4 & 5\\5 & 4 & 3 & 2 & 1\end{pmatrix}$

Drehung um 0°: $\begin{pmatrix}1 & 2 & 3 & 4 & 5\\1 & 2 & 3 & 4 & 5\end{pmatrix}$

Drehung um 72°: $\begin{pmatrix}1 & 2 & 3 & 4 & 5\\2 & 3 & 4 & 5 & 1\end{pmatrix}$

Drehung um 144°: $\begin{pmatrix}1 & 2 & 3 & 4 & 5\\3 & 4 & 5 & 1 & 2\end{pmatrix}$

Drehung um 216°: $\begin{pmatrix}1 & 2 & 3 & 4 & 5\\4 & 5 & 1 & 2 & 3\end{pmatrix}$

Drehung um 288°: $\begin{pmatrix}1 & 2 & 3 & 4 & 5\\5 & 1 & 2 & 3 & 4\end{pmatrix}$

**Differentialgleichung.** Eine Gleichung, in der als Variable Funktionen einer oder mehrerer Veränderlicher sowie ↑Ableitungen dieser Funktionen auftreten, bezeichnet man als Differentialgleichung. Sind die Variablen Funktionen mehrerer Veränderlicher, so spricht man von einer **partiellen Differentialgleichung;** kommen nur Funktionen einer Veränderlichen vor, so spricht man von einer **gewöhnlichen Differentialgleichung.**

**Differentialquotient,** seltene Bezeichnung für die ↑Ableitung einer Funktion.

**Differentialrechnung** ↑Analysis.

**Differentiationsregeln,** svw. ↑Ableitungsregeln.
**Differenz** ↑Grundrechenarten, ↑Subtraktion.
**Differenzenfolge** ↑arithmetische Folge.
**Differenzenquotient** ↑Ableitung.
**differenzierbar** ↑Ableitung.
**differenzieren,** die ↑Ableitung einer Funktion bilden.
**Differenzmenge.** Als *Differenzmenge* oder kurz *Differenz* $A \setminus B$ (Sprechweise: „$A$ ohne $B$") der Menge $A$ und der Menge $B$ bezeichnet man die Menge aller Elemente von $A$, die nicht zu $B$ gehören; Schreibweise:

$$A \setminus B := \{x \in A \mid x \notin B\}$$

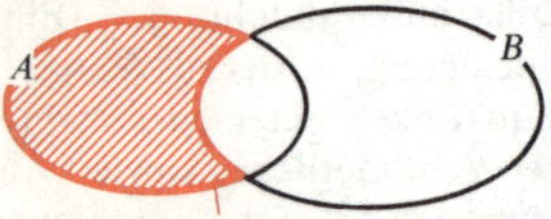

Abb. 1: Differenzmenge

Es ist im allgemeinen

$$A \setminus B \neq B \setminus A;$$

nur für $A = B$ gilt das Gleichheitszeichen, dann ist nämlich

$$A \setminus B = B \setminus A = \emptyset$$

(leere Menge). Wenn $B$ Teilmenge von $A$ ist, so nennt man $A \setminus B$ auch die **Restmenge,** *Komplementärmenge* oder *Ergänzungsmenge* von $B$ bezüglich $A$ (Abb. 2).

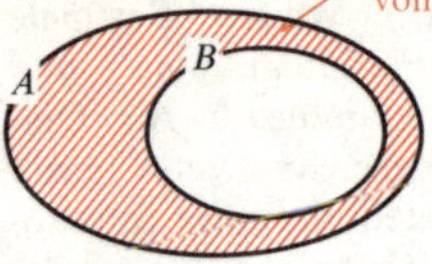

Abb. 2: Komplementärmenge

**digital,** Daten und Informationen durch Ziffern darstellend. – Gegensatz: ↑analog.
**digitale Datenverarbeitung** ↑Datenverarbeitung.
**Digitalrechner** ↑analog.
**Dimension.** 1) *Umgangssprachlich* bedeutet „Dimension" so viel wie Ausdehnung, Ausmaß usw. Man spricht z. B. von der Dimension eines Gebäudes und meint seine Ausmaße.
2) In der *Geometrie* ist die Dimension eine Eigenschaft geometrischer Gebilde:
*Dimension* 0 hat ein Punkt, er ist ein *nulldimensionales Gebilde.*
*Dimension* 1 haben z. B. Geraden, Halbgeraden und Strekken. Dies sind *eindimensionale Gebilde.*
*Dimension* 2 haben z. B. Ebenen, Halbebenen und Flächen. Dies sind *zweidimensionale Gebilde.*
*Dimension* 3 haben z. B. der Raum, Halbräume und Körper. Dies sind *dreidimensionale Gebilde.*
Gebilde der Dimensionen 1, 2 und 3 lassen sich in geeigneten

↑ Koordinatensystemen darstellen.

In geeigneten Koordinatensystemen kann man $n$-dimensionale Gebilde auch für $n$ größer als 3 beschreiben. In der modernen Physik stellt man z. B. den Zustand eines Massepunktes in gewissen Zusammenhängen in einem vierdimensionalen Raum dar; die 4. Dimension ist dabei die Zeit („Zeitachse").

3) In der *Vektorrechnung* versteht man unter der Dimension eines Vektorraumes die Anzahl der Vektoren in einer ↑ Basis, falls die Basis endlich ist, sonst nennt man den Vektorraum **unendlichdimensional.**

4) In der *Physik* versteht man unter der Dimension die Darstellung einer physikalischen Größe aus den für die Beschreibung des betreffenden Teilgebiets der Physik gewählten Grundgrößenarten. So hat z. B. die Geschwindigkeit die Dimension Länge/Zeit.

**dimensionslose Größe** ↑ unbenannte Größe.

**Dimetrie** ↑ Projektion.

**dimetrische Darstellung** ↑ Projektion.

**DIN-Formate** ↑ Papierformate.

**diophantische Gleichung** (nach Diophantos von Alexandria, um 250 n. Chr.).

Ein Kind möchte genau für 65 Pfennig Süßigkeiten kaufen. Es kann Bonbons zu 5 Pfennig pro Stück und Lutscher zu 10 Pfennig pro Stück bekommen. Welche Möglichkeiten gibt es? Ist $x$ die Anzahl der Bonbons und $y$ die Anzahl der Lutscher, so muß die Gleichung

$$5x + 10y = 65$$

gelten. Diese Gleichung kann man durch 5 kürzen, also umformen zu

$$x + 2y = 13.$$

Die Menge aller Paare *reeller* Zahlen, die diese Gleichung lösen, kann man in einem kartesischen Koordinatensystem als die Menge aller Punkte auf einer Geraden darstellen (Abb. 1). Für die Lösung des Problems kommen nur die nichtnegativen ganzzahligen Lösungen in Frage. Diese sind in der folgenden Tabelle zusammengefaßt:

| $x$ | 1 | 3 | 5 | 7 | 9 | 11 | 13 |
|---|---|---|---|---|---|---|---|
| $y$ | 6 | 5 | 4 | 3 | 2 | 1 | 0 |

In Abb. 1 sind sie als rote Punkte gekennzeichnet.

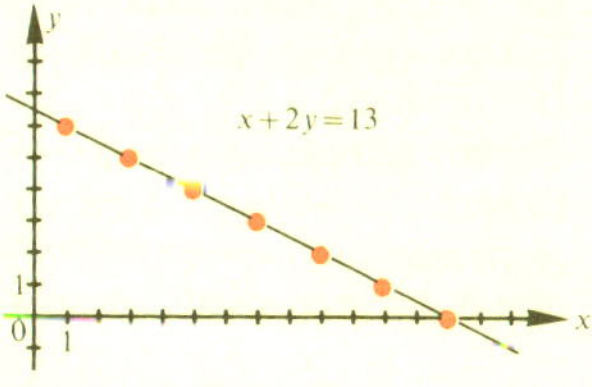


Abb. 1

Werden für eine ↑algebraische Gleichung nur ganze Zahlen als Lösungen gesucht, so spricht man von einer **diophantischen Gleichung.** Oft interessieren auch nur die Lösungen mit natürlichen Zahlen.

Die Forderung, nur ganzzahlige Lösungen zu betrachten, stammt in der Hauptsache von den indischen Mathematikern Brahmagupta (geb. 598 n. Chr.) und Bhâskara (1114–1185). Diophantos von Alexandria hat auch gebrochen rationale Zahlen als Lösungen zugelassen.

Diophantische Gleichungen höheren Grades führen oft auf sehr schwere mathematische Probleme. Die Lösungen ($x$, $y$, $z$) der diophantischen Gleichung

$$x^2 + y^2 = z^2$$

sind die ↑pythagoreischen Zahlentripel. Die bis heute unbewiesene ↑Fermatsche Vermutung besagt, daß die diophantische Gleichung

$$x^n + y^n = z^n$$

für $n \geqq 3$ keine natürlichen Zahlen (größer als Null) als Lösung besitzt.

**direkte Adresse** ↑Adresse.

**direkter Dreisatz** ↑Dreisatzrechnung.

**direkt proportional** ↑proportional.

**Disagio** (Abgeld, Abschlag), Spanne, um den ein Kurs von dem Nennbetrag oder der Parität nach unten abweicht; Gegensatz: ↑Agio.

**disjunkt** heißen zwei Mengen $A$ und $B$, wenn sie kein Element gemeinsam haben, wenn also ihre ↑Schnittmenge die ↑leere Menge ergibt (Schreibweise: $A \cap B = \emptyset$); manchmal verwendet man für „disjunkt" auch die Bezeichnung „*elementfremd*".

**Disjunktion.** 1) Die „oder-Verknüpfung" zweier Aussagen oder Aussageformen (Zeichen: $\vee$) bezeichnet man als Disjunktion. Die Aussage $A \vee B$ (Sprechweise: $A$ oder $B$) ist genau dann wahr, wenn mindestens eine der Aussagen $A$ oder $B$ wahr ist. Man verwendet die Disjunktion also im nicht-ausschließenden Sinn, d. h., wenn beide Teilaussagen $A$, $B$ wahr sind, ist $A \vee B$ auch wahr. Die Lösungsmenge der Aussageform

$$3 \text{ teilt } x \vee x \leqq 10$$

enthält z. B. die Zahl 6, für welche sowohl „3 teilt 6" als auch „$6 \leqq 10$" gilt. Manchmal benutzt man für „Disjunktion" auch die Begriffe „Adjunktion", „Alternative" oder „logische Summe" (↑formale Logik).

2) Bei logischen Schaltungen svw. ↑Alternative.

**Diskont** (kaufmännischer Diskont). Erfolgt die Zahlung eines Geldbetrages (Nominalbetrag, Nennbetrag) vor einem vereinbarten Termin (z. B. bei vorzeitiger Einlösung eines Wechsels), so kann ein Preisnachlaß gewährt werden. Entspricht dieser Preisnachlaß den Zinsen, die der betreffende Geldbetrag zwischen Zahlung und Fälligkeit erbringen würde (↑Zinsrechnung), so spricht man von **Diskont,** genauer von **kaufmännischem Diskont.** Der Diskont wird im allgemeinen zu einem bestimmten Prozentsatz **(Diskontsatz)** für die Zeit zwischen dem Abrechnungstag und dem Fälligkeitstag berechnet. Der Diskontsatz bezieht sich auf den Zeitraum von einem Jahr; für kürzere Zeiträume muß das Jahr in Tage umgerechnet werden. Dabei wird im allgemeinen das Jahr zu 360 Tagen und jeder Monat zu 30 Tagen gerechnet. Daraus ergibt sich die einfache Zinsformel:

$$\text{Diskont} = \frac{\text{Nennbetrag} \cdot \text{Diskontsatz} \cdot \text{Tage}}{100 \cdot 360}$$

Der amtliche Diskont wird dagegen nach Kalendertagen berechnet (in die Formel ist dann 365 statt 360 einzusetzen).

Den nach Abzug des Diskonts tatsächlich zu zahlenden Betrag (Barwert) erhält man, indem man vom Nennbetrag den Diskont abzieht:

$$\text{Barwert} = \text{Nennbetrag} - \text{Diskont}.$$

*Beispiel:* Eine Bank diskontiert mit 3 % einen Wechsel (Schuldverschreibung) über 6 000,- DM, der auf den 28. 4. ausgestellt ist und bereits am 7. 4. eingelöst wird. Welchen Barwert besitzt der Wechsel am 7. 4.?

*Lösung:*

$$\text{Diskont} = \frac{6000 \cdot 3 \cdot 21}{100 \cdot 360}\,\text{DM} = 10{,}50\,\text{DM},$$

$$\text{Barwert} = \text{Nennbetrag} - \text{Diskont} = 5\,989{,}50\ \text{DM}.$$

Eine vereinfachte Form des kaufmännischen Diskonts ist das ↑Skonto.

**Diskontierung.** Der Wert eines Geldbetrages ist unter Berücksichtigung der Verzinsung abhängig von dem Zeitpunkt, zu welchem er gezahlt wird (↑Zinsrechnung). Die Berechnung des ↑Barwertes eines Geldbetrages zu einem früheren Zeitpunkt nennt man **Diskontierung** oder **Abzinsung.** Ein Kapital $K_0$ hat bei einem jährlichen Zinssatz von $p$% nach $n$ Jahren den Wert

$$K_n = K_0\left(1 + \frac{p}{100}\right)^n.$$

Also ist

$$K_0 = \frac{K_n}{\left(1 + \frac{p}{100}\right)^n}.$$

Eine Zahlung vom Betrag $K_n$ heute ist also ebenso viel wert wie eine Zahlung vom Betrag $K_0$ vor $n$ Jahren. Der Faktor

$$\frac{1}{1+\frac{p}{100}}$$

heißt **Abzinsungsfaktor** oder **Diskontierungsfaktor.**

*Beispiel:* Ein Betrag von 100000.– DM wird in 12 Jahren fällig. Bei einem Zinssatz von 6% ist er heute 49696,94 DM wert, denn

$$100000 \cdot \left(\frac{1}{1{,}06}\right)^{12} = 49696{,}94$$

(die zweite Stelle nach dem Komma ist gerundet).

**Diskontierungsfaktor,** svw. Abzinsungsfaktor (↑Diskontierung, ↑Barwert).

**Diskontsatz** ↑Diskont.

**Diskriminante.** Die Diskriminante der quadratischen Gleichung

$$ax^2+bx+c=0$$

ist die Zahl

$$D := b^2-4ac.$$

Die Diskriminante der quadratischen Gleichung

$$x^2+px+q=0$$

ist $D=p^2-4q$. Häufig wird auch

$$D' := \left(\frac{p}{2}\right)^2 - q$$

als Diskriminante dieser quadratischen Gleichung bezeichnet.

Sind die Koeffizienten der quadratischen Gleichung reelle Zahlen, so besitzt die quadratische Gleichung

*zwei* reelle Lösungen, wenn $D>0$,
*eine* reelle Lösung, wenn $D=0$,
*keine* reelle Lösung, wenn $D<0$.

**Dispersion,** svw. ↑Varianz.

**Display** ↑Peripheriegeräte.

**distributiv.** Für Zahlen $a$, $b$, $c$ gelten die **Distributivgesetze**

$$a\cdot(b+c)=a\cdot b+a\cdot c$$

und

$$(a+b)\cdot c=a\cdot c+b\cdot c.$$

Man sagt auch, die Multiplikation von Zahlen ist **distributiv** bezüglich der Addition. Gelten in einem Verknüpfungsgebilde mit zwei Verknüpfungen die Distributivgesetze, so spricht man von einem distributiven Verknüpfungsgebilde.

**distributiver komplementärer Verband** ↑Boolesche Algebra.

**distributiver Verband** ↑Boolesche Algebra.

**Distributivgesetz** ↑distributiv.

**divergent** ↑konvergent.

**Dividend** ↑Division, ↑Grundrechenarten.

**dividieren** ↑Division, ↑Grundrechenarten.

**Division:** Das Dividieren („Teilen“) von Zahlen wird mit dem Divisionsdoppelpunkt „:“ (Sprechweise: „geteilt durch“ oder auch „dividiert durch) beschrieben. Das Ergebnis einer Division heißt **Quotient.** Quotienten gibt man auch mit einem Bruchstrich an, also in der Form $\frac{a}{b}$. In dem Quotient $a:b$ heißt $a$ der **Dividend,** und $b$ der **Divisor.** Dividiert man durch mehrere Zahlen, so ist es oft zweckmäßig, erst die Divisoren zu multiplizieren und dann durch das Produkt zu dividieren:

$$((72\,840:3):5):4)$$
$$= 72\,840:(3\cdot5\cdot4)$$
$$= 72\,840:60 = 1\,214.$$

Oft ist aber auch das umgekehrte Verfahren zweckmäßig, besonders wenn man die Division „im Kopf“ ausführt:

$$432:36 = (432:4):9$$
$$= 108:9 = 12.$$

Zur Division großer Zahlen benutzt man den ↑Taschenrechner oder das Verfahren der *schriftlichen Division:* Ist die Division $a:b$ durchzuführen, so schreibt man diese Aufgabe zunächst in der Form

$a \cdot b \cdot$ ☐

und bestimmt in der Leerstelle ☐ den Quotient ziffernweise, von vorne beginnend.

*Beispiele:* 1) Es ist 7284:6 zu berechnen.

| | | |
|---|---|---|
| 7284 = 6 · [1214] | | 7284 |
| − 6 | 6 · 1 | − 6000 |
| 12 | | 1284 |
| − 12 | 6 · 2 | − 1200 |
| 08 | | 84 |
| − 6 | 6 · 1 | − 60 |
| 24 | | 24 |
| − 24 | 6 · 4 | − 24 |
| 0 | | 0 |

Es ergibt sich 7284:6 = 1214. Hier geht die Division auf, es bleibt kein Rest. Die Zahl 6 ist also ein Teiler von 7284. Im folgenden Beispiel bleibt ein Rest, so daß man von ↑Division mit Rest spricht.

2) Es ist die Division 36581:13 auszuführen.

36581 = 13 · [2813] + 12 (↑ Rest)
26
105
104
18
13
51
39
12

Das Ergebnis aus 2) läßt sich auch in der Form

$$\frac{36581}{13} = 2813 + \frac{12}{13}$$

schreiben. Die Schreibweise

$$36\,581 : 13 = 2\,813 \text{ Rest } 12$$

sollte man vermeiden, weil die Angabe „Rest 12“ nur bezüglich des Divisors 13 eindeutig ist: Es gilt

$$38 : 7 = 5 \text{ Rest } 3$$

und

$$58 : 11 = 5 \text{ Rest } 3,$$

aber $38 : 7 \neq 58 : 11$.
Geht die Division zweier natürlicher Zahlen nicht auf, dann kann man das Ergebnis als Kommazahl schreiben; diese ist abbrechend oder periodisch (↑ Dezimalbruchentwicklung).
3) Es soll 12 : 13 als Dezimalzahl geschrieben werden:

$$12 = 13 \cdot 0{,}\overline{923076}$$

```
  117
   30
   26
    40
    39
     10
      0
Periode!  100
           91
            90
            78
            12
```

Mit diesem Ergebnis läßt sich die Division in 2), wie in der folgenden Zeile angegeben, ausführen:

$$36\,581 : 13 = 2\,813{,}\overline{923076}.$$

Bei der Division von Kommazahlen erweitert man zweckmäßigerweise erst so, daß der Divisor ganzzahlig wird:

$$639{,}67 : 3{,}14 = 63\,967 : 314.$$

4) Division von 13,60 durch 12

$$13{,}60 = 12 \cdot 1{,}1\overline{3}$$

```
12
 16
 12
  40  Periode
  36
   4
```

Im Quotient (Ergebnis) wird das Komma gesetzt, sobald beim Herunterholen der Ziffern des Dividenden das Komma überschritten wird. Man erhält den Ouotienten $1{,}1\overline{3}$. In der Regel muß das Ergebnis nicht mehr Stellen hinter dem Komma besitzen als der Dividend; also kann man

$$13{,}60 : 12 = 1{,}13$$

(↑ Runden) schreiben.

**Division mit Rest.** Bei der Division von 712 geteilt durch 15 erhält man als Ergebnis 47 Rest 7:

$$712 : 15 = 47 \text{ Rest } 7.$$

```
60
112
105
  7
```

Es gilt also

$$712 = 47 \cdot 15 + 7.$$

Allgemein bezeichnet man die Darstellung

$$a = v \cdot b + r \text{ mit } 0 \leqq r < b$$

für zwei ↑natürliche Zahlen $a$, $b$ als **Division mit Rest.** Hierbei dürfen $v$ und $r$ auch 0 sein.
Liefert die Division von $a$ durch $b$ den Rest 0, so ist $b$ ein ↑Teiler von $a$.
Bei Division durch $b$ sind $b$ verschiedene Reste möglich, nämlich die Reste 0, 1, 2, ..., $b-1$:

mögliche 2er-Reste: 0, 1
mögliche 3er-Reste: 0, 1, 2
mögliche 4er-Reste: 0, 1, 2, 3
usw.

Natürliche Zahlen, die bei Division durch $b$ den gleichen Rest lassen, heißen *restegleich bezüglich b* oder auch *kongruent modulo b*; wenn $x$ und $y$ kongruent modulo $b$ sind, dann schreibt man

$$x \equiv y \pmod b$$

(Sprechweise: „$x$ kongruent zu $y$ modulo $b$").
Z.B. gilt $13 \equiv 8 \pmod 5$, da $13:5 = 2$ Rest 3 und $8:5 = 1$ Rest 3 ist.
Bezüglich eines gegebenen Divisors bilden restgleiche (kongruente) Zahlen eine ↑Restklasse (modulo $b$).

**Divisor** ↑Division, ↑Grundrechenarten.

**dl,** Einheitenzeichen für Deziliter (↑Hohlmaß).

**Dodekadik,** seltene Bezeichnung für das ↑Duodezimalsystem.

**Dodekaeder.** Vielflächner, die von zwölf Flächen begrenzt werden, bezeichnet man als **Dodekaeder** oder **Zwölfflächner.** Beim **Rhombendodekaeder** (↑archimedische Körper) sind es zwölf Rhomben (↑Raute) und beim **Pentagondodekaeder** zwölf kongruente regelmäßige Fünfecke. Im allgemeinen wird ein Pentagondodekaeder einfach als Dodekaeder bezeichnet. Das (Pentagon-)Dodekaeder gehört zu den fünf ↑platonischen Körpern.
Abb. 1 zeigt eine **Abwicklung** des (Pentagon-)Dodekaeders.

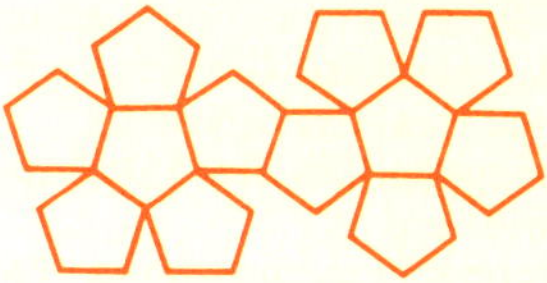

Abb. 1: Abwicklung des Pentagondodekaeders

Als Kristallformen kommen neben dem Rhombendodekaeder vor: das aus zwölf Fünfecken mit je vier gleichlangen und einer davon abweichenden Seite gebildete **Pyritoeder,** das von zwölf Deltoiden begrenzte **Deltoiddodekaeder** und das von zwölf Dreiecken begrenzte **Trigondodekaeder.** – Vgl. auch ↑Symmetrie, ↑Zauberwürfel.

**Dodekaederstern,** ein ↑Keplerscher Sternkörper.

**Doppelbruch:** Bruch, dessen Zähler oder/und Nenner selbst Brüche sind.

Die Berechnung eines Doppelbruches erfolgt nach der Formel

$$\frac{\frac{a}{b}}{\frac{c}{d}} = \frac{a}{b} : \frac{c}{d} = \frac{a}{b} \cdot \frac{d}{c}.$$

**Doppelkegel** ↑Fläche zweiter Ordnung, ↑Kegel.

**Doppelspiegelung.** Die Hintereinanderausführung (↑Verkettung) von zwei ↑Spiegelungen heißt **Doppelspiegelung.** Die Doppelspiegelung an zwei sich schneidenden Geraden ergibt eine ↑Drehung. Die Doppelspiegelung an zwei zueinander parallelen Geraden ergibt eine Parallelverschiebung.

**doppelter Dreisatz** ↑Dreisatzrechnung.

**doppeltlogarithmisches Papier** ↑Logarithmenpapier.

**Doppelverhältnis.** Sind $A$, $B$ zwei verschiedene Punkte und $C$ ein von $B$ verschiedener Punkt der Geraden durch $A$ und $B$, so bezeichnet man mit

$$\frac{\overrightarrow{AC}}{\overrightarrow{AB}} k$$

das **Streckenverhältnis** der beiden (gerichteten) Strecken. Liegen die Punkte $A_1$, $A_2$, $P_1$, $P_2$ auf einer Geraden und sind sie paarweise verschieden, dann nennt man die Zahl

$$\frac{\overrightarrow{A_1P_1}}{\overrightarrow{A_2P_1}} : \frac{\overrightarrow{A_1P_2}}{\overrightarrow{A_2P_2}}$$

das **Doppelverhältnis** dieser vier Punkte. In Abb. 1 ist

$$\overrightarrow{A_1P_1} = -\frac{1}{2}\overrightarrow{A_2P_1}$$

und

$$\overrightarrow{A_1P_2} = \frac{7}{4}\overrightarrow{A_2P_2},$$

das Punktequadrupel ($A_1$, $A_2$, $P_1$, $P_2$) hat also das Doppelverhältnis

$$\left(-\frac{1}{2}\right) : \left(\frac{7}{4}\right) = -\frac{2}{7}.$$

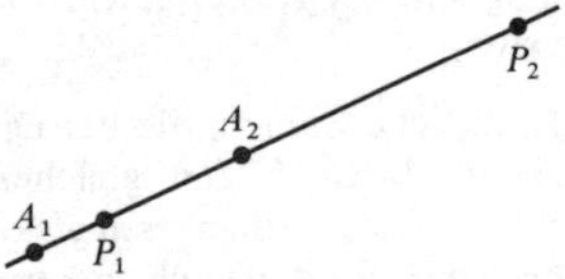


Abb. 1: Punktequadrupel mit dem Doppelverhältnis $-\frac{2}{7}$

**Drachen,** svw. ↑Drachenviereck.

**Drachenfigur,** svw. ↑Drachenviereck.

**Drachenviereck** (Rhomboid): Viereck, bei dem eine Diagonale die andere halbiert. Man unterscheidet gleichschenklige und ungleichschenklige Drachenvierecke. Ein **gleichschenkliges** Drachenviereck besitzt eine Symmetrieachse (Abb. 1). Ein **ungleichschenkliges** Drachenviereck (schräger Drachen) wird bei einer

Schrägspiegelung (↑affine Abbildung) auf sich abgebildet (Abb. 2).

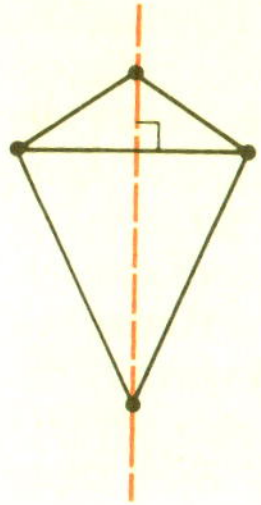

Abb. 1: gerader Drachen

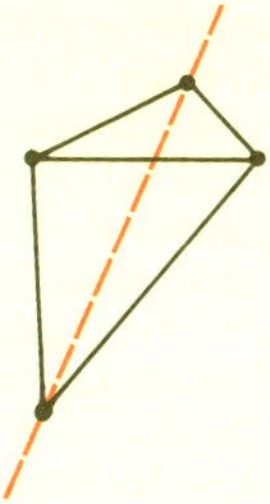

Abb. 2: schräger Drachen

Man spricht auch von **geraden** und **schrägen Drachen** bzw. **Drachenfiguren.** – Vgl. ↑Vierecksarten.

**Drehachse** ↑Rotationskörper.

**Drehpunkt** ↑Drehung, ↑Symmetrie.

**Drehstreckung:** Verkettung einer Drehung mit einer zentrischen Streckung (Abb. 1).

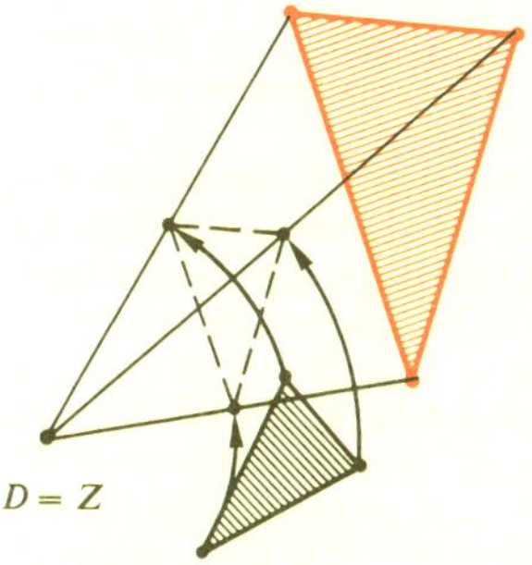


Abb. 1: Drehstreckung

Dabei kann man das Streckzentrum $Z$ so wählen, daß es mit dem Drehpunkt übereinstimmt. Man darf dann die Drehung mit der Streckung vertauschen, könnte also auch von einer „Streckdrehung" sprechen.

**drehsymmetrisch** ↑Symmetrie.

**Drehung:** Kongruenzabbildung der Ebene auf sich, bei welcher ein Punkt $D$ **(Drehpunkt, Drehzentrum)** festbleibt und das Bild $P'$ des Punktes $P$ durch den Drehwinkel $\varphi$ (sprich: „phi") nach folgender Vorschrift gegeben ist: Man zeichne um $D$ einen Kreis mit Radius $\overline{DP}$ und trage an der Geraden durch $D$ und $P$ den Winkel $\varphi$ mit Scheitel $D$ ab. Der freie Schenkel des Winkels $\varphi$ schneidet den Kreis in $P'$. Dabei vereinbart man, daß $P'$ aus $P$ durch eine **Linksdrehung** („positiver Drehsinn") hervorgegangen ist (Abb. 1).

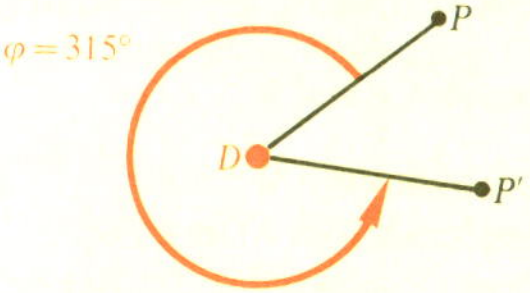


Abb. 1: Drehung um 315°

Ferner kann man sich auf $0° \leqq \varphi < 360°$ beschränken, da eine Drehung von z. B. $4396° = 76° + 12 \cdot 360°$ einer

Drehung um 76° entspricht. Negative Drehwinkel kann man auch ausschließen, indem man eine Drehung von z.B. −117° (**Rechtsdrehung** um 117°) als eine Drehung um 360° − 117° = 243° deutet.
Eine Drehung läßt sich als Doppelspiegelung an zwei Geraden *g* und *h* darstellen. Der Drehpunkt *D* ist dabei der Schnittpunkt der Geraden; der Drehwinkel *φ* ist das Doppelte des Drehwinkels *α* (sprich: „alpha") derjenigen Drehung um *D*, welche *g* auf *h* abbildet (Abb. 2). – ↑auch Bewegung.

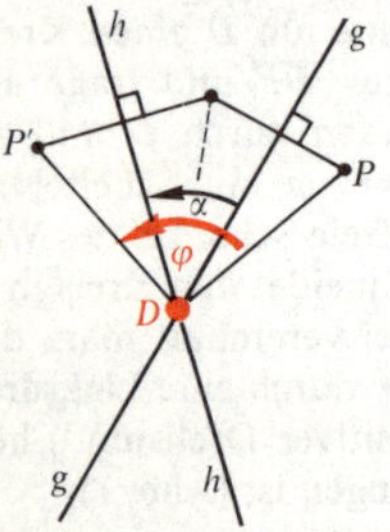


Abb. 2: Drehung um den Winkel *α* als Doppelspiegelung an zwei Geraden *g* und *h*

**Drehwinkel** ↑Winkel.
**Drehzentrum** ↑Drehung.
**Drei** (Zahlzeichen 3): Bezeichnung für die kleinste ungerade Primzahl.
**Dreibein:** Drei von einem Punkt **(Scheitelpunkt)** ausgehende gleichlange Strecken oder Vektoren. Bei einem **orthogonalen Dreibein** stehen die Strecken bzw. Vektoren paarweise aufeinander senkrecht.
**dreidimensional** ↑Dimension.
**Dreieck** (Triangel, Trigon). Verbindet man drei Punkte, die nicht auf einer Geraden liegen, paarweise durch Strecken, so erhält man ein ebenes *Dreieck*. Die drei gegebenen Punkte heißen **Ecken (Eckpunkte)** des Dreiecks und werden mit großen lateinischen Buchstaben bezeichnet: *A*, *B*, *C*. Im allgemeinen wird die Bezeichnung so gewählt, daß die Ecken alphabetisch entgegen dem Uhrzeigersinn („mathematisch positiv") durchlaufen werden (Abb. 1).

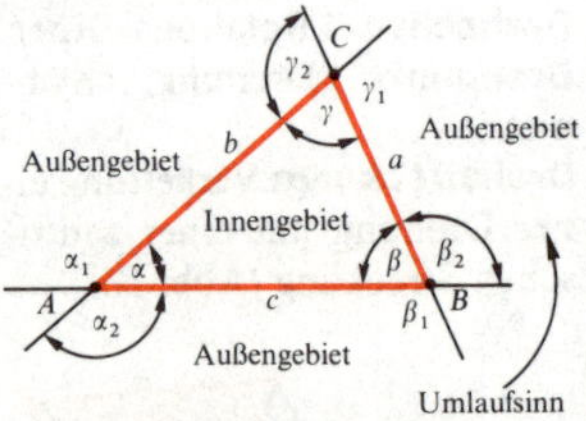


Abb. 1: Bezeichnungen am Dreieck

Die drei Verbindungsstrecken der Ecken werden **Seiten** des Dreiecks genannt und mit kleinen lateinischen Buchstaben *a*, *b*, *c* bezeichnet. Die Seite *a* liegt der Ecke *A*, die Seite *b* der Ecke *B* und die Seite *c* der Ecke *C* gegenüber.
Je zwei benachbarte Seiten eines Dreiecks bilden die Schen-

kel eines **Innenwinkels** des Dreiecks; diese Winkel werden mit den kleinen griechischen Buchstaben $\alpha$ („alpha“), $\beta$ („beta“), $\gamma$ („gamma“) bezeichnet. Der Winkel $\alpha$ hat den Scheitelpunkt $A$, der Winkel $\beta$ den Scheitelpunkt $B$ und der Winkel $\gamma$ den Scheitelpunkt $C$. Werden die Seiten des Dreiecks über die Ecken des Dreiecks hinaus verlängert, so entstehen an jeder Ecke drei weitere Winkel. Einer dieser drei Winkel ist Scheitelwinkel zu dem an der Ecke liegenden Innenwinkel. Die beiden anderen Winkel sind Nebenwinkel zu diesem Innenwinkel und heißen **Außenwinkel** des Dreiecks. Da sie zueinander Scheitelwinkel sind, sind sie kongruent.

Durchläuft man die Ecken des Dreiecks entgegen dem Uhrzeigersinn, so liegt zur Linken das **Innengebiet** und zur Rechten das **Außengebiet** des Dreiecks.

*Größenbeziehungen der Dreiecksseiten:*

Die Summe der Längen zweier Seiten ist stets größer als die Länge der dritten Seite:

$$a + b > c,$$
$$b + c > a,$$
$$c + a > b.$$

Aus diesem Sachverhalt leitet man die Bezeichnung ↑Dreiecksungleichung her.

*Größenbeziehungen der Dreieckswinkel:*

**Winkelsummensatz:** Die Summe der Innenwinkel eines Dreiecks beträgt 180°:

$$\alpha + \beta + \gamma = 180°.$$

*Folgerungen:*

a) Durch die Angabe zweier Winkel eines Dreiecks ist der dritte Winkel bestimmt, z. B. $\gamma = 180° - (\alpha + \beta)$. Ein Dreieck kann höchstens einen rechten Winkel ($= 90°$) besitzen. Ein Dreieck hat höchstens einen stumpfen Winkel ($> 90°$). Ein Dreieck besitzt stets mindestens zwei spitze Winkel ($< 90°$).
b) Jeder Außenwinkel eines Dreiecks ist gleich der Summe der beiden nicht anliegenden Innenwinkel.
c) Die Summe der Außenwinkel eines Dreiecks beträgt 360°, wenn an jeder Ecke nur ein Außenwinkel berücksichtigt wird.

*Beziehungen zwischen Seiten und Winkeln:*

Im Dreieck liegt der längeren von zwei Seiten der größere Winkel und dem größeren von zwei Winkeln die längere Seite gegenüber. Gleichen Seiten liegen gleiche Winkel gegenüber und umgekehrt.

*Folgerungen:*

a) Der längsten Seite eines Dreiecks liegt der größte Winkel gegenüber.
b) Dem größten Winkel eines Dreiecks liegt die längste Seite gegenüber.

c) Ein Dreieck mit drei gleichlangen Seiten (↑gleichseitiges Dreieck) hat auch drei gleichgroße Winkel, und umgekehrt ist ein Dreieck, das drei gleichgroße Winkel besitzt, gleichseitig.

d) Ein Dreieck, das zwei gleichgroße Winkel besitzt, hat auch zwei gleichlange Seiten (↑gleichschenkliges Dreieck). Umgekehrt hat ein gleichschenkliges Dreieck zwei gleichgroße Winkel.

e) Im ↑stumpfwinkligen Dreieck liegt dem stumpfen Winkel die längste Seite gegenüber.

f) Im ↑rechtwinkligen Dreieck ist die Hypotenuse die längste Seite.

g) Die der längsten Seite eines Dreiecks anliegenden Winkel sind spitz.

Vgl. ↑spitzwinkliges Dreieck, ↑ungleichseitiges Dreieck, ↑Kongruenzsätze.

**Dreiecksberechnung.** Mit den ↑trigonometrischen Funktionen kann man Winkel, Seitenlängen, Inkreisradius usw. für ein Dreieck berechnen, wenn dieses durch geeignete Bestimmungsstücke (etwa eine Seitenlänge und zwei Winkel) gegeben ist. Wichtige Hilfsmittel sind dabei der ↑Sinussatz, der ↑Kosinussatz und der Satz des Pythagoras.

Mit den Bezeichnungen aus Abb. 1 gilt:

**Höhenformeln:**

$$h_c = b \cdot \sin\alpha = a \cdot \sin\beta$$
$$h_b = a \cdot \sin\gamma = c \cdot \sin\alpha$$
$$h_a = c \cdot \sin\beta = b \cdot \sin\gamma$$

**Sehnenformeln:**

$$a = 2r \cdot \sin\alpha$$
$$b = 2r \cdot \sin\beta$$
$$c = 2r \cdot \sin\gamma$$

**Umkreisradius** $r$:

$$r = \frac{a}{2 \cdot \sin\alpha} = \frac{b}{2 \cdot \sin\beta} = \frac{c}{2 \cdot \sin\gamma}$$

**Inkreisradius** $\varrho$ („rho“):

$$\varrho = 4r \cdot \sin\frac{\alpha}{2} \cdot \sin\frac{\beta}{2} \cdot \sin\frac{\gamma}{2}$$

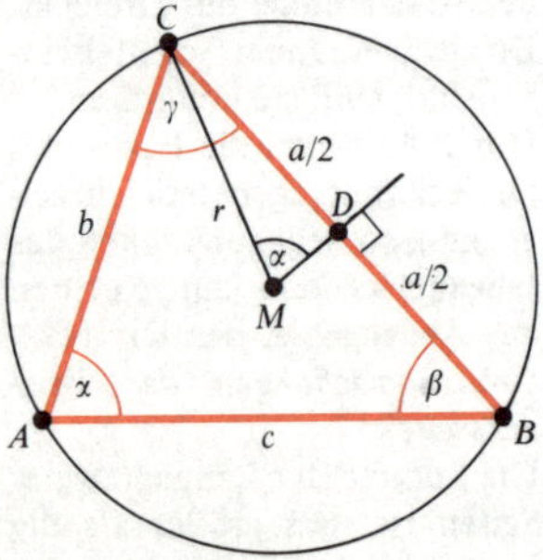


Abb. 1: Bezeichnungen zur Dreiecksberechnung

**Dreiecksfläche:** Innengebiet eines ↑Dreiecks. Häufig werden Dreieck und Dreiecksfläche in gleicher Bedeutung verwendet.

*Berechnung des Flächeninhalts des Dreiecks:*

Für den Flächeninhalt $A$ des Dreiecks gilt

$$A = \frac{1}{2} g h$$

(Abb. 1).

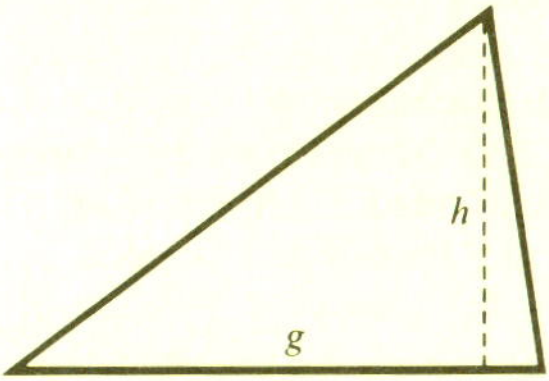


Abb. 1: Berechnung der Dreiecksfläche

Dabei ist $g$ die Länge irgendeiner Seite (Grundseite, Grundlinie) und $h$ die Länge der zugehörigen Höhe. Für ein beliebiges Dreieck (Abb. 2) gelten also die Formeln:

$$A = \frac{1}{2} a h_a = \frac{1}{2} b h_b = \frac{1}{2} c h_c.$$

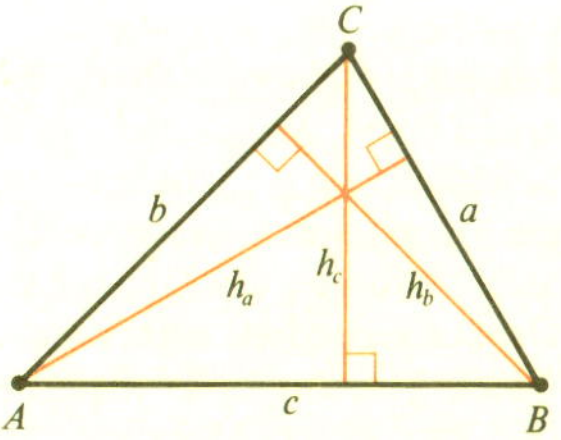


Abb. 2

*Weitere Formeln für den Flächeninhalt des Dreiecks:*

1. **Heronische Formel** (nach Heron von Alexandria, 1. Jh. n. Chr., der die Formel verwendet hat. Vermutlich hat schon Archimedes, um 287 bis 212 v. Chr., diese Flächenformel gekannt.): Ist $s$ die halbe Summe der Seitenlänge des Dreiecks, also $s = \frac{1}{2}(a + b + c)$, so gilt $A = \sqrt{s \cdot (s - a) \cdot (s - b) \cdot (s - c)}$.
2. Aus dem Radius $r$ des Umkreises und der Länge der Seiten:

   $$A = \frac{abc}{4r}.$$
3. Aus dem Radius $\varrho$ (sprich: „rho") des Inkreises und der halben Summe $s$ der Seitenlängen:

   $$A = \varrho \cdot s.$$

*Flächeninhalt des rechtwinkligen Dreiecks*

Der Flächeninhalt eines rechtwinkligen Dreiecks ist gleich dem halben Produkt der Längen der beiden Katheten, also $A = \frac{1}{2} a b$, was man auch daraus herleiten kann, daß das Rechteck mit den Seiten $a$, $b$ den doppelten Flächeninhalt wie das rechtwinklige Dreieck mit den Katheten $a$, $b$ hat (Abb. 3).

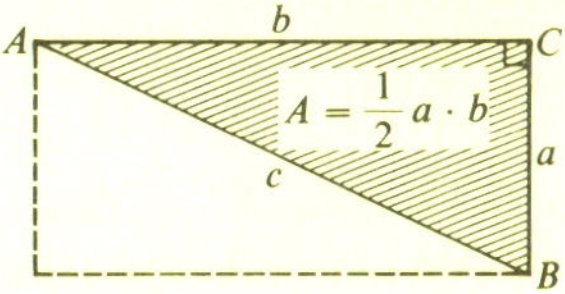


Abb. 3: Flächeninhalt des rechtwinkligen Dreiecks

*Beispiel:* Bei der Zimmerwand in Abb. 4 ist die Fläche gleich der Summe aus einer Rechtecksfläche und einer Dreiecksfläche. Man erhält

$$A = 2 \cdot 6\,\mathrm{m}^2 + \frac{1}{2} \cdot (6 \cdot 1)\,\mathrm{m}^2$$

$$= 12\,\mathrm{m}^2 + 3\,\mathrm{m}^2 = 15\,\mathrm{m}^2.$$

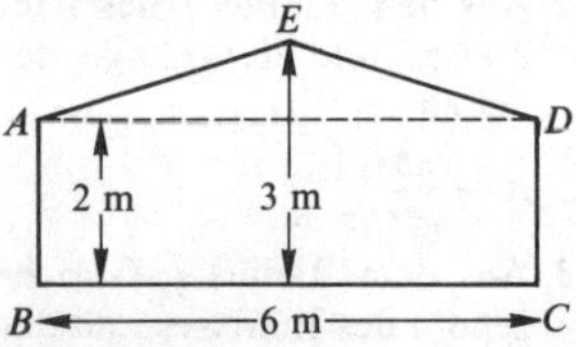


Abb. 4: Fläche einer Zimmerwand

**Dreieckstransversale** ↑Transversale.

**Dreiecksungleichung:** Die für alle reellen Zahlen *a*, *b* geltende Ungleichung

$$|a+b| \leqq |a| + |b|$$

(↑Betrag). Der Name rührt daher, daß in einem Dreieck mit den Seitenlängen *a*, *b*, *c* die Ungleichung

$$c \leqq a + b$$

gilt. Man beachte auch die Analogie zu folgender Betragsungleichung für ↑Vektoren (Abb. 1):

$$|\vec{a} + \vec{b}| \leqq |\vec{a}| + |\vec{b}|$$

Die Dreiecksungleichung läßt sich auf mehrere Summanden verallgemeinern.

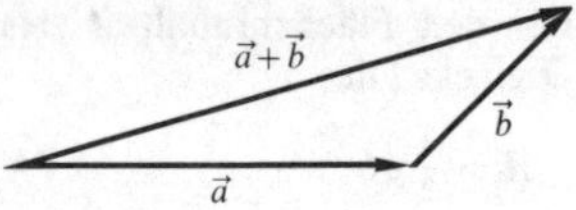


Abb. 1: Dreiecksungleichung für Vektoren

**Dreieckszahlen:** Zahlen, die durch Dreiecksmuster dargestellt werden können (Abb. 1). Vgl. ↑Pascalsches Dreieck.

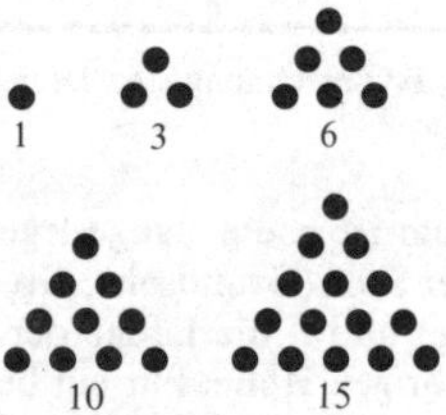


Abb. 1: Dreieckszahlen

**Dreierprodukt,** svw. ↑Spatprodukt.

**Dreirädergetriebe** ↑apollonische Berührungsaufgabe.

**Dreisatzrechnung** (ältere Bezeichnung: *Regeldetri*; auch *Schlußrechnung* genannt). In der einfachen Dreisatzrechnung wird aus drei bekannten Größen eine vierte unbekannte Größe berechnet. Es wird dabei von einer Mehrheit zunächst auf eine Einheit und dann auf eine neue Mehrheit geschlossen.

*a) Einfacher direkter Dreisatz*

*Beispiel 1:* 6 kg Farbe kosten 54

DM. Wieviel kosten 15 kg Farbe?

1.) 6 kg Farbe kosten 54 DM.

2.) 1 kg Farbe kostet $\frac{54}{6}$ DM.

3.) 15 kg Farbe kosten

$$\frac{15 \cdot 54}{6} \text{ DM } (= 135 \text{ DM}).$$

Man schreibt also drei Sätze hin (daher „Dreisatz"), und zwar in folgender Form:

1.) $a_1 \ldots b_1$.

2.) $1 \ldots \frac{b_1}{a_1}$

(Schluß auf die Einheit).

3.) $a_2 \ldots \frac{a_2 \cdot b_1}{a_1} (= x)$.

Heute löst man solche Aufgaben üblicherweise auf andere Art: Aus der Aufgabenstellung geht hervor, daß der Quotient entsprechender Größen gleich ist (nämlich gleich dem Preis pro Mengeneinheit bzw. gleich der Menge pro Geldeinheit). Die Paare $(a_1, b_1)$ und $(a_2, x)$ sind also **quotientengleich.** Dies schreibt man in der Form

$$\frac{x}{a_2} = \frac{b_1}{a_1},$$

also

$$x = a_2 \cdot \frac{b_1}{a_1}.$$

*b) Einfacher indirekter (umgekehrter) Dreisatz*

*Beispiel 2:* Ein landwirtschaftlicher Großbetrieb setzt für die Weizenernte 3 Mähdrescher ein, welche gemeinsam 70 Arbeitsstunden benötigen. Wie lange dauert die Ernte, wenn 5 Mähdrescher eingesetzt werden?

1.) 3 M. benötigen 70 Stunden.
2.) 1 M. benötigt $3 \cdot 70$ Stunden.
3.) 5 M. benötigen

$$\frac{3 \cdot 70}{5} \text{ Stunden.}$$

Beim Einsatz von 5 Mähdreschern dauert die Ernte 42 Stunden.
Man schreibt wieder drei Sätze hin, und zwar in der Form:

1.) $a_1 \ldots b_1$.
2.) $1 \ldots a_1 \cdot b_1$.
3.) $a_2 \ldots \frac{a_1 \cdot b_1}{a_2}$.

Aus der Aufgabenstellung geht hervor, daß das Produkt der Größen in jedem Paar gleich ist (nämlich gleich den „Maschinenarbeitsstunden"). Die Paare $(a_1, b_1)$ und $(a_2, x)$ sind also **produktgleich.** Dies schreibt man in der Form

$$a_2 \cdot x = a_1 \cdot b_1,$$

also

$$x = \frac{a_1 \cdot b_1}{a_2}.$$

*c) Doppelter Dreisatz*

Beim doppelten Dreisatz **(Fünfsatz, Mehrsatz, zusammengesetzter Dreisatz)** wird aus fünf bekannten Größen eine sechste Größe berechnet. Hier schreibt man 5 statt 3 Sätze hin. Es sind verschiedene Fälle zu unterscheiden.

*Beispiel 3:* Eine Großküche verbraucht für 30 Personen für 5 Tage 18 kg Fleisch. Es soll nun 20 Tage lang für 42 Personen gekocht werden. Wieviel Fleisch benötigt man?

1.) 30 P. benötigen für 5 T. 18 kg.

2.) 1 P. benötigt für 5 T. $\frac{18}{30}$ kg.

3.) 1 P. benötigt für 1 T. $\frac{18}{30 \cdot 5}$ kg.

4.) 1 P. benötigt für 20 T. $\frac{20 \cdot 18}{30 \cdot 5}$ kg.

5.) 42 P. benötigen für 20 T. $\frac{42 \cdot 20 \cdot 18}{30 \cdot 5}$ kg.

Es werden also

$$\frac{42 \cdot 20 \cdot 18}{30 \cdot 5} \text{ kg } (= 100{,}8 \text{ kg})$$

Fleisch benötigt.

*Beispiel 4:* 3 Mähdrescher benötigen zum Abernten von 20 ha Weizen 70 Stunden. Wie lange dauert es, bis 5 Mähdrescher 45 ha abgeerntet haben?

1.) 3 M. ernten 20 ha in 70 Std.
2.) 1 M. erntet 20 ha in $3 \cdot 70$ Std.
3.) 1 M. erntet 1 ha in $\frac{3 \cdot 70}{20}$ Std.
4.) 1 M. erntet 45 ha in $\frac{45 \cdot 3 \cdot 70}{20}$ Std.
5.) 5 M. ernten 45 ha in $\frac{45 \cdot 3 \cdot 70}{20 \cdot 5}$ Std.

$$\frac{45 \cdot 3 \cdot 70}{20 \cdot 5} = 94\frac{1}{2}$$

Es dauert $94\frac{1}{2}$ Stunden.

**Dreispiegelungssatz.** Dieser Satz besagt:

1. Jede Dreifachspiegelung (Verkettung von drei Spiegelungen) an drei sich in einem Punkt schneidenden Geraden entspricht einer Spiegelung an einer Geraden (Abb. 1).

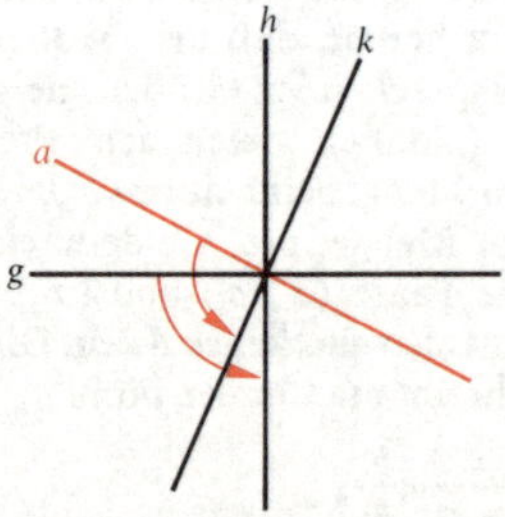


Abb. 1. Die Dreifachspiegelung an *g*, *h* und *k* entspricht der Spiegelung an *a*

2. Jede Dreifachspiegelung an drei parallelen Geraden entspricht einer Spiegelung an einer Geraden (Abb. 2).

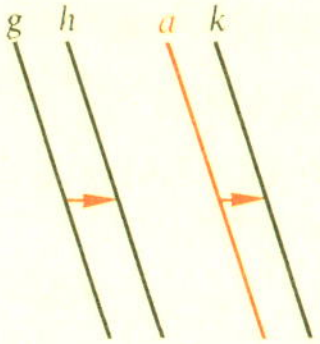


Abb. 2. Die Dreifachspiegelung an *g*, *h* und *k* entspricht der Spiegelung an *a*

**Dreitafelprojektion** ↑ Projektion.

**Dreiteilung des Winkels** (*Trisektion* des Winkels, Winkeldreiteilung): Die Aufgabe, unter alleiniger Verwendung von Zirkel und Lineal (↑ Konstruktion mit Zirkel und Lineal) einen Winkel in drei gleichgroße Winkel zu teilen. P. L. Wanzel (1814–1848) hat 1837 mit Hilfsmitteln aus der Algebra bewiesen, daß dies im allgemeinen nicht möglich ist. Lediglich bei einigen besonderen Winkeln (45°, 90°, 180° u. a.) ist dies möglich (Abb. 1). Die älteste Näherungskonstruktion für die Dreiteilung eines beliebigen Winkels stammt von Nikomedes (etwa 150 v. Chr.).

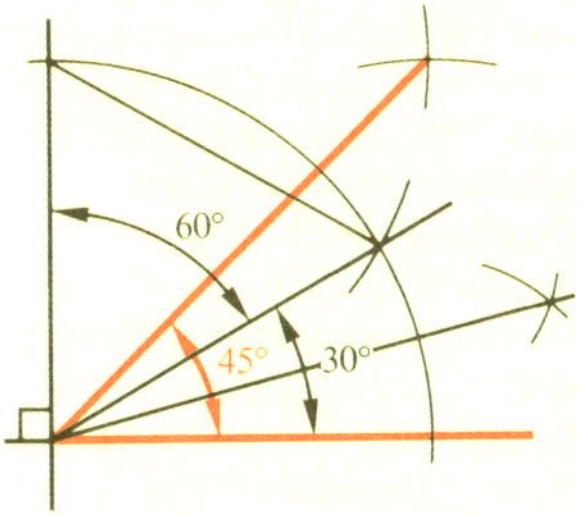


Abb. 1: Dreiteilung besonderer Winkel

Die Dreiteilung eines Winkels läßt sich z. B. mit dem ↑ Rechtwinkellineal durchführen.

**Dreizehn** (Zahlzeichen 13): Die Dreizehn überschreitet die heilige Zahl Zwölf, die Basis des Duodezimalsystems, und gilt als Unglückszahl.

**dritte Proportionale** ↑ Proportionale.

**Drucker** ↑ Peripheriegeräte.

**Drudenfuß** ↑ Pentagramm.

**Dtz.** (Dtzd.), Abkürzung für ↑ Dutzend.

**dual-archimedische Körper** ↑ Archimedische Körper.

**Dualitätsprinzip.** Die Axiome der (ebenen) projektiven Geometrie sind symmetrisch bezüglich der Begriffe „Punkt“ und „Gerade“. Daher gilt folgender Satz (Dualitätsprinzip): Jeder geometrische Satz, in dem außer logischen und arithmetischen Begriffen nur die Begriffe

> Punkt, Gerade, liegt auf, geht durch, verbinden, schneiden, trennen

vorkommen, bleibt richtig, wenn man diese Begriffe der Reihe nach durch

> Gerade, Punkt, geht durch, liegt auf, schneiden, verbinden, trennen

ersetzt.

Ein entsprechendes Dualitätsprinzip gilt für die räumliche projektive Geometrie; duale Begriffe sind hier Punkt und Ebene, während der Begriff der Geraden zu sich selbst dual ist. *Beispiel:* Die Sätze von ↑Pascal und von ↑Brianchon sind dual zueinander.

**Dualsystem** (dyadisches Zahlensystem, Zweiersystem): Zahlensystem, das an Stelle der im Dezimalsystem verwendeten Grundzahl 10 als Grundzahl die Zahl 2 verwendet. Zur Darstellung einer Zahl im Dualsystem **(Dualzahl, Binärzahl)** werden die Potenzen von 2 benutzt. Dabei kommt man mit zwei Zahlzeichen aus (meist 0 und 1), die das Vorhandensein oder Nichtvorhandensein einer bestimmten Potenz von 2 in einer darzustellenden Zahl zum Ausdruck bringen. Jede natürliche Zahl läßt sich eindeutig im Dualsystem schreiben, z. B.

$$\begin{aligned} 58 = {} & 1 \cdot 2^5 + 1 \cdot 2^4 + 1 \cdot 2^3 \\ & + 0 \cdot 2^2 + 1 \cdot 2^1 + 0 \cdot 2^0; \end{aligned}$$

also hat die Zahl 58 in der Schreibweise des Dualsystems die Form 111010. Zur Verdeutlichung werden Dualzahlen oft mit dem Index ② versehen, also

$$58 = 111010_{②} \quad \text{oder}$$
$$58 = (111010)_{②}$$

Beim Rechnen im Dualsystem muß man z. B. beachten, daß

$$1 + 1 = (10)_{②}$$

*Beispiele* (der Index ② ist stets weggelassen):

$$\begin{array}{r} 1001101 \\ +\,111010 \\ {\scriptstyle 111}\phantom{000} \\ \hline 10000111 \end{array} \qquad \begin{array}{r} 1011 \cdot 1101 \\ \hline 1011\phantom{000} \\ 1011\phantom{00} \\ 0000\phantom{0} \\ 1011 \\ \hline 10001111 \end{array}$$

Die ersten natürlichen Zahlen lauten in der Dualschreibweise:

| dezimal | dual | dezimal | dual |
|---|---|---|---|
| 0 | 0 | 6 | 110 |
| 1 | 1 | 7 | 111 |
| 2 | 10 | 8 | 1000 |
| 3 | 11 | 9 | 1001 |
| 4 | 100 | 10 | 1010 |
| 5 | 101 | 11 | 1011 |

Große praktische Bedeutung erlangte das Dualsystem durch die Entwicklung der modernen Datenverarbeitungsanlagen, da sich die zwei Zeichen 0 und 1 technisch besonders leicht realisieren lassen (im einfachsten Fall durch Aus- und Einschalten eines Schalters).

**Dualzahl,** eine im ↑Dualsystem dargestellte Zahl.

**Duodezimalsystem** (Dodekadik): Zahlensystem mit der Grundzahl 12 (statt 10 wie beim Dezimalsystem). Das Duodezimalsystem war im Altertum verbreitet. Reste davon kommen im Deutschen noch in der Zeitmessung und als Zählmaße (vgl. ↑Dutzend, ↑Gros) vor.

**Durchmesser** (Diameter). Jede durch den Mittelpunkt eines Kreises gehende Sehne bezeichnet man als Durchmesser des Kreises (Abb. 1).

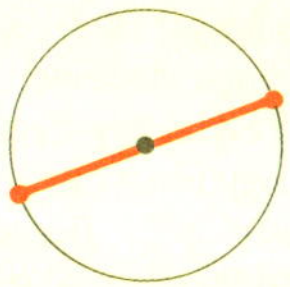

Abb. 1: Durchmesser eines Kreises

Da alle Durchmesser eines Kreises die gleiche Länge haben, nennt man die *Länge* eines Kreisdurchmessers auch *den* Durchmesser des Kreises (z. B. „der Durchmesser ist 5 cm").

**Durchschnitt.** 1) In der Mengenlehre bezeichnet man die ↑*Schnittmenge* auch als *Durchschnitt* oder als *Durchschnittsmenge.*

2) Der *Durchschnitt* endlich vieler Zahlen oder Größen ist das arithmetische Mittel oder ein anderer ↑Mittelwert. Man spricht z. B. von Durchschnittsgröße, Durchschnittsgeschwindigkeit, Durchschnittspreis.

**durchschnittlicher Fehler** ↑Fehler.

**Durchschnittsmenge,** svw. ↑Schnittmenge.

**Durchschnittssteuerfunktion** ↑Steuerfunktion.

**Dutzend,** Abkürzung Dtz. oder Dtzd., altes ↑Zählmaß (Stückmaß), 1 Dutzend = 12 Stück. Ferner gilt 12 Dutzend = 1 Gros.

**DVA,** svw. **D**aten**v**erarbeitungs**a**nlage (↑Computer).

**dyadische Zahl,** svw. Dualzahl (↑Dualsystem).

**dyadisches Zahlensystem,** svw. ↑Dualsystem.

# E

**e** (Eulersche Zahl). Die Eulersche Zahl e (nach Leonhard Euler, 1707–1783) ist definiert als Grenzwert der Folge

$$\left\langle\left(1+\frac{1}{n}\right)^n\right\rangle$$

Mit dem Taschenrechner erhält man z. B. für $n = 1\,000\,000$ den Wert 2,71828 (die fünfte Stelle nach dem Komma ist gerundet).

Es ist

$$e = 2{,}718281828459045235 36\ldots$$

Die Zahl e ist die Basis der natürlichen Logarithmen und der Exponentialfunktion – ↑auch Kettenbruch.

**E,** Zeichen für den Vorsatz Exa... (↑Vorsatzzeichen).

**Ebene:** Die *Ebene* ist ein Grundgebilde der Geometrie.

Sie besitzt folgende Eigenschaften:

1. Eine Ebene ist durch 3 nicht auf einer Geraden liegende Punkte eindeutig bestimmt.
2. Eine Gerade *g* und ein nicht auf *g* liegender Punkt bestimmen genau eine Ebene.
3. Zwei sich schneidende Geraden bestimmen eindeutig eine Ebene.
4. Wenn zwei Punkte einer Geraden in einer Ebene liegen, so liegen alle Punkte der Geraden in der Ebene.
5. Zwei Ebenen schneiden einander in einer Geraden (**Schnittgerade,** auch **Spurgerade** oder **Spur** genannt), oder sie haben keinen Punkt gemeinsam. Ebenen, die keinen Punkt gemeinsam haben, sind *parallel.*
6. Eine Ebene wird durch jede in ihr liegende Gerade in zwei getrennte Gebiete **(Halbebenen)** zerlegt.
7. Eine Ebene und eine Gerade schneiden einander entweder in einem Punkt **(Schnittpunkt, Spurpunkt, Spur),** oder die ganze Gerade liegt in der Ebene, oder die Ebene und die Gerade haben keinen Punkt gemeinsam.

**ebene Kurve** ↑Kurve.

**Ebenenspiegelung** ↑Spiegelung.

**Ebenflächner,** svw. ↑Polyeder.

**echte Teilmenge** ↑Teilmenge.

**Echtzeitbetrieb** ↑Betriebsart.

**Ecke** ↑Dreieck, ↑Viereck, ↑Polyeder.

**Eckenlinie** ↑Viereck.

**Eckpunkt** ↑Dreieck.

**Ecktransversale** ↑Transversale.

**EDVA,** svw. ↑Computer.

**e-Funktion** ↑Exponentialfunktion.

**effektive Verzinsung** (Effektivverzinsung): Der wirkliche Ertrag einer Anleihe. Die effektive Verzinsung berücksichtigt im Gegensatz zur Nominalverzinsung z. B. Börsenkurse, Zinstermine sowie Agio (Aufgeld) und Disagio (Abschlag, Abgeld).

*Beispiel:* Eine 8prozentige ↑Anleihe mit dem Nennwert 100 DM ergibt pro Jahr einen Ertrag von 8 DM. Beträgt der Ausgabekurs 95%, so sind 95 DM für den Erwerb zu bezahlen. Man erhält den Ertrag von 8 DM also für 95 DM. Die 95 DM verzinsen sich effektiv zu 8,421%.

Erfolgen die Zinszahlungen darüberhinaus z. B. halbjährlich zu den Terminen 1. Januar und 1. Juli, so erhöht sich der Ertrag zusätzlich um die Zinsen, die die Zinsen des ersten Halbjahres im zweiten Halbjahr bringen.

Entsprechende Berechnungen kann man bei Zinszahlungen in kleineren Zeitabschnitten sowie bei Ratenzahlungen anstellen.

**Effektivzinsen:** Bei einem Kredit vereinbart die Bank mit dem Kunden zunächst einen jährlichen Zinssatz; dieser sei $p\%$ (↑ Zinsrechnung). Nun sind aber nicht nur $p\%$ des Darlehensbetrages $K$ am Ende des Jahres an Zinsen zu entrichten, vielmehr werden noch Abzüge (Disagio) und unterschiedliche Zahlungsweisen vereinbart.
Verlangt die Bank z. B. monatlich $\frac{p}{12}\%$ von $K$ als Zinsen, so ist dies wegen der Aufzinsung der Monatszahlungen mehr als $p\%$ von $K$ am Jahresende. Ist $A$ bei Auszahlung des Darlehensbetrages, dann ergibt sich bei obiger Zahlungweise für ein Darlehen über $n$ Jahre der *Effektivzinssatz* $\bar{p}$ aus der Gleichung

$$(K-A)\left(\left(1+\frac{\bar{p}}{100}\right)^n-1\right) = K\left(\left(1+\frac{p}{1200}\right)^{12n}-1\right).$$

Wird ein Darlehen über 5 Jahre z. B. zu 96% ausgezahlt

$$\left(\frac{K-A}{K}=0{,}96\right)$$

und ist $p=7$ (also Jahreszinssatz 7%), dann ergibt sich $\bar{p}=7{,}49$.
Der effektive Zinssatz beträgt in diesem Fall also 7,49%. (Es gibt auch etwas hiervon abweichende Interpretationen und Berechnungsformeln der Effektivzinsen.)

**Ehepaarproblem.** Mehrere Ehepaare sollen an einem runden Tisch so Platz nehmen, daß immer abwechselnd eine Frau und ein Mann sitzen, jedoch kein Ehepaar nebeneinander sitzt. Wie viele solche Sitzordnungen gibt es?
In der folgenden Tabelle sind die Zahlen der Sitzordnungen für 3 bis 7 Ehepaare zusammengestellt:

| Ehepaare | Sitzordnungen |
|---|---|
| 3 | 12 |
| 4 | 96 |
| 5 | 3 120 |
| 6 | 115 200 |
| 7 | 5 836 320 |

**eigentliche Kongruenzabbildung** ↑ Umlaufsinn.
**eigentliche Bewegung** ↑ Bewegung.
**Effektivzinssatz** ↑ Effektivzinsen.
**eigentlicher Bruch** ↑ Bruch.
**Eilinie,** svw. ↑ Oval.
**eindeutig.** Eine Zuordnung bzw. Relation zwischen einer Menge $M_1$ und einer Menge $M_2$ heißt eindeutig, wenn jedem Element $a \in M_1$ genau ein Element $b \in M_2$ **(rechtseindeutig)** oder jedem Element $b \in M_2$ genau ein Element $a \in M_1$ **(linkseindeutig)** zugeordnet wird. Eine sowohl rechts- als auch linkseindeutige Zuordnung heißt **umkehrbar eindeu-**

tig, **eineindeutig** oder **bijektiv.** Die rechtseindeutigen Zuordnungen werden als ↑Abbildung bezeichnet.

**eindimensional** ↑Dimension.

**eineindeutig,** svw. ↑bijektiv. – Vgl. ↑eindeutig.

**einfache Kurve** ↑Kurve.

**einfachlogarithmisches Papier** ↑Logarithmenpapier.

**Eingabe** ↑Abbildung.

**Eingabeanweisung** ↑Anweisung.

**Eingabeeinheit** ↑Computer.

**Eingabegeräte** ↑Peripheriegeräte.

**Eingabemenge** ↑Abbildung.

**Eingangszustand** ↑Abbildung.

**Einheit.** Ein Element *e* eines Größenbereichs heißt Einheit des Größenbereichs, wenn alle Größen als Vielfache von *e* geschrieben werden können.

In einem Größenbereich kann jedes von der Nullgröße verschiedene Element als Einheit gewählt werden.

Im Größenbereich der Längen ist als Einheit 1 Meter (1 m) gebräuchlich. Die Länge 327,3 m bedeutet

$$327{,}3 \cdot 1\,\text{m},$$

also das 327,3-fache der Einheit 1 m.

Um eine Größe zu messen, d. h. als Vielfaches der gewählten Einheit anzugeben, benutzt man häufig dezimale Vielfache bzw. Unterteilungen der Einheit, also

$$10 \cdot e \text{ (Deka-)},$$
$$100 \cdot e \text{ (Hekto-)},$$
$$1000 \cdot e \text{ (Kilo-)}, \ldots$$
$$\frac{1}{10} \cdot e \text{ (Dezi-)},$$
$$\frac{1}{100} \cdot e \text{ (Zenti-)},$$
$$\frac{1}{1000} \cdot e \text{ (Milli-)}, \ldots$$

(↑auch Vorsatzzeichen).

**Einheitskreis:** Kreis, dessen Radius eine Einheit (z. B. 1 cm) ist. Der Mittelpunkt des Einheitskreises wird meistens in den Ursprung eines Koordinatensystems gelegt (↑Kreis). Der Einheitskreis wird durch die Gleichung $x^2 + y^2 = 1$ dargestellt (Abb. 1).

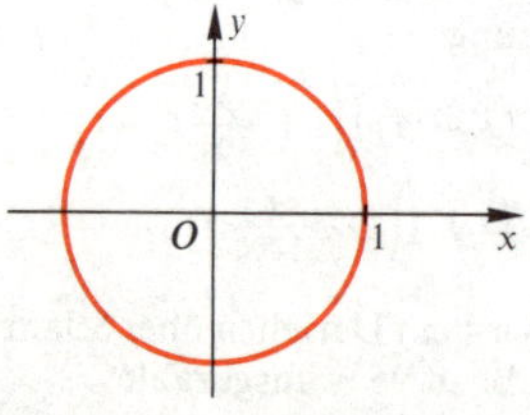


Abb. 1: Graph von $x^2 + y^2 = 1$

**Einheitskugel:** Kugel, deren Radius eine Einheit (z. B. 1 cm) ist.

**Einheitsmatrix** ↑Matrix.

**Einheitspunkt** ↑Zahlengerade.

**Einheitsstrecke** ↑Zahlengerade.

**Einheitsvektor:** Vektor vom Betrag 1. Jeder ↑Vektor kann

durch Division durch seinen Betrag zum Einheitsvektor normiert werden.

**Einkommensteuern** ↑Steuerfunktion.

**Einmaleins:** Zusammenstellung aller Produkte von je zwei natürlichen Zahlen unter 10 **(kleines Einmaleins)** oder unter 20 **(großes Einmaleins).**

**Einpunktperspektive** ↑Perspektive.

**Einrichten** ↑gemischte Zahl.

**Eins** (Zahlzeichen 1): Bezeichnung für die erste natürliche Zahl. Wird eine beliebige Zahl mit der Eins multipliziert, so bleibt sie unverändert, d. h. es gilt stets $a \cdot 1 = a$ (neutrales Element der Multiplikation).

**Einschachtelungsverfahren** ↑Exponentialgleichung.

**einschaliges Hypberboloid** ↑Fläche zweiter Ordnung.

**Einsetzungsverfahren** (Einsetzungsmethode) ↑Eliminationsverfahren.

**Einspunkt** ↑Zahlengerade.

**Ekliptik:** Wenn man den Ort der Sonne täglich im Augenblick der oberen Kulmination, also um 12 Uhr Ortszeit, beobachtet, dann stellt man fest, daß die Sonne während eines Jahres einen Großkreis auf der Himmelskugel durchläuft. Diese scheinbare Sonnenbahn heißt *Ekliptik.* Die Ekliptik schneidet den Äquator im Frühlings- und Herbstpunkt unter einem Winkel von etwa $23° 27'$, der als **Schiefe der Ekliptik** bezeichnet wird.

**Ekliptikalsystem,** ein ↑astronomisches Koordinatensystem.

**ELAN** (Abk. für engl. **E**ducationa**l** **lan**guage): Programmiersprache, die in den Jahren 1973–1975 für Ausbildungszwecke entwickelt wurde. ELAN gehört zur ALGOL-Familie. Der Sprachumfang ist jedoch im Vergleich zu ALGOL 68 stark eingeschränkt.

**Elektronenrechner,** seltene Bezeichnung für ↑Computer; auch svw. ↑Taschenrechner.

**elektronische Datenverarbeitungsanlage,** svw. ↑Computer.

**elektronische Rechenanlage,** svw. ↑Computer.

**Element:** Grundbegriff der Mengenlehre. Unter einem Element versteht man ein Objekt, das Bestandteil einer Menge ist.

**Elementarereignis** ↑Ereignis.

**Elementargeometrie** ↑Geometrie.

**elementfremd** ↑disjunkt.

**Elf** (Zahlzeichen 11): Die Elf galt ursprünglich wahrscheinlich als Tierkreiszahl (da von den zwölf Tierkreiszeichen immer eines hinter der Sonne steht und infolgedessen unsichtbar ist). Sie ist darstellbar in der Form

$$11 = (2 + 3) + (2 \cdot 3).$$

**Elferprobe** ↑ Neunerprobe.

**Elferrest** ↑ Neunerprobe.

**Eliminationsverfahren.** Zur rechnerischen Bestimmung der Lösung eines linearen Gleichungssystems mit zwei oder mehreren Variablen (Unbekannten) werden oft Verfahren angewendet, bei denen durch geeignete Rechenoperationen nacheinander eine oder mehrere Variable entfernt (eliminiert) werden. Solche Verfahren bezeichnet man als Eliminationsverfahren. Man unterscheidet Additionsverfahren (bzw. Subtraktionsverfahren), Einsetzungsverfahren (= Substitutionsverfahren) und Gleichsetzungsverfahren. Im folgenden werden nur Gleichungssysteme mit zwei Gleichungen und zwei Unbekannten betrachtet.

Beim **Additions-** bzw. **Subtraktionsverfahren** wird eine der beiden Gleichungen derart mit einem Faktor multipliziert, daß beim anschließenden Addieren bzw. Subtrahieren der beiden Gleichungen eine Unbekannte entfällt. Manchmal ist es auch vorteilhaft, beide Gleichungen zu erweitern.

*Beispiel 1:* Zu lösen ist das System

(I) $x - y = 3$
(II) $2x + 2y = 14.$

Multiplikation von (I) mit $(-2)$ und Addition zu (II) liefert

(I) $x - y = 3$
(III) $0x + 4y = 8.$

Aus (III) folgt $y = 2$. Für die Bestimmung von $x$ kann der gefundene Wert von $y$ in die Gleichung (I) eingesetzt werden. Also ist $x - 2 = 3$ und damit $x = 5$.

*Beispiel 2:*

(I) $7x + 3y = \frac{9}{2}$

(II) $5x + 2y = 5$

Multiplikation von (II) mit $(-\frac{3}{2})$ und Addition zu (I) ergibt

(III) $-\frac{1}{2}x + 0 \cdot y = -3$

(II) $5x + 2y = 5.$

Hieraus folgt sofort $x = 6$ und nach (II) ist

$$y = -\frac{25}{2}.$$

*Beispiel 3:* Bei der Anwendung dieses Verfahrens auf ein unlösbares Gleichungssystem erhält man einen Ausdruck der Form

$$0 \cdot x + 0 \cdot y \neq 0.$$

Daraus folgt, daß das Gleichungssystem keine Lösungen besitzt.

Beispielsweise ist

(I) $3x - 6y = 5$

(II) $-\frac{1}{2}x + y = 2$

unlösbar. Nach Multiplikation von (I) mit $\frac{1}{6}$ und Addition zu

(II) erhält man

$$3x - 6y = 5$$
$$0x - 0y = \frac{17}{6} \neq 0.$$

Beim **Einsetzungs-** bzw. **Substitutionsverfahren** löst man eine Gleichung nach einer Variablen auf und setzt den für diese Variable erhaltenen Term in die andere Gleichung ein.

*Beispiel 4:* Zu lösen ist das System

(I) $x + 7y = 21$
(II) $4x - 3y = 22.$

Man löst z.B. Gleichung (I) nach $x$ auf und erhält

(I′) $x = 21 - 7y.$

Einsetzung in (II) ergibt

$$4(21 - 7y) - 3y = 22$$
$$y = 2$$

Mit $y = 2$ erhält man aus (I′) den Wert

$$x = 21 - 14 = 7.$$

Die Anwendung dieses Verfahrens auf ein *unlösbares* System führt, da sich die Gleichungen gegenseitig ausschließen, zu einer falschen ↑Aussage:

(I) $3x - 6y = 5$

(II) $-\frac{1}{2}x + y = 2$

Löst man (II) nach $y$ auf und setzt in (I) ein, so erhält man

$$3x - 3x - 12 = 5,$$

also die falsche Aussage $-12 = 5.$

Beim **Gleichsetzungsverfahren** löst man beide Gleichungen des Systems nach *derselben* Variablen auf und setzt die so erhaltenen Terme gleich. Im Falle *eindeutiger* Lösbarkeit des Systems erhält man eine Gleichung mit einer Variablen, deren Wert man berechnen kann. Eingesetzt in eine der Ausgangsgleichungen ergibt sich der Wert der zweiten Variablen. Bei *unlösbaren* Systemen erhält man nach dem Gleichsetzen anstelle einer Gleichung mit einer Variablen eine falsche Aussage wie beim Einsetzungsverfahren.

*Beispiel 5:* Beide Gleichungen des Systems

$$x + 7y = 21$$
$$4x - 3y = 22$$

werden nach $x$ aufgelöst:

$$x = -7y + 21$$
$$x = \frac{3}{4}y + \frac{22}{4}$$

und gleichgesetzt:

$$-7y + 21 = \frac{3}{4}y + \frac{11}{2}.$$

Durch Auflösen nach $y$ erhält man $y = 2$, und hieraus folgt $x = 7$. Dieses Verfahren führt bei dem unlösbaren System

$$3x - 6y = 5$$
$$-\frac{1}{2}x + y = 2$$

zu der falschen Aussage

$$2y + \frac{5}{3} = 2y - 4,$$

d. h.

$$\frac{5}{3} = -4.$$

**Ellipse.** Eine *Ellipse* ist der geometrische Ort aller Punkte der Ebene, für die die Summe der Abstände von zwei festen Punkten $F_1$ und $F_2$ konstant (gleich $2a$) ist (Abb. 1).

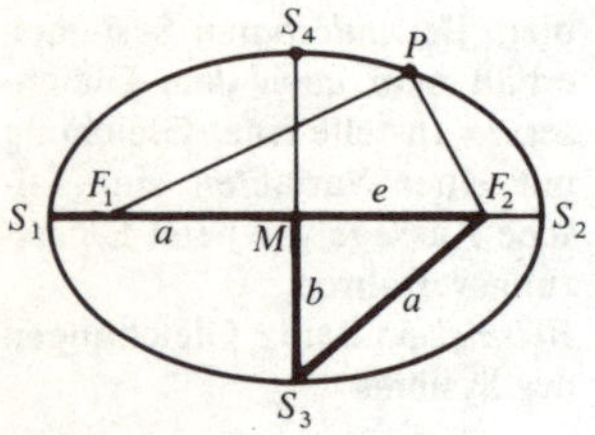


Abb. 1: Bezeichnungen an einer Ellipse

Die spezielle Gestalt einer Ellipse hängt ab vom Abstand der Punkte $F_1$ und $F_2$ sowie von der Abstandssumme $2a$. Man vereinbart für eine Ellipse die folgenden *Bezeichnungen* (Abb. 1):

| | |
|---|---|
| $M$: | *Mittelpunkt,* |
| $F_1, F_2$: | *Brennpunkte,* |
| $S_1, S_2$: | *Hauptscheitel,* |
| $S_3, S_4$: | *Nebenscheitel,* |
| $S_1, S_2$: | *Hauptachse;* $\overline{S_1 S_2} = 2a$, |
| $S_3 S_4$: | *Nebenachse;* $\overline{S_3, S_4} = 2b$, |
| $MS_1, MS_2$: | *große Halbachsen,* |
| $MS_3, MS_4$: | *kleine Halbachsen,* |
| $F_1 M = F_2 M = e$: | *lineare Exzentrizität.* |

Eine Symmetrieachse der Ellipse verläuft durch die Hauptscheitel $S_1$ und $S_2$, die andere durch die Nebenscheitel $S_3$ und $S_4$. Die Ellipse ist außerdem punktsymmetrisch zu ihrem Mittelpunkt.
Der Quotient

$$\varepsilon = \frac{e}{a}$$

(„Epsilon") heißt *numerische Exzentrizität* der Ellipse. Es ist

$$0 \leqq \varepsilon < 1.$$

Für $\varepsilon = 0$ ist die Ellipse ein Kreis. Zwischen den (Längen der) Halbachsen $a$, $b$ und der linearen Exzentrizität $e$ besteht die Beziehung (Abb. 1):

$$a^2 = b^2 + e^2.$$

Abb. 2

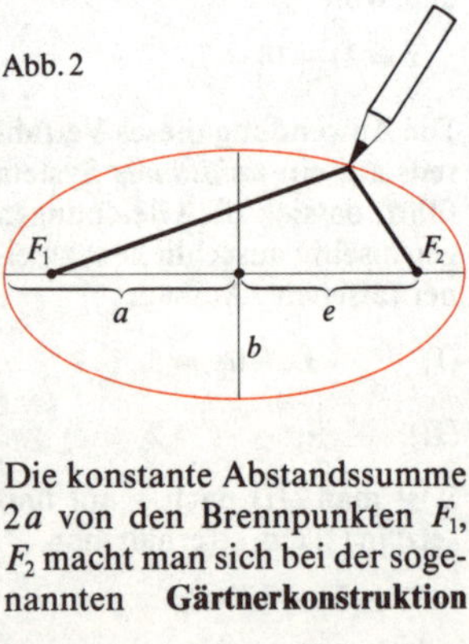


Die konstante Abstandssumme $2a$ von den Brennpunkten $F_1$, $F_2$ macht man sich bei der sogenannten **Gärtnerkonstruktion**

zunutze: Man befestige etwa mit zwei Holzpflöcken ein Seil der Länge $2a$ in den Punkten $F_1$ und $F_2$ und spanne den Faden mit einem Stab (Abb. 2). Eine Ellipse mit den Brennpunkten $F_1$, $F_2$ und der Hauptachse $2a$ wird vom Stab aufgezeichnet, wenn der Faden immer gespannt ist.

*Weitere Charakterisierungen der Ellipse.*

*1. Die Ellipse als affines Bild des Kreises.* Die Ellipse mit den Halbachsen $a$, $b\,(b < a)$ kann man durch eine ↑*affine Abbildung* des Kreises mit gleichem Mittelpunkt und dem Radius $a$ (**Hauptscheitelkreis** oder auch **Hauptkreis** $k_1$ der Ellipse) gewinnen (Abb. 3): Der Kreis $k_1$ mit dem Radius $a$ und dem Mittelpunkt im Ursprung eines kartesischen Koordinatensystems hat die Gleichung (↑Kreis)

$$x^2 + y^2 = a^2.$$

Bildet man die Ebene auf sich ab, indem man jedem Punkt $P(x;y)$ den Punkt

$$P'\left(x;\frac{b}{a}y\right)$$

zuordnet, so ist das eine *affine Abbildung*. Das Bild des Kreises $k_1$ ist dabei die Ellipse mit den Halbachsen $a$ und $b$. Aus dem Hauptkreis erhält man also die Ellipse mit den Halbachsen $a$, $b$, indem man von jedem Kreispunkt die $y$-Koordinate mit dem Faktor $\frac{b}{a}$ verkürzt.

Man kann eine Ellipse auch als affines Bild des Kreises mit demselben Mittelpunkt wie die Ellipse und dem Radius $b$ (**Nebenkreis,** auch **Nebenscheitelkreis** der Ellipse) erhalten.

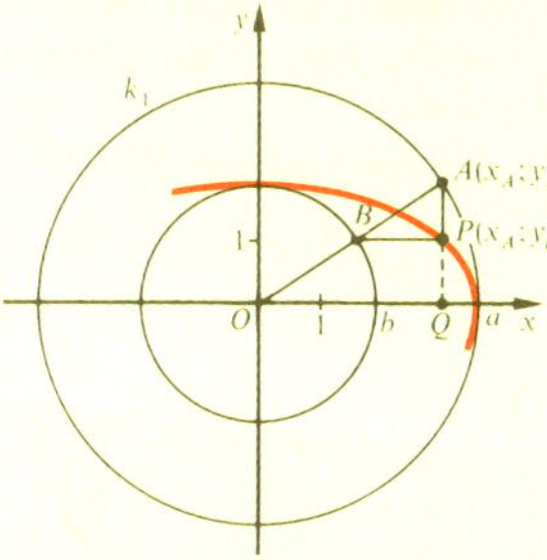


Abb. 3: $\frac{\overline{OA}}{\overline{OB}} = \frac{\overline{AQ}}{\overline{PQ}}$, d. h. $\frac{a}{b} = \frac{y_A}{y_P}$

*2. Leitlinieneigenschaft der Ellipse:* Eine Ellipse ist der geometrische Ort aller Punkte $P$, für die die Abstände zu einem festen Punkt $F$ und einer Geraden $g$ (der **Leitgeraden**) ein festes Verhältnis $\varepsilon$ kleiner als 1 haben (Abb. 4). In diesem Fall ist $\varepsilon$ die numerische Exzentrizi-

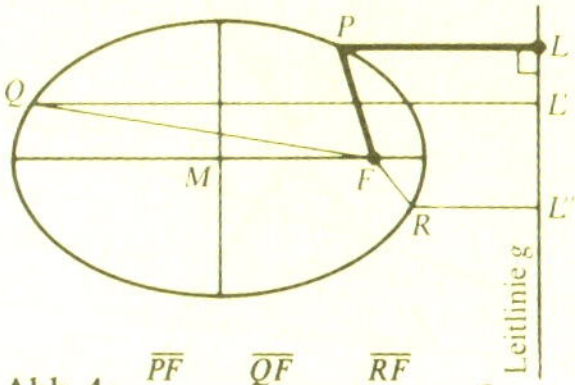


Abb. 4: $\frac{\overline{PF}}{\overline{PL}} = \frac{\overline{QF}}{\overline{QL'}} = \frac{\overline{RF}}{\overline{RL''}} = \varepsilon$

tät $\frac{e}{a}$ der Ellipse und $F$ ein Brennpunkt. Die Gerade $g$ bezeichnet man auch als **Leitlinie.**

*3.* Gegeben sei ein Kreis $k$ und ein Punkt $F$ innerhalb des Kreises. Die Lösungsmenge der Aussageform

*„Der Punkt P hat von dem Kreis k und dem Punkt F den gleichen Abstand"*

ist eine Ellipse (Abb. 5).

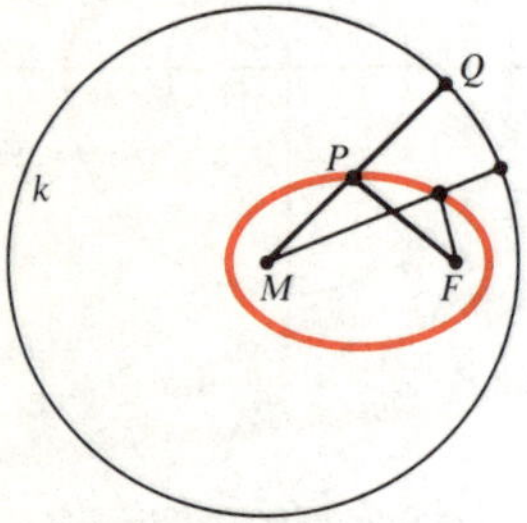


Abb. 5: Ellipse mit den Brennpunkten $M$ und $F$

*4. Die Ellipse als Kegelschnitt.* Schneidet eine Ebene einen geraden Kreiskegel, so wie dies in Abb. 6 dargestellt ist, dann erhält man als Schnittfigur eine Ellipse.

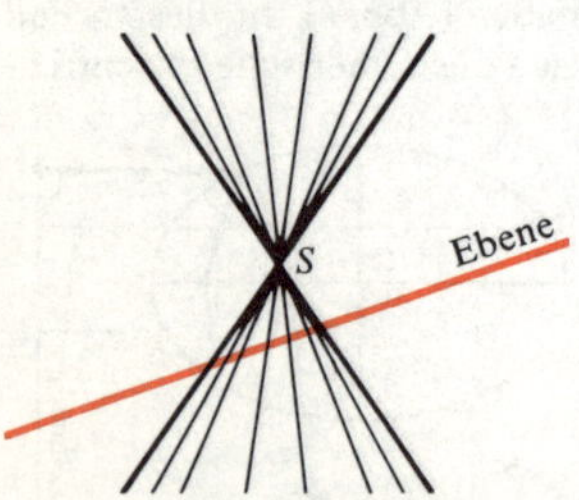


Abb. 6: Ellipse als Kegelschnitt

*Gleichung der Ellipse:* Liegt der Mittelpunkt einer Ellipse im Koordinatenursprung eines kartesischen Koordinatensystems, so lautet ihre Gleichung

$$\frac{x^2}{a^2} + \frac{y^2}{b^2} = 1$$

*(Mittelpunktsgleichung).*

Der Flächeninhalt einer Ellipse mit den Halbachsenlängen $a$ und $b$ ist

$$F = \pi \cdot a \cdot b.$$

Vgl. auch ↑Kurve.

**Ellipsenzirkel:** Gerät zur Konstruktion einer Ellipse (Abb. 1); gleiten die auf einem Stab gelegenen Punkte $K_1$ und $K_2$ auf zwei zueinander senkrechten Geraden (Schienen), so beschreibt ein auf dem Stab gele-

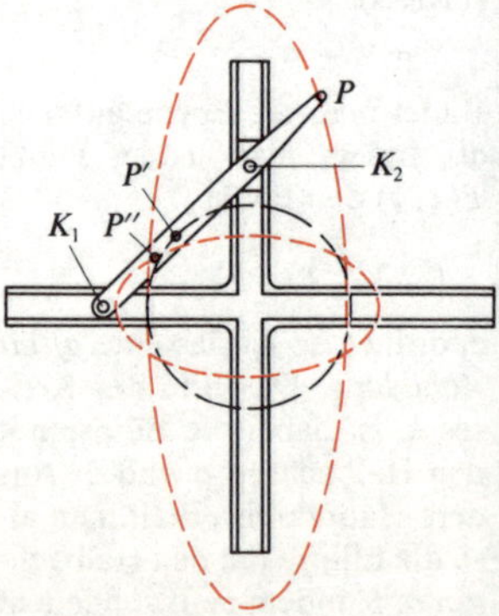


Abb. 1: Ellipsenzirkel

gener Punkt $P(P', P'')$ eine Ellipse.

**Ellipsoid**, eine ↑Fläche zweiter Ordnung.

**elliptische Geometrie** ↑nichteuklidische Geometrie.

**elliptischer Doppelkegel** ↑Fläche zweiter Ordnung.

**elliptischer Kegel ↑Kegel.**

**elliptischer Zylinder** ↑Fläche zweiter Ordnung.

**elliptisches Paraboloid** ↑Fläche zweiter Ordnung.

**Elliptizität:** Die Abweichung eines Rotationsellipsoids von der Kugelgestalt.

**Endkapital:** Werden zu einem Kapital die Zinsen oder Zinseszinsen hinzugetan, so ergibt sich aus Kapital und Zinsen (bzw. Zinseszinsen) das **Endkapital.** Es ist also:
Anfangskapital $K_0$, Zinsfuß $p$, Zeit $n$ Jahre, Endkapital $K_n$.
*1)* Bei *einfachen Zinsen,* die am Ende der Zeit in einer Summe zum Kapital hinzukommen, ist das Endkapital:

$$K_n = K_0 + \frac{K_0 \cdot n \cdot p}{100}.$$

*2)* Bei *Zinseszinsen*

$$K_n = K_0 \left(1 + \frac{p}{100}\right)^n$$

(bei ganzjähriger Kapitalisierung).

**endlich:** Eine Menge heißt endlich, wenn es eine ↑natürliche Zahl $n$ gibt, so daß sich die Elemente der Menge ↑bijektiv auf die Menge $\{1, 2, \ldots, n\}$ abbilden lassen. Bei einer endlichen Menge kann man also deren Elemente mit $1, 2, \ldots, n$ durchnumerieren.
*Beispiel:* Die Menge der Teiler von 12 ist endlich, sie hat die 6 Elemente 1, 2, 3, 4, 6, 12.

**endliche Geometrie** ↑Geometrie.

**Endziffernregeln:** Regeln zum Auffinden von Teilern einer natürlichen Zahl.
*Teilbarkeit durch 2, 4 und 8 sowie 5, 25, 125:*

(1) Eine Zahl ist durch 2 bzw. durch 5 teilbar, wenn ihr 10er-Rest durch 2 bzw. durch 5 teilbar ist.
(2) Eine Zahl ist durch 4 bzw. durch 25 teilbar, wenn ihr 100er-Rest durch 4 bzw. durch 25 teilbar ist.
(3) Eine Zahl ist durch 8 bzw. durch 125 teilbar, wenn ihr 1000er-Rest durch 8 bzw. durch 125 teilbar ist.

Die Endziffernregeln kann man auch zur Probe von Addition und Multiplikation natürlicher Zahlen verwenden.
*Beispiel:* Das Produkt zweier gerader Zahlen muß durch 4 teilbar sein:

„$2386 \cdot 792 = 1889742$“

ist falsch, denn 42 (und somit die Zahl 1889742) ist nicht durch 4 teilbar.

„$2386 \cdot 792 = 1889712$“

kann richtig sein, denn 12 ist durch 4 teilbar.

*Beispiele:*

$61\,228 =$
- $61\,220+8$
  ist durch 2 teilbar, denn 8 ist durch 2 teilbar
  ist nicht durch 5 teilbar, denn 8 ist nicht durch 5 teilbar
- $61\,200+28$
  ist durch 4 teilbar, denn 28 ist durch 4 teilbar
- $61\,000+228$
  ist nicht durch 8 teilbar, denn 228 ist nicht durch 8 teilbar

$23\,375 =$
- $23\,370+5$
  ist nicht durch 2 teilbar, ist durch 5 teilbar
- $23\,300+75$
  ist durch 25 teilbar
- $23\,000+375$
  ist durch 125 teilbar

Weitere Endziffernregeln benutzt man z. B. für ↑Quadratzahlen.

**Endzustand** ↑Abbildung.

**Entfernung,** svw. ↑Abstand, vgl. ↑Metrik.

**Entschlüsselung** ↑Verschlüsselung.

**Enveloppe** *(Hüllkurve, Einhüllende).* Eine Enveloppe ist eine Kurve, die alle Kurven einer gegebenen Kurvenschar berührt und umgekehrt in jedem ihrer Punkte von einer Kurve der Schar berührt wird.

*Beispiel:* Die Ellipsen, bei denen das Produkt der Halbachsen *a* und *b* den festen Wert *r* hat, bilden eine Kurvenschar mit der Schargleichung

$$\frac{x^2}{a^2}+\frac{a^2y^2}{r^2}=1$$

mit dem Parameter *a*. Als Enveloppen ergeben sich die Hyperbeln mit den Gleichungen

$$xy=\frac{r}{2} \quad \text{und} \quad xy=-\frac{r}{2}$$

(Abb. 1).

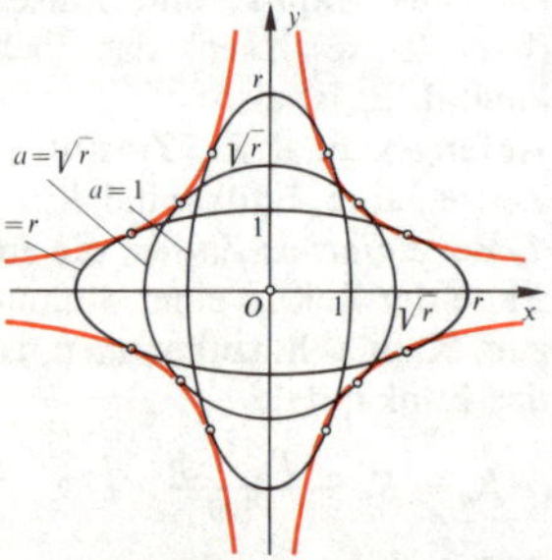


Abb. 1: Hyperbeln als Enveloppen einer Ellipsenschar

**Ephemeriden:** Astronomische Tafeln, die für einen längeren Zeitraum die vorausberechneten Gestirnsörter am Himmel angeben. Sie dienen u. a. zum raschen Auffinden der Planeten.

**Epimorphismus** (epimorphe Abbildung) ↑Homomorphismus.

**Epitrochoide** ↑Zykloide.

**Epizykloide** ↑Zykloide.

**Erdachse** ↑mathematische Geographie.

**Ereignis.** Beim Würfeln mit zwei Würfeln hat das Ereignis „Pasch" die Bedeutung, daß beide Würfel die gleiche Augenzahl zeigen. Diesem Ereignis entspricht also die Menge der Zahlenpaare $\{(1,1), (2,2), (3,3), (4,4), (5,5), (6,6)\}$. In der Wahrscheinlichkeitsrechnung identifiziert man beliebige Ereignisse, die in einem Zufallsversuch auftreten können, mit Teilmengen der Menge aller möglichen Ausfälle. Ein Ereignis ist also eine Teilmenge der Menge $\Omega$ („Omega") der möglichen Ausfälle eines ↑Zufallsversuchs.

$\emptyset$ (↑leere Menge) heißt das **unmögliche Ereignis.**

$\Omega$ heißt das **sichere Ereignis.**

Die Mengen aller Ereignisse, die zu einem Zufallsversuch gehören, bilden den **Ereignisraum** des Zufallsversuchs. Der Ereignisraum ist also eine Teilmenge der ↑Potenzmenge von $\Omega$.

Gilt für Ereignisse $A$, $B$ die Beziehung $A \cap B = \emptyset$, so heißen die Ereignisse $A$ und $B$ **unvereinbar.**

In einem Zufallsversuch mit endlich vielen Ausfällen, also

$$\Omega = \{a_1, a_2, a_3, \ldots, a_n\},$$

heißen die Ereignisse

$$\{a_i\}\ (i = 1, 2, \ldots, n)$$

**Elementarereignisse.** Meistens unterscheidet man nicht zwischen Ausfall und Elementarereignis.

Beim Würfeln mit einem Würfel sind also $\{1\}$, $\{2\}$, $\{3\}$, $\{4\}$, $\{5\}$, $\{6\}$ die sechs möglichen Elementarereignisse.

**Ereignisalgebra.** Sind $E_1$, $E_2$ ↑Ereignisse in einem Zufallsversuch, also $E_1$, $E_2$ Teilmengen von $\Omega$ ($\Omega$ = Menge der möglichen Ausfälle des Zufallsversuchs), so bedeutet

$E_1 \cup E_2$ das Eintreten von $E_1$ *oder* $E_2$,
$E_1 \cap E_2$ das Eintreten von $E_1$ *und* $E_2$.

*Beispiel:* Beim zweimaligen Würfeln besteht $\Omega$ aus allen Paaren in Tafel 1.

| | | | | | |
|---|---|---|---|---|---|
| (1,1) | (1,2) | (1,3) | (1,4) | (1,5) | (1,6) |
| (2,1) | (2,2) | (2,3) | (2,4) | (2,5) | (2,6) |
| (3,1) | (3,2) | (3,3) | (3,4) | (3,5) | (3,6) |
| (4,1) | (4,2) | (4,3) | (4,4) | (4,5) | (4,6) |
| (5,1) | (5,2) | (5,3) | (5,4) | (5,5) | (5,6) |
| (6,1) | (6,2) | (6,3) | (6,4) | (6,5) | (6,6) |

Tafel 1

Es sei $E_1$ das Ereignis „Pasch", also

$$E_1 = \{(1,1), (2,2), (3,3), (4,4), (5,5), (6,6)\};$$

ferner sei $E_2$ das Ereignis „Augensumme mindestens 10", also

$$E_2 = \{(4,6), (5,5), (5,6), (6,4), (6,5), (6,6)\}.$$

Dann ist

$$E_1 \cup E_2 = \{(1,1), (2,2), (3,3), (4,4), (4,6), (5,5), (5,6), (6,4), (6,5), (6,6)\}$$

(also „Pasch *oder* Augensumme mindestens 10") und

$$E_1 \cap E_2 = \{(5,5), (6,6)\}$$

(also „Pasch *und* Augensumme mindestens 10").
Eine Teilmenge der Potenzmenge von $\Omega$ bezeichnet man als Ereignisalgebra, wenn mit zwei Ereignissen $E_1$ und $E_2$ auch die Ereignisse $E_1 \cup E_2$ und $E_1 \cap E_2$ aus dieser Teilmenge sind und für jedes Ereignis $E$ aus dieser Teilmenge auch das komplementäre Ereignis $\Omega \setminus E$ (also die Menge der Ausfälle, die nicht zu $E$ gehören) aus dieser Teilmenge ist. Eine Ereignisalgebra ist eine ↑Boolesche Algebra, deren Elemente als Ereignisse interpretiert werden.

**Ereignisraum** ↑Ereignis.

**erfüllbar** ↑Aussageform, ↑formale Logik, ↑Gleichungen.

**Erfüllungsmenge,** svw. Lösungsmenge (↑Gleichungen).

**Erfüllungsmenge einer Aussageform** ↑formale Logik.

**Ergänzungsmenge,** svw. Komplementärmenge (↑komplementär), ↑Differenzmenge.

**Ergänzungsparallelogramm.** Zieht man in einem Parallelogramm durch einen beliebigen Punkt einer Diagonalen die Parallelen zu den Seiten des Parallelogramms, so sind die beiden nicht von der Diagonalen durchschnittenen Teilparallelogramme flächengleich; sie werden **Ergänzungsparallelogramme** genannt (Abb. 1).

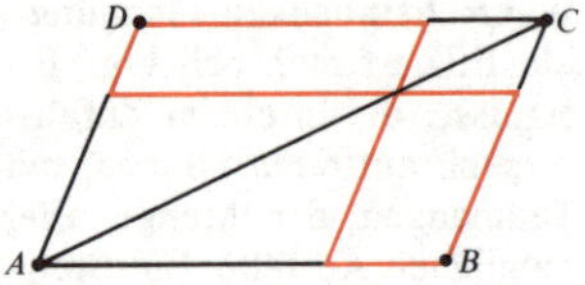


Abb. 1: Ergänzungsparallelogramme

**Ergänzungspyramide** ↑Pyramidenstumpf.

**Ergänzungswinkel** (Supplementwinkel). Wenn sich zwei Winkel zu 180° ergänzen, dann bezeichnet man sie als **Ergänzungswinkel** oder **Supplementwinkel.** Insbesondere sind ↑Nebenwinkel Ergänzungswinkel.

**Ergebnismenge:** *Menge aller möglichen Ausfälle* (Ergebnisse) eines ↑Zufallsversuchs. Man spricht zuweilen auch vom **Stichprobenraum,** da man statt Ausfall bzw. Ergebnis auch die Bezeichnung **Stichprobe** verwendet.

**Erlebenswahrscheinlichkeit** ↑ Lebenserwartung.

**Erwartungswert:** Bildet man bei einer endlichen Zufallsgröße jeweils die Produkte aus den möglichen Werten und deren Wahrscheinlichkeit und addiert diese, so erhält man den **Erwartungswert** (die **mathematische Erwartung**) dieser Zufallsgröße.

*Beispiel 1:* Wird durch eine Zufallsgröße beim Würfeln jedem Wurf die Augensumme zugeordnet, so erhält man den Erwartungswert

$$E = 1 \cdot \frac{1}{6} + 2 \cdot \frac{1}{6} + 3 \cdot \frac{1}{6} + 4 \cdot \frac{1}{6} + 5 \cdot \frac{1}{6} + 6 \cdot \frac{1}{6} = 3{,}5.$$

*Beispiel 2:* Setzt man beim Roulette 100 Mark auf die Zahl 13, so ist der Erwartungswert des Gewinns

$$3\,500 \cdot \frac{1}{37} + (-100) \cdot \frac{36}{37} = -\frac{100}{37} \approx -2{,}7;$$

man wird also „im Schnitt" 2,70 DM pro Spiel verlieren, wenn man sehr oft 100 Mark auf eine Zahl setzt.

**Erweitern** eines Bruches bedeutet, Zähler und Nenner mit der gleichen Zahl zu multiplizieren (↑ Bruch). Die entgegengesetzte Umformung heißt *Kürzen.*

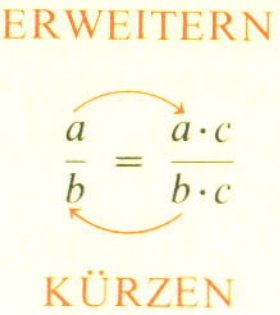


*Beispiele* für Erweitern und Kürzen:

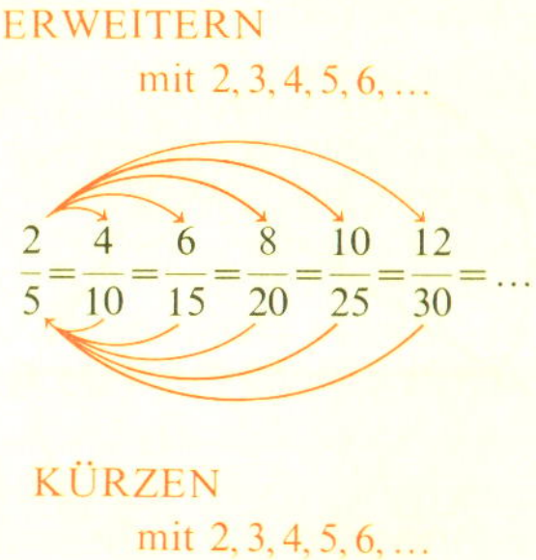


**Erweiterter Satz des Pythagoras** (vgl. ↑ pythagoreischer Lehrsatz): Zeichnet man über den Katheten und der Hypotenuse eines *rechtwinkligen Dreiecks* ähnliche Figuren, so ist die Summe der Flächeninhalte

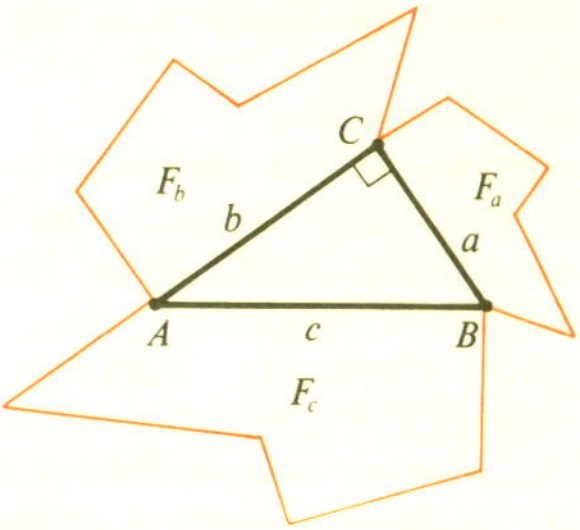


Abb. 1: $F_a + F_b = F_c$

der Figuren über den Katheten gleich dem Flächeninhalt der Figur über der Hypotenuse (Abb. 1):
Sind die ähnlichen Figuren Halbkreise, so haben die beiden Kathetenhalbkreise zusammen denselben Flächeninhalt wie der Hypotenusenhalbkreis (Abb. 2).

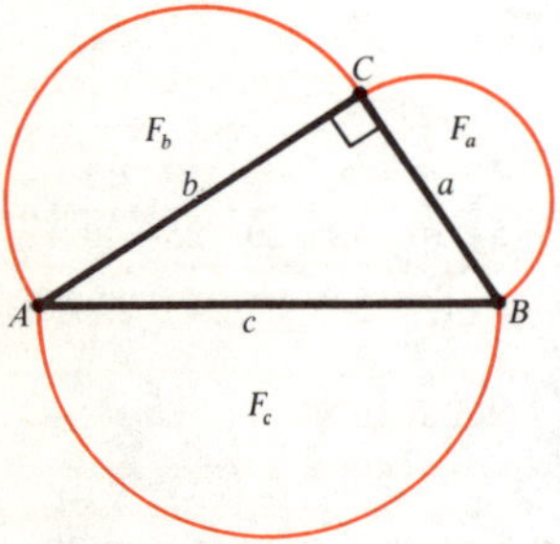


Abb. 2: $F_a + F_b = F_c$

Hieraus folgt die Aussage über die Möndchen des ↑Hippokrates.

**Erzeugende eines Kegels** ↑Kegel.

**erzeugendes Element** ↑Gruppe.

**et** ↑Konjunktion.

**euklidische Geometrie.** Die zuerst in dem Buch „Die Elemente" von Euklid (etwa 300 v. Chr.) dargestellte „klassische" Geometrie bezeichnet man als *euklidische Geometrie.* Aus Axiomen und sog. Postulaten („Forderungen") werden die Lehrsätze der Geometrie hergeleitet. Eine moderne axiomatische Begründung der Geometrie stammt von D. Hilbert (1862–1943).
Die Axiome der Geometrie beschreiben die Beziehungen zwischen den Grundgebilden (Punkten, Geraden, Ebenen) der Geometrie. Eine besondere Bedeutung hat dabei das *Parallelenaxiom: Ist g eine Gerade und P ein Punkt, der nicht auf g liegt, so gibt es genau eine Gerade h, die durch P geht und g nicht schneidet.* Lange Zeit hindurch hat man versucht, dieses Parallelenaxiom aus den übrigen Axiomen herzuleiten; als beweisbarer Satz wäre es dann im Axiomensystem überflüssig gewesen. Erst im 19. Jahrhundert hat sich herausgestellt, daß das Parallelenaxiom *unabhängig* von den übrigen Axiomen ist. Eine Geometrie, in der man das Parallelenaxiom nicht fordert, heißt *absolute Geometrie.* Fordert man das Gegenteil des Parallelenaxioms, also die Existenz *keiner* oder *mehrerer* Parallelen zu einer Geraden durch einen Punkt, so erhält man eine ↑*nichteuklidische Geometrie.*

**euklidischer Algorithmus** (nach Euklid um 300 v. Chr.). Der euklidische Algorithmus ist ein Rechenverfahren zur Bestimmung des ↑größten gemeinsamen Teilers zweier natürlicher Zahlen.

*Beispiel:* Der größte gemeinsame Teiler von 693 und 147 soll berechnet werden. Die Division von 693 durch 147 ergibt die Darstellung

$$693 = 4 \cdot 147 + 105.$$

Nun teilt man 147 durch den Rest 105 und erhält

$$147 = 1 \cdot 105 + 42.$$

105 teilt man durch den Rest 42:

$$105 = 2 \cdot 42 + 21.$$

42 teilt man durch den Rest 21:

$$42 = 2 \cdot 21 + 0.$$

Da die Division nun aufgeht, ist 21 der größte gemeinsame Teiler von 693 und 147.
Dieses Rechenverfahren kann man für beliebige natürliche Zahlen $a$ und $b$ anwenden. Ist $a > b$, so führt man folgende ↑Divisionen mit Rest durch:

$$\begin{aligned} a &= q_0 b + r_2 \quad (0 \leqq r_2 < b), \\ b &= q_1 r_2 + r_3 \quad (0 \leqq r_3 < r_2), \\ r_2 &= q_2 r_3 + r_4 \quad (0 \leqq r_4 < r_3), \\ &\vdots \\ r_{n-2} &= q_{n-2} r_{n-1} + r_n \\ &\quad (0 \leqq r_n < r_{n-1}), \\ r_{n-1} &= q_{n-1} r_n + 0. \end{aligned}$$

Da die Reste $r_2, r_3, r_4, \ldots$ immer kleiner werden, bricht dieses Verfahren schließlich mit einem „Rest 0" ab. Der letzte von 0 verschiedene Rest $r_n$ (oder $b$ selbst, falls $r_2 = 0$) ist dann der größte gemeinsame Teiler von $a$ und $b$.

**Euklid, Satz des** ↑Kathetensatz.

**Euler-Diagramm** (nach L. Euler, 1707–1783): Mengendiagramm, bei dem die Elemente einer Menge durch Punkte dargestellt werden, die von einem Kreis umfaßt werden (↑Venn-Diagramm).

**Eulersche Darstellung** ↑komplexe Zahlen.

**Eulersche Gerade** (nach L. Euler, 1707–1783). In einem Dreieck liegen der Schnittpunkt $H$ der ↑Höhen, der Schwerpunkt $S$ (Schnittpunkt der ↑Seitenhalbierenden) und der Umkreismittelpunkt $M$ (Schnittpunkt der ↑Mittelsenkrechten) auf einer Geraden, der *Eulerschen Geraden* (Abb. 1).

Für das Teilverhältnis gilt $\overline{HS} : \overline{SM} = 2:1$.

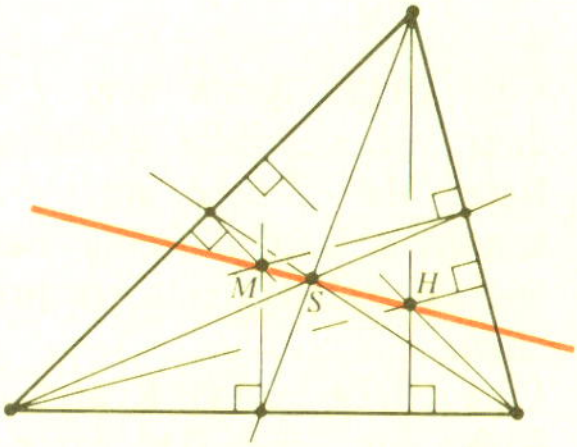


Abb. 1: Eulersche Gerade

**Eulersche Zahl**, die Zahl ↑e.

**Europa-Fußball** ↑Archimedische Körper.

**ewige Rente:** Wird eine Rente (↑ Rentenrechnung) mit der Rate $r$ von heute an jährlich $n$ Jahre lang bezahlt, so beträgt ihr Barwert (heutiger Wert)

$$r+\frac{r}{q}+\ldots+\frac{r}{q^{n-1}} = r\cdot\frac{1-\left(\frac{1}{q}\right)^n}{1-\frac{1}{q}},$$

wobei

$$q=1+\frac{q}{100}$$

der Zinsfaktor ist. Die ↑ Folge

$$\left\langle\left(\frac{1}{q}\right)^n\right\rangle$$

hat den Grenzwert 0. Wird die Rente also ohne Ende gezahlt ($n\to\infty$), so hat sie den Barwert

$$r\cdot\frac{1}{1-\frac{1}{q}}=\frac{rq}{q-1}.$$

Eine ewige Rente liegt z.B. dann vor, wenn die jährlichen Raten den Zinsen eines bestimmten Kapitals, dem Barwert der ewigen Rente, entsprechen.
Eine solche „ewige Rente" in Höhe von 1000 DM hat bei $p=7$ den Barwert 15286 DM.

**Exa...,** Zeichen E, Vorsatz vor Einheiten, bezeichnet das $10^{18}$fache der betreffenden Einheit (↑ Vorsatzzeichen).

**Exhaustionsmethode:** Verfahren zur Berechnung des Flächen- bzw. Rauminhalts von geometrischen Figuren und Körpern. Dabei wird das betrachtete Gebilde durch eine Folge immer größer werdender, von Geraden bzw. Ebenen begrenzter Figuren (beim Kreis z.B. durch einbeschriebene Vielecke wachsender Seitenzahl) gleichsam ausgeschöpft. Die Exhaustionsmethode wurde wahrscheinlich von Eudoxos von Knidos (408–355) ersonnen und in der Antike (besonders von Archimedes) weiterentwickelt. – ↑ auch Cavalierisches Prinzip.

**Existenzaussage:** Wird in einer Aussage die Existenz von mindestens einem Element aus einer gegebenen Menge (der *Grundmenge*) mit einer oder mehreren Eigenschaften behauptet, so handelt es sich um eine Existenzaussage.
*Beispiel:* Es gibt eine Katze, die weiß ist. Zur formalen Schreibweise von Existenzaussagen verwendet man im allgemeinen den Existenzquantor $\bigvee$ (ältere Schreibweise: $\exists$; Sprechweise: „es gibt ein" oder „es existiert ein").

$$\bigvee_{n\in\mathbb{N}} n|8$$

liest man: „Es gibt eine natürliche Zahl, die Teiler von 8 ist". Die Verneinung einer Existenzaussage liefert eine ↑ Allaussage: Die Verneinung von „Es gibt eine Katze, die weiß ist" ergibt: „Alle Katzen sind nicht weiß".

**Existenzquantor** ↑Existenzaussage.

**Exklusion,** svw. ↑Sheffer-Funktion.

**Exponent:** Bezeichnung für die hochgestellte Zahl **(Hochzahl)** bei ↑Potenzen.

**Exponentialfunktion.** Als Exponentialfunktion bezeichnet man jede Funktion, bei der die unabhängige Veränderliche $x$ als Hochzahl einer Potenz auftritt, z. B.

$$y = \frac{1}{2}^x \quad \text{oder} \quad y = 2^x$$

(Abb. 1).

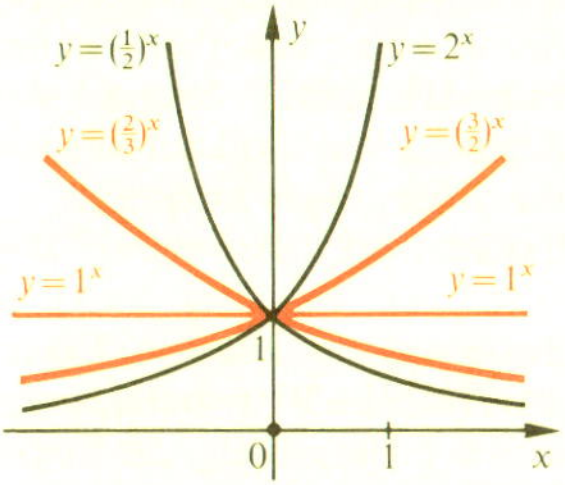


Abb. 1: Exponentialfunktionen

Wählt man als Basis die Eulersche Zahl ↑e, so erhält man die spezielle Exponentialfunktion (e-Funktion)

$$y = \exp x = e^x.$$

Die spezielle Exponentialfunktion wird meist kurz als Exponentialfunktion bezeichnet. – Die Exponentialfunktionen sind transzendente Funktionen.

**Exponentialgleichung:** Gleichung, bei der die Unbekannte im Exponenten einer Potenz vorkommt, etwa

$$3^x = 6\,561 \quad \text{oder}$$
$$7^{x+1} = 3^{2x+1} + 3^{2x-1}.$$

Einfachere Exponentialgleichungen löst man durch *Logarithmieren* (Bildung des Logarithmus auf beiden Seiten des Gleichheitszeichens). Die angegebenen Lösungen sind meistens gerundete Werte.

*Beispiel 1:*

$$3^x = 6\,561,$$
$$x \cdot \lg 3 = \lg 6\,561,$$
$$x = \frac{\lg 6\,561}{\lg 3},$$
$$x = \frac{3{,}81697}{0{,}47712} = 8{,}0000.$$

*Beispiel 2:*

$$7^{x+1} = 3^{2x+1} + 3^{2x-1},$$
$$7^{x+1} = 3^{2x}\left(3 + \frac{1}{3}\right),$$
$$7^{x+1} = 10 \cdot 3^{2x-1},$$
$$(x+1) \cdot \lg 7 = \lg 10 + (2x-1) \cdot \lg 3,$$
$$x \cdot (\lg 7 - \lg 9) = \lg 10 - \lg 21,$$
$$x = \frac{\lg 21 - \lg 10}{\lg 9 - \lg 7},$$
$$x = \frac{0{,}32222}{0{,}10914} = 2{,}9524.$$

Komplizierte Exponentialgleichungen kann man oft nur durch Zeichnen von Funktionsgraphen oder durch *Einschachtelungsverfahren* lösen.

**Exponentialpapier** ↑Logarithmenpapier.

**Exponentialverteilung.** Bei der Lebensdauer von mechanischen oder elektrischen Geräten tritt folgender Effekt auf: Hat ein Gerät eine mittlere Lebensdauer von 3 Jahren, dann sind

$$28{,}3\,\% = 1 - e^{-\frac{1}{3}}$$

der Geräte schon nach einem Jahr defekt,

$$48{,}7\,\% = 1 - e^{-\frac{2}{3}}$$

der Geräte nach zwei Jahren defekt,

$$63{,}2\,\% = 1 - e^{-1}$$

der Geräte nach drei Jahren defekt usw.; nach 10 Jahren sind

$$96{,}4\,\% = 1 - e^{-\frac{10}{3}}$$

der Geräte defekt.

Ein solcher Sachverhalt läßt sich mathematisch mit Hilfe der Exponentialverteilung beschreiben: Eine Zufallsgröße $X$ mit positiven Werten besitzt eine Exponentialverteilung mit dem Parameter $\lambda$ (sprich: „Lambda“, $\lambda > 0$), wenn

$$P(X \leqq t) = \begin{cases} 1 - e^{-\lambda t} & \text{für } t \geqq 0, \\ 0 & \text{für } t < 0. \end{cases}$$

$P(X \leqq t)$ entspricht der Wahrscheinlichkeit, daß $X$ höchstens den Wert $t$ annimmt. Man sagt dann, $X$ ist *exponentialverteilt* mit dem Parameter $\lambda$ (Abb. 1).

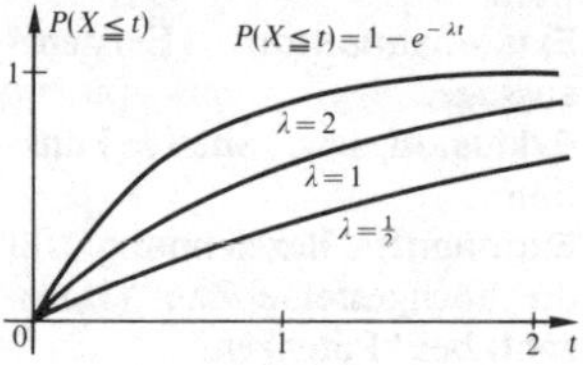


Abb. 1: Exponentialverteilungen

**extensional:** Eigenschaft einer Relation, die durch Angabe der Elemente, auf die sie zutrifft, festgelegt ist. Alle heute in der Mathematik verwendeten Relationen sind extensional.

**Extrapolation.** Die näherungsweise Bestimmung von Funktionswerten außerhalb eines Intervalls auf Grund der Kenntnis von Funktionswerten innerhalb dieses Intervalls.

**Extremwert** *(Extremum):* Der Wert einer Funktion an einer Stelle ist ein **relatives Extremum (lokales Extremum),** wenn in einer Umgebung die Funktionswerte entweder sämtlich kleiner oder sämtlich größer als dieser Funktionswert sind. Es liegt dann ein **relatives Maximum** bzw. ein **relatives Minimum** vor. Genauer spricht man von **Extremstelle** (Extremalstelle), **Extremwert** (Extremalwert) und **Extrempunkt** (Extremalpunkt) der Funktion (Abb. 1).

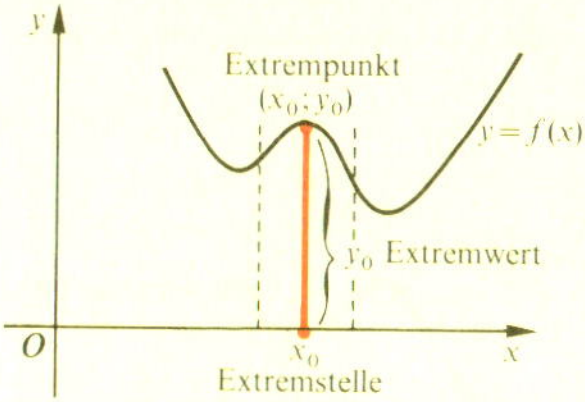


Abb. 1

Mit Hilfe der Differentialrechnung kann man die Extremstellen von vielen Funktionen ausrechnen. Viele **Extremwertprobleme** lassen sich aber auch elementar lösen.

*Beispiel 1:* Welches Rechteck mit dem Umfang 10 cm hat den größten Flächeninhalt? Sind $x$ cm und $(5-x)$ cm die Längen der Rechteckseiten (Abb. 2), so ist der Flächeninhalt

$$f(x) = x(5-x) = -x^2 + 5x.$$

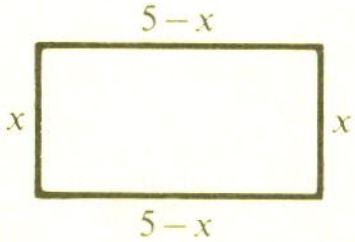


Abb. 2

Die Funktion $f$ stellt eine Parabel mit dem Scheitel $S(\frac{5}{2}; \frac{25}{4})$ und den Nullstellen 0 und 5 dar. Also hat $f$ ein Maximum für $x = \frac{5}{2}$; es liegt dann ein Quadrat mit dem Flächeninhalt $(\frac{5}{2})^2 = \frac{25}{4}$ vor (Abb. 3).

*Beispiel 2:* Eine Viehherde soll von $A$ nach $B$ getrieben wer-

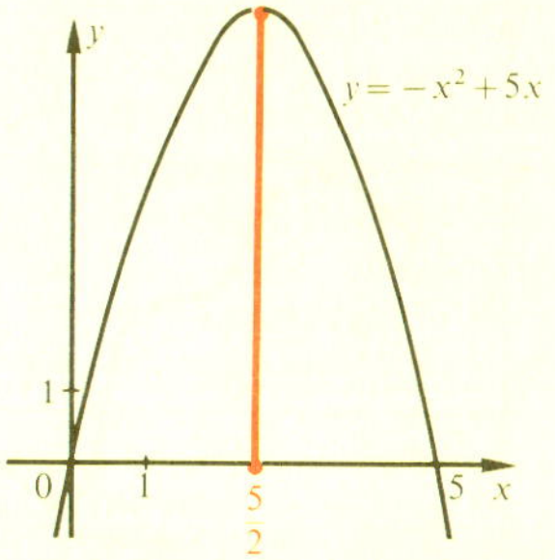


Abb. 3: Parabel als Lösungskurve für die Suche nach einem Rechteck mit größtem Flächeninhalt bei gegebenem Umfang

den, unterwegs aber an dem Fluß getränkt werden (Abb. 4). Den kürzesten Weg von $A$ nach $B$ über einen Punkt $P$ am Fluß findet man, indem man $B$ an der Geraden $g$ spiegelt und $A$ mit dem Bildpunkt $B'$ verbindet.

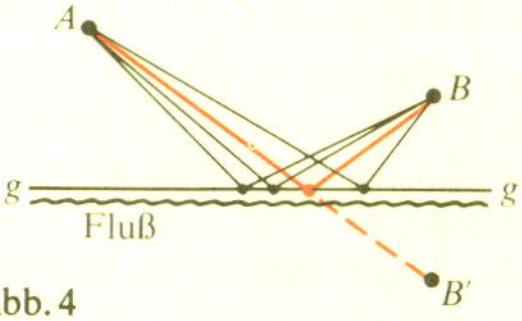


Abb. 4

Erfüllen alle von $x_0$ verschiedenen $x$ aus dem Definitionsbereich einer Funktion $f$ die Ungleichung $f(x) < f(x_0)$ oder $f(x) > f(x_0)$, dann spricht man von einem **absoluten Extremum** auf dem Definitionsbereich **(absolutes Maximum** bzw. **absolutes Minimum).** Dies ist das

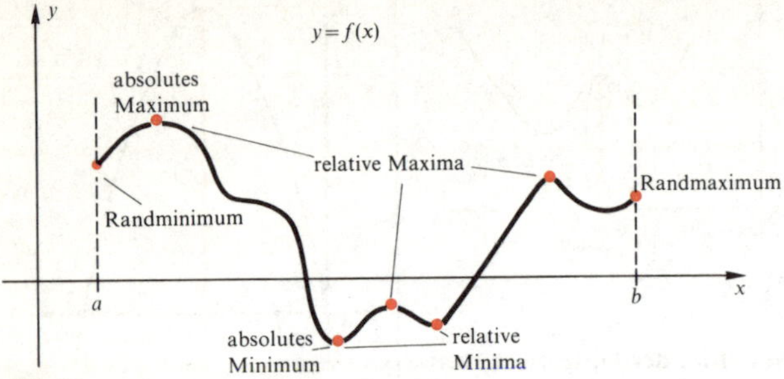


Abb. 5

größte der relativen Maxima oder ein **Randmaximum** bzw. das kleinste der relativen Minima oder ein **Randminimum** (Abb. 5). Ist $f$ an der Stelle $x_0$ differenzierbar (↑Ableitung) und liegt dort ein relatives Extremum vor, so gilt $f'(x_0) = 0$; an der Stelle eines relativen Extremums hat die Kurve also eine horizontale Tangente. Aus der Bedingung $f'(x) = 0$ erhält man also die möglichen Extremalstellen, nicht jede Lösung dieser Gleichung muß aber Extremalstelle sein. Man kann diesen Sachverhalt für beliebig oft differenzierbare Funktionen mit Hilfe der höheren Ableitungen genauer beschreiben:

*1. Fall:* $f'(x_0) = 0$, $f''(x_0) \neq 0$: $x_0$ ist Extremalstelle

a) $f''(x_0) < 0$: $x_0$ ist Maximalstelle, da die ↑Ableitungsfunktion $f'(x)$ in einer Umgebung von $x_0$ streng monoton fallend ist:

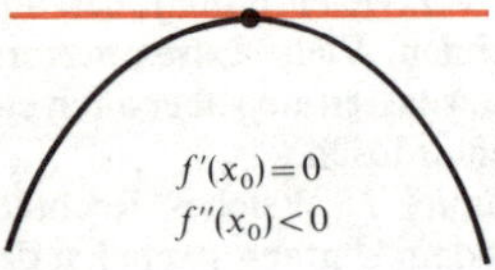


Abb. 6: Maximalstelle

b) $f''(x_0) > 0$: $x_0$ ist Minimalstelle, da die Ableitungsfunktion $f'(x)$ in einer Umgebung von $x_0$ streng monoton wachsend ist:

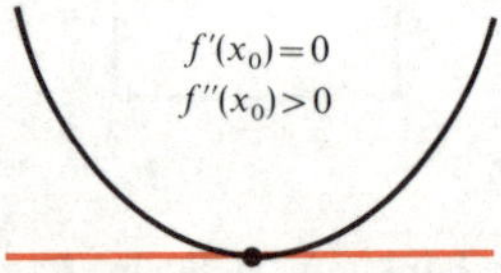


Abb. 7: Minimalstelle

*2. Fall:* $f'(x_0) = f''(x_0) = 0$, $f'''(x_0) \neq 0$: in $x_0$ liegt ein ↑Sattelpunkt (↑Wendepunkt mit horizontaler Tangente) vor, denn $f''(x)$ ändert an der Stelle $x_0$ das Vorzeichen:

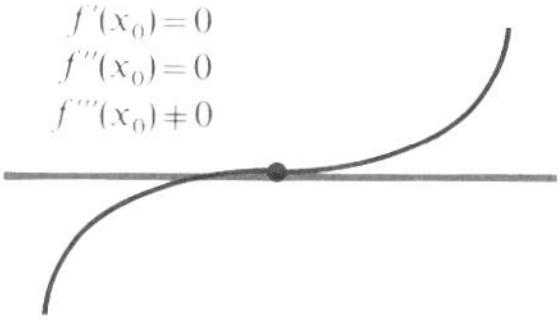


Abb. 8: Sattelpunkt

*3. Fall:*

$$f'(x_0) = f''(x_0) = f'''(x_0) = 0,$$
$$f^{(4)}(x_0) \neq 0:$$

$x_0$ ist Extremalstelle, und zwar

eine Maximalstelle, falls $f^{(4)}(x_0) < 0$,

eine Minimalstelle, falls $f^{(4)}(x_0) > 0$.

*Allgemein* gilt: Ist

$$f'(x_0) = f''(x_0) = \ldots = f^{(n-1)}(x_0) = 0$$

und $f^{(n)}(x_0) \neq 0$, dann befindet sich an der Stelle $x_0$

ein Extremum, falls $n$ gerade ist,

ein Sattelpunkt, falls $n$ ungerade ist.

**exzentrisch.** Zwei Kreise liegen **exzentrisch** zueinander, wenn sie verschiedene Mittelpunkte haben (Abb. 1). Besitzen sie den gleichen Mittelpunkt, so bezeichnet man ihre Lage als ↑konzentrisch.

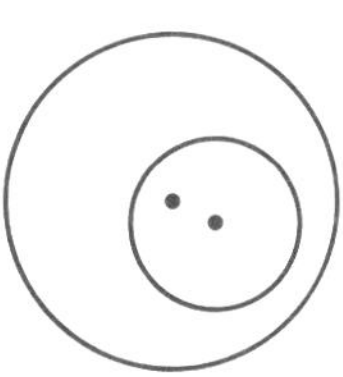

Abb. 1: Exzentrische Kreise

**Exzentrizität** ↑Ellipse, ↑Hyperbel.

# F

**f,** Zeichen für den Vorsatz Femto... (↑Vorsatzzeichen).

**Fadenkonstruktion,** Gärtnerkonstruktion (↑Ellipse).

**Fahrplan:** Aufstellung der Abfahrts-, Ankunfts- und Streckenfahrzeiten von Verkehrsmitteln, mit der der Betriebsablauf im voraus festgelegt wird; von besonderer Bedeutung im Eisenbahnwesen. Grundlage aller Fahrpläne der Eisenbahn ist der **Bildfahrplan:** In einem rechtwinkligen Koordinatensystem sind Zeit und Weg aufgetragen. In diesem Weg-Zeit-Diagramm sind die Entfernungen zwischen den Bahnhöfen und Zugfolgestellen maßstäblich dargestellt (Abstand der senkrechten Linien). Waagerechte Linien entsprechen Zeitabschnitten von 10 Minuten. Im Bildfahrplan wird meistens eine Zeitspanne von 24 Stunden dargestellt. Zur Information der Reisenden dienen **amtliche Taschenfahrpläne, Kursbücher** sowie die auf allen Bahnhöfen aushängenden

Fahrpläne mit Ankunfts- und Abfahrtszeiten der Reisezüge.

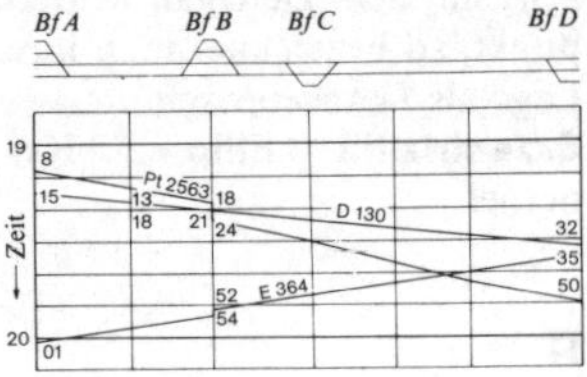


Abb. 1: Fahrplan (Bf: Bahnhof)

**Faktor** ↑Grundrechenarten, ↑Multiplikation.

**Faktorisierung:** Darstellung einer Summe als Produkt.

*Beispiel:*

$$x^2+2x+1=(x+1)(x+1).$$

**Faktorzerlegung:** Darstellung einer natürlichen Zahl als Produkt von Faktoren.

*Beispiel:* $24=8\cdot 3$

Falls alle auftretenden Faktoren Primzahlen sind, spricht man von ↑Primfaktorzerlegung.

**Fakultät.** Für das Produkt der ersten $n$ natürlichen Zahlen schreibt man $n!$ und liest dies „$n$ Fakultät". Man definiert $0!=1$. Es ist

$$\begin{aligned}1!&=1,\\2!&=1\cdot 2=2,\\3!&=1\cdot 2\cdot 3=6,\\4!&=1\cdot 2\cdot 3\cdot 4=24,\\5!&=1\cdot 2\cdot 3\cdot 4\cdot 5=120,\\6!&=5!\cdot 6=720,\\7!&=6!\cdot 7=5\,040,\\8!&=7!\cdot 8=40\,320,\\9!&=8!\cdot 9=362\,880\end{aligned}$$

usw. Die Zahl $n!$ gibt an, auf wie viele Arten man $n$ Dinge in eine Reihenfolge bringen kann. Beispielsweise können bei einem Pferderennen 12 Pferde auf

$$12!=479\,001\,600$$

verschiedene Arten mit den Startnummern 1 bis 12 versehen werden.

Zur Berechnung von Näherungswerten für $n!$ für große $n$ benutzt man die **Stirlingsche Formel** (nach J. Stirling, 1692–1770)

$$n!\approx\sqrt{2\pi n}\left(\frac{n}{e}\right)^n,$$

wobei $\pi$ die Kreiszahl ($\pi=3{,}14\ldots$) und e die Eulersche Zahl ($e=2{,}72\ldots$) ist.

**fallende Annuität** ↑Annuität.

**false** ↑Datentyp.

**Faß:** Der in Abb. 1 dargestellte Rotationskörper. Er hat das ↑Volumen

$$V=\frac{\pi}{3}h\left(\frac{D^2}{2}+\frac{d^2}{4}\right).$$

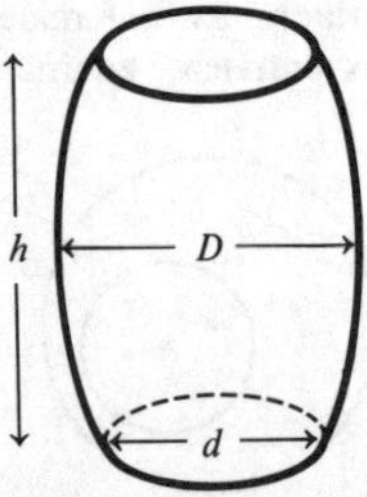


Abb. 1: Faß

Hierbei ist $h$ die Höhe des Fasses, $d$ der Durchmesser der Grundfläche und $D$ der Durchmesser an der Faßmitte.

**Faßregel,** 1) svw. Keplersche Faßregel (↑numerische Integration); 2) ↑Volumen (Volumenformeln).

**fast alle,** alle mit Ausnahme von höchstens endlich vielen. Beispielsweise sind *fast alle* Primzahlen ungerade (Ausnahme: 2).

**Fehler.** Wenn man reelle Zahlen als Dezimalzahlen ausdrückt (z. B. auf dem Taschenrechner), so macht man zwangsläufig Fehler, wenn die Dezimalzahlen nicht abbrechend sind oder gerundet werden müssen (↑Runden, ↑Konditionsproblem). Auch beim Messen von Größen erhält man meist nur Näherungswerte. Eine Zahl $a$ ist dann also mit einem Fehler $\Delta a$ (lies: „Delta $a$") behaftet, d. h., der wahre Wert der Zahl liegt in dem ↑Intervall $[a-\Delta a,\ a+\Delta a]$. Dafür schreibt man auch oft $a \pm \Delta a$. Man nennt $\Delta a$ den **absoluten Fehler** und $\frac{\Delta a}{a}$ den **relativen Fehler.** Es gelten folgende Regeln:

$$\Delta(a+b) = \Delta a + \Delta b,$$
$$\frac{\Delta(a \cdot b)}{a \cdot b} = \frac{\Delta a}{a} + \frac{\Delta b}{b}.$$

In Worten: Der absolute Fehler einer Summe ist die Summe der absoluten Fehler der Summanden; der relative Fehler eines Produktes ist die Summe der relativen Fehler der Faktoren.

Besonders beim Rechnen mit Wurzeln, Logarithmen und Werten der trigonometrischen Funktionen muß man auf die Fortpflanzung der Fehler achten.

*Beispiel 1:* Es gilt

$$\left(\frac{\sqrt{2}-1}{\sqrt{2}+1}\right)^3 = 99 - 70\sqrt{2}.$$

Setzt man für $\sqrt{2}$ den Näherungswert 1,4 ein, so ergibt sich die (falsche) Gleichung

$$\frac{1}{216} = 1.$$

Setzt man für $\sqrt{2}$ den Näherungswert 1,41 ein, so ergibt sich die (falsche) Gleichung

$$0{,}0049 = 0{,}3.$$

Daran erkennt man, wie sich ein (zunächst kleiner) relativer Fehler von 1% bzw. 0,3% bei Ersetzen von $\sqrt{2}$ durch einen Näherungswert durch **Fehlerfortpflanzung** so auswirken kann, daß sich sehr große Fehler ergeben.

Bei Messungen treten **zufällige Fehler** auf; diese sind Gegenstand der **Fehlerrechnung.** Beispiel einer Fehlerrechnungsmethode ist die ↑Methode der kleinsten Quadrate. Hat man für die Größe $a$ der Reihe nach die Meßwerte $x_1, x_2, \ldots, x_n$ erhalten, so berechnet man aus ihnen einen „wahrscheinlichsten“ Wert, etwa in Gestalt des arithmetischen Mittels

$$\bar{x} = \frac{x_1 + x_2 + \ldots + x_n}{n}$$

Dann nennt man

$$a - x_i \,(i = 1, 2, \ldots, n)$$

die **wahren Fehler,**

$$\bar{x} - x_i \,(i = 1, 2, \ldots, n)$$

die **scheinbaren Fehler** der einzelnen Meßwerte. Unter dem **durchschnittlichen Fehler (mittlerer quadratischer Fehler)** der Meßreihe versteht man den Wert $\sigma :=$

$$\sqrt{\frac{(a - x_1)^2 + (a - x_2)^2 + \ldots + (a - x_n)^2}{n}}$$

($\sigma$: lies „Sigma“).

*Beispiel 2:* Für die Größe $a = 4{,}3$ erhält man der Reihe nach die Meßwerte $x_1 = 4{,}4$ $x_2 = 4{,}2$, $x_3 = 4{,}6$, $x_4 = 4{,}4$. Dann ist

$$\bar{x} = \frac{4{,}4 + 4{,}2 + 4{,}6 + 4{,}4}{4} = 4{,}4.$$

Die wahren Fehler sind

$$4{,}3 - 4{,}4 = -0{,}1,$$
$$4{,}3 - 4{,}2 = 0{,}1,$$
$$4{,}3 - 4{,}6 = -0{,}3,$$
$$4{,}3 - 4{,}4 = -0{,}1.$$

Als scheinbare Fehler erhält man

$$4{,}4 - 4{,}4 = 0,$$
$$4{,}4 - 4{,}2 = 0{,}2,$$
$$4{,}4 - 4{,}6 = -0{,}2,$$
$$4{,}4 - 4{,}4 = 0.$$

Der durchschnittliche Fehler ist $\sigma =$

$$\sqrt{\frac{(-0{,}1)^2 + (0{,}1)^2 + (-0{,}3)^2 + (-0{,}1)^2}{4}}$$

$$= \sqrt{\frac{0{,}01 + 0{,}01 + 0{,}09 + 0{,}01}{4}}$$

$$= \sqrt{\frac{0{,}12}{4}} = \sqrt{0{,}03} \approx 0{,}173$$

**Fehlerfortpflanzung** ↑ Fehler.

**Fehlerrechnung** ↑ Fehler.

**Femto...**, Zeichen f, Vorsatz vor Einheiten, bezeichnet den $10^{15}$ten Teil der betreffenden Einheit (↑ Vorsatzzeichen).

**Fermat-Punkt** (nach P. de Fermat 1601 bis 1665). Zeichnet man über den drei Seiten eines Dreiecks je ein gleichseitiges Dreieck (Abb. 1), so schneiden sich die Strecken *AA'*, *BB'*, *CC'* jeweils unter einem Winkel von 60° in einem Punkt *F*, dem **Fermat-Punkt** des Dreiecks.

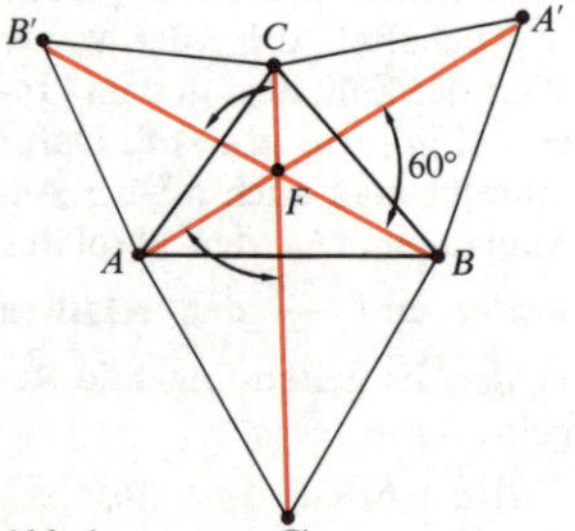


Abb. 1

**Fermatsche Primzahlen** (nach P. de Fermat, 1601–1665). Die Zahlen der Form

$$F_n = 2^{(2^n)} + 1$$

bezeichnet man als **Fermat-Zahlen** oder als **Gauß-Zahlen** (nach C. F. Gauß, 1777 bis 1855). Primzahlen sind

$$F_1 = 5, F_2 = 17,$$
$$F_3 = 257, F_4 = 65\,537,$$
$$F_5 = 2^{32} + 1$$
$$= 4\,294\,967\,297$$

ist keine Primzahl; diese Zahl ist durch 641 teilbar:

$$F_5 = 641 \cdot 6\,700\,417$$

Ist $F_n$ Primzahl, so nennt man diese Zahl eine **Fermatsche Primzahl (Gaußsche Primzahl).** Außer $F_1$, $F_2$, $F_3$ und $F_4$ ist bisher keine Fermatsche Primzahl gefunden worden. Man konnte aber auch noch nicht beweisen, daß keine weitere solche Primzahl existiert.
Die Fermatschen Primzahlen spielen eine Rolle bei der Kreisteilung. C. F. Gauß hat bewiesen, daß ein reguläres $p$-Eck ($p$ Primzahl) genau dann mit Zirkel und Lineal konstruiert werden kann, wenn $p$ eine Fermatsche Primzahl ist. Insbesondere kann also ein reguläres 17-Eck mit Zirkel und Lineal konstruiert werden.

**Fermatscher Satz** (nach P. de Fermat, 1601–1665). Ist $p$ eine Primzahl und $a$ eine natürliche Zahl, die nicht durch $p$ teilbar ist, so ist $a^{p-1} - 1$ durch $p$ teilbar.

*Beispiel:* $4^6 - 1 = 4\,095$
ist durch 7 teilbar
($4\,095 = 7 \cdot 585$).

**Fermatsche Spirale** (Spira mirabilis), eine Spirale, die in Polarkoordinaten die Gleichung $r^2 = a^2\varphi$ besitzt. Hierbei ist $a$ eine konstante Zahl. Die Windungen einer Fermatschen Spirale werden nach außen hin immer enger.

**Fermatsche Vermutung** (nach P. de Fermat, 1601–1665). Die Gleichung

$$x^2 + y^2 = z^2$$

hat unendlich viele natürliche Zahlen als Lösungen (↑pythagoräische Zahlentripel); beispielsweise ist

$$3^2 + 4^2 = 5^2,$$
$$5^2 + 12^2 = 13^2.$$

Die Vermutung von Fermat besagt, daß die Gleichung

$$x^n + y^n = z^n$$

für keine natürliche Zahl $n \geqq 3$ Lösungen mit natürlichen Zahlen $x$, $y$, $z$ ($\geqq 1$) besitzt. Diese Vermutung ist bis heute trotz großer Anstrengungen berühmter Mathematiker nicht bewiesen worden.

**Ferrolsche Multiplikation,** abgekürztes Multiplikationsverfahren.
*Beispiel:* $25 \cdot 34$
$= 1 \cdot 5 \cdot 4$
$+ 10 \cdot (3 \cdot 5 + 2 \cdot 4)$
$+ 100 \cdot 2 \cdot 3$

$= 20 + 230 + 600$
$= 850.$

Schema:

$$\begin{array}{c} 2\ \ 5 \\ |\times| \\ \underline{3\ \ 4} \\ 8\,5\,0 \end{array}$$

**Festkommazahlen,** in der Datenverarbeitung Bezeichnung für Zahlen mit fester Position des Dezimalkommas. – Vgl. ↑Gleitkommadarstellung.

**Feuerbachscher Kreis** (nach K. W. Feuerbach, 1800–1834). Der Feuerbachsche Kreis eines Dreiecks enthält folgende neun Punkte (weshalb er auch der **Neunpunktekreis** des Dreiecks heißt):

die Seitenmitten
$M_a$, $M_b$, $M_c$,
die Höhenfußpunkte
$H_a$, $H_b$, $H_c$,
die Mittelpunkte der bei den Ecken liegenden Höhenabschnitte
$A_1$, $B_1$, $C_1$

(vgl. Abb. 1). Der Radius des Feuerbachschen Kreises ist gleich dem halben Umkreisradius, sein Mittelpunkt liegt auf der ↑Eulerschen Geraden und

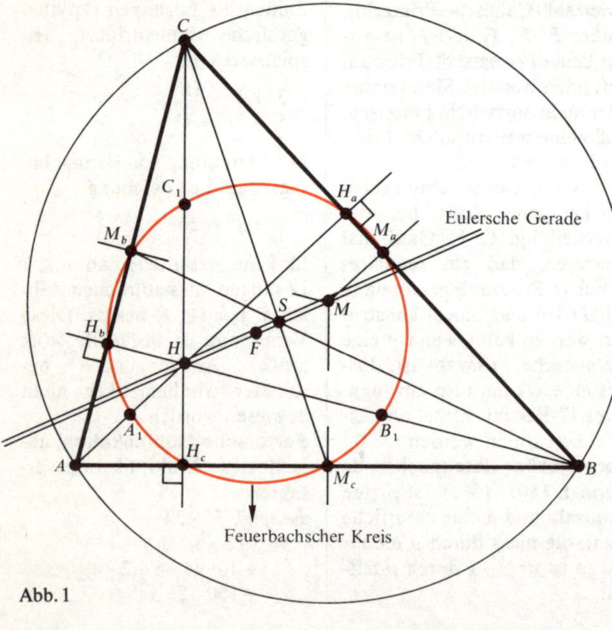


Abb. 1

bildet zusammen mit dem Umkreismittelpunkt, dem Höhenschnittpunkt und dem Schwerpunkt des Dreiecks vier ↑harmonische Punkte.

**Fibonacci-Folge** ↑Fibonacci-Zahlen.

**Fibonacci-Zahlen.** Die Folge 1, 1, 2, 3, 5, 8, 13, 21, 34, 55, 89,… hat die Eigenschaft, daß – bis auf die beiden ersten Glieder – jedes Folgeglied gleich der Summe der beiden jeweils vorhergehenden Glieder ist. Man bezeichnet diese Folge als **Fibonacci-Folge,** ihre Folgeglieder als **Fibonacci-Zahlen.**

Sie gehen zurück auf den italienischen Mathematiker Leonardo di Pisa (um 1170– nach 1240) genannt Fibonacci. In dessen Rechenbuch „liber abaci" (1202) lösen sie die folgende Aufgabe:

„Das Weibchen eines jeden Kaninchenpaares gebiert von Vollendung des zweiten Lebensmonats an allmonatlich ein neues Kaninchenpaar. Man berechne die Anzahl der Kaninchenpaare im $n$-ten Monat, wenn am Anfang ein neugeborenes Kaninchenpaar vorhanden ist."

**figurierte Zahlen,** svw. ↑Polygonalzahlen.

**file,** svw. ↑Datei.

**Finanzmathematik:** Teilgebiet der angewandten Mathematik. Sie umfaßt u. a. Zins- und Zinseszins-, Renten- und Tilgungsrechnung.

**Finis inferior,** svw. ↑untere Grenze.

**Finis superior,** svw. ↑obere Grenze.

**Fixelement** ↑Fixpunkt.

**Fixgerade:** Gerade, welche bei einer geometrischen Abbildung auf sich abgebildet wird.

*Beispiel:* Die Fixgeraden einer Spiegelung sind die Spiegelachse und alle zur Spiegelachse rechtwinkligen Geraden.

**Fixpunkt:** Punkt, der bei einer Abbildung auf sich selbst abgebildet wird.

*Beispiel:* Eine Spiegelung hat als Fixpunkte alle Punkte der Spiegelachse.

Allgemein nennt man geometrische Objekte (z. B. Punkte, Geraden, Ebenen), die bei einer Abbildung auf sich selbst abgebildet werden, **Fixelemente.** Fixpunkte sind also Fixelemente.

**Fixpunktgerade:** Gerade, deren Punkte bei einer geometrischen Abbildung Fixpunkte sind.

*Beispiel:* Die Spiegelachse einer Spiegelung ist Fixpunktgerade.

**Flächendiagonale** ↑Diagonale.

**flächengleich** ↑Flächeninhalt.

**Flächeninhalt** (Areal): Größe eines von einem geschlossenen Linienzug begrenzten Teils einer Fläche. Als Formelbuch-

stabe für den Flächeninhalt verwendet man *A* oder *F*.
Als Maßeinheit für die Flächenmessung **(Flächeninhaltsmaß)** dient das Quadratmeter (Einheitenzeichen: $m^2$). Ein Quadrat mit der Seitenlänge 1 m hat die Fläche 1 $m^2$.
Aus der Grundeinheit werden abgeleitet:

| | | |
|---|---|---|
| 1 $km^2$ | = 1 Quadratkilometer | = 100 ha |
| 1 ha | = 1 Hektar | = 100 a |
| 1 a | = 1 Ar | = 100 $m^2$ |
| 1 $m^2$ | = 1 Quadratmeter | = 100 $dm^2$ |
| 1 $dm^2$ | = 1 Quadratdezimeter | = 100 $cm^2$ |
| 1 $cm^2$ | = 1 Quadratzentimeter | = 100 $mm^2$ |
| 1 $mm^2$ | = 1 Quadratmillimeter | |

Figuren mit gleichem Flächeninhalt heißen **flächengleich, inhaltsgleich** oder auch **flächeninhaltsgleich.** Vgl. ↑Dreiecksfläche.

**flächeninhaltsgleich** ↑Flächeninhalt.

**Flächeninhaltsmaß** ↑Flächeninhalt.

**Flächennormale** ↑Normale.

**Flächenornament** ↑Deckabbildung, ↑Ornament.

**Flächensätze:** Als *Flächensätze am rechtwinkligen Dreieck* oder *Satzgruppe des Pythagoras* bezeichnet man den ↑*Höhensatz,* den ↑*Kathetensatz* und den ↑pythagoreischen Lehrsatz.

**Flächenverwandlung:** Konstruktion einer Figur, welche zu einer gegebenen Figur flächengleich ist. Als Konstruktionshilfsmittel sind dabei in der Regel nur Zirkel und Lineal zugelassen.
Zur Flächenverwandlung wird häufig die ↑Scherung benutzt, ferner der Satz von den ↑Ergänzungsparallelogrammen, der ↑Höhensatz und der ↑Kathetensatz.
*Sätze zur Flächenverwandlung:*
Parallelogramme mit gleicher Grundseite *g* und gleicher Höhe *h* sind flächengleich.

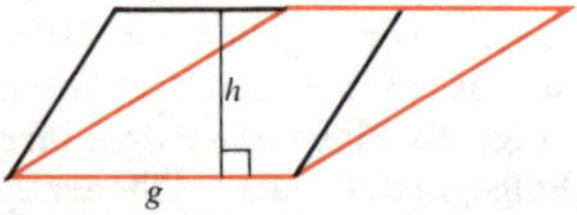

Abb. 1: Flächengleiche Parallelogramme

Dreiecke mit gleicher Grundseite *g* und gleicher Höhe *h* sind flächengleich, denn sie sind zerlegungsgleich zu einem Rechteck, dessen Seitenlängen *g* und $\frac{h}{2}$ sind (Abb. 2).

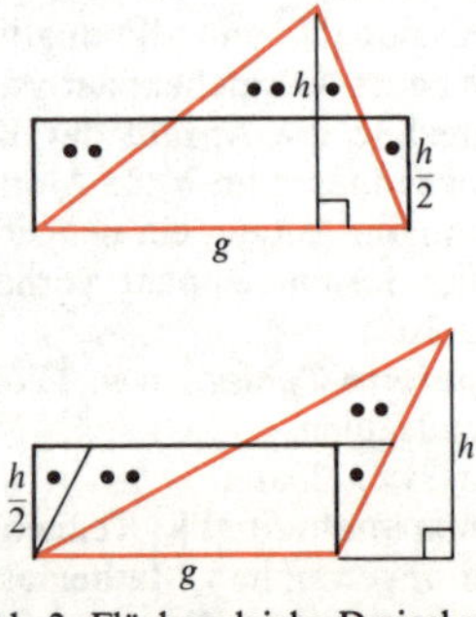

Abb. 2: Flächengleiche Dreiecke

**Fläche zweiter Ordnung:** Eine Gleichung zweiten Grades mit den drei Variablen $x$, $y$ und $z$ hat die Form

$$a_{11}x^2+a_{22}y^2+a_{33}z^2 \\ +2a_{12}xy+2a_{13}xz+2a_{23}yz \\ +2a_{14}x+2a_{24}y+2a_{34}z \\ +a_{44}=0.$$

Dabei sind die Koeffizienten $a_{ij}$ reelle Zahlen. Durch eine solche Gleichung wird bezüglich eines kartesischen Koordinatensystems eine Punktmenge beschrieben, die man eine **Fläche 2. Ordnung** oder **Quadrik** nennt. Durch eine ↑Hauptachsentransformation läßt sich jede Gleichung zweiten Grades in eine Gleichung der Form

$$b_1x^2+b_2y^2+b_3z^2+b_4=0$$

oder der Form

$$b_1x^2+b_2y^2+z=0$$

**(Normalform)** überführen. Mit Hilfe der verschiedenen Normalformen kann man die Flächen 2. Ordnung klassifizieren:

1. **Ellipsoid** (Abb. 1)

$$\frac{x^2}{a^2}+\frac{y^2}{b^2}+\frac{z^2}{c^2}=1.$$

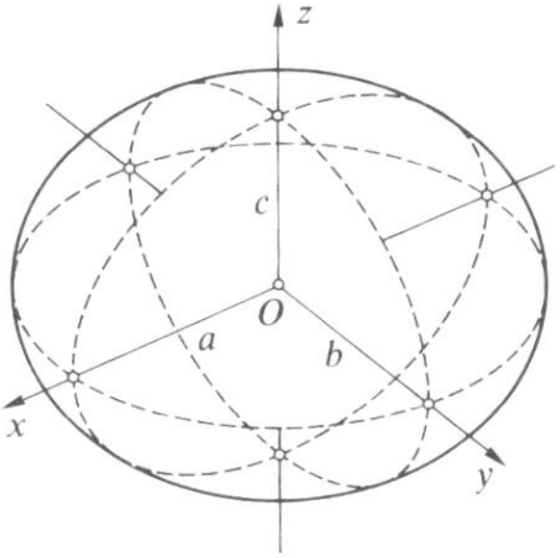


Abb. 1: Ellipsoid

Spezialfälle:

a) $a^2=b^2=c^2=R^2$;

dann folgt

$$x^2+y^2+z^2=R^2;$$

dadurch wird eine **Kugel** mit Radius $R$ dargestellt.

b) Für $a^2=b^2$ folgt

$$\frac{x^2}{a^2}+\frac{y^2}{a^2}+\frac{z^2}{c^2}=1.$$

Dieses Ellipsoid entsteht durch Rotation der Ellipse

$$\frac{x^2}{a^2}+\frac{z^2}{c^2}=1$$

um die $z$-Achse und heißt deshalb **Rotationsellipsoid.**

2. **Zweischaliges Hyperboloid** (Abb. 2)

$$\frac{x^2}{a^2}-\frac{y^2}{b^2}-\frac{z^2}{c^2}=1.$$

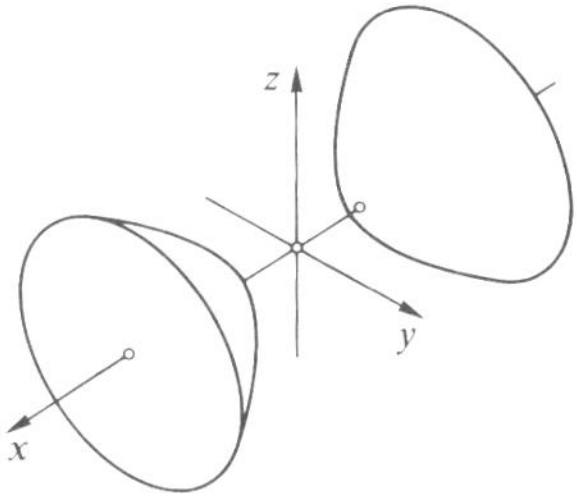


Abb. 2: Zweischaliges Hyperboloid

Spezialfall: Für $b^2 = c^2$ erhält man das **zweischalige Rotationshyperboloid.** Es entsteht durch Rotation der Hyperbel

$$\frac{x^2}{a^2} - \frac{y^2}{b^2} = 1$$

um die $x$-Achse.

3. **Einschaliges Hyperboloid** (Abb. 3)

$$\frac{x^2}{a^2} + \frac{y^2}{b^2} - \frac{z^2}{c^2} = 1.$$

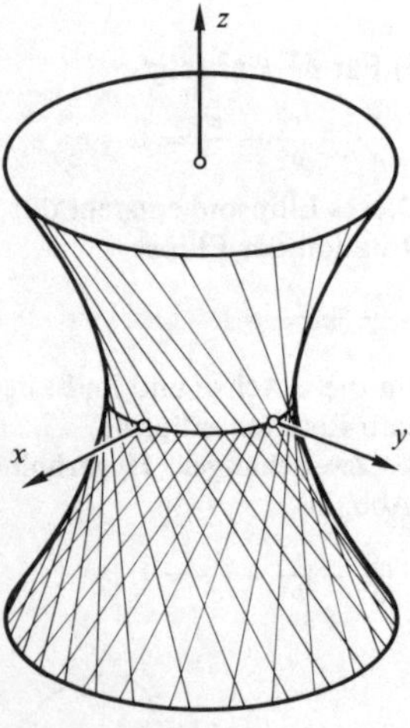


Abb. 3: Einschaliges Hyperboloid

Spezialfall: Für $a^2 = b^2$ bekommt man das **einschalige Rotationshyperboloid.** Es entsteht durch Rotation der Hyperbel

$$\frac{y^2}{b^2} - \frac{z^2}{c^2} = 1$$

um die $z$-Achse.

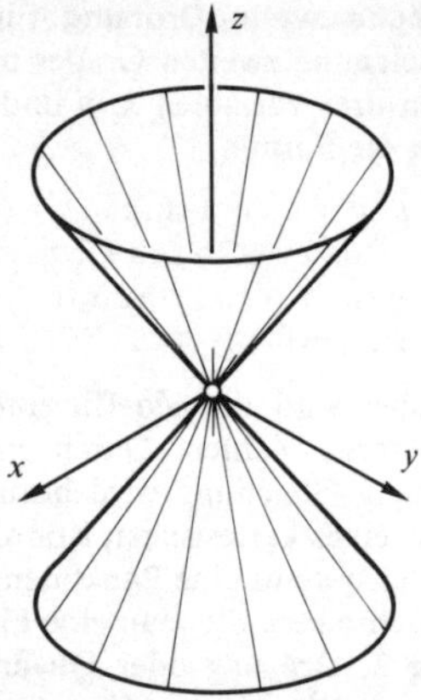


Abb. 4: Elliptischer Doppelkegel

4. **Elliptischer Doppelkegel** (Abb. 4)

$$\frac{x^2}{a^2} + \frac{y^2}{b^2} - \frac{z^2}{c^2} = 0.$$

Die Spitze des Kegels ist der Nullpunkt, der Kegel schneidet in der Ebene $z = c$ eine Ellipse aus.
Spezialfall: Der **gerade Kreiskegel** hat die Gleichung

$$\frac{x^2}{a^2} + \frac{y^2}{a^2} - z^2 = 0.$$

5. **Elliptisches Paraboloid** (Abb. 5)

$$\frac{x^2}{a^2} + \frac{y^2}{b^2} - z = 0.$$

Spezialfall: Wenn $a = b$ ist, liegt ein **Rotationsparaboloid** vor, das durch Rotation der Parabel $y^2 = 2b^2 \cdot z$ um die

$z$-Achse entsteht. Das Rotationsparaboloid hat – als verspiegelte Fläche ausgebildet – die Eigenschaft, alle parallel zur Hauptachse einfallenden Lichtstrahlen nach einmaliger Reflexion im Brennpunkt zu sammeln. Auf dieser Tatsache beruht seine Verwendung als Sammelspiegel **(Parabolspiegel)** und – bei umgekehrtem Strahlenverlauf – als **Scheinwerferspiegel.**

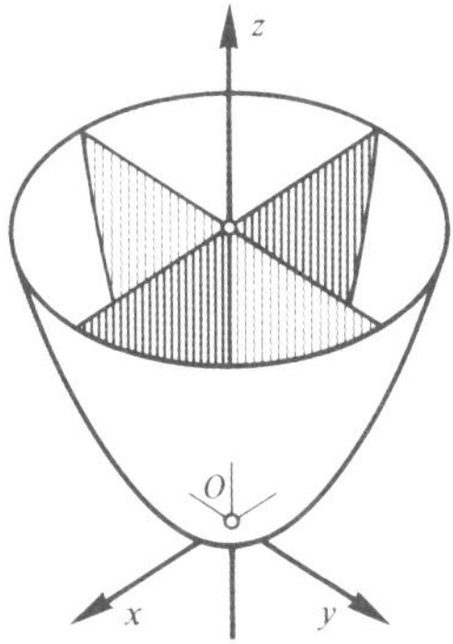


Abb. 5: Rotationsparaboloid

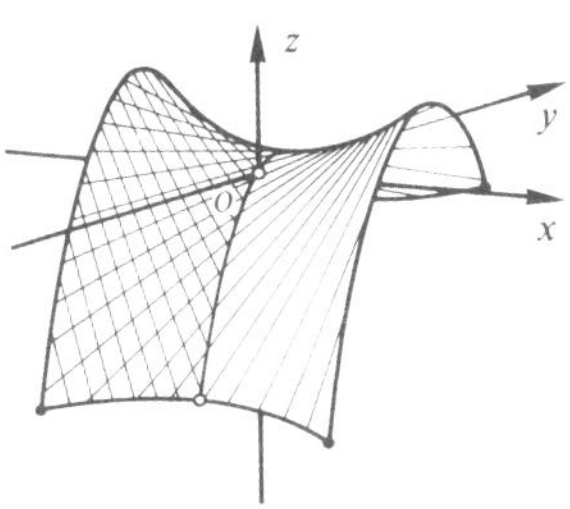


Abb. 6: Hyperbolisches Paraboloid

6. **Hyperbolisches Paraboloid** (Abb. 6)

$$\frac{x^2}{a^2} - \frac{y^2}{b^2} - z = 0$$

(auch als **Sattelfläche** bezeichnet).

7. **Elliptischer Zylinder** (Abb. 7):

$$\frac{x^2}{a^2} + \frac{y^2}{b^2} - 1 = 0.$$

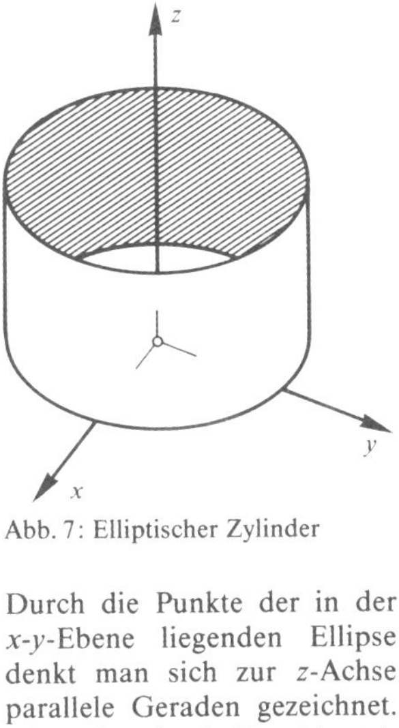


Abb. 7: Elliptischer Zylinder

Durch die Punkte der in der $x$-$y$-Ebene liegenden Ellipse denkt man sich zur $z$-Achse parallele Geraden gezeichnet. Diese Geraden heißen Mantellinien oder Erzeugende des Zylinders.

Spezialfall: Für $a = b$ ergibt sich ein **Kreiszylinder.**

8. **Hyperbolischer Zylinder** (Abb. 8):

$$\frac{x^2}{a^2} - \frac{y^2}{b^2} - 1 = 0.$$

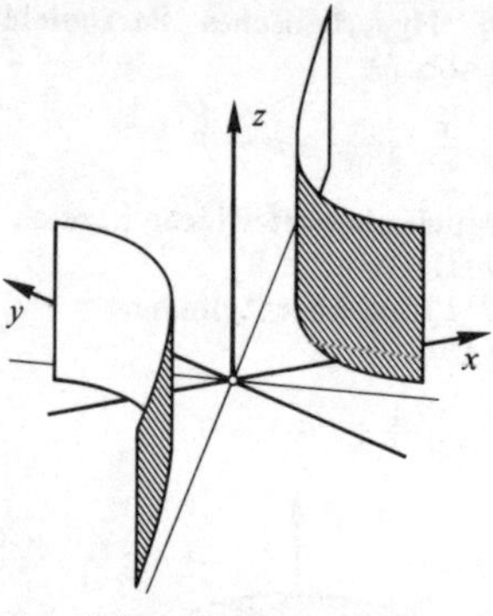


Abb. 8: Hyperbolischer Zylinder

Die Mantellinien dieses Zylinders sind parallel zur $z$-Achse und gehen durch die in der $x$-$y$-Ebene liegende Hyperbel

$$\frac{x^2}{a^2} - \frac{y^2}{b^2} = 1.$$

9. **Parabolischer Zylinder** (Abb. 9):

$$y^2 - 2px = 0.$$

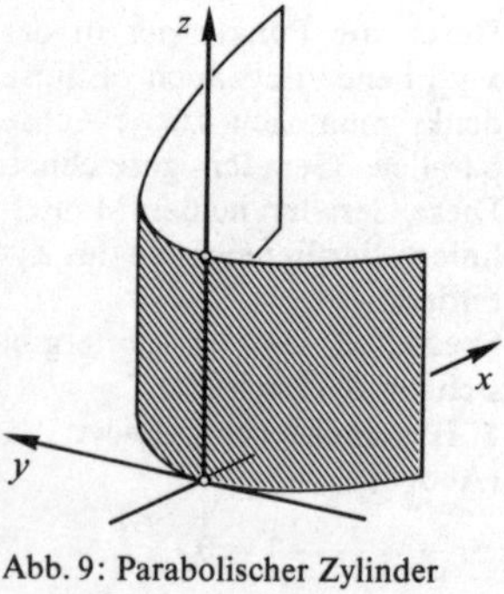


Abb. 9: Parabolischer Zylinder

Die Mantellinien dieses Zylinders gehen durch die in der $x$-$y$-Ebene liegende Parabel

$$y^2 - 2px = 0.$$

und sind parallel zur $z$-Achse. Daneben gibt es noch weitere Normalformen der Gleichung zweiten Grades.

**Fluchtlinie** ↑ Perspektive.

**Fluchtpunkt** ↑ Perspektive.

**Flußdiagramm:** Darstellung eines Rechenverfahrens (↑ Algorithmus) durch Angabe der auszuführenden Schritte. Das Flußdiagramm macht die zweckmäßige Aufeinanderfolge logischer und arithmetischer Operationen mit Hilfe von Symbolen sichtbar. Dabei zeigt

den Beginn der Berechnung an.

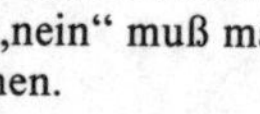

enthält immer eine Entscheidungsfrage. Heißt die Antwort „ja“, muß man rechts weitergehen, bei „nein“ muß man links weitergehen.

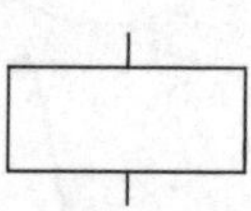

gibt einen Befehl zum Rechnen, Schreiben oder Ersetzen. *Ersetzen* bedeutet z. B., daß man für denselben Buchstaben ab jetzt eine andere Zahl einsetzt.

zeigt das Ende der Berechnung an.

*Beispiel:* Addition von Brüchen (Abb. 1):

$$\frac{a}{b} + \frac{c}{d} \quad (b \neq 0,\ d \neq 0).$$

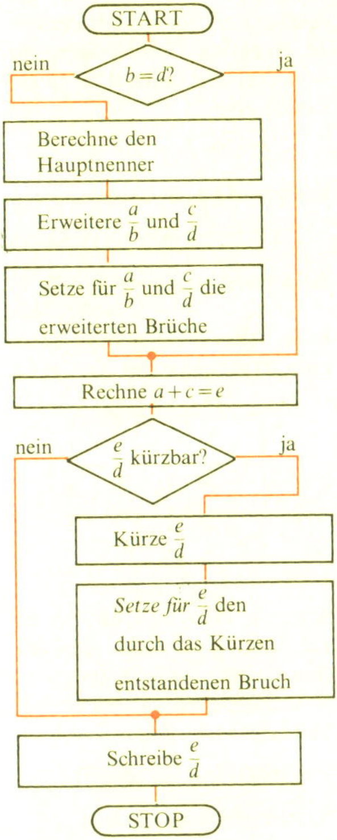


Abb. 1: Addition von Brüchen

Ein weiteres Beispiel für ein Flußdiagramm ist unter dem Stichwort ↑ Heronsches Verfahren abgebildet.

**Folge.** Eine Folge von Elementen aus einer Menge $M$ ist eine ↑ Abbildung der Menge der natürlichen Zahlen *(unendliche Folge)* oder der Menge der ersten $k$ der natürlichen Zahlen *(endliche Folge)* in $M$. In der Regel versteht man unter einer Folge in der Mathematik aber eine unendliche Folge. Die Folge heißt *Zahlenfolge* bzw. *Punktfolge*, wenn $M$ eine Menge von Zahlen bzw. eine Menge von Punkten ist. Ist $M$ eine Menge von Intervallen, so liegt eine *Intervallfolge* vor. Ist $M$ eine Menge von Funktionen, so liegt eine *Funktionenfolge* vor. Die Glieder einer Folge unterscheidet man meistens durch einen Index: $a_1, a_2, a_3, \ldots$ ist das erste, zweite, dritte, ... Glied der Folge. Demnach ist $a_n$ dasjenige Element von $M$, welches der natürlichen Zahl (Nummer) $n$ zugeordnet ist. Besonders übersichtlich sind Folgen, für welche ein *Bildungsgesetz* vorliegt, d. h., für welche die Zuordnungsvorschrift gegeben ist:

$$a_n = n^2$$

(Folge der Quadratzahlen),

$$a_n = \frac{1}{n}$$

(Folge der Stammbrüche;

↑harmonische Folge),

$$a_n = 3 + (n-1) \cdot 5$$

(↑arithmetische Folge),

$$a_n = 2 \cdot 7^{n-1}$$

(↑geometrische Folge).

Man verwendet für Folgen im allgemeinen die Bezeichnung $\langle a_n \rangle$, für die Folge der Quadratzahlen also $\langle n^2 \rangle$, die Folge der Stammbrüche $\left\langle \frac{1}{n} \right\rangle$ usw.

**Folium cartesii,** svw. ↑kartesisches Blatt.

**foot,** englische ↑Längeneinheit.

**For-Anweisung** ↑Anweisung.

**formale Logik** *(mathematische Logik):* Teilgebiet der Mathematik, in dem grundlegende mathematische Fragestellungen, z. B. die Widerspruchsfreiheit mathematischer Theorien, und mathematische Begriffe, z. B. „Beweis", „Definition", präzisiert und behandelt werden. Daher spricht man auch von *Metamathematik.* Dabei wird eine Sprache geschaffen *(Symbolisierung),* in der man logische Zusammenhänge besser und übersichtlicher darstellen kann. Außerdem führt man Regeln ein, mit denen man von gegebenen Formeln und Zeichenreihen zu anderen Formeln bzw. Zeichenreihen übergeht *(Formalisierung).* Dadurch wird das logische Schließen präzisiert. Sehr wichtig ist hierbei der Teil der formalen Logik, der sich mit *Aussagen, Aussageformen* und deren *Verknüpfungen* beschäftigt; diesen Teil nennt man *Aussagenlogik.* Ein Satz, der entweder wahr (w) oder falsch (f) ist, bezeichnet man als ↑Aussage.

Im folgenden werden große Buchstaben $A$, $B$, $C$,... für Aussagen benutzt. Ist $A$ eine Aussage, so bezeichnet man ihre **Negation** *(Verneinung)* mit $\neg A$ (gelesen „non $A$"). Es bedeutet also

¬(Mainz liegt am Rhein)

das gleiche wie

Mainz liegt *nicht* am Rhein.

Ist $A$ wahr, so ist $\neg A$ falsch; ist $A$ falsch, so ist $\neg A$ wahr. Man kann daher die Negation durch eine **Wahrheitstafel** festlegen:

| $A$ | $\neg A$ |
|---|---|
| w | f |
| f | w |

Sind $A$, $B$ Aussagen, so bezeichnet man ihre **Konjunktion** („und"-Verknüpfung) mit $A \wedge B$ (gelesen „$A$ und $B$"). Es bedeutet also

3 teilt 17 ∧ 17 teilt 51

das gleiche wie

3 teilt 17 *und* 17 teilt 51.

Die Aussage $A \wedge B$ ist genau dann wahr, wenn die Aussagen *A und B* wahr sind.
Die **Disjunktion** („oder"-Verknüpfung) der Aussagen $A$, $B$ bezeichnet man mit $A \vee B$ (gelesen „$A$ oder $B$"). Es bedeutet also

$$39^2 > 1\,500 \quad \vee \quad \sqrt{39} < 7$$

das gleiche wie

$$39^2 > 1\,500 \text{ oder } \sqrt{39} < 7.$$

Das „oder" ist dabei nicht-ausschließend gemeint, d.h., $A \vee B$ ist auch wahr, wenn sowohl $A$ als auch $B$ wahr sind.
Man kann die Konjunktion und die Disjunktion auch anhand einer Wahrheitstafel definieren:

| $A$ | $B$ | $A \wedge B$ | $A \vee B$ |
|---|---|---|---|
| w | w | w | w |
| w | f | f | w |
| f | w | f | w |
| f | f | f | f |

Z.B. die 3. Zeile dieser Tafel besagt:
Ist $A$ falsch und $B$ wahr, so ist $A \wedge B$ falsch und $A \vee B$ wahr.
Man beachte, daß in den Spalten für $A$ und $B$ alle möglichen Kombinationen der Wahrheitswerte w und f stehen.
Den Ausdruck $(\neg A) \vee B$ kürzt man auch mit $A \Rightarrow B$ ab und liest dies „wenn $A$, dann $B$" bzw. „$A$ Pfeil $B$". Diesen Ausdruck nennt man **Implikation.** Man liest $A \Rightarrow B$ auch „aus $A$ folgt $B$", obwohl dies oft nicht sinnvoll ist:

$$3 \text{ teilt } 6 \Rightarrow 17 \text{ ist Primzahl}$$

ist eine wahre Aussage, obwohl „17 ist Primzahl" im allgemeinen Sprachgebrauch keine Folgerung aus „3 teilt 6" ist. Den Ausdruck $(A \Rightarrow B) \wedge (B \Rightarrow A)$ kürzt man mit $A \Leftrightarrow B$ ab (gelesen „$A$ äquivalent zu $B$"). Die Ausage $A \Leftrightarrow B$ **(logische Äquivalenz)** ist genau dann wahr, wenn $A$ und $B$ den gleichen Wahrheitswert haben. Die Wahrheitswerte der Implikation $A \Rightarrow B$ und der logischen Äquivalenz $A \Leftrightarrow B$ erhält man aus der folgenden Wahrheitstafel:

| $A$ | $B$ | $A \Rightarrow B$ | $A \Leftrightarrow B$ |
|---|---|---|---|
| w | w | w | w |
| w | f | f | f |
| f | w | w | f |
| f | f | w | w |

Die Aussage $A \vee (\neg A)$ ist stets wahr, die Aussage $A \wedge (\neg A)$ ist stets falsch, welche Aussage man auch für $A$ einsetzt. Eine Verbindung von Aussagen $A, B, C, \ldots$ heißt eine **Tautologie,** wenn sie bei jeder Einsetzung für $A, B, C, \ldots$ eine wahre Aussage liefert.

Zur Einsparung von Klammern trifft man oft folgende Vereinbarung: Die Zeichen $\wedge$ und $\vee$ binden stärker als $\Rightarrow$ und $\Leftrightarrow$.

Die Methode des **indirekten Beweises** *(Beweis durch Widerspruch)* kann man mit aussagenlogischen Mitteln beschreiben: Möchte man $A \Rightarrow B$ beweisen ($A$ = Voraussetzung, $B$ = Behauptung), so kann man statt dessen auch $(\neg B) \Rightarrow (\neg A)$ beweisen.

Die Aussagen

1 teilt 30 (w),
2 teilt 30 (w),
3 teilt 30 (w),
4 teilt 30 (f),
5 teilt 30 (w),

haben alle die gleiche Form, nämlich

$x$ teilt 30.

Dies ist eine **Aussageform** mit *einer* Leerstelle, eine sog. *einstellige* Aussageform. Dagegen ist

$x$ teilt $y$

eine *zweistellige* Aussageform.

Eine Aussageform geht in eine Aussage über, wenn man für die Variablen (Leerstellen, Platzhalter) Elemente geeigneter *Grundmengen* einsetzt. Die Grundmengen müssen zur Aussageform „passen"; in der Aussageform „$x$ teilt 30" kann die Grundmenge aus natürlichen Zahlen bestehen, nicht etwa aus Punkten oder Geraden. In der Aussageform

$x$ liegt an der Donau

darf man Städte (Städtenamen) einsetzen, nicht aber Zahlen. In

$x$ liegt am/an der $y$

darf man für $x$ Städte und für $y$ Flüsse einsetzen; die Grundmenge besteht also aus Paaren der Art (Hamburg, Mosel).

Die Elemente der Grundmenge, die bei Einsetzen in eine Aussageform aus dieser eine *wahre* Aussage machen, bilden die *Lösungsmengen* (auch *Erfüllungsmenge*) der Aussageform. Die Lösungsmenge von

$x$ teilt 30

über der Grundmenge $\mathbb{N}$ der natürlichen Zahlen ist

$$\{1, 2, 3, 5, 6, 10, 15, 30\}.$$

Ist die Lösungsmenge verschieden von der leeren Menge, so heißt die Aussageform **erfüllbar** (vgl. Existenzaussage). Ist eine Aussageform für alle Elemente der Grundmenge wahr, so heißt sie **allgemeingültig** (vgl. Allaussage).

**Formalisierung** ↑formale Logik.

**Formel.** In der Mathematik bezeichnet man eine Gleichung oder allgemeiner eine Aussageform, welche den Inhalt eines mathematischen Satzes wiedergibt, als Formel. Eine Formel enthält in der Regel verschiedene Unbestimmte (Variable), für welche man bei Einsetzen von Elementen aus gewissen Grundmengen stets eine wahre Aussage erhält.

*Beispiele:* 1) Die Formel

$$(a+b)^2 = a^2 + 2ab + b^2$$

(binomische Formel) gilt für alle Zahlen $a$, $b$.

2) Die Formel

$$A = \frac{g \cdot h}{2}$$

(Flächeninhalt des Dreiecks) gilt für alle Dreiecke, wenn man für $g$ die Länge der Grundseite, für $h$ die Länge der Höhe und für $A$ den Flächeninhalt einsetzt.

**Formeln von De Morgan,** svw. ↑De Morgansche Regeln.

**Formvariable** ↑Variable. Vgl. ↑Gleichungen, ↑konstant.

**fortlaufende Proportion** ↑Verhältnis.

**FORTRAN** (Abkürzung für **For**mula **Tran**saction): Bezeichnung für eine höhere Programmiersprache, die auf der mathematischen Formelschreibweise aufbaut. FORTRAN entstand in den Jahren 1954–1957 und wird heute für fast alle Rechner angeboten. Diese Sprache wurde speziell für den Einsatz von Rechenanlagen im technisch-wissenschaftlichen Bereich entworfen.

**Fourier-Entwicklung** ↑trigonometrische Funktionen.

**freie Variable** ↑Variable.

**Frontalperspektive** ↑Perspektive.

**Froschperspektive** ↑Perspektive.

**Frühlingspunkt** (Widderpunkt): Bezeichnung für den Schnittpunkt der ↑Ekliptik mit dem Himmelsäquator, in dem die Sonne während ihres scheinbaren jährlichen Laufs um den 21. März (in Schaltjahren um den 20. März) herum den Himmelsäquator von Süden nach Norden überschreitet. Der Gegenpunkt wird ↑Herbstpunkt, beide ausgezeichneten Punkte in der Sonnenbahn werden *Äquinoktialpunkte* genannt. Der Frühlingspunkt liegt nicht fest, sondern wandert infolge der Verlagerungen der beiden Grundebenen – Himmelsäquator und Ekliptik – längs der Ekliptik in entgegengesetzter Richtung der scheinbaren jährlichen Sonnenbewegung; er stand im Altertum im Sternbild Widder, heute befindet er sich im Sternbild Fische am Rande zum Sternbild Wassermann.

**Fundamentalfolge,** seltene Bezeichnung für ↑Cauchy-Folge.

**Fünf** (Zahlzeichen 5): Bezeichnung für die dritte Primzahl; die Anzahl der Finger an einer Hand, aber auch der Sinne.

**Fünfeck:** Die Winkelsumme im Fünfeck beträgt 540°. – In einem Kreis läßt sich ein regelmäßiges Fünfeck dadurch konstruieren (Abb. 1), daß man den Kreisradius im Punkt $A$ halbiert und von $A$ aus die Strecke $AB$ bis $C$ abträgt. Die Strecke $BC$ hat die Länge der Seite des gesuchten regelmäßigen Fünfecks.

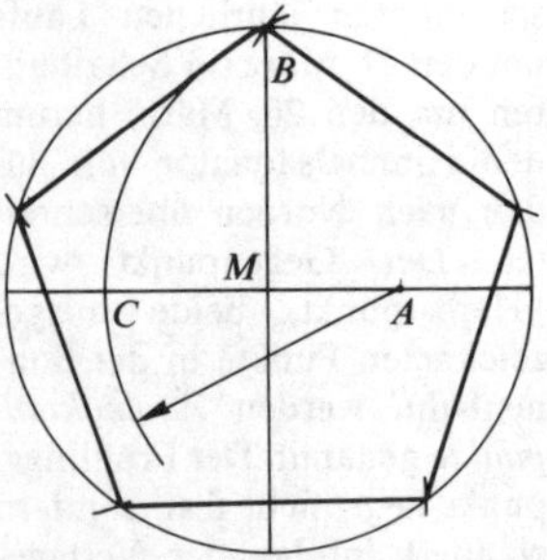


Abb. 1: Konstruktion eines regelmäßigen Fünfecks

**Fünfeckszahlen** (Pentagonalzahlen): Zahlen, die durch Fünfecksmuster dargestellt werden können (Abb. 1).

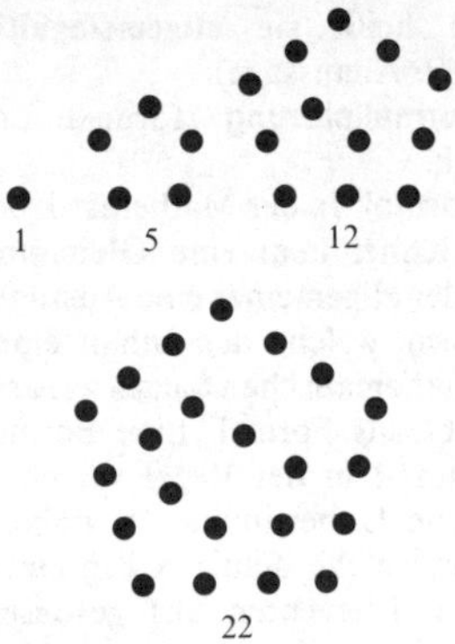


Abb. 1: Fünfeckszahlen

**Fünffarbensatz** ↑Vierfarbensatz.

**Fünfsatz** ↑Dreisatzrechnung.

**Fünfstern,** svw. ↑Pentagramm.

**Fünfzehnerspiel:** Geduldspiel, dessen Aufgabe darin besteht, 15 quadratische von 1 bis 15 numerierte Steine in einem 16 derartige Steine fassenden Quadrat so zu verschieben, daß sie die reguläre Anordnung (1, 2, 3, 4, 5, 6, . . .) einnehmen. Die Lösbarkeit ist von der Ausgangsstellung der Steine abhängig (15! = 1 307 674 368 000 Ausgangsstellungen).

**Funktion.** In den Naturwissenschaften und in der Technik bezeichnet man eine veränderliche Größe, die in ihrem Wert von einer oder mehreren anderen Größen abhängig ist, als Funktion. Beispiele sind die Geschwindigkeit als Funktion

des Weges und der Zeit, der Luftdruck als Funktion der Höhe, die Beschleunigung eines Körpers als Funktion der beschleunigenden Kraft. Die Darstellung einer Funktion geschieht im allgemeinen mit Hilfe mathematischer Ausdrücke, z. B. $v = s/t$ (Geschwindigkeit gleich Weg dividiert durch Zeit), als Wertetabelle oder graphisch in einem Koordinatensystem. In der Mathematik bedeutet Funktion dasselbe wie ↑Abbildung. Meistens verwendet man die Bezeichnung „Funktion" für eine Abbildung $f: A \rightarrow B$, wenn die *Ausgangsmenge A* und die *Zielmenge B* Zahlenmengen sind. $A$ heißt auch *Definitionsbereich* der Funktion $f$. Funktionen kann man mit Hilfe von ↑Funktionsgraphen im Koordinatensystem darstellen.
Wichtige Funktionen sind:

a) *konstante Funktionen*

$f: x \rightarrow a$ bzw. $f(x) = a$

mit einer festen Zahl $a$;

b) *lineare Funktionen*

$f: x \rightarrow ax$ bzw. $f(x) = ax$

mit einer festen Zahl $a$;

c) *affine Funktionen*

$f: x \rightarrow ax + b$ bzw. $f(x) = ax + b$

mit festen Zahlen $a$, $b$;

d) ↑*Potenzfunktionen;*

e) *Polynomfunktionen* (↑Polynom)

f) ↑*rationale Funktionen;*

g) ↑*Wurzelfunktionen;*

h) ↑*Exponentialfunktionen;*

i) ↑*Logarithmusfunktionen;*

j) ↑*trigonometrische Funktionen.*

**Funktionsgraph.** Die Darstellung einer ↑Funktion im ↑Koordinatensystem bezeichnet man als ihr **Schaubild** oder ihren **Graphen.** Ist $f: A \rightarrow B$ (wobei $A$ und $B$ Teilmengen von $\mathbb{R}$ sind) eine Funktion, so heißt die Paarmenge (vgl. Abb. 1)

$$\{(x, y) | x \in A \quad \text{und} \quad y = f(x)\}$$

Graph der Funktion.
Für die graphische Darstellung benützt man meistens die Bezeichnung „Schaubild".

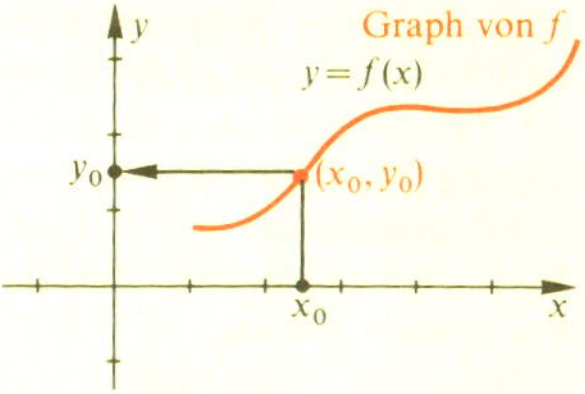


Abb. 1

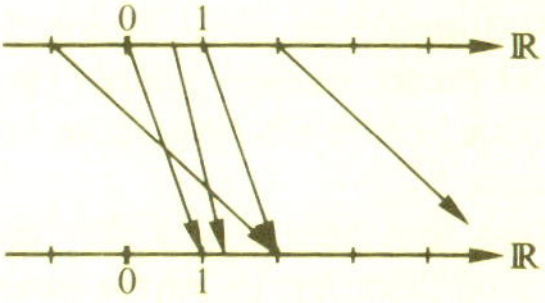


Abb. 2: Pfeildiagramm der Funktion $f: x \rightarrow x^2 + 1$

Zur graphischen Darstellung von Funktionen benutzt man auch **Pfeildiagramme** (Abb. 2).

**Funktionswert,** svw. Bild (↑Abbildung).

**Fußball** (Europa-Fußball) ↑Archimedische Körper.

**Fußballtoto** (Toto[spiel]): Bezeichnung für das folgende Wettspiel: Für 11 Spiele soll vorausgesagt werden, ob sich der Ausfall 0 (unentschieden), 1 (Heimmannschaft gewinnt) oder 2 (Gastmannschaft gewinnt) ergibt. Man erhält $3^{11} = 177\,147$ verschiedene Möglichkeiten für eine solche Tipreihe.

Eine **Systemwette** (ein **Wettsystem**) beim Fußballtoto besteht darin, daß man bei $a$ Spielen einen festen Tip, bei $b$ Spielen 2 Möglichkeiten und bei $c$ Spielen alle 3 Möglichkeiten angibt. Dabei sind $a$, $b$, $c$ Zahlen zwischen 0 und 9, deren Summe 11 ergibt. Ein System „*abc*" besteht aus $1^a 2^b 3^c$ 11er-Tips. Beispielsweise besteht das System 326 aus

$$1^3 \cdot 2^2 \cdot 3^6 = 2916 \text{ Tips.}$$

Vgl. ↑Kombinatorik.

**Fußpunkt,** in der Geometrie der Punkt, in dem das auf eine Gerade oder Ebene gefällte Lot diese trifft.

Das Errichten des Lotes auf einer Geraden in einem gegebenen Fußpunkt ist eine ↑geometrische Grundkonstruktion.

# G

**g** (hochgestellt: $^g$): Kurzzeichen für Gon (↑Gradmaß).

**G,** Zeichen für den Vorsatz Giga... (↑Vorsatzzeichen).

**galaktisches System** ↑astronomische Koordinatensysteme.

**gallon,** englisches Hohlmaß (↑Raumeinheit).

**Galtonsches Brett** ↑Binomialverteilung.

**ganze Zahlen:** Bezeichnung für die Zahlen

$$\ldots, -5, -4, -3, -2, -1, 0, +1, +2, +3, +4, +5, \ldots$$

Die Menge der ganzen Zahlen bezeichnet man mit $\mathbb{Z}$, also mit dem Buchstaben Z, wobei der Mittelstrich doppelt gezogen ist. Es gibt außer der Zahl 0 die *positiven* ganzen Zahlen $+1, +2, +3, \ldots$ und die *negativen* ganzen Zahlen $-1, -2, -3, \ldots$ Man deutet die ganzen Zahlen als Punkte auf der

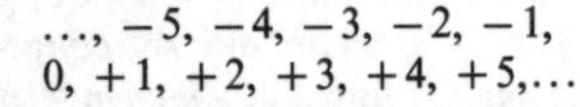


Abb. 1: Die ganzen Zahlen als Punkte auf der Zahlengeraden

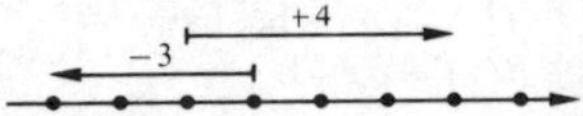


Abb. 2: Die ganzen Zahlen als Verschiebungen

↑Zahlengeraden (Abb. 1) oder als Verschiebungen auf der Zahlengeraden (Abb. 2).
Statt Verschiebungen auf der Zahlengeraden kann man zur Erklärung der ganzen Zahlen auch Verschiebungen auf beliebigen Skalen betrachten, z. B. auf Temperaturskalen (Abb. 3), Höhenskalen (Abb. 4) usw.

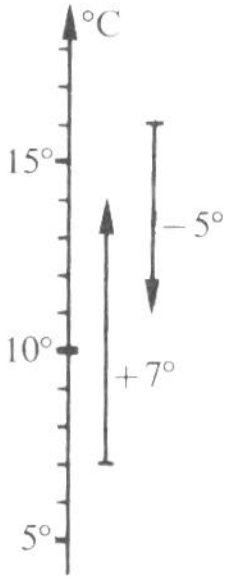

Abb. 3

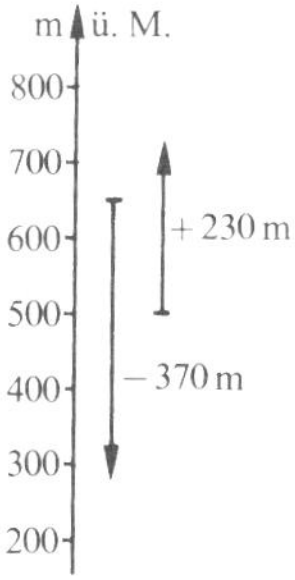

Abb. 4

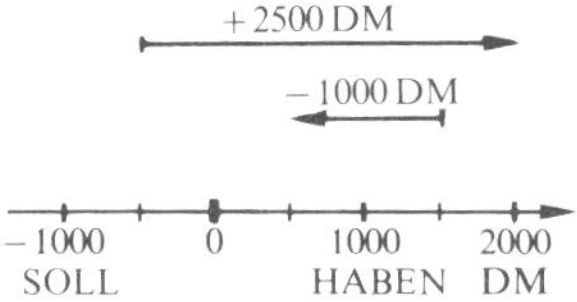

Abb. 5

Bei einer Summe mit mehr als zwei ganzen Zahlen ist es gleichgültig, wo man mit dem Addieren beginnt:

$$(+3)+(-5)+(-15)+(+4)$$
$$=(+3)+(-20)+(+4)$$
$$=(-17)+(+4)$$
$$=(-13).$$

Außerdem ist die Reihenfolge der Summanden in einer Summe vertauschbar:

$$(+5)+(+17)+(-5)+(+13)$$
$$=(+5)+(-5)+(+17)+(+13)$$
$$=0+(+30)$$
$$=+30.$$

Für ganze Zahlen $x$, $y$ gilt $x<y$ ($x$ ist kleiner als $y$), wenn $x$ auf der Zahlengeraden links von $y$ liegt (Abb. 6).

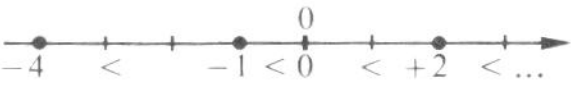

Abb. 6

Genau dann ist $x<y$, wenn eine positive ganze Zahl $p$ existiert mit $x+p=y$. Es gelten folgende *Monotoniegesetze:*

$$x<y \Rightarrow x+z<y+z$$
für alle $z \in \mathbb{Z}$,

$$x<y \Rightarrow x \cdot z<y \cdot z$$
für alle positiven $z \in \mathbb{Z}$.

Unterscheidet man nicht zwischen 1 und +1, 2 und +2, 3 und +3 usw., dann sind die natürlichen Zahlen spezielle ganze Zahlen, es gilt also $\mathbb{N}$ ist Teilmenge von $\mathbb{Z}$. Unterscheidet man nicht zwischen +1 und $+\frac{1}{1}$, −1 und $-\frac{1}{1}$, +2 und $+\frac{2}{1}$, −2 und $-\frac{2}{1}$ usw., dann sind die ganzen Zahlen spezielle ↑rationale Zahlen, es gilt also $\mathbb{Z}$ ist Teilmenge von $\mathbb{Q}$.

**ganzrationale Funktion:** Bezeichnung für ↑Polynom, besonders um den Unterschied zu den gebrochen ↑rationalen Funktionen hervorzuheben.

**Ganzteilfunktion:** Funktion, die jeder reellen Zahl $x$ die größte ganze Zahl zuordnet, die kleiner oder gleich $x$ ist. Zur Schreibung des Funktionsterms werden eckige Klammern benutzt, man nennt diese Funktion daher auch **Gauß-Klammer** nach C. F. Gauß (1777 bis 1855). Ist

$$a \leqq x < a+1$$

für eine ganze Zahl $a$, so ist $[x] = a$. Beispielsweise gilt

$$\begin{aligned} [6{,}357] &= 6 \\ [7] &= 7 \\ [7{,}91] &= 7 \\ [-0{,}21] &= -1 \\ [-5{,}1] &= -6. \end{aligned}$$

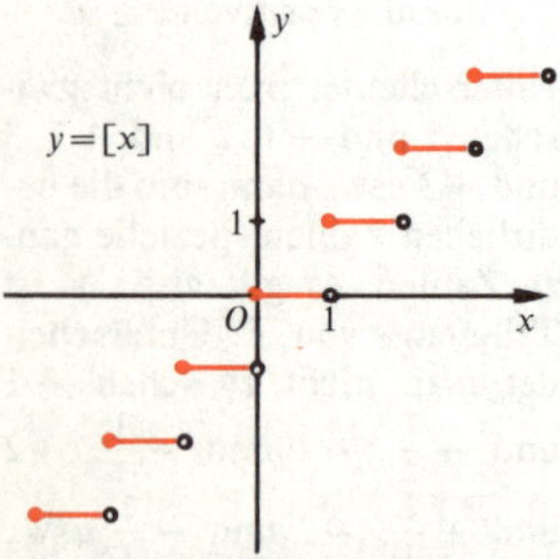

Abb. 1: Ganzteilfunktion

Die Ganzteilfunktion ist ein Beispiel für eine **Treppenfunktion** (Abb. 1).

**Gärtnerkonstruktion** ↑Ellipse.

**Gatter:** Bezeichnung für die Verknüpfungsglieder (Schaltelemente) einer Datenverarbeitungsanlage (↑Schaltalgebra).

**Gauß-Klammer,** svw. ↑Ganzteilfunktion.

**Gaußsche Glockenkurve** ↑Normalverteilung.

**Gaußsche Primzahl** ↑Fermatsche Primzahlen.

**Gaußsche Zahlenebene** (nach C. F. Gauß, 1777–1855): Bezeichnung für eine Ebene, in der jeder Punkt mit den kartesischen Koordinaten $x$, $y$ durch die eineindeutige Zuordnung $(x, y) \rightarrow x + \mathrm{i}\,y$ mit einer ↑komplexen Zahl identifiziert werden kann. Die Darstellung der komplexen Zahlen in der Ebene wurde 1799 erstmals von dem norwegischen Mathematiker C. Wessel (1745–1818) veröffentlicht.

**Gauß-Verteilung,** svw. ↑Normalverteilung.

**Gauß-Zahl** ↑Fermatsche Primzahlen.

**Gebiet:** Bezeichnung für eine Punktmenge, in der man zwei Punkte stets so verbinden kann, daß die Verbindungslinie ganz in dieser Punktmenge verläuft.

Von besonderer Bedeutung sind *Gebietseinteilungen der* ↑*Ebene*. Eine fundamentale Ei-

genschaft der Ebene ist durch den **Jordanschen Kurvensatz** (nach C. Jordan, 1838–1922) gegeben:
*Eine einfach geschlossene Kurve teilt die Ebene in zwei Gebiete auf, das Innere der Kurve und das Äußere.*
Man kann also drei disjunkte Punktmengen unterscheiden: die Kurve $k$ selbst, das innere Gebiet $k_i$ und das äußere Gebiet $k_a$ (Abb. 1). Die Kurve $k$ wird auch als **Grenze** oder **Rand** der Gebiete bezeichnet.

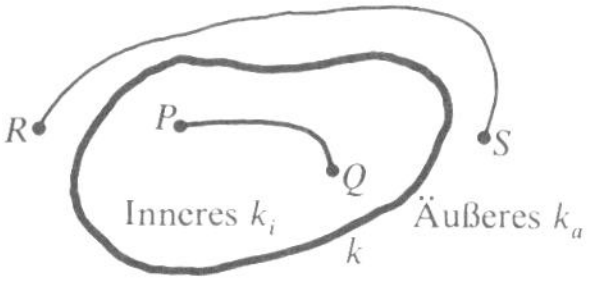


Abb. 1: Gebietseinteilung in der Ebene

Gelegentlich ist es sinnvoll, die Randpunkte mit zum Gebiet zu rechnen. Dann spricht man von einem **abgeschlossenen Gebiet.**
**gebrochen rationale Funktion** ↑rationale Funktion.
**gebundene Variable:** ↑Variable, die im Wirkungsbereich eines Quantors steht.
**Geburtstagsproblem:** Bezeichnung für folgende Aufgabe: Wie groß ist die Wahrscheinlichkeit $P_n$, daß in einer Klasse mit $n$ Schülern mindestens zwei Schüler am gleichen Tag Geburtstag haben? In diesem Fall spricht man auch von einer **Geburtstagskoinzidenz.**
*Lösung:* $P_n =$

$$1 - \frac{365 \cdot 364 \cdot \ldots \cdot (365 - n + 1)}{365^n}.$$

Einige Werte von $P_n$ enthält folgende Tabelle:

| $n$ | $P_n$ |
|---|---|
| 10 | 0,11695 |
| 20 | 0,41144 |
| 22 | 0,47570 |
| 23 | 0,50730 |
| 30 | 0,70632 |
| 40 | 0,89123 |
| 50 | 0,97037 |
| 60 | 0,99412 |

In einer Klasse mit mindestens 23 Schülern haben also mit einer Wahrscheinlichkeit von mindestens 50% zwei Schüler am gleichen Tag Geburtstag. In einer Klasse mit 60 Schülern ist die Wahrscheinlichkeit dafür schon über 99%.

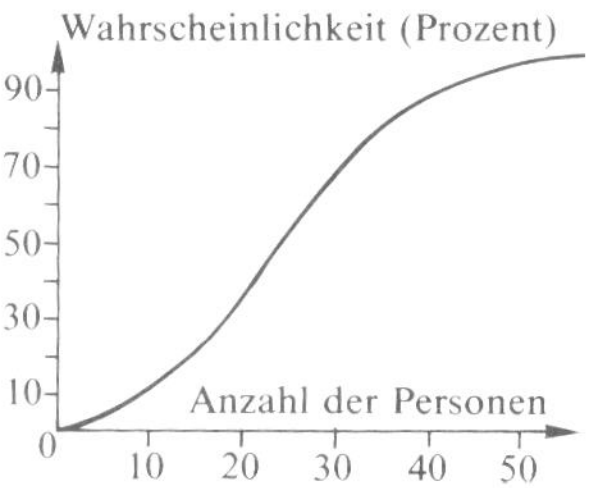


Abb. 1: Wahrscheinlichkeiten für eine Geburtstagskoinzidenz

In Abb. 1 ist die Wahrscheinlichkeit einer Geburtstagskoinzidenz zweier Personen in einer Gruppe als Funktion der Personenzahl dargestellt. Diese Kurve steigt zunächst bei kleiner Personenzahl langsam an, überschreitet bei 23 Personen 50% und erreicht bei 40 Personen fast 90%.

**Gegenereignis.** In der Wahrscheinlichkeitsrechnung wird mit jedem Ereignis $E$ ein Ereignis $\bar{E}$ festgelegt, welches genau dann eintritt, wenn $E$ nicht eintritt. Man spricht deshalb von einem **Gegenereignis** von $E$ oder einem zu $E$ **komplementären Ereignis.** Ereignis und Gegenereignis schließen sich aus; jedoch wird bei einem Zufallsversuch entweder das Ereignis oder das Gegenereignis eintreten.

Man interessiert sich insbesondere dann für das Gegenereignis eines Ereignisses $E$, wenn die Wahrscheinlichkeit $P(\bar{E})$ leichter als die Wahrscheinlichkeit $P(E)$ zu berechnen ist. Man erhält in diesem Fall $P(E)$ aus

$$P(E) = 1 - P(\bar{E}).$$

*Beispiel:* Die Wahrscheinlichkeit, bei 12maligem Würfeln mindestens 2 Sechsen zu werfen, beträgt

$$1 - \left(\frac{5}{6}\right)^{12} - 12 \cdot \frac{1}{6} \cdot \left(\frac{5}{6}\right)^{11} = 0{,}618\ldots$$

denn die Wahrscheinlichkeit dafür, höchstens eine Sechs zu werfen, ist $(\frac{5}{6})^{12} + 12 \cdot \frac{1}{6} \cdot (\frac{5}{6})^{11}$, also die Summe aus der Wahrscheinlichkeit *keine Sechs* und der Wahrscheinlichkeit *genau eine Sechs* zu werfen.

**Gegenkathete** ↑Trigonometrie, ↑Katheten.

**gegensinnig,** in entgegengesetzter Richtung.

**Gegenwartswert,** svw. ↑Barwert.

**Gegenwinkel** ↑Schnittwinkel.

**Gegenzahl:** Hat die Summe zweier Zahlen den Wert 0, so nennt man die eine Zahl die **Gegenzahl** der anderen. Beispielsweise ist $-5$ die Gegenzahl von $+5$, und $+5$ ist die Gegenzahl von $-5$ (vgl. ↑Rechenzeichen). – Von der Gegenzahl einer Zahl ist ihre Kehrzahl zu unterscheiden.

**Gelenkviereck** ↑Viereck.

**gemischtes Vektorprodukt,** svw. ↑Spatprodukt.

**gemischte Zahl:** Ein ↑Bruch, dessen Betrag größer als 1 ist, läßt sich als Summe aus einer ganzen Zahl und einem echten Bruch schreiben. Vereinbarungsgemäß läßt man dabei das Additionszeichen zwischen der ganzen Zahl und dem Bruch weg, z. B.

$$3 + \frac{1}{2} = 3\frac{1}{2}.$$

Die Umformung einer gemischten Zahl in einen unechten Bruch bezeichnet man als **Einrichten,** z. B.

$$3\frac{1}{2}=\frac{7}{2}.$$

**gemischtperiodisch** ↑Dezimalbruchentwicklung.

**gemischtquadratisch** ↑quadratische Gleichungen.

**genau dann, wenn** ↑Junktoren.

**Generalisator,** svw. Allquantor (↑Allaussage).

**geodätische Linie:** Bezeichnung für eine Kurve auf einer Fläche, welche die kürzeste Verbindungslinie von je zwei ihrer Punkte auf dieser Fläche darstellt. Die geodätischen Linien der Kugel sind die Großkreise.

**geographische Koordinaten:** Die *Punkte* der Erdoberfläche werden durch *Zahlenpaare,* nämlich durch ihre geographische Länge und ihre geographische Breite, beschrieben. In beiden Fällen handelt es sich um Winkelangaben. Dabei mißt man die **geographische Länge** $\lambda$ („lambda") von einem festgelegten **Nullmeridian** (dieser verläuft durch Greenwich bei London) in westlicher Richtung positiv **(westliche Länge),** in östlicher Richtung negativ **(östliche Länge).** Für die **geographische Breite** $\beta$ („beta") wird vom Äquator nach Norden der positive **(nördliche Breite)** und nach Süden der negative Winkel **(südliche Breite)** angegeben (Abb. 1). Z. B. besitzt Rom die geographische Länge $\lambda = -12{,}4°$ und die geographische Breite $\beta = 41{,}9°$. – Vgl. ↑mathematische Geographie.

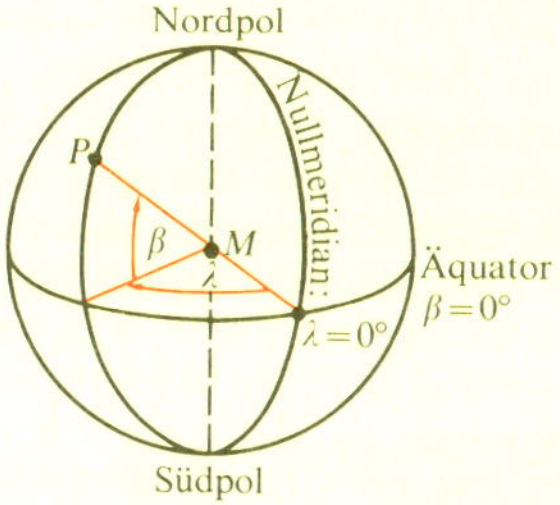


Abb. 1: Geographische Koordinaten

**geographische Meile** ↑Längeneinheit.

**Geoid:** Bezeichnung für den von der wahren Erdgestalt abweichenden Körper, dessen Oberfläche die Feldlinien der Schwerkraft überall rechtwinklig schneidet. Die Abweichungen des Geoids von der Form des Erdellipsoids werden als *Geoidundulationen* bezeichnet; sie betragen in manchen Gebieten mehrere Meter.

**Geometrie:** Der Name „Geometrie" stammt aus dem Griechischen und bedeutet „Feldmeßkunst". Eine erste zusammenfassende Darstellung der geometrischen Kenntnisse der Völker der Antike stammt von

Euklid von Alexandria (um 300 v. Chr.). Sein Buch „Die Elemente der Geometrie“ galt über 2000 Jahre lang als das wichtigste Lehrbuch der Geometrie. In diesem Buch hat Euklid versucht, alle geometrischen Sachverhalte aus *Postulaten* oder *Axiomen* herzuleiten. Unter den von Euklid angegebenen Axiomen befand sich das Parallelenaxiom (↑euklidische Geometrie), obwohl es schon damals fraglich war, ob dieses Axiom notwendig ist oder vielleicht aus den übrigen Axiomen als „Satz“ herleitbar ist. Erst im 19. Jahrhundert entdeckte man, daß das Parallelenaxiom von den übrigen Axiomen unabhängig ist (N. Lobatschewski, 1793 bis 1856; J. B. Bolyai, 1802 bis 1860). Das bedeutet, daß man neben der *euklidischen* Geometrie, in der das Parallelenaxiom gilt, auch eine *nichteuklidische* Geometrie betrachten kann, in der die Negation des Parallelenaxioms als Axiom gesetzt wird. Mit der Entdeckung der ↑nichteuklidischen Geometrie hatte die Geometrie nicht mehr nur die Aufgabe, im Sinn einer Naturwissenschaft die uns umgebende dreidimensionale Welt zu beschreiben. Vielmehr galten nun Punkte, Geraden und Ebenen als undefinierte Grundbegriffe, deren gegenseitige Beziehung durch die Axiome geregelt wurden. Heute beschäftigt man sich auch mit *endlichen Geometrien,* also mit Geometrien, in denen nur endlich viele Punkte existieren.

Die Geometrie wird nach den unterschiedlichsten Gesichtspunkten eingeteilt und gegliedert. In der *Elementargeometrie* unterscheidet man zwischen *Planimetrie* (ebene Geometrie) und *Stereometrie* (räumliche Geometrie). Die Berechnung von Längen und Winkeln in geometrischen Figuren geschieht in der ↑*Trigonometrie* bzw. in der ↑*sphärischen Trigonometrie.* Das Zeichen räumlicher Gebilde (Körper) in der Ebene (Zeichenebene) ist Gegenstand der ↑*darstellenden Geometrie.* In der ↑*analytischen Geometrie* stellt man (ebene oder räumliche) Punktmengen in einem ↑Koordinatensystem dar; durch Rechnung mit Koordinaten gewinnt man Erkenntnisse über die gegenseitige Lage geometrischer Figuren sowie über die Größe von Strecken, Winkeln, Flächen usw. In der analytischen Geometrie benutzt man auch ↑Vektoren und damit Elemente der linearen Algebra, um geometrische Sachverhalte darzustellen. In der *Abbildungsgeometrie* untersucht man Abbildungen der Ebene oder des Raumes auf sich, wobei man vor allem darauf achtet, welche Größen (Längen, Winkel, Streckenverhältnisse, Flächeninhalte,...) fest bleiben, also **Invarianten** der Abbildung sind.

**geometrische Folge,** eine Zahlenfolge $a_1, a_2, a_3, \ldots$, bei der das erste Glied $a_1$ von Null verschieden ist und der Quotient zweier aufeinanderfolgender Glieder immer den gleichen Wert $q (q \neq 0)$ hat:

$$\frac{a_{n+1}}{a_n} = q \quad \text{für} \quad n = 1, 2, 3, \ldots$$

Bei einer geometrischen Folge ist der Betrag eines beliebigen Folgenglieds (mit Ausnahme des ersten) gleich dem geometrischen Mittel (↑Mittelwert) der Beträge der beiden Nachbarglieder.

*Beispiele:* 1) die geometrische Folge mit dem Anfangsglied 2 und dem Quotienten $\frac{1}{3}$ beginnt folgendermaßen:

$$2, \frac{2}{3}, \frac{2}{9}, \frac{2}{27}, \ldots$$

2) Durch $1, -2, +4, -8, \ldots$ ist der Anfang einer geometrischen Folge mit dem Anfangsglied 1 und dem Quotient $-2$ gegeben.

**geometrische Grundkonstruktionen:** Die geometrischen Konstruktionen mit Zirkel und Lineal setzen sich aus folgenden einfachen Grundkonstruktionen zusammen:

1. Abtragen einer Strecke,
2. Antragen eines Winkels,
3. Halbieren einer Strecke,
4. Errichten eines Lotes auf einer Geraden in einem Geradenpunkt,
5. Fällen eines Lotes auf eine Gerade durch einen Punkt außerhalb der Geraden,
6. Zeichnen einer Parallelen zu einer Geraden durch einen Punkt,
7. Zeichnen einer Parallelen zu einer Geraden in gegebenem Abstand,
8. Halbieren eines Winkels.

Diese Grundkonstruktionen werden nun im einzelnen beschrieben.

*1. Abtragen einer Strecke*

Die gegebene Strecke der Länge $a$ soll auf der Halbgeraden $p$ vom Punkt $P$ aus abgetragen werden (Abb. 1). Dazu zeichne

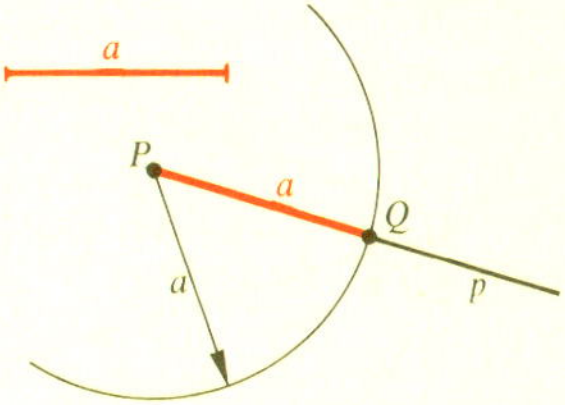


Abb. 1: Abtragen einer Strecke

man einen Kreis mit dem Mittelpunkt $P$ und dem Radius $a$; dieser schneidet $p$ im Punkt $Q$. Die Strecke $PQ$ hat dann die Länge $a$.

*2. Antragen eines Winkels*

Der gegebene Winkel der Größe $\alpha$ soll an die Halbgerade $p$ angetragen werden (Abb. 2). Man zeichnet einen Kreis um $O$ mit beliebigem Radius, der die Schenkel des gegebenen Winkels in $A$ und $B$ schneidet, ferner einen Kreis um $P$ mit gleichem Radius, der die Halbgerade $p$ in dem Punkt $Q$ schneidet. Dann zeichnet man einen Kreis um $Q$ mit dem Radius $AB$; dieser schneidet den Kreis um $P$ in einem Punkt $R$. Dann hat der Winkel $\sphericalangle RPQ$ die Größe $\alpha$. Zu beachten ist, daß man den Winkel auf verschiedene Seiten von $p$ antragen kann.

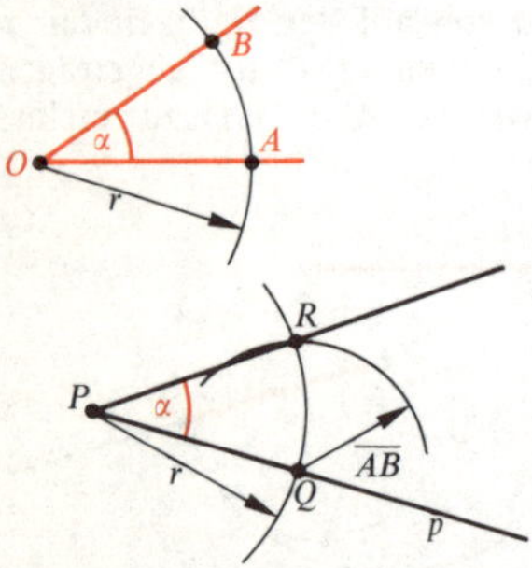


Abb. 2: Antragen eines Winkels

*3. Halbieren einer Strecke*

Es ist der Mittelpunkt $M$ der Strecke $AB$ gesucht (Abb. 3). Man zeichnet um $A$ und $B$ je einen Kreis mit gleichem Radius; der Radius muß dabei so groß gewählt sein, daß diese beiden Kreise sich schneiden. Die Schnittpunkte $C$ und $D$ dieser beiden Kreise verbinde man durch eine Gerade; diese schneidet $AB$ im Punkt $M$. Die Gerade durch $C$ und $D$ ist die ↑Mittelsenkrechte der Strecke $AB$.

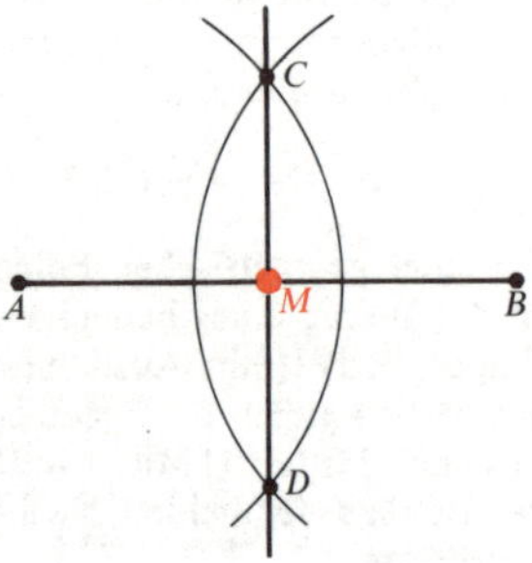


Abb. 3: Halbieren einer Strecke

*4. Errichten eines Lotes auf einer Geraden in einem Geradenpunkt*

Im Punkt $P$ der Geraden $g$ soll das Lot errichtet werden, d.h. eine zu $g$ rechtwinklige Gerade durch $P$ gezeichnet werden (Abb. 4). Man zeichnet einen Kreis mit beliebigem Radius um $P$, welcher $g$ in $A$ und $B$ schneidet. Um $A$ und $B$ zeichnet man je einen Kreis mit gleichem Radius, wobei dieser größer als $AP$ sein muß. Ist $C$ einer der beiden Schnittpunkte dieser beiden Kreise, so ist die Gerade durch $C$ und $P$ das gesuchte Lot.

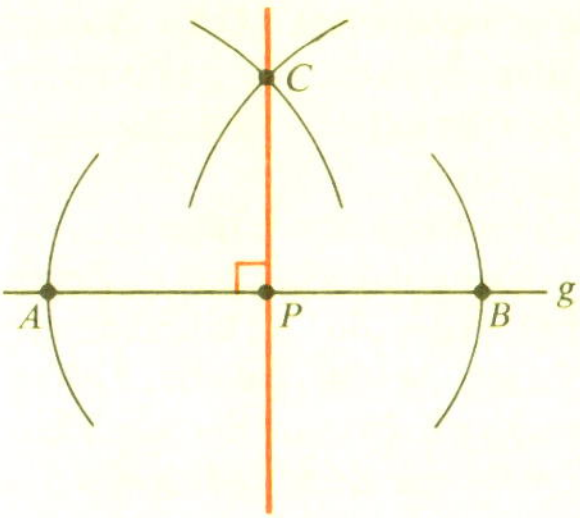


Abb. 4: Errichten eines Lotes auf einer Geraden in einem Geradenpunkt

*5. Fällen eines Lotes auf eine Gerade durch einen Punkt außerhalb der Geraden*

Es soll eine zu $g$ rechtwinklige Gerade durch $P$ gezeichnet werden (Abb. 5). Man zeichnet einen Kreis um $P$, welcher $g$ in

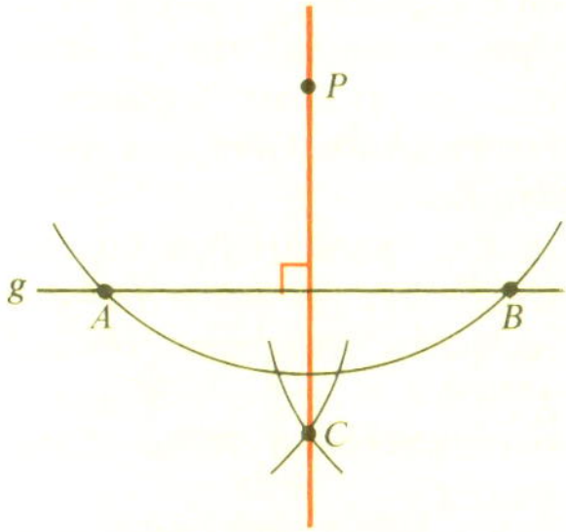


Abb. 5: Fällen eines Lotes auf eine Gerade durch einen Punkt außerhalb der Geraden

den Punkten $A$ und $B$ schneidet. Um $A$ und $B$ zeichnet man zwei Kreise mit gleichem Radius, die sich in $C$ schneiden. Die gesuchte Gerade ist die Verbindungsgerade von $P$ und $C$.

*6. Zeichnen einer Parallelen zu einer Geraden durch einen Punkt*

Es soll eine Parallele zu $g$ durch $P$ gezeichnet werden (Abb. 6). Dazu fälle man das Lot von $P$ auf $g$ (vgl. 5.) und errichte auf diesem wiederum das Lot in $P$ (vgl. 4.).

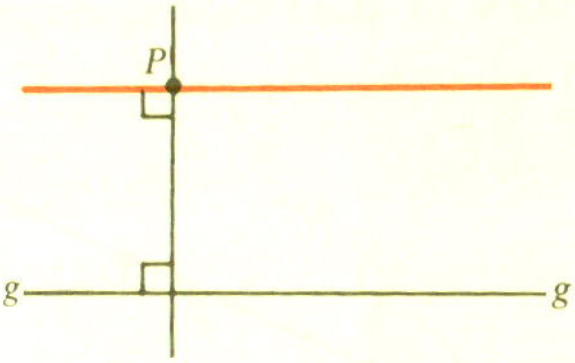


Abb. 6: Zeichnen einer Parallelen zu einer Geraden durch einen Punkt

*7. Zeichnen einer Parallelen zu einer Geraden in gegebenem Abstand*

Es soll die Parallele zu $g$ im Abstand $a$ in der Halbebene $\Sigma$ gezeichnet werden (Abb. 7). In einem beliebigen Punkt $P$ von $g$ errichte man das Lot (vgl. 4.), trage auf diesem von $P$ aus in der Halbebene $\Sigma$ eine Strecke der Länge $a$ ab (vgl. 1.) und errichte in deren Endpunkt $Q$ wiederum das Lot (vgl. 4.).

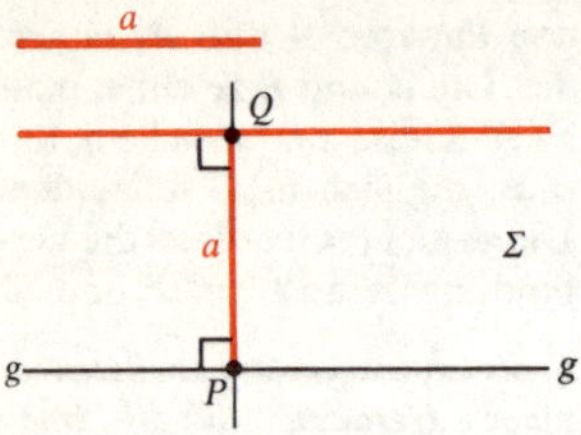


Abb. 7: Zeichnen einer Parallelen zu einer Geraden in gegebenem Abstand

*8. Halbieren eines Winkels*

Gegeben sei ein Winkel der Größe $\alpha$ mit dem Scheitel $O$ und den Schenkeln $p$ und $q$ (Abb. 8). Man zeichne einen

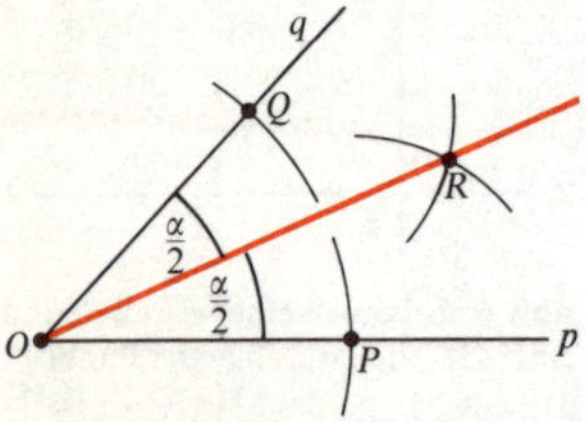


Abb. 8: Halbieren eines Winkels

Kreis um $O$ mit beliebigem Radius; dieser schneidet die Schenkel in $P$ bzw. $Q$. Um $P$ und $Q$ zeichne man je einen Kreis mit dem gleichen Radius; der Schnittpunkt dieser beiden Kreise, der im Innern des Winkelfeldes liegt, heiße $R$. Die Halbgerade durch $O$ und $R$ halbiert den gegebenen Winkel.

**geometrische Reihe** ↑Reihe.

**geometrischer Körper** ↑Körper.

**geometrischer Ort:** Menge aller Punkte, die bestimmten geometrischen Bedingungen genügen.

*Beispiele* in der Ebene:

1) Der geometrische Ort für alle Punkte, die von einem festen Punkt $M$ die gleiche Entfernung $r$ haben, ist die *Kreislinie* um $M$ mit dem Radius $r$.

2) Der geometrische Ort aller Punkte, die von zwei festen Punkten $A$ und $B$ die gleiche Entfernung haben, ist die *Mittelsenkrechte* der Verbindungsstrecke $AB$.

3) Der geometrische Ort für alle Punkte, die von einer Geraden $g$ den Abstand $d$ haben, ist das Paar von Parallelen im Abstand $d$ zu beiden Seiten der Geraden $g$.

4) Der geometrische Ort für die Mittelpunkte aller Kreise, die eine gegebene Gerade $g$ in einem gegebenen Punkt $A$ berühren, ist die zur Geraden $g$ rechtwinklige Gerade $h$ durch den Punkt $A$.

In der ↑analytischen Geometrie werden geometrische Örter rechnerisch bestimmt *(Ortsaufgaben).*

**geometrisches Mittel** ↑Mittelwert.

**geometrische Verteilung** (Pascal-Verteilung; nach B. Pascal, 1623 bis 1662): Man würfle mit einem Würfel so oft, bis die erste Sechs erscheint. Die Zufallsgröße $X := $ Anzahl der Würfe, bis die erste Sechs erscheint, besitzt die Wahrscheinlichkeitsverteilung (vgl. Abb. 1)

$$P(X = i) = \frac{1}{6} \cdot \left(\frac{5}{6}\right)^{i-1}.$$

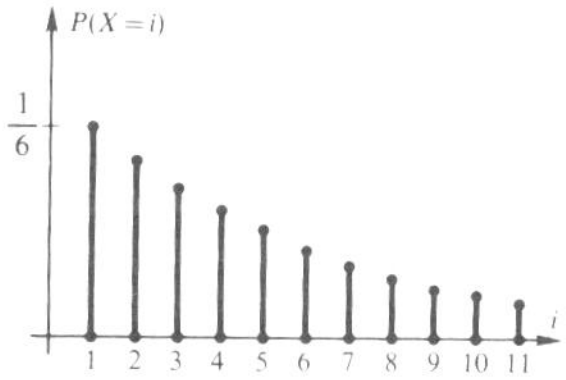


Abb. 1: Geometrische Verteilung

Hierbei handelt es sich um eine geometrische Verteilung. Eine solche liegt immer dann vor, wenn eine Zufallsgröße $X$ mit den Werten 1, 2, 3,... eine Wahrscheinlichkeitsverteilung der Form

$$P(X = i) = p(1-p)^{i-1}$$

mit $0 < p < 1$ besitzt. Der Erwartungswert der geometrischen Verteilung ist

$$E(X) = 1/p.$$

Für das Würfelbeispiel erhält man $E(X) = 6$. Dies war auch nicht anders zu erwarten, denn man rechnet im Schnitt bei je 6 Würfen mit einer Sechs.

Die Varianz der geometrischen Verteilung ist

$$V(X) = (1-p)/p^2.$$

Für das Würfelbeispiel gilt

$$V(X) = 30.$$

**geozentrisches System** ↑astronomische Koordinatensysteme.

**Gerade.** Die Geraden gehören zu den Grundgebilden der räumlichen und ebenen Geometrie. Es gilt: Eine Gerade ist durch zwei Punkte eindeutig bestimmt. Liegen drei Punkte auf einer Geraden, so kann man genau von einem der drei Punkte sagen, daß er zwischen den beiden anderen liegt. Eine Gerade wird durch einen Punkt in zwei Halbgeraden zerlegt. Eine Gerade ist nach zwei Richtungen unbegrenzt. Zwei Geraden in einer Ebene haben einen Punkt (Schnittpunkt) gemeinsam oder sind parallel. Eine Gerade in einer Ebene zerlegt diese in zwei Halbebenen. Eine Gerade, die mit einer Ebene zwei Punkte gemeinsam hat, liegt ganz in der Ebene.

Geraden in der Ebene werden bezüglich eines kartesischen Koordinatensystems durch *Geradengleichungen* beschrieben (↑Achsenabschnittsform, ↑Hessesche Normalform, ↑Normalform, ↑Punkt-Steigungs-Form, ↑Zweipunkteform).

**gerade Funktion:** ↑Funktion $y = f(x)$, für die $f(x) = f(-x)$ gilt. Der Funktionsgraph einer geraden Funktion ist eine symmetrisch zur $y$-Achse gelegene Kurve. Ein Beispiel ist die Normalparabel $f(x) = x^2$.

**Geradenbündel,** Gesamtheit aller durch einen Punkt (Trägerpunkt) verlaufenden Geraden des Raums.

**Geradenbüschel,** Gesamtheit aller durch einen Punkt (Trägerpunkt) verlaufenden Geraden der Ebene.

**Geradengleichungen:** Jede Gleichung der Gestalt

$$ax + by + c = 0$$

mit reellen Zahlen $a$, $b$, $c$ ($a \neq 0$ oder $b \neq 0$) beschreibt eine Gerade in der Ebene. Man nennt diese Gleichung die *allgemeine Form der Geradengleichung* (auch *allgemeine Gleichung 1. Grades*).
Die Gleichungen

$$a_1 x + b_1 y + c_1 = 0,$$
$$a_2 x + b_2 y + c_2 = 0$$

beschreiben genau dann dieselbe Gerade, wenn es eine reelle Zahl $k$ ($k \neq 0$) gibt mit $a_2 = ka_1$, $b_2 = kb_1$, $c_2 = kc_1$.
Besondere Geradengleichungen sind die ↑Achsenabschnittsform, die ↑Hessesche Normalform, die ↑Normalform, die ↑Punkt-Steigungs-Form und die ↑Zweipunkteform.

**Geradenspiegelung** ↑Spiegelung, ↑affine Abbildung.

**geradentreu:** Eine Abbildung heißt geradentreu, wenn sie Geraden in Geraden abbildet (↑affine Abbildung, ↑Ähnlichkeitsabbildung, ↑Kongruenzabbildung).

**gerader Kegel** ↑Kegel.

**gerader Kreiskegel** ↑Fläche zweiter Ordnung.

**gerade Zahl,** eine durch 2 ohne Rest teilbare ganze Zahl.

**gerundete Zahl** ↑Runden.

**geschlossene Kurve** ↑Kurve.

**Gesellschaftsrechnung:** Sind mehrere Gesellschafter oder Teilhaber an einem Unternehmen finanziell beteiligt, so wird der Gewinn im allgemeinen im Verhältnis ihrer Einlagen verteilt.
*Beispiel:* Das Gesamtvermögen eines Unternehmens beträgt 120 000 DM; es besteht aus Einlagen der Gesellschafter $A$ (30 000 DM), $B$ (40 000 DM), $C$ (50 000 DM). Für die Gewinnanteile $a$, $b$, $c$ von $A$, $B$, $C$ an einem Gewinn von 18 000 DM gilt $a + b + c = 18\,000$ DM.
Der Gewinn steht zum Vermögen im Verhältnis

$$0{,}15 = \frac{18000}{120000}.$$

Die Gewinnanteile müssen im gleichen Verhältnis zu den Einlagen stehen. Also gilt

$$a = 0{,}15 \cdot 30000 \text{ DM}$$
$$= 4500 \text{ DM},$$

$$b = 0{,}15 \cdot 40000 \text{ DM}$$
$$= 6000 \text{ DM},$$
$$c = 0{,}15 \cdot 50000 \text{ DM}$$
$$= 7500 \text{ DM}.$$

**Gesetz,** in der Mathematik seltene Bezeichnung für ↑Satz.

**Gesetz der großen Zahlen:** Würfelt man mit einem Würfel sehr oft, so wird die Wahrscheinlichkeit, daß die relative Häufigkeit des Ausfalls „Sechs" von der Wahrscheinlichkeit $\frac{1}{6}$ um mehr als eine vorgegebene Zahl abweicht, mit zunehmender Anzahl von Würfen immer geringer. So ist z. B. die Wahrscheinlichkeit, daß sich bei 1 000 000maligem Würfeln die relative Häufigkeit der „Sechs" von $\frac{1}{6}$ um mehr als $\frac{1}{100}$ unterscheidet, geringer als 0,14%. Dieser Sachverhalt ist Gegenstand des *schwachen* oder *Bernoullischen Gesetzes der großen Zahlen* (nach Jakob Bernoulli, 1654–1705). Dieses besagt: Die Wahrscheinlichkeit dafür, daß bei $n$ unabhängigen Wiederholungen eines ↑Zufallsversuchs die relative Häufigkeit $h_n \coloneqq h_n(\omega)$ eines Ausfalls $\omega$ um mehr als eine vorgegebene Zahl $\varepsilon > 0$ von seiner Wahrscheinlichkeit $p = P(\omega)$ abweicht, strebt mit wachsendem $n$ gegen 0. Genauer gilt

$$P(|h_n - p| \geqq \varepsilon) \leqq \frac{p(1-p)}{n\varepsilon^2},$$

wobei die Ungleichung

$$|h_n - p| \geqq \varepsilon$$

ein Ereignis in der ↑Bernoulli-Kette beschreibt, die aus der $n$-maligen Wiederholung des Grundversuchs besteht.

**gestreckter Winkel** ↑Winkel.

**geteilt durch** ↑Division, ↑Grundrechenarten.

**Gewinnfunktion:** Die verschiedenen Ergebnisse eines Spiels können durch eine Funktion bewertet werden. Z. B. ordnet die Gewinnfunktion $g$ den verschiedenen Ausgängen einer Schachpartie die folgenden Werte zu:

$$g(\text{Gewinn}) = 1,$$

$$g(\text{Remis}) = \frac{1}{2},$$

$$g(\text{Verlust}) = 0.$$

**Gewinn-und-Verlust-Rechnung** (Erfolgsbilanz): Teil des Jahresabschlusses, die Erfolgsrechnung im Rahmen der doppelten Buchführung, in der sich der Erfolg einer Periode (Gewinn oder Verlust) als ↑Saldo zwischen Aufwendungen und Erträgen ergibt. Im Gegensatz zur ↑Bilanz, in der sich der Erfolg als Saldo zwischen Vermögens- und Kapitalposten ergibt, ist es Aufgabe der Gewinn-und-Verlustrechnung, Einblick in das Zustandekommen des Erfolgs zu vermitteln.

**gewöhnliche Differentialgleichung** ↑Differentialgleichung.

**ggT,** Abkürzung für ↑größter gemeinsamer Teiler.

**Giga...,** Zeichen G, Vorsatz vor

Einheiten, bezeichnet das $10^9$fache der betreffenden Einheit (↑Vorsatzzeichen).

**gill**, englisches Hohlmaß (↑Raumeinheit).

**Gitterpunkte** ↑kartesisches Produkt.

**gleichbleibende Annuität** ↑Annuität.

**gleichförmig verteilt**, svw. ↑gleichverteilt.

**Gleichheit.** Sind $A$ und $B$ mathematische Objekte (Zahlen, Punkte, Winkel, Geraden, ...), so bedeutet $A = B$ ($A$ gleich $B$), daß in jeder den jeweiligen Objektbereich betreffenden Aussage (Formel) $A$ durch $B$ ersetzt werden kann und umgekehrt, ohne daß sich der Wahrheitswert der Aussage ändert. Man muß in den einzelnen mathematischen Bereichen jeweils festlegen, wann zwei Objekte nicht unterschieden werden, wann sie also gleich sind. Für Zahlenpaare $(a, b)$, $(c, d)$ gilt z. B.

$(a, b) = (c, d)$ genau dann, wenn $a = c$ und $b = d$.

Es gilt also $(2,3) = (2,3)$, aber $(2,3) \neq (3,2)$; das Zeichen $\neq$ liest man „ungleich".
Für zweielementige Mengen $\{a, b\}$, $\{c, d\}$ gilt

$\{a, b\} = \{c, d\}$ genau dann, wenn $\{a, b\} \subseteq \{c, d\}$ und $\{c, d\} \subseteq \{a, b\}$;

das Zeichen $\subseteq$ bedeutet „ist Teilmenge von". Es ist also $\{2,3\} = \{3,2\}$, $\{2,3\} \neq \{3,4\}$.
Bei Brüchen unterscheidet man zunächst zwischen $\frac{2}{4}$ und $\frac{3}{6}$, denn zwei Viertel einer Torte sehen etwas anders aus als drei Sechstel einer Torte. Beim Übergang zu Bruchzahlen setzt man aber $\frac{2}{4} = \frac{3}{6}$, die äquivalenten Brüche $\frac{2}{4}$ und $\frac{3}{6}$ stellen also die gleiche Bruchzahl dar.
In einer Gleichung (beispielsweise $x^2 - 2x + 1 = 0$) sucht man diejenigen Werte, welche bei Einsetzen für die Variable „Gleichheit" liefern (also z. B. $1^2 - 2 \cdot 1 + 1 = 0$).

**gleichmächtig** ↑Kardinalzahl.

**Gleichmächtigkeit von Mengen:** Endliche Mengen sind gleichmächtig, wenn sie gleich viele Elemente besitzen; man spricht auch von anzahlgleichen Mengen. Z. B. sind die Mengen

$$A = \{1, 2, 3, 4, 5\},$$
$$B = \{5, 6, 7, 8, 9\}$$

gleichmächtig. Die Abbildung $f: A \to B$ mit $f(x) = x + 4$ ist ↑bijektiv (Abb. 1).

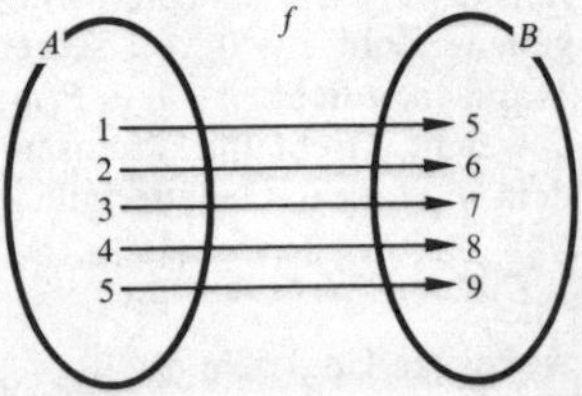


Abb. 1

Die Eigenschaft, daß sich gleichmächtige endliche Mengen bijektiv aufeinander abbilden lassen, benutzt man, um Gleichmächtigkeit auch für unendliche Mengen zu definieren:
Zwei Mengen $A$, $B$ heißen gleichmächtig (Schreibweise: $A \sim B$), wenn es eine bijektive Abbildung $f: A \to B$ gibt, wenn man also eine eineindeutige Zuordnung der Elemente von $A$ zu den Elementen von $B$ finden kann. Da etwa $f(x) = x^2$ eine bijektive Abbildung von der Menge der natürlichen Zahlen auf die Menge der Quadratzahlen ist, sind die beiden Mengen

$$\{1, 2, 3, 4, 5, \ldots\} \text{ und } \{1, 4, 9, 16, 25, \ldots\}$$

gleichmächtig.

**gleichnamig** ↑ Bruch.

**gleichschenkliges Drachenviereck** ↑ Vierecksarten.

**gleichschenkliges Dreieck:** Dreieck mit zwei gleich langen Seiten (Abb. 1). Die gleichlangen Seiten sind die **Schenkel** des Dreiecks. Die dritte Seite nennt man **Grundseite** oder **Basis.** Die der Basis gegenüberliegende Ecke ist die **Spitze** des Dreiecks. Die beiden der Basis anliegenden Winkel heißen **Basiswinkel,** sie sind gleich groß. Der Außenwinkel an der Spitze ist doppelt so groß wie ein Basiswinkel.
Der Fußpunkt des Lotes von der Spitze des gleichschenkligen Dreiecks auf die Basis ist der Mittelpunkt $M$ der Basis. Die Gerade $g_{CM}$ ist gleichzeitig *Symmetrieachse* des gleichschenkligen Dreiecks, *Winkelhalbierende* $w_\gamma$ des Winkels $\gamma$ an der Spitze, *Höhe* $h_c$, *Mittelsenkrechte* und *Seitenhalbierende* zur Basis.

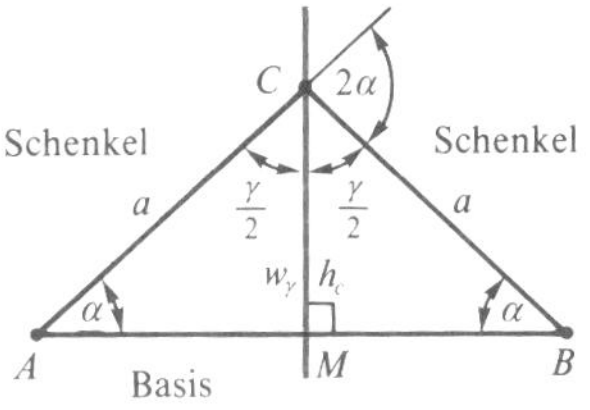

Abb. 1: Gleichschenkliges Dreieck

**gleichschenkliges Trapez** ↑ Trapez, ↑ Vierecksarten.

**gleichseitige Hyperbel** ↑ Hyperbel.

**gleichseitiges Dreieck:** Dreieck mit drei gleich langen Seiten (Abb. 1). Die Innenwinkel des gleichseitigen Dreiecks sind je 60°, die Außenwinkel je 120°. Da das gleichseitige Dreieck auch gleichschenklig ist, ist der Fußpunkt des Lotes von einer Ecke auf die gegenüberliegende Seite Mittelpunkt dieser Seite. Jedes solche Lot ist eine *Symmetrieachse* des Dreiecks. Jedes Lot von einer Ecke auf die gegenüberliegende Seite halbiert den an der Ecke liegenden Winkel, ist *Seitenhal-*

*bierende, Höhe* und *Mittelsenkrechte* zur Gegenseite.

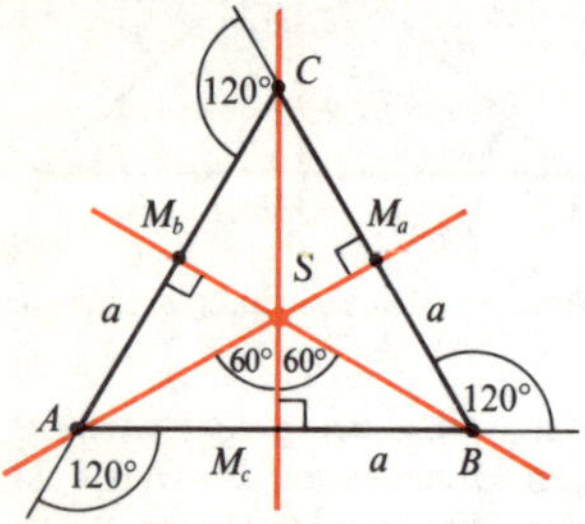


Abb. 1: Gleichseitiges Dreieck

Das gleichseitige Dreieck besitzt drei Symmetrieachsen, diese sind die Winkelhalbierenden der Innenwinkel. Die Symmetrieachsen schneiden sich im *Schwerpunkt S* des Dreiecks. Bei einer Drehung um den Punkt *S* mit den Winkeln 120°, 240° oder 360° wird das gleichseitige Dreieck auf sich selbst abgebildet, es ist *dreistrahlig symmetrisch* bzw. *radialsymmetrisch der Ordnung drei.*

**Gleichsetzungsmethode,** svw. Gleichsetzungsverfahren (↑Eliminationsverfahren).

**gleichsinnig.** Zwei Figuren heißen **gleichsinnig kongruent,** wenn sie ↑kongruent sind und gleichen ↑Umlaufsinn haben. Deshalb heißen diese (eigentlichen) Kongruenzabbildungen auch gleichsinnig. Entsprechend ist „gleichsinnig" bei ↑ähnlichen Figuren definiert. – Vgl. hierzu auch ↑gegensinnig.

**Gleichungen:** Die mathematischen Ausdrücke

$$10-7=-2+5,$$
$$7x+5=13,$$
$$2^x=8$$

sind Beispiele für Gleichungen. Eine Gleichung entsteht dadurch, daß man zwischen zwei ↑Terme $T_1$ und $T_2$ ein Gleichheitszeichen schreibt; man erhält dann die Gleichung $T_1 = T_2$. Man bezeichnet auch $T_1$ als linke Seite, $T_2$ als rechte Seite dieser Gleichung. Kommen in den beiden Termen keine ↑Variablen vor, so ist die Gleichung eine ↑Aussage. Wenn die beiden Terme Name für dieselbe Zahl sind, z. B.

$$T_1 = 3+7, \quad T_2 = 12-2,$$

dann ist die Gleichung $T_1 = T_2$ eine wahre Aussage. Enthält (mindestens) einer der Terme Variable, so ist die Gleichung eine ↑Aussageform. Die Menge $G$ der Elemente (Zahlen, Zahlentupel), die man für die Variablen einsetzen darf, heißt **Grundmenge** oder **Definitionsmenge** der Gleichung. Diejenigen Elemente der Grundmenge, bei deren Einsetzung für die Variablen die Gleichung zu einer wahren Aussage wird, heißen **Lösungen** der Gleichung. Die Menge der Lösungen einer Gleichung ist die **Lösungsmen-**

**ge** der Gleichung, sie wird meist mit $L$ bezeichnet.
Eine Gleichung, die bei *jeder* Einsetzung eines (beliebigen) Elementes der Grundmenge zu einer wahren Aussage wird, heißt **allgemeingültige Gleichung,** ihre Lösungsmenge $L$ ist die Grundmenge $G$.
*Beispiele:*

$$a+b=b+a,$$
$$(a+b)^2=a^2+2ab+b^2,$$
$$3(x+2)=3x+6,$$
$$x^2+x=x(x+1).$$

Eine Gleichung, die bei keiner Einsetzung von Elementen der Grundmenge zu einer wahren Aussage wird, heißt **nichterfüllbare (unerfüllbare) Gleichung,** ihre Lösungsmenge $L$ ist die leere Menge.
*Beispiele:*
Die Gleichung

$$2(3-5x)=5(4-2x)$$

ist unerfüllbar. Die Gleichung $x^2=2$ ist unerfüllbar über der Grundmenge der ↑rationalen Zahlen; $x^2+1=0$ ist unerfüllbar über der Grundmenge der ↑reellen Zahlen. Die Unerfüllbarkeit solcher Gleichungen gab u.a. Anlaß, die Zahlbereiche zu erweitern. Z.B. ist die Gleichung $x^2=2$ über der Grundmenge der reellen Zahlen erfüllbar, ihre Lösungsmenge ist $L=\{-\sqrt{2},\sqrt{2}\}$; die Gleichung $x^2+1=0$ ist über der Grundmenge der ↑komplexen Zahlen erfüllbar, ihre Lösungsmenge ist

$$L=\{-\mathrm{i},\mathrm{i}\}.$$

Eine Gleichung, die für gewisse Einsetzungen von Elementen der Grundmenge wahre Aussagen, für andere Einsetzungen falsche Aussagen ergibt, heißt **teilgültige** oder **erfüllbare** Gleichung; ihre Lösungsmenge $L$ ist eine echte Teilmenge der Grundmenge $G$. Ältere Bezeichnungen sind **Bestimmungsgleichung, Bedingungsgleichung** oder **lösbare Gleichung.**
*Beispiele:*

$2x+4=2$
mit $G=\mathbb{Z}$; $L=\{-1\}$,
$(x-2)^2=4$
mit $G=\mathbb{Q}$; $L=\{0,4\}$.

Man kann Gleichungen auch nach der Anzahl der Variablen (Gleichungsvariablen) einteilen:
*Beispiele:*
$2x+3=7$ ist eine *Gleichung in einer Variablen*; als Grundmenge kann z.B. die Menge der ↑natürlichen Zahlen gewählt werden. Dagegen ist $x+y=4$ eine *Gleichung in zwei Variablen.* Hierbei besteht die Grundmenge aus Zahlenpaaren. Ist $\mathbb{N}\times\mathbb{N}$ Grundmenge, so ist $L=\{(1,3),(2,2),(3,1)\}$. Über der Grundmenge $\mathbb{Z}\times\mathbb{Z}$ hat die Lösungsmenge der Gleichung unendlich viele Ele-

mente: $L =$

$$\{\ldots,(-2,6),(-1,5),(0,4),(1,3),(2,2),(3,1),(4,0),(5,-1),(6,-2),\ldots\}.$$

Die Gleichung $ax+b=c$ enthält die vier Variablen *a*, *b*, c, *x*, welche grundsätzlich gleichberechtigt sind. Man kann die Gleichung nach jeder Variablen auflösen:

$$x = \frac{c-b}{a} \quad (a \neq 0),$$

$$a = \frac{c-b}{x} \quad (x \neq 0),$$

$$b = c - ax, \quad c = ax + b.$$

Die Variable, nach der die Gleichung aufgelöst wird, heißt **Gleichungsvariable** (oder **Lösungsvariable,** kurz Variable); die anderen Variablen heißen **Formvariable,** manchmal auch **Gleichungskoeffizienten** oder **Parameter.** Für die Gleichungsvariablen werden meistens die letzten Buchstaben des Alphabets verwendet. In ↑algebraischen Gleichungen werden auf Gleichungsvariable (bzw. Terme, welche Variable enthalten) nur die vier ↑Grundrechenarten (Addition, Subtraktion, Multiplikation, Division) sowie Potenzieren und Radizieren angewandt. Hierdurch können auch ↑Bruchgleichungen und ↑Wurzelgleichungen entstehen.

Die Lösungsverfahren („Lösungsformeln") von ↑linearen Gleichungen, ↑quadratischen Gleichungen, ↑kubischen Gleichungen und von ↑biquadratischen Gleichungen gehen von den *„Normalformen"* dieser Gleichungen aus. Die zu lösende Gleichung ist also zuerst in die passende Normalform zu bringen. Dazu verwendet man ↑Äquivalenzumformungen, bei denen die Lösungsmenge nicht verändert wird.

Zu den Rechenoperationen, welche die Lösungsmenge einer Gleichung *verändern,* gehört das Quadrieren *(„Gewinnumformung")* und das Radizieren *(„Verlustumformung").* Um Verlustumformungen zu vermeiden, verwendet man beim Wurzelziehen die ↑Disjunktion zweier Gleichungen. Bei Gewinnumformungen ist eine ↑Probe zur Bestimmung der Lösungsmenge unerläßlich. Algebraische Gleichungen, deren Grad höher als vier ist, können, von Ausnahmen abgesehen, nicht mit Hilfe von Wurzeln formelmäßig gelöst werden.

**Gleichungskoeffizient** ↑Gleichungen.

**Gleichungssysteme:** Aussageformen, welche durch ↑Konjunktion von mehreren Gleichungen entstehen. Dabei wird das Konjunktionszeichen $\wedge$ (lies: „und") meistens weggelassen. Man unterscheidet ↑*lineare Gleichungssysteme* von *nichtlinearen Gleichungssystemen.* Ein Gleichungssystem heißt genau dann nichtlinear, wenn mindestens eine der in ihm vorkommenden Gleichungen keine ↑lineare Gleichung ist.

*Beispiel:* Das nichtlineare Gleichungssystem

(1) $x^2 + y^2 = 25$
(2) $x - y = 1$

mit der Grundmenge $\mathbb{R} \times \mathbb{R}$, also der Menge der reellen Zahlenpaare, ist zu lösen. Die erste Gleichung ist die Gleichung des Kreises mit dem Mittelpunkt $M(0,0)$ und dem Radius 5. Durch die zweite Gleichung wird die Gerade mit der Steigung 1 und dem $y$-Achsenabschnitt $-1$ beschrieben. Aus der Darstellung im Koordinatensystem (Abb. 1) kann man die beiden Schnittpunkte $P(4,3)$ und $Q(-3,-4)$ ablesen.

Rechnerische Lösung mit dem *Einsetzungsverfahren:*

Man löst eine der beiden Gleichungen nach einer der beiden Variablen auf (es gibt vier Möglichkeiten) und setzt den erhaltenen ↑Term für diese Variable in die andere Gleichung ein; man löst etwa die Gleichung (2) nach $y$ auf:

(2′) $y = x - 1$

und setzt diesen Term in die Gleichung (1) für $y$ ein:

(1′) $x^2 + (x-1)^2 = 25.$

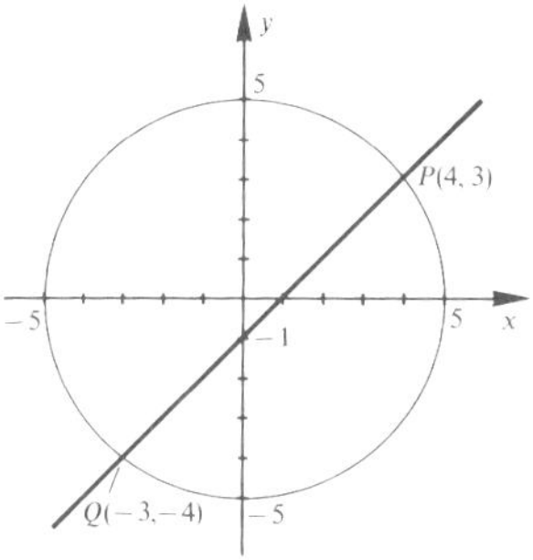


Abb. 1

Diese ↑quadratische Gleichung hat die Lösungsmenge $\{4, -3\}$. Setzt man die Lösungen in die Gleichung (2′) ein, so erhält man die zweiten Koordinaten der Lösungspaare des Gleichungssystems. Es ist

$$L = \{(4,3), (-3,-4)\}.$$

**Gleichungsvariable** ↑Gleichungen.

**gleichverteilt** *(gleichförmig verteilt):* Eine ↑Zufallsgröße mit einer **Rechtecksverteilung** heißt gleichverteilt. Der Graph ihre Wahrscheinlichkeitsdichte hat die Form eines Rechtecks (Abb. 1).

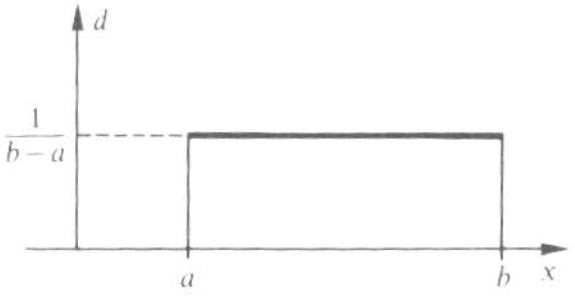


Abb. 1: Rechtecksverteilung
($d$: Wahrscheinlichkeitsdichte)

Eine diskrete Rechtecksverteilung wird z. B. durch die Augenzahl beim Würfeln gegeben (Abb. 2).

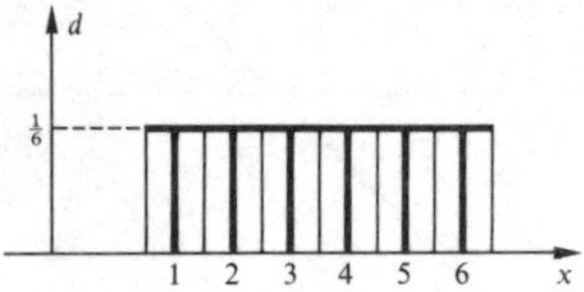


Abb. 2: Diskrete Rechtecksverteilung

**gleichwertig** ↑ Bruch.

**Gleitkommadarstellung:** Darstellung einer Zahl als Produkt einer in einem bestimmten Bereich (etwa zwischen 0 und 1 oder 1 und 10) liegenden **Festkommazahl** und der mit einer ganzen Zahl gebildeten Potenz einer bestimmten positiven ganzen Zahl (Basis). Gebräuchliche Werte für die Basis sind 2, 10 und 16.

*Beispiele:*

$$2573 = 0{,}2573 \cdot 10^4,$$
$$0{,}032 = 0{,}32 \cdot 10^{-1},$$
$$0{,}007 = 0{,}7 \cdot 10^{-2}.$$

**Gleitspiegelung,** svw. ↑ Schubspiegelung.

**Gleitung:** 1) svw. ↑ Scherung; 2) svw. ↑ Parallelverschiebung.

**global:** Eine Eigenschaft gilt in der Mathematik *global,* wenn sie bezüglich einer gesamten Grund- oder Definitionsmenge gilt (vgl. ↑ lokal).

**Glockenkurve** ↑ Normalverteilung.

**Glücksspiele.** Ein Glücksspiel besteht aus einem ↑ Zufallsversuch, bei dem die Ausfälle mit einem Gewinn oder Verlust für den Spieler verbunden sind (er macht einen Gewinn oder verliert seinen Einsatz). Bei manchen Spielen wird lediglich eine Ausgangsposition durch einen Zufallsversuch festgelegt (z. B. Ausgeben der Spielkarten), der weitere Spielverlauf kann von den Spielern durch verschiedene Strategien beeinflußt werden. Demnach unterscheidet man *strategische* Glücksspiele und *reine* Glücksspiele. Bei einem *fairen* Glücksspiel ist der ↑ Erwartungswert des Gewinns für jeden Spieler 0 oder nur leicht darunter, falls eine „Bank" mitspielt. Die üblichen Lotteriespiele (z. B. Zahlenlotto) sind in diesem Sinne nicht fair. Da ein Teil des Einsatzes (in der Regel 50 %) als Steuern abgeschöpft wird, ist der Erwartungswert des Gewinns stark negativ.

Verbreitete Glücksspiele sind ↑ Fußballtoto, ↑ Pferdewetten, ↑ Pokern, ↑ Roulette, Würfelspiele (z. B. das ↑ Crab-Spiel) und ↑ Zahlenlotto.

**Goldbachsche Vermutung:** Bezeichnung für die folgende auf Chr. Goldbach (1690 bis 1764) zurückgehende Vermutung:

Jede gerade Zahl $n \geqq 6$

läßt sich als Summe von zwei ungeraden ↑ Primzahlen schreiben.

Trotz großer Anstrengungen ist diese Vermutung bis heute nicht bewiesen.

*Beispiele:*

$$
\begin{aligned}
6 &= 3+3,\\
8 &= 3+5,\\
10 &= 3+7 = 5+5,\\
12 &= 5+7,\\
&\ \vdots\\
26 &= 3+23 = 7+19 = 13+13,\\
&\ \vdots\\
48 &= 5+43 = 7+41 = 11+37\\
&= 17+31 = 19+29,\\
&\ \vdots
\end{aligned}
$$

**Goldener Schnitt** (Sectio aurea). Es sei $T$ ein Punkt der Strecke $AB$. Er teile diese Strecke so, daß sich die Länge der ganzen Strecke zu der des größeren Teilabschnitts verhält wie die Länge des größeren zu der des kleineren Teilabschnitts. Ist $TB$ der größere Teilabschnitt, so bedeutet dies

(1) $\overline{AB} : \overline{TB} = \overline{TB} : \overline{AT}$.

Man spricht dann von einer Teilung der Strecke $AB$ durch $T$ im *Goldenen Schnitt* (oder auch von einer *stetigen Teilung* der Strecke $AB$ durch $T$).

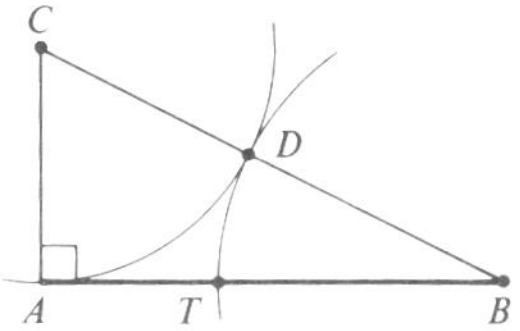


Abb. 1: Konstruktion des Goldenen Schnitts

*Konstruktion* (siehe Abb. 1): Man zeichne die Strecke $AB$. Rechtwinklig zu $AB$ errichte man in $A$ eine Strecke $AC$ der Länge

$$\overline{AC} = \frac{\overline{AB}}{2}.$$

Um $C$ zeichne man einen Kreis mit dem Radius $\overline{AC}$. Bezeichnet $D$ den Schnittpunkt dieses Kreises mit der Strecke $BC$, so ist $\overline{BD}$ die Länge des gesuchten größeren Teilabschnitts. Man übertrage $\overline{BD}$ auf die Strecke $AB$ und erhält $T$.

Für die Längen der Teilabschnitte gilt

$$\overline{TB} = \frac{\overline{AB}}{2}(\sqrt{5}-1),$$

$$\overline{AT} = \frac{\overline{AB}}{2}(3-\sqrt{5}).$$

Häufig wird der Bruch $\frac{5}{8}$ als rationale Näherung für das (irrationale) Teilverhältnis beim Goldenen Schnitt verwendet.

**goldene Zahl** (Numerus aureus), diejenige Zahl, die angibt, das wievielte von den 19 Jahren eines Mondzyklus ein gegebenes Jahr ist.

**Gon** (Winkeleinheit) ↑Winkel, ↑Gradmaß.

**goniometrische Funktionen,** svw. ↑trigonometrische Funktionen.

**goniometrische Gleichung,** svw. ↑trigonometrische Gleichung.

**Googol,** Bezeichnung für die ↑Zahl $10^{100}$ (eine Eins mit 100 Nullen).

**GOTO-Anweisung** ↑Anweisung.

**Grad.** 1) Grad dient als Maßeinheit für Winkel (↑Gradmaß).

2) Unter dem Grad eines ↑Polynoms

$$f(x) = a_n x^n + a_{n-1} x^{n-1} + \ldots + a_1 x + a_0$$

versteht man die Zahl $n$, falls $a_n \neq 0$ ist.

$f(x) = 5$
ist ein Polynom 0. Grades,
$f(x) = 2x + 3$
ist ein Polynom 1. Grades
$f(x) = x^2 + 2x - 9$
ist ein Polynom 2. Grades
$f(x) = -5x^3 + 2x^2 + 3x + 5$
ist ein Polynom 3. Grades.

Dem Nullpolynom wird kein Grad zugeordnet.

Ist $f(x)$ ein Polynom vom Grad $n$, so heißt die Gleichung $f(x) = 0$ eine ↑algebraische Gleichung vom Grad $n$.

**Gradmaß** eines ↑Winkels. Die auf die Babylonier zurückgehende Gradmessung der Winkel ordnet dem Vollwinkel 360° („360 Grad") zu, dem gestreckten Winkel 180°, dem rechten Winkel 90° usw. (Abb. 1).

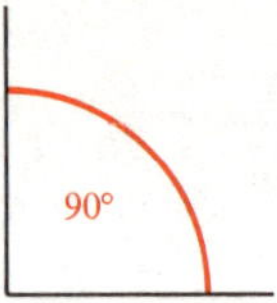

Abb. 1: Altgrad

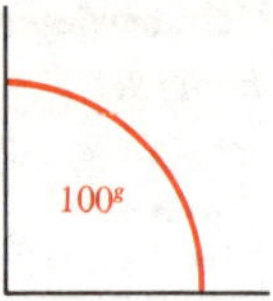

Abb. 2: Neugrad

Ein Winkel von 1° ist also der 90. Teil eines rechten Winkels. Das Grad wird in **Minuten** und **Sekunden** unterteilt:

1° = 60 Minuten (60′),
1′ = 60 Sekunden (60″).

Dieses Gradmaß bezeichnet man als **Altgrad.** Bei der **Neugradmessung** entspricht der rechte Winkel 100 Gon ($100^g$ = 100 Neugrad; Abb. 2). Es ist

$1^g = 100^c$ (100 Neuminuten),
$1^c = 100^{cc}$ (100 Neusekunden).

Im Vermessungswesen wird ausschließlich mit Gon gearbeitet.

In der Trigonometrie verwendet man zur Angabe von Winkelgrößen meistens das ↑Bogenmaß. Vgl. hierzu auch ↑Winkel.

**Gradnetz:** Bezeichnung für das aus **Längenkreisen (Meridianen)** und **Breitenkreisen**

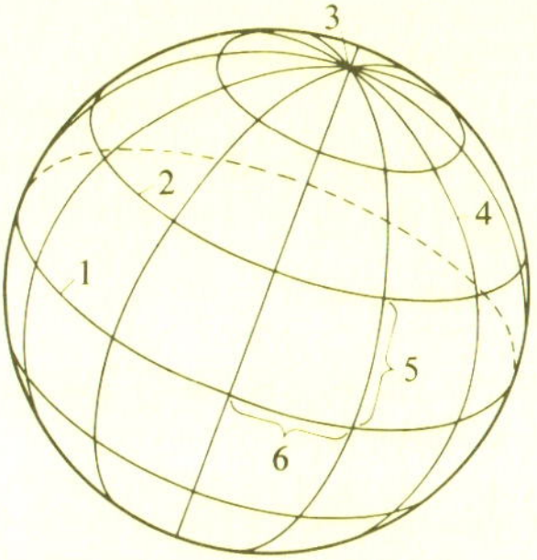


Abb. 1: Gradnetz der Erde. 1 Äquator, 2 Breitenkreis, 3 Nordpol, 4 Längenkreis, 5 geographische Breite, 6 geographische Länge

**(Parallelkreisen)** gebildete Netz der als Kugel oder Rotationsellipsoid betrachteten Erdoberfläche. Die sich von Pol zu Pol erstreckenden Längenkreise dieses Gradnetzes sind die Hälften von Großkreisen, die sich in beiden Polen schneiden; Nullmeridian ist der Meridian von Greenwich, von dem aus die **geographischen Längen** bis 180° nach Osten (östliche Länge) bzw. nach Westen (westliche Länge) gezählt werden. Von den Breitenkreisen ist nur der Äquator ein Großkreis, während die parallel verlaufenden Breitenkreise polwärts immer kleiner werden; die **geographischen Breiten** werden vom Äquator aus bis 90° (Pol) nach Norden (nördliche Breite) bzw. nach Süden (südliche Breite) gezählt. Von Längen- und Breitenkreisen abgegrenzte Teile der Erdoberfläche werden als **Gradabteilungen** bezeichnet.

**Graph,** graphische Darstellung von Relationen (z. B. von Funktionen) in Form von Punktmengen, bei denen gewisse Punktpaare durch Kurven (meist Strecken) verbunden sind. Als Graph einer Funktion $y = f(x)$ bezeichnet man die Menge aller Punkte in einem Koordinatensystem, deren Koordinaten $x$ und $y$ die Funktionsgleichung erfüllen (↑ Funktionsgraph).

**graphisches Lösen von Gleichungen:** Vor Verbreitung der ↑ Taschenrechner war das graphische Lösen von Gleichungen (mit Schablone oder geeignetem Koordinatenpapier) von

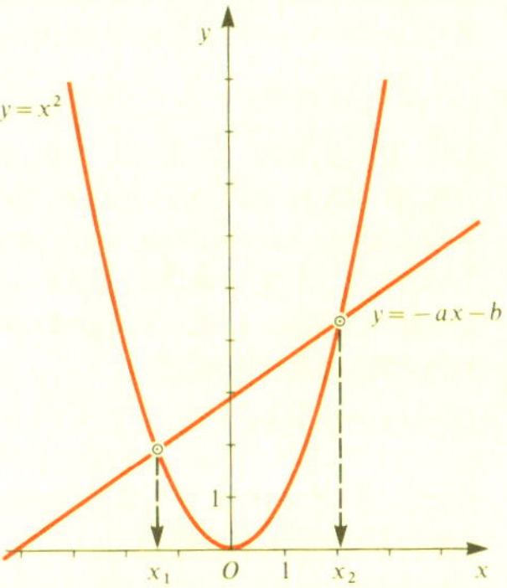


Abb. 1: Graphisches Lösen von $x^2 + ax + b = 0$

größerer Bedeutung. – Vgl. ↑lineares Gleichungssystem.
*Beispiel:* Die ↑quadratische Gleichung $x^2+ax+b=0$ löst man mit Hilfe einer Schablone für die Normalparabel ($y=x^2$) durch Zeichnen der Geraden mit der Gleichung

$$y=-ax-b \text{ (Abb. 1).}$$

**Gray-Code** ↑Code.
**Grenze** ↑obere Grenze, ↑untere Grenze. – Vgl. ↑Gebiet.
**Grenzwert** (Limes): Gibt es zu einer Zahlenfolge $a_1, a_2, a_3, \ldots$ eine Zahl $a$ mit der Eigenschaft, daß der *Abstand* $|a-a_n|$ beliebig klein gemacht werden kann, wenn $n$ hinreichend groß gewählt wird, so heißt $a$ *Grenzwert der Folge* $a_n$. Genauer meint man damit folgendes: Für jede (noch so kleine) positive Zahl $\varepsilon$ findet man eine natürliche Zahl $n_\varepsilon$, so daß für alle Zahlen $n > n_\varepsilon$ die Ungleichung

$$|a-a_n| < \varepsilon$$

gilt. In jedem Intervall um $a$ liegen also fast alle (alle mit Ausnahme endlich vieler) $a_n$. Existiert eine solche Zahl $a$, dann nennt man die Folge **konvergent** und schreibt

$$\lim_{n\to\infty} a_n = a$$

(lies: „Limes von $a_n$ für $n$ gegen unendlich gleich $a$").
*Beispiele:*
1) Für die Folge $a_0, a_1, a_2, \ldots$ mit

$$a_n = \left(\frac{1}{2}\right)^n, \quad \text{also}$$

$$1, \frac{1}{2}, \frac{1}{4}, \frac{1}{8}, \frac{1}{16}, \ldots,$$

gilt

$$\lim_{n\to\infty} a_n = 0.$$

Denn für eine beliebige positive Zahl $\varepsilon$ gilt

$$\left|0-\left(\frac{1}{2}\right)^n\right| = \left(\frac{1}{2}\right)^n < \varepsilon,$$

falls $2^n > \frac{1}{\varepsilon}$, also falls $n > {}_2\log\frac{1}{\varepsilon}$ (↑Logarithmus).

2) Die Folge der Quadratzahlen

$$1, 4, 9, 16, 25, \ldots$$

besitzt keinen Grenzwert; ihre Glieder überschreiten jede Schranke.
3) Die Folge

$$0, -\frac{1}{2}, +\frac{2}{3}, -\frac{3}{4}, +\frac{4}{5}, -\frac{5}{6}, \ldots$$

besitzt keinen Grenzwert. Ihre Glieder liegen abwechselnd nahe bei $-1$ und nahe bei $+1$.
Der *Grenzwert einer Funktion* $f(x)$ wird wie folgt definiert: Gibt es eine reelle Zahl $a$, derart, daß zu jedem $\varepsilon > 0$ ein $x_0$ existiert mit $|f(x)-a| < \varepsilon$ für alle $x \geqq x_0$ (bzw. $x \leqq x_0$), so heißt $a$ der Grenzwert der Funktion $f(x)$ für $x \to \infty$ (bzw. $x \to -\infty$). Ist eine Funktion in

einer Umgebung $U(x_0)$ definiert und gibt es eine reelle Zahl $a$ mit

$$\lim_{n \to \infty} f(x_n) = a$$

für jede gegen $x_0$ konvergierende Folge $\langle x_n \rangle$, deren Glieder in $U(x_0) \setminus \{x_0\}$ liegen, dann heißt $a$ der *Grenzwert von f an der Stelle* $x_0$:

$$\lim_{x \to x_0} f(x) = a.$$

Läßt man beim Grenzübergang nur Werte $x > x_0$ oder nur Werte $x < x_0$ zu, so erhält man den **rechtsseitigen** bzw. **linksseitigen Grenzwert** der Funktion an der Stelle $x = x_0$.

**Gros**, altes deutsches ↑Zählmaß; 1 Gros = 144 Stück.

**Größe:** Meßergebnisse und sonstige Zahlenangaben in Physik, Technik usw. sind aus Maßzahlen und Maßeinheiten zusammengesetzt, z. B. 75 kg (Kilogramm), 130 km/h (Kilometer pro Stunde). Solche Zahlen hießen früher „benannte Zahlen", heute spricht man von *Größen*. Beim Rechnen mit Größen setzt man die Maßeinheiten oft in eckige Klammern, z. B.

$$3\,[\mathrm{kg}] \cdot 4 \left[\frac{\mathrm{m}}{\mathrm{s}^2}\right] = 12 \left[\frac{\mathrm{kg} \cdot \mathrm{m}}{\mathrm{s}^2}\right].$$

Vgl. auch ↑Größenbereich, ↑Maßsystem.

**große Halbachse** ↑Ellipse.

**Größenbereich.** Eine Menge gleichartiger Größen (etwa Längen), die man addieren, mit positiven Faktoren vervielfachen und dem Betrag nach vergleichen kann, bildet einen *Größenbereich.*

**Größenvergleich von Brüchen** ↑Bruchrechnen.

**Großkreis** (Hauptkreis): Die Schnittlinie der Oberfläche einer ↑Kugel mit einer durch den Kugelmittelpunkt gelegten Ebene. Vom Gradnetz der Erde stellen der Äquator und die Meridiane Großkreise dar (nicht hingegen die Breitenkreise). Der Kreisbogen eines Großkreises zwischen zwei Punkten der Kugeloberfläche ist die kürzeste Verbindung dieser zweier Punkte auf der Kugel.

**größter gemeinsamer Teiler** (Abk. ggT): Der größte gemeinsame Teiler zweier natürlicher Zahlen $a$, $b$ ist die größte Zahl, die sowohl ein Teiler von $a$ als auch ein Teiler von $b$ ist. Diese Zahl bezeichnet man mit $\mathrm{ggT}(a, b)$.

Man bestimmt den größten gemeinsamen Teiler zweier Zahlen, indem man sie in ihre Primfaktoren zerlegt und das Produkt der in beiden Zerlegungen gemeinsam auftretenden Faktoren bildet.

*Beispiel:* Der größte gemeinsame Teiler von 84 und 105.

$$84 = 2 \cdot 2 \cdot 3 \cdot 7;$$
$$105 = 3 \cdot 5 \cdot 7.$$

Der größte gemeinsame Teiler ist also $3 \cdot 7 = 21$.
Jeder gemeinsame Teiler von $a$ und $b$ ist Teiler von $\mathrm{ggT}(a, b)$; jeder Teiler von $\mathrm{ggT}(a, b)$ ist auch ein gemeinsamer Teiler von $a$ und $b$.
Ist $\mathrm{ggT}(a, b) = 1$, so heißen die Zahlen $a$, $b$ **teilerfremd** oder **relativ prim.**
Man kann auch den ggT von mehr als zwei Zahlen erklären.
*Beispiel:*

$$\begin{aligned} &\mathrm{ggT}(36,60,90,99)\\ &= \mathrm{ggT}(\mathrm{ggT}(36,60,90),99)\\ &= \mathrm{ggT}(\mathrm{ggT}(\mathrm{ggT}(36,60),90),99)\\ &= \mathrm{ggT}(\mathrm{ggT}(12,90),99)\\ &= \mathrm{ggT}(6,99) = 3. \end{aligned}$$

Neben der Primfaktorzerlegung kann zur Bestimmung des größten gemeinsamen Teilers zweier Zahlen auch die ↑Wechselwegnahme verwendet werden.

**Grundkonstruktionen** ↑geometrische Grundkonstruktionen.

**Grundmenge.** Eine Menge $G$ heißt *Grundmenge* einer ↑Aussageform bzw. ↑Gleichung, wenn man für die ↑Variable dieser Aussageform bzw. Gleichung Elemente von $G$ einsetzen darf (↑formale Logik).
Die Grundmenge (besser: Definitionsmenge) eines ↑Terms ist ebenfalls die Menge der Elemente, die für die Variable des Terms eingesetzt werden dürfen.

**Grundrechenarten** nennt man die vier Rechenarten

↑*Addition* („Zusammenzählen"),
↑*Subtraktion* („Abziehen"),
↑*Multiplikation* („Malnehmen"),
↑*Division* („Teilen").

Die vier dazugehörigen ↑Rechenzeichen sind + (plus), − (minus), · (mal) und : (geteilt durch).
Tabelle 1 enthält eine Zusammenstellung üblicher Begriffe im Zusammenhang mit den Grundrechenarten.
Die verschiedenen ↑Zahlbereiche unterscheiden sich dadurch, daß die Grundrechenarten z. T. nur beschränkt ausführbar sind:
*Natürliche Zahlen* kann man stets addieren und multiplizieren, aber nur in bestimmten Fällen subtrahieren und dividieren:

$$5-3=2 \quad \text{und} \quad 8:2=4$$
$$4-7=\,? \quad \text{und} \quad 9:5=\,?$$

Soll das Ergebnis also wieder eine natürliche Zahl sein, so ist weder die Subtraktion $4-7$ noch die Division $9:5$ ausführbar.
*Ganze Zahlen* kann man stets addieren, subtrahieren und multiplizieren, aber nur in bestimmten Fällen dividieren:

$(+18):(-3) = -6$

$(+20):(-3) = ?$

Die Division $(+20):(-3)$ ist also nicht durchführbar, wenn das Ergebnis wieder eine ganze Zahl sein soll.

*Rationale Zahlen* und ↑reelle Zahlen erlauben alle vier Grundrechenarten, wobei man lediglich bei der Division die Null als Divisor ausschließen muß.

**Grundriß:** Projiziert man einen Gegenstand mit parallelen Strahlen senkrecht auf eine waagrechte Ebene (↑Projektion), so erhält man den Grundriß des Gegenstands. Der Grundriß enthält alle waagrechten Längen und Winkel des Gegenstands (z. B. eines Hauses) in wahrer Größe.

**Grundrißschrägbild** ↑Projektion.

**Grundseite** ↑gleichschenkliges Dreieck.

**Grundwert** ↑Prozentrechnung, ↑Promillerechnung.

**Grundzahl** ↑Potenz.

**Gruppe:** Bezeichnung für ein ↑Verknüpfungsgebilde $(G, *)$, das die folgenden Eigenschaften hat:

1. $(G, *)$ ist ↑assoziativ, d. h., für alle Elemente $a$, $b$, $c$ aus $G$ gilt

   $$a*(b*c) = (a*b)*c.$$

2. In $(G, *)$ existiert ein ↑neutrales Element, d. h., es gibt ein $e \in G$, so daß für alle $a \in G$ gilt

   $$e*a = a*e = a.$$

3. Jedes Element $a \in G$ ist invertierbar, d. h., zu jedem Element $a \in G$ existiert ein ↑inverses Element $a^{-1} \in G$ mit

   $$a*a^{-1} = a^{-1}*a = e.$$

Ist die Gruppe auch ↑kommutativ, gilt also für alle $a, b \in G$

$$a*b = b*a,$$

so heißt sie **abelsche Gruppe** (nach N. H. Abel, 1802–1829).

*Beispiele:*

1) Die Menge $\mathbb{Z}$ der ↑ganzen

| Rechenart | rechnen | Ergebnis | Zusammensetzung des Ergebnisses |
|---|---|---|---|
| Addition | addieren | Summe | Summand + Summand |
| Subtraktion | subtrahieren | Differenz | Minuend − Subtrahend |
| Multiplikation | multiplizieren | Produkt | Faktor · Faktor<br>Multiplikand · Multiplikator |
| Division | dividieren | Quotient | Dividend : Divisor |

Tabelle 1: Grundrechenarten

Zahlen bildet bezüglich der ↑Verknüpfung „+“ (Addition) eine abelsche Gruppe. Neutrales Element ist die Zahl Null, inverses Element zur Zahl $a$ ist die Zahl $-a$, also $a^{-1} = -a$. Bezüglich der Multiplikation „·“ bildet $\mathbb{Z}$ keine Gruppe, da z. B. zu 5 kein inverses Element bezüglich „·“ in $\mathbb{Z}$ existiert.

2) Die Menge der positiven rationalen Zahlen bildet bezüglich der Verknüpfung „·“ (Multiplikation) eine abelsche Gruppe. Neutrales Element ist die Zahl 1, und inverses Element zur Zahl $\frac{a}{b}$ ist die Zahl $\frac{b}{a}$.

3) Die Menge $K = \{e, a, b, c\}$ bildet bezüglich der Verknüpfung $*$, die durch die Verknüpfungstafel in Abb. 1 definiert ist, eine Gruppe.

Man findet das Element $x * y$, indem man in der Zeile, in welcher das Element $x$ im Eingang steht, bis zu der Spalte geht, in der das Element $y$ im Eingang steht: also $a * a = e$, $a * b = c$

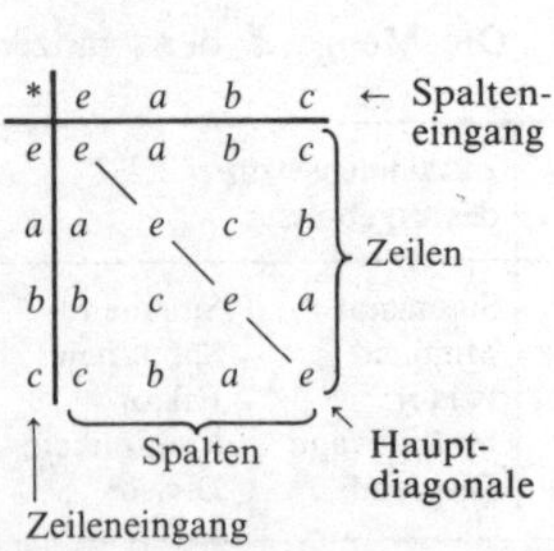


Abb. 1: Gruppentafel

usw. Da es sich um eine Gruppe handelt, bezeichnet man diese Tabelle auch als **Gruppentafel.**

Die Mächtigkeit der Menge $G$ wird **Ordnung der Gruppe** genannt.

In den Beispielen 1 und 2 handelt es sich um unendliche Gruppen, während in Beispiel 3 eine endliche Gruppe der Ordnung 4 vorliegt.

Von der Gruppenordnung ist die **Ordnung eines Elements** der Gruppe zu unterscheiden. Ein Gruppenelement $g$ heißt von der Ordnung $k$, wenn $g^k = e$ gilt ($g^k$ bedeutet $g$ $k$-mal mit sich selbst verknüpft), wobei $k$ die kleinste natürliche Zahl mit dieser Eigenschaft ist. Dabei ist $e$ das neutrale Element der Gruppe; dieses hat stets die Ordnung 1. Gibt es keine solche Zahl $k$, so nennt man die Ordnung des Gruppenelements $g$ unendlich.

In den Beispielen 1 und 2 hat nur jeweils das neutrale Element endliche Ordnung, in Beispiel 3 hat jedes Element, mit Ausnahme des neutralen Elements, die Ordnung 2.

Die Gruppe in Beispiel 3 ist eine **abstrakte Gruppe,** denn den Variablen $e$, $a$, $b$, $c$ wurde keine konkrete Bedeutung gegeben (etwa Zahlen oder Abbildungen).

Außer der Gruppe in Beispiel 3 gibt es noch eine weitere ab-

strakte Gruppe der Ordnung 4 (vgl. Beispiel 4).
4) Die Menge $M = \{e, a, b, c\}$ bildet eine Gruppe bezüglich der Verknüpfung $\circ$, welche durch die Gruppentafel in Abb. 2 festgelegt ist:

| $\circ$ | $e$ | $a$ | $b$ | $c$ |
|---|---|---|---|---|
| $e$ | $e$ | $a$ | $b$ | $c$ |
| $a$ | $a$ | $b$ | $c$ | $e$ |
| $b$ | $b$ | $c$ | $e$ | $a$ |
| $c$ | $c$ | $e$ | $a$ | $b$ |

Abb. 2

Wie in Beispiel 3 ist hier $e$ das neutrale Element.
Das Element $a$ ist invers zu $c$, und umgekehrt, während $b$ zu sich selbst invers ist. Die Ordnungen von $a$ und $c$ sind 4, die Ordnung von $b$ ist 2.
Die Gruppen in den Beispielen 3 und 4 sind in ihrer Struktur verschieden. In Beispiel 3 ist die **Kleinsche Vierergruppe** (nach Felix Klein, 1849 bis 1925) und in Beispiel 4 die **zyklische Gruppe** der Ordnung 4 angegeben.
Eine endliche Gruppe $(G, *)$ heißt zyklisch, wenn es ein Element $g \in G$ gibt, dessen Ordnung gleich der Ordnung der Gruppe ist. Das Element $g$ heißt dann **erzeugendes Element.** Es ist dann

$$G = \{g, g^2, \ldots, g^{n-1}, g^n = e\},$$

wenn $n$ die Gruppenordnung ist. In Beispiel 4 sind $a$ und $c$ erzeugende Elemente. Zyklische Gruppen sind stets kommutativ.
Eine unendliche Gruppe $(G, *)$ heißt zyklisch, wenn ein $g \in G$ (erzeugendes Element) existiert mit

$$G = \{g^i \mid i \in \mathbb{Z}\}.$$

Hierbei setzt man $g^1 := g$, $g^0 := e$ und $(g^{-k}) := (g^{-1})^k$. Beispielsweise ist $(\mathbb{Z}, +)$ eine zyklische Gruppe mit den erzeugenden Elementen $+1$ und $-1$.
Ist $(G, *)$ eine Gruppe und $U$ eine Teilmenge von $G$, die nicht leer ist und bezüglich der Verknüpfung $*$ selbst eine Gruppe ist, so heißt $(U, *)$ eine **Untergruppe** von $(G, *)$.
**Gruppenprüfung:** Verfahren zur Einsparung von Arbeitsgängen bei Massenuntersuchungen. Im folgenden wird dieses Verfahren am Beispiel von Blutuntersuchungen zur Feststellung eines Krankheitserregers dargestellt: Es werden $n$ Proben durch Mischen zu einer Probe zusammengefaßt. Findet sich ein Erreger, so werden die $n$ Proben einzeln untersucht. Man interessiert sich dafür, möglichst wenig Analysen vornehmen zu müssen. Ist $p$ die Wahrscheinlichkeit, daß ein Proband den Erreger nicht besitzt, so ist die Anzahl der not-

| $p$ | 0,7 | 0,8 | 0,9 | 0,95 | 0,98 | 0,99 |
|---|---|---|---|---|---|---|
| optimales $n$ | 3 | 3 | 4 | 5 | 8 | 11 |
| % Ersparnis | 1 | 18 | 41 | 57 | 73 | 80 |

Tabelle 1: Gruppenprüfung

wendigen Untersuchungen bei $n$ Personen

1, falls alle $n$ Probanden gesund sind (Wahrscheinlichkeit $p^n$);

$n+1$, falls mindestens ein Proband nicht gesund ist (Wahrscheinlichkeit $1-p^n$).

Also ist die mittlere Anzahl von Untersuchungen bei $n$ Probanden

$$1 \cdot p^n + (n+1)(1-p^n).$$

Man spart gegenüber der Einzelprüfung bei $n$ Probanden

$$n - p^n - (n+1)(1-p^n) = np^n - 1,$$

pro Person also $p^n - \frac{1}{n}$ Analysen.

Tabelle 1 enthält zu gegebenem $p$ das optimale $n$ und die prozentuale Ersparnis an Analysen.

**Gruppentafel** ↑ Gruppe.

**Guldinsche Regeln** (nach P. Guldin, 1577–1643): Regeln zur Berechnung des Oberflächeninhalts und des Rauminhalts von Rotationskörpern.
*1. Guldinsche Regel:* Die Oberfläche eines Rotationskörpers ist das Produkt aus der Länge der erzeugenden Kurve und der Länge des von ihrem Schwerpunkt bei der Rotation zurückgelegten Weges.
*2. Guldinsche Regel:* das Volumen eines Rotationskörpers ist das Produkt aus dem Inhalt der erzeugenden Fläche und der Länge des von ihrem Schwerpunkt bei der Rotation zurückgelegten Weges.

**Gyroeder** ↑ Ikositetraeder.

# H

**h,** Zeichen für den Vorsatz Hekto... (↑ Vorsatzzeichen).

**ha,** Einheitenzeichen für die Flächeneinheit Hektar (↑ Flächeninhalt), die v.a. bei Grundstücksgrößen verwendet wird.

**Hagenbach-Bischoff-Verfahren:** Ein von E. Hagenbach-Bischoff (1833–1910) vorgeschlagenes Verfahren bei der ↑ Verhältniswahl, bei dem zunächst die Gesamtzahl der gültigen Stimmen durch die um eins vermehrte Zahl der zu Wählenden geteilt und der sich ergebende Quotient auf die nächsthöhere ganze Zahl aufgerundet wird. Jede Partei erhält sodann vorerst so viele Mandate zugeteilt, wie dieser aufgerundete Quotient in ihrer Parteistimmenzahl enthalten ist *(Erstverteilung).* Können dadurch nicht alle Mandate vergeben werden, so wird die Stimmenzahl jeder Partei durch die um eins vermehrte Zahl der ihr bereits zugewiesenen Mandate dividiert und das erste noch zu vergebende Mandat derjenigen Partei zugewiesen, die hierbei den größten Quotienten aufweist; dies wird so lange wiederholt, bis alle Mandate vergeben sind **(Restmandatsverteilung).** Sofern sich bei der Restmandatsverteilung zwei oder mehr gleiche Quotienten ergeben, erhält diejenige Partei den Vorzug, die bei der Erstverteilung den größten Rest aufwies; sind auch diese Restzahlen gleich groß, so fällt das noch zu vergebende Mandat derjenigen Partei zu, deren in Frage stehender Bewerber die größere Stimmenzahl aufweist.

*Beispiel:* Im Wahlkreis sind 10 Abgeordnete zu wählen. Bei der Wahl werden für die Partei *A* 4 160, die Partei *B* 3 380 und die Partei *C* 2 460 Stimmen abgegeben. Bei dieser Stimmverteilung erhält man bei 10 Mandaten den Quotienten $\frac{10000}{11}$. Aufrunden auf die nächsthöhere ganze Zahl ergibt 910. Das weitere Vorgehen entnimmt man Tabelle 1.

Das Hagenbach-Bischoff-Verfahren findet sich in den Wahlgesetzen vieler Staaten (z. B. in der Schweiz und in Österreich).

**Halbachse** ↑ Ellipse.

**Halbebene** ↑ Ebene.

**halbgeordnete Menge,** svw. ↑ Halbordnung.

**Halbgerade** (Strahl): Eine Gerade wird durch einen Punkt *P* in zwei **Halbgeraden** zerlegt (Abb. 1). Der Punkt *P* gehört dabei zu keiner der beiden Halbgeraden.

| | Partei *A* | Partei *B* | Partei *C* |
|---|---|---|---|
| Stimmen | 4 160 | 3 380 | 2 460 |
| Division durch 910 | 4,57 | 3,71 | 2,70 |
| Erstverteilung (Sitze) | 4 | 3 | 2 |
| Division durch (Mandate + 1) | 4 160 : 5 = 832 | 3 380 : 4 = 845 | 2 460 : 3 = 820 |
| Restmandate | | 1 | |

Tabelle 1: Beispiel zum Hagenbach-Bischoff-Verfahren

Der Begriff „Halbgerade" wird in der Mathematik nicht eindeutig verwendet. In manchen Büchern ist die Definition so, daß der Punkt $P$ beiden Halbgeraden angehört.

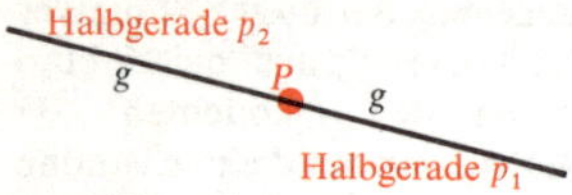


Abb. 1

Die Halbgerade mit dem Anfangspunkt $P$ durch den Punkt $Q$ wird mit $PQ^+$ oder $\overrightarrow{PQ}$ bezeichnet.

**Halbgruppe,** ein assoziatives Verknüpfungsgebilde (↑assoziativ).

**halbieren,** in zwei gleiche Teile teilen. Halbieren einer Strecke und Halbieren eines Winkels sind ↑geometrische Grundkonstruktionen. Bei der ↑russischen Multiplikation ist das Halbieren von Zahlen von Bedeutung.

**Halbkreis:** Ein ↑Kreis wird durch einen Durchmesser in zwei Halbkreise geteilt. – Vgl. ↑Thaleskreis.

**Halbkreisbogen** ↑Kreis.

**Halbkugel** (Hemisphäre): Eine ↑Kugel wird durch eine durch den Mittelpunkt gehende Ebene in zwei Halbkugeln geteilt.

**halblogarithmische Darstellung,** svw. ↑Gleitkommadarstellung.

**halblogarithmisches Papier** ↑Logarithmenpapier.

**Halbmesser:** Verbindungsstrecke irgendeines Punktes einer ebenen Mittelpunktskurve (z. B. Kreis, Ellipse, Hyperbel) oder einer gekrümmten Mittelpunktsfläche (z. B. Kugel, Ellipsoid) mit dem Mittelpunkt der Kurve oder Fläche; bei Kreis und Kugel auch als **Radius** bezeichnet.

**halboffen** ↑Intervall.

**Halbordnung** (halbgeordnete Menge, Partialordnung, teilweise geordnete Menge, Verein): Bezeichnung für eine Menge, in der eine ↑Ordnungsrelation definiert ist. In einer halbgeordneten Menge kann es im Gegensatz zur geordneten Menge Elemente geben, die bezüglich der betreffenden Ordnungsrelation nicht vergleichbar sind.

**Halbparameter,** bei ↑Kegelschnitten der Abstand eines Brennpunktes von der zugehörigen Leitlinie. – Vgl. ↑Parabel.

**halbregelmäßige Körper,** svw. ↑Archimedische Körper.

**Hamming-Abstand** (*Hamming-Distanz,* nach R. W. Hamming, 1950; engl. *signal distance*). Vergleicht man zwei Wörter eines ↑Codes Stelle für Stelle, so nennt man die Anzahl der unterschiedlichen Stellen den **Hamming-Abstand** dieser Wörter.

**Hardware.** Den technischphysikalischen Aufbau einer Datenverarbeitungsanlage bezeichnet man als *Hardware*. Zur ↑*Software* rechnet man alle Programme.

**Hare-Verfahren** ↑Niemeyer-Verfahren.

**harmonische Folge,** eine Zahlenfolge, bei der jedes Glied außer dem ersten das harmonische Mittel der beiden benachbarten Glieder ist:

$$a_n = \frac{2a_{n-1}a_{n+1}}{a_{n-1}+a_{n+1}} \text{ für } n \geqq 2.$$

Ein Beispiel einer harmonischen Folge ist die Folge der Stammbrüche $\left\langle\frac{1}{n}\right\rangle$, denn $\frac{1}{n-1}$ und $\frac{1}{n+1}$ sind die benachbarten Glieder von $\frac{1}{n}$, und

$$\frac{1}{n} = \frac{2\cdot\frac{1}{n-1}\cdot\frac{1}{n+1}}{\frac{1}{n-1}+\frac{1}{n+1}} \text{ für } n \geqq 2.$$

**harmonische Punkte:** Bezeichnung für vier Punkte $A$, $B$, $C$, $D$, wenn die Strecke $AB$ durch $C$ und $D$ harmonisch geteilt wird (↑harmonische Teilung). – Vgl. ↑Viereck.

**harmonische Reihe:** Bezeichnung für eine ↑Reihc, deren Summanden eine ↑harmonische Folge bilden. Oft versteht man darunter aber nur die Reihe

$$\sum_{i=1}^{\infty}\frac{1}{i} = 1 + \frac{1}{2} + \frac{1}{3} + \frac{1}{4} + \dots$$

Diese Reihe ist divergent (↑konvergent, vgl. auch ↑alternierend).

**harmonisches Dreieck:** Die Anordnung

$$\begin{array}{ccccccc} & & & \frac{1}{1} & & & \\ & & \frac{1}{2} & & \frac{1}{2} & & \\ & \frac{1}{3} & & \frac{1}{6} & & \frac{1}{3} & \\ \frac{1}{4} & & \frac{1}{12} & & \frac{1}{12} & & \frac{1}{4} \\ \cdot & \cdot & \cdot & \cdot & \cdot & \cdot & \cdot \end{array}$$

von Stammbrüchen heißt harmonisches Dreieck. Im harmonischen Dreieck ergibt die Summe zweier benachbarter Stammbrüche den darüberstehenden Stammbruch.

**harmonisches Mittel** ↑Mittelwert.

**harmonische Teilung:** Bezeichnung für die Teilung einer Strecke $\overline{AB}$ durch einen inneren und einen äußeren Punkt im gleichen Verhältnis; $\overline{AB}$ ist also durch die Punkte $C$ und $D$ harmonisch geteilt, wenn die Verhältnisgleichung

$$\overline{AC}:\overline{BC} = \overline{AD}:\overline{BD}$$

erfüllt ist. $A$, $B$, $C$, $D$ heißen **harmonische Punkte;** vier durch sie gelegte Strahlen mit dem gleichen Ausgangspunkt nennt man **harmonische Strahlen** (jede beliebige Gerade wird von ihnen wieder in harmon. Punkten $A_1$, $B_1$, $C_1$, $D_1$ geschnitten). $\overline{AB}$ heißt das **harmonische Mittel** zwischen $\overline{AC}$ und $\overline{AD}$; das Doppelverhältnis harmonischer Punkte ist $(-1)$. – Vgl. auch ↑apollonischer Kreis.

**Hasse-Diagramm** (nach H. Hasse, 1898–1979), vereinfachtes Pfeildiagramm einer ↑Ordnungsrelation, bei dem die Elemente durch Punkte wiedergegeben werden und einander zugeordnete Elemente durch Strecken miteinander verbunden sind (Abb. 1).

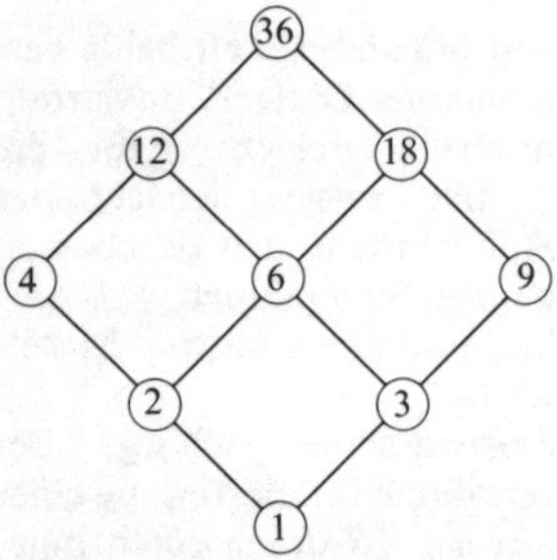


Abb. 1: Hasse-Diagramm der Teiler von 36

**Häufigkeit:** 1) Ist bei 12maligem Würfeln der Ausfall „Sechs" zweimal vorgekommen, so sagt man, dieser Ausfall hat die absolute Häufigkeit 2 und die relative Häufigkeit $\frac{2}{12} = \frac{1}{6}$. Ist in einer ↑Zufallsversuchsreihe der Länge $n$ der Ausfall $\omega$ genau $k$-mal aufgetreten, so heißt $k$ die **absolute Häufigkeit** und $\frac{k}{n}$ die **relative Häufigkeit** von $\omega$ in dieser Zufallsversuchsreihe. Man definiert die ↑Wahrscheinlichkeit des Ausfalls als den „bestmöglichen" Schätzwert für die zu erwartende relative Häufigkeit und benutzt umgekehrt die relative Häufigkeit zur näherungsweisen Bestimmung der Wahrscheinlichkeit.

2) Bei der Auswertung von Meßreihen ist es manchmal zweckmäßig, die Meßwerte in Klassen einzuteilen und die Anzahl der Meßwerte pro Klasse anzugeben. Diese Anzahl heißt die **absolute Häufigkeit** der Klasse in dieser Meßreihe; dividiert man durch die Gesamtzahl der Meßwerte, so entsteht die **relative Häufigkeit** der Klasse. Zur Darstellung von Häufigkeiten bei Meßreihen benutzt man ↑Histogramme. Haben die Klassen alle die gleiche Breite, so kann man zur Darstellung von Häufigkeitsverteilungen auch Stabdiagramme verwenden (↑Statistik).

Sind die Klassen

$$K_1, K_2, \ldots, K_n$$

mit den Klassenbreiten

$$b_1, b_2, \ldots, b_n$$

sowie den relativen Häufigkeiten

$$h_1, h_2, \ldots, h_n$$

gegeben, so heißt die Funktion

| Klasse | absolute Häufigkeit | relative Häufigkeit | Häufigkeitsdichte |
|---|---|---|---|
| $K_1 = [0,5[$ | 5 | 0,16 | 0,032 |
| $K_2 = [5,10[$ | 2 | 0,06 | 0,012 |
| $K_3 = [10,15[$ | 1 | 0,03 | 0,006 |
| $K_4 = [15,20[$ | 6 | 0,19 | 0,038 |
| $K_5 = [20,25[$ | 5 | 0,16 | 0,032 |
| $K_6 = [25,30[$ | 2 | 0,06 | 0,012 |
| $K_7 = [30,35[$ | 6 | 0,19 | 0,038 |
| $K_8 = [35,40[$ | 2 | 0,06 | 0,012 |
| $K_9 = [40,45[$ | 2 | 0,06 | 0,012 |
| $K_{10} = [45,50[$ | 1 | 0,03 | 0,006 |

Tabelle 1

$$h: K_i \longmapsto h_i \qquad \text{(Abb. 1)}$$

die **Häufigkeitsverteilung** und die Funktion

$$d: x \longmapsto d_i := \frac{h_i}{b_i} \quad \text{für} \quad x \in K_i$$

(Abb. 2)

die **Häufigkeitsdichte.**

*Beispiel:* Zur Bestimmung der mittleren Schneehöhe im Monat Januar wird an jedem Tag die Höhe der Schneedecke gemessen. Man erhält die folgende Meßreihe mit 31 Werten (in cm): 0, 0, 4, 1, 4, 7, 19, 21, 19, 18, 14, 9, 22, 28, 34, 33, 32, 31, 28, 34, 32, 41, 43, 46, 36, 36, 22, 24, 23, 18, 17. Bei einer Klasseneinteilung mit einer Klassenbreite von jeweils 5 cm ergeben sich die Werte aus Tab. 1.

**Häufungspunkt:** Bezeichnung für einen Punkt bzw. eine Zahl mit der Eigenschaft, daß in jeder beliebigen Umgebung unendlich viele Punkte einer vorgegebenen Menge **(Häufungspunkt einer Menge)** bzw. unendlich viele Glieder einer Folge **(Häufungspunkt einer Folge)** liegen. Die Folge

$$u_n = (-1)^n + 1/n$$

hat z. B. die Häufungspunkte $-1$ und $+1$, die Folge 1, 2, 3, 4,... besitzt keinen Häufungs-

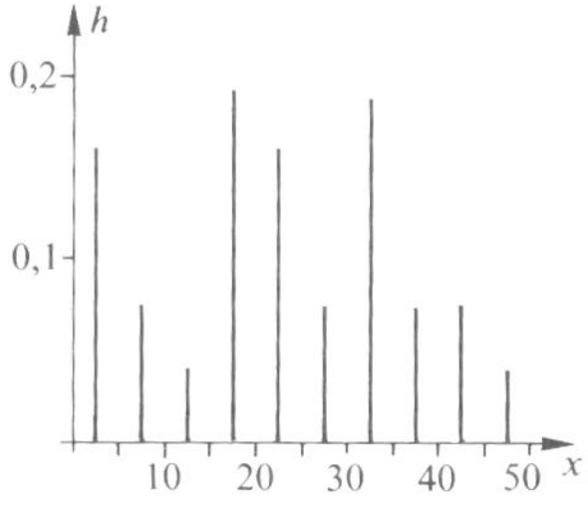

Abb. 1: Häufigkeitsverteilung

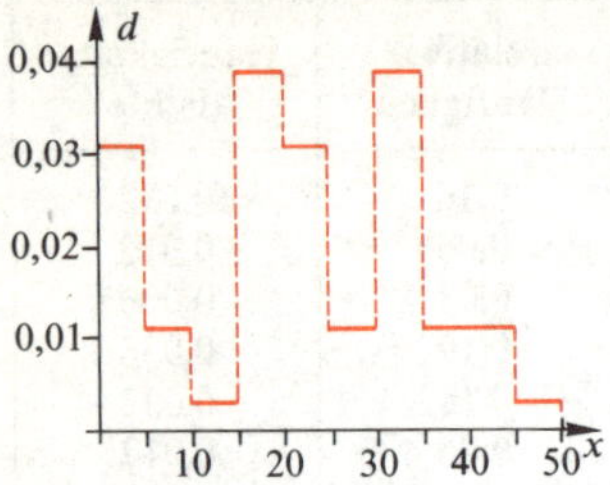

Abb. 2: Häufigkeitsdichte

punkt. Der *Satz von Bolzano-Weierstraß* besagt, daß jede beschränkte unendliche Zahlenfolge wenigstens einen Häufungspunkt besitzt.

**Hauptachse** ↑Ellipse, ↑Hyperbel.

**Hauptachsentransformation:** Bezeichnung für eine Koordinatentransformation, bei der die Gleichung einer ↑Kurve zweiter Ordnung (eines ↑Kegelschnitts) oder einer ↑Fläche 2. Ordnung so umgeformt wird, daß sie keine gemischten Glieder mehr enthält. Dies wird durch eine Drehung des Koordinatensystems erreicht. Die Hauptachse einer solchen Kurve bzw. Fläche liegt dann parallel zu einer Achse des Koordinatensystems.

**Hauptdiagonale,** die von links oben nach rechts unten verlaufende Diagonale einer ↑Matrix oder ↑Determinante; die in dieser Diagonale stehenden Elemente $a_{ii}$ werden als **Hauptdiagonalelemente** bezeichnet.

**Hauptdiagonalelemente** ↑Hauptdiagonale.

**Hauptkreis:** 1) svw. ↑Großkreis (↑Kugel); 2) ↑Ellipse.

**Hauptnenner,** das kleinste gemeinsame Vielfache der Nenner mehrerer ungleichnamiger Brüche. Die Brüche $\frac{1}{2}$, $\frac{1}{3}$ und $\frac{1}{4}$ haben z. B. den Hauptnenner 12 (↑Bruch).

**Hauptprogramm** ↑Unterprogramm.

**Hauptscheitel** ↑Ellipse, ↑Hyperbel.

**Hauptscheitelkreis** ↑Ellipse.

**Heimcomputer** ↑Tischrechner.

**Hektar** ↑Flächeninhalt.

**Hekto...,** Zeichen h, Vorsatz vor Einheiten, bezeichnet das 100fache der betreffenden Einheit (↑Vorsatzzeichen).

**Hektoliter** ↑Hohlmaß.

**heliozentrisches System** ↑astronomische Koordinatensysteme.

**Hemisphäre,** svw. ↑Halbkugel.

**Heptaeder,** in der Geometrie svw. Siebenflächner.

**Heptagon,** in der Geometrie svw. ↑Siebeneck.

**Herbstpunkt:** Schnittpunkt der ↑Ekliptik mit dem Himmelsäquator, an dem die Sonne auf ihrer scheinbaren Bahn von der nördlichen auf die südliche Erdhalbkugel wandert. – Vgl. ↑Frühlingspunkt.

**Heronische Formel** ↑Dreiecksfläche.

**Heronsches Verfahren** (nach Heron von Alexandria, um 60

n. Chr.): Näherungsverfahren zur Berechnung der Quadratwurzel einer Zahl. Die Quadratwurzel wird hierbei durch zwei Zahlenfolgen $a_1, a_2, a_3, \ldots$ und $b_1, b_2, b_3, \ldots$ eingegrenzt.
*Beispiel:* Berechnung von $\sqrt{17}$ auf 6 geltende Ziffern.
Wählt man $b_1 = 5$, so erhält man $a_1 = 17:5 = 3{,}4$. Das arithmetische Mittel von $a_1$ und $b_1$ ist

$$\frac{a_1 + b_1}{2} = \frac{3{,}4 + 5}{2} = 4{,}2.$$

Nun wählt man $b_2 = 4{,}2$, also

$$a_2 = 17:4{,}2 = 4{,}05$$

(gerundet).

Arithmetisches Mittel:

$$\frac{a_2 + b_2}{2} = \frac{4{,}05 + 4{,}2}{2} = 4{,}125.$$

Nun wählt man $b_3 = 4{,}125$, also

$$a_3 = 17:4{,}125 = 4{,}12121$$

(gerundet).

Arithmetisches Mittel:

$$\frac{a_3 + b_3}{2} = 4{,}123105.$$

Nun wählt man $b_4 = 4{,}123105$ und erhält

$$a_4 = 4{,}1231063 \text{ (gerundet).}$$

Es ist also $\sqrt{17} = 4{,}12310$ auf 6 geltende Ziffern.
Das Flußdiagramm zum Heronschen Verfahren zur Berechnung von $\sqrt{p}$ ist in Abbildung 1 angegeben.

**Herzkurve,** svw. ↑Kardioide.

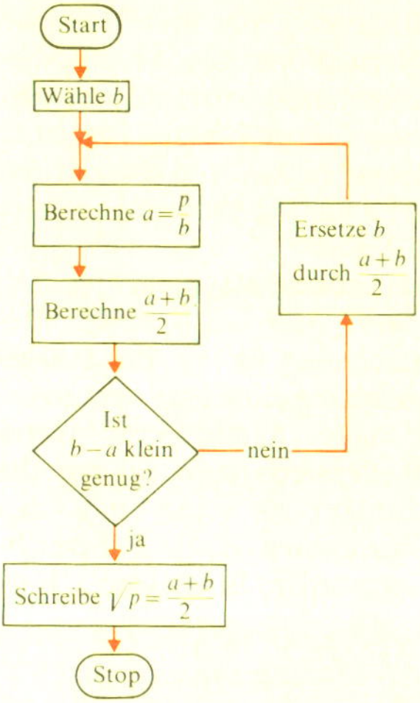


Abb. 1: Heronsches Verfahren

**Hessesche Normalform:** Die Gerade $g$ habe vom Ursprung $O$ den ↑Abstand $d$ ($d \in \mathbb{R}^+$). Das Lot von $O$ auf $g$ schließe mit der positiven $x$-Achse den Winkel $\alpha$ ein (siehe Abb. 1). Dann ist

$$g: x \cdot \cos\alpha + y \cdot \sin\alpha - d = 0$$

die *Hessesche Normalform (HNF)* von $g$.

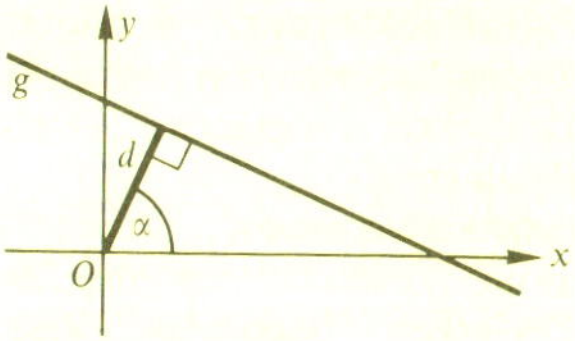


Abb. 1

Bedeutung hat die Hessesche Normalform für Abstandsbestimmungen, etwa für den Abstand eines Punktes von einer Geraden bzw. von einer Ebene oder für den Abstand paralleler Geraden.

**Hexadezimalsystem** (16er System, Sedezimalsystem): Bezeichnung für ein im Zusammenhang mit Computeranwendungen häufig verwendetes Stellenwertsystem, bei dem die Zahlen 10, ..., 15 mit den Buchstaben A, ..., F bezeichnet werden. Es ist dann z. B.

$$\begin{aligned} A7F3 &= A \cdot 16^3 + 7 \cdot 16^2 \\ &\quad + F \cdot 16 + 3 \cdot 16^0 \\ &= 10 \cdot 16^3 + 7 \cdot 16^2 \\ &\quad + 15 \cdot 16 + 3 \\ &= 40960 + 1792 + 240 + 3 \\ &= 42\,995. \end{aligned}$$

**Hexaeder** (Sechsflach, Sechsflächner), von sechs Vierecken begrenzter Vielflächner; das von sechs Quadraten begrenzte regelmäßige Hexaeder ist der ↑Würfel.

**Hexagon,** svw. ↑Sechseck.

**Hexagramm,** sechsstrahliger Stern.

**Hexakisoktaeder,** Achtundvierzigflächner, ein von 48 Dreiecken begrenzter Vielflächner.

**Hexakistetraeder,** Vierundzwanzigflächner, ein von 24 Dreiecken begrenzter Vielflächner.

**Hilfslinie,** eine zusätzliche Linie in einer geometrischen Figur, mit deren Hilfe bestimmte geometrische Konstruktionsaufgaben gelöst oder bestimmte Beweise geführt werden können. Hilfslinien werden meist gestrichelt gezeichnet.

**hinreichende Bedingung** ↑Bedingung.

**Hintereinanderausführung** (Hintereinanderschaltung), svw. ↑Verkettung.

**Hippokrates,** die Möndchen des: Von Hippokrates von Chios (um 440 v. Chr.) stammt der Satz, daß die Summe der Flächeninhalte der beiden „Möndchen" in Abb. 1 gleich dem Flächeninhalt des rechtwinkligen Dreiecks ist. Dies folgt sofort aus dem ↑erweiterten Satz des Pythagoras.

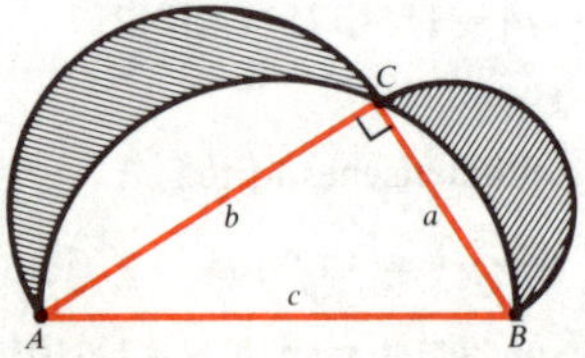

Abb. 1: Die Möndchen des Hippokrates

**Histogramm** (Treppenpolygon, Staffelbild): Darstellung einer Häufigkeitsverteilung (↑Häufigkeit), bei der der Wertebereich der unabhängigen Veränderlichen $z$ in gleich große Abschnitte eingeteilt ist, in denen die abhängige Veränderliche jeweils einen konstanten Wert hat.

**hl,** Einheitenzeichen für Hektoliter (↑ Hohlmaß).

**Höchstwert,** svw. ↑ Scheitelwert.

**Hochzahl,** svw. ↑ Exponent (vgl. ↑ Potenz).

**Höhe:** Bezeichnung für jede Gerade eines Dreiecks, welche durch eine Ecke geht und rechtwinklig zur gegenüberliegenden Seite (oder deren Verlängerung) ist (Abb. 1). Jedes

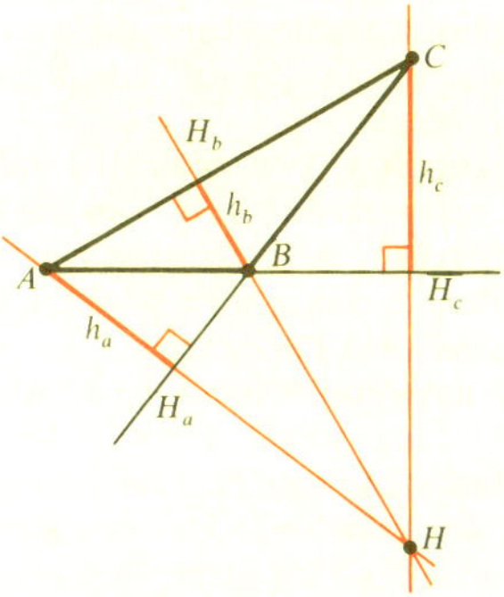


Abb. 1: Höhen im stumpfwinkligen Dreieck

Dreieck besitzt drei Höhen: $h_a$, $h_b$, $h_c$. Häufig wird der Begriff Höhe für die Strecken $AH_a$, $BH_b$ und $CH_c$ verwendet. Die Bezeichnungen $h_a$, $h_b$ und $h_c$ stehen dann auch für diese Strecken bzw. deren Längen.
Die drei Höhen des Dreiecks schneiden sich in einem Punkt, dem **Höhenschnittpunkt** $H$. Beim *spitzwinkligen* Dreieck gehen die Höhen durch das *Innere* des Dreiecks (Abb. 2).

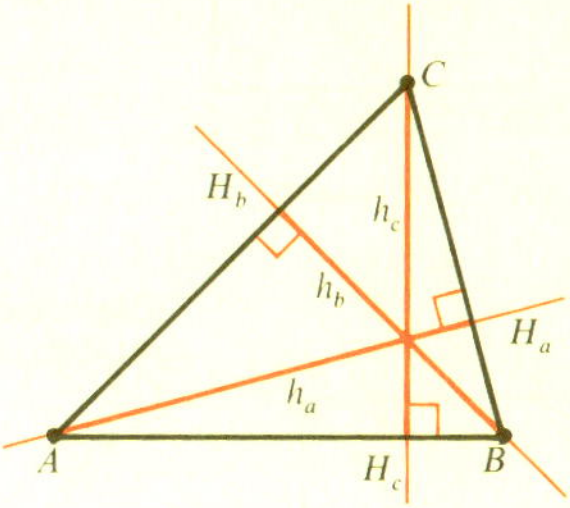


Abb. 2: Höhen im spitzwinkligen Dreieck

Beim *stumpfwinkligen* Dreieck liegen zwei der Höhen und der Höhenschnittpunkt im *Äußeren* des Dreiecks (Abb. 1).
Beim *rechtwinkligen* Dreieck sind die beiden Katheten auch Höhen.

**Höhenformeln** ↑ Dreiecksberechnung.

**Höhenmessung** ↑ trigonometrische Höhenmessung.

**Höhensatz:** Bezeichnung für einen *geometrischen Lehrsatz,* der eine Flächenbeziehung an rechtwinkligen Dreiecken wiedergibt: Das Quadrat über der Höhe $h$ eines rechtwinkligen Dreiecks ist flächengleich mit dem Rechteck aus den Hypotenusenabschnitten $p$ und $q$, in die die Hypotenuse durch die Höhe geteilt wird: $h^2 = pq$.

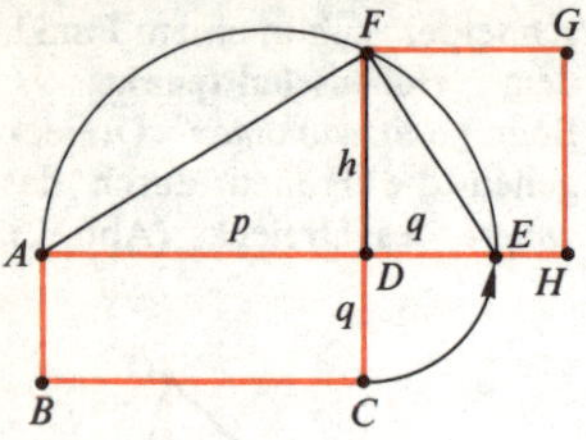


Abb. 1: Höhensatz

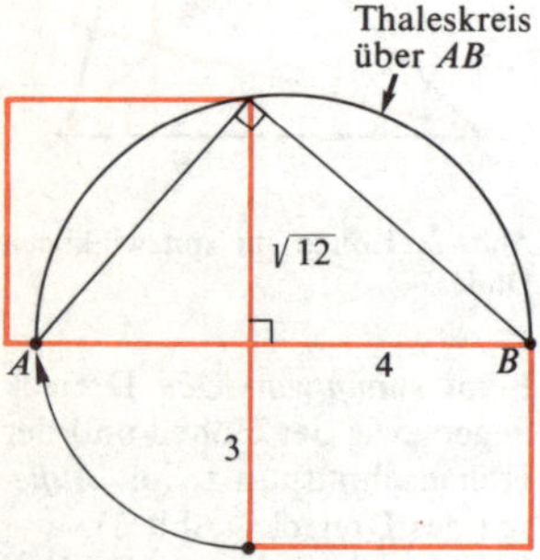


Abb. 2: Konstruktion eines Quadrats mit Seitenlänge $\sqrt{12}$

Mit Hilfe des Höhensatzes kann man Rechtecke in flächengleiche Quadrate verwandeln (und umgekehrt) und damit Quadrate mit vorgegebenem Flächeninhalt konstruieren. Außerdem lassen sich Strecken, deren Längen die Maßzahlen $\sqrt{2}$, $\sqrt{3}$ usw. haben, konstruieren: $h = \sqrt{p \cdot q}$.

*Beispiel:* Es ist ein Quadrat mit dem Inhalt 12 Flächeneinheiten zu konstruieren (Abb. 2).

**Höhenschnittpunkt** ↑Höhe.

**höhere Programmiersprache** ↑Programmiersprache.

**Hohlmaß,** Volumeneinheit, die vorwiegend für Flüssigkeiten und Schüttgüter verwendet wird (vgl. ↑Raumeinheit).

Häufig verwendete Hohlmaße:

Liter ($1\,\mathrm{l} = 1\,\mathrm{dm}^3$),
Hektoliter ($1\,\mathrm{hl} = 100\,\mathrm{l}$),
Deziliter ($1\,\mathrm{dl} = 0{,}1\,\mathrm{l}$),
Zentiliter ($1\,\mathrm{cl} = 0{,}01\,\mathrm{l}$),
Milliliter ($1\,\mathrm{ml} = 0{,}001\,\mathrm{l}$).

**holomorphe Funktion,** eine komplexwertige Funktion $f(z)$ einer komplexen Variablen $z$, die in einem Gebiet der komplexen Zahlenebene differenzierbar ist (↑auch komplexe Zahlen).

**homolog,** svw. gleichliegend, entsprechend (z. B. **homologe Stücke:** sich entsprechende Punkte, Seiten oder Winkel bei ähnlichen Dreiecken).

**Homomorphismus,** eine ↑Abbildung zwischen zwei ↑Verknüpfungsgebilden, bei der das Bild eines Verknüpfungsergebnisses gleich dem Verknüpfungsergebnis der Bilder ist.

*Beispiel:* Bezeichnet $\mathbb{R}^+$ die Menge der positiven reellen Zahlen und $\mathbb{R}$ die Menge der ↑reellen Zahlen, so ist der ↑Logarithmus (zu einer Basis $b > 1$) ein Homomorphismus von $(\mathbb{R}^+, \cdot)$ in $(\mathbb{R}, +)$, denn es gilt

$$\log(a_1 \cdot a_2) = \log a_1 + \log a_2$$
für alle $a_1, a_2 \in \mathbb{R}^+$.

Statt „Homomorphismus" sagt man auch **Morphismus, homomorphe Abbildung** oder **verknüpfungstreue Abbildung.**
Ist der Homomorphismus ↑injektiv, so spricht man von einem **Monomorphismus (monomorphe Abbildung).** Ist der Homomorphismus ↑surjektiv, so spricht man von einem **Epimorphismus (epimorphe Abbildung).** Ist der Homomorphismus ↑bijektiv, so spricht man von einem **Isomorphismus (isomorphe Abbildung).** Der Logarithmus (vgl. obiges Beispiel) ist eine isomorphe Abbildung von $(\mathbb{R}^+, \cdot)$ auf $(\mathbb{R}, +)$.
Als Homomorphismus bezeichnet man auch speziell eine ↑lineare Abbildung.

**Homöomorphismus,** eine ↑bijektive stetige Abbildung mit stetiger Umkehrabbildung.

**horizontal** (waagerecht), rechtwinklig zu ↑vertikal.

**Horizontale,** eine waagrechte Gerade bzw. Ebene; die waagrechte Lage.

**Horizontalsystem,** ein ↑astronomisches Koordinatensystem.

**Horizontlinie** ↑Perspektive.

**Horner-Schema** (nach W. G. Horner, 1786–1837): Das Horner-Schema ist ein Verfahren zur Berechnung von Werten einer Polynomfunktion; man braucht dabei nur Multiplikationen und Additionen auszuführen.
Beim Horner-Schema (Abb. 1) werden in der ersten Zeile die Koeffizienten der Polynomfunktion $p(x)$ notiert, wobei für nicht in $p$ vorkommende Potenzen eine Null zu schreiben ist. In der dritten Zeile steht an erster Stelle der Koeffizient der höchsten Potenz. Die Terme der zweiten Zeile entstehen durch Multiplikation des unmittelbar voranstehenden Terms der dritten Zeile mit $x_0$. Die Terme der dritten Zeile sind die Summen der darüberstehenden Terme der ersten und der zweiten Zeile. Als letzten Term in der dritten Zeile erhält man den gesuchten Wert.
*Beispiel:* Berechnung des Werts von $p(x) = 3x^5 - 2x^4 + 3$ an der Stelle 2.

| | | | | | | |
|---|---|---|---|---|---|---|
| $p(x)$ | 3 | −2 | 0 | 0 | 0 | 3 |
| 2 | | 6 | 8 | 16 | 32 | 64 |
| | 3 | 4 | 8 | 16 | 32 | 67 |

Abb. 1: Horner-Schema

Man erhält also $p(2) = 67$.

**hundert,** die ↑Zahl 100.

**Hybridrechner** ↑analog.

**Hyperbel:** Eine *Hyperbel* ist der geometrische Ort aller Punkte der Ebene, für die der Betrag der Differenz der Entfernungen von zwei festen Punkten $F_1$ und $F_2$ konstant (gleich $2a$) ist (Abb. 1).

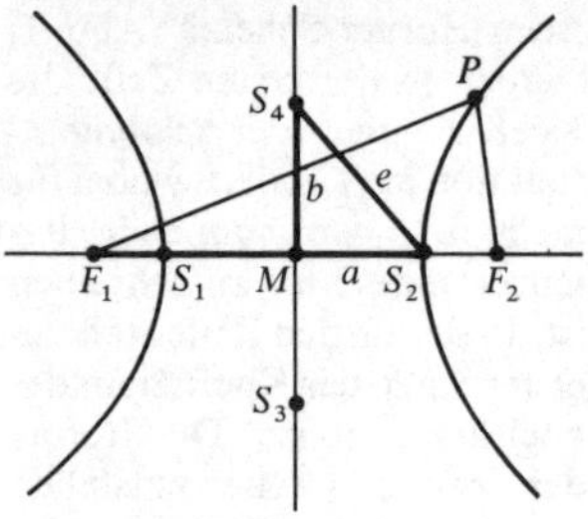


Abb. 1: Hyperbel

Die spezielle Gestalt einer Hyperbel hängt ab vom Abstand der Punkte $F_1$ und $F_2$ sowie von der Abstandsdifferenz $2a$. Eine Hyperbel hat genau zwei Symmetrieachsen. Im Gegensatz zur ↑Ellipse, die durch eine ähnliche Aussageform definiert ist und eine *zusammenhängende, geschlossene* Kurve darstellt, besteht die Hyperbel aus zwei sogenannten **Ästen.** In Abb. 1 ist der rechte Ast gekennzeichnet durch

$$\overline{PF_1} - \overline{PF_2} = 2a,$$

der linke dagegen durch

$$\overline{PF_2} - \overline{PF_1} = 2a.$$

Man vereinbart für Hyperbeln die folgenden *Bezeichnungen* (vgl. Abb. 1):

$M$: *Mittelpunkt*
$F_1, F_2$: *Brennpunkte*
$S_1, S_2$: *Hauptscheitel*
$S_3, S_4$: *Nebenscheitel*
$S_1 S_2$: *Hauptachse oder reelle Achse;* $\overline{S_1 S_2} =: 2a$
$S_3 S_4$: *Nebenachse oder imaginäre Achse;* $\overline{S_3 S_4} =: 2b$
$MS_1, MS_2$: *reelle Halbachsen*
$MS_3, MS_4$: *imaginäre Halbachsen*
$\overline{F_1 M} = \overline{F_2 M} = e$: *lineare Exzentrizität* oder *Brennweite*

Im Gegensatz zur ↑Ellipse sind die Nebenscheitel $S_3$, $S_4$ *keine Hyperbelpunkte.* Man spricht daher auch von den *imaginären Nebenscheiteln* einer Hyperbel. Man erhält $S_3$ und $S_4$, indem man in $M$ das Lot zur Hauptachse errichtet und darauf von $S_2$ die Entfernung $\overline{MF_2} = e$ abträgt (Abb. 1). Hieraus folgt insbesondere, daß zwischen den (Längen der) Halbachsen $a$, $b$ und der linearen Exzentrizität $e$ die folgende Beziehung besteht:

$$e^2 = a^2 + b^2.$$

Sind die Achsen einer Hyperbel gleich lang, so heißt die Hyperbel *gleichseitig* oder auch *rechtwinklig.*

Die Symmetrieachsen der Hyperbel verlaufen durch die Hauptscheitel $S_1$ und $S_2$ bzw. durch die Nebenscheitel $S_3$ und $S_4$. Die Hyperbel ist auch punktsymmetrisch zu ihrem Mittelpunkt.

Für den Quotienten $\varepsilon = \frac{e}{a}$ *(nu-*

*merische Exzentrizität)* gilt im Falle der Hyperbel

$\varepsilon > 1.$

*Weitere Charakterisierungen der Hyperbel:*

*1. Leitlinieneigenschaft der Hyperbel:* Eine Hyperbel ist der geometrische Ort aller Punkte *P*, deren Abstände von einem gegebenen Brennpunkt *F* und einer gegebenen Geraden *g* (der **Leitgeraden**) ein festes Verhältnis $\varepsilon > 1$ besitzen (Abb. 2). Die Gerade *g* heißt auch **Leitlinie.**

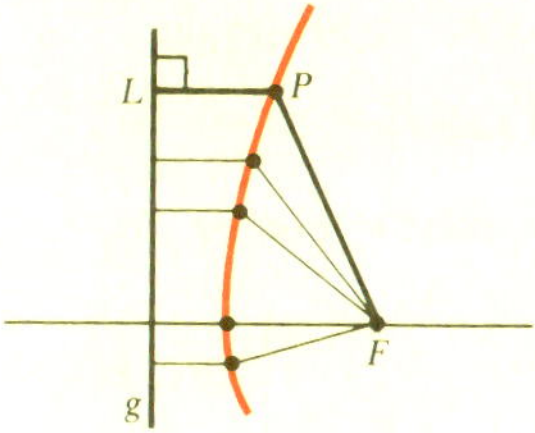


Abb. 2: Hyperbel mit dem Brennpunkt *F* und der Leitlinie *g*

*2.* Gegeben sei ein Kreis *k* und ein Punkt *F* außerhalb des Kreises. Die Lösungsmenge der Aussageform

*Der Punkt P hat von dem Kreis k und dem Punkt F den gleichen Abstand*

ist ein *Ast* einer Hyperbel.

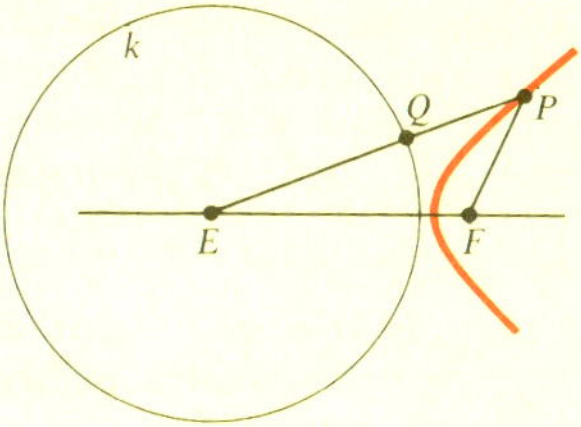


Abb. 3

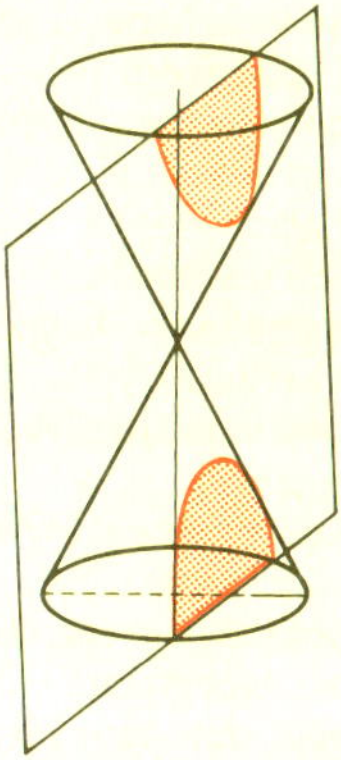

Abb. 4: Hyperbel als Kegelschnitt

*3. Hyperbel als Kegelschnitt:* Schneidet eine Ebene einen geraden Kreiskegel, so wie dies in Abb. 4 dargestellt ist, dann erhält man als Schnittfigur eine Hyperbel (↑ Kegelschnitte).

*Gleichung der Hyperbel:* Liegt der Mittelpunkt einer Hyperbel im Koordinatenursprung eines kartesischen Koordinatensystems, so lautet ihre Gleichung

$$\frac{x^2}{a^2} - \frac{y^2}{b^2} = 1$$

*(Mittelpunktsgleichung)*. Sie besitzt zwei durch den Mittelpunkt verlaufende ↑Asymptoten mit den Gleichungen $y = \pm \frac{b}{a} x$. Ist. $a = b$, so liegt eine gleichseitige Hyperbel vor; ihre Asymptoten stehen senkrecht aufeinander.

**Hyperbelfunktionen,** svw. ↑hyperbolische Funktionen.

**Hyperbelkosekans** ↑hyperbolische Funktionen.

**Hyperbelkosinus** ↑hyperbolische Funktionen.

**Hyperbelkotangens** ↑hyperbolische Funktionen.

**Hyperbelsekans** ↑hyperbolische Funktionen.

**Hyperbelsinus** ↑hyperbolische Funktionen.

**Hyperbeltangens** ↑hyperbolische Funktionen.

**hyperbolisch,** in der Geometrie svw. hyperbelartig, hyperbelförmig, mit der ↑Hyperbel in Zusammenhang stehend.

**hyperbolische Funktionen** (Hyperbelfunktionen): Zusammenfassende Bezeichnung für die Funktionen *Hyperbelsinus* (*Sinus hyperbolicus,* Funktionszeichen sinh), *Hyperbelkosinus* (*Cosinus hyperbolicus,* Funktionszeichen cosh), *Hyperbeltangens* (*Tangens hyperbolicus,* Funktionszeichen tanh), *Hyperbelkotangens* (*Cotangens hyperbolicus,* Funktionszeichen coth), *Hyperbelsekans* (*Secans hyperbolicus,* Funktionszeichen sech) und *Hyperbelkosekans* (*Cosecans hyperbolicus,* Funktionszeichen cosech).

Hyperbelsinus und Hyperbelkosinus (Abb. 1) lassen sich durch die (für beliebige reelle oder komplexe $z$ konvergenten) Reihen

$$\sinh z = z + \frac{z^3}{3!} + \frac{z^5}{5!} + \ldots,$$

$$\cosh z = 1 + \frac{z^2}{2!} + \frac{z^4}{4!} + \ldots$$

definieren. Mit den trigonometr. Funktionen Sinus und Kosinus sind sie durch die Beziehungen $\sinh z = -\mathrm{i} \cdot \sin \mathrm{i} z$, $\cosh z = \cos \mathrm{i} z$ verknüpft (mit $\mathrm{i} = \sqrt{-1}$). Ferner gilt:

$$\sinh z = \frac{1}{2}(\mathrm{e}^{z} - \mathrm{e}^{-z}),$$

$$\cosh z = \frac{1}{2}(\mathrm{e}^{z} + \mathrm{e}^{-z}).$$

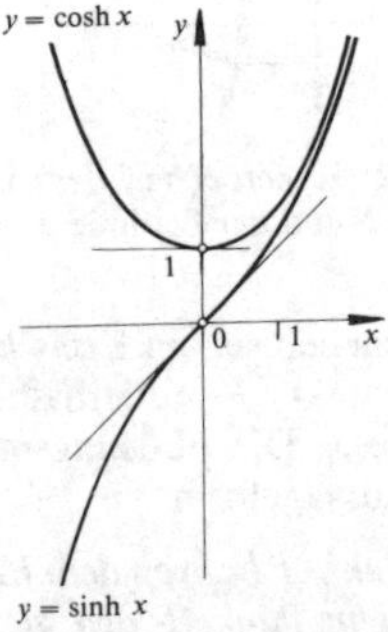


Abb. 1: Hyperbelsinus und Hyperbelkosinus

Die Funktionen Hyperbeltangens (Abb. 2), Hyperbelkotangens, Hyperbelsekans und Hyperbelkosekans sind definiert durch

$$\tanh z = \frac{\sinh z}{\cosh z},$$

$$\coth z = \frac{\cosh z}{\sinh z},$$

$$\operatorname{sech} z = \frac{1}{\cosh z},$$

$$\operatorname{cosech} z = \frac{1}{\sinh z}.$$

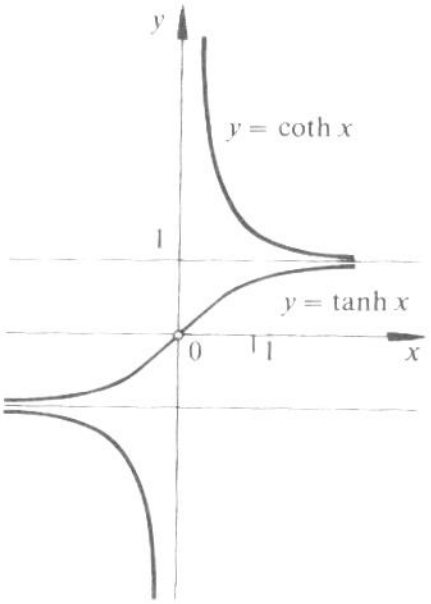


Abb. 2: Hyperbeltangens und Hyperbelkotangens

| Funktion | Umkehrfunktion | Definitionsbereich der Umkehrfunktion |
|---|---|---|
| sinh | arsinh | $\mathbb{R}$ |
| cosh | arcosh | $[1, \infty[$ |
| tanh | artanh | $]-1,1[$ |
| coth | arcoth | $\mathbb{R} \setminus [-1,1]$ |

Tabelle 1: Areafunktionen

Die ↑Umkehrfunktionen der Hyperbelfunktionen heißen **Areafunktionen** (Tab. 1).

**hyperbolische Geometrie** ↑nichteuklidische Geometrie.

**hyperbolischer Zylinder** ↑Fläche zweiter Ordnung.

**hyperbolisches Paraboloid** ↑Fläche zweiter Ordnung.

**Hyperboloid** ↑Fläche zweiter Ordnung.

**Hypercubus,** svw. ↑Tesserakt.

**hypergeometrische Verteilung.** Eine Warensendung enthält 80 gute und 20 defekte Stücke. Es werden 10 Stücke entnommen. Die Wahrscheinlichkeit, daß darunter genau 2 defekte Stücke sind, ist (↑Binomialkoeffizienten, ↑Fakultät)

$$\frac{\binom{20}{2} \cdot \binom{80}{10-2}}{\binom{100}{10}}$$

$$= \frac{20! \cdot 80! \cdot 10! \cdot 90!}{2! \cdot 18! \cdot 8! \cdot 72! \cdot 100!}$$

$$\approx 0{,}318.$$

Man spricht in diesem Fall von einer hypergeometrischen Verteilung. Diese kann allgemein durch das folgende *Urnenmodell* beschrieben werden.

Eine Urne enthalte $n$ Kugeln, davon seien $w$ Kugeln weiß und $n-w$ Kugeln schwarz. Die Wahrscheinlichkeit, bei Entnahme von $m$ Kugeln (ohne Zurücklegen) genau $k$ weiße Kugeln zu erhalten, ist durch

$$P(X=k)=\frac{\binom{w}{k}\binom{n-w}{m-k}}{\binom{n}{m}}$$

gegeben (Abb. 1).

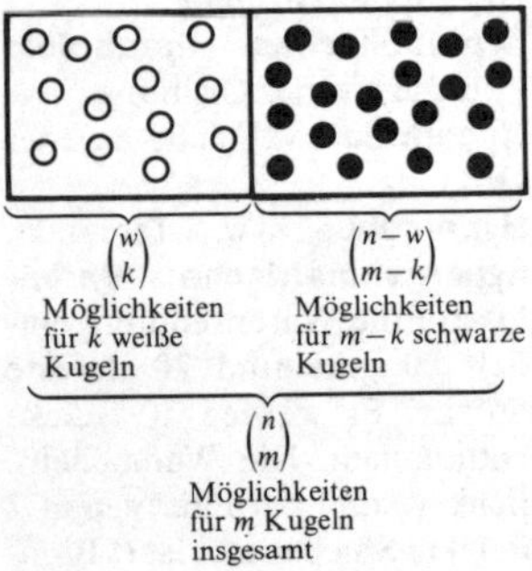


Abb. 1: Hypergeometrische Verteilung

*Anwendung:* Beim Zahlenlotto ist die Wahrscheinlichkeit für „genau $k$ Richtige" ($0 \leqq k \leqq 6$)

$$\frac{\binom{6}{k}\binom{43}{6-k}}{\binom{49}{6}}$$

$(n=49,\ m=6,\ w=6)$.

Der ↑Erwartungswert der hypergeometrischen Verteilung ist $m\cdot\frac{w}{n}$, die ↑Varianz ist

$$m\cdot\frac{w}{n}\cdot\left(1-\frac{w}{n}\right)\cdot\frac{n-m}{n-1}.$$

**Hypotenuse** (Spannseite), die Seite eines ↑rechtwinkligen Dreiecks, die dem rechten Winkel gegenüberliegt.

**Hypotenusenabschnitt** ↑rechtwinkliges Dreieck.

**Hypothese** (genauer *statistische Hypothese*): Bezeichnung für eine Annahme (Vermutung) über die unbekannte ↑Wahrscheinlichkeit eines Ereignisses oder die (nicht vollständig bekannte) ↑Wahrscheinlichkeitsverteilung einer Zufallsgröße.

**Hypotrochoide** ↑Zykloide.

**Hypozykloide** ↑Zykloide.

# I

**i,** mathematisches Zeichen für die imaginäre Einheit (↑imaginäre Zahlen). Es gilt $i^2=-1$.

**I** ↑römische Zahlen.

**Ideal:** Die Menge $\{\ldots -4, -2, 0, 2, 4, \ldots\}$ der geraden Zahlen hat die Eigenschaft, daß für zwei beliebige gerade Zahlen $a$, $b$ sowohl $a-b$ als auch $a\cdot r$ ($r$ eine beliebige ganze Zahl) wieder Elemente dieser Menge sind. Eine solche Menge bezeichnet man als Ideal. Genauer definiert man: Eine nichtleere Teilmenge eines ↑Rings, in der für beliebige Elemente $a$, $b$ der Teilmenge sowohl $a-b$ als auch $a\cdot r$ ($r$ ein beliebiges Element der Ringmenge) wieder Elemente der Teilmenge sind, heißt Ideal.

**ideale Stichprobe:** Bezeichnung für eine Stichprobe, bei der die Häufigkeiten der einzelnen Merkmale mit den (theoretischen) Wahrscheinlichkeiten der entsprechenden Elementarereignisse des entsprechenden Zufallsexperiments übereinstimmen. Tritt z. B. bei 60maligem Würfeln jede Augenzahl jeweils 10mal auf, so handelt es sich um eine ideale Stichprobe.

**identische Abbildung:** Eine ↑Abbildung einer Menge $A$ auf sich heißt identische Abildung, wenn sie jedem Element $a \in A$ das Element $a$ zuordnet. Die identische Abbildung der Menge $A = \{1, 2, 3, 4, 5\}$ ist in Abb. 1 durch ein Pfeilbild beschrieben.

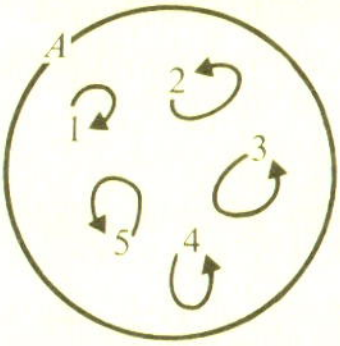

Abb. 1: Pfeilbild einer identischen Abbildung

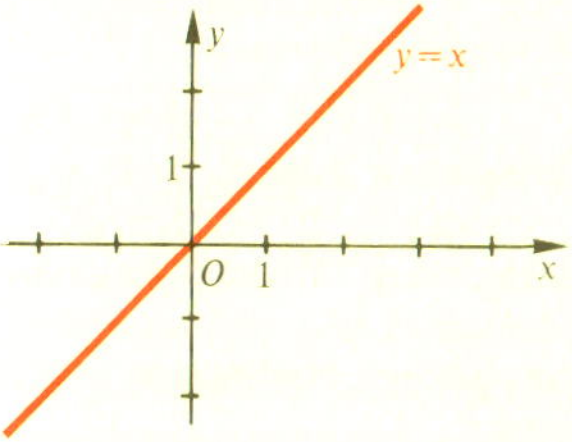

Abb. 2: Die identische Abbildung $f(x) = x$

Die identische Abbildung $f: \mathbb{R} \to \mathbb{R}$ hat die Abbildungsgleichung $f(x) = x$; im ↑Koordinatensystem wird sie durch die Winkelhalbierende des 1. und 3. Quadranten dargestellt (Abb. 2).
Die identische Abbildung der Ebene auf sich oder des Raumes auf sich läßt jeden Punkt fest (↑auch affine Abbildung), hat also jeden Punkt als Fixpunkt. Bei der Verkettung von Abbildungen spielt die identische Abbildung die Rolle des ↑neutralen Elementes.

**identische Funktion** ($\mathrm{id}(A)$, $\mathrm{id}(A) = A$): Schaltfunktion, die jedem Schaltzustand den gleichen Schaltzustand zuweist (vgl. ↑Schaltalgebra):

| $A$ | $\mathrm{id}(A)$ |
|---|---|
| 0 | 0 |
| 1 | 1 |

**identische Gleichung** ↑Identität.

**Identität:** Bezeichnung für
**1.** eine ↑Gleichung, die für den ganzen Definitionsbereich ihrer Variablen gültig ist; während die Bestimmungsgleichung $2x = 6$ nur für $x = 3$ stimmt, gilt z. B. die Gleichung $(x+1)(x-1) = x^2 - 1$ für alle reellen Zahlen $x$; man schreibt für diese **identische Gleichung** oder **Identität** auch

$$(x+1)(x-1) \equiv x^2-1,$$

mit dem **Identitätszeichen** $\equiv$ (gelesen: identisch gleich);
**2.** die ↑identische Abbildung;
**3.** diejenige zweistellige Relation, die nur auf die geordneten Paare $(a, a)$ zutrifft, bei denen an erster Stelle des Paares dasselbe Element steht wie an zweiter Stelle;
**4.** die ↑Gleichheit.

**Identitätszeichen** ↑Identität.

**identitiv,** Eigenschaft einer Relation, svw. ↑antisymmetrisch, vgl. ↑symmetrisch.

**If-Anweisung** ↑Anweisung.

**Ikon,** in der Informationstheorie ein Zeichen, das in mindestens einem Merkmal mit dem bezeichneten Objekt übereinstimmt.

**Ikosaeder** *(Zwanzigflach, Zwanzigflächner):* Vielflächner, der von zwanzig kongruenten gleichseitigen Dreiecken begrenzt wird, wobei in jeder Ecke fünf Kanten zusammenstoßen (Abb. 1).

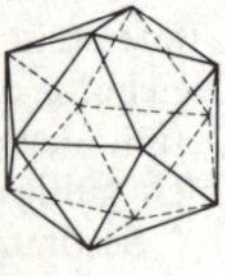

Abb. 1: Ikosaeder

Das Ikosaeder gehört zu den fünf ↑platonischen Körpern. Abb. 2 zeigt eine *Abwicklung* des Ikosaeders.

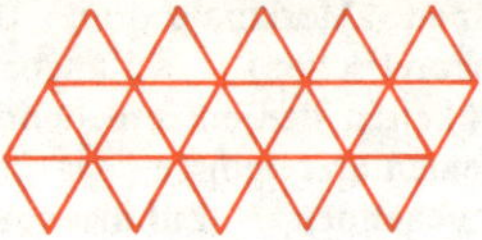

Abb. 2: Abwicklung des Ikosaeders

**Ikosaederstern** ↑Keplersche Sternkörper.

**Ikositetraeder** (Vierundzwanzigflach, Vierundzwanzigflächner): Von 24 Flächen begrenzter Vielflächner. Beim Deltoidikositetraeder **(Leuzitoeder)** sind die Begrenzungsflächen nichtkonvexe Vierecke mit zwei Paaren gleich langer Nachbarseiten (Deltoide), beim Pentagonikositetraeder **(Gyroeder)** Fünfecke; beide kommen als Kristallformen vor (Abb. 1).

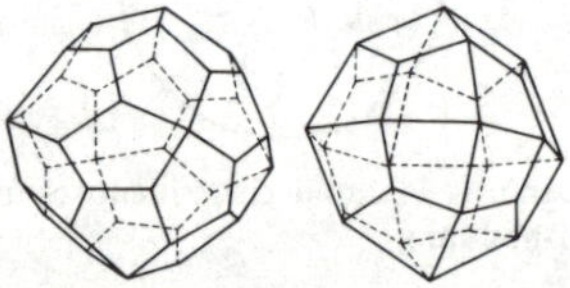

Abb. 1: Deltoidikositetraeder und Pentagonikositetraeder

**imaginäre Achse:** 1) ↑imaginäre Zahlen; 2) ↑Hyperbel.

**imaginäre Einheit** ↑imaginäre Zahlen.

**imaginäre Halbachse** ↑Hyperbel.

**imaginäre Nebenscheitel** ↑Hyperbel.

**imaginäre Zahlen:** Bezeichnung für diejenigen ↑komplexen Zahlen, deren Realteil 0 ist. In der Gaußschen Zahlenebene bilden sie die **imaginäre Achse.** Ist $a$ eine imaginäre Zahl, so ist $a^2$ negativ. Die Quadratwurzeln aus negativen Zahlen sind also imaginäre Zahlen:

$$\sqrt{-1},\ \sqrt{-2},\ \sqrt{-0{,}341}\ \text{usw.}$$

Die imaginäre Zahl

$$\mathrm{i} := \sqrt{-1}$$

nennt man die **imaginäre Einheit.** Diese wird in den Ingenieurswissenschaften häufig mit $j$ bezeichnet. Jede imaginäre Zahl läßt sich in der Form $a \cdot \mathrm{i}$ mit einer reellen Zahl $a$ schreiben.

**Imaginärteil** ↑komplexe Zahlen.

**Implikation** ↑formale Logik.

**implizit:** Eine ↑Funktion $f$ mit der Funktionsgleichung $y = f(x)$ heißt implizit (genauer implizit gegeben), wenn die Funktionsgleichung nicht nach $y$ aufgelöst ist. Z. B. sind durch die Gleichung

$$x^2 + y^2 = 1$$

die beiden Funktionen

$$f_1(x) = \sqrt{1 - x^2}$$

und

$$f_2(x) = -\sqrt{1 - x^2}$$

implizit gegeben (Abb. 1).

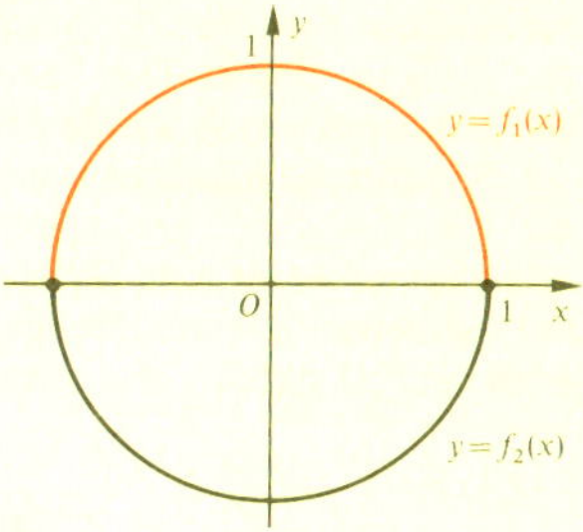


Abb. 1

**inch,** englische ↑Längeneinheit.

**Index:** Zahl oder Buchstabe (im allgemeinen tiefgesetzt) zur Unterscheidung bzw. Kennzeichnung gleichartiger Größen. Indizes sind z. B. die zur Unterscheidung der verschiedenen Koordinaten $x_1, x_2, \ldots, x_{n-1}, x_n$ eines $n$-dimensionalen Raums dienenden tief gesetzten Zahlen bzw. Buchstaben; man schreibt zusammenfassend:

$$x_i\ (i = 1, 2, \ldots, n).$$

Die Gesamtheit der möglichen Werte eines Index $i$ bildet die **Indexmenge.**

**Indikator:** E sei ein ↑Ereignis. Die ↑Zufallsgröße $I_E$ sei definiert durch

$$I_E(x) = \begin{cases} 1, & \text{falls } x \in E, \\ 0, & \text{falls } x \notin E. \end{cases}$$

$I_E$ bezeichnet man als Indikator des Ereignisses $E$. Der Indikator eines Ereignisses hat also genau dann den Wert 1, wenn das Ereignis eintritt. Der ↑Erwartungswert von $I_E$ ist gleich der ↑Wahrscheinlichkeit von $E$.

Allgemeiner nennt man für eine Teilmenge $A$ einer Menge $M$ die auf $M$ durch

$$\chi_A(x) = \begin{cases} 1, & \text{falls } x \in A, \\ 0, & \text{falls } x \in M \setminus A, \end{cases}$$

definierte Funktion $\chi_A$ ($\chi$: griechischer Buchstabe „chi") die **charakteristische Funktion** der Teilmenge $A$. Man kann den Indikator eines Ereignisses $E$ also auch als die charakteristische Funktion von $E$ definieren.

**indirekte Adresse** ↑Adresse.

**indirekter Beweis.** Beim indirekten ↑Beweis einer Aussage (eines Satzes) zeigt man, daß das Gegenteil (die Negation) der Aussage falsch ist. – Vgl. ↑formale Logik.

**indirekter Dreisatz** ↑Dreisatzrechnung.

**Indizes:** Mehrzahl von ↑Index.

**Induktionsaxiom** ↑Peanosches Axiomensystem.

**Industrieobligationen** ↑Anleihen.

**Infimum,** svw. ↑untere Grenze.

**Infimumsaxiom** ↑Vollständigkeit.

**Infinitesimalrechnung,** svw. ↑Analysis.

**Infixnotation** ↑Notation.

**Informatik:** Wissenschaft von der Entwicklung und Anwendung elektronischer Datenverarbeitungsanlagen und der automatischen Verarbeitung von Informationen. Sie verdankt ihre Entstehung der zunehmenden Verwendung von elektronischen Datenverarbeitungsanlagen in allen Bereichen der Wissenschaft, Technik und der Verwaltung.

Die Informatik läßt sich in drei große Teilbereiche gliedern, in die *theoretische Informatik,* in der u. a. Präzisierungen des Algorithmus-Begriffs untersucht werden, in die *angewandte Informatik,* in der Anwendungsmöglichkeiten von Datenverarbeitungsanlagen untersucht werden, und in die *technische Informatik,* die sich mit der Entwicklung von Schaltungen und deren technischen Realisierungen befaßt.

**Information:** Nachricht, Mitteilung, auch Bezeichnung für Daten, besonders wenn diese eine logische, in sich abgeschlossene Einheit bilden.

**Informationsspeicher,** svw. ↑Datenspeicher.

**Informationstheorie:** Bezeichnung für eine 1948 von dem amerikanischen Mathematiker C. E. Shannon (* 1916) begründete mathematische Theorie zur Übertragung von Informationen. Zur Erläuterung ein *Beispiel:*

Ein Skatspieler ziehe eine der 32 Karten aus dem Skatspiel.

Die Informationen

a) die Karte ist *rot*,
b) die Karte ist ein *roter Bube*,
c) die Karte ist ein *Herz-Bube*,

haben einen unterschiedlichen Informationswert. Dies hängt mit der ↑Wahrscheinlichkeit der entsprechenden Ereignisse zusammen. Die Wahrscheinlichkeit dafür, daß die gezogene Karte rot ist, beträgt $\frac{1}{2}$; die Wahrscheinlichkeit für das Zutreffen der Information b) beträgt $\frac{1}{16}$; die Wahrscheinlichkeit für das Zutreffen der Information c) ist $\frac{1}{32}$. Je geringer die Wahrscheinlichkeit für das Zutreffen der Nachricht ist, desto größer ist ihr **Informationswert.** Durch geeignete Fragestellungen kann man ermitteln, welche Karte gezogen wurde. Die Anzahl der hierfür benötigten binären Entscheidungsschritte ist ein Maß für den Informationswert. Eine mögliche Fragestrategie ist in Abb. 1 veranschaulicht.

Durch den Fragevorgang fließen dem Fragenden Informationen zu. Dieser Zufluß ist durch 5 Entscheidungsschritte gekennzeichnet. Da jede Entscheidung zwei Möglichkeiten enthält, spricht man von **binären Entscheidungen.** Bei jedem Entscheidungsschritt ist die Wahrscheinlichkeit für jede der beiden Möglichkeiten $p = 0{,}5$; für $n$ Schritte, also für die Wahrscheinlichkeit eines Pfades erhält man

$$p = (0{,}5)^n = 2^{-n}.$$

Daraus folgt

$$n = -\operatorname{ld} p = \operatorname{ld} \frac{1}{p},$$

wobei ld der Logarithmus zur Basis 2 ist.

In der Informationstheorie heißt eine binäre Entscheidung ein **bit** (Abkürzung für engl.: **b**asic **i**ndissoluble information **u**ni**t**).

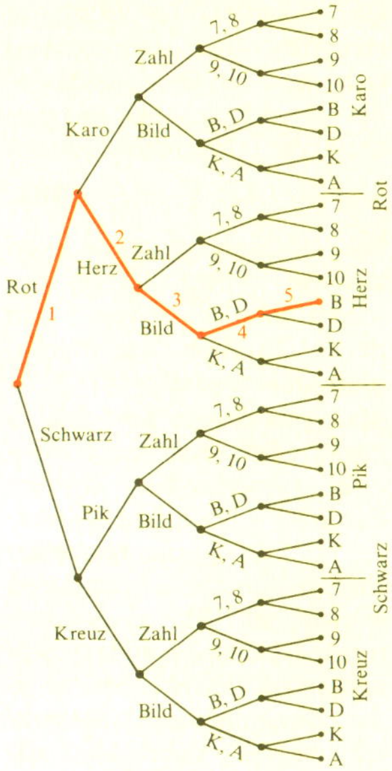


Abb. 1

Die Kenntnis der Skatkarte entspricht einem Informationswert von 5 bit. Die Informationen a) und b) haben entsprechend die Informationswerte

$$-\mathrm{ld}\frac{1}{2} = 1 \text{ bzw. } -\mathrm{ld}\frac{1}{16} = 4\,\text{bit}.$$

Die Informationswerte von längeren (unabhängigen) Informationen ergeben sich durch Addition der Einzelinformationsgehalte.

Man geht davon aus, daß in allen Informationssystemen (z. B. Fernschreiber, Telefon, Fernsehen) Nachrichten (Worte, Meßdaten), die von einer Informationsquelle produziert werden, mit Hilfe eines Übertragungskanals, bei dem Störungen auftreten können, an einen Bestimmungsort übermittelt werden; dabei sind die Nachrichten vorher in Signale zu übersetzen, zu codieren (z. B. Buchstabenfolgen, Morsecode, Binärcode). Eine Decodierung ist trotz Störung möglich, da sich in rein quantitativen Sachverhalten wie Buchstabenhäufigkeiten und Zeichenfolgen eine bestimmte Sprache erkennen läßt. Von **Redundanz** spricht man, wenn eine Nachricht überflüssige Informationen enthält. Diese Redundanz ist jedoch wichtig zum Erkennen von Fehlern **(prüfbarer Code)**, und es kann durch eine geeignete Codierung erkannt werden, wie das Zeichen richtig heißen muß **(korrigierbarer Code)**.

**inhaltsgleich** ↑Flächeninhalt.

**Informationswert** ↑Informationstheorie.

**Inhalt**, in der Mathematik svw. 1) ↑Flächeninhalt; 2) Rauminhalt (↑Volumen).

**Injektion**, svw. injektive Abbildung (↑injektiv).

**injektiv**: eine ↑Abbildung $f: A \to B$ heißt injektiv, wenn jedes Element von $B$ höchstens einmal als Bild auftritt. Eine injektive Abbildung bezeichnet man auch als **Injektion**. Bei einer injektiven Abbildung $f: A \to B$ haben verschiedene Elemente von $A$ auch verschiedene Bilder in $B$.

**Inklusion**, svw. Teilmengenbeziehung (↑Teilmenge).

**Inklusionsrelation**, svw. Teilmengenbeziehung (↑Teilmenge).

**inkommensurabel**, svw. nicht meßbar, nicht vergleichbar. In der Mathematik bezeichnet man zwei Größen als inkommensurabel, wenn ihr Verhältnis eine irrationale Zahl ergibt, z. B. Seite und Diagonale eines Quadrats (Verhältnis $1:\sqrt{2}$). – Vgl. ↑kommensurabel.

**inkongruent** ↑Kongruenz.

**Inkreis**: Im Inneren eines Vielecks liegender Kreis, welcher alle Seiten des Vielecks von innen berührt. Genau dann besitzt ein ↑Vieleck einen Inkreis, wenn sich *alle* ↑Winkelhalbierenden der Innenwinkel des Vielecks in *einem* Punkt schneiden. Dies ist z. B. der Fall bei ↑Dreieck, ↑Quadrat, ↑Raute, gleichschenkligem ↑Drachenviereck und ↑regelmäßigen Vielecken. Ein ↑Rechteck, das kein Quadrat ist, besitzt keinen Inkreis. Ein Viereck, welches einen Inkreis besitzt, bezeichnet man als ↑Tangentenviereck.

**Inkreisradius** ↑Dreiecksberechnung.

**Inkugel:** Entsprechend dem ↑Inkreis eines Vielecks kann man die Inkugel eines Vielflächners erklären. Sie berührt alle Seitenflächen des Vielflächners; jede Seitenfläche ist also eine Tangentialebene der Inkugel. Nicht jeder Vielflächner besitzt eine Inkugel, beispielsweise besitzt unter allen Quadern nur der Würfel eine Inkugel. Jeder ↑platonische Körper besitzt eine Inkugel.

**Innengebiet** ↑Dreieck.

**Innenwinkel:** Bezeichnung für einen durch zwei benachbarte Seiten gebildeten Winkel im Inneren einer geometrischen Figur. Die Summe der Innenwinkel in einem Vieleck mit $n$ Ecken beträgt $(n-2) \cdot 180°$. – ↑auch Dreieck.

**Inneres eines Körpers** ↑Körper.

**inneres Winkelfeld** ↑Winkel.

**innere Verknüpfung** ↑Verknüpfung.

**Input,** in der Datenverarbeitung svw. Eingabe (von Daten).

**Instruction** ↑Anweisung.

**integer** ↑Datentyp.

**Integral.** Der Flächeninhalt, den der Graph einer Funktion $f$ mit der $x$-Achse zwischen den Stellen $a$ und $b$ einschließt, sei zu bestimmen (Abb. 1).

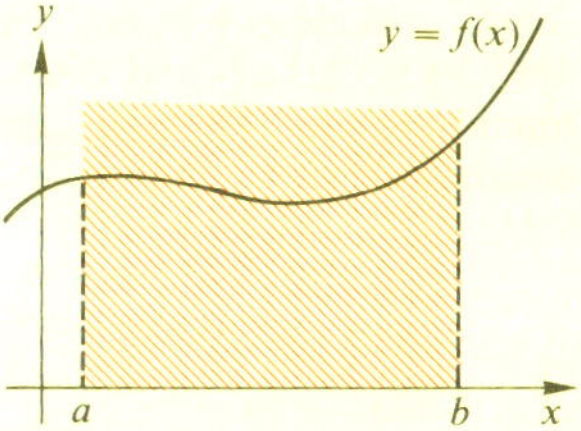


Abb. 1

Zunächst betrachte man eine Zerlegung des Intervalls $[a, b]$, also eine Menge

$$Z = \{x_0, x_1, x_2, \ldots, x_n\}$$

mit

$$a = x_0 < x_1 < x_2 < \ldots < x_n = b.$$

Ferner betrachte man eine auf $[a, b]$ beschränkte Funktion $f$. Man definiert für $k = 1, 2, \ldots, n$

$$m_k(f) := \inf_{[x_{k-1}, x_k]} f(x),$$

$$m(f) := \inf_{[a, b]} f(x)$$

(↑untere Grenze) und

$$M_k(f) := \sup_{[x_{k-1}, x_k]} f(x),$$

$$M(f) := \sup_{[a, b]} f(x)$$

(↑obere Grenze). Dann heißt

$$\underline{S}_Z(f) := \sum_{k=1}^{n} m_k(f)(x_k - x_{k-1})$$

die **Untersumme** von $f$ bezüglich $Z$, und

$$\bar{S}_Z(f) := \sum_{k=1}^{n} M_k(f)(x_k - x_{k-1})$$

die **Obersumme** von $f$ bezüglich $Z$ (↑Summenzeichen). In Abb. 2 sind Unter- und Obersumme für eine Funktion mit positiven Werten veranschaulicht.

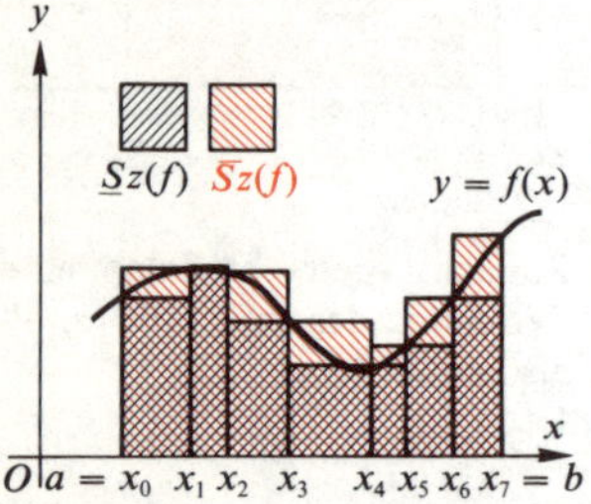


Abb. 2

Für jede Zerlegung $Z$ gilt

$$m(f)(b-a) \leqq \underline{S}_Z(f) \leqq \bar{S}_Z(f) \leqq M(f)(b-a).$$

Daher besitzt die Menge der Zahlen $\underline{S}_Z(f)$, die entstehen, wenn man für $Z$ alle möglichen Zerlegungen von $[a, \mathrm{b}]$ zuläßt, eine ↑obere Grenze ($\underline{S}(f)$); ebenso besitzt die Menge der Zahlen $\bar{S}_Z(f)$ eine ↑untere Grenze ($\bar{S}(f)$).
Stets gilt $\underline{S}(f) \leqq \bar{S}(f)$. Ist

$$\underline{S}(f) = \bar{S}(f),$$

dann heißt $f$ auf $[a, b]$ **Riemann-integrierbar** (kurz **integrierbar**; nach B. Riemann, 1826–1866) und der gemeinsame Wert von $\underline{S}(f)$ und $\bar{S}(f)$ heißt das **Riemann-Integral** (kurz **Integral**) von $f$ auf $[a, b]$; man bezeichnet es mit

$$\int_a^b f(x)\,\mathrm{d}x.$$

Ist $f(x) \geqq 0$ und integrierbar auf $[a, b]$, dann gibt dieses Integral den Flächeninhalt der Punktmenge „unter der Kurve" an. Umgekehrt kann man mit Hilfe des Integrals eine Definition des Flächeninhaltsbegriffs geben. Läßt man dabei auch Funktionen mit negativen Werten zu, so erhält man positive und negative Flächeninhalte (Abb. 3).

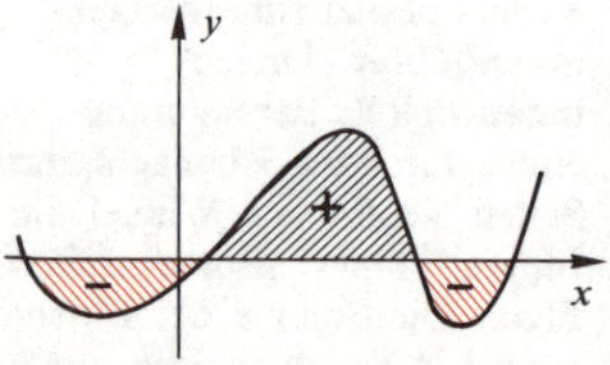


Abb. 3

Für das Rechnen mit dem Integral gelten folgende *Integrationsregeln:*
(1) Ist $f$ auf $[a, b]$ integrierbar und $c \in \mathbb{R}$, dann ist auch $cf$ auf

$[a, b]$ integrierbar, und es gilt

$$\int_a^b cf(x)\,dx = c\int_a^b f(x)\,dx.$$

(2) Sind $f$ und g auf $[a, b]$ integrierbar, dann ist auch $f+g$ auf $[a, b]$ integrierbar, und es gilt

$$\int_a^b (f+g)(x)\,dx = \int_a^b f(x)\,dx + \int_a^b g(x)\,dx.$$

(3) Sind $f$ und $g$ auf $[a, b]$ integrierbar und gilt in diesem Intervall $g(x) \leqq f(x)$, dann ist

$$\int_a^b g(x)\,dx \leqq \int_a^b f(x)\,dx.$$

(4) Ist $f$ auf $[a, b]$ integrierbar, dann ist auch $|f|$ auf $[a, b]$ integrierbar, und es gilt

$$\left|\int_a^b f(x)\,dx\right| \leqq \int_a^b |f(x)|\,dx.$$

(5) Mit $f$ und $g$ ist auch $f \cdot g$ auf $[a, b]$ integrierbar.

(6) *Intervalladditivität:* Ist $f$ auf $[a, b]$ und auf $[b, c]$ integrierbar, dann ist $f$ auch auf $[a, c]$ integrierbar, und es gilt

$$\int_a^c f(x)\,dx = \int_a^b f(x)\,dx + \int_b^c f(x)\,dx.$$

Bisher ist das Integral

$$\int_a^b f(x)\,dx$$

nur für $a < b$ definiert. Für $a = b$ und $b < a$ ist die Definition des Integrals wie folgt zu erweitern:

$$\int_a^a f(x)\,dx := 0,$$

$$\int_a^b f(x)\,dx := -\int_b^a f(x)\,dx.$$

**Integralrechnung** ↑Analysis, ↑auch Integral.

**Integrand,** die in einem Integral hinter dem Integralzeichen stehende, die zu integrierende Funktion.

**Integrationsregeln** ↑Integral.

**integrierbar** ↑Integral.

**Interface** ↑Computer.

**Interpolation.** Von einer Funktion $f$ seien die Werte an den Stellen $x_1$ und $x_2$ (Stützstellen, Grundpunkte) bekannt, man möchte aber $f(x^*)$ für eine Zwischenstelle $x_1 < x^* < x_2$ näherungsweise bestimmen. Dazu denkt man sich die Punkte $(x_1, f(x_1))$ und $(x_2, f(x_2))$ durch eine Strecke verbunden und die Kurve zwischen $x_1$ und $x_2$ durch diese Strecke ersetzt Abb. 1, S. 214 unten).

Aus dem Ansatz

$$\frac{y^* - f(x_1)}{f(x_2) - f(x_1)} = \frac{x^* - x_1}{x_2 - x_1}$$

findet man für $f(x^*)$ den Näherungswert

$$y^* = f(x_1) + \frac{x^* - x_1}{x_2 - x_1}(f(x_2) - f(x_1)).$$

Dieses Verfahren nennt man **lineare Interpolation.**

*Beispiel:* Aus der Logarithmentafel für Zehnerlogarithmen entnimmt man

$$\lg 2{,}36 = 0{,}3729,$$
$$\lg 2{,}37 = 0{,}3747.$$

Man möchte daraus $\lg 2{,}364$ bestimmen. Mit Hilfe der linearen Interpolation ergibt sich

$$y^* = 0{,}3729 + \frac{2{,}364 - 2{,}36}{2{,}37 - 2{,}36} \cdot (0{,}3747 - 0{,}3729)$$
$$= 0{,}3729 + \frac{4}{10} \cdot 0{,}0018$$
$$= 0{,}3729 + 0{,}00072.$$

Man erhält also den (gerundeten) Näherungswert

$$y^* = 0{,}3736.$$

**Intervall:** eine Menge ↑reeller Zahlen heißt Intervall, wenn sie auf der Zahlengeraden durch eine Strecke dargestellt werden kann (Abb. 1). Man bezeichnet ein Intervall mit den Endpunkten $a$ und $b$ (für $a < b$) mit

$[a, b]$, falls beide Endpunkte dazugehören,
$]a, b]$, falls nur der rechte Endpunkt,
$[a, b[$, falls nur der linke Endpunkt,
$]a, b[$, falls kein Endpunkt dazugehört.

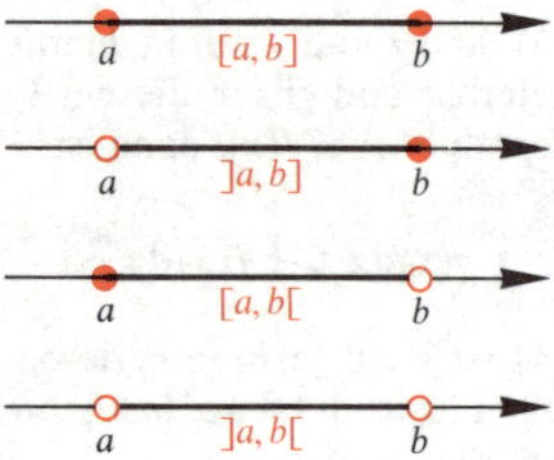


Abb. 1: Intervalle

Man nennt $[a, b]$ **abgeschlossenes Intervall,** $]a, b]$ und $[a, b[$ **halboffene Intervalle** und $]a, b[$

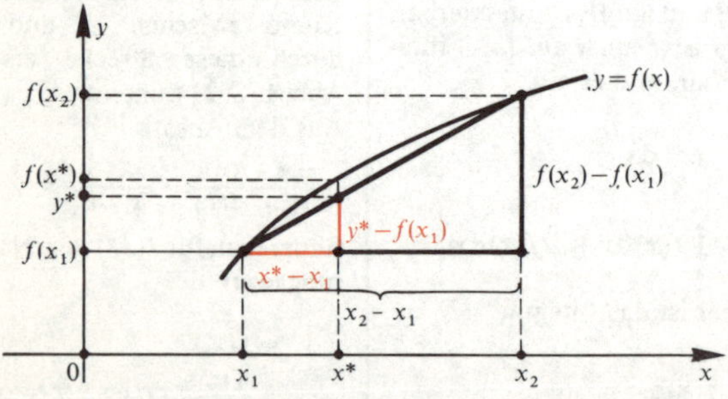


Abb. 1: Lineare Interpolation

**offenes Intervall.** Es ist

$$[a, b] = \{x \in \mathbb{R} \mid a \leqq x \leqq b\},$$
$$]a, b] = \{x \in \mathbb{R} \mid a < x \leqq b\},$$
$$[a, b[ = \{x \in \mathbb{R} \mid a \leqq x < b\},$$
$$]a, b[ = \{x \in \mathbb{R} \mid a < x < b\}.$$

Die Intervallschreibweise benutzt man auch für Halbgeraden aus der Zahlengeraden:

$$[a, \infty[ \quad := \{x \in \mathbb{R} \mid a \leqq x\},$$
$$]a, \infty[ \quad := \{x \in \mathbb{R} \mid a < x\},$$
$$]-\infty, a] := \{x \in \mathbb{R} \mid x \leqq a\},$$
$$]-\infty, a[ := \{x \in \mathbb{R} \mid x < a\}.$$

Treten als Intervallgrenzen Kommazahlen auf, so schreibt man das Intervall mit Hilfe eines Semikolons, z. B. [2,3 ; 5,72].

**Intervalladditivität** ↑ Integral.

**Intervallschachtelung:** Eine Folge von abgeschlossenen ↑ Intervallen reeller Zahlen

$$[a_1, b_1], [a_2, b_2], [a_3, b_3], \ldots$$

mit

$$[a_{n+1}, b_{n+1}] \subseteqq [a_n, b_n]$$

für $n = 1, 2, 3, \ldots$ heißt eine *Intervallschachtelung*, wenn die Intervallängen $b_n - a_n$ mit wachsendem $n$ unter jede (noch so kleine) Schranke sinken (Abb. 1).

Es gilt also

1) $a_1 \leqq a_2 \leqq a_3 \leqq \ldots,$
   $b_1 \geqq b_2 \geqq b_3 \geqq \ldots,$

2) $a_n < b_n$ für $n = 1, 2, 3, \ldots,$

3) die Folge

   $$b_1 - a_1, b_2 - a_2, b_3 - a_3, \ldots$$

   hat den ↑ Grenzwert 0.

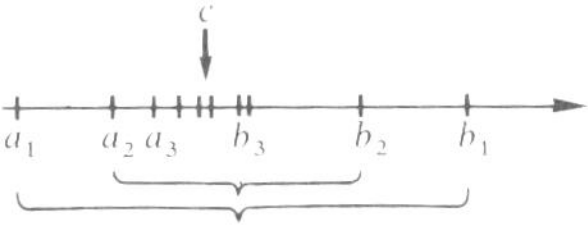


Abb. 1: Intervallschachtelung

Jede Intervallschachtelung in der Menge $\mathbb{R}$ der reellen Zahlen besitzt einen **Kern** $c$, d. h., es gibt genau eine reelle Zahl $c$ mit

$$a_n \leqq c \leqq b_n \text{ für } n = 1, 2, 3, \ldots$$

*Beispiel:* Es sei $a_n$ die größte positive Dezimalzahl mit genau $n$ Stellen, für welche $a_n^2 \leqq 2$ gilt; ferner sei $b_n$ die kleinste positive Dezimalzahl mit genau $n$ Stellen, für welche $b_n^2 \geqq 2$ gilt. Dann liegt eine Intervallschachtelung vor, welche folgendermaßen beginnt:

[1,4 ; 1,5], [1,41 ; 1,42],
[1,414 ; 1,415], ...

Diese Intervallschachtelung hat den Kern $c = \sqrt{2}$.

**Intervallschachtelungsaxiom** ↑ Vollständigkeit.

**Invarianten** ↑ Geometrie.

**inverse Abbildung,** svw. Umkehrabbildung (↑ bijektiv).

**inverse Funktion,** svw. ↑ Umkehrfunktion.

**inverse Matrix** ↑ Matrix.

**inverses Element:** In $(\mathbb{Z}, +)$ (ganze Zahlen bezüglich der Addition) ist 0 das neutrale Element. Es gilt:

$(-5)$ ist inverses Element

von $(+5)$, da
$(-5)+(+5)=0$ ist;
$(+7)$ ist inverses Element
von $(-7)$, da
$(+7)+(-7)=0$ ist.

In $(\mathbb{Q}^+, \cdot)$ (positive rationale Zahlen bezüglich der Multiplikation) ist 1 das neutrale Element. Es gilt:

$\frac{2}{3}$ ist inverses Element von $\frac{3}{2}$,
da $\frac{2}{3} \cdot \frac{3}{2} = 1$ ist;

$\frac{12}{5}$ ist inverses Element
von $\frac{5}{12}$,
da $\frac{12}{5} \cdot \frac{5}{12} = 1$ ist.

Ist $(M, \circ)$ ein ↑Verknüpfungsgebilde mit dem ↑neutralen Element $n$ und gilt für zwei Elemente $a, a'$ aus $M$

$$a \circ a' = a' \circ a = n,$$

dann heißt $a'$ **inverses Element** von $a$ und $a$ inverses Element von $a'$.

**Inzidenz:** Bezeichnung für das Vorliegen eines nichtleeren Durchschnitts zweier Punktmengen. – Statt „ein Punkt $P$ liegt auf einer Geraden $g$" sagt man auch „*P inzidiert* mit $g$".

**I/O-Geräte,** svw. ↑Peripheriegeräte.

**Irrationale Zahlen:** Eine ↑reelle Zahl, welche keine ↑rationale Zahl ist, heißt **irrational.** Eine irrationale Zahl $z$ läßt sich also nicht als Bruch

$$z = \frac{a}{b}$$

mit ganzen Zahlen $a$, $b$ und $b \neq 0$ darstellen.

*Beispiel:* Die reelle Zahl $\sqrt{2}$ ist irrational, d.h., es gibt keine rationale Zahl $z$ mit $z^2 = 2$.

Wichtige irrationale Zahlen sind die ↑Kreiszahl π (Pi) und die Zahl ↑e.

**irreduzibler Fall** ↑Cardanosche Formeln.

**irreflexiv,** svw. ↑antireflexiv.

**Irrgarten,** svw. ↑Labyrinth.

**ISBN,** Abk. für: **I**nternationale **S**tandard-**B**uch**n**ummer, eine mehrstellige Nummer, die jedes neuerscheinende Buch erhält. Sie läßt sich wie folgt aufschlüsseln: Landes- (z. B. 3 für die BR Deutschland), Verlags-, Artikelnummer und Prüfnummer:

ISBN 3-411-01912-3

↑ Land
↑ Verlag
↑ verlagsinterne Nummer
↑ Prüfziffer

**Isometrie** ↑Projektion.

**isometrische Parallelprojektion** ↑Projektion.

**isomorph** ↑Isomorphismus.

**isomorphe Abbildung** ↑Homomorphismus.

**Isomorphismus:** Bezeichnung für eine verknüpfungstreue, ↑bijektive Abbildung zwischen zwei ↑Verknüpfungsgebilden.

*Beispiel: A* sei die Menge der ganzen Zahlen, *B* sei die Menge der geraden Zahlen. Dann ist die Abbildung

$$f\colon A \to B \quad \text{mit} \quad f(a) = 2a$$

ein Isomorphismus zwischen den Verknüpfungsgebilden $(A, +)$ und $(B, +)$, denn $f$ ist bijektiv und $f$ ist verknüpfungstreu: Es gilt:

$$\begin{aligned} f(a+b) &= 2 \cdot (a+b) \\ &= 2a + 2b \\ &= f(a) + f(b). \end{aligned}$$

Ist $A = B$, so spricht man von einem **Automorphismus.** Zwei Verknüpfungsgebilde heißen **isomorph,** wenn es einen Isomorphismus zwischen ihnen gibt. – Vgl. ↑Homomorphismus.

**isoperimetrisch,** svw. umfangsgleich. Als *isoperimetrische Kurven, Figuren* bzw. *Körper* werden geschlossene Kurven gleicher Bogenlänge, ebene Flächenstücke gleichen Umfangs bzw. im Raum Körper gleicher Oberfläche bezeichnet. Unter allen ebenen isoperimetrischen Figuren eines vorgegebenen Umfangs hat ein Kreis mit diesem Umfang den größten Flächeninhalt; unter allen isoperimetrischen Körpern einer vorgegebenen Oberfläche hat eine Kugel mit der gleichen Oberfläche das größte Volumen.

**Iteration:** Bezeichnung für die *schrittweise Annäherung* an eine gesuchte Zahl, wobei man jedesmal denselben Rechenvorgang auf den zuvor berechneten Wert anwendet. Die **Iterationsformel** beschreibt dabei diesen Rechenvorgang.
*Beispiel:* Setzt man $x_0 = 1$ und wählt die Iterationsformel

$$x_{i+1} = \frac{1}{2}\left(x_i + \frac{2}{x_i}\right)$$

$(i = 0, 1, 2, \ldots)$, so nähern sich die Zahlen $x_0, x_1, x_2, \ldots$ immer stärker dem Wert $\sqrt{2}$.

# J

**j,** in den Ingenieurswissenschaften verwendetes Zeichen für die imaginäre Einheit (↑imaginäre Zahlen).

**Job,** in der Datenverarbeitung svw. Auftrag (↑Betriebsart). – ↑auch Computer.

**Jordanscher Kurvensatz** ↑Gebiet.

**Junktoren:** Bezeichnung für die in der ↑formalen Logik benutzten Symbole zur logischen Zusammensetzung endlich vieler Aussagen zu einer neuen, als **Junktion** bezeichneten Aussage. Zu den Junktoren zählen die durch die Wörter *und* (Zeichen $\wedge$), *oder* (Zeichen $\vee$), *wenn ..., dann* (Zeichen $\Rightarrow$ oder $\rightarrow$), *genau dann, wenn* (Zeichen $\Leftrightarrow$ oder $\leftrightarrow$) wiedergegebenen zweistelligen Verknüpfungen sowie die Negation *nicht* (Zeichen $\neg$) als einstelliger Junktor. – ↑auch Quantor.

Möchte man mehr als zwei Aussagen mit Junktoren $\wedge$ bzw. $\vee$ verbinden, so benutzt man die großen Symbole $\bigwedge$ und $\bigvee$:

$$A_1 \wedge A_2 \wedge \ldots \wedge A_n = \bigwedge_{i=1}^{n} A_i$$

$$A_1 \vee A_2 \vee \ldots \vee A_n = \bigvee_{i=1}^{n} A_i.$$

Diese Symbole werden auch als ↑Quantoren verwendet.

# K

**k,** Zeichen für den Vorsatz Kilo... (↑Vorsatzzeichen).

**K,** in der Datenverarbeitung ein an das Vorzeichen k (für den Vorsatz Kilo... = 1 000) angelehntes Kurzzeichen für $2^{10} = 1\,024$. K wird v. a. dazu verwendet, um die Speicherkapazität von Datenspeichern anzugeben. Ein 256-KBit-Speicher, kurz 256-K-Speicher, besitzt z. B.

$$256 \cdot 1\,024 = 262\,144$$

Speicherzellen.

**Kalender.** Die Erde dreht sich in etwa $365\frac{1}{4}$ Tagen einmal um die Sonne, wobei ein Tag durch eine Drehung der Erde um sich selbst festgelegt ist. Durch die Gregorianische Kalenderreform (1582) wurde die Länge des **Jahres** auf

$$365{,}2425 \text{ Tage}$$

festgelegt. Daraus ergibt sich die Notwendigkeit von **Schaltjahren,** also von Jahren mit 366 statt 365 Tagen. Der zusätzliche Tag wird im Monat Februar angehängt, welcher in römischer Zeit als *letzter* Monat des Jahres galt. Alle Jahre, deren Jahreszahl durch 4 teilbar ist, sind Schaltjahre; ausgenommen sind aber die Jahre, deren Jahreszahl durch 100 teilbar ist, aber nicht durch 400:

$$1980, 1984, 1988, 1992, \ldots$$

sind Schaltjahre,

$$1800, 1900, 2100, 2200, \ldots$$

sind keine Schaltjahre

$$1600, 2000, 2400, 2800, \ldots$$

sind Schaltjahre. Dadurch gewinnt man in 400 Jahren

$$100 - 4 + 1 = 97 \text{ Tage hinzu.}$$

Dies ergibt pro Jahr

$$\frac{97}{400} = 0{,}2425 \text{ Tage.}$$

Möchte man zu jedem beliebigen Datum unserer Zeitrechnung den zugehörigen Wochentag bestimmen, so benutzt man den **Ewigen Kalender:**

Es sei $J$ die Jahreszahl des Vorjahres und $D$ die Anzahl der

Tage, die im Jahr $J+1$ bis zu diesem Tag (diesen mitgezählt) verstrichen sind. Man bilde die Zahl

$$T = 365 \cdot J + \left[\frac{J}{4}\right] - \left[\frac{J}{100}\right] + \left[\frac{J}{400}\right] + D,$$

also die Anzahl der seit Beginn unserer Zeitrechnung verstrichenen Tage, wenn stets nach dem Gregorianischen Kalender gerechnet worden wäre. Dabei bedeutet $[x]$ die größte ganze Zahl, die nicht größer als $x$ ist (↑ Ganzteilfunktion). Dann rechne man den Rest von $T$ bei Division durch 7 aus; wegen $365 = 52 \cdot 7 + 1$ kann man dabei $365 \cdot J$ durch $1 \cdot J = J$ ersetzen. Es sei nun $r$ der Siebenerrest von

$$T^* = J + \left[\frac{J}{4}\right] - \left[\frac{J}{100}\right] + \left[\frac{J}{400}\right] + D.$$

Der 1. 1. 1982 war ein Freitag. Für dieses Datum ist

$$T^* = 1981 + \left[\frac{1981}{4}\right] - \left[\frac{1981}{100}\right] + \left[\frac{1981}{400}\right] + 1$$
$$= 1981 + 495 - 19 + 4 + 1 = 2462.$$

Wegen $2462 = 351 \cdot 7 + 5$ hat $T^*$ den Siebenerrest $r = 5$. Diesen Freitag und damit jedem Freitag ist also der Siebenerrest 5 zugeordnet. Damit kennt man auch die übrigen Zuordnungen von Siebenerresten und Wochentagen:

| 7er-Rest $r$ | 0 | 1 | 2 | 3 | 4 | 5 | 6 |
|---|---|---|---|---|---|---|---|
| Wochentag | So | Mo | Di | Mi | Do | Fr | Sa |

*Beispiele:* 1) Die Schlacht bei Waterloo fand am 18. 6. 1815 statt. Um den Wochentag zu bestimmen, berechnet man zunächst

$$D = 31 + 28 + 31 + 30 + 31 + 18 = 169$$

und

$$T^* = 1814 + 453 - 18 + 4 + 169 = 2422.$$

Nun ist $2422 = 346 \cdot 7 + 0$; die Schlacht bei Waterloo fand also an einem Sonntag statt.

2) Welcher Wochentag ist der 7. Januar 3982? Für dieses Datum ist $D = 7$ und

$$T^* = 3981 + 995 - 39 + 9 + 7 = 4953.$$

Nun gilt $4953 = 707 \cdot 7 + 4$, es handelt sich also um einen Donnerstag.

*Osterfestberechnung:* Für die christliche Zeitrechnung ist das Datum des Osterfestes von Bedeutung. Das Konzil von Nizäa (325 n. Chr.) beschloß, daß das Osterfest am ersten Sonntag nach dem Vollmond gefeiert wird, der dem Frühlingsanfang (Frühlings-Tagundnachtgleiche) folgt. Demnach sind der 22. März und der 25. April die äußersten Daten, auf welche Ostern fallen kann.

*Pfingsten* wird am 50. Tag nach Ostern gefeiert. C. F. Gauß (1777–1855) hat das folgende Verfahren zur Berechnung des *Osterdatums* angegeben: Es sei $J$ die Jahreszahl und

$a$ der Rest von $J$ bei Division durch 19,
$b$ der Rest von $J$ bei Division durch 4,
$c$ der Rest von $J$ bei Division durch 7,
$d$ der Rest von $19a+M$ bei Division durch 30,
$e$ der Rest von $2b+4c+6d+N$ bei Division durch 7,

wobei für $M$ und $N$ die Zahlen aus folgender Tabelle einzusetzen sind:

| Jahre | $M$ | $N$ |
|---|---|---|
| 1700–1799 | 23 | 3 |
| 1800–1899 | 23 | 4 |
| 1900–2099 | 24 | 5 |
| 2100–2199 | 24 | 6 |

Dann fällt Ostern auf den

$(22+d+e)$-ten März

oder auf den

$(d+e-9)$-ten April.

Dabei ist aber zu beachten, daß an Stelle des 26. April stets der 19. April zu setzen ist, an Stelle des 25. April aber nur dann der 18. April, wenn d = 28 und $a$ größer als 10 ist.

*Beispiel:* Es soll das Osterdatum für das Jahr 1988 berechnet werden:

$$1988 = 104 \cdot 19 + 12,$$
also $a = 12$;
$$1988 = 497 \cdot 4 + 0,$$
also $b = 0$;
$$1988 = 284 \cdot 7 + 0,$$
also $c = 0$;
$$19 \cdot 12 + 24 = 252 = 8 \cdot 30 + 12,$$
also $d = 12$;
$$2 \cdot 0 + 4 \cdot 0 + 6 \cdot 12 + 5 = 77$$
$= 11 \cdot 7 + 0$, also $e = 0$.

Nun ist

$$22 + d + e = 34 > 31$$

und

$$d + e - 9 = 3 \leqq 30;$$

also fällt Ostern im Jahr 1988 auf den 3. April.

**Kalkül:** 1) Bezeichnung für ↑Algorithmus; 2) in der ↑formalen Logik die Gesamtheit der Axiome und Sätze eines logischen oder mathematischen Systems.

**Kalotte,** svw. Kugelkappe (↑Kugel).

**Kante:** Schnittgerade zweier aneinanderstoßender Begrenzungsflächen eines Körpers. Vgl. ↑Polyeder.

**Kapitale,** svw. ↑Winkelhalbierende.

**Karat:** 1) Einheitenzeichen (Kt (auch k), nur bei der Angabe

von *Edelsteinen* im Schmucksteinhandel verwendete Masseneinheit: 1 Kt = 0,2 g.
2) Einheit einer 24stufigen Skala (vgl. Tabelle 1), die als Maß für den *Goldgehalt* einer Goldlegierung dient; reines Gold hat 24 Karat (24karätiges Gold). Es gilt 21,6 Karat: Stempel 900; 14 Karat: Stempel 585, 8 Karat: Stempel 333.

| Karat | Feingehalt (in ‰) |
|---|---|
| 24 | 1 000,00 |
| 20 | 833,33 |
| 16 | 666,67 |
| 12 | 500,00 |
| 8 | 333,33 |
| 4 | 166,67 |
| 1 | 41,67 |

Tabelle 1: Verhältnis zwischen Karat und Feingehalt des Goldes

**Kardinalzahl** *(Mächtigkeit)*: Begriff der Mengenlehre, der eine Verallgemeinerung des Anzahlbegriffs auf unendliche Mengen beinhaltet.
Die Anzahl der Elemente einer endlichen Menge nennt man ihre **Kardinalzahl (Mächtigkeit).** Zwei endliche Mengen *A* und *B* sind **anzahlgleich,** wenn eine ↑bijektive Abbildung von *A* auf *B* existiert. Zwei beliebige Mengen *A* und *B* (endlich oder unendlich) sind **gleichmächtig,** wenn eine bijektive Abbildung von *A* auf *B* existiert. Klassen gleichmächtiger Mengen kennzeichnet man dann durch ihre Mächtigkeit oder Kardinalzahl. Z. B. sind die Mengen $\mathbb{N}$ (↑natürliche Zahlen), $\mathbb{Z}$ (↑ganze Zahlen) und $\mathbb{Q}$ (↑rationale Zahlen) gleichmächtig. Auch die Mengen $\mathbb{R}$ (↑reelle Zahlen) und $\mathbb{C}$ (↑komplexe Zahlen) sind gleichmächtig. Aber $\mathbb{R}$ ist von höherer Mächtigkeit als $\mathbb{Q}$. Vgl. hierzu ↑Gleichmächtigkeit von Mengen).

**Kardioide** (Cardioide, Herzkurve): Bahnkurve, die ein fester Punkt eines Kreises vom Radius *a* beim Abrollen auf einem zweiten Kreis vom gleichen Radius *a* beschreibt (Abb. 1).

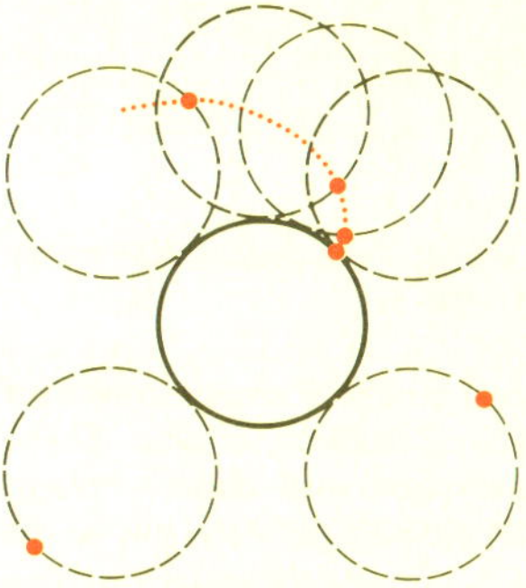

Abb. 1: Kardioide

Ihre Gleichung lautet (in Polarkoordinaten):

$$r = 2a(1 - \cos\varphi).$$

**Karnaugh-Diagramm,** svw. ↑Venn-Diagramm.

**Kartennetzentwurf** (Kartenprojektion, unechte Abbildung): Darstellung der Erde oder von Teilen von ihr in einer Ebene. Da alle Punkte der Erde mit Hilfe des **Gradnetzes** bestimmt werden können, wird

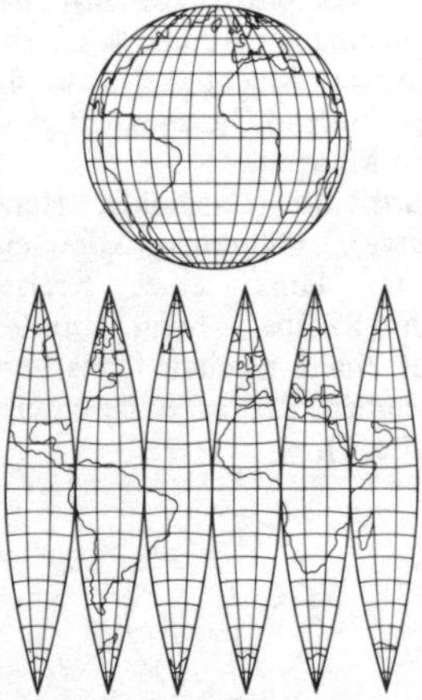

Abb. 1: Vermittelnder Kartennetzentwurf

bei einem Kartennetzentwurf das Gradnetz in eine Ebene projiziert und dabei verzerrt, da eine Kugelfläche nur so auf einer Ebene dargestellt werden kann. Es gibt also keine verzerrungsfreie Darstellung der Erde in einer Ebene. Die Erde kann entweder *längentreu* (abstandstreu), *flächentreu* oder *winkeltreu* abgebildet werden. Eine Ausnahme bildet der *vermittelnde Kartennetzentwurf* (Abb. 1), bei dem versucht wird, die flächenhafte Darstellung der Erde annähernd so wie auf dem Globus wiederzugeben; eine solche Darstellung ist weder längen-, noch flächen-, noch winkeltreu.

Es gibt drei grundsätzliche Möglichkeiten, die Erde auf eine Fläche zu projizieren. Hierfür kommen die Projektionsflächen des Zylinders (↑Zylinderprojektion, ↑Mercatorprojektion), des Kegels (↑Kegelprojektion) und der Ebene (↑Azimutalprojektion) in Frage.

**kartesisches Blatt** (*Folium cartesii,* Blatt des Descartes; nach R. Descartes, 1596–1650, genannt Cartesius): Kurve, die durch die Gleichung

$$x^3 + y^3 = 3axy$$

beschrieben wird (Abb. 1). In

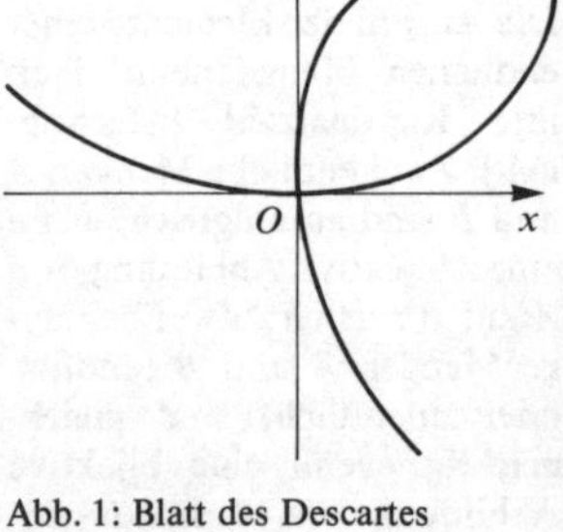


Abb. 1: Blatt des Descartes

Polarkoordinaten hat sie die Darstellung

$$r = \frac{3a \sin\varphi \cos\varphi}{\sin^3\varphi + \cos^3\varphi}.$$

**kartesisches Koordinatensystem** ↑ Koordinatensystem.

**kartesisches Produkt** (nach R. Descartes 1596–1650, genannt Cartesius): Das kartesische Produkt der Menge $A$ mit der Menge $B$ besteht aus allen **Paaren** $(a, b)$ mit $a \in A$ und $b \in B$; daher spricht man auch von einer **Paarmenge.** Bei einem Paar kommt es auf die Reihenfolge der Elemente an, es gilt also

$$(a, b) \neq (b, a), \quad \text{falls } a \neq b.$$

Um dies zu betonen, spricht man oft von „geordneten" Paaren. Das kartesische Produkt von $A$ und $B$ bezeichnet man mit $A \times B$ (lies „$A$ kreuz $B$"). Es ist also $A \times B :=$

$$\{(a, b) | a \in A \text{ und } b \in B\}.$$

Im allgemeinen gilt

$$A \times B \neq B \times A.$$

Für das kartesische Produkt verwendet man auch die Bezeichnungen **Mengenprodukt, Kreuzprodukt** und **Produktmenge.**

*Beispiele:* 1) Der Trainer muß zur Beurteilung der Fünfkämpfer $a, b, c$ insgesamt 15 Leistungen kontrollieren. Denn

$$\{a, b, c\} \times \{1, 2, 3, 4, 5\}$$

hat $3 \cdot 5 = 15$ Elemente: $(a, 1)$, $(a, 2), (a, 3), \ldots, (c, 4), (c, 5)$. Diese Menge stellt man übersichtlich in einer *Tafel* dar (Abb. 1).

2) Die Ausfälle beim zweimaligen Würfeln bilden die Menge

$$\underset{\text{(1. Wurf)}}{\{1, 2, 3, 4, 5, 6\}} \times \underset{\text{(2. Wurf)}}{\{1, 2, 3, 4, 5, 6\}}$$

Diese Menge besteht aus genau $6^2 = 36$ Paaren.

3) Ist $\mathbb{Z}$ die Menge der ↑ganzen Zahlen, so kann man $\mathbb{Z} \times \mathbb{Z}$ als die Menge der **Gitterpunkte** im ↑Koordinatensystem darstellen (Abb. 2).

| | 1 | 2 | 3 | 4 | 5 |
|---|---|---|---|---|---|
| *a* | (*a*, 1) | (*a*, 2) | (*a*, 3) | (*a*, 4) | (*a*, 5) |
| *b* | (*b*, 1) | (*b*, 2) | (*b*, 3) | (*b*, 4) | (*b*, 5) |
| *c* | (*c*, 1) | (*c*, 2) | (*c*, 3) | (*c*, 4) | (*c*, 5) |

Abb. 1

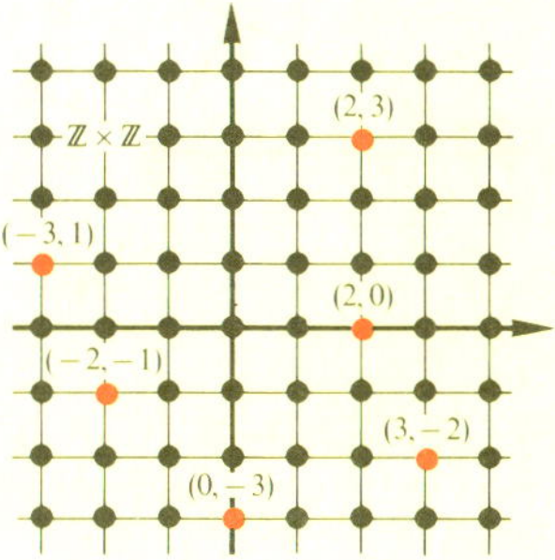


Abb. 2: Gitterpunkte im Koordinatensystem

**Kartographie** ↑mathematische Geographie.

**Katenoid** ↑Kettenlinie.

**Katheten,** die beiden Seiten im ↑rechtwinkligen Dreieck, die die Schenkel des rechten Winkels bilden. Bezüglich eines Dreieckwinkels, dessen einer Schenkel die Hypotenuse ist, unterscheidet man **Ankathete** (die Kathete ist der zweite Schenkel dieses Winkels) und **Gegenkathete** (die Kathete liegt dem Winkel gegenüber).

**Kathetensatz** (Satz des Euklid von Alexandria, um 300 v. Chr.): Im rechtwinkligen Dreieck ist das Quadrat über einer Kathete flächengleich dem Rechteck aus der Hypotenuse und dem Hypotenusenabschnitt, welcher der Kathete anliegt (Abb. 1):

$$a^2 = c \cdot q \quad \text{und} \quad b^2 = c \cdot p.$$

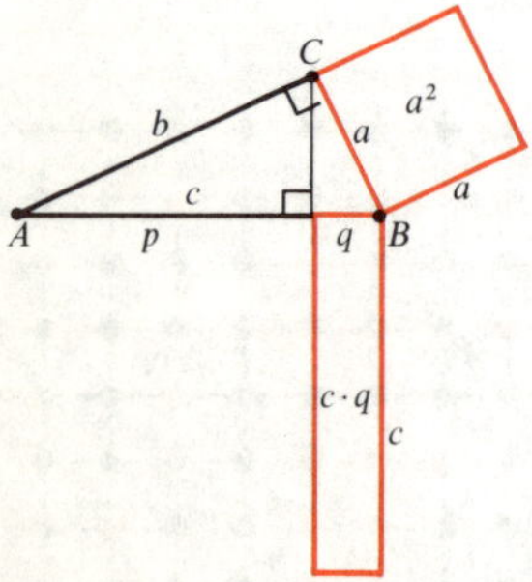


Abb. 1: $a^2 = c \cdot q$

Mit Hilfe des Kathetensatzes kann man Rechtecke in flächengleiche Quadrate verwandeln und umgekehrt. Außerdem lassen sich Strecken, deren Längen die Maßzahlen $\sqrt{2}$, $\sqrt{3}$ usw. haben, konstruieren.

*Beispiel:* Es ist eine Strecke mit der Länge

$$\sqrt{12} = \sqrt{4 \cdot 3}$$

Längeneinheiten zu konstruieren (Abb. 2).

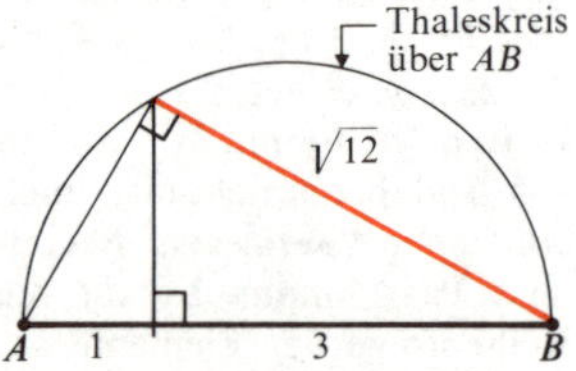


Abb. 2: Konstruktion von $\sqrt{12}$

**kaufmännische Logik** ↑Taschenrechner.

**Kavalierprojektion** ↑Projektion.

**Kavalierperspektive:** Abbildungsverfahren der darstellenden Geometrie, bei dem ein Objekt meist unter 45° Schrägsicht abgebildet wird (Verkürzung 1:2).

**KBit,** Abk. für ↑Kilobit.

**KByte,** Abk. für ↑Kilobyte.

**Kegel:** Bezeichnung für eine Fläche, die von der Gesamtheit der Geraden (der **Erzeugenden** des Kegels) gebildet wird, die einen Punkt *S* des Raums (den **Scheitel,** die **Spitze** des Kegels) mit den Punkten einer Kurve *k* **(Leitkurve, Leitlinie)** verbinden (Abb. 1). In der *Elementargeometrie* wird die so definierte

Fläche meist als **Kegelfläche** bezeichnet, als **Kegel** selbst ein Körper, der von einer Kegelfläche mit geschlossener ebener Leitkurve und einer die Leitkurve enthaltenden Ebene begrenzt wird. Die Kegelfläche schneidet aus dieser Ebene die **Grundfläche** des Kegels aus; der den Kegel begrenzende Teil der Kegelfläche ist der **Kegelmantel,** die auf ihr gelegenen Geradenstücke bezeichnet man als **Mantellinien.** Den Abstand der Spitze $S$ von der Grundfläche nennt man die **Höhe** des Kegels. Wird die Kegelfläche von einer zweiten Ebene geschnitten, die zu der ersten parallel ist, so bezeichnet man den von beiden Ebenen und dieser Fläche begrenzten Körper als **Doppelkegel** bzw. als **Kegelstumpf,** je nachdem, ob die Spitze $S$ zwischen den Ebenen liegt oder nicht. Nach Art der Grundfläche unterscheidet man **Kreiskegel, elliptische Kegel** und andere Kegelformen. Hat die Grundfläche einen Mittelpunkt $S'$ und liegt die Spitze $S$ senkrecht über $S'$, so spricht man von einem **geraden Kegel** (bei einem Kreiskegel auch von einem **Rotationskegel**), in anderen Fällen von einem **schiefen Kegel.** – Das **Kegelvolumen** berechnet man zu $V = G \cdot h/3$, wenn mit $G$ der Flächeninhalt der Grundfläche und mit $h$ die Höhe des Kegels bezeichnet wird. Die **Mantelfläche** eines begrenzten geraden Kreiskegels ist $M = \pi r s$ ($r$: Radius des Grundkreises), seine **Oberfläche** $O = \pi r(r + s)$, wobei $s$ die Länge einer Mantellinie ist. – Sind $r_1$ und $r_2$ die Radien des Grundkreises bzw. Deckkreises

gerader Kreiskegel

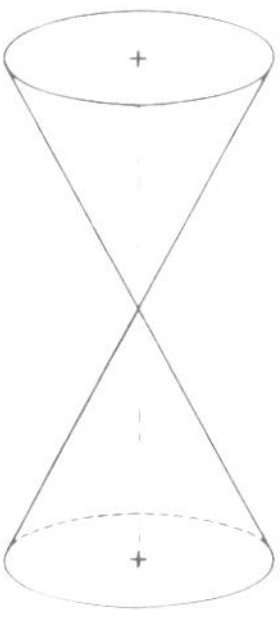
Doppelkegel

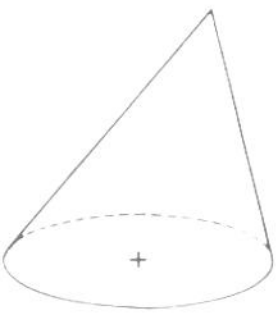
schiefer Kreiskegel

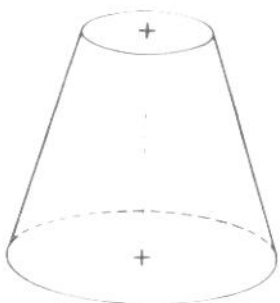
Kegelstumpf

Abb. 1: Verschiedene Formen von Kreiskegeln

eines Kegelstumpfs, der durch zwei parallele Ebenen im Abstand $h$ aus einem geraden Kreiskegel ausgeschnitten wird, so ergibt sich für das ↑Volumen des **Kreiskegelstumpfs**

$$V = \frac{\pi h (r_1^2 + r_1 r_2 + r_2^2)}{3}.$$

Vgl. Cavalierisches Prinzip.

**Kegelfläche** ↑Kegel.

**Kegelmantel** ↑Kegel.

**Kegelprojektion:** Kartennetzentwurf, bei dem ein Kegel über die Erde gestülpt wird, wobei die Achsenlage unterschiedlich sein kann. Im Normalfall wird die Kegelachse entweder mit der Erdachse zusammenfallen (Abb. 1) oder in der Äquatorebene liegen.

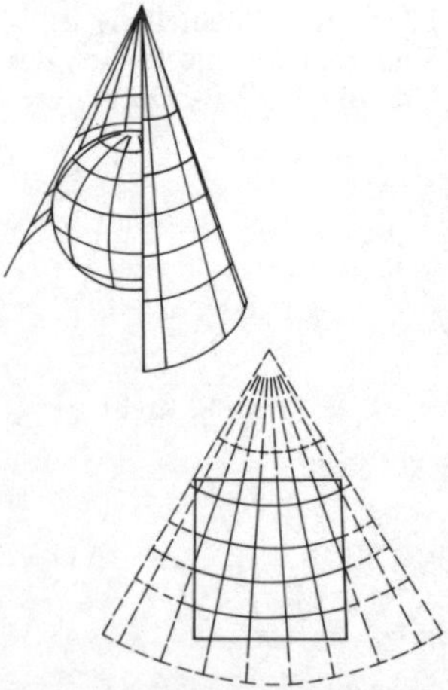

Abb. 1: Prinzip der Kegelprojektion

**Kegelschnitte:** Bezeichnung für die ebenen Schnittfiguren eines geraden Kreiskegels $K$ (Spitze $S$) mit einer Ebene $E$. Folgende Fälle sind möglich:

1. $E$ geht durch $S$ und
   a) hat nur diesen Punkt mit $K$ gemeinsam,
   b) berührt $K$ längs einer Mantellinie,
   c) schneidet $K$ in zwei Mantellinien.

Die Kegelschnitte sind dann: a) ein Punkt, b) eine [Doppel]gerade, c) ein Geradenpaar (Sonderfall: Parallelenpaar, wenn $K$ zu einem Zylinder entartet ist).

2. $E$ geht nicht durch $S$ und ist parallel zu einer Ebene durch $S$, die
   a) nur diesen Punkt mit $K$ gemeinsam hat,
   b) $K$ längs einer Mantellinie berührt,
   c) $K$ in zwei Mantellinien schneidet.

Die Kegelschnitte sind dann: a) ↑Ellipsen (eventuell Kreise), b) ↑Parabeln, c) ↑Hyperbeln (Abb. 1).

In den ersten Fällen spricht man von **entarteten (singulären) Kegelschnitten,** in den letzten von **eigentlichen (nichtentarteten oder regulären) Kegelschnitten** oder kurz von Kegelschnitten.

Die allen eigentlichen Kegelschnitten gemeinsame **Scheitelgleichung** (Scheitel der Kurve

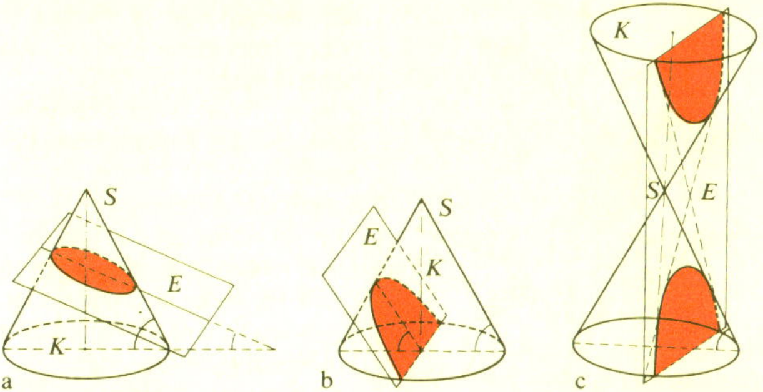


Abb. 1: Ellipse (a), Parabel (b), Hyperbel (c)

im Ursprung $O$ des Koordinatensystems) lautet:

$$y^2 = 2px - (1 - \varepsilon^2)\, x^2.$$

Diese Gleichung stellt für $\varepsilon < 1$ eine Ellipse (für $\varepsilon = 0$ einen Kreis), für $\varepsilon = 1$ eine Parabel und für $\varepsilon > 1$ eine Hyperbel dar; $p$ ist der Parameter des Kegelschnitts.

Auch in der folgenden **Leitlinieneigenschaft,** die schon Euklid zur gemeinsamen Definition der Kegelschnitte benutzte, charakterisiert die Größe $\varepsilon$ die Art des Kegelschnitts: Der geometrische Ort aller Punkte, für die das Verhältnis der Abstände zu einem gegebenen **Brennpunkt** $F$ und zu einer gegebenen **Leitgeraden** konstant gleich $\varepsilon$ ist, ist ein Kegelschnitt mit der **numerischen Exzentrizität** $\varepsilon$. Für $\varepsilon < 1$ hat man eine Ellipse, für $\varepsilon = 1$ eine Parabel, für $\varepsilon > 1$ eine Hyperbel. Haben bei einer Ellipse bzw. Hyperbel die beiden auf der Hauptachse liegenden Brennpunkte den Abstand $2a$, so bezeichnet man $a$ auch als **Halbachse.**

**Kegelstumpf** ↑ Kegel, vgl. ↑ Volumen (Volumenformel).

**Kehrfunktion** ↑ reziprok.

**Kehrsatz,** svw. ↑ Umkehrung eines Satzes.

**Kehrwert** (Kehrzahl, reziproker Wert): Der Wert eines Bruches (↑ Bruchrechnen), der aus einem anderen Bruch durch Vertauschung von Zähler und Nenner entsteht; so ist z. B. 3 der Kehrwert von $\frac{1}{3}$ und $\frac{5}{36}$ der Kehrwert von $\frac{36}{5}$. Allgemein ist der Kehrwert einer beliebigen Zahl $a$ die Zahl bzw. der Quotient $\frac{1}{a}$.

**Kenngrößen** ↑ statistische Lagemaße.

**Kennziffer** ↑ Logarithmus.

**Keplersche Faßregel** ↑ numerische Integration.

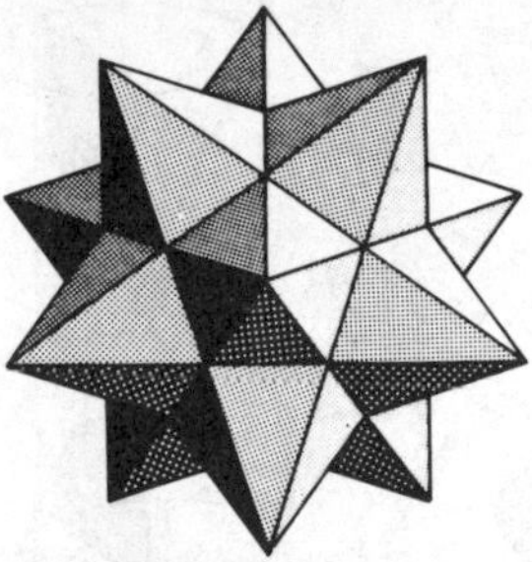

Abb. 1: Keplerscher Sternkörper (Dodekaederstern)

**Keplersche Sternkörper** (nach J. Kepler, 1571–1630): Körper, die entstehen, wenn man sämtliche Kanten eines regulären Pentagondodekaeders oder eines Ikosaeders verlängert; je nachdem, aus welchem dieser beiden Körper ein Sternkörper entstanden ist, nennt man ihn **Dodekaederstern** (Abb. 1) oder **Ikosaederstern.**

**Kern** ↑ Intervallschachtelung.

**Kettenbruch:** Bruch, dessen Nenner eine Summe aus einer ganzen Zahl und einem Bruch ist, dessen Nenner wiederum eine Summe aus einer ganzen Zahl und einem Bruch ist, usw.; häufig bezeichnet man auch die Summe aus einer ganzen Zahl und einem derartigen Bruch als Kettenbruch. Z. B. ist

$$2+\cfrac{1}{3+\cfrac{1}{5+\cfrac{1}{7}}}$$

ein **abbrechender Kettenbruch.** Man verwendet auch die Schreibweise [2; 3, 5, 7].

Entsprechend lassen sich **nichtabbrechende Kettenbrüche** betrachten.

Es gilt der *Satz:*

Die Kettenbruchentwicklung einer reellen Zahl bricht genau dann ab, wenn sie rational ist.

↑ Irrationale Zahlen haben also eine nicht-abbrechende Kettenbruchentwicklung.

*Beispiele:*

1) Es ist $\sqrt{2} = [1;2,2,2,\ldots]$. Die Kettenbruchentwicklung von $\sqrt{2}$ ist also **periodisch.** Die Zahlen

$$[1;2] = 1+\frac{1}{2} = 1{,}5,$$

$$[1;2,2] = 1+\frac{1}{2+\frac{1}{2}} = 1+\frac{2}{5} = 1{,}4,$$

$$[1;2,2,2] = \ldots = 1+\frac{5}{12} = 1{,}41\overline{6}$$

usw. sind Näherungswerte für die irrationale Zahl $\sqrt{2}$.

2) Die Kettenbruchentwicklung der ↑ Kreiszahl $\pi$ lautet

$$\pi = [3;7,15,1,292,1,1,1,\ldots]$$

Näherungswerte für $\pi$ sind also

$$3+\frac{1}{7} = 3{,}142857\ldots,$$

$$3+\frac{1}{7+\frac{1}{15}} = 3+\frac{15}{106} = 3{,}141509\ldots,$$

$$3+\cfrac{1}{7+\cfrac{1}{15+\frac{1}{292}}}=3+\frac{16}{113}$$

$$=3{,}141592\ldots$$

3) Die Kettenbruchentwicklung der Eulerschen Zahl ↑e lautet

$$e=[2;1,2,1,1,4,1,1,8,1,\ldots]$$

Näherungswerte für e sind also

$$2+\frac{1}{1}=3.$$

$$2+\cfrac{1}{1+\frac{1}{2}}=2+\frac{2}{3}=2{,}\overline{6}.$$

$$2+\cfrac{1}{1+\cfrac{1}{2+\frac{1}{1}}}=2+\frac{3}{4}=2{,}75.$$

**Kettenlinie** (Seilkurve), eine parabelähnliche Kurve, die ein in zwei Punkten befestigtes, vollkommen biegsames, homogenes, schweres Seil bildet. Ihre Gleichung lautet in kartesischen Koordinaten (Abb. 1)

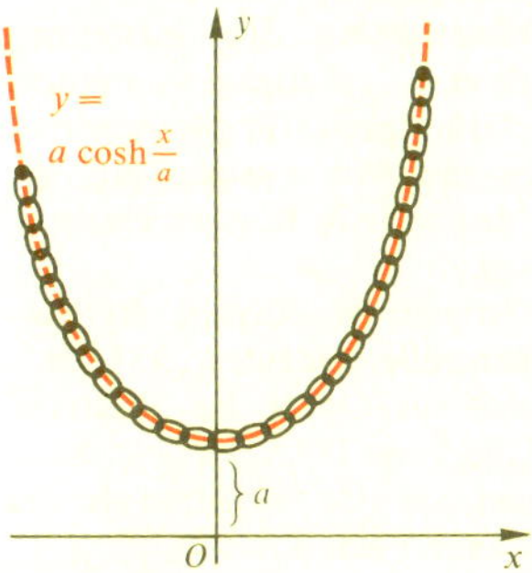


Abb. 1: Kettenlinie

$$y=\frac{a}{2}(e^{x/a}+e^{-x/a})$$
$$=a\cosh(x/a)$$

($a>0$, $\cosh x$ Hyperbelkosinus). Rotiert die Kettenlinie um die $x$-Achse, so wird ein **Katenoid** erzeugt.

**Kettenregel** ↑Ableitungsregeln.

**kgV,** Abkürzung für ↑kleinstes gemeinsames Vielfaches.

**Kilo...,** Zeichen k, Vorsatz vor Einheiten, bezeichnet das 1000fache der betreffenden Einheit (↑Vorsatzzeichen).

**Kilobit,** Abkürzung KBit, Informationseinheit; 1 KBit = $2^{10}$ Bit = 1024 Bit. – ↑auch K.

**Kilobyte,** Abk. KByte, Informationseinheit; 1 KByte = $2^{10}$ Byte = 1024 Byte.

**Kilogramm** ↑Masseneinheit.

**Kilometer** ↑Längeneinheit.

**Kissoide,** svw. ↑Zissoide.

**klammerfreie** ↑Notation.

**Klammern:** Bei einem Rechenausdruck dienen *Klammern* zur Festlegung der Reihenfolge, in welcher die auftretenden Rechenoperationen ausgeführt werden sollen. Bezüglich der Grundrechenarten gelten folgende Regeln:

(1) *Punktrechnung geht vor Strichrechnung:* Zuerst werden die Multiplikationen und Divisionen ausgeführt, dann die Subtraktionen.

(2) *Zuerst wird der Inhalt der Klammern berechnet.*

*Beispiel:* Es gilt

$$3 \cdot 4 + 5 = 12 + 5 = 17,$$
$$3 \cdot (4 + 5) = 3 \cdot 9 = 27.$$

Eine weitere Konvention wird häufig verwendet: Stehen in einem ↑Term, der nur Punktrechnungen oder nur Strichrechnungen enthält, keine Klammern, dann wird „von links nach rechts" gerechnet. Es bedeutet also $360:5 \cdot 2$ dasselbe wie $(360:5) \cdot 2$;

$$360:5 \cdot 2 = 72 \cdot 2 = 144,$$
$$360:(5 \cdot 2) = 360:10 = 36.$$

Entsprechend wird z. B. auch $10 - 4 - 3$ wie $(10 - 4) - 3$ berechnet;

$$10 - 4 - 3 = 6 - 3 = 3,$$
$$10 - (4 - 3) = 10 - 1 = 9.$$

Steht im Exponent einer ↑Potenz wieder eine Potenz, so wird „von oben nach unten" gerechnet, wenn keine Klammern stehen. Also bedeutet $2^{3^2}$ dasselbe wie $2^{(3^2)}$

$$2^{3^2} = 2^9 = 512,$$
$$(2^3)^2 = 8^2 = 864.$$

**Klappung** ↑Bewegung.

**Klarschriftleser** ↑Peripheriegeräte.

**Klasse.** Zerlegt man eine ↑Menge $M$ in zueinander elementefremde nichtleere Teilmengen, so nennt man dies eine **Klassenzerlegung, Klasseneinteilung** oder kurz **Zerlegung** von $M$. Die einzelnen Teilmengen in der Zerlegung heißen **Klassen.**

*Beispiel:* Ist

$$M = \{1, 2, 3, 4, 5, 6, 7, 8, 9, 10\},$$

dann ist

$$M = \{1, 3, 5\} \cup \{2, 9\} \cup \{4, 6\} \cup \{8\} \cup \{7, 10\}$$

eine Zerlegung von $M$ in fünf Klassen (Abb. 1).

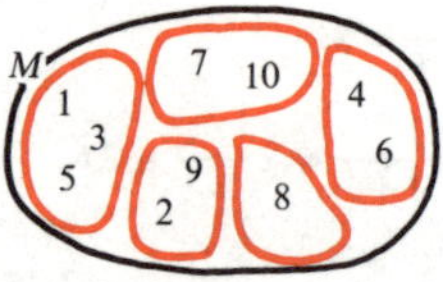


Abb. 1: Zerlegung von $M$ in fünf Klassen

Jede ↑Äquivalenzrelation in einer Menge $M$ definiert eine Klassenzerlegung von $M$, nämlich die Zerlegung von $M$ in Äquivalenzklassen.

**Klasseneinteilung** ↑Äquivalenzrelation, ↑Klasse.

**Klassierung.** Zur Aufstellung einer Häufigkeitsverteilung (↑Häufigkeit) für Meßwerte ist es meistens zweckmäßig, die Meßwerte in Klassen einzuteilen.

*Beispiel:* Bei Angabe der Körpergröße bedeutet „187 cm", daß die Größe im ↑Intervall [186,5 cm; 187,5 cm[ liegt. Klassen sind also hier Intervalle der Länge 1 cm.

**kleine Halbachse** ↑Ellipse.

**Kleiner-gleich-Relation** ↑Ordnungsrelation.

**Kleinerrelation,** Formelzeichen <, eine spezielle ↑Ordnungsrelation im Bereich der ↑reellen Zahlen; eine Zahl $r$ heißt **kleiner** als eine Zahl $s$ (in Zeichen: $r < s$), wenn es eine positive Zahl $t$ gibt, so daß $r + t = s$ gilt.

**Kleinkreis** ↑Kugel.

**Kleinsche Flasche** (Kleinscher Schlauch; nach F. Klein 1849–1925): Bezeichnung für eine geschlossene einseitige Fläche, die sich selbst durchdringt (Abb. 1).

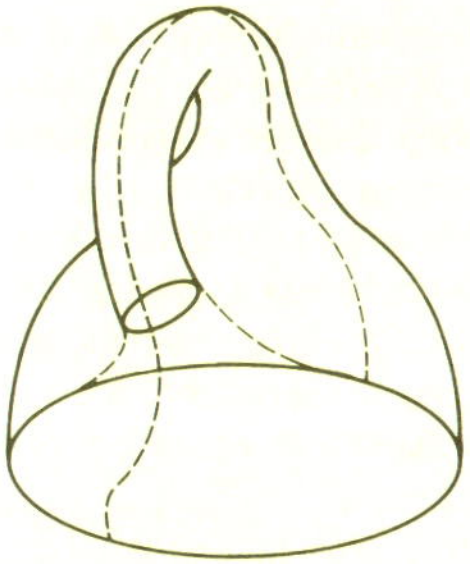

Abb. 1: Kleinsche Flasche

**Kleinsches Modell** (nach F. Klein, 1849–1925): Ein auch als „Bierdeckelgeometrie" bezeichnetes Modell der hyperbolischen Geometrie (↑nichteuklidische Geometrie).
Als „Punkte" werden die Punkte im Innern einer Kreisscheibe betrachtet, als „Geraden" die Sehnen in dieser Kreisscheibe. Die Punkte des Randes (also der Kreislinie) sollen nicht zu dieser Geometrie gehören. In Abb. 1 ist angedeutet, daß zu jeder Geraden $g$ und jedem Punkt $P$ außerhalb $g$ unendlich viele Parallelen durch $P$ existieren.

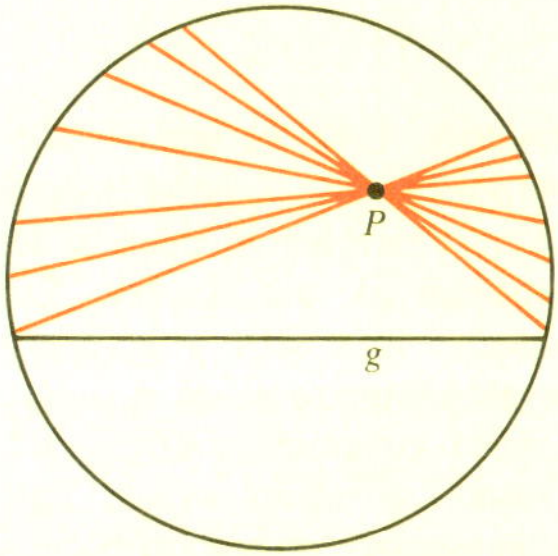


Abb. 1: Kleinsches Modell

**Kleinsche Vierergruppe** ↑Gruppe.

**kleinstes gemeinsames Vielfaches** (Abk. kgV): Das kleinste gemeinsame Vielfache zweier ↑natürlicher Zahlen ist die kleinste Zahl, die sowohl ein Vielfaches von $a$ als auch ein Vielfaches von $b$ ist. Diese Zahl bezeichnet man mit kgV($a$, $b$). Es ist z. B.

$$\begin{aligned}&\text{kgV}(15,25) = 75,\\&\text{kgV}(13,38) = 494,\\&\text{kgV}(12,48) = 48.\end{aligned}$$

Man findet das kleinste gemeinsame Vielfache durch Zerlegen zweier Zahlen in ihre Primfaktoren; man nimmt jeden Faktor so oft, wie er höchstens bei einer der beiden Zahlen vorkommt.

*Beispiel:*

$$24 = 2 \cdot 2 \cdot 2 \cdot 3;$$
$$42 = 2 \cdot 3 \cdot 7.$$

Das kleinste gemeinsame Vielfache ist:

$$2 \cdot 2 \cdot 2 \cdot 3 \cdot 7 = 168.$$

**Knoten.** Eine einfache (doppelpunktfreie), geschlossene ↑Kurve bezeichnet man in der Mathematik als **Knoten.** Ein Knoten läßt sich also durch eine Schnur realisieren, deren Enden zusammengefügt sind. Diese Definition weicht vom allgemeinen Sprachgebrauch ab, denn es ist üblich, auch dann von Knoten zu sprechen, wenn die betreffende Darstellung nicht geschlossen ist (Abb. 1). Das gilt z. B. für den „Knoten" im Taschentuch, für den Krawattenknoten oder auch für „Knoten", die der Seemann oder der Bergsteiger anwendet.

**Kodierung** ↑Code.

**Koeffizient:** In einem ↑Term oder in einer ↑Gleichung nennt man die Zahlen, die als Faktoren bei den Variablen stehen, **Koeffizienten** (oder **Beizahlen**). Z. B. ist in dem Term

$$3x^3 + 17x^2 - 3x + 9$$

der Koeffizient des quadratischen Gliedes 17. In der Formel

$$(x+y)^4 = x^4 + 4x^3y + 6x^2y^2 + 4xy^3 + y^4$$

heißen die Zahlen 1, 4, 6, 4, 1 die Koeffizienten der betreffenden Glieder dieser Summe.

**kollinear.** Punkte $A, B, C, D, \ldots$ nennt man kollinear, wenn sie alle auf *einer* Geraden liegen (Abb. 1). Punkte, die nicht alle auf *einer* Geraden liegen, heißen *nichtkollinear* (Abb. 2).

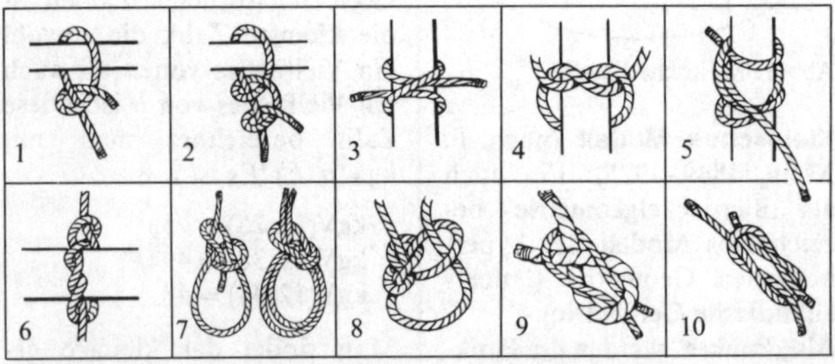


Abb. 1: Knoten. 1 halber Schlag, 2 zwei halbe Schläge, 3 Webeleinstek, 4 Überhandknoten, 5 Stopperstek, 6 Zimmermannsstek, 7 Palsteks, 8 laufender Palstek, 9 Schotstek, 10 Kreuzknoten

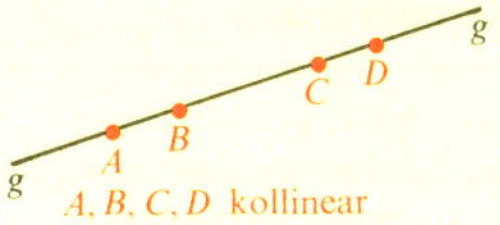


Abb. 1

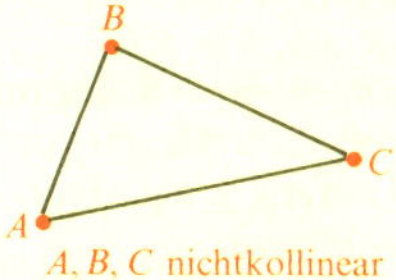


Abb. 2

**Kombinatorik:** Zweig der Mathematik, in dem man sich mit Fragestellungen über endliche Mengen beschäftigt, z. B. mit der Abzählung der verschiedenen Möglichkeiten der Auswahl und Anordnung von Elementen einer endlichen Menge. Die folgenden vier Aufgaben sind Beispiele für die vier *Grundaufgaben* der Kombinatorik:
*Aufgabe 1:* Wie viele verschiedene Tips gibt es im *Fußballtoto* bei der 11er-Wette?
Antwort: Es gibt

$$3^{11} \ (= 177\,147)$$

verschiedene Tips.
*Aufgabe 2:* Wie viele verschiedene Tips gibt es beim Pferderennen mit 12 Pferden, wenn man auf die 5 Erstplazierten in der richtigen Reihenfolge wetten soll?
Antwort: Es gibt

$$12 \cdot 11 \cdot 10 \cdot 9 \cdot 8 \quad (= 95\,040)$$

verschiedene Tips.
*Aufgabe 3:* Wie viele verschiedene Tips gibt es beim *Zahlenlotto* „6 aus 49"?
Antwort: Es gibt

$$\frac{49 \cdot 48 \cdot 47 \cdot 46 \cdot 45 \cdot 44}{6 \cdot 5 \cdot 4 \cdot 3 \cdot 2 \cdot 1}$$
$$(= 13\,983\,816)$$

verschiedene Tips.
*Aufgabe 4:* Wie viele verschiedene Würfe mit 3 nicht-unterscheidbaren Würfeln gibt es?
Antwort: Es gibt

$$\frac{8 \cdot 7 \cdot 6}{3 \cdot 2 \cdot 1} \ (= 56)$$

verschiedene Würfe.
Bei den vier Grundaufgaben muß man bestimmen, auf wie viele verschiedene Arten aus einer *n-Menge* (Menge mit genau $n$ Elementen) $k$ Elemente ausgewählt werden können. Dabei muß man unterscheiden, ob es auf die Reihenfolge der Elemente ankommt oder nicht. Außerdem muß man unterscheiden, ob man ein Element nur einmal oder auch mehrmals auswählen darf. Man spricht allgemein von einer *k-Auswahl aus einer n-Menge mit oder ohne Berücksichtigung der Reihenfolge und mit oder ohne Wiederholungen*. In der Tafel „Grundaufgaben der Kombinatorik" sind die vier Fälle zu-

**Grundaufgaben der Kombinatorik**

| $k$-Auswahlen aus einer $n$-Menge | geordnet (*mit* Berücksichtigung der Reihenfolge) | nicht-geordnet (*ohne* Berücksichtigung der Reihenfolge) |
|---|---|---|
| *mit* Wiederholungen | *Grundaufgabe 1* (Aufgabe 1 ($n=3$, $k=11$)); *geordnete* Stichprobe *mit* Zurücklegen vom Umfang $k$ aus einer $n$-Menge; *Variation* zur Klasse $k$ von $n$ Elementen *mit* Wiederholungen; *Abbildung* von $\{1, 2, \ldots, k\}$ in eine $n$-Menge; Anzahl: $n^k$ | *Grundaufgabe 4* (Aufgabe 4 ($n=6$, $k=3$)); *ungeordnete* Stichprobe *mit* Zurücklegen vom Umfang $k$ aus einer $n$-Menge; *Kombination* zur Klasse $k$ von $n$ Elementen *mit* Wiederholungen; *k-Kollektion* einer $n$-Menge; Anzahl: $\binom{n+k-1}{k}$ |
| *ohne* Wiederholungen | *Grundaufgabe 2* (Aufgabe 2 ($n=12$, $k=5$)); *geordnete* Stichprobe *ohne* Zurücklegen vom Umfang $k$ aus einer $n$-Menge; *Variation* zur Klasse $k$ von $n$ Elementen *ohne* Wiederholungen; *injektive Abbildung* von $\{1, 2, \ldots, k\}$ in eine $n$-Menge; Anzahl: $\frac{n!}{(n-k)!}$ | *Grundaufgabe 3* (Aufgabe 3 ($n=49$, $k=6$)); *ungeordnete* Stichprobe *ohne* Zurücklegen vom Umfang $k$ aus einer $n$-Menge; *Kombination* zur Klasse $k$ von $n$ Elementen *ohne* Wiederholungen; *k-Kombination* einer $n$-Menge; *k-Teilmenge* einer $n$-Menge; Anzahl: $\binom{n}{k}$ |

sammengestellt. Die dort angegebenen Anzahlformeln gewinnt man durch folgende Überlegungen:

*Zu Grundaufgabe 1:* Die Plätze

$$1, 2, 3, \ldots, k$$

sollen mit Elementen aus der Menge

$$\{a_1, a_2, \ldots, a_n\}$$

besetzt werden, wobei auch verschiedene Plätze mit dem gleichen Element besetzt werden dürfen. Es entsteht eine $k$-Auswahl aus der $n$-Menge $\{a_1, a_2, \ldots, a_n\}$ *mit* Berücksichtigung der Reihenfolge *mit* Wiederholungen. Für jeden Platz gibt es $n$ Möglichkeiten, insgesamt also

$$\underbrace{n \cdot n \cdot \ldots \cdot n = n^k}_{k \text{ Faktoren}}$$

Möglichkeiten. In Aufgabe 1 (Fußballtoto) ist $n = 3$ und $k = 11$, denn man muß eine 11-Auswahl aus $\{0, 1, 2\}$ mit Berücksichtigung der Reihenfolge mit Wiederholungen treffen. Daher gibt es $3^{11}$ verschiedene Tipreihen.

*Zu Grundaufgabe 2:* Die Plätze

$$1, 2, 3, \ldots, k$$

sollen mit Elementen aus der Menge

$$\{a_1, a_2, \ldots, a_n\}$$

besetzt werden, wobei aber verschiedene Plätze mit verschiedenen Elementen besetzt werden müssen. Es entsteht eine $k$-Auswahl aus $\{a_1, a_2, \ldots, a_n\}$ *mit* Berücksichtigung der Reihenfolge *ohne* Wiederholungen. Für den 1. Platz gibt es $n$ Möglichkeiten; für den 2. Platz gibt es (wenn der 1. Platz schon besetzt ist) dann noch $n-1$ Möglichkeiten; für den 3. Platz bleiben noch $n-2$ Möglichkeiten usw. Insgesamt gibt es

$$\underbrace{n \cdot (n-1) \cdot (n-2) \cdot \ldots \cdot (n-k+1)}_{k \text{ Faktoren}}$$

Möglichkeiten. In Aufgabe 2 (Pferderennen) ist $n = 12$ und $k = 5$, denn man muß eine 5-Auswahl aus einer 12-Menge mit Berücksichtigung der Reihenfolge ohne Wiederholungen treffen. Daher gibt es $12 \cdot 11 \cdot 10 \cdot 9 \cdot 8$ verschiedene Tips.
Mit Hilfe der ↑Fakultät läßt sich die gefundene Anzahlformel kürzer schreiben: Es ist

$$n \cdot (n-1) \cdot (n-2) \cdot \ldots \cdot (n-k+1) = \frac{n!}{(n-k)!}.$$

Damit diese Formel auch für $k = n$ gilt, vereinbart man $0! = 1$.
*Zu Grundaufgabe 3:* Aus der Menge $\{a_1, a_2, \ldots, a_n\}$ soll eine *k-Teilmenge* (eine $k$-elementige Teilmenge) ausgewählt werden. Es entsteht eine $k$-Auswahl aus $\{a_1, a_2, \ldots, a_n\}$ *ohne* Berücksichtigung der Reihenfolge *ohne* Wiederholungen. Wählt man die $k$ Elemente in einer bestimmten Reihenfolge

aus, so entstehen zunächst

$$\frac{n!}{(n-k)!}$$

verschiedene $k$-Tupel ohne Wiederholungen (Grundaufgabe 2). Je $k!$ dieser $k$-Tupel unterscheiden sich nur in der Reihenfolge der Elemente, liefern also die gleiche $k$-Teilmenge von $\{a_1, a_2, \ldots, a_n\}$. Also gibt es

$$\frac{n!}{k!(n-k)!}$$

$k$-Teilmengen von

$$\{a_1, a_2, \ldots, a_n\}.$$

Die Zahlen

$$\frac{n!}{k!(n-k)!}$$

sind die *Binomialkoeffizienten* und werden meistens mit

$\binom{n}{k}$ bezeichnet.

*Zu Grundaufgabe 4:* Aus der $n$-Menge $\{a_1, a_2, \ldots, a_n\}$ sollen $k$ Elemente ausgewählt werden, wobei es nicht auf die Reihenfolge ankommt und jedes Element auch mehrfach ausgewählt werden darf. Es ent-

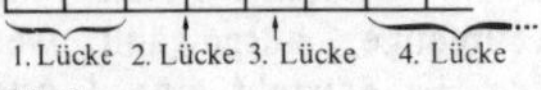


Abb. 1

steht eine $k$-Auswahl aus $\{a_1, a_2, \ldots, a_n\}$ *ohne* Berücksichtigung der Reihenfolge *mit* Wiederholungen. Es seien nun $n+k-1$ Plätze gegeben, aus diesen $k$ ausgewählt und die restlichen $n-1$ Plätze mit 0 besetzt (Abb. 1).

Die $k$ Zwischenräume zwischen den Nullen besetzt man der Reihe nach mit Elementen aus $\{a_1, a_2, \ldots, a_n\}$, und zwar den $i$-ten Zwischenraum mit lauter Elementen $a_i$ (Abb. 2).

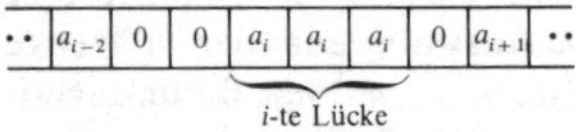


Abb. 2

Die dadurch gegebene $k$-Auswahl ist eindeutig durch die ursprüngliche Wahl der $k$ Plätze festgelegt. Also gibt es genau

$$\binom{n+k-1}{k}$$

solche $k$-Auswahlen (vgl. Grundaufgabe 3). Damit ist auch Grundaufgabe 4 gelöst.

Viele kombinatorische Aufgaben lassen sich auf diese Grundaufgaben zurückführen.

*Beispiel:* Auf wie viele Arten lassen sich die 32 Karten eines Skatspiels an die Spieler $A$, $B$, $C$ (in dieser Reihenfolge) und den Skat (2 Karten) verteilen? Für Spieler $A$ gibt es $\binom{32}{10}$ Möglichkeiten, für Spieler $B$ dann noch $\binom{22}{10}$ Möglichkeiten, für Spieler $C$ dann noch $\binom{12}{10}$ Möglichkeiten. Die gesuchte Anzahl ist also

$$\binom{32}{10}\binom{22}{10}\binom{12}{10}$$

$$= \frac{32!\,22!\,12!}{10!\,22!\,10!\,12!\,10!\,2!}$$

$$= \frac{32!}{10!\,10!\,10!\,2!}$$

$$\approx 2{,}753294 \cdot 10^{15}.$$

**Kommandowerk,** svw. Steuerwerk (↑Computer).

**kommensurabel** heißen zwei Strecken, wenn ihre Längen ganzzahlige Vielfache einer Einheitslänge $e$ sind (Abb. 1). Existiert keine solche Einheitslänge $e$, so heißen die beiden Strecken **inkommensurabel.**

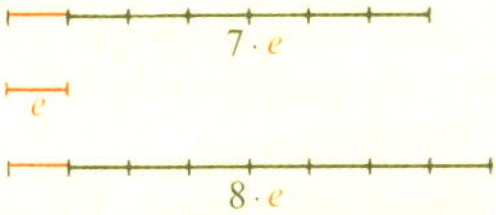


Abb. 1: Kommensurable Strecken

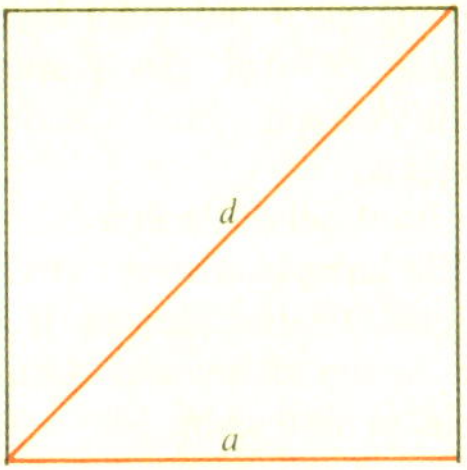


Abb. 2: $a$ und $d$ sind inkommensurabel

Der Quotient der Längen zweier kommensurabler Strecken ist also eine ↑rationale Zahl. Die Diagonale und die Seite eines Quadrates sind nicht kommensurabel, denn ihr Quotient $\sqrt{2}$ ist eine ↑irrationale Zahl (Abb. 2).

Die bereits den Griechen bekannte Tatsache, daß es inkommensurable Strecken gibt, war für die Einführung der ↑reellen Zahlen von großer Bedeutung.

**Kommunalanleihen** (Kommunalobligationen) ↑Anleihen.

**kommutativ,** svw. vertauschbar; bezeichnet auch Verknüpfungen, bei denen das Ergebnis unabhängig von der Reihenfolge der verknüpften Elemente ist. Addition und Multiplikation von Zahlen sind *kommutative Verknüpfungen;* Subtraktion und Division sind nicht kommutativ.

Ist eine Verknüpfung kommutativ, so sagt man, sie erfüllt das **Kommutativgesetz.** Z.B. lautet das Kommutativgesetz der Multiplikation: Für alle Zahlen $a$, $b$ gilt $a \cdot b = b \cdot a$. Ein Verknüpfungsgebilde mit einer kommutativen Verknüpfung bezeichnet man auch als *kommutatives Verknüpfungsgebilde.*

**Kommutativgesetz** ↑kommutativ.

**kompakt:** Eine Menge von reellen Zahlen heißt kompakt, wenn sie ↑abgeschlossen und ↑beschränkt ist. Beispielsweise sind abgeschlossene und beschränkte Intervalle sowie endliche Vereinigungen von solchen Intervallen kompakt.

**Kompaßrose,** svw. ↑Windrose.

**kompatibel,** svw. austauschbar, vereinbar (gesagt z. B. von verschiedenen Systemen einer elektronischen Datenverarbeitungsanlage).

**komplanar,** in der gleichen Ebene liegend. Z. B. sind die Ecken eines Quadrats komplanar, die Ecken eines Würfels sind nicht komplanar.

**komplementär** („ergänzend"). Dieser Begriff kommt in der Mathematik in mehreren Zusammenhängen vor:

1) **Komplementärmenge** einer Teilmenge $A$ von $G$ (Grundmenge) nennt man die Menge $G \setminus A$ (↑Differenzmenge), also die Menge aller Elemente von $G$, die nicht zu $A$ gehören. Geht aus dem Zusammenhang eindeutig hervor, welche Grundmenge gemeint ist, so schreibt man kürzer $\bar{A}$ (lies „$A$ quer"). Statt „Komplementärmenge" verwendet man auch die Bezeichnung **Ergänzungsmenge** von $A$ bezüglich $G$ (Abb. 1).

2) **Komplementärteiler** eines ↑Teilers $d$ einer natürlichen Zahl $n$ nennt man die Zahl $d'$ mit $d \cdot d' = n$. Zu dem Teiler 3 von 30 ist der Teiler 10 komplementär, denn $3 \cdot 10 = 30$.

3) **Komplementärwinkel (Komplementwinkel)** heißen zwei Winkel, die sich zu einem rechten Winkel (90°) ergänzen. In diesem Fall heißt jeder Winkel Komplementärwinkel des anderen (Abb. 2).

Z. B. ist in einem rechtwinkligen Dreieck jeder der beiden spitzen Winkel ein Komplementärwinkel des anderen Winkels.

4) ↑Boolesche Algebra.

5) Ein **komplementäres Dreieck** ist ein Dreieck, dessen Ecken die Seitenmitten des Grunddreiecks sind (Abb. 3).

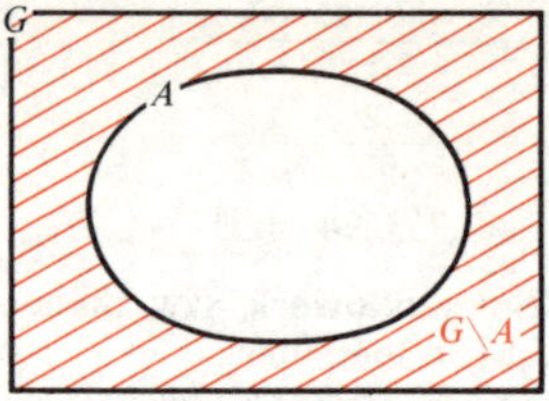

Abb. 1: Komplementärmenge

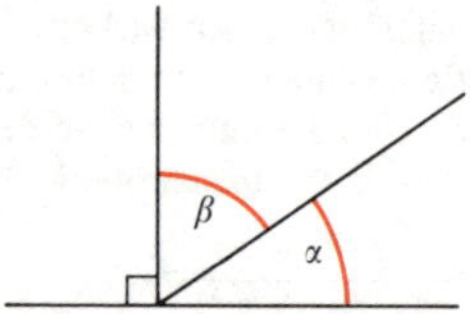

Abb. 2: Komplementärwinkel

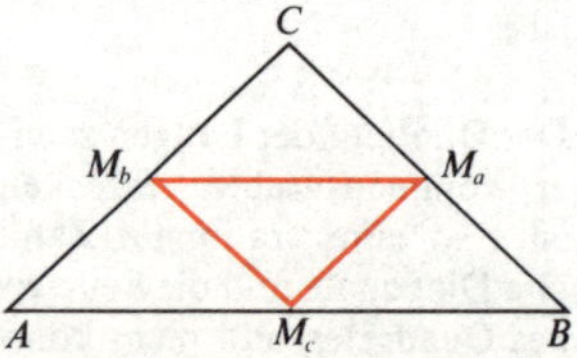

Abb. 3: Komplementäres Dreieck

6) **komplementäres Ereignis,** svw. ↑Gegenereignis.

**komplexe Zahlen.** Für ↑reelle Zahlen $p$ und $q$ ist die ↑quadratische Gleichung

$$x^2+px+q=0$$

in ℝ nicht immer lösbar. Beispielsweise sind die Gleichungen

$$\begin{aligned} x^2+2x+\ 4&=0,\\ x^2\qquad+\ 1&=0,\\ x^2-3x+15&=0 \end{aligned}$$

in ℝ nicht lösbar. Ein Körper, der die Menge der reellen Zahlen umfaßt und in dem jede quadratische Gleichung (und allgemein jede ↑algebraische Gleichung) lösbar ist, ist der ↑Körper der **komplexen Zahlen.** Eine komplexe Zahl ist definiert als ein aus zwei reellen Zahlen $a_1$, $a_2$ bestehendes Paar, also $(a_1, a_2) \in \mathbb{R}\times\mathbb{R}$; ferner sind Addition und Multiplikation komplexer Zahlen definiert durch

$$\begin{aligned} &(a_1,a_2)+(b_1,b_2):=\\ &\quad(a_1+b_1, a_2+b_2),\\ &(a_1,a_2)\cdot(b_1,b_2):=\\ &\quad(a_1 b_1-a_2 b_2, a_1 b_2+a_2 b_1). \end{aligned}$$

Die komplexen Zahlen der Form $(a,0)$ heißen *reell,* da sie einen Teilbereich bilden, der dem Körper der reellen Zahlen entspricht. Die komplexen Zahlen der Form $(0,a)$ heißen *imaginär;* die komplexe Zahl

$$\mathrm{i}:=(0,1)$$

heißt die *imaginäre Einheit.* Wegen

$$(a_1,a_2)=(a_1,0)+(a_2,0)\cdot(0,1)$$

schreibt man komplexe Zahlen in der Form

$$(a_1,a_2)=a_1+a_2\mathrm{i}.$$

Man nennt $a_1$ den **Realteil** und $a_2$ den **Imaginärteil** von $a_1+a_2\mathrm{i}$.

Komplexe Zahlen stellt man in einer Koordinatenebene dar; sie heißt die **Gaußsche Zahlenebene** (nach C. F. Gauß 1777 bis 1855), vgl. Abb. 1.

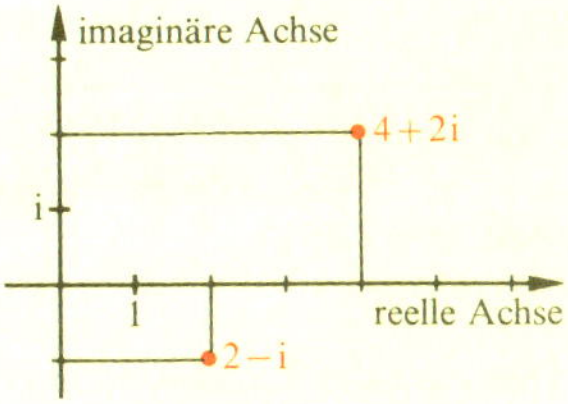


Abb. 1: Gaußsche Zahlenebene

Die Addition komplexer Zahlen erfolgt ähnlich wie die Addition von ↑Vektoren, die als Zahlenpaare dargestellt sind (Abb. 2).

Eine komplexe Zahl $z \neq 0$ (wobei 0 für $0+0\cdot\mathrm{i}$ steht) kann man durch ihre Entfernung $r$ vom Koordinatenursprung $O$ und den Winkel $\varphi$, den die Verbindungsstrecke zum Koordinatenursprung mit der positiven reellen Achse bildet, kennzeichnen (Abb. 3).

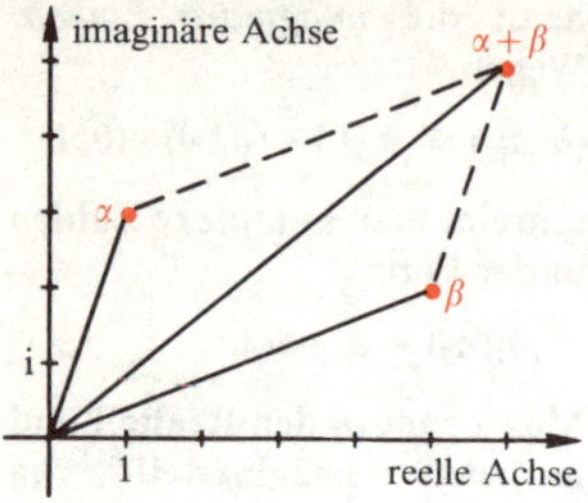


Abb. 2: Addition komplexer Zahlen

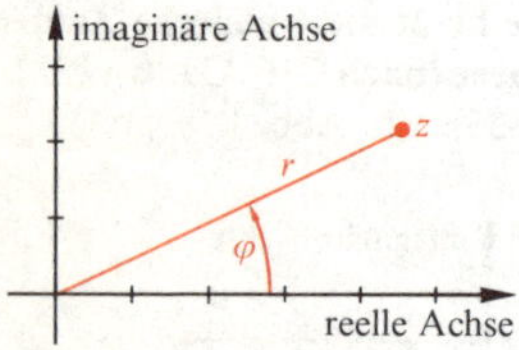


Abb. 3: Polarkoordinaten einer komplexen Zahl

Dies sind die *Polarkoordinaten* der komplexen Zahl

$$z = a + \mathrm{i}\,b.$$

Man nennt $r = \sqrt{a^2 + b^2}$ den **Betrag** und $\varphi$ das **Argument** der komplexen Zahl $z$ und schreibt $\varphi = \arg z$.

$$\begin{aligned} z &= a + \mathrm{i}\,b \\ &= r(\cos\varphi + \mathrm{i}\sin\varphi) \\ &= r \cdot \mathrm{e}^{\mathrm{i}\varphi} \end{aligned}$$

bezeichnet man als **Eulersche Darstellung** (nach L. Euler, 1707–1783) der komplexen Zahl $z$. Die Multiplikation zweier komplexer Zahlen in Polarkoordinaten geschieht durch Multiplikation der Beträge und Addition der Argumente.

Den Körper der komplexen Zahlen bezeichnet man mit $\mathbb{C}$. Die quadratische Gleichung

$$x^2 + 1 = 0$$

hat in $\mathbb{C}$ die Lösungen i und $-\mathrm{i}$, denn

$$\mathrm{i}^2 = (0,1)^2 = (-1,0) = -1$$

und entsprechend für $-\mathrm{i}$. Daher schreibt man auch

$$\mathrm{i} = \sqrt{-1}.$$

Die quadratische Gleichung

$$x^2 + 2x + 4 = 0$$

hat die Lösungen

$$x_1 = -1 + \sqrt{-3}, \quad x_2 = -1 - \sqrt{-3}.$$

Wegen $\sqrt{-3} = \sqrt{-1} \cdot \sqrt{3}$ sind die Lösungen also

$$x_1 = -1 + \sqrt{3} \cdot \mathrm{i}, \quad x_2 = -1 - \sqrt{3} \cdot \mathrm{i}.$$

**Komponenten** ↑Tupel. – Vgl. ↑Vektor.

**Komposition,** svw. ↑Verkettung.

**Konditionsproblem.** Sind die Anfangsdaten einer Aufgabe (z. B. die Koeffizienten in einem Gleichungsterm) fehlerhaft gegeben, dann wird auch das Ergebnis fehlerhaft sein. Das Problem der Fortpflanzung der Datenfehler in die Lösung der Aufgabe bezeichnet man als **Konditionsproblem** dieser Aufgabe. Man nennt eine Aufgabe **gut konditioniert,** wenn „kleine" Datenfehler auch nur zu „kleinen" Fehlern im Ergebnis führen. Lineare Gleichungssysteme sind meistens schlecht konditioniert, d.h. „kleine" Fehler bei den Koeffizienten bewirken in der Regel „große" Fehler im Ergebnis. Die Nullstellenbestimmung bei Polynomen ist im allgemeinen auch schlecht konditioniert.

*Beispiel:* Die Gleichung

$$x^2 - 4x + 4 = 0$$

hat die (doppelte) Lösung 2. Die Gleichung

$$x^2 - 4x + 3{,}9999999 = 0$$

hat die Lösungen

$$1{,}9996837 \quad \text{und} \quad 2{,}0003162;$$

hier ist die Änderung der Lösungen also 3 162mal so groß wie die Änderung des Koeffizienten in der Gleichung.

**kongruent:** 1) In der Geometrie nennt man zwei Figuren **kongruent** oder **deckungsgleich,** wenn sie in allen Bestimmungsstücken (Längen, Winkel, ...) übereinstimmen. Genau dann sind zwei Figuren kongruent, wenn sie mit Hilfe einer ↑ Kongruenzabbildung aufeinander abgebildet werden können. Die ↑ Kongruenzsätze für Dreiecke geben Bedingungen an, unter denen Dreiecke zueinander kongruent sind.

2) In der Teilbarkeitslehre nennt man zwei Zahlen *kongruent modulo m,* wenn sie bei Division durch $m$ den gleichen Rest lassen (↑ Division mit Rest).

**Kongruenz.** 1) *Geometrie:* Vgl. ↑ kongruent, ↑ Kongruenzabbildungen.

2) *Teilbarkeitslehre:* Zwei ganze Zahlen $a$, $b$ heißen *kongruent modulo m,* wenn ihre Differenz durch $m$ teilbar ist. Man schreibt dann

$$a \equiv b \pmod{m}.$$

Dabei ist der **Modul** $m$ eine natürliche Zahl. Es ist beispielsweise

$$15 \equiv 4 \pmod{11},$$
denn 11 teilt $15 - 4$,
$$-3 \equiv 17 \pmod{4},$$
denn 4 teilt $-3 - 17$,

aber

$$13 \not\equiv 37 \pmod{5},$$
denn 5 teilt $13 - 37$ nicht.

Ist $m$ kein Teiler von $a - b$, so ist $a$ **inkongruent** zu $b$ modulo $m$; dafür schreibt man wie in obigem Beispiel

$$a \not\equiv b \pmod{m}.$$

Zwei natürliche Zahlen sind genau dann zueinander kongruent modulo $m$, wenn sie bei ↑ Division mit Rest durch $m$

den gleichen Rest lassen. Entsprechendes gilt für ganze Zahlen.

**Kongruenzabbildung:** Abbildung der Ebene oder des Raumes auf sich, die folgende Eigenschaften besitzt:

1) Jede Gerade wird auf eine Gerade abgebildet; die Abbildung ist *geradentreu.*

2) Jede Strecke wird auf eine gleichlange Strecke abgebildet; die Abbildung ist *längentreu.*

3) Parallele Geraden werden auf parallele Geraden abgebildet; die Abbildung ist *parallelentreu.*

4) Jeder Winkel wird auf einen gleichgroßen Winkel abgebildet; die Abbildung ist *winkeltreu.*

Eine Kongruenzabbildung ist also sowohl eine spezielle ↑affine Abbildung als auch eine spezielle ↑Ähnlichkeitsabbildung.

Jede Kongruenzabbildung ist eine ↑Bewegung und umgekehrt.

**Kongruenzsätze:** Geometrische Lehrsätze, die Bedingungen für die ↑Kongruenz von geometrischen Figuren angeben. Besonders wichtig sind die Kongruenzsätze für Dreiecke: Dreiecke sind kongruent, wenn sie in den Längen dreier Seiten (*sss*), in den Längen zweier Seiten und der Größe des eingeschlossenen Winkels (*sws*), in den Längen zweier Seiten und

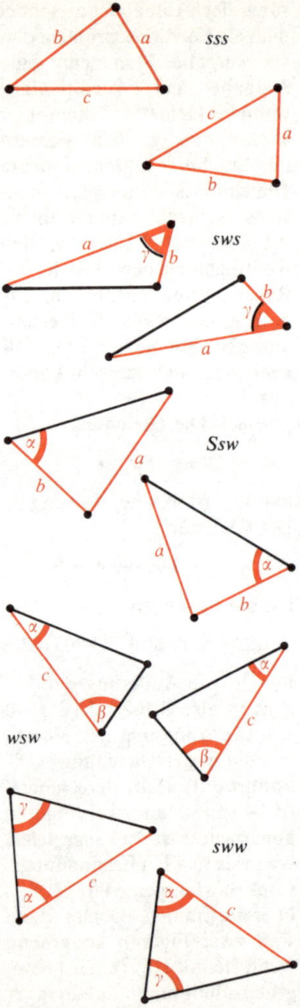


Abb. 1: Kongruenzsätze für Dreiecke

der Größe des der längeren Seite gegenüberliegenden Winkels (*Ssw*), in der Länge einer Seite und in der Größe der beiden anliegenden Winkel (*wsw*) oder in der Länge einer Seite und der Größe eines anliegenden und des der Seite gegenüberliegenden Winkels (*sww*) übereinstimmen (Abb. 1).

**Königsberger Brückenproblem** (Eulersches Problem; nach L. Euler, 1707–1783): Bezeichnung für die topologische Fragestellung: Ist es möglich, einen Spaziergang durch das alte Königsberg zu machen, bei dem man jede der sieben Brükken über den Pregel (Abb. 1) genau einmal überschreitet? (Die Antwort lautet: nein).

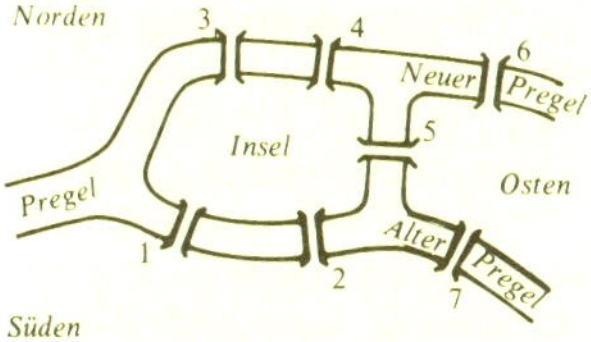


Abb. 1: Königsberger Brückenproblem

**konjugiert komplexe Zahlen:** Zwei ↑komplexe Zahlen heißen *konjugiert,* wenn sie sich nur im Vorzeichen des Imaginärteils unterscheiden. Zwei konjugiert komplexe Zahlen liegen in der *Gaußschen Zahlenebene* spiegelbildlich zur reellen Achse (Abb. 1).

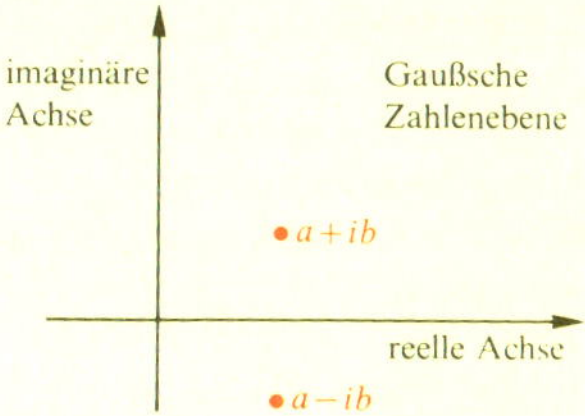


Abb. 1: Konjugiert komplexe Zahlen

**Konjunktion** (logisches Produkt): 1) Bezeichnung für die „und-Verknüpfung" zweier Aussagen oder Aussageformen (↑formale Logik). Dabei wird das Zeichen $\wedge$ verwendet. Die Aussage $A \wedge B$ ist genau dann wahr, wenn sowohl die Aussage $A$ als auch die Aussage $B$ wahr ist. Die Aussageform

$$3 \text{ teilt } x \wedge x \leqq 10$$

bedeutet

$$3 \text{ teilt } x \text{ und } x \leqq 10.$$

Die Lösungsmenge dieser Aussageform über der Menge der natürlichen Zahlen ist $\{3, 6, 9\}$.
2) (Bezeichnungen: et $(A, B)$, $A \wedge B$, $A \cdot B$, $AB$, $A$ AND $B$): Schaltfunktion der ↑Schaltalgebra:

| *A* | *B* | *A* AND *B* |
|---|---|---|
| 0 | 0 | 0 |
| 0 | 1 | 0 |
| 1 | 0 | 0 |
| 1 | 1 | 1 |

Schaltsymbol:

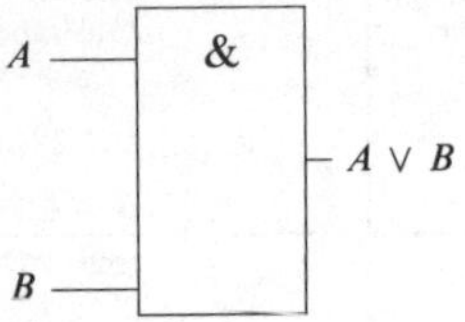


bzw.

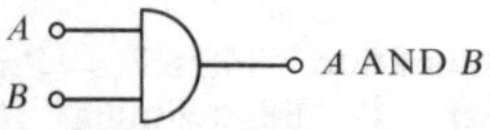


**Konklusion** ↑Schluß.

**konnexe Relation:** Bezeichnung für eine zweistellige Relation $R$ in einer Menge $M$, wenn für alle Elemente $x, y$ aus $M$ genau einer der Fälle $x = y$, $x R y$ oder $y R x$ eintritt (z. B. die Kleinerrelation $<$).

**konstant:** Eine feste Zahl, die in einer Gleichung auftritt, bezeichnet man manchmal auch als **Konstante** (vgl. ↑Koeffizient). In der quadratischen Gleichung

$$ax^2 + bx + c = 0$$

stehen $a$, $b$, c für Konstanten, während $x$ die ↑Variable ist. Die Symbole $a$, $b$, $c$ sind also „Variable für Konstanten", man spricht auch von **Formvariablen.**

**konstante Funktion** ↑Funktion.

**Konstruktion:** Bei geometrischen Konstruktionen wird aus Punkten, Strecken, Geraden, Ebenen usw. eine geometrische Figur hergestellt. Durch Konstruktionen mit Zirkel und Lineal lassen sich z. B. alle Aufgaben lösen, die durch Gleichungen ersten oder zweiten Grades beschrieben werden können. – Vgl. ↑geometrische Grundkonstruktionen.

**Konstruktion mit Zirkel und Lineal:** Für geometrische Konstruktionen benutzt man in der Regel einen Zirkel (Zeichnen eines Kreises) und ein Lineal (Zeichnen einer Geraden). In der Antike untersuchte man, welche geometrischen Konstruktionen unter alleiniger Verwendung von Zirkel und Lineal ausführbar sind. Dabei interessierte man sich auch für die folgenden drei Probleme:

1) **Würfelverdoppelung (Delisches Problem):** Aufgabe, zu einem Würfel mit gegebener Kantenlänge einen zweiten Würfel zu konstruieren, der das doppelte ↑Volumen besitzt. Ausgehend von einer Strecke der Länge 1 muß also eine Strecke der Länge $\sqrt[3]{2}$ konstruiert werden. Mit algebraischen Mitteln kann man zeigen, daß eine solche Konstruktion mit Zirkel und Lineal nicht möglich ist.

2) **Dreiteilung des Winkels (Trisektion des Winkels):** Aufgabe, unter alleiniger Verwendung von Zirkel und Lineal einen Winkel in drei gleich große

Winkel zu teilen. Mit algebraischen Hilfsmitteln kann man zeigen, daß dies im allgemeinen nicht möglich ist, lediglich bei einigen besonderen Winkeln (45°, 90° u. a.) gelingt eine solche Konstruktion. Schon in der Antike kannte man aber Näherungskonstruktionen für die Dreiteilung beliebiger Winkel.

3) **Quadratur des Kreises:** Hier geht es darum, ein Quadrat zu konstruieren, welches den gleichen Flächeninhalt wie ein gegebener Kreis hat. Die Unmöglichkeit einer solchen Konstruktion mit Zirkel und Lineal wurde erst im Jahr 1882 von F. Lindemann (1852–1939) bewiesen.

**kontinuierliche Verzinsung:** Werden zu einem Anfangskapital $K_0$ beim Zinssatz $p\%$ pro Jahr jeweils nach $\frac{1}{m}$ Jahr die Zinsen hinzugetan und dann mitverzinst, so wächst das Kapital in $n$ Jahren an auf den Betrag

$$K_n = K_0 \left(1 + \frac{p}{100 \cdot m}\right)^{mn}.$$

Man kann sich nun vorstellen, daß die Zinsen in jedem Augenblick, also kontinuierlich, dem Kapital zugeschlagen werden. Will man dafür eine Formel entwickeln, so muß man die Zahl der Zinstermine unendlich groß werden lassen, d. h.,

$$K = \lim_{m \to \infty} K_n = \lim_{m \to \infty} K_0 \left(1 + \frac{p}{100 \cdot m}\right)^{mn}$$

ist zu berechnen.
Setzt man

$$\frac{p}{100m} = \frac{1}{x},$$

so erhält man

$$K_n = K_0 \left(1 + \frac{1}{x}\right)^{\frac{x \cdot p \cdot n}{100}} = K_0 \left[\left(1 + \frac{1}{x}\right)^x\right]^{\frac{pn}{100}}.$$

Es ist

$$\lim_{x \to \infty} \left(1 + \frac{1}{x}\right)^x = \mathrm{e} = 2{,}718\ldots$$

(↑e). Damit ergibt sich die Formel für die kontinuierliche Verzinsung

$$K = K_0 \mathrm{e}^{\frac{p \cdot n}{100}}.$$

*Beispiel* (Wachstum des Waldes): Der Holzbestand eines Waldes vermehrt sich jährlich um etwa 3%. Ist $K_0$ der ursprüngliche Holzbestand und wird im Verlauf von $n$ Jahren kein Holz geschlagen, so ist der Holzbestand in $n$ Jahren

$$K = K_0 \mathrm{e}^{\frac{3n}{100}}.$$

**Kontinuum:** Bezeichnung für die Menge der ↑reellen Zahlen, für ein Intervall reeller Zahlen oder allgemeiner für jede zur Menge der reellen Zahlen gleichmächtige Menge. Die Menge $\mathbb{Q}$ der ↑rationalen Zahlen ist kein Kontinuum, denn

$\mathbb{Q}$ ist ↑abzählbar, während $\mathbb{R}$ überabzählbar ist. Die **Kontinuumshypothese** besagt: Es gibt keine überabzählbare Menge, deren Mächtigkeit kleiner als die des Kontinuums ist, welche also gleichmächtig zu einer Teilmenge von $\mathbb{R}$, aber nicht gleichmächtig zu $\mathbb{R}$ ist. Die Kontinuumshypothese kann aus den Axiomen der Mengenlehre weder bewiesen noch widerlegt werden.

**kontradiktorisches Gegenteil** ↑Beweis.

**Kontraposition** ↑Umkehrung eines Satzes.

**konträr,** svw. ↑unvereinbar.

**Kontravalenz,** svw. ↑symmetrische Differenz.

**Kontrollbit,** svw. Prüfbit (↑Bit).

**Kontrolleinheit** ↑Computer.

**konvergent:** Eigenschaft einer unendlichen ↑Folge oder ↑Reihe von Zahlen oder Funktionen bzw. von Punkten, einem ↑Grenzwert zuzustreben. Eine Folge reeller Zahlen heißt **konvergent** gegen den Grenzwert $a$, wenn in jedem Intervall um $a$ fast alle (d.h. alle bis auf endlich viele) Zahlen der Folge liegen. Eine Folge, die nicht konvergiert, nennt man **divergent.** – Eine konvergente unendliche Reihe heißt **absolut konvergent,** wenn auch die aus den Absolutwerten der Glieder gebildete Reihe konvergiert. Strebt eine konvergente Reihe auch bei beliebiger Umordnung der Glieder stets gegen denselben Grenzwert, so nennt man sie **unbedingt konvergent,** im anderen Fall **bedingt konvergent.**

**Konvergenzkriterium** ↑Cauchysches Konvergenzkriterium, ↑Quotientenkriterium.

**Konversion** ↑Umkehrung eines Satzes.

**konvex.** Eine *Punktmenge* (in der Ebene oder im Raum) heißt **konvex,** wenn sie zu je zwei Punkten auch deren Verbindungsstrecke enthält (Abb. 1). Andernfalls heißt die Punktmenge **nichtkonvex** (Abb. 2).

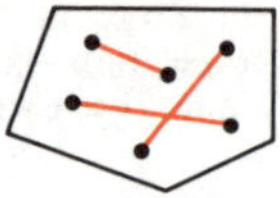

Abb. 1: Konvexes Flächenstück

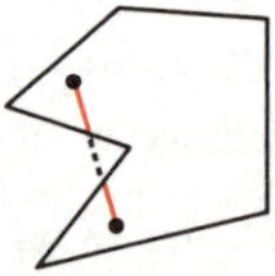

Abb. 2: Nicht-konvexes Flächenstück

**konvexer Körper,** in der Geometrie ↑Körper.

**konvexes Viereck** ↑Viereck.

**konzentrisch** nennt man Kreise in einer Ebene, wenn sie den gleichen Mittelpunkt haben (Abb. 1).

Kreise mit verschiedenen Mittelpunkten heißen ↑*exzentrisch.*

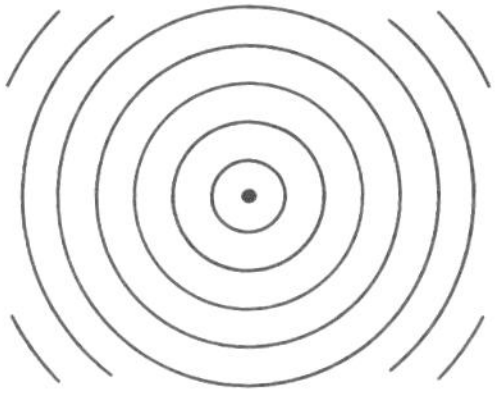

Abb. 1: Konzentrische Kreise

**Koordinate** ↑Koordinatensystem. – Vgl. ↑Tupel, ↑Vektor.

**Koordinatenachsen** ↑Koordinatensystem.

**Koordinatensystem.** Es gibt zahlreiche Möglichkeiten, ein Koordinatensystem in der Ebene oder im Raum festzulegen. Am häufigsten wird in der Mathematik das *kartesische Koordinatensystem* (nach dem französischen Mathematiker R. Descartes, 1596–1650) verwendet. Außer in der analytischen Geometrie und der linearen Algebra spielen Koordinatensysteme für die graphische Darstellung von ↑Funktionen in allen Gebieten der Mathematik, in der Physik und in anderen Naturwissenschaften eine große Rolle (↑Funktionsgraph).

1) **Koordinatensysteme in der Ebene:** Ein **kartesisches Koordinatensystem** in der Ebene besteht aus zwei zueinander **rechtwinkligen Zahlengeraden,** die sich in ihren Nullpunkten schneiden (siehe Abb. 1). Die Zahlengeraden heißen die **Koordinatenachsen,** wobei man die eine (in der Regel waagerecht dargestellte) als **$x$-Achse** (auch **Abszissenachse**) und die andere als **$y$-Achse** (auch **Ordinatenachse**) bezeichnet. Der gemeinsame Schnittpunkt heißt der **Ursprung** $O$ des Koordinatensystems. Die Einheiten auf den Koordinatenachsen sind gleich. Die *Orientierung* der Achsen ist so, daß die positive $x$-Achse durch eine Linksdrehung um 90° in die positive $y$-Achse übergeht.

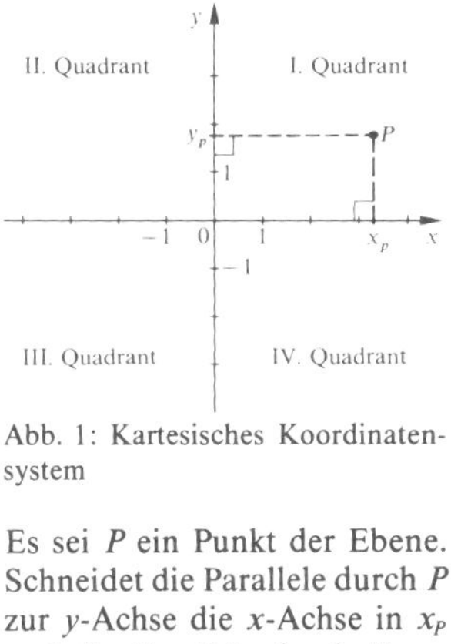


Abb. 1: Kartesisches Koordinatensystem

Es sei $P$ ein Punkt der Ebene. Schneidet die Parallele durch $P$ zur $y$-Achse die $x$-Achse in $x_P$ und die Parallele durch $P$ zur $x$-Achse die $y$-Achse in $y_P$ (siehe Abb. 1), so ordnet man dem Punkt $P$ das Zahlenpaar $(x_P; y_P)$ zu; $x_P$ und $y_P$ heißen die **Koordinaten** von $P$; speziell wird $x_P$ die **$x$-Koordinate** oder **Abszisse** von $P$ und $y_P$ die **$y$-Koordinate** oder **Ordinate** von $P$ genannt. Ist $(x_P; y_P)$ das Koordinatenpaar des Punktes $P$, so schreibt man dafür kurz $P(x_P; y_P)$. Zum Ursprung $O$ gehört das Koordinatenpaar (0;0). In Abb. 2 sind einige Punkte in einem kartesischen Koordinatensystem dargestellt.

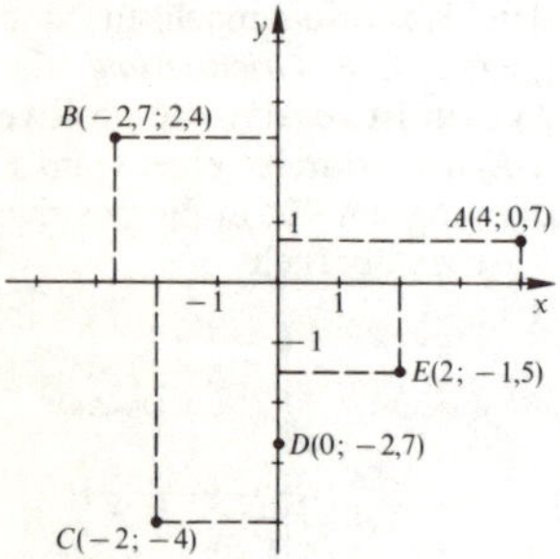


Abb. 2: Punkte im kartesischen Koordinatensystem

Statt $P(x_P; y_P)$ schreibt man auch $P=(x_P; y_P)$, also etwa $C=(-2;\ -4)$. Statt $(x_P; y_P)$ benutzt man manchmal die Schreibweise $(x_P, y_P)$; das Semikolon bevorzugt man aber, wenn als Koordinaten Kommazahlen auftreten. Auch die Schreibweise $(x_P|y_P)$ ist in Gebrauch.

Die Ebene wird durch die Koordinatenachsen in vier Gebiete eingeteilt. Diese heißen *Quadranten,* und sie werden wie in Abb. 1 im mathematisch positiven Umlaufsinn durchnumeriert.

*Verallgemeinerungen des kartesischen Koordinatensystems:* Es gibt Probleme, bei denen es zweckmäßig ist, ein Koordinatensystem mit zwei zueinander *rechtwinkligen* Achsen zu wählen, bei denen die *Einheiten* auf den Koordinatenachsen *verschieden* sind.

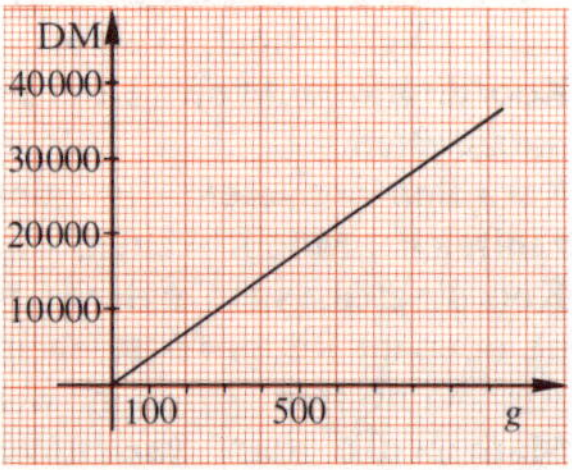


Abb. 3: Zusammenhang zwischen Goldmenge und Goldpreis

*Beispiel:* Am 22. 2. 1980 betrug der Preis für ein Kilogramm Feingold 36 200 DM. In Abb. 3 ist der Zusammenhang zwischen dem Goldpreis und der Goldmenge für den Bereich von 0 bis 1 000 Gramm in einem rechtwinkligen Koordinatensystem mit verschiedenen Einheiten auf den Achsen dargestellt.

Bei **schiefwinkligen Koordinatensystemen** sind die beiden Koordinatenachsen *nicht rechtwinklig* zueinander. Die Einheiten können je nach Problem gleich oder verschieden sein (Abb. 4).

Die Koordinaten eines Punktes *P* findet man wie beim kartesischen Koordinatensystem, indem man die Parallelen durch *P* zu den beiden Achsen zieht und die Werte der Schnittpunkte dieser Parallelen mit den Achsen abliest (siehe Abb. 4). Auch bei einem solchen System wird die Ebene in vier Quadranten eingeteilt.

Das **Polarkoordinatensystem** besteht aus einem Punkt *O* der Ebene, der *Pol* genannt wird, und einem von *O* ausgehenden Zahlenstrahl, der *Achse* (Abb. 5).

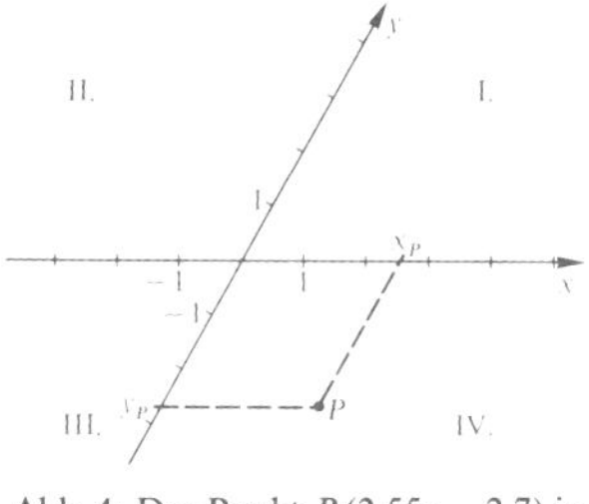


Abb. 4: Der Punkt $P(2{,}55;\ -2{,}7)$ in einem schiefwinkligen Koordinatensystem

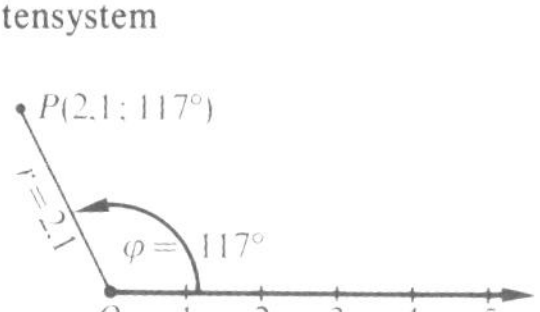


Abb. 5: Polarkoordinatensystem

Ein Punkt *P* der Ebene ist eindeutig festgelegt durch seine Entfernung *r* vom Pol *O* und dem Winkel $\varphi$, den die Achse mit der Verbindungsstrecke *OP* einschließt (siehe Abb. 5).

Das Paar $(r; \varphi)$ nennt man die **Polarkoordinaten** des Punktes *P*.

2) **Die Koordinatensysteme im Raum:** Ein **kartesisches Koordinatensystem** im Raum besteht aus drei ↑Zahlengeraden, die *paarweise rechtwinklig* zueinander sind und **Koordinatenachsen** heißen. In ihren Nullpunkten haben sie einen gemeinsamen Schnittpunkt *O*, den **Ursprung** des Koordinatensystems. Die Einheiten auf den Koordinatenachsen sind gleich. Die Koordinatenachsen werden als ***x*-Achse, *y*-Achse** und ***z*-Achse** bezeichnet (Abb. 6). Die **Orientierung** der Achsen ist dabei folgendermaßen festgelegt: Schaut man *gegen* die *z*-Richtung (also „von oben"), so geht die positive *x*-Achse durch eine Linksdrehung um 90° in die positive *y*-Achse über.

Die Orientierung der Achsen kann man sich auch mit Hilfe der rechten Hand veranschaulichen, denn die *x*-, *y*- und *z*-Achse sind gerichtet wie der gespreizte Daumen, der Zeigefinger und der Mittelfinger der rechten Hand (Abb. 7).

Je zwei Achsen spannen eine *Koordinatenebene* im Raum auf. Diese stellen ein ebenes kartesisches Koordinatensystem dar. Es gibt die ***x*-*y*-Ebene,** die ***x*-*z*-Ebene** und die ***y*-*z*-Ebene.** Durch die drei Koordinatenebenen wird der Raum in 8 Gebiete, die sogenannten **Oktanten,** eingeteilt.

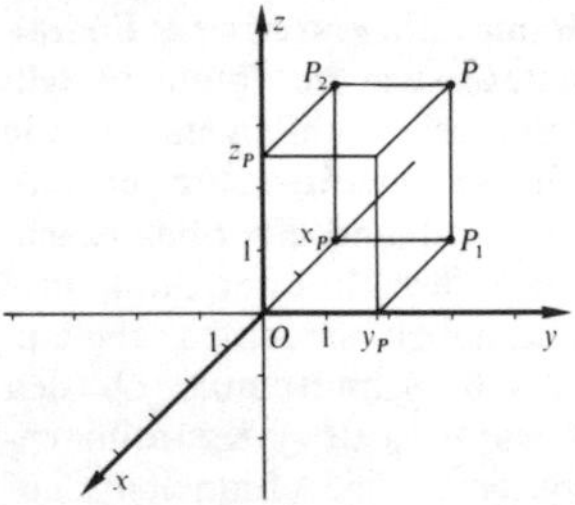


Abb. 6: Kartesisches Koordinatensystem im Raum mit dem Koordinatenquader des Punktes $P(-2;\,1{,}8;\,2{,}5)$.

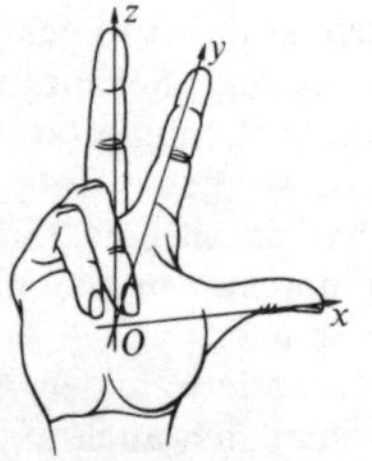


Abb. 7: Orientierung der Achsen

Es sei $P$ ein Punkt des Raumes (Abb. 6). Die Parallele durch $P$ zur $z$-Achse schneide die $x$-$y$-Ebene im Punkt $P_1$. Als ***x*-Koordinate** $x_P$ des Punktes $P$ bezeichnet man die $x$-Koordinate des Punktes $P_1$ in der $x$-$y$-Ebene. Entsprechend ist die ***y*-Koordinate** $y_P$ von $P$ gleich der $y$-Koordinate von $P_1$ in der $x$-$y$-Ebene. Die Parallele von $P$ zur $y$-Achse schneide die $x$-$z$-Ebene in $P_2$. Dann definiert man die ***z*-Koordinate** $z_P$ von $P$ als die $z$-Koordinate von $P_2$ in der $x$-$z$-Ebene. Gehört zum Punkt $P$ das Koordinatentripel $(x_P;\,y_P;\,z_P)$, so schreibt man kurz $P(x_P;\,y_P;\,z_P)$ oder $P = (x_P;\,y_P;\,z_P)$. In Abb. 6 ist der **Koordinatenquader** des Punktes $P(-2;\,1{,}8;\,2{,}5)$ dargestellt.

Eine Verallgemeinerung des kartesischen Koordinatensystems des Raumes kann wie im Fall der Ebene darin bestehen, daß man auf den Koordinatenachsen unterschiedliche Einheiten wählt, oder daß die Koordinatenachsen nicht paarweise rechtwinklig sind. Ähnlich wie in der Ebene kann man auch im Raum **Polarkoordinaten** einführen.

**Koordinatentransformation** ↑Transformation.

**Körper:** 1) In der Algebra bezeichnet man mit **Körper** (genauer: **algebraischer Körper**) ein Verknüpfungsgebilde $(K, *, \circ)$ mit zwei Verknüpfungen mit den Eigenschaften:

1. Die Menge $K$ enthält mindestens zwei Elemente.
2. $(K, *)$ ist eine kommutative ↑Gruppe (0 sei neutrales Element bezüglich $*$).
3. $(K \setminus \{0\}, \circ)$ ist eine kommutative Gruppe.

4. Die Verknüpfung $\circ$ ist ↑distributiv bezüglich der Verknüpfung $*$, d. h. für alle $a$, $b$, $c \in K$ gilt:

   $a \circ (b * c) = (a \circ b) * (a \circ c)$.

Als Folgerung aus den **Körperaxiomen** ergibt sich:
Für alle $a \in K$ gilt

$$a \cdot 0 = 0 \cdot a = 0.$$

Zu zwei Elementen $a$, $b \in K$ mit $a \neq 0$ gibt es genau ein Element $x$ aus $K$, für das $a \cdot x = x \cdot a = b$ gilt.
*Beispiel 1:* $(\mathbb{Z}, +, \cdot)$ ist kein Körper, denn $(\mathbb{Z} \setminus \{0\}, \cdot)$ ist keine Gruppe.
*Beispiel 2:* $(\mathbb{Q}, +, \cdot)$ ist ein Körper, der Körper der ↑rationalen Zahlen.
*Beispiel 3:* $(\mathbb{R}, +, \cdot)$ ist ein Körper, der Körper der ↑reellen Zahlen.
*Beispiel 4:* $(\mathbb{C}, +, \cdot)$ ist ein Körper, der Körper der ↑komplexen Zahlen.
Ist in der Menge $K$ eine lineare Ordnungsrelation „$<$" definiert und gelten für alle $a$, $b \in K$ die beiden folgenden *Monotoniegesetze:*

$$a < b \Rightarrow a * c < b * c$$

für alle $c \in K$,

$$a < b \Rightarrow a \circ c < b \circ c$$

für alle $c \in K$ mit $0 < c$, so heißt der Körper $(K, *, \circ, <)$ **angeordneter Körper.** Der Körper der rationalen und der Körper der reellen Zahlen sind durch die Kleinerrelation angeordnet. Dagegen läßt sich der Körper der komplexen Zahlen nicht anordnen.

2) In der *Geometrie* bezeichnet man mit **Körper** (genauer: **geometrischer Körper**) eine allseitig von endlich vielen ebenen oder gekrümmten Flächen begrenzte, nicht flächenhafte Teilmenge des Raumes (einschließlich der begrenzenden Flächenstücke).
Die Gesamtheit der Begrenzungsflächen bildet die **Oberfläche,** der von ihr vollständig eingeschlossene Teil des Raumes ist das **Innere** des Körpers. Ein Körper, der mit je zwei Punkten auch deren Verbindungsstrecke enthält, heißt **konvex.**
Körper, die nur durch ebene Flächen begrenzt werden, bezeichnet man als **Polyeder,** z. B. ↑Würfel, ↑Prisma, ↑Pyramide, ↑Tetraeder (vgl. auch ↑platonische Körper). Ein von einer gekrümmten Fläche begrenzter Körper ist z. B. die ↑Kugel. Von einer gekrümmten Fläche und Ebenenstücken werden u. a. der ↑Kegel und der ↑Zylinder begrenzt.

**Korrelation:** Bezeichnung für das Vorliegen eines statistischen Zusammenhangs zwischen zwei oder mehreren Zufallsgrößen und seine mathematische Darstellung (z. B. Größe der Eltern und Größe der Kinder). Eine Zufallsgröße korreliert mit einer zweiten, wenn die Werte der ersten einen Einfluß auf die Verteilungsfunktion der zweiten haben.

**korrigierbarer Code** ↑Informationstheorie.

**Kosekans** ↑Trigonometrie.

**Kosinus** ↑Trigonometrie, ↑trigonometrische Funktionen.

**Kosinussatz.** Der Kosinussatz ist neben dem ↑Sinussatz der für Dreiecksberechnungen wichtigste Satz der Trigonometrie. Er besagt in den Bezeichnungen der Abb. 1:

$$c^2 = a^2 + b^2 - 2ab\cos\gamma.$$

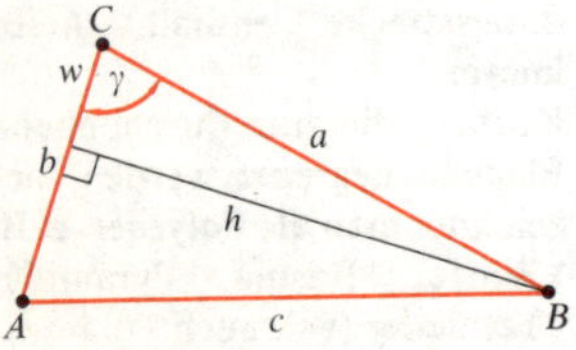


Abb. 1: Kosinussatz

**Kosinusfunktion** ↑trigonometrische Funktionen.

**kosmische Körper,** in der Geometrie svw. ↑platonische Körper.

**Kotangens** ↑Trigonometrie, ↑trigonometrische Funktionen.

**Kotangensfunktion** ↑trigonometrische Funktionen.

**kotierte Projektion** ↑Projektion.

**Kräfteparallelogramm.** Kräfte, die an einem Massepunkt angreifen und verschiedene Richtung haben, addiert man zeichnerisch mit Hilfe eines Parallelogramms (Abb. 1):

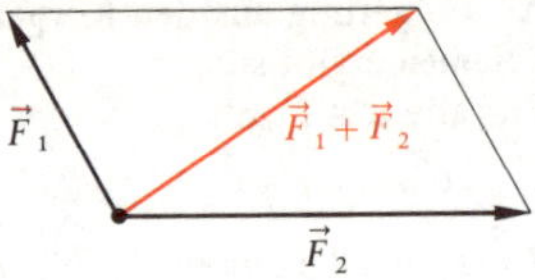


Abb. 1: Kräfteparallelogramm

Die resultierende Kraft ist die von dem Massepunkt ausgehende Diagonale in diesem Kräfteparallelogramm. Ähnlich verfährt man mit allen ↑Vektoren, die sich durch Pfeile darstellen lassen.

**Kreis:** Der Kreis ist der geometrische Ort aller Punkte der Ebene, die von einem festen Punkt *M* den gleichen Abstand *r* haben (Abb. 1). Dabei heißt

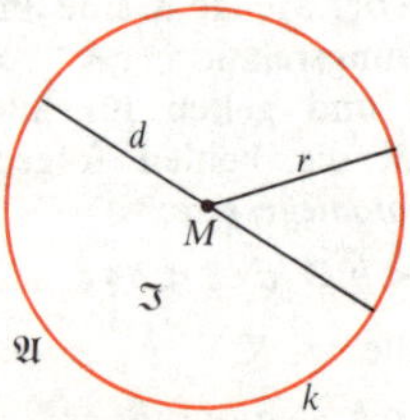


Abb. 1: Kreis

*M* **Mittelpunkt** oder **Zentrum** des Kreises und *r* der **Radius** des Kreises.

Jede Strecke, die den Mittelpunkt $M$ mit einem Punkt des Kreises verbindet, wird ebenfalls als **Radius (Halbmesser)** bezeichnet. **Durchmesser** heißen diejenigen Strecken, die zwei Kreispunkte verbinden und dabei den Mittelpunkt enthalten. Für die Längen dieser Strecken verwendet man auch die Bezeichnung Durchmesser. Es gilt $d = 2r$, wenn man Durchmesser und Radius als Längen betrachtet. Für den Kreis werden häufig die Bezeichnungen **Kreislinie** und **Peripherie** verwendet. Der Kreis begrenzt die **Kreisfläche.** – Vgl. ↑isoperimetrisch.

*Kreis und Gerade.* Ein Kreis und eine Gerade können zwei verschiedene Punkte, einen Punkt oder keinen Punkt gemeinsam haben. Im ersten Fall sagt man, die Gerade *schneidet* den Kreis und bezeichnet sie als **Sekante.** Im zweiten Fall *berührt* die Gerade den Kreis und heißt **Tangente.** Im letzten Fall *meidet* die Gerade den Kreis, sie ist **Passante** (Abb. 2).

Eine Sekante zerlegt die Kreisfläche und die Kreislinie in jeweils zwei Teile. Die Teile der Kreislinie nennt man **Bogen.** Die Teile der Kreisfläche nennt man **Kreisabschnitte** oder **Segmente.** Die Strecke, die eine Sekante aus der Kreisfläche ausschneidet, heißt **Sehne.** Jeder Durchmesser eines Kreises zerlegt die Kreislinie in zwei

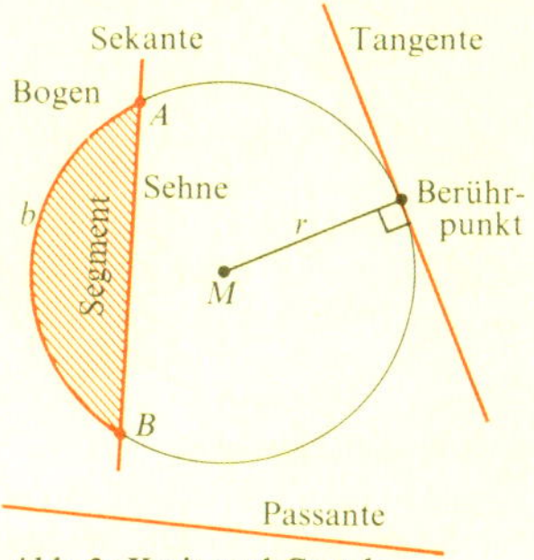

Abb. 2: Kreis und Gerade

**Halbkreisbogen** und die Kreisfläche in zwei **Halbkreisflächen.**

*Winkel am Kreis.* Zeichnet man in einem Kreis eine Sehne $S$ ein, so wird die Kreislinie in zwei Bogen zerlegt. Verbindet man die Endpunkte der Sehne mit dem Mittelpunkt des Kreises, so entstehen mit diesem als Scheitel zwei Winkel, die **Mittelpunkts-** oder **Zentriwinkel** heißen. Dabei gehört der kleinere Zentriwinkel zum kleine-

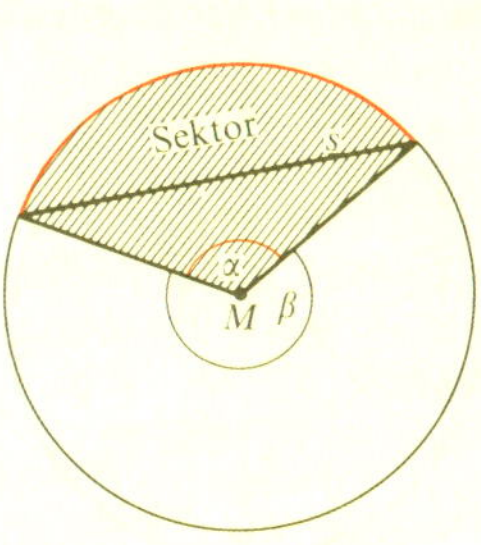

Abb. 3: Mittelpunktswinkel

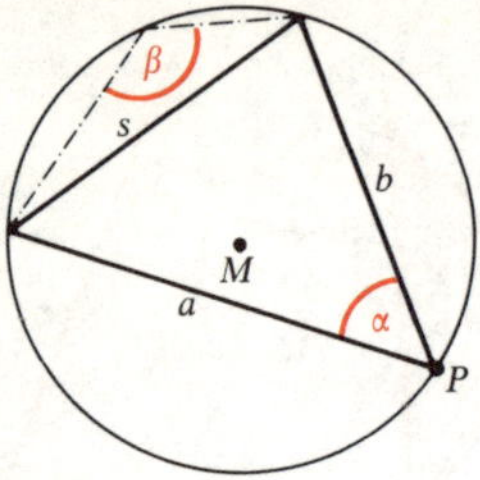


Abb. 4: Umfangswinkel

ren Bogen (Abb. 3). Die beiden zur selben Sehne gehörenden Zentriwinkel ergänzen sich zu einem Vollwinkel (360°).
Der im Winkelfeld eines Zentriwinkels liegende Teil der Kreisfläche heißt **Kreisausschnitt** oder **Sektor.**
Zeichnet man in einen Kreis zwei Sehnen *a*, *b* so ein, daß diese genau einen Punkt *P* auf der Peripherie gemeinsam haben, so entsteht mit diesem Punkt als Scheitel ein **Peripheriewinkel** (↑ Umfangswinkel, Randwinkel, Abb. 4). Zu einer Sehne *S* eines Kreises kann man zwei verschieden liegende Umfangswinkel $\alpha$ und $\beta$ zeichnen. Ihre Scheitel liegen auf verschiedenen Seiten der Sehne auf entgegengesetzten Bögen; es gilt $\alpha + \beta = 180°$.

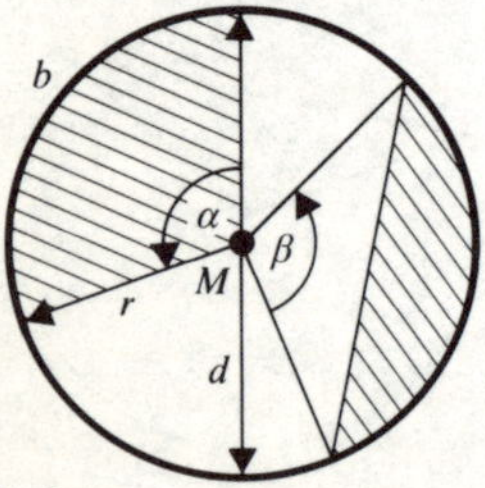


Abb. 5

*Berechnungen am Kreis* (vgl. Abb. 5):
Kreisumfang:

$$U = 2\pi r = \pi d,$$

Kreisfläche:

$$F = \pi r^2 = \frac{1}{4}\pi d^2,$$

Kreisbogen:

$$b = \frac{d \cdot \pi \cdot a}{360°},$$

Sektor:

$$F = \frac{db}{4},$$

Segment:

$$F = \frac{r^2}{2}\left(\frac{\pi\beta}{180°} - \sin\beta\right)$$

(π ↑ Kreiszahl).
**Kreisabschnitt** ↑ Kreis.
**Kreisausschnitt** ↑ Kreis.
**Kreisbogen** ↑ Bogen, ↑ Kreis.
**Kreis des Apollonios** ↑ apollonischer Kreis.
**Kreisdiagramm,** spezielles ↑ Diagramm. – Vgl. ↑ Prozentrechnung.
**Kreisfläche** ↑ Kreis.
**Kreisgleichung:** Die Gleichung

$$x^2 + y^2 = r^2$$

ist die *Gleichung eines Kreises um O mit dem Radius r* (Abb. 1). So ist beispielsweise der **Einheitskreis** ein Kreis um $O$ mit dem Radius 1. Er hat demnach die Gleichung

$$x^2 + y^2 = 1.$$

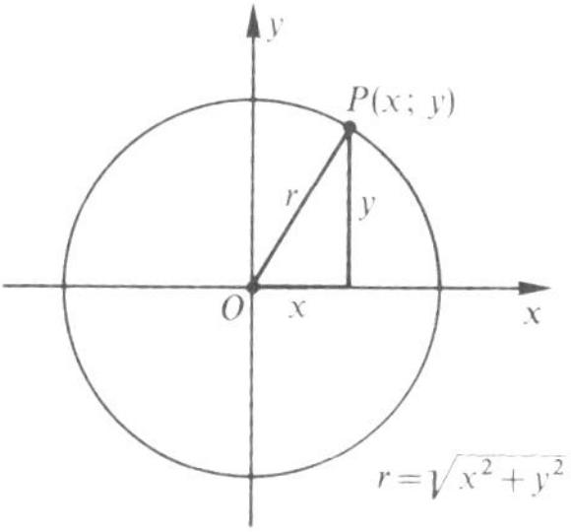


Abb. 1: Kreis um den Ursprung $O$ mit dem Radius $r$

Die Gleichung eines Kreises um den Mittelpunkt $M(x_M; y_M)$ mit dem Radius $r$ ist

$$(x - x_M)^2 + (y - y_M)^2 = r^2$$

(Abb. 2).

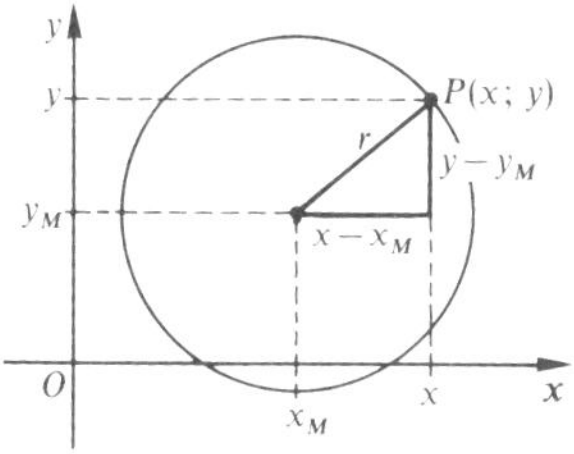


Abb. 2: Kreis mit dem Mittelpunkt $M(x_M; y_M)$ und dem Radius $r$

*Beispiel:* Die Gleichung des Kreises $k$ mit dem Mittelpunkt $M(3; -4)$ und dem Radius 2 lautet

$$(x-3)^2 + (y+4)^2 = 4$$

bzw. nach Auflösen der Klammern

$$x^2 + y^2 - 6x + 8y + 21 = 0.$$

**Kreiskegel** ↑Kegel, ↑Fläche zweiter Ordnung.

**Kreiskegelstumpf** ↑Kegel.

**Kreislinie** ↑Kreis.

**Kreisring:** Gebiet der Ebene, das von zwei konzentrischen Kreisen begrenzt wird (Abb. 1). Den Flächeninhalt des Kreisrings erhält man als Differenz der beiden Kreisinhalte:

$$\begin{aligned} A &= A_1 - A_2 \\ &= \pi r_1^2 - \pi r_2^2 = \pi(r_1^2 - r_2^2) \\ &= \pi(r_1 + r_2)(r_1 - r_2). \end{aligned}$$

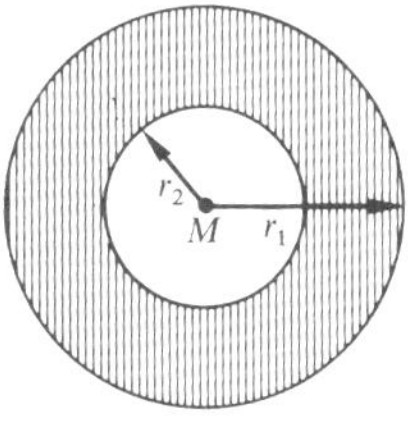


Abb. 1: Kreisring

**Kreisumfang** ↑Kreis.

**Kreiszahl** (Ludolphsche Zahl, Pi), Bezeichnung für die durch den griechischen Buchstaben π (sprich „pi“) symbolisierte irrationale, transzendente Zahl, die das konstante Verhältnis des Kreisumfanges ($2\pi r$) zum Durchmesser ($2r$) angibt:

$\pi = 3{,}141\,592\,653\,589\,793\,2\ldots$

(unendliche nichtperiodische Dezimalzahl).

*Geschichte:* Während man in den frühen Kulturen (z. B. die Babylonier) meist vom Wert $\pi \approx 3$ ausging, rechneten die Ägypter bereits mit

$$\pi/4 \approx (8/9)^2,$$

was $\pi \approx 3{,}1605\ldots$ entspricht. Archimedes bewies erstmals, daß die Flächenbestimmung des Kreises und die Bestimmung des Kreisumfangs äquivalente Probleme sind. Sein Verfahren, den Kreis durch ein- und umbeschriebene Vielecke anzunähern, lieferte die erste bewiesene Approximation für $\pi$, nämlich

$$3\frac{10}{71} < \pi < 3\frac{1}{7}$$

(der Wert $3\frac{1}{7}$ wird noch heute in der Praxis als ausreichender Näherungswert für $\pi$ verwendet). Mit diesem Verfahren gelang es dann, den Wert von $\pi$ immer genauer zu bestimmen (1610 Ludolph van Ceulen, 1540–1610, auf 35 Dezimalen genau). Die Frage nach dem Wesen der Zahl $\pi$ wurde erst im 19. Jahrhundert endgültig gelöst: Nachdem 1767 J. H. Lambert (1728–1777) die Irrationalität von $\pi$ bewiesen hatte, zeigte 1882 F. von Lindemann (1852–1939), daß $\pi$ eine transzendente Zahl ist.

Mit Hilfe eines Computers konnte 1985 die Zahl $\pi$ auf 16 777 216 Stellen berechnet werden.

Eine näherungsweise Bestimmung der Kreiszahl $\pi$ ist z. B. mit der ↑Monte-Carlo-Methode möglich.

**Kreiszylinder** ↑Zylinder, ↑Fläche zweiter Ordnung.

**Kreuzprodukt:** 1) svw. ↑kartesisches Produkt; 2) svw. ↑Vektorprodukt.

**Kreuzzeichen** ↑Multiplikation.

**Kronecker-Symbol** (nach L. Kronecker, 1823–1891; Deltasymbol): Bezeichnung für das Zeichen $\delta_{ik}$ (Sprechweise: „delta *ik*“), das für alle Paare $(i, k)$ natürlicher Zahlen durch die Beziehung definiert ist:

$$\delta_{ik} = \begin{cases} 1 \text{ für } i = k, \\ 0 \text{ für } i \neq k. \end{cases}$$

**Krümmung:** Maß für die Abweichung einer Kurve (bzw. Fläche) von einer Geraden (bzw. Ebene).

**Kryptologie** ↑Verschlüsselung.

**Kubatur:** Inhaltsbestimmung beliebig geformter dreidimensionaler Gebilde. Die Kubatur krummlinig begrenzter Körper läßt sich meistens nicht elementarmathematisch durchführen, sondern nur mit den Methoden der Integralrechnung.

**Kubikmeter** ↑Raumeinheit.

**Kubikwurzel:** Bezeichnung für

die dritte ↑Wurzel aus einer nicht-negativen Zahl.

$$x = \sqrt[3]{a}$$

ist gleichbedeutend mit

$$x^3 = a(a \geqq 0, x \geqq 0).$$

*a* heißt **Radikant.** Die dritte Wurzel aus einem Radikanden, der keine rationale ↑Kubikzahl ist, ist eine ↑irrationale Zahl. Wegen $(-a)^3 = -a^3$ könnte man auch Kubikwurzeln aus negativen Zahlen definieren ($\sqrt[3]{-a} = -\sqrt[3]{a}$), dann dürfte man aber für Wurzeln nicht mehr die Potenzschreibweise benutzen. Es könnte sich sonst z.B. ein Widerspruch folgender Art ergeben:

$$„-2 = \sqrt[3]{-8} = (-8)^{\frac{1}{3}} = (-8)^{\frac{2}{6}}$$
$$= ((-8)^2)^{\frac{1}{6}} = 64^{\frac{1}{6}}$$
$$= \sqrt[6]{64} = +2“.$$

**Kubikzahl:** Bezeichnung für die dritte ↑Potenz einer natürlichen Zahl, also 1, 8, 27, 64,... Die Bezeichnung „Kubikzahl“ wird abgeleitet von „cubus“ (lat. Würfel). Mißt man die Länge der Kante eines Würfels in einer beliebigen Längeneinheit und ist die Maßzahl eine natürliche Zahl, so ist die Maßzahl des Würfelvolumens die zugehörige Kubikzahl, wenn das Volumen in der aus der Längeneinheit abgeleiteten Volumeneinheit angegeben wird. Allgemeiner wird auch die dritte Potenz einer rationalen Zahl als **(rationale) Kubikzahl** bezeichnet.

**kubische Gleichungen** (Gleichungen 3. Grades): Die Normalform dieser ↑Gleichungen ist

$$x^3 + ax^2 + bx + c = 0.$$

Aus der Normalform kann man durch die Substitution (Ersetzung)

$$x = y - \frac{a}{3}$$

die reduzierte Form

$$y^3 + 3py + 2q = 0,$$

welche kein quadratisches Glied enthält, herstellen. Dabei ist

$$3p = -\frac{a^2}{3} + b$$

und

$$2q = \frac{2a^3}{27} - \frac{ab}{3} + c.$$

Zur Lösung der **reduzierten kubischen Gleichung** verwendet man die ↑Cardanoschen Formeln.

**Kubooktaeder** (Kuboktaeder): Vielflach, das man durch

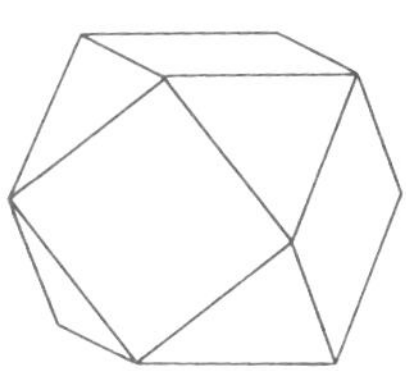

Abb. 1: Kubooktaeder

Verbinden der zwölf Kantenmitten eines Würfels und Abtrennen der Würfelecken entlang den Verbindungslinien erhält (Abb. 1).

**Kubus:** Bezeichnung für: 1) ↑Würfel; 2) dritte ↑Potenz einer Zahl.

**Kugel:** Der geometrische Ort für alle Punkte [im Raum], die von einem gegebenen Punkt $M$ **(Kugelmittelpunkt)** einen festen Abstand $r$ **(Kugelradius)** haben; eine allseitig geschlossene ↑Fläche zweiter Ordnung. In kartesischen Koordinaten lautet ihre Gleichung

$$(x-x_0)^2+(y-y_0)^2 + (z-z_0)^2 = r^2,$$

wenn $x_0, y_0, z_0$ die Koordinaten des Mittelpunktes sind. Man bezeichnet gewöhnlich auch die Gesamtheit aller Punkte, die von $M$ einen Abstand $d \leqq r$ haben, als Kugel. – Der Flächeninhalt der Kugeloberfläche beträgt $O = 4\pi r^2$, der Rauminhalt des eingeschlossenen Körpers **(Kugelvolumen)** $V = 4\pi r^3/3$.

Jede Schnittfigur einer Kugel mit einer Ebene ist ein Kreis. Geht die Ebene durch $M$, so schneidet sie die Kugel in einem **Großkreis (Hauptkreis),** in allen anderen Fällen in einem **Klein-** oder **Nebenkreis.** Dabei entstehen auf beiden Seiten der Ebene **Kugelabschnitte (Kugelsegmente).** Den zur Kugeloberfläche gehörenden Teil eines Kugelabschnitts bezeichnet man als **Kugelkappe (Kugelhaube, Kugelkalotte).** Ergänzt man einen Kugelabschnitt über seinem Grundkreis durch einen Kegel, dessen Spitze im Mittelpunkt der Kugel liegt, so entsteht ein **Kugelausschnitt (Kugelsektor).** Wird eine Kugel von zwei parallelen Ebenen geschnitten, so entsteht zwischen diesen eine **Kugelschicht;** ihr zur Kugeloberfläche gehörender Teil bildet eine **Kugelzone.** Zwei Ebenen durch den Kugelmittelpunkt, die einander schneiden, liefern **Kugelkeile;** die zugehörigen Teile der Kugeloberfläche heißen **Kugelzweiecke.**

Die Kugel ist das geometrische Gebilde, das bei gegebenem Volumen den kleinsten Oberflächeninhalt besitzt bzw. bei

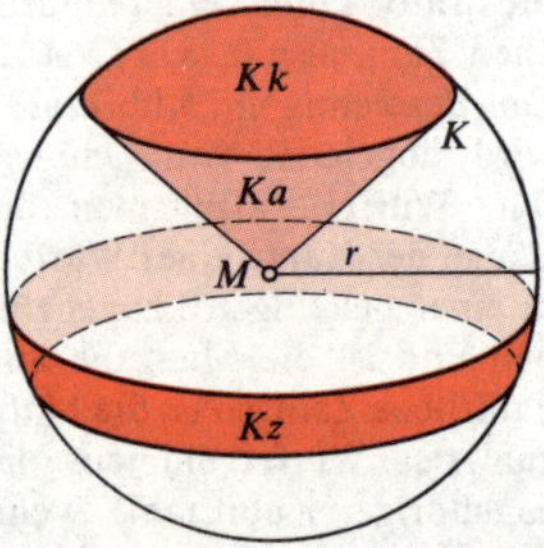

Abb. 1: Kugel. *M* Kugelmittelpunkt, *r* Kugelradius, *Ka* Kugelausschnitt, *Kk* Kugelkappe, *Kz* Kugelzone

gegebenem Oberflächeninhalt das größte Volumen (↑isoperimetrisch).

**Kugeldreieck** (sphärisches Dreieck), von drei Großkreisen auf der Kugeloberfläche gebildetes Dreieck, dessen Eckpunkte die Schnittpunkte der Großkreise sind.

**Kugelhaube** ↑Kugel.

**Kugelkalotte** ↑Kugel.

**Kugelkappe** ↑Kugel.

**Kugelkeil** ↑Kugel.

**Kugelmittelpunkt** ↑Kugel.

**Kugelradius** ↑Kugel.

**Kugelschicht** ↑Kugel.

**Kugelsegment** ↑Kugel.

**Kugelsektor** ↑Kugel.

**Kugelvolumen** ↑Kugel.

**Kugelzone** ↑Kugel.

**Kugelzweieck** ↑Kugel.

**kumulative Wahrscheinlichkeitsverteilung** ↑Wahrscheinlichkeitsverteilung.

**Kurve:** Eine Kurve läßt sich anschaulich als die Spur eines Punktes beschreiben, die dieser hinterläßt, wenn er sich in der Ebene bzw. im Raum bewegt. Man kann eine Kurve also als Linie auffassen, die man ohne abzusetzen durchlaufen kann.
Eine Kurve heißt **einfach,** wenn sie keine Doppelpunkte besitzt, d.h., sie schneidet oder berührt sich nicht selbst. Andernfalls nennt man sie **nicht-einfach.**
Eine Kurve heißt **geschlossen,** wenn sie keine Endpunkte besitzt. Eine **nicht-geschlossene** Kurve, die ganz im Endlichen verläuft, weist zwei Endpunkte auf.
In der Analysis kann eine Kurve durch eine stetige Abbildung eines (endlichen oder unendlichen) Intervalls in die Ebene oder in den Raum dargestellt werden. Eine **ebene Kurve** ist gegeben durch die ↑Parameterdarstellung

$$\begin{pmatrix} x \\ y \end{pmatrix} = \begin{pmatrix} f(t) \\ g(t) \end{pmatrix}, \quad t \in [a, b]$$

mit stetigen Funktionen $f$ und $g$. Eine **räumliche Kurve** ist gegeben durch

$$\begin{pmatrix} x \\ y \\ z \end{pmatrix} = \begin{pmatrix} f(t) \\ g(t) \\ h(t) \end{pmatrix}, \quad t \in [a, b]$$

mit stetigen Funktionen $f$, $g$ und $h$.

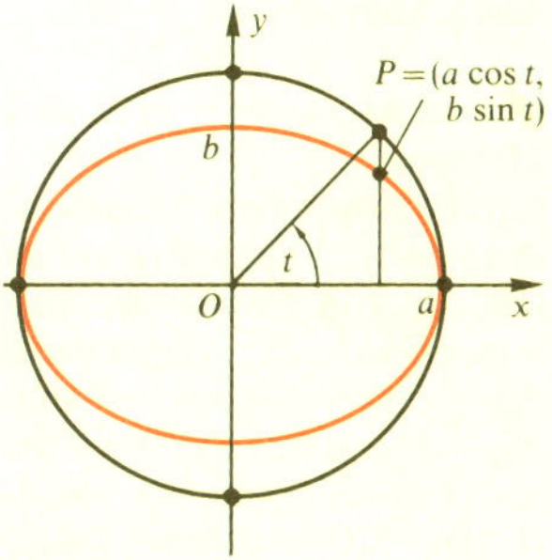


Abb. 1: Ellipse

*Beispiel 1:* Durch

$$\begin{pmatrix} x \\ y \end{pmatrix} = \begin{pmatrix} a\cos t \\ b\sin t \end{pmatrix}, \quad t \in [0, 2\pi]$$

wird eine **Ellipse** mit den Halbachsen $a$ und $b$ dargestellt (Abb. 1).

*Beispiel 2:* Die Raumkurve

$$\begin{pmatrix} x \\ y \\ z \end{pmatrix} = \begin{pmatrix} a\cos t \\ a\sin t \\ bt \end{pmatrix} \quad (t \in [0, 2\pi])$$

ist eine **Schraubenlinie** (Abb. 2).

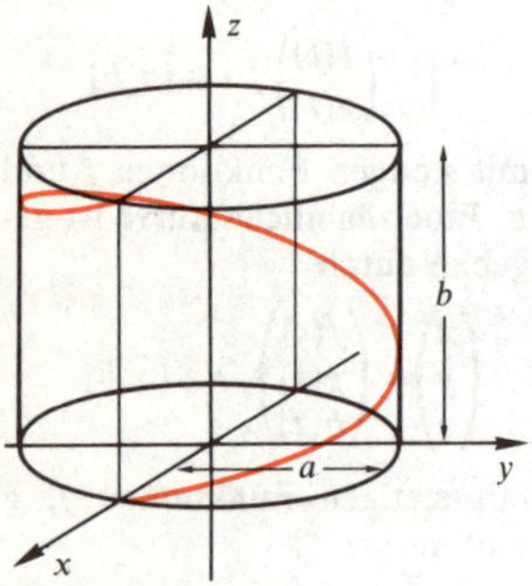


Abb. 2: Schraubenlinie

**Kurvendiagramm,** spezielles ↑Diagramm.

**Kurvendiskussion:** Untersuchung von Funktionsgraphen mit den Hilfsmitteln der Differentialrechnung. Gegenstand der Kurvendiskussion sind v. a. Symmetrieeigenschaften von Funktionsgraphen, Nullstellen, Steigung von Funktionsgraphen, Extremalpunkte (↑Extremwert), Krümmung, Wendepunkte, Definitionslükken der Funktion und asymptotisches Verhalten.

**Kurvennormale** ↑Normale.

**kürzen:** Zähler und Nenner eines ↑Bruches durch einen ihrer gemeinsamen Teiler dividieren, z. B.

$$\frac{5}{15} = \frac{1}{3} \text{ (gekürzt durch 5).}$$

Der Wert des Bruches ändert sich dabei nicht (↑auch Erweitern).

***K*-Vektorraum** ↑Vektorraum.

# L

**l,** Einheitenzeichen für Liter (↑Hohlmaß).

**L** ↑römische Zahlen.

**Labyrinth** *(Irrgarten):* System sich verzweigender und kreuzender Gänge und Wege, mit dem die Problemstellung verbunden ist, ein bestimmtes Ziel

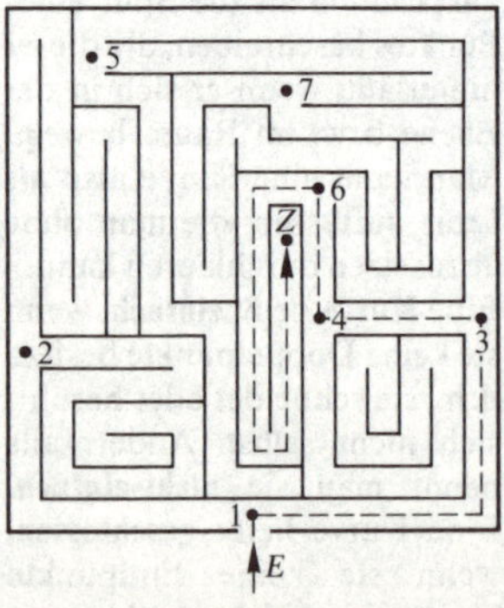


Abb. 1: Labyrinth mit zusammenhängenden Wänden

aufzufinden und zum Ausgang zurückzukehren.

Abb. 1 zeigt ein Labyrinth, dessen „Wände“ zusammenhängen. In diesem Fall ist es möglich, durch das *„Hand-an-der-Wand-Verfahren“* alle Gänge zu durchwandern und zum Ausgang zurückzufinden.

Der Wanderer führt eine Hand unterwegs stets an der linken

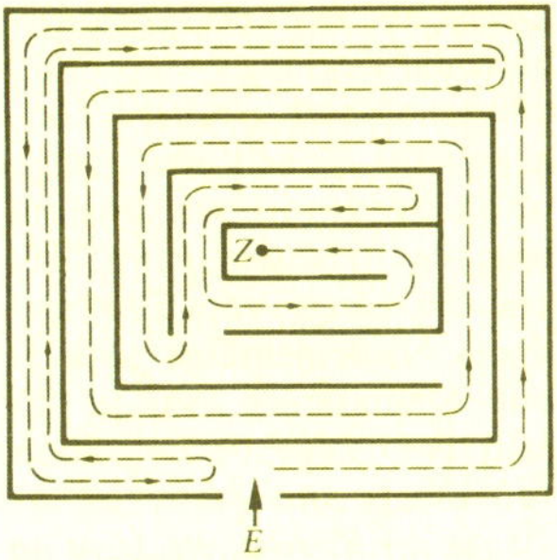


Abb. 2: Ein möglicher Weg nach dem Flußdiagramm

Abb. 3: Flußdiagramm für Labyrinthe

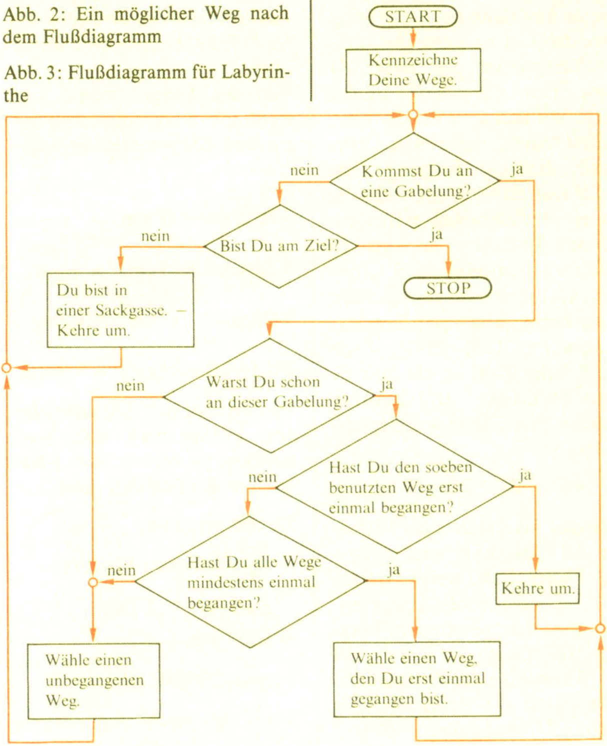

(oder rechten) Wand entlang. Begnügt man sich damit, nur einen im Innern angegebenen Zielpunkt zu erreichen, so kehrt man im Ziel um. Auf dem Rückweg braucht man dann nur den Wegen zu folgen, die auf dem Hinweg einmal begangen wurden.

Abb. 2 zeigt ein Labyrinth, bei dem die Wände nicht zusammenhängen. Hier sind differenzierte Anweisungen notwendig, um ins Ziel zu gelangen. Das Flußdiagramm auf Seite 261 gibt einen ↑*Algorithmus* an, der in jedem Fall zum Erfolg führt, selbst dann, wenn das Labyrinth mehrere Eingänge hat oder Gabelungen mit mehr als zwei Abzweigungen existieren. Dieses Verfahren ist auch in realen Situationen (z. B. Höhlen, Katakomben) anwendbar.

**Lagrange, Satz von** (nach J. L. Lagrange, 1736–1813): Jede natürliche Zahl ist als Summe von höchstens vier ↑Quadratzahlen darstellbar. – Beispielsweise gilt

$$1\,443 = 29^2 + 24^2 + 5^2 + 1^2.$$

**Länge:** Als *Länge* einer ↑Strecke $AB$ bezeichnet man diejenige Eigenschaft, welche genau die zur Strecke $AB$ ↑kongruenten Strecken gemeinsam besitzen. Die Länge der Strecke $AB$ wird mit $\overline{AB}$ oder $\overline{BA}$ bezeichnet. Auch die Bezeichnungen $|AB|$, $|BA|$ sind gebräuchlich.

**Länge der Periode** ↑Dezimalbruchentwicklung.

**Längeneinheit** (früher: Längenmaß): Einheit der Länge ist das *Meter* (m), ursprünglich festgelegt als der 40 000 000. Teil der Länge eines Erdmeridians. Nach mehreren genaueren Definitionen wurde im Jahr 1983 folgende Definition vereinbart: *Das Meter ist die Länge der Strecke, die Licht im Vakuum während der Dauer von* 1/299 792 458 *Sekunden durchläuft.*

Von der Längeneinheit 1 m werden u. a. die folgenden *metrischen Längeneinheiten* abgeleitet:

$$1\,\text{Millimeter}\ (1\,\text{mm}) = \frac{1}{1000}\,\text{m},$$

$$1\,\text{Zentimeter}\ (1\,\text{cm}) = \frac{1}{100}\,\text{m},$$

$$1\,\text{Dezimeter}\ (1\,\text{dm}) = \frac{1}{10}\,\text{m}.$$

$$1\,\text{Kilometer}\ (1\,\text{km}) = 1\,000\,\text{m}.$$

*Nichtmetrische Längeneinheiten:* Früher maß man Wegstrecken in *Meilen,* was heute noch in der Seefahrt geschieht:

1 Seemeile (1 sm)

$= \frac{1}{60}$ von einem Meridiangrad (= 111,1 km),

= 1,852 km,

1 geographische Meile

$= \frac{1}{15}$ von einem Äquatorgrad

$(=111{,}3\ \text{km}) = 7{,}42\ \text{km}$,
1 Landmeile = 7,5 km.

Für astronomische Längenangaben benutzt man als Längeneinheit das *Lichtjahr* (Lj). Dies ist die Strecke, die das Licht im Vakuum in einem tropischen Jahr zurücklegt (ein tropisches Jahr hat 365 Tage 5 Stunden 48 min 46 s). Es gilt:

$$1\ \text{Lj} = 9{,}4605 \cdot 10^{12}\ \text{km}.$$

Ferner benutzt man die Einheit *Parsec* (= *Par*allaxen*sek*unde). Dies ist die Entfernung, die ein Stern haben müßte, damit von ihm aus die mittlere große Halbachse der Erdbahn bei senkrechter Draufsicht unter einem Sehwinkel von einer Sekunde erscheint. Es ist

$$1\ \text{Parsec} = 3{,}08572 \cdot 10^{13}\ \text{km}.$$

Die *englischen Längenmaße* sind nicht dezimal unterteilt:

| | | |
|---|---|---|
| 1 mile = | 1760 yards | (= 1,609 km), |
| 1 yard = | 3 feet | (= 0,914 m), |
| 1 foot = | 12 inches | (= 30,4 cm), |
| 1 inch = | 12 lines | (= 2,5 cm). |

**Längenkreis** ↑mathematische Geographie, ↑Gradnetz.

**Längenmaß,** ältere Bezeichnung für ↑Längeneinheit.

**längentreu:** Eigenschaft einer Abbildung der Ebene oder des Raumes auf sich, bei welcher jede Strecke auf eine gleichlange Strecke abgebildet wird. Längentreue Abbildungen sind z. B. die ↑Kongruenzabbildungen.

**lateinisches Quadrat:** Bei der ↑Matrix

$$\begin{pmatrix} 1 & 2 & 3 & 4 \\ 2 & 3 & 4 & 1 \\ 3 & 4 & 1 & 2 \\ 4 & 1 & 2 & 3 \end{pmatrix}$$

sind in jeder Zeile und in jeder Spalte jeweils alle Elemente aus $\{1, 2, 3, 4\}$ enthalten. Man spricht von einem **lateinischen Quadrat** der Ordnung 4. Ein lateinisches Quadrat der Ordnung $n$ ist eine $n$-reihige quadratische Matrix, deren Zeilen und Spalten jeweils alle Zahlen aus der Menge $\{1, 2, \dots n\}$ enthalten.

Zwei lateinische Quadrate heißen **orthogonal** zueinander, wenn sie gleich viele Elemente besitzen und wenn beim Übereinanderlegen jedes Element des einen lateinischen Quadrats mit jedem Element des anderen Quadrats genau einmal zusammentrifft.

Für $n = 2$ gibt es kein Paar orthogonaler lateinischer Quadrate; für $n = 3$ findet man leicht ein solches Paar, z. B.

$$\begin{pmatrix} 1 & 2 & 3 \\ 2 & 3 & 1 \\ 3 & 1 & 2 \end{pmatrix} \begin{pmatrix} 1 & 2 & 3 \\ 3 & 1 & 2 \\ 2 & 3 & 1 \end{pmatrix}$$

Im Jahr 1960 wurde bewiesen, daß für jedes $n > 2$ mit $n \neq 6$ ein Paar orthogonaler lateinischer Quadrate existiert. Für

$n = 6$ existiert kein solches Paar, womit folgende 1779 gestellte Frage **(Offiziersproblem)** von L. Euler (1707–1783) negativ beantwortet ist: „Kann man 36 Offiziere aus 6 Regimentern und jeweils 6 verschiedenen Chargen so in einem Quadrat aufstellen, daß keine Zeile und keine Spalte zwei Offiziere desselben Regiments oder derselben Charge enthält?"
Paare orthogonaler lateinischer Quadrate spielen u. a. bei landwirtschaftlichen Experimenten eine Rolle (Wirkung verschiedener Düngemethoden auf Bodensorten).

**ld:** Funktionszeichen für den ↑Logarithmus dualis.

**Lebenserwartung:** Anzahl der Jahre, die ein Mensch bei bestimmtem Alter und Geschlecht in einer bestimmten Bevölkerung (↑Bevölkerungsstatistik) durchschnittlich noch erleben wird. Von der Lebenserwartung zu unterscheiden ist die Erlebenswahrscheinlichkeit, die sich aus der Sterbetafel ergibt. Die **Sterbetafel** gibt an, wieviele Personen des gleichen Alters das nächsthöhere Alter erleben; die **Erlebenswahrscheinlichkeit** errechnet sich als Verhältnis zur Gesamtzahl dieses Personenkreises. Umgekehrt ergibt das Verhältnis der Anzahl der Toten zur Ausgangszahl die **Sterbewahrscheinlichkeit.**

**leere Menge:** Bezeichnung für die Menge, die kein Element besitzt. Man schreibt dafür $\emptyset$; manchmal wird auch das Symbol $\{\,\}$ benutzt. Es gibt genau *eine* leere Menge. Die leere Menge tritt in vielen Zusammenhängen auf:
Besitzt eine ↑Gleichung keine Lösung, so ist ihre Lösungsmenge die leere Menge.
Haben zwei Mengen $A$ und $B$ kein Element gemeinsam, so ist ihre ↑Schnittmenge die leere Menge: $A \cap B = \emptyset$.
Die leere Menge ist ↑Teilmenge jeder Menge. Zu beachten ist, daß $\{0\} \neq \{\,\}$, denn $0 \in \{0\}$, aber $0 \notin \{\,\}$.

**leere Anweisung** ↑Anweisung.

**Leerstelle,** svw. ↑Variable.

**Leibnizsche Reihe** ↑alternierend.

**Leibnizsches Kriterium** ↑alternierend.

**Leitgerade** ↑Ellipse, ↑Hyperbel, ↑Parabel, ↑Kegelschnitte.

**Leitkurve eines Kegels** ↑Kegel.

**Leitlinie** ↑Ellipse, ↑Hyperbel, ↑Parabel, ↑Kegel.

**Leitlinieneigenschaft** ↑Kegelschnitte.

**Leitwerk** ↑Computer.

**Lemniskate:** Menge aller Punkte $P$, für welche das Produkt der Abstände von zwei festen Punkten $F_1$ und $F_2$ den Wert $(\frac{1}{2}\overline{F_1F_2})^2$ besitzt. Wählt man ein kartesisches ↑Koordinatensystem derart, daß

$$F_1 = (a, 0) \text{ und } F_2 = (-a, 0)$$

gilt, dann ist (vgl. Abb. 1)

$$\overline{PF_1}^2 = (x - a)^2 + y^2,$$
$$\overline{PF_2}^2 = (x + a)^2 + y^2.$$

Aus

$$\overline{PF_1} \cdot \overline{PF_2} = a^2$$

erhält man nach algebraischen Umformungen die Lemniskatengleichung

$$(x^2 + y^2)^2 - 2a^2(x^2 - y^2) = 0.$$

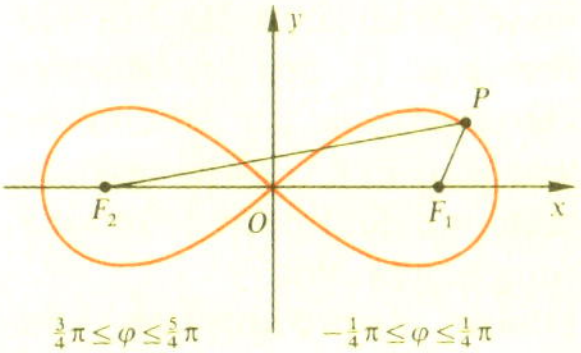


Abb. 1: Lemniskate

Führt man Polarkoordinaten ein, dann erhält man daraus die Lemniskatengleichung

$$r = a\sqrt{2\cos 2\varphi}.$$

Für

$$-\frac{\pi}{4} \leqq \varphi \leqq \frac{\pi}{4}$$

erhält man den rechten Teil, für

$$\frac{3}{4}\pi \leqq \varphi \leqq \frac{5}{4}\pi$$

den linken Teil der Kurve (Abb. 1).

**Leuzitoeder** ↑ Ikositetraeder.

**lexikographische Anordnung:** In einem Lexikon (z. B. im kleinen Duden „Mathematik“) sind die Stichwörter lexikographisch angeordnet: Von zwei Wörtern kommt dasjenige zuerst, dessen Anfangsbuchstabe im Alphabet zuerst kommt. Bei zwei Wörtern mit gleichen Anfangsbuchstaben entscheidet der zweite Buchstabe. Stimmen die Wörter in den beiden ersten Buchstaben überein, so entscheidet der dritte Buchstabe usw.:

| | |
|---|---|
| Algebra | kommt vor Geometrie |
| Geometrie | kommt vor Größe |
| Größe | kommt vor Grundmenge |
| Grundmenge | kommt vor Gruppe |
| Gruppe | kommt vor Gruppentheorie. |

Statt „lexikographische Anordnung“ sagt man auch *alphabetische Anordnung.*

Man kann auch Elemente, die aus anderen Symbolen als Buchstaben aufgebaut sind, lexikographisch anordnen. Dabei muß natürlich für die Symbole eine Reihenfolge gegeben sein.

*Beispiel:* Aus den vier Symbolen

♣ ♠ ♥ ♦

(in dieser Reihenfolge) sollen alle $4^3 = 64$ Tripel gebildet werden. Eine lexikographische

Anordnung dieser Tripel beginnt folgendermaßen:

(♣, ♣, ♣)
(♣, ♣, ♠)
(♣, ♣, ♥)
(♣, ♣, ♦)
(♣, ♠, ♣)
(♣, ♠, ♠)
(♣, ♠, ♥)
(♣, ♠, ♦)
(♣, ♥, ♣)
(♣, ♥, ♠) usw.

**lg:** Funktionszeichen für den gewöhnlichen ↑Logarithmus.

**Lichtgriffel** ↑Peripheriegeräte.

**Lichtjahr,** Einheitenzeichen Lj, in der *Astronomie* verwendete ↑Längeneinheit; die Entfernung, die das Licht in einem tropischen Jahr zurücklegt:

$$1\text{ Lj} = 9{,}4605 \cdot 10^{12}\text{ km} = 0{,}3068\text{ pc (Parsec)}.$$

**Lichtstift** ↑Peripheriegeräte.

**lim,** Formelzeichen für Limes (↑Grenzwert).

**Limes,** svw. ↑Grenzwert.

**line,** englische ↑Längeneinheit.

**linear abhängig** ↑linear unabhängig.

**lineare Abbildung** (Vektorraumhomomorphismus, Homomorphismus): Lineare Abbildungen ermöglichen den Vergleich von Vektorräumen und deren Eigenschaften. Eine Abbildung $A$ eines ↑Vektorraumes $V$ in einen Vektorraum $W$ heißt lineare Abbildung, wenn für alle Vektoren $\vec{v}$, $\vec{v}_1$, $\vec{v}_2$ und alle Skalare (Zahlen) $\mu$ gilt:

(1) $A(\vec{v}_1 + \vec{v}_2) = A\vec{v}_1 + A\vec{v}_2$,

(2) $A(\mu\vec{v}) = \mu(A\vec{v})$.

**lineare Abschreibung,** svw. konstante Abschreibung (↑Abschreibung).

**lineare Algebra:** Teilgebiet der Mathematik, das sich mit den Eigenschaften der ↑Vektorräume beschäftigt. Der Vergleich von Vektorräumen und deren Eigenschaften geschieht mit Hilfe der ↑linearen Abbildungen. Die Methoden und Ergebnisse der linearen Algebra werden u.a. in der analytischen Geometrie, bei der Behandlung von ↑linearen Gleichungssystemen und der linearen Optimierung angewandt.

**lineare Approximation** ↑numerische Integration.

**lineare Exzentrizität** ↑Ellipse, ↑Hyperbel.

**lineare Funktion** ↑Funktion.

**lineare Gleichungen** (Gleichungen 1. Grades): Die Normalform dieser ↑Gleichungen ist

$$ax + b = 0$$

mit $a \neq 0$. Darin heißt der Summand $ax$ *lineares Glied* und $b$ *absolutes Glied*. Zur Lösung wird auf beiden Seiten der Gleichung $b$ subtrahiert:

$$ax = -b.$$

Anschließend werden beide Seiten der Gleichung durch $a$

dividiert. Die Division durch $a$ ist bei einer linearen Gleichung stets möglich, da $a \neq 0$ ist. Es folgt

$$x = -\frac{b}{a}.$$

Die Lösungsmenge der linearen Gleichung erhält man also in der Form

$$L = \left\{-\frac{b}{a}\right\}.$$

*Beispiel 1:*

$$\begin{aligned} 3x - 21 &= 0, \\ 3x &= 21, \\ x &= 7, \\ L &= \{7\}. \end{aligned}$$

Häufig verzichtet man bei linearen Gleichungen auf das Herstellen der Normalform und benutzt eine Gleichung der Form

$$ax = c,$$

deren Lösungsmenge $L = \left\{\frac{c}{a}\right\}$ ist.

*Beispiel 2:*

$$3(5x - 4) + 2 = 4(3x + 2) - 6x.$$

Ausmultiplizieren der Klammern (Termumformung):

$$15x - 12 + 2 = 12x + 8 - 6x.$$

Ordnen (Addition von Termen auf beiden Seiten):

$$15x - 12x + 6x = 8 + 12 - 2.$$

Zusammenfassen (Termumformung):

$$9x = 18.$$

Dividieren durch den Koeffizienten von $x$:

$$x = 2,$$

Lösungsmenge $L = \{2\}$.

Ein weiteres Verfahren zur Lösung linearer Gleichungen ist die ↑Cramersche Regel.

**lineare Interpolation** ↑Interpolation.

**lineare Optimierung** ↑Optimierung.

**lineare Programmierung,** svw. lineare ↑Optimierung.

**linearer Raum** ↑Vektorraum.

**lineares Gleichungssystem:** Sind alle Gleichungen eines ↑Gleichungssystems ↑lineare Gleichungen, so handelt es sich um ein lineares Gleichungssystem. Im folgenden werden lineare Gleichungssysteme mit 2 Gleichungen und 2 Variablen (Unbekannten) betrachtet.

**Graphische Lösung:**

*Beispiel:* Ein Güterzug fährt mit 40 km/h Geschwindigkeit um $7^{38}$ Uhr von einem Bahnhof ab; um $7^{55}$ Uhr folgt ein Schnellzug mit 85 km/h. Wo überholt dieser den Güterzug? Nach der graphischen Darstellung aufgrund einer Wertetafel geschieht dies nach 21,2 km um $8^{10}$ Uhr (Abb. 1).

Wertetafel:

| Güterzug | | Schnellzug | |
|---|---|---|---|
| $7^{38}$ Uhr | 0 km | $7^{55}$ Uhr | 0 km |
| $8^{08}$ Uhr | 20 km | $8^{25}$ Uhr | 42,5 km |

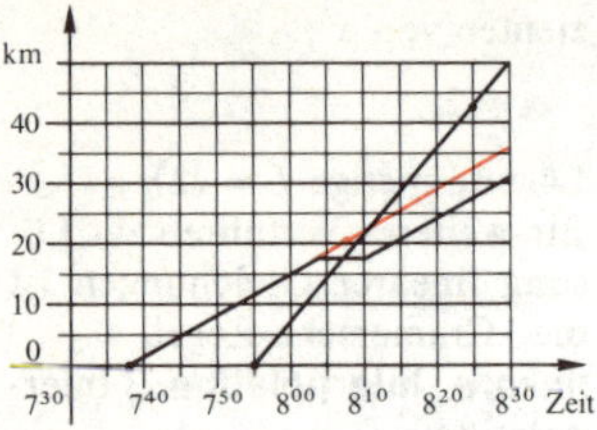


Abb. 1: Graphischer Fahrplan

Anwendung: Wenn z. B. bei km 19 ein Bahnhof liegt, müßte der langsame Zug dort auf einem Nebengleis den Schnellzug vorbeilassen und dürfte erst weiterfahren, wenn jener Schnellzug diesen Bahnhof durchfahren hat (graphischer Fahrplan; Abb. 1).

Ein Nachteil einer graphischen gegenüber einer rechnerischen Lösung liegt in der Zeichenungenauigkeit.

Die **rechnerische Lösung** eines linearen Gleichungssystems erfolgt z. B. mit einem ↑Eliminationsverfahren oder mit der ↑Cramerschen Regel.

**lineares Glied** ↑lineare Gleichungen, ↑quadratische Gleichungen.

**lineare Ungleichung** ↑Ungleichung.

**Linearkombination:** Ausdruck der Form

$$a_1 x_1 + a_2 x_2 + \ldots + a_n x_n$$

(kurz: $\sum_{i=1}^{n} a_i x_i$; vgl. ↑Summenzeichen), wobei die $x_i$ Elemente einer Menge $M$ sind, für die eine Addition sowie eine Multiplikation mit den als Koeffizienten bezeichneten Elementen eines Körpers erklärt ist. Häufig sind die $x_i$ Vektoren.

**Linearperspektive** ↑Perspektive.

**linear unabhängig:** Eine Vektormenge $\{\vec{v}_1, \ldots, \vec{v}_n\}$ aus einem ↑Vektorraum $V$ heißt linear unabhängig, wenn sich der Nullvektor $\vec{o}$ nur in der Form

$$o = 0\vec{v}_1 + 0\vec{v}_2 + \ldots + 0\vec{v}_n$$

als ↑Linearkombination von $\vec{v}_1, \ldots, \vec{v}_n$ darstellen läßt (**triviale Linearkombination** des Nullvektors).

Man sagt dann auch kurz, die Vektoren $\vec{v}_1, \ldots, \vec{v}_n$ sind linear unabhängig.

Vektoren, die nicht linear unabhängig sind, heißen **linear abhängig.**

**Linie:** Bezeichnung für ein geometrisches Gebilde ohne Querausdehnung. Jede Linie kann als die Gesamtheit aller Lagen eines sich durch den Raum bewegenden (mathematischen) Punktes aufgefaßt werden. Man unterscheidet gerade Linien (= ↑Geraden), krumme Linien (= ↑Kurven) und gebrochene oder geknickte Linien.

**linkseindeutig** ↑eindeutig.

**linksseitiger Grenzwert** ↑Grenzwert.

**linksvollständig** (linkstotal): Die Kleinerrelation < auf der Menge $\{1, 2, 3, \ldots\}$ der natürlichen Zahlen hat die Eigenschaft, daß es zu jeder natürlichen Zahl $a$ eine natürliche Zahl $b$ gibt mit $a < b$.
Allgemein heißt eine ↑Relation $R$ zwischen zwei Mengen $A$ und $B$ linksvollständig, wenn zu jedem $a$ aus $A$ ein $b$ aus $B$ existiert mit $aRb$.
Die Kleinerrelation ist also linksvollständig. Die Größerrelation > ist auf der Menge der natürlichen Zahlen nicht linksvollständig, da es zur Zahl 1 keine natürliche Zahl $b$ gibt mit $1 > b$.

**Liter** ↑Hohlmaß, ↑Raumeinheit.

**Lj**: Einheitenzeichen für die Einheit ↑Lichtjahr.

**ln**: Funktionszeichen für den natürlichen ↑Logarithmus.

**Logarithmenpapier**: Für die Darstellung bestimmter mathematischer Zusammenhänge verwendetes Zeichenpapier mit einem aufgedruckten Netz zweier sich rechtwinklig schneidender Geradenscharen; den Abständen der einzelnen Geraden liegt eine logarithmische Teilung zugrunde **(doppeltlogarithmisches Papier)**; beim **einfach-** oder **halblogarithmischen Papier (Exponentialpapier)** verlaufen die Geraden der einen Schar jeweils in gleichem Abstand, die der anderen in logarithmisch aufgetragenem Abstand.

**Logarithmenrechnung**: Beim logarithmischen Rechnen wird das Multiplizieren (Dividieren) auf das Addieren (Subtrahieren) und das Potenzieren (Wurzelziehen) auf das Multiplizieren (Dividieren) zurückgeführt. Die Genauigkeit der Rechnung ist von der Stellenzahl der verwendeten *Logarithmentafel* abhängig. Dabei rechnet man mit dem Zehnerlogarithmus $\log_{10} = \lg$.

*Beispiele:*

$a = 47{,}25 \cdot 0{,}2341$

| $x$ | $\lg x$ | |
|---|---|---|
| 47,25 | 1.6744 | + |
| 0,2341 | 0.3694 − 1 | |
| | 2.0438 − 1 | |
| $a = 11{,}06$ | 1.0438 | |

$b = 194{,}3 : 0{,}384$

| $x$ | $\lg x$ | |
|---|---|---|
| 194,3 | 2.2885 | − |
| 0,384 | 0.5843 − 1 | |
| | 1.7042 + 1 | |
| $b = 506{,}1$ | 2.7042 | |

$c = \pi \cdot 7{,}5^2 \cdot 6{,}2$

| $x$ | $\lg x$ | |
|---|---|---|
| 7,5 | 0.8751 · 2 | |
| | 1.752 | + |
| 6,2 | 0.7924 | |
| π | 0.4971 | |
| $c = 1095{,}8$ | 3.0397 | |

$d = \sqrt[5]{0{,}03567}$

| $x$ | $\lg x$ |
|---|---|
| 0,03567 | $0.5523 - 2$ |
| | $(3.5523 - 5):5$ |
| $d = 0{,}5135$ | $0.7105 - 1$ |

Allgemein gelten für das Rechnen mit Logarithmen folgende Regeln:

1. Der Logarithmus eines Produktes ist gleich der Summe der Logarithmen der Faktoren:

   $\lg(ab) = \lg a + \lg b.$

2. Der Logarithmus eines Quotienten (eines Bruches) ist gleich der Differenz der Logarithmen des Zählers und des Nenners:

   $\lg \frac{a}{b} = \lg a - \lg b.$

3. Der Logarithmus einer Potenz ist gleich dem Produkt aus dem Potenzexponenten und dem Logarithmus der zu potenzierenden Zahl:

   $\lg(a^n) = n \lg a.$

4. Der Logarithmus einer Wurzel ist gleich dem Quotienten aus dem Logarithmus des Radikanden und dem Wurzelexponenten:

   $\lg \sqrt[n]{a} = \frac{1}{n} \lg a.$

**Logarithmieren** ↑Exponentialgleichung.

**logarithmische Spirale:** Bezeichnung für eine ↑Spirale mit exponentiell wachsendem Radiusvektor, dessen Schnittwinkel mit dem Tangentialvektor konstant ist (Abb. 1). In Polarkoordinaten besitzt eine log-

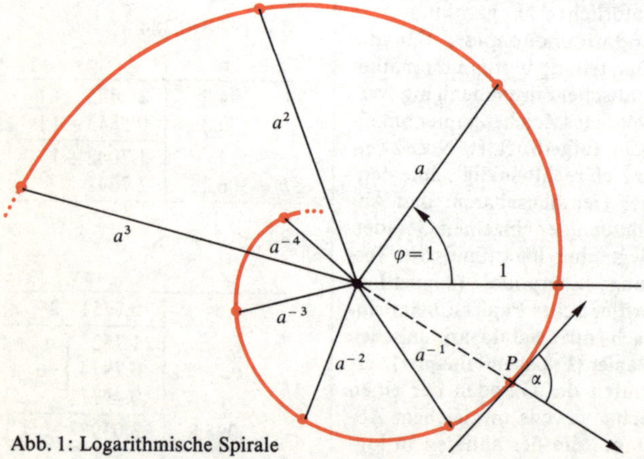

Abb. 1: Logarithmische Spirale

arithmische Spirale die Gleichung

$$r = a^{\varphi} \quad (a > 0).$$

Die logarithmische Spirale ist in der Natur als **Wachstumsspirale** von Bedeutung.

**Logarithmus:** Der Logarithmus ist der Exponent ($n$), mit dem man die **Basis** ($b$) potenziert, um den **Numerus** ($a$) zu erhalten:

$$b^n = a.$$

Die Zahlen $a$ und $b$ ($b \neq 1$) werden als positiv vorausgesetzt. Der *Logarithmus von a zur Basis b* wird mit $\log_b a$ oder ${}_b\log a$ bezeichnet.

*Beispiele:*

1) $\log_2 8 = 3$, denn $2^3 = 8$.
2) $\log_{10} 100\,000 = 5$, denn $10^5 = 100\,000$.
3) $\log_{10} 273 = 2{,}43616$ (auf 5 Stellen genau), denn $10^{2{,}43616} = 273{,}00$.
4) $\log_7 0{,}38 = -0{,}49724$ (auf 5 Stellen genau), denn $7^{-0{,}49724} = 0{,}3800$.

Der Logarithmus von 1 ist für jede Basis 0, denn vereinbarungsgemäß ist $b^0 = 1$ für jede Zahl $b > 0$. Ferner gilt $\log_b b = 1$ für jede Zahl $b > 0$, den $b^1 = b$.

In Wissenschaft und Technik wird als Basis oft die Eulersche Zahl ↑e ($\approx 2{,}718$) verwendet. Die zugehörigen Logarithmen heißen **natürliche Logarithmen.** Statt $\log_e x$ schreibt man dann $\ln x$ (**Logarithmus naturalis** *von* $x$). In der ↑Informatik spielt der Logarithmus zur Basis 2 eine Rolle. Statt $\log_2 x$ schreibt man hier $\operatorname{ld} x$ (**Logarithmus dualis** *von* $x$).

Die Logarithmen zur Basis 10 sind besonders wichtig. Man nennt sie **gewöhnliche Logarithmen, Briggsche Logarithmen** (nach H. Briggs, 1561–1630), **dekadische Logarithmen** oder einfach **Zehnerlogarithmen.**

Statt $\log_{10} x$ schreibt man kürzer $\lg x$. Es ist grundsätzlich ausreichend, die Zehnerlogarithmen zu kennen, denn jeder Logarithmus läßt sich durch einen Zehnerlogarithmus ausdrücken:

$$\log_b x = \frac{\lg x}{\log b}.$$

Die Zehnerlogarithmen von Zehnerpotenzen sind besonders einfach ($\lg 10^n = n$ für jede beliebige Zahl $n$, insbesondere also für ganze Zahlen $n$). Beim Rechnen mit Zehnerlogarithmen pflegt man daher jede positive Zahl $x$ in der Form

$$x = a \cdot 10^z$$
($z$ ganze Zahl, $1 \leqq a < 10$)

zu schreiben. Beispielsweise ist

$$47\,035 = 4{,}7035 \cdot 10^4,$$
$$0{,}00015 = 1{,}5 \cdot 10^{-4}.$$

Aufgrund der ersten Regel der ↑Logarithmenrechnung ist

dann

$$\lg x = z + \lg a,$$

wobei $0 \leqq \lg a < 1$ gilt. Man nennt dann $z$ die **Kennziffer** und $\lg a$ die **Mantisse** von $\lg x$. Die Mantissen kann man z.B. aus einer *Logarithmentafel* entnehmen.

*Beispiele:*

5) $\lg 2{,}194 = 0{,}3412$

6) $\lg 237{,}2 = 2 + \lg 2{,}372$
$= 2{,}3751.$

7) $\lg 0{,}000225 = -4 + \lg 2{,}25$
$= -4 + 0{,}3522$
$= -3{,}6478.$

**Logarithmusfunktion:** Die ↑Umkehrfunktion der ↑Exponentialfunktion zur Basis $b$ heißt *Logarithmusfunktion* zur Basis $b$; man bezeichnet sie mit ${}_b\log$ oder $\log_b$ (↑Logarithmus). Dabei ist $b$ eine positive reelle Zahl mit $b \neq 1$. Die Definitionsmenge von $\log_b$ ist die Menge der positiven reellen Zahlen.

Logarithmusfunktionen mit verschiedenen Basen unterscheiden sich nur durch einen konstanten Faktor, denn für $a$, $b > 0$ gilt

$$\log_b x = \log_b a \cdot \log_a x.$$

Die wichtigsten Logarithmusfunktionen sind

$\lg = \log_{10}$ (Zehnerlogarithmus),

$\ln = \log_e$ (natürlicher Logarithmus, Logarithmus naturalis; ↑e),

$\mathrm{ld} = \log_2$ (Logarithmus dualis).

Die Graphen dieser Logarithmusfunktionen und ihrer Umkehrfunktionen sind in Abbildung 1 dargestellt.

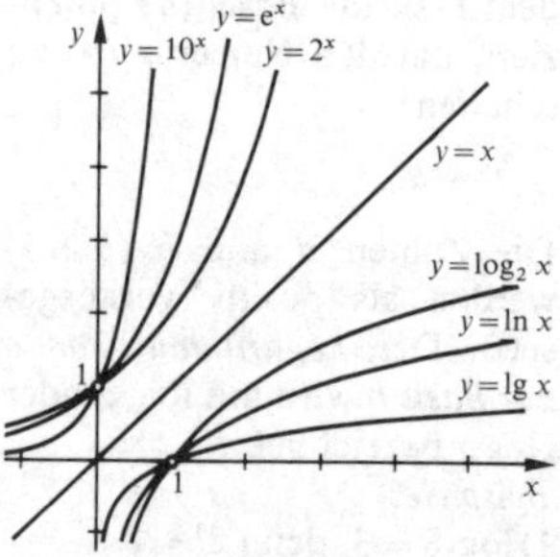


Abb. 1: Logarithmusfunktionen und Exponentialfunktionen

**logische Äquivalenz** ↑formale Logik.

**logische Matrix,** svw. ↑Wahrheitstafel.

**logisches Produkt,** svw. ↑Konjunktion.

**logische Summe:** 1) svw. ↑Alternative; 2) svw. ↑Disjunktion.

**lokal,** örtlich (beschränkt), für einen bestimmten Ort oder Bereich geltend. Es gibt z.B. Funktionen, die lokal, d.h. an bestimmten Stellen, definiert (stetig, differenzierbar usw.) sind. – Vgl. ↑global.

**lokales Extremum** ↑Extremwert.

**Lombardgeschäft:** Kreditgewährung gegen die Verpfändung von wertbeständigen, leicht realisierbaren Sachen. Der echte **Lombardkredit** ist kurzfristig und wird als Darlehen über eine runde Summe zur Überwindung vorübergehender finanzieller Anspannungen oder zur Überbrükkung des Zeitraums bis zum Verkauf der verpfändeten Ware gewährt. Von einem Lombardkredit spricht man auch, wenn zur Sicherung eines Kredits Waren oder Wertpapiere verpfändet werden. Am häufigsten ist der **Effektenlombard** (Papiere sind in Verwahrung der kreditgebenden Bank, Festsetzung einer risikolosen Beleihungsgrenze: Aktien etwa 50%, festverzinsl. Werte etwa 75% des Kurswertes). Der **Wechsellombard** kommt fast nur zwischen den Kreditinstituten und der Deutschen Bundesbank vor. Der von der Deutschen Bundesbank festgelegte Zinssatz (i.d.R. 1% über dem Diskontsatz) wird als **Lombardsatz** bezeichnet.

**lösbare Gleichung** ↑Gleichungen.

**Löschbefehl** ↑Anweisung.

**Lösung** ↑Gleichungen, ↑Aussageform.

**Lösungsmenge** ↑Gleichungen, ↑formale Logik.

**Lösungsvariable** ↑Gleichungen.

**Lot:** Gerade, die auf einer anderen Geraden oder Ebene senkrecht steht. Das *Errichten eines Lotes auf einer Geraden in einem Geradenpunkt* und das *Fällen eines Lotes auf eine Gerade durch einen Punkt außerhalb der Geraden* gehören zu den ↑geometrischen Grundkonstruktionen.

**lotrecht,** veraltete Bezeichnung für ↑rechtwinklig bzw. senkrecht; auch svw. ↑vertikal.

**Lotto** ↑Zahlenlotto.

**Loxodrome** (Kursgleiche): Kurve auf der Kugeloberfläche, die alle Längenkreise unter dem gleichen Winkel schneidet. Auf der Erde schneiden die Loxodromen die Meridiane unter dem gleichen Winkel und nähern sich spiralförmig den Polen.

**Ludolphsche Zahl,** svw. ↑Kreiszahl.

# M

**m,** Zeichen für den Vorsatz Milli... (↑Vorsatzzeichen).

**M:** 1) Zeichen für die ↑römische Zahl 1000; 2) Zeichen für den Vorsatz Mega... (↑Vorsatzzeichen); 3) in der Datenverarbeitung ein an das Vorsatzzeichen M (für den Vorsatz Mega... = 1000000) angelehntes Kurzzeichen für

$$2^{20} = 1\,048\,576.$$

M wird v. a. dazu verwendet, um die Speicherkapazität von Datenspeichern anzugeben.
Ein 4-MBit-Speicher, kurz 4-M-Speicher, besitzt z. B.

$$4 \cdot 1\,048\,576 = 4\,194\,304$$

Speicherzellen.

**$\mu$** (Sprechweise: „mü"), Zeichen für den Vorsatz Mikro... (↑ Vorsatzzeichen).

**Mächtigkeit,** svw. ↑ Kardinalzahl; vgl. auch ↑ Gleichmächtigkeit von Mengen.

**Maclaurinsche Reihe** ↑ Taylorsche Reihe.

**Magisches Dodekaeder** ↑ Zauberwürfel.

**magisches Quadrat** (Zahlenquadrat): Quadratisches Zahlenschema, bei dem Zeilensummen, Spaltensummen und Diagonalsummen alle die gleiche Zahl ergeben.

*Beispiel 1:* Das bekannteste magische Quadrat mit 16 Zahlen ist das aus A. Dürers Kupferstich „Die Melancholie" (1514) stammende mit der Summe 34:

| | | | | | |
|---|---|---|---|---|---|
| | 16 | 3 | 2 | 13 | → 34 |
| | 5 | 10 | 11 | 8 | → 34 |
| | 9 | 6 | 7 | 12 | → 34 |
| | 4 | 15 | 14 | 1 | → 34 |
| ↙ | ↓ | ↓ | ↓ | ↓ | ↘ |
| 34 | 34 | 34 | 34 | 34 | 34 |

Bei einem magischen Quadrat fordert man im allgemeinen, daß die Zahlen paarweise verschieden sind. Hat das magische Quadrat $n$ Zeilen und $n$ Spalten, also $n^2$ Elemente, so spricht man von einem magischen Quadrat der Ordnung $n$. Das abgebildete magische Quadrat hat also die Ordnung 4.

*Beispiel 2:* Das hier abgebildete magische Quadrat der Ordnung 3 kannte man schon in China um 2500 v. Chr.; es wurde unter dem Namen „Lo-Shu" als Glücksamulett verwendet. Die Römer nannten es „Saturnsiegel":

| | | |
|---|---|---|
| 4 | 9 | 2 |
| 3 | 5 | 7 |
| 8 | 1 | 6 |

*Beispiel 3:* Das folgende magische Quadrat der Ordnung 5 enthält alle Zahlen von 1 bis 25:

| | | | | |
|---|---|---|---|---|
| 7 | 18 | 4 | 15 | 21 |
| 14 | 25 | 6 | 17 | 3 |
| 16 | 2 | 13 | 24 | 10 |
| 23 | 9 | 20 | 1 | 12 |
| 5 | 11 | 22 | 8 | 19 |

Die magischen Quadrate in den Beispielen 1, 2 und 3 enthalten jeweils alle Zahlen von 1 bis $n^2$, wenn $n$ ihre Ordnung ist. Ursprünglich nannte man nur solche Zahlenquadrate magische Quadrate. Die Zeilen-, Spalten- und Diagonalsumme in magischen Quadraten dieser Art ist

$$\frac{1+2+3+\ldots+n^2}{n}=\frac{n(n^2+1)}{2};$$

für $n=3$, 4, 5 ergibt sich der Reihe nach 15, 34, 65.
Wenn man ein magisches Quadrat zusammengestellt hat, kann man z. B. durch „Drehen" um 90°, 180°, 270° oder durch „Spiegeln" an einer Symmetrieachse des Quadrats weitere magische Quadrate bilden. Ein ↑Stifel-Quadrat ist ein spezielles magisches Quadrat.

**Magnetkartenleser** ↑Peripheriegeräte.

**mal** ↑Grundrechenarten.

**Malerperspektive** ↑Perspektive.

**Malnehmen,** svw. ↑Multiplikation (↑Grundrechenarten).

**Malpunkt** ↑Multiplikation.

**Manchquantor,** svw. Existenzquantor (↑Existenzaussage).

**Mandel** ↑Zählmaße.

**Mantel** (Zylindermantel) ↑Zylinder.

**Mantelfläche** ↑Kegel.

**Mantellinien** ↑Kegel.

**Mantisse** ↑Logarithmus.

**Märchenzahl:** Bezeichnung für die Zahl 1001. Da $1001=7\cdot 11\cdot 13$, sind auch alle Vielfachen von 1001 durch 7, 11 und 13 teilbar. Z. B. ist 136136 ($=136\cdot 1001$) durch 7, 11 und 13 teilbar.

**Markoff-Kette** (nach A. A. Markoff, 1856–1922). Eine *Markoff-Kette (Markow-Kette, Markov-Kette)* ist ein ↑stochastischer Prozeß, bei dem die Übergangswahrscheinlichkeiten $p_{ij}$ durch die Zustände $Z_i$, $Z_j$ eindeutig festgelegt sind. In Abb. 1 ist eine Markoff-Kette mit drei Zuständen dargestellt. Der Pfeil von $Z_3$ nach $Z_1$ mit der Zahl $p_{31}$ bedeutet, daß das System mit der Wahrscheinlichkeit $p_{31}$ in den Zustand $Z_1$ übergeht, wenn es sich im Zustand $Z_3$ befindet.

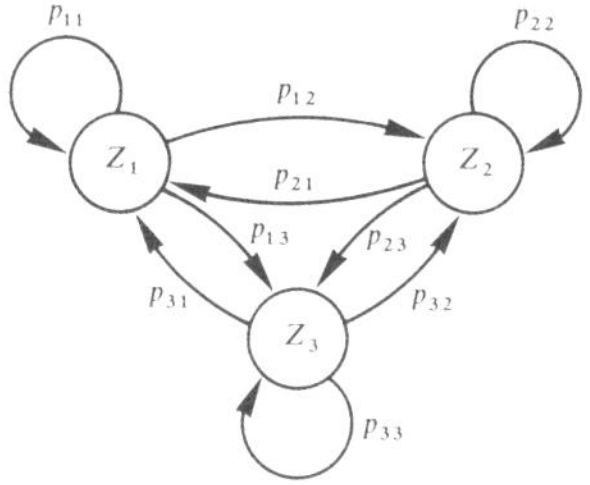


Abb. 1: Markoff-Kette mit drei Zuständen

Die Übergangswahrscheinlichkeiten werden in der **Übergangsmatrix** zusammengefaßt. Diese ist eine **stochastische Matrix,** d. h. alle Zeilensummen sind 1. Die Übergangsmatrix zu der in Abb. 1 dargestellten Markoff-Kette lautet

$$\begin{pmatrix} p_{11} & p_{12} & p_{13} \\ p_{21} & p_{22} & p_{23} \\ p_{31} & p_{32} & p_{33} \end{pmatrix}$$

Die **Anfangsverteilung (Anlaufvektor)** gibt an, mit welcher Wahrscheinlichkeit der Prozeß in den einzelnen Zuständen startet. Durch die Anfangsverteilung und die Übergangsmatrix ist der stochastische Prozeß eindeutig beschrieben.

Ist $p_{ii} = 1$, so heißt der Zustand $Z_i$ **absorbierend**; hat der Prozeß nämlich einen solchen Zustand erreicht, so kann er ihn nicht mehr verlassen. Besitzt eine Markoff-Kette absorbierende Zustände, und ist von jedem Zustand aus einer der absorbierenden Zustände erreichbar, so heißt die Markoff-Kette **absorbierend.**

*Beispiel:* Beim ↑Crap-Spiel handelt es sich um eine Markoff-Kette mit zwei absorbierenden Zuständen. Es sei

$Z_1$: Gewinn;
$Z_2$: 4 oder 10;
$Z_3$: 5 oder 9;
$Z_4$: 6 oder 8;
$Z_5$: Verlust.

Die Anfangsverteilung ist durch $(\frac{2}{9}, \frac{1}{6}, \frac{2}{9}, \frac{5}{18}, \frac{1}{9})$ gegeben. Die Übergangsmatrix besitzt die Darstellung

$$\begin{pmatrix} 1 & 0 & 0 & 0 & 0 \\ \frac{1}{12} & \frac{3}{4} & 0 & 0 & \frac{1}{6} \\ \frac{1}{9} & 0 & \frac{13}{18} & 0 & \frac{1}{6} \\ \frac{5}{36} & 0 & 0 & \frac{25}{36} & \frac{1}{6} \\ 0 & 0 & 0 & 0 & 1 \end{pmatrix}$$

**maschinenorientiert** ↑Assemblersprache.

**Maschinensprache.** Alle digitalen Rechenanlagen arbeiten mit den binären Werten 0 und 1. Bestimmte Kombinationen dieser Werte stellen vom Maschinentyp abhängige **Maschinenbefehle** dar. Durch die Aneinanderreihung von verschiedenen Befehlen erhält man ein Programm in der Maschinensprache. Maschinensprachen sind schwer zu handhaben, gestatten nur kleinschrittiges Problemlösen und verlangen eine genaue Kenntnis des Rechneraufbaus. Maschinensprachen werden heute nur noch in Ausnahmefällen, z. B. bei der Entwicklung von Software, benutzt. Für das Testen von Programmen sind jedoch bei vielen Rechenanlagen Maschinensprachenkenntnisse erforderlich. Vgl. ↑Programmiersprache.

**Maß:** Verallgemeinerung der elementargeometrischen Begriffe Länge, Flächeninhalt und Rauminhalt, sowie des Begriffs der Wahrscheinlichkeit.

**Masseneinheit:** Einheit der Masse ist das Kilogramm (kg). Ursprünglich war es festgelegt als die Masse von 1 dm$^3$ (1 Liter) Wasser unter gewissen physikalischen Bedingungen. Da dies zu Meßschwierigkeiten führte, hat man einen Zylinder aus einer Platin-Iridium-Legie-

rung hergestellt, welcher in Sèvres bei Paris aufbewahrt wird. Dieses „Urkilogramm" ist also die Einheit der Masse.
**Maßstab:** Der **Abbildungsmaßstab** $1:n$ bei Landkarten (Verkleinerungen) bedeutet, daß 1 cm auf der Karte $n$ cm in der Natur entspricht (Zeichen: $\hat{=}$). Der Maßstab 1:20 000 000 bedeutet also:

$$1\,\text{cm} \hat{=} 20\,000\,000\,\text{cm} = 200\,000\,\text{m} = 200\,\text{km}.$$

*Beispiel:* Aus der Karte in Abb. 1 entnimmt man für die Entfernung Flensburg–Lindau 4,1 cm. Es gilt:

$$4{,}1\,\text{cm} \hat{=} 4{,}1 \cdot 20\,000\,000\,\text{cm} = 4{,}1 \cdot 200\,\text{km} = 820\,\text{km}.$$

Die wahre Entfernung beträgt also 820 km.

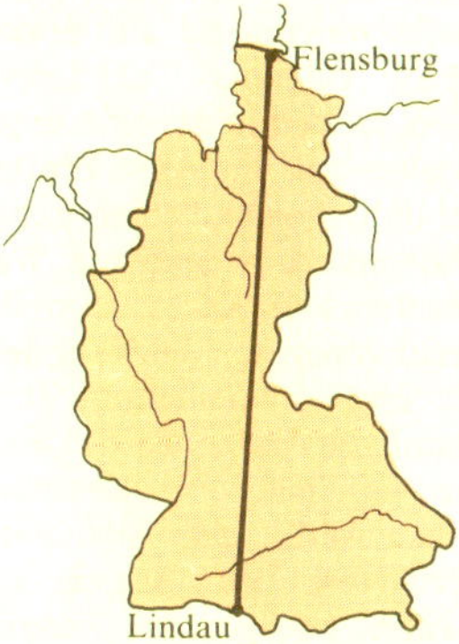


Abb. 1:
Abbildungsmaßstab 1:20 000 000

Der **Abbildungsmaßstab** $n:1$ bei Vergrößerungen (etwa bei mikroskopischen Aufnahmen) bedeutet, daß $n$ mm auf dem Bild 1 mm in der Natur entsprechen.
*Beispiel:* Ist der Abbildungsmaßstab bei der Darstellung eines Sandkorns 50:1, so bedeutet dies: 1 mm in der Abbildung entspricht $\frac{1}{50}$ mm ($= 0{,}02$ mm) in der Natur.
**Maßsystem.** ↑Größen werden als Vielfache einer Einheit gemessen. Sie bestehen also aus einer **Maßzahl** (reelle Zahl) und einer **Maßeinheit.** Die folgende Tabelle zeigt einige Beispiele hierfür:

| Größenbereich | Maßeinheit |
|---|---|
| Längen | 1 m (1 Meter) |
| Massen | 1 g (1 Gramm) |
| Geldbeträge | 1 DM (1 D-Mark) |
| Kräfte | 1 N (1 Newton) |

Tabelle 1

In der Mechanik benutzt man Grundeinheiten für Längen, Massen und Zeitabschnitte. Die Einheiten anderer Größen (etwa Kräfte, Geschwindigkeiten, Beschleunigungen) werden aus diesen Einheiten zusammengesetzt.
Das Meter-Kilogramm-Sekunde-System **(MKS-System),** welches heute vorwiegend in der Physik benutzt wird, hat als

Einheiten
für die Länge:
1 m (1 Meter)
für die Masse:
1 kg (1 Kilogramm)
für die Zeit:
1 s (1 Sekunde).

Diese Einheiten gehören zum internationalen Einheitensystem (SI-Einheiten), ihre Verwendung ist im amtlichen Gebrauch gesetzlich vorgeschrieben. Vielfach werden noch andere Einheitensysteme verwendet.

Sehr große oder sehr kleine Vielfache der Maßeinheit drückt man mit Hilfe von positiven oder negativen Zehnerpotenzen sowie entsprechenden ↑Vorsatzzeichen aus. – ↑Flächeninhalt, ↑Längeneinheit, ↑Masseneinheit, ↑Raumeinheit, ↑Zeiteinheit.

**Mathematik.** In frühgeschichtlicher Zeit entwickelten sich mathematische Verfahren der *Geometrie* aus Problemen der Landvermessung und der Zeitberechnung (Sumerer, Ägypter). *Algebraische* Probleme treten nur in einfachen „Hilfsrechnungen" der Geometer und im „kaufmännischen" Rechnen auf. Aber schon in der griechischen Antike beginnt die Untersuchung von *Zahlen* unter rein mathematischen Gesichtspunkten; es entstehen die Grundlagen der *Zahlentheorie* (Teilbarkeitslehre), und man entdeckt die *irrationalen Zahlen* (Pythagoras und die von ihm gegründete Philosophenschule um 500 v. Chr.). Einen vollständigen Überblick über die Mathematik seiner Zeit gibt Euklid von Alexandria (um 300 v. Chr.). Einer der genialsten griechischen Mathematiker war Archimedes (287–212 v. Chr.), der mit *infinitesimalen Methoden* Längen-, Flächen- und Volumenberechnungen durchführte. Die *Kegelschnittskurven* (↑Ellipsen, ↑Hyperbeln, ↑Parabeln) wurden von Apollonius von Perge (um 200 v. Chr.) untersucht. Die Astronomie führte zur Entwicklung der *sphärischen Trigonometrie* (Ptolemäus von Alexandria, etwa 150 n. Chr.).

Während die römische Mathematik weitgehend auf praktische Aufgaben beschränkt blieb, fanden in der arabischen Mathematik unter dem Einfluß der indischen und chinesischen Mathematik bedeutende Weiterentwicklungen (z. B. in der Trigonometrie, Gleichungslehre und Reihenlehre) statt. Durch die Araber wurden auch die mathematischen Kenntnisse der Antike dem Abendland überliefert. Zu Beginn der Neuzeit erfolgte eine Fortentwicklung des kaufmännischen Rechnens und der *Algebra* zuerst in Italien, dann in Deutschland und Frankreich. In den Werken von Geronimo (Girolamo) Cardano (1501 bis 1576) finden sich die Anfänge der Buchstabenrechnung, es werden *negative Zahlen* und *imaginäre Zahlen* (↑komplexe Zahlen) behandelt, ferner *algebraische Gleichungen* 3. und 4. Grades gelöst. Angeregt durch die infinitesimalen Untersuchungen von Johannes Kepler (1571–1630) entwickelt Bonaventura Cavalieri (1598–1647) seine Indivisiblenlehre, den Vorläufer der von Gottfried Wilhelm Leibniz (1646 bis 1716) und Isaac Newton (1643–1727) begründeten *Differential- und Integralrechnung*. Die nun einsetzende stürmische Entwicklung der Mathematik ist durch viele große Mathematiker geprägt, z. B. Jakob (1654–1705) und Johann (1667–1748) Bernoulli, Leonhard Euler (1707–1783) und Carl Friedrich Gauß (1777 bis 1855).

Bereits Euklid versuchte, die Grundlagen der Mathematik möglichst genau anzugeben, also *Axiome* der Mathematik (bzw. der Geometrie) zu formulieren, um klarzustellen, welche Tatsachen angenommen und welche aus diesen mit logischen Mitteln hergeleitet werden können. Diese *axiomatische Methode* durchdrang im 20. Jahrhundert die gesamte Mathematik, da man ohne ein axiomatisches Fundament zu oft in Widersprüche geriet. Das bedeutet nun aber, daß mathematische Aussagen nur in bezug auf die zugrundeliegenden Axiome wahr oder falsch sein können, es gibt keine *absolute Wahrheit* mathematischer Aussagen. Ob die Winkelsumme im Dreieck 180° beträgt, das hängt davon ab, ob das Parallelenaxiom (↑euklidische Geometrie) angenommen wird oder nicht. Wesentlich ist nur, daß die Sätze nach bestimmten Regeln der Logik aus den Voraussetzungen (Axiomen) korrekt hergeleitet sind. In diesem Sinn spricht man auch davon, daß es die Mathematik nur mit *formalen Strukturen* zu tun habe.

Die Einteilung der Mathematik in *reine* und *angewandte* Mathematik gilt als überholt, da fast jede mathematische Theorie letztlich „anwendbar" ist und da jede Anwendungsaufgabe in der Regel einer tiefen mathematischen Analyse bedarf. Auch ist bei Entwicklung einer mathematischen Theorie oft erst viel später erkannt worden, in welchem Maße sie z. B. in den Naturwissenschaften Anwendung finden kann.

Anwendungsbereiche der Mathematik sind neben der Physik und den Ingenieurwissenschaften vor allem die Wirtschaftswissenschaften (statistische Verfahren), die Psychologie (empirische Forschungen), die Sprachwissenschaften (Linguistik) und die Medizin (statistische Verfahren).

**mathematische Geographie** (Erdsphärik). Um die Lage eines Ortes auf der Erde zu bestimmen, bezieht man sich auf die *Erdachse*. Das ist derjenige Durchmesser der Erde, um den sie sich in 24 Stunden einmal dreht. Die beiden Endpunkte werden *geographischer Nordpol* und *geographischer Südpol* genannt. Der Großkreis, auf dem die Erdachse rechtwinklig steht, heißt *Äquator,* die durch Nordpol und Südpol verlaufenden Großkreise heißen *Längenkreise* oder *Meridiane*. Die Kreise, die in einer zur Erdachse rechtwinkligen Ebene liegen, heißen *Breitenkreise*. Die Lage eines Ortes auf der Erde wird durch seine *geographische Breite* und seine *geographische Länge* bestimmt.

Die **geographische Breite** $\varphi$ eines Ortes ist der Winkel zwischen dem Erdradius durch diesen Punkt und der Äquatorebene. Er wird von der Äquatorebene aus nach Nord und nach Süd von 0° bis 90° gezählt. Die **geographische Länge** $\lambda$ eines Ortes ist der Winkel am Pol zwischen dem Meridian von Greenwich (Nullmeridian) bei London und dem Meridian des Ortes; dieser ist gleich der Länge des Bogens zwischen diesen beiden Meridianen auf dem Äquator, gemessen mit dem Erdradius als Einheit. Die geographische Länge wird vom Nullmeridian nach Osten und Westen von 0° bis 180° gezählt. Die *Kartographie* ist die Lehre von der Abbildung der Erdoberfläche auf die Ebene eines Kartenblattes (↑ Kartennetzentwurf). Sie gelingt nur für begrenzte Gebiete ohne bedeutende Verzerrung gegenüber dem Urbild. Für größere Gebiete legt man je nach dem Verwendungszweck der Karte Wert auf Winkeltreue, Flächentreue oder Längentreue (nur beschränkt möglich).

**mathematische Logik**, svw. ↑ formale Logik.

**mathematische Tafeln:** Sammlungen häufig verwendeter Konstanten (z. B. die Zahlen e und π) und Wertetafeln von Funktionen (z. B. Logarithmentafel).

**mathematische Zeichen:** Zur kurzen, übersichtlichen Darstellung mathematischer Aussagen verwendete symbolische Zeichen für bestimmte Größen (z. B. Konstante, Variable), Mengen (z. B. Menge der natürlichen Zahlen), mathematische Relationen (z. B. Gleichheit) und Operationen (z. B. Addition). – ↑ Rechenzeichen.

# Mathematische Zeichen

**allgemeine Zeichen der Mathematik**

| | |
|---|---|
| $=$ | gleich |
| $:=$ | definitionsgemäß gleich |
| $=:$ | definiert |
| $\neq$ | ungleich |
| $\approx$ | ungefähr gleich |
| $+$ | Additionszeichen, plus |
| $-$ | Subtraktionszeichen, minus |
| $\pm$ | plus oder minus |
| $\cdot$ | Multiplikationszeichen, mal, multipliziert mit |
| $:$ | Divisionszeichen, geteilt durch, dividiert durch |
| $>$ | größer als |
| $\geqq$, $\geq$ | größer oder gleich |
| $<$ | kleiner als |
| $\leqq$, $\leq$ | kleiner oder gleich |
| $\triangleq$ | entspricht |
| $\Sigma$ | Summenzeichen |
| $\Pi$ | Produktzeichen |
| $\sqrt{\phantom{x}}$ | Quadratwurzel |
| $\sqrt[n]{\phantom{x}}$ | n-te Wurzel |
| $a^b$ | *a* hoch *b* |
| $\|a\|$ | Betrag von *a* |
| $n!$ | *n*-Fakultät |
| $\binom{n}{k}$ | Binomialkoeffizient, *n* über *k* |
| $f: A \to B$ | *f* ist Funktion von *A* nach *B* |
| $a \mapsto b$ | *a* wird *b* zugeordnet, *a* wird auf *b* abgebildet |
| $\%$ | Prozent, vom Hundert |
| ‰ | Promille, vom Tausend |

**Zahlenmengen**

| | |
|---|---|
| $\mathbb{N}$ | Menge der natürlichen Zahlen (ohne Null)* |
| $\mathbb{N}_0$ | Menge der natürlichen Zahlen einschließlich der Null, $\mathbb{N}_0 = \mathbb{N} \cup \{0\}$* |
| $\mathbb{Z}$ | Menge der ganzen Zahlen |
| $\mathbb{Z}_m$ | Menge der Restklassen modulo *m* |
| $\mathbb{Q}$ | Menge der rationalen Zahlen |
| $\mathbb{R}$ | Menge der reellen Zahlen |
| $\mathbb{C}$ | Menge der komplexen Zahlen |

**spezielle Zahlen**

| | |
|---|---|
| e | Eulersche Zahl $e = 2{,}718281828...$ |
| $\pi$ | Kreiszahl, $\pi = 3{,}141592654...$ |
| i | imaginäre Einheit, $i = \sqrt{-1}$ |

* Die Zeichen $\mathbb{N}$ und $\mathbb{N}_0$ sind von den in neuerer Zeit auch verwendeten Zeichen $\mathbb{N}$ für die Menge der natürlichen Zahlen einschließlich der Null und $\mathbb{N}^*$ für die Menge der natürlichen Zahlen ohne die Null zu unterscheiden.

## **Mathematische Zeichen** (Fortsetzung)

**mathematische Logik**

| | |
|---|---|
| $\wedge$ | Konjunktion, und |
| $\vee$ | Disjunktion, oder |
| $\neg$ | Negation, nicht |
| $\Rightarrow$ | Implikation, wenn..., so... |
| $\Leftrightarrow$ | Bijunktion, genau dann, wenn |
| $:\Leftrightarrow$ | nach Definition genau dann, wenn |
| $\bigwedge_x$ | für alle $x$, Allquantor |
| $\bigvee_x$ | es gibt ein $x$, Existenzquantor |

**Geometrie**

| | |
|---|---|
| ⊾, ⊿ | rechter Winkel |
| $\sphericalangle$ | Winkel |
| $\parallel$ | parallel |
| $\nparallel$ | nicht parallel |
| $\perp$ | rechtwinklig zu |
| $\cong$ | kongruent, deckungsgleich |
| $\sim$ | ähnlich |
| $^\circ$ | Grad |
| $'$ | Minute |
| $''$ | Sekunde |

**Mengen**

| | |
|---|---|
| $\in$ | ist Element von |
| $\notin$ | ist nicht Element von |
| $\emptyset$ | leere Menge |
| $\{x \mid A(x)\}$ | Menge aller $x$ mit der Eigenschaft $A(x)$ |
| $\cup$ | vereinigt |
| $\cap$ | geschnitten |
| $\bar{A}$ | Ergänzungsmenge von $A$ |
| $\setminus$ | ohne, minus |
| $A \times B$ | kartesisches Produkt von $A$ und $B$ |
| $A * B$ | symmetrische Differenz von $A$ und $B$ |
| $(a, b)$ | geordnetes Paar aus $a$ und $b$ |
| $(a_1, \ldots, a_n)$ | $n$-Tupel |

**Analysis**

| | |
|---|---|
| $\frac{\mathrm{d}f(x)}{\mathrm{d}x}, f'(x)$ | erste Ableitung von $f(x)$ |
| $\frac{\mathrm{d}^2 f(x)}{\mathrm{d}x^2}, f''(x)$ | zweite Ableitung von $f(x)$ |
| $\frac{\mathrm{d}^n f(x)}{\mathrm{d}x^n}, f^{(n)}(x)$ | $n$-te Ableitung von $f(x)$ |
| $D(f), D_f$ | Definitionsbereich von $f$ |
| $W(f), W_f$ | Wertemenge von $f$ |
| $\frac{\partial f}{\partial x}$ | partielle Ableitung von $f$ nach $x$ |
| $\int_a^b f(x)\mathrm{d}x$ | Integral der Funktion $f$ in den Grenzen $a$ und $b$ |
| $\infty$ | unendlich (bei Grenzwerten) |

**Lineare Algebra und analytische Geometrie**

| | |
|---|---|
| $\vec{a}$ | Vektor $a$ |
| $\lVert\vec{a}\rVert$ | Norm von $\vec{a}$ |

**Mathematische Zeichen** (Fortsetzung)

| | |
|---|---|
| $\vec{a} \cdot \vec{b}$, $(\vec{a}\|\vec{b})$ | Skalarprodukt von $\vec{a}$ und $\vec{b}$ |
| $\vec{a} \times \vec{b}$ | Vektorprodukt von $\vec{a}$ und $\vec{b}$ |
| $(a_{ij})_{\substack{i=1,\ldots,n \\ j=1,\ldots,m}}$ | $(n, m)$-Matrix der $a_{ij}$ |
| $\begin{vmatrix} a_{11}\,a_{12}\ldots a_{1n} \\ a_{21}\ldots\ldots a_{2n} \\ \vdots \\ a_{n1}\ldots\ldots a_{nn} \end{vmatrix}$ | Determinante |
| $f \circ g$ | $f$ verkettet mit $g$ |
| $\cong$ | isomorph |

**Wahrscheinlichkeitsrechnung und Statistik**

| | |
|---|---|
| $\Omega$ | Menge der Ausfälle |
| $\omega$ | Ausfall |
| $X = x$ | Ereignis $\{\omega \in \Omega \| X(\omega) = x\}$ |
| $X \leqq x$ | Ereignis $\{\omega \in \Omega \| X(\omega) \leqq x\}$ |
| $P(A)$ | Wahrscheinlichkeit des Ereignisses $A$ |
| $P(A\|B)$ | Wahrscheinlichkeit von $A$ unter der Bedingung $B$ (bedingte Wahrscheinlichkeit) |
| $P(X = x)$ | Wahrscheinlichkeitsverteilung der Zufallsgröße $X$ |
| $P(X \leqq x)$ | Wahrscheinlichkeitsfunktion der Zufallsgröße $X$ |
| $\mu$, $E(X)$ | Erwartungswert (der Zufallsgröße $X$) |
| $V(X)$, $\sigma^2$ | Varianz |
| $\sigma$ | Standardabweichung |

**Matrix** (Mehrzahl: *Matrizen*): Rechteckiges Schema der Form

$$A = (a_{ik}) = \begin{pmatrix} a_{11}\,a_{12}\ldots a_{1n} \\ a_{21}\,a_{22}\ldots a_{2n} \\ \ldots\ldots\ldots\ldots \\ a_{m1}\,a_{m2}\ldots a_{mn} \end{pmatrix}.$$

Ein mit $a_{ik}$ bezeichnetes Element steht in der $i$-ten Zeile und in der $k$-ten Spalte (Kolonne). Die Anzahl $m$ der Zeilen und die Anzahl $n$ der Spalten definiert den Typ einer Matrix; man sagt, sie ist von der Ordnung $m \times n$ oder eine *$(m \times n)$-Matrix.* Gleichartige Matrizen haben dieselbe Ordnung. Eine Matrix, in der die Anzahl der Zeilen gleich der Anzahl der Spalten ist, d.h., eine $(n \times n)$-Matrix, bezeichnet man als **quadratische Matrix,** speziell als **Diagonalmatrix,** wenn nur die Elemente $a_{ii}$, die Elemente der sog. **Hauptdiagonale,** von Null verschieden sind: Jedes Teilschema der Ordnung $k \times l$ einer $(m \times n)$-Matrix $\boldsymbol{A}$ mit $k < m$ und/oder $l < n$ nennt man eine **Untermatrix** von $\boldsymbol{A}$; insbesondere heißt die Untermatrix

$(a_{i1}, \ldots, a_{in})$ der $i$-te **Zeilenvektor** und

$$\begin{pmatrix} a_{1k} \\ \cdot \\ \cdot \\ a_{mk} \end{pmatrix}$$

der $k$-te **Spaltenvektor** von $\boldsymbol{A}$. – Eine Matrix, die aus einer einzigen Zeile bzw. Spalte besteht, wird **Zeilen-** bzw. **Spaltenmatrix** genannt; derartige Matrizen werden zur Darstellung von Vektoren verwendet. Ist $\boldsymbol{A}$ quadratisch, so bezeichnet $\det \boldsymbol{A} = \det(a_{ik})$ die zu ihr gehörende Determinante. Als **Rang** einer Matrix bezeichnet man die Reihenzahl der größten Unterdeterminante, die von 0 verschieden ist.

Matrizen (und skalare Größen) lassen sich durch bestimmte Rechenregeln miteinander verknüpfen **(Matrizenrechnung).** Die Multiplikation von Matrizen mit einer Zahl $\lambda$ („lambda") und die Addition von gleichartigen Matrizen sind „elementweise" definiert:

$$\lambda \cdot \boldsymbol{A} = \lambda \cdot (a_{ik}) = (\lambda a_{ik}),$$

$$\text{z. B. } 3\begin{pmatrix} 1 & 2 & 3 \\ 0 & 1 & 7 \end{pmatrix} = \begin{pmatrix} 3 & 6 & 9 \\ 0 & 3 & 21 \end{pmatrix},$$

$$\boldsymbol{A} + \boldsymbol{B} = (a_{ik}) + (b_{ik}) = (a_{ik} + b_{ik}),$$

$$\text{z. B. } \begin{pmatrix} 1 & 2 & 3 \\ 2 & 1 & 0 \\ 3 & 5 & 1 \\ 0 & 0 & 7 \end{pmatrix} + \begin{pmatrix} 0 & 2 & 4 \\ 1 & 1 & 1 \\ 6 & 3 & 1 \\ 7 & 7 & 0 \end{pmatrix}$$

$$= \begin{pmatrix} 1 & 4 & 7 \\ 3 & 2 & 1 \\ 9 & 8 & 2 \\ 7 & 7 & 7 \end{pmatrix}$$

Die Multiplikation von Matrizen ist nur erklärt, wenn die Spaltenzahl des ersten Faktors gleich der Zeilenzahl des zweiten Faktors ist. Ist $\boldsymbol{A} = (a_{ik})$ eine $(m \times n)$-Matrix und $\boldsymbol{B} = (b_{ik})$ eine $(n \times p)$-Matrix, dann definiert man:

$$\boldsymbol{A} \cdot \boldsymbol{B} = \left(\sum_j a_{ij}\, b_{jk}\right) = (c_{ik}) = \boldsymbol{C}$$

(↑Summenzeichen).

*Beispiele:*

1) $$\begin{pmatrix} 1 & -2 \\ 3 & 4 \end{pmatrix} \cdot \begin{pmatrix} 0 & -1 \\ -3 & 2 \end{pmatrix} =$$

$$\begin{pmatrix} 1 \cdot 0 + (-2) \cdot (-3) & 1 \cdot (-1) + (-2) \cdot 2 \\ 3 \cdot 0 + 4 \cdot (-3) & 3 \cdot (-1) + 4 \cdot 2 \end{pmatrix}$$

$$= \begin{pmatrix} 6 & -5 \\ -12 & 5 \end{pmatrix}.$$

2) $$\begin{pmatrix} 2 & 4 & -3 \\ 1 & 0 & 6 \end{pmatrix} \cdot \begin{pmatrix} 1 \\ 2 \\ 6 \end{pmatrix}$$

$$= \begin{pmatrix} 2 \cdot 1 + 4 \cdot 2 + (-3) \cdot 6 \\ 1 \cdot 1 + 0 \cdot 2 + \ \ 6 \cdot 6 \end{pmatrix}$$

$$= \begin{pmatrix} -8 \\ 37 \end{pmatrix}.$$

3) $$(2\ 0\ 4) \cdot \begin{pmatrix} 3 \\ 1 \\ -1 \end{pmatrix} = (2).$$

Analoge Eigenschaften wie die Null bei den Zahlen hat bei den Matrizen die **Nullmatrix,** deren sämtliche Elemente gleich Null sind. Bei quadratischen Matrizen gibt es ein Analogon zur Zahl 1, die **Einheitsmatrix** $\boldsymbol{E}$, bei der alle Elemente der Hauptdiagonale den Wert 1 haben, alle anderen den Wert 0. Es gilt: $\boldsymbol{A} \cdot \boldsymbol{E} = \boldsymbol{E} \cdot \boldsymbol{A} = \boldsymbol{A}$ und $\det \boldsymbol{E} = 1$. Die durch $\boldsymbol{A} \cdot \boldsymbol{A}^{-1} = \boldsymbol{E}$ definierte **inverse Matrix (Kehrmatrix)** $\boldsymbol{A}^{-1}$ zur Matrix $\boldsymbol{A}$ existiert nur, wenn $\boldsymbol{A}$ regulär ist, d.h., wenn $\det \boldsymbol{A} \neq 0$ ist.

Eine wichtige Operation ist das **Transponieren** einer Matrix; dabei werden Zeilen und Spalten der Matrix vertauscht. Jeder Matrix $\boldsymbol{A} = (a_{ik})$ wird die **transponierte** Matrix (kurz: die **Transponierte**) $\boldsymbol{A}^T = (a_{ki})$ zugeordnet. Eine $(n \times n)$-Matrix heißt **symmetrisch,** wenn $\boldsymbol{A}^T = \boldsymbol{A}$, d.h. $a_{ij} = a_{ji}$ gilt. **Orthogonal** heißt eine Matrix $\boldsymbol{A}$, für die $\boldsymbol{A}^T = \boldsymbol{A}^{-1}$ gilt.

**Maximum** ↑Extremwert.

**Maximum-Likelihood-Methode** *(Methode der maximalen Mutmaßlichkeit):* Verfahren zur Schätzung von Wahrscheinlichkeiten: Diejenige Wahrscheinlichkeit wird vermutet, unter welcher das vorliegende Resultat am ehesten zustande kommt.

*Beispiel:* Es soll die Anzahl $N$ der Fische im Teich geschätzt werden; dazu fängt man $r$ Fische, markiert sie und läßt sie wieder frei. Dann werden wieder $n$ Fische gefangen, darunter $x$ markierte. Die Wahrscheinlichkeit dafür ist

$$f(N) = \frac{\binom{r}{x}\binom{N-r}{n-x}}{\binom{N}{n}}$$

(↑hypergeometrische Verteilung). Es ist

$$\frac{f(N)}{f(N-1)} = \frac{(N-r)(N-n)}{(N-n-r+x)N} \begin{cases} >1, & \text{falls } N < \frac{rn}{x}, \\ =1, & \text{falls } N = \frac{rn}{x}, \\ <1, & \text{falls } N > \frac{rn}{x}. \end{cases}$$

Man wird also die nächste ganze Zahl bei $\frac{rn}{x}$ als beste Schätzung für $N$ ansehen. Die geschilderte Methode heißt **Rückfangmethode (Capture-recapture-Methode)** und wird in den Naturwissenschaften häufig verwendet.

Die Rückfangmethode liegt auch der näherungsweisen Bestimmung der Kreiszahl π nach der ↑Monte-Carlo-Methode zugrunde.

**Maximumsaxiom** ↑Vollständigkeit.

**MBit,** Abk. für ↑Megabit.

**MByte,** Abk. für ↑Megabyte.

**Md.,** Abk. für ↑Milliarde.

**Median** (Medianwert), svw. ↑Zentralwert, vgl. ↑Quantil.

**Mega...,** Zeichen M, Vorsatz vor Einheiten, bezeichnet das

$10^6$fache der betreffenden Einheit (↑ Vorsatzzeichen).

**Megabit,** Abk. MBit, Informationseinheit; 1 MBit $= 2^{20}$ Bit $= 1\,048\,576$ Bit (etwa 1 Million Bit). – ↑ auch M.

**Megabyte,** Abk. MByte, Informationseinheit, 1 MByte $= 2^{20}$ Byte $= 1\,048\,576$ Byte (etwa 1 Million Byte).

**Mehrbenutzersystem** ↑ Betriebsart.

**Mehrfachverzweigung** ↑ Anweisung.

**Mehrpunktperspektive** ↑ Perspektive.

**Mehrsatz,** svw. doppelter Dreisatz (↑ Dreisatzrechnung).

**mehrstufiger Zufallsversuch:** Aus mehreren Zufallsversuchen kann man einen mehrstufigen Zufallsversuch machen. Mehrstufige Versuche stellt man durch ein **Baumdiagramm** (kurz **Baum**) dar, einem Ausfall entspricht dann ein **Pfad** in diesem Baum.

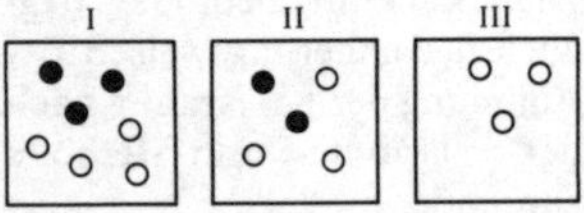


Abb. 1: Urnenmodell

*Beispiel:* Aus Urne I in Abb. 1 ziehe man eine Kugel, lege diese in Urne II, ziehe dann eine Kugel aus II und lege diese in Urne III, schließlich ziehe man eine Kugel aus III.
Die Ausfälle dieses dreistufigen Versuchs sind Tripel (etwa $(s, w, w)$), jeder Ausfall wird durch einen *Pfad* in dem Baumdiagramm in Abb. 2 dargestellt.

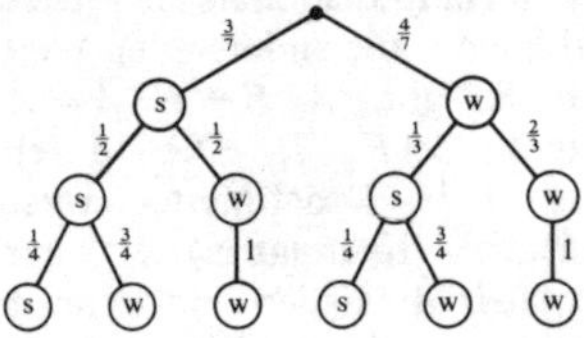

Abb. 2: Baumdiagramm

Die **Pfadregel** besagt, daß die Wahrscheinlichkeit eines Ausfalls gleich dem Produkt der Wahrscheinlichkeiten längs des zugehörigen Pfades ist. So ist beispielsweise die Wahrscheinlichkeit des Ausfalls

$$(s, s, s) = \frac{3}{7} \cdot \frac{1}{2} \cdot \frac{1}{4} = \frac{3}{56} \approx 5{,}4\,\%.$$

Ein ↑ Ereignis in einem mehrstufigen Zufallsversuch wird durch eine Menge von Pfaden beschrieben. Seine Wahrscheinlichkeit ist die Summe der Wahrscheinlichkeiten der zugehörigen Pfade. Ein mehrstufiger Versuch ist ein ↑ stochastischer Prozeß. Eine exakte Formulierung benötigt den Begriff der ↑ bedingten Wahrscheinlichkeit. Die Pfadregel entspricht dem ↑ Multiplikationssatz für bedingte Wahrscheinlichkeiten.

**Mehrwertsteuer:** Wird zu einem Nettobetrag die Mehrwertsteuer (derzeit 14%) hinzugerechnet, so ist der Bruttobetrag 114% (↑Prozent) vom Nettobetrag (= 1,14 · Nettobetrag).

*Beispiel:*

Nettobetrag: 231,– DM,

Bruttobetrag:

$$1{,}14 \cdot 231\ \text{DM} = 263{,}34\ \text{DM}.$$

Wird umgekehrt aus einem Bruttobetrag die Mehrwertsteuer von 14% „herausgerechnet", so erhält man den Nettobetrag durch Division durch 1,14.

*Beispiel:*

Bruttobetrag: 141,– DM,

Nettobetrag:

$$\frac{141}{1{,}14}\ \text{DM} = 123{,}68\ \text{DM}.$$

Die Mehrwertsteuer beträgt also

$$141\ \text{DM} - 123{,}68\ \text{DM} = 17{,}32\ \text{DM}.$$

Beim reduzierten Mehrwertsteuersatz (derzeit 7%) rechnet man entsprechend mit 1,07. – Vgl. ↑Prozentrechnung (Beispiel 6).

**Meile** ↑Längeneinheit.

**Meinungsumfrage.** Möchte man eine Meinungsumfrage bezüglich eines Merkmals *A* unabhängig von einem Merkmal *B* gestalten, so muß man die Stichprobe der Befragten gemäß der Verteilung des Merkmals *B* gliedern.

Die Qualität einer sog. **Repräsentativumfrage** hängt davon ab, welche Merkmale *B* in der geschilderten Weise berücksichtigt worden sind.

*Beispiel:* Zur Erstellung einer Wahlprognose wird die Stichprobe der Befragten z. B. nach Altersgruppen, Einkommensgruppen und Konfession festgelegt:

| | | |
|---|---|---|
| Alter | 18–25 | 17% |
| | 26–41 | 33% |
| | 42–61 | 32% |
| | über 61 | 28% |
| Einkommen | bis 2000 | 27% |
| | 2000–4000 | 53% |
| | 4000–8000 | 13% |
| | über 8000 | 7% |
| Konfession | ev. | 49% |
| | rk. | 42% |
| | vd. | 9% |

Diese Merkmale ihrerseits müssen dabei nicht unabhängig sein; in der Gruppe der 18- bis 25jährigen wird man nur sehr wenige mit einem Einkommen über 8000 finden. Nimmt man zwischen Konfession und Alter Unabhängigkeit an, so wird man in eine Stichprobe vom Umfang 4000 möglichst

$$0{,}17 \cdot 0{,}42 \cdot 4000 \approx 286$$

katholische Wahlberechtigte im Alter von 18 bis 25 Jahren aufnehmen.

**Menelaos, Satz von** ( nach Menelaos von Alexandria, um 100 n. Chr.): Gegeben seien drei Punkte *A*, *B*, *C*, die nicht ↑kollinear sind, und eine Gerade *g*, die durch keinen dieser Punkte geht. Sind *U*, *V*, *W* die Schnittpunkte dieser Geraden mit den Verbindungsgeraden der drei Punkte *A*, *B*, *C*, dann gilt

$$\frac{\overrightarrow{AU}}{\overrightarrow{BU}} \cdot \frac{\overrightarrow{BV}}{\overrightarrow{CV}} \cdot \frac{\overrightarrow{CW}}{\overrightarrow{AW}} = 1$$

(Abb. 1).

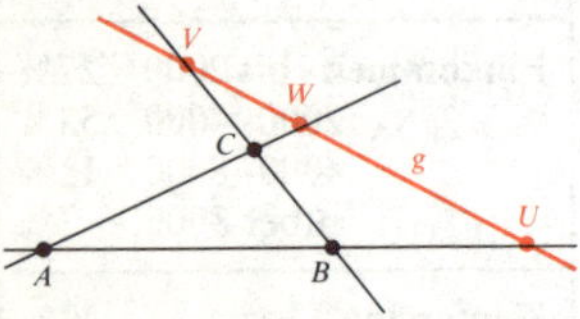

Abb. 1: Satz von Menelaos

Von diesem Satz gilt auch die Umkehrung: Sind *U*, *V*, *W* Punkte auf den Verbindungsgeraden der Punkte *A*, *B*, *C* und gilt obige Beziehung für die Teilverhältnisse, dann sind *U*, *V*, *W* kollinear.

**Menge:** Der Mengenbegriff ist ein Grundbegriff der ↑Mengenlehre. Eine Menge *M* ist durch ihre Elemente bestimmt. Dabei muß grundsätzlich feststehen, welche Objekte Elemente von *M* sind. Es kommt nicht darauf an, daß man wirklich entscheiden kann, ob ein vorgelegtes Objekt zu *M* gehört oder nicht. Beispielsweise gehört $2^{11231}-1$ zur Menge der Primzahlen. Da man dies im Jahr 1950 noch nicht gewußt hat, war es einem Mathematiker damals nicht möglich zu entscheiden, ob $2^{11231}-1$ ein Element der Menge der Primzahlen ist.

Es ist jedoch sinnlos, von Mengen wie etwa der Menge der guten Fußballspieler einer Mannschaft zu reden, da es in diesem Fall Meinungsverschiedenheiten geben kann, wer als guter Fußballspieler bezeichnet werden kann. Ist *m* ein Element von *M*, so schreibt man $m \in M$. Das Symbol $\in$ ist ein stilisiertes $\varepsilon$ (griechischer Buchstabe „Epsilon“). Ist *m* kein Element von *M*, so schreibt man $m \notin M$.

Man kann Mengen in *aufzählender Form* oder in *beschreibender Form* angeben.

In der *aufzählenden Form (Listenform)* schreibt man die Elemente der Menge (durch Kommata getrennt) zwischen geschweifte Klammern. Dabei kommt es nicht auf die Reihenfolge an, in der man die Elemente angibt.

Die Menge der ↑Teiler von 12 kann man also in der Form

$$\{1, 2, 3, 4, 6, 12\}$$

angeben. Manchmal verwendet man diese Form auch für unendliche Mengen, wenn deren Elemente als Glieder einer ↑Folge mit leicht erkennbarem Bildungsgesetz gegeben sind:

$$\{2, 4, 6, 8, \ldots\}$$

ist die Menge der geraden natürlichen Zahlen.

In der *beschreibenden Form* gibt man eine Eigenschaft $E$ an, die auf alle Elemente der Menge und auf keine anderen Objekte zutrifft. D. h., durch eine solche Eigenschaft unterscheiden sich die Elemente der Menge von Objekten, die nicht Elemente dieser Menge sind. Man schreibt in diesem Fall

$$M = \{x \mid E(x)\}$$

und liest dies: „$M$ ist die Menge aller $x$ mit der Eigenschaft $E(x)$."

Man kann also eine Menge $m$ als *Lösungsmenge einer Aussageform* $E(x)$ (↑formale Logik) beschreiben. Dabei ist es meistens notwendig, die zugehörige Grundmenge $G$ anzugeben; man schreibt dann

$$\{x \in G \mid E(x)\}$$

oder

$$\{x \mid x \in G \wedge E(x)\}$$

oder

$$\{x \mid E(x)\}_G.$$

Für die Menge der natürlichen Zahlen, welche Teiler von 12 sind, hat man also folgende Schreibweisen:

$$\{x \in \mathbb{N} \mid x \text{ teilt } 12\},$$
$$\{x \mid x \in \mathbb{N} \wedge x \text{ teilt } 12\},$$
$$\{x \mid x \text{ teilt } 12\}_{\mathbb{N}}.$$

Die Mengen $A$ und $B$ sind genau dann gleich, wenn jedes Element von $A$ auch Element von $B$ ist und jedes Element von $B$ auch Element von $A$ ist:

$$A = B :\Leftrightarrow (x \in A \Leftrightarrow x \in B).$$

Beziehungen zwischen Mengen veranschaulicht man durch ↑Venn-Diagramme.

In der ↑Mengenalgebra beschäftigt man sich mit den algebraischen Eigenschaften der Mengenverknüpfungen $\cap$ (↑Schnittmenge), $\cup$ (↑Vereinigungsmenge) und $\setminus$ (↑Differenzmenge).

Ist $A$ eine *endliche* Menge, so bezeichnet man mit $|A|$ die Anzahl der Elemente von $A$. Es gilt

$$|A \cup B| = |A| + |B| - |A \cap B|,$$

denn die Elemente von $A \cap B$ werden bei $|A|$ *und* bei $|B|$ gezählt, werden also bei $|A| + |B|$ doppelt gezählt.

Für drei endliche Mengen $A, B, C$ gilt

$$|A \cup B \cup C| = |A| + |B| + |C| - |A \cap B| - |A \cap C| - |B \cap C| + |A \cap B \cap C|.$$

*Beispiel:* Anzahl der natürlichen Zahlen, die eine der Zahlen 36, 42 oder 90 teilen (↑Teiler), also

$|T_{36} \cup T_{42} \cup T_{90}|$.

Es ist (vgl. Abb. 1)

$$|T_{36}| = 9$$
$$|T_{42}| = 8$$
$$|T_{90}| = 12$$
$$|T_{36} \cap T_{42}| = |T_6| = 4$$
$$|T_{36} \cap T_{90}| = |T_{18}| = 6$$
$$|T_{42} \cap T_{90}| = |T_6| = 4$$
$$|T_{36} \cap T_{42} \cap T_{90}| = |T_6| = 4$$

Also ist $|T_{36} \cup T_{42} \cup T_{90}|$
$= 9 + 8 + 12 - 4 - 6 - 4 + 4$
$= 19.$

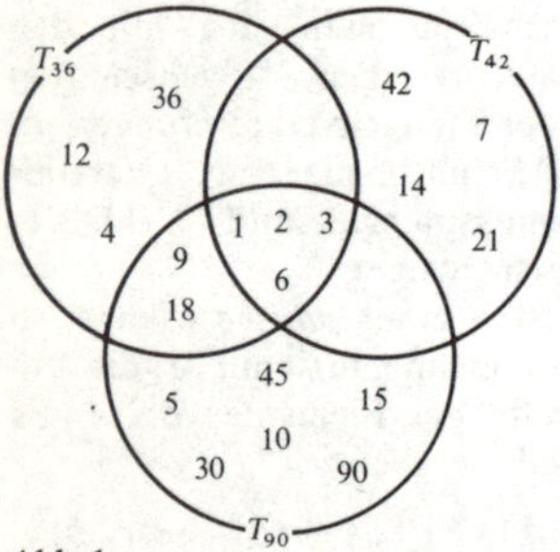


Abb. 1

Bei einer *unendlichen* Menge $A$ bezeichnet $|A|$ die Mächtigkeit von $A$ (↑Gleichmächtigkeit von Mengen).

**Mengenalgebra:** Teilgebiet der Mengenlehre, in dem die Mengenverknüpfungen $\cap$ (↑Schnittmenge), $\cup$ (↑Vereinigungsmenge) usw. und deren wechselseitige Zusammenhänge untersucht werden. Im folgenden sind die wichtigsten Regeln der Mengenalgebra zusammengestellt: für alle ↑Mengen $A$, $B$, $C$ gilt

$$(A \cap B) \cap C = A \cap (B \cap C),$$
$$(A \cup B) \cup C = A \cup (B \cup C),$$
$$A \cap B = B \cap A,$$
$$A \cup B = B \cup A,$$
$$A \cap (B \cup C) = (A \cap B) \cup (A \cap C),$$
$$A \cup (B \cap C) = (A \cup B) \cap (A \cup C),$$
$$A \cap A = A \cup A = A,$$
$$A \cap \emptyset = \emptyset,$$
$$A \cup \emptyset = A,$$
$$A \cap (A \cup B) = A \cup (A \cap B) = A.$$

Für die Differenzmenge $A \setminus B$ gilt (vgl. Abb. 1):

$$(A \setminus B) \cup (A \cap B) = A,$$
$$(A \setminus B) \cap (A \cap B) = \emptyset.$$

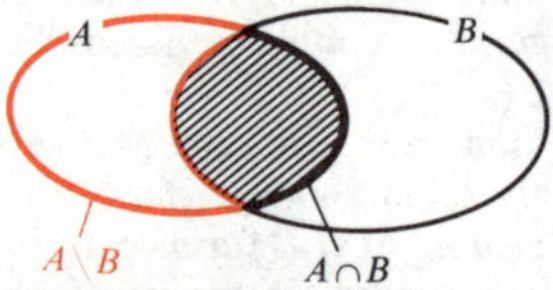


Abb. 1: Differenzmenge

Vgl. ↑symmetrische Differenz. Weitere wichtige Regeln der Mengenalgebra sind die ↑De Morganschen Regeln.

**Mengendiagramm,** svw. ↑Venn-Diagramm.

**Mengenlehre.** Der Begründer der Mengenlehre ist G. Cantor (1845 bis 1918). Er hat seine Mengenvorstellung folgendermaßen ausgedrückt:

*Unter einer Menge M verstehen wir jede Zusammenfassung von bestimmten wohlunterschiedenen Objekten unserer Anschauung oder unseres Denkens (welche die Elemente von M genannt werden) zu einem Ganzen.*

Hierbei handelt es sich nicht um eine exakte Definition, wie sie von Mathematikern erwartet wird, denn die Begriffe „Zusammenfassung", „Objekte unserer Anschauung" usw. sind nicht genau festgelegt. Man kann in der Cantorschen Formulierung jedoch eine Beschreibung sehen, durch die man sich in seinem Verständnis leiten lassen kann.

Ein allzu naiver Gebrauch des Mengenbegriffs kann leicht zu Widersprüchen **(Antinomien)** führen. So ist z. B. bei Begriffsbildungen der Art

„die Menge aller Mengen mit ..."

Vorsicht geboten.

Wir betrachten hierzu die Russellsche Antinomie (nach B. Russell, 1872 bis 1971): Es sei $X$ die Menge aller Mengen, die sich nicht selbst als Element enthalten, also

$$X = \{A \mid A \notin A\}.$$

Gehört $X$ selbst zu dieser Menge? Ist $X \in X$, so muß laut Definition $X \notin X$ gelten; ist aber $X \notin X$, so muß ebenfalls laut Definition $X \in X$ gelten. Man erhält also einen Widerspruch!

Um die Russellsche Antinomie und andere Begriffsbildungen, die zu Widersprüchen führen, zu vermeiden, ist man in der Mathematik dazu übergegangen, Mengenlehre ausgehend von Axiomen zu betreiben *(axiomatische Mengenlehre)*. Je nach Beschaffenheit der Axiome erhält man verschiedene „Mengenlehren".

Die erste Axiomatisierung hat 1908 E. Zermelo (1871–1953) angegeben. Sie wurde von A. A. Fraenkel (1891–1965) und Th. A. Skolem (1887–1953) in den Jahren 1921/22 in die heutige Form gebracht. Weitere Axiomatisierungen stammen u.a. von J. von Neumann (1903–1957), P. Bernays (1888 bis 1977) und K. Gödel (1906 bis 1978).

Je nach Axiomatisierung werden Begriffe wie Menge, Elementbeziehung ($\in$), Klasse usw. als undefinierte Grundbegriffe verwendet (ähnlich wie die Begriffe Punkt, Gerade in der Geometrie).

Für weite Teile der Mathematik ist es jedoch vollkommen ausreichend, unter einer Menge denjenigen Begriff zu verstehen, den man ohne weitere Erklärung damit verbindet, etwa in der obigen Fassung von Cantor.

Die Begriffsbildungen und Redeweisen der Mengenlehre haben Eingang in die meisten mathematischen Betrachtungen gefunden. Z. B. verwendet man den Mengenbegriff bei der Definition von Begriffen wie ↑Abbildung, ↑Relation, ↑Verknüpfungsgebilde u. a. Auch bei der Definition der Zahlbereiche (↑natürliche Zahlen, ↑ganze Zahlen, ↑rationale Zahlen usw.) benutzt man Begriffe aus der Mengenlehre. – Vgl. ↑Gleichmächtigkeit von Mengen.

**Mengenprodukt,** svw. ↑kartesisches Produkt.

**Mengenrabatt** ↑Rabatt.

**Mercatorprojektion:** 1569 von G. Mercator (1512–1594) bei der Gestaltung einer Weltkarte angewandter Kartennetzentwurf *(Mercator-Karte):* Zylinderprojektion der Erde, bei der sich die (als Geraden abgebildeten) Meridiane und Breitenkreise rechtwinklig schneiden.

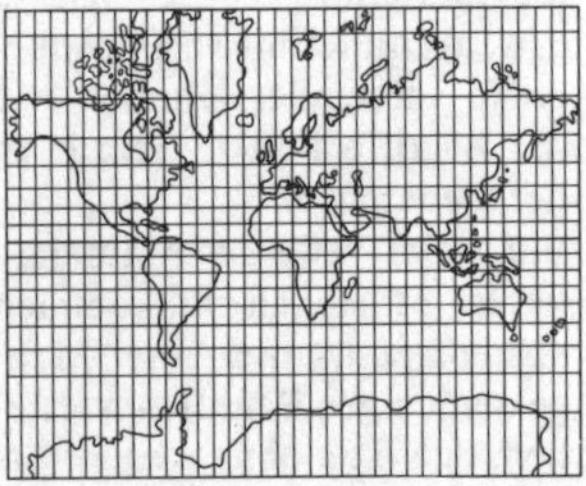

Abb. 1: Mercatorprojektion

Nach den Polen zu nimmt die Verzerrung überhand (Abb. 1), weshalb Mercatorprojektionen meist nur bis 70° oder 80° nördlicher oder südlicher Breite reichen. Wegen ihrer Winkeltreue ist die Mercatorprojektion noch heute für die Navigation von Bedeutung.

**Meridian,** svw. Längenkreis (↑Gradnetz), vgl. ↑mathematische Geographie.

**Merkmal:** Eigenschaft der Elemente einer statistischen Stichprobe bzw. der Ausfälle eines Zufallsversuchs. Man unterscheidet **quantitative** und **qualitative Merkmale,** je nachdem, ob die Merkmalsausprägung zähl- bzw. meßbar oder lediglich klassifizierbar ist. Quantitative Merkmale sind z. B. Einwohnerzahl, Körpergröße, Alter; qualitative Merkmale sind z. B. Farbe, Geschlecht, Beruf. Bei quantitativen Merkmalen unterscheidet man weiter **diskrete** (z. B. Einwohnerzahl) und **stetige Merkmale** (z. B. Körpergröße).
Vgl. ↑Zufallsversuch.

**Mersennesche Primzahlen:** Der Mönch M. Mersenne (1588–1648) hat sich mit der Frage beschäftigt, für welche Primzahlen $p$ die Zahl

$$M_p = 2^p - 1$$

eine Primzahl ist. Für $p = 2, 3, 5, 7, 13, 17, 19, 31, 61, 89, 107, 127, 521, 607, 1\,279, 2\,203$ erhält man Primzahlen. Die Zahl $M_{11}$ ist zusammengesetzt:

$$M_{11} = 2^{11} - 1 = 2\,047 = 23 \cdot 89.$$

Es ist bis heute nicht geklärt, ob es endlich oder unendlich viele Mersennesche Primzahlen $M_p$ gibt.

**Meßaufgabe:** Bei Divisionsaufgaben, in denen Größen vorkommen, unterscheidet man zwischen Meßaufgaben und Teilungsaufgaben.

Beispielsweise handelt es sich bei der Aufgabe „Wieviel mal ist eine Fläche von 8 m² in einer Fläche von 40 m² enthalten?" um eine Meßaufgabe ($40\,\text{m}^2 : 8\,\text{m}^2 = 5$). Bei der Aufgabe „Welches ist der 8te Teil einer Fläche von 40 m²?" handelt es sich um eine Teilungsaufgabe ($40\,\text{m}^2 : 8 = 5\,\text{m}^2$).

**Metamathematik** ↑formale Logik.

**Meter** ↑Längeneinheit, ↑Maßsystem.

**Methode der kleinsten Quadrate:** Eine auf A. M. Legendre (1752–1833) und C. F. Gauß (1777–1855) zurückgehende Methode der Fehlerrechnung (↑Ausgleichsrechnung):

Für gegebene Meßwerte

$$x_1, x_2, \ldots, x_n$$

hat die Funktion

$$x \to \sum_{i=1}^{n} (x - x_i)^2$$

(↑Summenzeichen) ein Minimum (↑Extremwert) an der Stelle

$$\bar{x} := \frac{1}{n} \sum_{i=1}^{n} x_i$$

(arithmetisches Mittel, ↑Mittelwert). Die Zahl

$$\tilde{\sigma} := \sqrt{\frac{1}{n-1} \sum_{i=1}^{n} (\bar{x} - x_i)^2}$$

($\sigma$: griechischer Buchstabe „sigma") dient als Maß für die Fehlerhaftigkeit der Meßreihe.

*Beispiel:*

| | $x_i$ | $\lvert\bar{x} - x_i\rvert$ | $(\bar{x} - x_i)^2$ |
|---|---|---|---|
| | 7 | 1,2 | 1,44 |
| | 8 | 0,2 | 0,04 |
| | 9 | 0,8 | 0,64 |
| | 10 | 1,8 | 3,24 |
| | 6 | 2,2 | 4,84 |
| | 7 | 1,2 | 1,44 |
| | 8 | 0,2 | 0,04 |
| | 9 | 0,8 | 0,64 |
| | 10 | 1,8 | 3,24 |
| | 8 | 0,2 | 0,04 |
| $\Sigma$ | 82 | 10,4 | 15,60 |

$$\bar{x} = \frac{82}{10} = 8{,}2;$$

$$\tilde{\sigma} = \sqrt{\frac{15{,}6}{9}} = 1{,}33.$$

Bei normalverteilten Meßreihen liegen etwa 65 % der Meßwerte im Intervall

$$\bar{x} \pm \tilde{\sigma} := [\bar{x} - \tilde{\sigma}, \bar{x} + \tilde{\sigma}].$$

**Methode der maximalen Mutmaßlichkeit,** svw. ↑Maximum-Likelihood-Methode.

**Metrik:** Ein *metrischer Raum* ist ein Raum, in dem man Abstände messen kann. Die der Messung zugrunde liegende

Abstandsfunktion heißt *Metrik*. Meist werden Abstandsmessungen bzw. Abstandsberechnungen zweier Punkte betrachtet. Der gewöhnliche Anschauungsraum ist also metrisch. Die abstrakte Definition lautet: Eine Menge $M$ heißt **metrischer Raum,** wenn je zwei Elementen $x$ und $y$ eine nichtnegative reelle Zahl $d(x, y)$ zugeordnet ist mit folgenden Eigenschaften:

(1) $d(x, y) = 0 \Leftrightarrow x = y$ (Identitätsaxiom);

(2) $d(x, y) = d(y, x)$ (Symmetrieaxiom);

(3) $d(x, y) \leqq d(x, z) + d(z, y)$ für alle $x, y, z \in M$ (Dreiecksungleichung).

Die Funktion $d(x, y)$ heißt **Metrik** auf $M$. Da auf einer Menge verschiedene Metriken definiert werden können, ist der metrische Raum erst durch Angabe des Paares $(M, d)$ eindeutig beschrieben. Man nennt $d(x, y)$ den **Abstand** oder die **Entfernung** der Punkte (Elemente) $x, y$.

**metrischer Raum** ↑Metrik.

**Mikro...,** Zeichen $\mu$, Vorsatz vor Einheiten, bezeichnet den $10^6$ten Teil der betreffenden Einheit (↑Vorsatzzeichen).

**mile,** englische ↑Längeneinheit.

**Militärprojektion** ↑Projektion.

**Mill.,** Abkürzung für ↑Million.

**Milli...,** Zeichen m, Vorsatz vor Einheiten, bezeichnet den 1000ten Teil der betreffenden Einheit (↑Vorsatzzeichen).

**Milliarde** (Abk.: Md. oder Mrd.), die ↑Zahl 1 000 000 000 (= 1 000 Millionen) = $10^9$ (in den USA Billion genannt).

**Milliliter** ↑Hohlmaß.

**Millimeter** ↑Längeneinheit.

**Million** (Abk.: Mill., auch Mio.), die ↑Zahl 1 000 000.

**Minimum** ↑Extremwert.

**Minuend** ↑Grundrechenarten, ↑Subtraktion.

**minus** ↑Grundrechenarten.

**Minuszeichen** ↑Subtraktion.

**Minute:** 1) Winkeleinheit, Einheitenzeichen ′; der 60. Teil eines Grades:

$$1' = \frac{1}{60^\circ} \text{ (↑Gradmaß).}$$

2) Zeiteinheit, Einheitenzeichen min, bei Angabe eines Zeitpunktes (Uhrzeit) hochgesetzt, $^{\mathrm{min}}$; der 60. Teil einer Stunde (h) bzw. das 60fache einer Sekunde (s):

$$1\,\mathrm{min} = \frac{1}{60}\,\mathrm{h} = 60\,\mathrm{s}.$$

**Mio.,** Abkürzung für ↑Million.

**Mischkalkulation** ↑Mischungsrechnung.

**Mischungsrechnung** (Alligationsrechnung): Unter Mischen oder Mengen versteht man das Zusammensetzen ungleicher Teile (Waren, Legierungen) zu einem neuen Ganzen. Die ungleichen Teile bilden das Mischungsverhältnis. *Beispiel 1:* 2 Kaffeesorten sol-

len zu einer neuen Kaffeesorte vermischt wrden. Von der Sorte I werden 2 kg zu je 17,50 DM und von der Sorte II 5 kg zu je 21,– DM verwendet.
Wieviel kostet 1 kg der neuen Kaffeemischung?
Die Berechnung des Durchschnittspreises geschieht nach der Formel

Durchschnittspreis

$$= \frac{\text{Summe der Einzelpreise}}{\text{Summe der Einzelmengen}}$$

$$= \frac{2 \cdot 17{,}50 + 5 \cdot 21{,}00}{2+5}$$

$$= \frac{35+105}{7}$$

$$= \frac{140}{7} = 20.$$

1 kg der neuen Kaffeemischung kostet 20,– DM.
Bei der Berechnung der Anteile von Stoffmischungen verfährt man entsprechend: Zwei Stoffe $S_1$ und $S_2$ enthalten einen Rohstoff in den Anteilen $p_1$ % bzw. $p_2$ %. Mischt man $m_1$ Mengeneinheiten von $S_1$ mit $m_2$ Mengeneinheiten von $S_2$, so enthält die Mischung den Rohstoff zu $p$ %, wobei

$$p = \frac{m_1 p_1 + m_2 p_2}{m_1 + m_2}.$$

Man kann nun verschiedene Aufgaben **(Mischungsaufgaben)** stellen, indem man entweder $p_1$, $p_2$, $m_1$, $m_2$ angibt und nach $p$ fragt, oder $p_1$, $p_2$, $p$, $m_1$ angibt und nach $m_2$ fragt usw.

*Beispiel 2:* a) 9 Liter 30%iger Alkohol (also 30% reiner Alkohol und 70% Wasser) sollen mit 3 Liter 80%igem Alkohol gemischt werden.
Durch Einsetzen in die obenstehende Formel erhält man

$$p = \frac{9 \cdot 30 + 3 \cdot 80}{9+3} = \frac{510}{12} = 42{,}5.$$

Die Mischung enthält also 42,5% Alkohol. Dieses Ergebnis erhält man auch durch folgende Überlegung:
Es entstehen 12 Liter Flüssigkeit; davon sind

$$9 \cdot \frac{30}{100} + 3 \cdot \frac{80}{100} = \frac{510}{100} = 5{,}1$$

Liter reiner Alkohol. Also enthält die Mischung

$$\frac{5{,}1}{12} = 0{,}425 = 42{,}5\,\%$$

Alkohol.
b) Mit wieviel 80%igem Alkohol muß man 8 Liter 40%igen Alkohol mischen, damit 50%iger Alkohol entsteht? Es muß

$$8 \cdot \frac{40}{100} + x \cdot \frac{80}{100} = (8+x) \cdot \frac{50}{100}$$

gelten, wenn $x$ die gesuchte Literzahl des 80%igen Alkohols ist. Die Gleichung führt auf

$$320 + 80x = 400 + 50x$$
$$30x = 80$$
$$x = \frac{80}{30} = 2\frac{2}{3}.$$

Man muß also $2\frac{2}{3}$ Liter 80%igen Alkohol beifügen.

Wie in dem Beispiel löst man Mischungsaufgaben also stets, indem man die Anteile des betrachteten Rohstoffes in den einzelnen Stoffen $S_1$, $S_2$ und in der Mischung gleichsetzt:

$$\underset{\text{Stoff } S_1}{m_1 \cdot p_1\%} + \underset{\text{Stoff } S_2}{m_2 \cdot p_2\%} = \underset{\text{Mischung}}{(m_1 + m_2) \cdot p\%}$$

Für Beispiel a) ergibt sich auf diese Weise der Ansatz

$$9 \cdot 30\% + 3 \cdot 80\% = (9+3) \cdot p\%,$$

der wieder auf $p = 42{,}5$ führt.

Entsprechend verfährt man bei der Mischung von mehr als zwei Stoffen: Enthalten die Stoffe $S_1, S_2, \ldots, S_k$ einen Rohstoff in den Anteilen $p_1\%$, $p_2\%, \ldots, p_k\%$, so enthält eine Mischung von $m_1$ Einheiten von $S_1$, $m_2$ Einheiten von $S_2, \ldots, m_k$ Einheiten von $S_k$ von dem Rohstoff $p\%$, wobei

$$p = \frac{m_1 p_1 + m_2 p_2 + \ldots + m_k p_k}{m_1 + \mathrm{m}_2 + \ldots + m_k}$$

gilt.

Auf die gleiche Weise berechnet man den Durchschnittspreis einer Ware, die in verschiedenen Mengen zu unterschiedlichen Preisen eingekauft wurde **(Mischkalkulation):** Werden von einer Ware die Mengen $M_1, M_2, \ldots, M_k$ zu den Preisen $P_1, P_2, \ldots, P_k$ pro Mengeneinheit gekauft, so ist der Durchschnittspreis pro Mengeneinheit

$$P = \frac{M_1 P_1 + M_2 P_2 + \ldots + M_k P_k}{M_1 + M_2 + \ldots + M_k}.$$

*Beispiel 3:* a) Ein Ölhändler hat verschiedene Mengen Heizöl zu verschiedenen Preisen eingekauft:

| Menge | Preis pro t |
|---|---|
| 1 200 t | 618 DM |
| 2 750 t | 480 DM |
| 1 600 t | 435 DM |

Es gilt

$$P = \frac{1200 \cdot 618 + 2750 \cdot 480 + 1600 \cdot 435}{1200 + 2750 + 1600} = \frac{2\,757\,600}{5\,550} = 496{,}\overline{864}.$$

Der durchschnittliche Einkaufspreis pro Tonne ist also 496,86 DM.

b) Es wird zusätzlich Heizöl zu 585 DM pro Tonne angeboten. Wieviel darf der Ölhändler davon kaufen, ohne einen Mischpreis für die insgesamt vier Einkäufe von 525 DM pro Tonne zu überschreiten? Aus dem Ansatz

$$\frac{2\,757\,600 + M \cdot 585}{5\,550 + M} = 525$$

ergibt sich

$$2\,757\,600 + 585\,M = 525 \cdot 5\,550 + 525\,M$$

$$585\,M - 525\,M = 2\,913\,750 - 2\,757\,600$$

$$60\,M = 156\,150$$

$$M = \frac{156\,150}{60} = 2\,602{,}5.$$

Der Ölhändler sollte also etwa 2600 t kaufen.

**Mittellinie,** svw. ↑Seitenhalbierende.

**Mittelpunkt:** Punkt einer Strekke, der von den beiden Endpunkten denselben Abstand besitzt. Als Mittelpunkt eines Kegelschnitts bezeichnet man den Punkt, der Mittelpunkt aller durch ihn gehenden Verbindungsstrecken von je zwei Punkten des Kegelschnitts ist. ↑Kreis, ↑Ellipse und ↑Hyperbel besitzen Mittelpunkte; sie werden daher auch als Mittelpunktskegelschnitte bezeichnet (Parabeln besitzen keinen Mittelpunkt). Entsprechend besitzen Kugeln, Ellipsoide und Hyperboloide Mittelpunkte.

**Mittelpunktsgleichung** ↑Ellipse, ↑Hyperbel.

**Mittelpunktswinkel** ↑Bogen, ↑Kreis, ↑Umfangswinkel.

**Mittelsenkrechte:** Gerade, welche rechtwinklig zu einer gegebenen Strecke ist und durch deren Mittelpunkt geht (↑geometrische Grundkonstruktionen, Halbieren einer Strecke). Die Mittelsenkrechte ist der ↑geometrische Ort der Punkte, die von $A$ und $B$ gleichen Abstand haben.

Die *Mittelsenkrechten* eines Dreiecks, d.h. die Mittelsenkrechten der Seiten des Dreiecks, schneiden sich in einem Punkt $M$. Dieser Punkt $M$ ist von den drei Eckpunkten des Dreiecks gleich weit entfernt, er ist Mittelpunkt des ↑Umkreises des Dreiecks (Abb. 1).

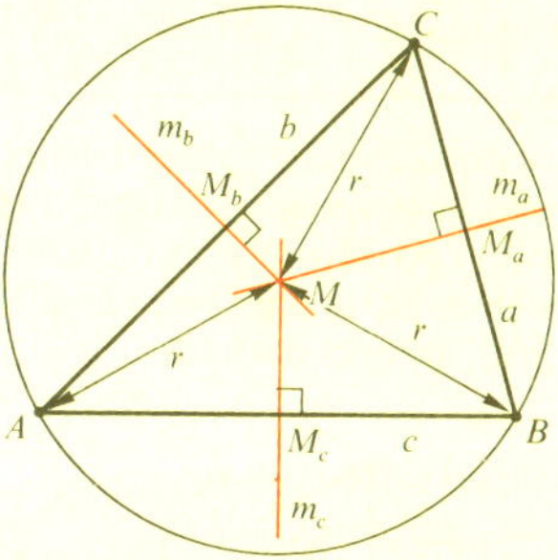


Abb. 1: Mittelpunkt des Umkreises eines Dreiecks

**Mittelwert.** Unter dem Mittelwert zweier oder mehrerer Zahlen versteht man meistens das arithmetische Mittel, obwohl viele andere Mittelbildungen vorkommen. In der folgenden Tafel sind vier häufig benutzte Mittel angegeben ($x, y$ bzw. $x_1, x_2, \ldots, x_n$ Variable für positive reelle Zahlen).

| für 2 Zahlen | für $n \geqq 3$ Zahlen |
|---|---|
| *arithmetisches Mittel A* | |
| $\frac{x+y}{2}$ | $\frac{x_1+x_2+\ldots+x_n}{n}$ |
| *geometrisches Mittel G* | |
| $\sqrt{x \cdot y}$ | $\sqrt[n]{x_1 \cdot x_2 \cdot \ldots \cdot x_n}$ |

| *harmonisches Mittel H* | |
|---|---|
| $\dfrac{2}{\frac{1}{x}+\frac{1}{y}}$ | $\dfrac{n}{\frac{1}{x_1}+\frac{1}{x_2}+\ldots+\frac{1}{x_n}}$ |
| *quadratisches Mittel Q* | |
| $\sqrt{\dfrac{x^2+y^2}{2}}$ | $\sqrt{\dfrac{x_1^2+x_2^2+\ldots+x_n^2}{2}}$ |

Arithmetisches, geometrisches und harmonisches Mittel für zwei positive Zahlen lassen sich anhand eines rechtwinkligen Dreiecks darstellen.

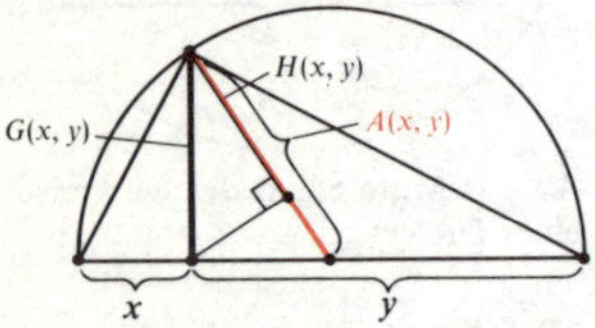


Abb. 1: Arithmetisches, geometrisches und harmonisches Mittel

Aus Abb. 1 oder durch Nachrechnen erhält man die Ungleichungen

$$H(x,y) \leqq G(x,y) \leqq A(x,y).$$

Ebenso gilt für mehrere positive Zahlen

$$H(x_1, x_2, \ldots, x_n) \leqq G(x_1, x_2, \ldots, x_n) \leqq A(x_1, x_2, \ldots, x_n).$$

Das arithmetische, geometrische und harmonische Mittel zweier positiver Zahlen kann auch als Lösung von ↑Verhältnisgleichungen dargestellt werden.

*Beispiel 1* (Anwendung des *arithmetischen Mittels*): Ein Geschäftsmann hat im ersten Quartal einen Umsatz von 91 820 DM, im zweiten Quartal einen Umsatz von 123 750 DM. Der mittlere Umsatz pro Quartal ist

$$\frac{91\,820+123\,750}{2}\,\text{DM} = 107\,785\ \text{DM}.$$

Betragen die Monatsumsätze im Laufe eines Jahres (in DM)

31 200, 34 500, 48 600, 37 100,
45 200, 29 200, 21 700, 28 900,
32 700, 36 000, 42 000, 68 300,

so ist der mittlere Umsatz pro Monat

$$\frac{31\,200+34\,500+\ldots+68\,300}{12}\,\text{DM} = 37\,950\ \text{DM}.$$

*Beispiel 2* (Anwendung des *geometrischen Mittels*): In zwei aufeinanderfolgenden Jahren betrugen die Zinsen 7 % bzw. 9 %, die Zinsfaktoren waren also 1,07 bzw. 1,09 (↑Zinsrechnung). Ist $q$ der mittlere Zinsfaktor, so wächst ein Kapital vom Betrag $K$ in diesen zwei Jahren auf

$$K \cdot q^2 = K \cdot 1{,}07 \cdot 1{,}09$$

an. Es ist daher

$$q = \sqrt{1{,}07 \cdot 1{,}09} = 1{,}07995\ldots$$

Der Zinsfuß beträgt also im Mittel etwa 7,995 %; dies ist

etwas weniger als das arithmetische Mittel 8 %. Betrugen die Zinsen in 5 aufeinanderfolgenden Jahren 7 %, 9 %, 9 %, 10 %, 9 %, so ergibt sich ein mittlerer Zinsfaktor

$$q = \sqrt[5]{1{,}07 \cdot 1{,}09 \cdot 1{,}09 \cdot 1{,}10 \cdot 1{,}09}$$
$$q = 1{,}08795 \ldots$$

Der mittlere Zinsfuß ist also etwa 8,8 %.

*Beispiel 3* (Anwendung des *harmonischen Mittels*): Ein Autofahrer fährt eine Strecke mit der Geschwindigkeit 80 km/h, und anschließend eine Strecke gleicher Länge mit der Geschwindigkeit 120 km/h. Ist $s$ die Länge der ersten (und zweiten) Strecke (in km), ferner $v$ die mittlere Geschwindigkeit über die gesamte Strecke der Länge $2s$, so gilt:

$$\frac{s}{80\,\text{km/h}} + \frac{s}{120\,\text{km/h}} = \frac{2s}{v},$$

also

$$v = \frac{2}{\frac{1}{80} + \frac{1}{120}}\,\text{km/h}$$

$$= \frac{280 \cdot 120}{80 + 120}\,\text{km/h} = 96\,\text{km/h}.$$

Wie schnell hätte der Autofahrer die zweite Strecke fahren müssen, um einen „Schnitt“ von 160 km/h zu erzielen? Aus

$$\frac{s}{80} + \frac{s}{x} = \frac{2s}{160}$$

folgt $\frac{s}{x} = 0$; diese Gleichung ist für $s \neq 0$ nicht zu lösen! (Der Autofahrer müßte „unendlich schnell“ fahren).

*Beispiel 4* (Anwendung des *quadratischen Mittels*): Ein Trapez mit einer Grundseite der Länge $g$ und einer Deckseite der Länge $d$ soll durch eine zur Grundseite parallele Strecke in zwei Trapeze mit gleichem Flächeninhalt zerlegt werden (Abb. 2).

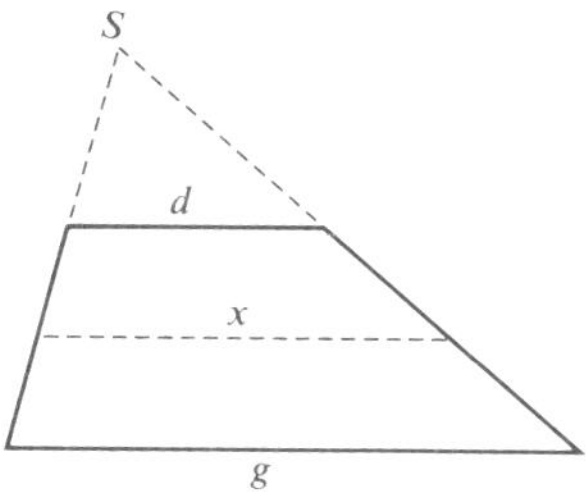


Abb. 2: Flächenzerlegung eines Trapezes

Werden die Flächeninhalte der Dreiecke mit der Spitze $S$ und den Grundseiten $d, x, g$ mit $F_d$, $F_x$, $F_g$ bezeichnet, so gilt für die Flächeninhalte

$$F_d : F_x : F_g = d^2 : x^2 : g^2.$$

Aus $F_g - F_x = F_x - F_d$ bzw.

$$F_x = \frac{F_d + F_g}{2} \quad \text{folgt dann}$$

$$x^2 = \frac{d^2 + g^2}{2}, \quad \text{also}$$

$$x = \sqrt{\frac{d^2 + g^2}{2}}.$$

Die gesuchte Strecke hat also als Länge das quadratische

Mittel der Längen der Grundseite und der Deckseite.
Die Charakterisierung von Folgen mit Hilfe von Mittelwerten hat zur Definition der ↑arithmetischen Folge, der ↑geometrischen Folge und der ↑harmonischen Folge geführt.

**Mittendreieck.** Verbindet man die Mittelpunkte der Seiten eines Dreiecks paarweise durch Strecken, so erhält man das **Mittendreieck** des gegebenen Dreiecks (Abb. 1). Seine Seiten sind parallel zu den gegenüberliegenden Seiten des Dreiecks und halb so lang wie diese. Dreieck und Mittendreieck sind zueinander ↑ähnlich. Der Umkreismittelpunkt *M* des Dreiecks (Schnittpunkt der ↑Mittelsenkrechten) ist der Schnittpunkt *H* der ↑Höhen des Mittendreiecks.

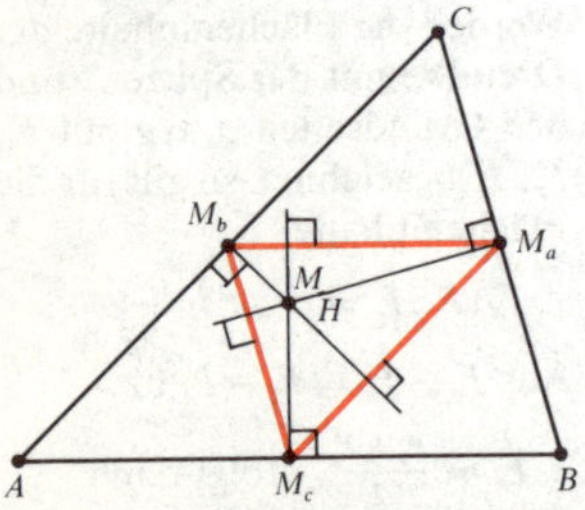

Abb. 1: Dreieck und Mittendreieck

**mittlere Proportionale:** Die Lösung der ↑Verhältnisgleichung

$$a : x = x : b$$

(mit positiven Zahlen *a* und *b*), also die Zahl

$$x = \sqrt{a \cdot b}$$

heißt **mittlere Proportionale.** Sie ist das geometrische Mittel (↑Mittelwert) von *a* und *b*. Vgl. ↑Proportionale.

**mittlerer quadratischer Fehler** ↑Fehler.

**Mittwochslotto** ↑Zahlenlotto.

**ml,** Einheitenzeichen für Milliliter (↑Hohlmaß).

**Möbius-Band.** Schneidet man aus Papier einen Rechteckstreifen aus und verheftet die beiden kürzeren Kanten, nachdem der Streifen um 180° verdreht wurde, so erhält man eine Fläche wie in Abb. 1, die als **Möbius-Band** bezeichnet wird (A. F. Möbius, 1790–1868).

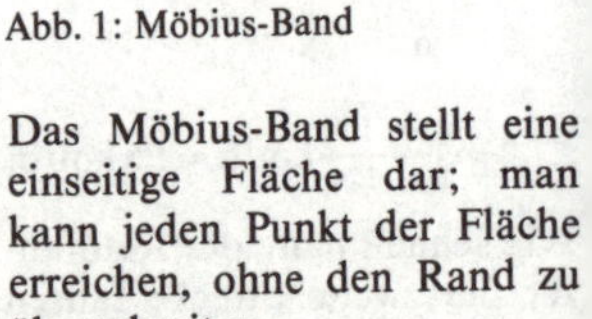
Abb. 1: Möbius-Band

Das Möbius-Band stellt eine einseitige Fläche dar; man kann jeden Punkt der Fläche erreichen, ohne den Rand zu überschreiten.

**mod,** Abkürzung für modulo (↑Kongruenz); vgl. ↑Division mit Rest.

**Modell:** Erfüllt ein ↑Verknüpfungsgebilde alle Axiome eines bestimmten Axiomensystems, so bezeichnet man es als *Modell* des betreffenden Axiomensystems. Z. B. ist der Körper der ↑rationalen Zahlen ein Modell der Körperaxiome.

**Modul** ↑Kongruenz.

**Modularisierung:** Zerlegung komplexer Probleme in Einzelprobleme **(Module).**

Die Modularisierung des Problems geschieht meist **„bottom up"** (von unten nach oben) durch Vernachlässigung der Feinstruktur. Die Feinstruktur wird danach durch schrittweise Verfeinerung **„top down"** (von oben nach unten) erschlossen (↑strukturierte Programmierung).

**modulo** (kongruent modulo; Abk. mod), in der Teilbarkeitslehre ↑Kongruenz.

**Moivresche Formel** (nach A. de Moivre, 1667–1754): Bezeichnung für die Formel

$$(\cos\vartheta + \mathrm{i}\sin\vartheta)^n = \cos n\vartheta + \mathrm{i}\sin n\vartheta$$

für natürliche Zahlen $n$ und reelle Zahlen $\vartheta$ (griechischer Buchstabe „theta").

Zerlegt man die Moivresche Formel in Realteil und Imaginärteil, so erhält man für $n = 2$, 3, der Reihe nach die folgenden Beziehungen für die trigonometrischen Funktionen:

$\cos 2\vartheta = \cos^2\vartheta - \sin^2\vartheta;$
$\sin 2\vartheta = 2\cos\vartheta\sin\vartheta;$
$\cos 3\vartheta = \cos^3\vartheta - 3\cos\vartheta\sin^2\vartheta;$
$\sin 3\vartheta = 3\cos^2\vartheta\sin\vartheta - \sin^3\vartheta.$

Mit Hilfe der Moivreschen Formeln kann man also $\cos n\vartheta$ und $\sin n\vartheta$ als Polynom in $\cos\vartheta$ und $\sin\vartheta$ darstellen.

**Moment.** Ist $X$ eine ↑Zufallsgröße, so heißt der ↑Erwartungswert von $X^k$ das Moment $k$-ter Ordnung von $X$ und wird mit $m_k(X)$ bezeichnet.

**monatlicher Abzinsungsfaktor** ↑Ratenzahlung.

**Monatsrate** ↑Ratenzahlung.

**Möndchen,** ein sichelförmiges, aus zwei Kreisbögen gebildetes Zweieck. Bei den **Möndchen des Hippokrates** stehen die zu den Kreisbögen gehörigen Mittelpunktswinkel im Verhältnis 2:1, 3:1 oder 3:2. Die Summe der von den Halbkreisen über den Katheten $(a, b)$ und der Hypotenuse $(c)$ eines rechtwinkligen Dreiecks gebildeten Möndchen des Hippokrates ist dem Dreieck flächengleich (Abb. 1).

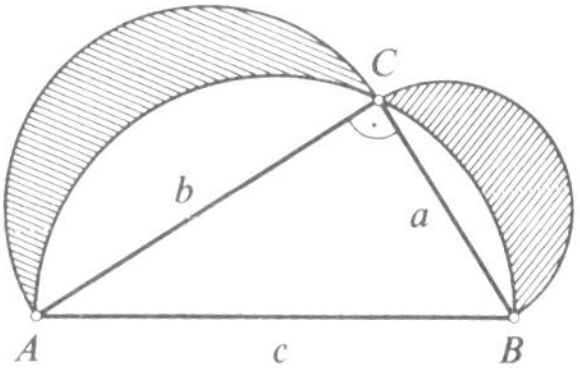

Abb. 1: Möndchen des Hippokrates

**Monitor,** in der Datenverarbeitung ↑Peripheriegeräte.

**Monom,** eingliedriger mathematischer Ausdruck, z. B. $16x$, $a \cdot b$, $-7z$.

**Monomorphismus** (monomorphe Abbildung) ↑Homomorphismus.

**Monoprogrammierung** ↑Betriebsart.

**monoton:** a) *Monotonie einer Folge.* Die ↑Folge $\langle a_n \rangle$ heißt **monoton wachsend (steigend),** wenn

$a_{n+1} \geqq a_n$ für alle $n \in \mathbb{N}$ gilt;

**monoton fallend,** wenn

$a_{n+1} \leqq a_n$ für alle $n \in \mathbb{N}$ gilt.

Die Folge heißt **streng** monoton wachsend bzw. fallend, wenn stets > bzw. < gilt.

*Beispiel:* Die Folge $\left\langle \frac{1}{n} \right\rangle$ der Stammbrüche ist streng monoton fallend, denn es gilt

$$\frac{\frac{1}{n+1}}{\frac{1}{n}} = \frac{n}{n+1} < 1$$

für alle $n \in \mathbb{N}$.

b) *Monotonie einer Funktion.* Eine Funktion $f$ heißt auf einem Intervall $I$ **monoton wachsend (steigend),** wenn

$$f(x_1) \leqq f(x_2)$$

gilt, falls $x_1 < x_2$ ist;

**monoton fallend,** wenn

$$f(x_1) \geqq f(x_2)$$

gilt, falls $x_1 < x_2$ ist.

Dabei sind $x_1, x_2$ Zahlen aus dem Intervall $I$. Die Funktion heißt **streng** monoton wachsend bzw. fallend, wenn stets < bzw. > gilt.

*Beispiel:* Die reellwertige Funktion $f: x \to a^x$ ist monoton wachsend für $a \geqq 1$ und monoton fallend für $0 < a \leqq 1$. Für $a = 1$ erhält man die konstante Funktion $f: x \to 1$, welche sowohl monoton wachsend als auch monoton fallend ist.

Ist $f$ auf dem Intervall streng monoton wachsend bzw. streng monoton fallend, dann besitzt $f$ dort eine ↑Umkehrfunktion.

**Monotonieaxiom** ↑Vollständigkeit.

**Monotoniegesetz** ↑Anordnung; vgl. ↑ganze Zahlen.

**Monte-Carlo-Methode:** Nachspielen bzw. Simulation eines ↑Zufallsversuchs mit ↑Zufallsziffern.

Dabei muß man zunächst den Ausfällen des Zufallsversuchs derart Ziffern oder Zifferngruppen zuordnen, daß die Wahrscheinlichkeiten der Ausfälle mit den Wahrscheinlichkeiten der zugeordneten Ziffern oder Zifferngruppen übereinstimmen. Die Monte-Carlo-Methode wird vor allem bei Zufallsversuchen angewendet, bei denen die Wahrscheinlichkeiten der Ausfälle nicht (oder nur sehr schwer) kombinatorisch zu berechnen sind. Sie hat praktisch erst seit 1950 größere Bedeutung (v.a. durch den Einsatz von Computern).

*Beispiel:* Die Kreiszahl π kann man mit Hilfe der Monte-Carlo-Methode folgendermaßen näherungsweise bestimmen: Man teile eine Folge von Zufallsziffern in 4er-Blöcke *abcd* ein, bilde jeweils das Zahlenpaar (0, *ab*; 0, *cd*) (im Dezimalsystem geschrieben) und prüfe, ob der zugehörige Punkt in dem Viertelkreis in Abb. 1 liegt.

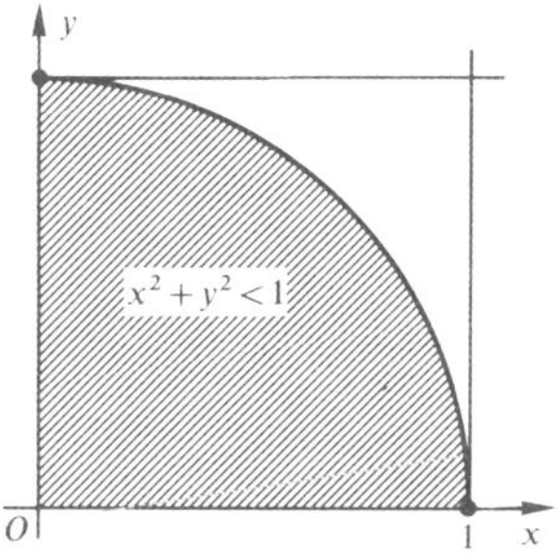

Abb. 1: Berechnung der Kreiszahl π

| $(x; y)$ | $x^2+y^2<1$? |
|---|---|
| (0,12; 0,15) | ja |
| (0,96; 0,61) | nein |
| (0,44; 0,05) | ja |
| (0,09; 0,11) | ja |
| (0,81; 0,62) | nein |
| (0,51; 0,47) | ja |

Liegen *k* von *n* Punkten in diesem Viertelkreis, so ist $\frac{k}{n}$ ein Näherungswert für $\pi/4$.
Schon bei 1 000 Punkten erhält man in der Regel einen sehr genauen Wert für

$$\frac{\pi}{4} \approx 0{,}785.$$

Dieser Berechnung von π liegt die Idee der Rückfangmethode zugrunde (↑Maximum-Likelihood-Methode): Man unterteile das Quadrat in Abb. 1 in $100^2 = 10\,000$ kleinere Quadrate und zähle, wie viele davon innerhalb und wie viele außerhalb des Viertelkreises liegen. Statt nun alle 10 000 Quadrate zu zählen, zählt man nur 1 000. Das Resultat wird verbessert, wenn man aus den Zufallsziffern Punkte mit *drei*stelligen Koordinaten bildet; dann gibt es $1\,000^2 = 1\,000\,000$ kleine Quadrate, von denen man z. B. 50 000 „einfangen" kann.

**Morgan, Formeln von De,** svw. ↑De Morgansche Regeln.

**Morphismus,** svw. ↑Homomorphismus.

**Mrd.,** Abkürzung für ↑Milliarde.

**Multiplexing** ↑Sharing.

**Multiplikand** ↑Grundrechenarten.

**Multiplikation:** Das Multiplizieren (Malnehmen) von Zahlen wird mit dem Malpunkt „·" geschrieben, in der angelsächsischen Literatur und in der technischen Literatur oft auch mit einem Kreuzzeichen „×". Das Ergebnis einer Multiplikation heißt **Produkt.** Das Produkt der Zahlen 6 und 7 ist 42, in Zeichen: $6 \cdot 7 = 42$. Die Zahlen 6 und 7 sind dabei die **Faktoren** des Produktes. Bei der Multiplikation mehrstelliger Zahlen zerlegt man einen Faktor in eine Summe von Einern, Zehnern, Hundertern, ... und benutzt das Distributivgesetz (↑distributiv):

$$\begin{aligned} 6 \cdot 17 &= 6 \cdot (10+7) \\ &= 60+42 = 102 \end{aligned}$$

$$\begin{aligned} 37 \cdot 293 &= 37 \cdot (200+90+3) \\ &= 37 \cdot 200+37 \cdot 90+37 \cdot 3 \\ &= 7\,400+3\,330+111 \\ &= 10\,841 \end{aligned}$$

Zur Multiplikation größerer Zahlen benutzt man den ↑Taschenrechner oder das folgende Verfahren zur *schriftlichen Multiplikation:*

$$\begin{array}{rl} \underline{2309 \cdot 783} & \\ 16163 & \leftarrow 2309 \cdot 7 \\ +\ 18472 & \leftarrow 2309 \cdot 8 \\ \underline{+\quad 6927} & \leftarrow 2309 \cdot 3 \\ 1807947 & \end{array}$$

Man muß dabei die Multiplikation mit einer einstelligen Zahl „im Kopf" ausführen. Zur Überprüfung des Resultats ist es zweckmäßig, eine ↑Überschlagsrechnung durchzuführen.

Die Multiplikation von Dezimalzahlen erfolgt prinzipiell in derselben Form. Dabei muß man folgende Regel beachten: Hat der eine Faktor *m* Stellen nach dem Komma und der andere Faktor *n* Stellen nach dem Komma, dann hat das Produkt *m*+*n* Stellen nach dem Komma:

$$\begin{array}{r} \underline{37{,}\overbrace{1255}^{\text{4 Stellen}} \cdot 481{,}\overbrace{292}^{\text{3 Stellen}}} \\ 1485020\phantom{000000} \\ 2970040\phantom{00000} \\ 371255\phantom{0000} \\ 742510\phantom{000} \\ 3341295\phantom{0} \\ \underline{742510} \\ 17868{,}\underbrace{2061460}_{\text{7 Stellen}} \end{array}$$

Auch hier ist es sinnvoll, mit einer Überschlagsrechnung (z. B. $40 \cdot 500 = 20\,000$) das Ergebnis, insbesondere die richtige Kommastellung, zu überprüfen.

Die Umkehrung der Multiplikation ist die ↑Division. Vgl. auch Multiplikation der ↑ganzen Zahlen, ↑Bruchrechnen, ↑Grundrechenarten, ↑russische Multiplikation.

**Multiplikationssatz der Wahrscheinlichkeitsrechnung:**
*Beispiel:* Die Wahrscheinlichkeit in einer Menschengruppe eine Pfeifenraucher anzutreffen, der gleichzeitig Brillenträger ist, ist gleich der Wahrscheinlichkeit, in dieser Gruppe überhaupt einen Pfeifenraucher anzutreffen, multipliziert mit der Wahrscheinlichkeit, einen Brillenträger unter den Pfeifenrauchern dieser Gruppe anzutreffen.

Derartige Sachverhalte sind Gegenstand des Multiplikationssatzes der Wahrscheinlichkeitsrechnung. Er lautet:

Sind $A$, $B$ ↑Ereignisse in einem Zufallsversuch, so gilt

$$P(A \cap B) = P(A)\,P(B|A).$$

Diese Formel dient häufig zur Definition der ↑bedingten Wahrscheinlichkeit. Für drei Ereignisse $A$, $B$, $C$ gilt (vgl. Abb. 1)

$$P(A \cap B \cap C) = P(A)\,P(B|A)\,P(C|A \cap B).$$

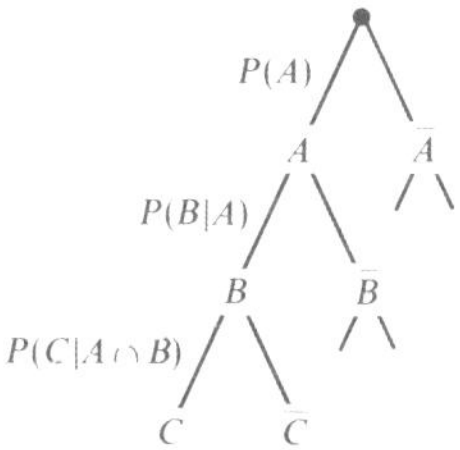


Abb. 1: Multiplikationssatz für drei Ereignisse

Der Multiplikationssatz wird manchmal auch **Pfadregel** genannt.

**Multiplikator** ↑Grundrechenarten.

**multiplizieren** ↑Multiplikation, ↑Grundrechenarten.

**Münzwurf:** Betrachtet man beim mehrmaligen Werfen einer Münze als Zufallsgröße die Anzahl der gefallenen Wappen, so ergibt sich eine symmetrische ↑Binomialverteilung.

*Beispiel:* Beim 10-maligen Werfen einer Münze betrachte man als Zufallsgröße die Anzahl der gefallenen „Wappen". Die Wahrscheinlichkeit, daß $k$ mal „Wappen" fällt ist

$$P(X = k) = \binom{10}{k}\left(\frac{1}{2}\right)^k\left(\frac{1}{2}\right)^{10-k} = \binom{10}{k}\left(\frac{1}{2}\right)^{10}.$$

Z. B. ist die Wahrscheinlichkeit für 5mal Wappen:

$$P(X = 5) = \binom{10}{5} \cdot \left(\frac{1}{2}\right)^{10} = \frac{10 \cdot 9 \cdot 8 \cdot 7 \cdot 6}{5 \cdot 4 \cdot 3 \cdot 2 \cdot 1} \cdot \left(\frac{1}{2}\right)^{10} = 252 \cdot \left(\frac{1}{2}\right)^{10} = 0{,}246.$$

# N

**n,** Zeichen für den Vorsatz Nano... (↑Vorsatzzeichen).

**ℕ,** Zeichen für die Menge der ↑natürlichen Zahlen.

**Nachbargebiete:** Zwei Gebiete sind **benachbart** oder **Nachbargebiete** voneinander, wenn sie einen gemeinsamen Grenzabschnitt haben. Gebiete gelten nicht als benachbart, wenn sie nur in einem Punkt zusammenstoßen.

**Nachbereich:** Ist $R$ eine Relation zwischen der Menge $A$ und der Menge $B$ (Schreibweise: $R \subseteq A \times B$), so heißt die Menge aller $b$ aus $B$, zu denen

mindestens ein Element *a* aus *A* in Relation steht, der **Nachbereich** der Relation *R*.
*Beispiel: A* sei die Menge der ↑ganzen Zahlen, *B* sei die Menge der ↑natürlichen Zahlen und *R* sei die Relation „... besitzt als Quadrat die Zahl ...“. Der Nachbereich von *R* ist die Menge der Quadratzahlen.

**Nachfolger:** Gibt es in einer geordneten Menge zu einem Element *a* jeweils ein Element *b* mit $a < b$, und gibt es kein Element *c* mit $a < c < b$, so heißt *b* Nachfolger von *a*. In der Menge der ↑natürlichen Zahlen hat z. B. jedes Element einen Nachfolger, beispielsweise ist 14 der Nachfolger von 13. In der Menge der rationalen Zahlen besitzt kein Element einen Nachfolger, da es zwischen zwei rationalen Zahlen jeweils noch unendlich viele weitere gibt.

**Nachricht:** In der Informationstheorie Bezeichnung für Folgen bzw. Gruppierungen von Zeichen oder Zuständen, denen eine bestimmte Bedeutung zugeordnet ist. Die **Nachrichtenquelle** ist der Teil eines Nachrichtensystems, in dem die Nachricht entsteht, der Empfangsteil heißt **Nachrichtensenke.** Von einer Nachrichtenquelle werden endliche Folgen aus Zeichen eines endlichen Alphabets ausgesendet. Nachrichten gelangen über **Nachrichtenkanäle** zu den Empfängern. Ein **Nachrichtensystem** besteht aus Nachrichtenquelle, Nachrichtenkanal und Nachrichtensenke.

**nachschüssige Rente** ↑Rentenrechnung.

**Nadelproblem** ↑Buffonsches Nadelproblem.

**Nadir:** Gegenpunkt zum ↑Zenit.

**Näherungskonstruktion:** Konstruktion, die nicht exakt mit Zirkel und Lineal durchgeführt werden kann; z. B. können die Dreiteilung des Winkels, die Verdoppelung des Quadrats oder die Quadratur des Kreises genügend genau durch Näherungskonstruktionen gelöst werden.

**Näherungswert:** Für viele ↑reelle Zahlen läßt sich die Dezimalbruchdarstellung nicht vollständig angeben. In solchen Fällen muß man sich mit Zahlenwerten begnügen, die nur ungefähr die betrachtete Zahl darstellen **(Näherungswerte).** Ist eine rationale Zahl als Dezimalbruch geschrieben, so gewinnt man durch ↑Runden einen Näherungswert.

**NAND** ↑Sheffer-Funktion.

**Nano...**, Zeichen n, Vorsatz vor Einheiten, bezeichnet den $10^9$ten Teil der betreffenden Einheit (↑Vorsatzzeichen).

**natürlicher Logarithmus** ↑Logarithmus.

**natürliche Zahlen:** Bezeich-

nung für die Zahlen 1, 2, 3, 4,...
Die Menge der natürlichen Zahlen bezeichnet man mit $\mathbb{N}$ (großer Buchstabe N mit einem doppelten Anfangsstrich).
Manchmal zählt man (auch nach DIN 5473) die Zahl 0 (↑Null) zu den natürlichen Zahlen; die Menge

$$\mathbb{N} \cup \{0\} = \{0, 1, 2, 3, 4, \ldots\}$$

bezeichnet man im allgemeinen mit $\mathbb{N}_0$.
Die natürlichen Zahlen dienen zur Angabe von **Anzahlen** und zur **Numerierung,** allgemein also zum **Zählen.**
Mit Hilfe des ↑Peanoschen Axiomensystems kann man die natürlichen Zahlen axiomatisch einführen.
Die Gleichung

$$a + x = b$$

ist nicht für alle natürlichen Zahlen $a, b$ in $\mathbb{N}$ lösbar. Es gibt genau dann eine natürliche Zahl $x$ mit $a + x = b$, wenn $a$ kleiner ist als $b$; man schreibt dann $a < b$. Die Lösung ist dann die Differenz $b - a$.
Durch < ist auf $\mathbb{N}$ eine strenge ↑Ordnungsrelation definiert. Dabei gilt für zwei beliebige natürliche Zahlen $a$ und $b$ immer *genau eine* der Beziehungen $a < b$ oder $b < a$ oder $a = b$ *(Trichotomiegesetz).*
Ferner folgen aus $a < b$ für eine beliebige natürliche Zahl $c$ sowohl $a + c < b + c$ *(Monotoniegesetz der Addition)* als auch $a \cdot c < b \cdot c$ *(Monotoniegesetz der Multiplikation).*
*Beispiele:* Die Gleichung

$$3 + x = 5$$

hat die Lösung $5 - 3$ $(= 2)$. Die Gleichung

$$7 + x = 2$$

hat keine Lösung in $\mathbb{N}$.
Die Gleichung

$$a \cdot x = b$$

ist nicht für alle natürlichen Zahlen $a, b$ in $\mathbb{N}$ lösbar. Es gibt genau dann eine natürliche Zahl $x$ mit $a \cdot x = b$, wenn $a$ ein ↑Teiler von $b$ ist; man schreibt dann $a|b$ („$a$ teilt $b$"). Die Lösung ist dann $b:a$.
*Beispiele:* Die Gleichung

$$3 \cdot x = 15$$

hat die Lösung 15:3 $(= 5)$. Die Gleichung

$$7 \cdot x = 12$$

hat keine Lösung in $\mathbb{N}$.
Jede natürliche Zahl läßt sich als ein Produkt von ↑Primzahlen schreiben (↑Primfaktorzerlegung).
Vgl. ↑Grundrechenarten.

**nautisches Dreieck,** svw. ↑astronomisches Dreieck.

***n*-dimensional** ↑Dimension.

**Nebenachse** ↑Ellipse, ↑Hyperbel.

**Nebenkreis:** 1) ↑Ellipse; 2) ↑Kugel.

**Nebenscheitel** ↑Ellipse, ↑Hyperbel.

**Nebenscheitelkreis** ↑Ellipse.

**Nebenwinkel:** Winkel, die den Scheitelpunkt und einen Schenkel gemeinsam haben, während ihre nicht gemeinsamen Schenkel auf einer Geraden liegen (Abb. 1). Nebenwinkel ergänzen sich zu 180°.

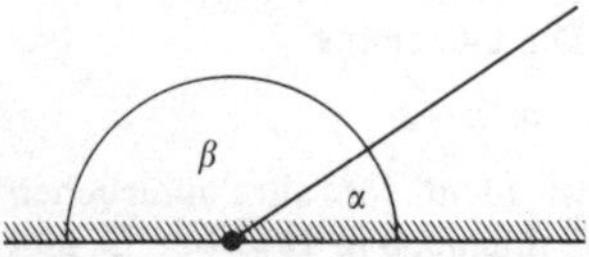


Abb. 1: Nebenwinkel

***n*-Eck** ↑Vieleck.

**Negation:** 1) Verneinung (↑formale Logik, ↑Umkehrung eines Satzes); 2) (Bezeichnungen: non($A$), $\bar{A}$, $\neg A$, NOT $A$): Schaltfunktion der ↑Schaltalgebra, die dem 0-Zustand den 1-Zustand und dem 1-Zustand den 0-Zustand zuweist:

| $A$ | NOT $A$ |
|---|---|
| 0 | 1 |
| 1 | 0 |

Schaltsymbol:

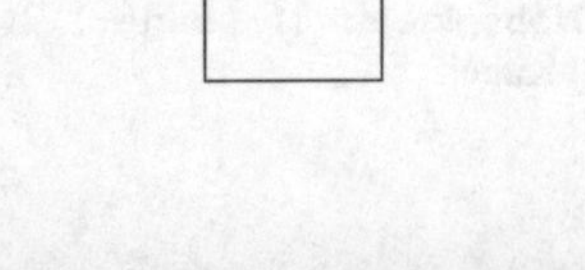


bzw.

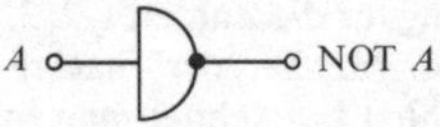


**negativ**, svw. kleiner als Null. Eine ↑Zahl heißt **positiv,** wenn sie größer als 0 ist.

Die Zahl 0 ist weder positiv noch negativ.

Positive und negative Zahlen kennzeichnet man durch ein Vorzeichen **(Pluszeichen** oder **Minuszeichen):**

+3,14 ist eine positive Zahl,
−3,14 ist eine negative Zahl.

Bei positiven Zahlen läßt man oft das Vorzeichen weg, also bedeutet 3,14 dasselbe wie +3,14. Die Zahl 0 (↑Null) trägt kein Vorzeichen, Schreibweisen wie z.B. ±0 sind in der Mathematik nicht üblich.

**negativer Umlaufsinn** ↑Umlaufsinn.

**Neigungswinkel:** Ein Winkel, durch den die Neigung einer Geraden oder einer Fläche gegen eine Ebene bestimmt ist.

**Neilsche Parabel** (nach W. Neil, 1637–1670): Geometrischer Ort aller Schnittpunkte der von den Punkten einer Parabel auf ihre Symmetrieachse gefällten Lote mit den durch den Scheitel der Parabel gelegten Parallelen der zu diesen Punkten gehörenden Normalen der Parabel. In kartesischen Koordinaten besitzt eine Neilsche Parabel die Gleichung $y^2 = ax^3$ (Abb. 1).

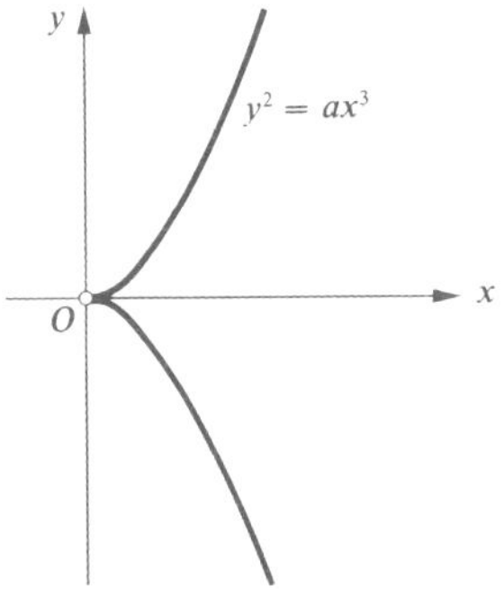


Abb. 1: Neilsche Parabel

**Netz:** Graph, bei dem zwei beliebige Ecken stets durch mindestens einen Streckenzug miteinander verbunden sind.
**Nenner** ↑ Bruch.
**Neugrad** ↑ Gradmaß, ↑ Winkel.
**Neuminute** ↑ Gradmaß, ↑ Winkel.
**Neun** (Zahlzeichen 9): Die Neun wurde früher als „gesteigerte“ Drei ($9 = 3 \cdot 3$) als Zahl der Vollkommenheit angesehen.
**Neunerprobe.** Unter dem **Neunerrest** einer Zahl versteht man den Rest, den diese Zahl bei Division durch 9 läßt. Der Neunerrest einer Zahl ist gleich dem Neunerrest ihrer Quersumme. Haben zwei Zahlen $a, b$ die Neunerreste $r_a, r_b$, so haben $a + b$ bzw. $a \cdot b$ die gleichen Neunerreste wie $r_a + r_b$ bzw. $r_a \cdot r_b$. Den Vergleich der Neunerreste bezeichnet man als **Neunerprobe.**

*Beispiele:*

| | 317 | + 4638 | = 4965? |
|---|---|---|---|
| Quersumme | 11 | 21 | 24 |
| Neunerrest | 2 | 3 | [6] |
| Summe | | [5] | |

Die Neunerprobe zeigt einen Fehler an, da $5 \neq 6$ ist. Die Rechnung ist also falsch.

| | 634 · | 2 103 | = 1 293 882? |
|---|---|---|---|
| Quersumme | 13 | 6 | 33 |
| Neunerrest | 4 | 6 | [6] |
| Produkt | 24 | | |
| Neunerrest | [6] | | |

Die Neunerprobe liefert keinen Fehler, obwohl die Rechnung falsch ist. Die richtige Rechnung lautet

$$634 \cdot 2\,103 = 1\,333\,302 \,.$$

Stimmt die Neunerprobe nicht, so ist das Ergebnis falsch. Liefert die Neunerprobe keinen Fehler, so ist das Ergebnis in den meisten Fällen richtig. Es können jedoch Stellenfehler (z. B. 273 statt 2 730) oder Neunerverrechnungen ($1\,293\,882 = 1\,333\,302 - 4\,380 \cdot 9$) auftreten. Der **Elferrest** einer Zahl, also der Rest, den diese Zahl bei Division durch 11 läßt, ist gleich dem Elferrest der **alternierenden Quersumme** dieser Zahl. Unter der alternierenden Quersumme einer Zahl versteht man die Summe der ersten, dritten, fünften usw. Stelle, vermindert um die Summe der zweiten, vierten, sechsten usw. Stelle dieser Zahl. Z. B. besitzt 68 725 den Elferrest 8, denn

$$(5+7+6)-(2+8)=8.$$

Die **Elferprobe** verläuft wie die Neunerprobe.

*Beispiel:* 634 · 2103 = 1293882?

| | | | |
|---|---|---|---|
| alternierende Quersumme | 7 | 2 | 7 |
| Produkt | 14 | | |
| Elferrest | 3 | | 7 |

Da $3 \neq 7$ ist, zeigt die Elferprobe an, daß die Rechnung falsch ist, obwohl die Neunerprobe keinen Fehler angezeigt hat. Zeigen beide Proben keinen Fehler an, so stimmt die Rechnung bis auf Stellenfehler, die man durch Überschlagsrechnung leicht ausschließen kann, und Verrechnungen um $9 \cdot 11 = 99$ (z. B. 723 und 822 haben den gleichen Neuner- und den gleichen Elferrest).

**Neunpunktekreis** ↑Feuerbachscher Kreis.

**Neusekunde** ↑Gradmaß, ↑Winkel.

**neutrales Element:** Addiert man 0 (↑Null) zu einer Zahl, so erhält man als Ergebnis diese Zahl. Multipliziert man eine Zahl mit 1 (↑Eins), so erhält man als Ergebnis ebenfalls diese Zahl. Man sagt, 0 ist das *neutrale Element* der Addition, 1 ist das *neutrale Element* der Multiplikation. – Allgemein heißt ein Element $n$ eines Verknüpfungsgebildes $(M, *)$ *neutrales Element,* wenn

$$n * a = a * n = a$$

für jedes Element $a$ aus $M$ gilt. Bezüglich der Verkettung von Abbildungen ist die ↑identische Abbildung das neutrale Element.

**Newtonsches Verfahren** (nach I. Newton, 1643–1727): *Näherungsverfahren* zur Nullstellenbestimmung einer Funktion:

Gesucht ist eine Nullstelle einer stetigen Funktion $f$ im Intervall $[a, b]$, wobei $f$ auf $]a, b[$ stetig differenzierbar sein soll und der Bedingung $f'(x) \neq 0$ genügen soll. Dann ist $f$ auf $[a, b]$ streng ↑monoton. Es gibt also genau eine Nullstelle in $[a, b]$, wenn $f(a) f(b) < 0$ ist, wenn also $f(a)$ und $f(b)$ verschiedene Vorzeichen haben. Zur Annäherung an die Nullstelle setzt man

$$x_1 := a,$$

$$x_2 := x_1 - \frac{f(x_1)}{f'(x_1)},$$

$$x_3 := x_2 - \frac{f(x_2)}{f'(x_2)}$$

usw., also allgemein

$$x_{n+1} := x_n - \frac{f(x_n)}{f'(x_n)} \quad (n \in \mathbb{N}).$$

Diese Rekursionsformel ist am Graphen von $f$ folgendermaßen zu deuten: Die Tangente im Punkt $(x_n, f(x_n))$ hat die Gleichung

$$y = f(x_n) + f'(x_n)(x - x_n);$$

sie schneidet die $x$-Achse an der Stelle

$$x = x_n - \frac{f(x_n)}{f'(x_n)},$$

und diese Stelle wähle man als nächsten Näherungswert für die Nullstelle (Abb. 1). Man bezeichnet das Newtonsche Verfahren deshalb auch als **Tangentenverfahren.**

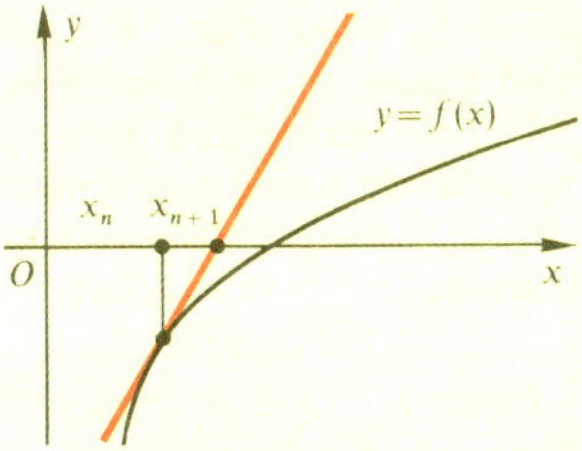


Abb. 1: Newtonsches Verfahren

*Beispiel:* Zur näherungsweisen Berechnung von $\sqrt{2}$ wird in [1,2] die Nullstelle von $f: x \to x^2 - 2$ gesucht. Wegen $f'(x) = 2x$ erhält man die Rekursionsformel

$$x_{n+1} = x_n - \frac{x_n^2 - 2}{2x_n},$$

also

$$x_{n+1} = \frac{1}{2}\left(x_n + \frac{2}{x_n}\right).$$

Mit dem Anfangswert $x_1 = 1$ ergibt sich

$$x_2 = \frac{3}{2} = 1{,}5,$$

$$x_3 = \frac{17}{12} = 1{,}41666666\ldots,$$

$$x_4 = \frac{577}{408} = 1{,}4142568\ldots,$$

$$x_5 = \frac{665857}{470832} = 1{,}41421356\ldots,$$

$x_5$ liefert den Wert von $\sqrt{2}$ auf 8 Stellen genau.

**nicht** ↑Junktoren.

**nichtabbrechender Kettenbruch** ↑Kettenbruch.

**nichterfüllbare Gleichung** ↑Gleichungen.

**nichteuklidische Geometrie.** Eine nichteuklidische Geometrie unterscheidet sich von der ↑euklidischen Geometrie dadurch, daß das *Parallelenaxiom* nicht gilt. Das heißt, es gibt mindestens eine Gerade $g$ und einen Punkt $P$ außerhalb $g$, durch den es *nicht genau eine* Parallele (also entweder *keine* Parallele oder aber *mehrere* Parallelen) zur Geraden $g$ gibt. Im allgemeinen fordert man sogar, daß *keine* Parallele oder *mehrere* Parallelen zu *jeder* Geraden durch *jeden* Punkt außerhalb der Geraden existieren. Man unterscheidet also zwei Fälle:

1) **elliptische Geometrie:** Zu jeder Geraden $g$ und jedem Punkt $P$ außerhalb $g$ gibt es *keine* Parallele $h$ durch $P$;

2) **hyperbolische Geometrie:** Zu jeder Geraden $g$ und jedem Punkt $P$ außerhalb $g$ gibt es *mindestens zwei* Parallelen durch $P$.

Ein anschauliches Modell für

eine elliptische Geometrie ist die Kugeloberfläche mit Großkreisen als „Geraden“. Es gibt keine Parallelen, da sich verschiedene Großkreise immer schneiden.
Die beiden bekanntesten Modelle der hyperbolischen Geometrie sind das ↑Kleinsche Modell und das ↑Poincaré-Modell.

**nicht-klammerfreie Notation** ↑Notation.

**Nicod-Funktion,** svw. ↑Peirce-Funktion.

**Niemeyer-Verfahren:** Ein von H. Niemeyer vorgeschlagenes Verfahren bei der ↑Verhältniswahl, bei dem die Stimmenzahl der einzelnen Parteien (sofern sie gegebenenfalls den Mindestanteil von 5% überschritten haben) mit der Zahl der zu vergebenden Parlamentssitze multipliziert wird und das Produkt durch die Gesamtzahl der auf alle Parteien entfallenden Stimmen geteilt wird. Die Sitze der einzelnen Parteien ergeben sich im wesentlichen durch die vor dem Dezimalkomma des jeweiligen Ergebnisses stehenden Zahlen, vermehrt um die in der Reihenfolge der höchsten Zahlen hinter dem Komma ermittelten Restsitze. Dieses auch nach Th. Hare benannte Verfahren **(Hare-Verfahren, Niemeyer-Hare-Verfahren),** begünstigt kleinere Parteien. Abweichend hiervon erhält beim eigentlichen Niemeyer-Verfahren die stärkste Partei in manchen Fällen zusätzlich einen Sitz zugeteilt. Das Niemeyer-Hare-Verfahren löste in der BR Deutschland bei einigen Landtags- und Kommunalwahlen das d'Hondtsche Verfahren ab.
*Beispiel:* Im Wahlkreis sind 10 Abgeordnete zu wählen. Auf die Parteien *A*, *B* und *C* entfallen insgesamt 10 000 Stimmen: Partei *A* 4 160, Partei *B* 3 380 und Partei *C* 2 460 Stimmen. Die Berechnung und die entsprechende Sitzverteilung nach dem Niemeyer-Hare-Verfahren entnimmt man Tabelle 1.

| Partei *A* | Partei *B* | Partei *C* |
|---|---|---|
| 4 160 | 3 380 | 2 460 |
| | × 10 = | |
| 41 600 | 33 800 | 24 600 |
| | : 10 000 = | |
| 4,16 | 3,38 | 2,46 |
| 4 Sitze | 3 Sitze | 2 Sitze + 1 Restsitz |

Tabelle 1: Beispiel zum Niemeyer-Hare-Verfahren

**Nomogramm:** Graphische Darstellung funktionaler Zusammenhänge zwischen mehreren Veränderlichen. An einem Nomogramm kann man die Werte einer Funktion oder die Lösungen einer Gleichung

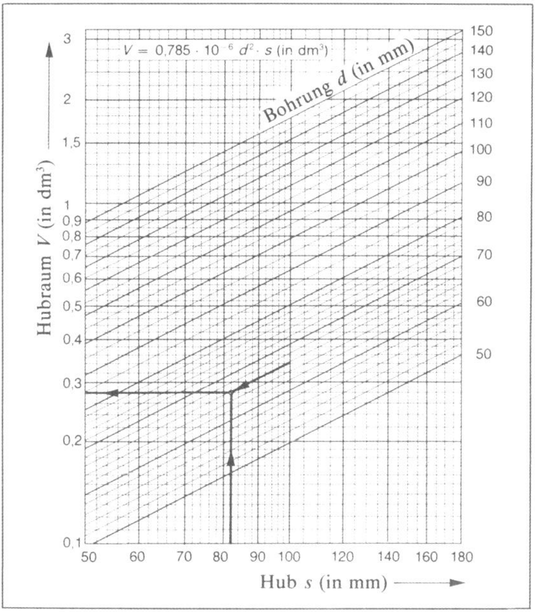


Abb. 1: Nomogramm (Netztafel) dreier Veränderlicher (des Hubraums *V*, der Bohrung *d* und des Hubs *s*).
Als Beispiel ergibt sich aus $d = 66$ mm und $s = 82$ mm ein Hubraum *V* von 0,28 dm³

sehr einfach ablesen (Abb. 1). Das Konstruieren von Nomogrammen heißt **Nomographie.**

**non** ↑Negation.

**Nonillion,** die ↑Zahl 1 Million Oktillionen ($= 10^{54}$, eine 1 mit 54 Nullen).

**Nonius** (fälschlich nach P. Nunes, 1492–1578): Ein von P. Vernier (1584–1638) erfundener Hilfsmaßstab, der im Zusammenwirken mit einem Hauptmaßstab mit gleichabständiger Teilung das Ablesen von Bruchteilen der Einheiten des Hauptmaßstabs ermöglicht, so daß Schätzungsfehler vermieden werden. Beim **Zehntelnonius** sind zehn Intervalle des Nonius auf der Länge von neun Intervallen des Hauptmaßstabs gleichabständig aufgetragen. Ein derartiger Nonius erlaubt z. B. an einer Schieblehre das Ablesen von Zehntelmillimetern (Abb. 1).

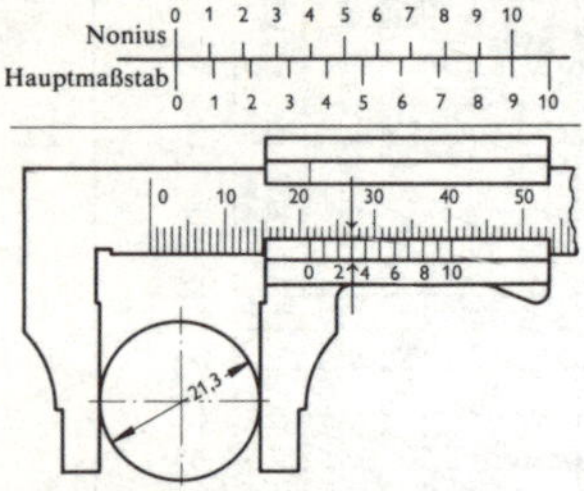


Abb. 1: Skala eines Zehntelnonius (oben) und Schieblehre mit Zehntelnonius. Der Endstrich des dritten Intervalls ist mit einem Teilstrich des Hauptmaßstabes deckungsgleich

**NOR** ↑Peirce-Funktion.

**nördliche Breite** ↑geographische Koordinaten.

**Nordpol, geographischer** ↑mathematische Geographie.

**Normale:** Gerade, die in einem vorgegebenen Punkt einer Kurve **(Kurvennormale)** bzw. Fläche **(Flächennormale)** rechtwinklig zur Tangente bzw. Tangentialebene in diesem Punkt ist.

**Normalform:** 1) Eine ↑Gerade $g$ in der Ebene (nicht parallel zur $y$-Achse) mit der ↑Steigung $m$ und dem $y$-Achsenabschnitt $b$ läßt sich durch die **Normalform der Geradengleichung** beschreiben. Es ist

$$g\colon y = mx + b.$$

2) ↑Fläche zweiter Ordnung.

**Normalparabel** ↑Parabel.

**Normalprojektion,** svw. senkrechte ↑Projektion.

**Normalriß:** Bezeichnung für das durch senkrechte ↑Projektion erzeugte Bild eines Körpers.

**Normalverteilung** *(Gauß-Verteilung):* Eine von C. F. Gauß 1794 gefundene Wahrscheinlichkeitsverteilung, die die Fehlerverteilung bei sehr vielen Einzelmessungen einer ↑Zufallsgröße $X$ angibt, wenn nur zufällige ↑Fehler auftreten. Die Wahrscheinlichkeitsdichte der Normalverteilung ist durch

$$\varphi(x) = \frac{1}{\sigma\sqrt{2\pi}}\, e^{-\frac{(x-\mu)^2}{2\sigma^2}}$$

gegeben; dabei ist $\mu$ (griech. „mü") der ↑Erwartungswert und $\sigma$ (griech. „sigma") die ↑Standardabweichung von $X$. Der Graph der Funktion $\varphi$ (griech. „phi"; Abb. 1) wird auch **Gaußsche Glockenkurve** genannt.

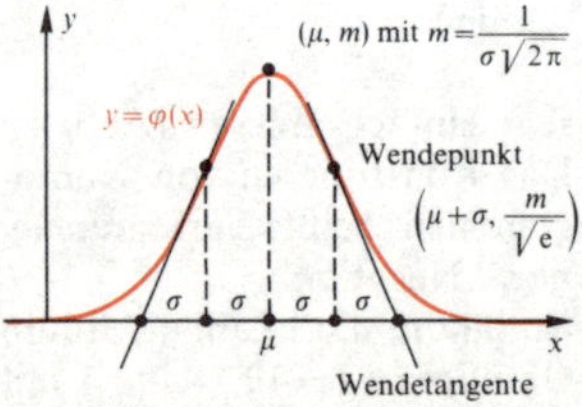


Abb. 1: Gaußsche Glockenkurve

Ist $\mu = 0$ und $\sigma = 1$, so heißt die zugehörige Normalverteilung **standardisiert** oder **Standardnormalverteilung**.

Für normalverteilte Zufallsgrößen liegen $a$% aller Werte im Intervall $[\mu - k\sigma, \mu + k\sigma]$, wobei $a$ und $k$ gemäß folgender Tabelle zusammenhängen:

| $k$ | $a$ |
|---|---|
| 0,2 | 15,9 |
| 0,6 | 45,1 |
| 1,0 | 68,3 |
| 2,0 | 95,5 |
| 2,2 | 97,2 |
| 2,4 | 98,4 |
| 2,6 | 99,1 |
| 2,8 | 99,5 |
| 3,0 | 99,7 |

Bei normalverteilten Zufallsgrößen liegen also etwa

68% der Werte im Intervall $[\mu - \sigma, \mu + \sigma]$,
95,5% der Werte im Intervall $[\mu - 2\sigma, \mu + 2\sigma]$,
99,7% der Werte im Intervall $[\mu - 3\sigma, \mu + 3\sigma]$.

Die Bedeutung der Normalverteilung liegt darin, daß viele *endliche* Zufallsgrößen *näherungsweise* normalverteilt sind. Man nennt diese endlichen Zufallsgrößen dann auch normalverteilt, obwohl dies strenggenommen falsch ist.
Die Normalverteilung ist die in der Natur am häufigsten vorkommende Wahrscheinlichkeitsverteilung bzw. Häufigkeitsverteilung (Abb. 2).
Dieses Phänomen wird mathe-

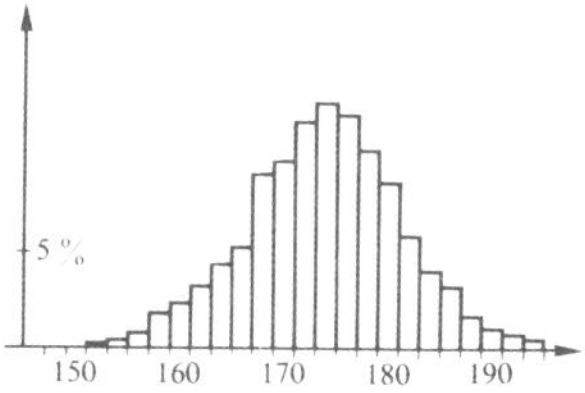

Abb. 2: Körpergröße von 1000 gleichaltrigen Jugendlichen in cm

matisch belegt durch den **zentralen Grenzwertsatz.** Dieser besagt, daß die Wahrscheinlichkeitsverteilung einer Summe von $n$ unabhängigen Zufallsgrößen mit wachsendem $n$ immer weniger von der Normalverteilung zu unterscheiden ist. Da die meisten in der Natur vorkommenden Zufallsgrößen als Summe von unabhängigen Zufallsgrößen aufgefaßt werden können, ist das Auftreten von Normalverteilungen recht häufig.

**normiert:** 1) Ein ↑Vektor heißt *normiert,* wenn er den Betrag 1 hat, also ein Einheitsvektor ist.
2) Ein ↑Polynom heißt *normiert,* wenn der Koeffizient der höchsten Potenz 1 ist.
3) Eine ↑Zufallsgröße heißt normiert oder standardisiert (↑Standardisieren), wenn sie den Erwartungswert 0 und die Standardabweichung 1 hat.

**NOT** ↑Negation.

**Notation:** Bezeichnung für die Art, in der die ↑mathematischen Zeichen, insbesondere die ↑Rechenzeichen, angeordnet werden. In der Mathematik ist im allgemeinen die **nicht-klammerfreie Notation (algebraische Infixnotation)** üblich, bei der ein Operationszeichen ($+$, $-$, $\cdot$ usw.) stets zwischen den beiden Operanden steht, auf die es anzuwenden ist, z. B.

$$15+3\cdot(18-7)-8=40.$$

Hier sind ↑Klammern erforderlich, da

$$15+3\cdot 18-7-8\ (=54)$$

eine andere Reihenfolge der Operationen ergibt und damit zu einem anderen Ergebnis führt. Bei der **klammerfreien Notation,** die auf den polnischen Logiker J. Łukasiewicz (1878–1956) zurückgeht, stehen die Operationszeichen nicht zwischen, sondern vor oder hinter den Operanden; entsprechend unterscheidet man die Präfix- und die Postfixnotation. Bei der **Präfixnotation (polnische Notation,** für sie hatte sich Łukasiewicz entschieden) steht jedes Operationszeichen vor den beiden Operanden, auf die es angewandt werden soll. Das oben angeführte Beispiel würde in dieser Notation

$$-+15\cdot 3-18\quad 7\quad 8=40$$

lauten. Bei der Berechnung beginnt man mit dem letzten Operationszeichen, das man auf die unmittelbar dahinter stehenden Operanden anwendet; das sich ergebende Zwischenresultat ist der neue Operand, der zum nächsten, weiter links stehenden Operationszeichen gehört usw. – In der **Postfixnotation,** die auch als **reverse** oder **umgekehrte polnische Notation** bezeichnet wird, lautet die Darstellung

$$15\quad 3\quad 18\quad 7-\ \cdot\ +8-\ =40.$$

Hier beginnt man die Berechnung mit dem ersten Operationszeichen und den beiden links davor stehenden Operanden.

Da sich die klammerfreie Notation leichter in die „Maschinensprache" von Datenverarbeitungsanlagen umsetzen läßt und eine geringere Speicherkapazität beansprucht, wird sie in mittleren und größeren Anlagen intern fast ausschließlich angewandt. Bei ↑Taschenrechnern findet man aus denselben Gründen z.T. die umgekehrte polnische Notation.

**notwendige Bedingung** ↑Bedingung.

**n-Tupel** ↑Tupel.

**Null** (lat. nullus = keiner): Bezeichnung für diejenige Zahl (Zahlzeichen 0), die, zu einer beliebigen Zahl addiert, diese unverändert läßt (neutrales Element der Addition): Für jede Zahl $a$ gilt also

$$a+0=a.$$

Für jede Zahl $a$ ist außerdem

$$a \cdot 0 = 0.$$

Durch 0 darf nicht dividiert werden, denn der Ausdruck 0:0 stellt keine eindeutig bestimmte Zahl dar.
Die Ziffer Null dient in einem ↑Stellenwertsystem zur Kennzeichnung einer Leerstelle (vgl. ↑Dezimalsystem, ↑Dualsystem).
Für jede von 0 verschiedene Zahl $a$ gilt

$$0^a = 0 \quad \text{und} \quad a^0 = 1$$

(↑Potenz). Der Ausdruck $0^0$ stellt weder 0 noch 1 dar, er ist wie 0:0 ein *unbestimmter Ausdruck*.
In ↑Verknüpfungsgebilden, in denen ähnlich wie mit Zahlen bezüglich der Addition gerechnet wird, bezeichnet man das ↑neutrale Element oft als *Nullelement* (z. B. *Null*vektor, *Null*funktion). In Zifferndarstellungen spielt die Ziffer 0 eine wichtige Rolle als Markierung von Stellen (70 ist eine andere Zahl als 700 usw.).
Bereits vor dem 8. Jahrhundert n. Chr. führten die Inder die Null, die durch einen Punkt oder einen Kreis gekennzeichnet war, mit dem Dezimalsystem ein. In Europa setzte sich die Verwendung der Null nur langsam durch: Obwohl die Null (und das Zahlzeichen 0) seit dem 12. Jh. durch lateinische Übersetzungen aus dem Arabischen bekannt war, wurde sie erst um 1500 allgemein verwendet.

**nulldimensional** ↑Dimension.

**Nullfolge,** eine Zahlenfolge, die gegen Null konvergiert (↑konvergent).

**Nullmatrix,** eine ↑Matrix, deren sämtliche Elemente den Wert Null haben.

**Nullmenge,** seltene Bezeichnung für ↑leere Menge.

**Nullmeridian** ↑geographische Koordinaten.

**Nullpunkt** ↑Zahlengerade.

**Nullstelle:** Als Nullstelle einer Funktion $f$ bezeichnet man eine Zahl $a$ aus dem Definitionsbereich von $f$, für welche $f(a) = 0$ gilt. Z. B. ist $\sqrt{2}$ Nullstelle der Funktion

$$f(x) = x^2 - 2$$

mit dem Definitionsbereich $\mathbb{R}$ (= Menge der ↑reellen Zahlen), da

$$f(\sqrt{2}) = \sqrt{2}^2 - 2 = 0$$

gilt. Die Zahl 2 ist keine Nullstelle von $f$, da

$$f(2) = 2^2 - 2 = 4 - 2 = 2$$

ist. Falls $g(x) = x^2 - 2$ nur auf dem Definitionsbereich $\mathbb{Q}$ (= Menge der rationalen Zahlen) gegeben ist, besitzt $g$ keine Nullstelle, da $\sqrt{2}$ nicht zum Definitionsbereich von $g$ gehört.

**Nullsummenspiel:** Spiel, bei

dem die Summe der Gewinne gleich der Summe der Verluste ist.

**Nullvektor,** ein ↑Vektor, dessen sämtliche Komponenten gleich Null sind.

**Nullwinkel** ↑Winkel.

**numerierbar** ↑abzählbar.

**numerisch:** Darstellungen aus einem Zeichenvorrat, wenn dieser aus den Ziffern eines Zahlsystems oder aus den Ziffern und den benötigten Sonderzeichen (z. B. Operationszeichen) zur Zahlendarstellung besteht (↑Zeichen, ↑Code) heißen **numerisch.** Gehören auch die Buchstaben des üblichen Alphabets und gegebenenfalls weitere Sonderzeichen (z. B. Satzzeichen) zum Zeichenvorrat, so nennt man die Darstellung **alphanumerisch (alphamerisch).** Die Autokennzeichen in der BR Deutschland besitzen z. B. eine alphanumerische Darstellung.

**numerische Exzentrizität** ↑Ellipse, ↑Hyperbel, ↑Kegelschnitte.

**numerische Integration.** In vielen Fällen kann man ein ↑Integral

$$\int_a^b f(x)\,\mathrm{d}x$$

nicht mit Hilfe einer ↑Stammfunktion berechnen, so daß Näherungsmethoden benutzt werden müssen. Die folgenden Funktionen seien im betrachteten Intervall $[a, b]$ nicht negativ.

1) Die **Rechtecksregel.** Es sei durch $\{x_0, x_1, x_2, \ldots, x_n\}$ eine äquidistante Zerlegung von $[a, b]$ gegeben, also

$$x_i = a + i \cdot \frac{b-a}{n}$$

$(i = 0, 1, 2, \ldots, n)$. Ersetzt man den Flächeninhalt über dem $i$-ten Teilintervall $[x_{i-1}, x_i]$ durch

$$\frac{b-a}{n} \cdot f(x_{i-1}),$$

dann erhält man für das Integral den Näherungswert (vgl. Abb. 1)

$$\frac{b-a}{n} \cdot (f(x_0) + f(x_1) + \ldots + f(x_{n-1})).$$

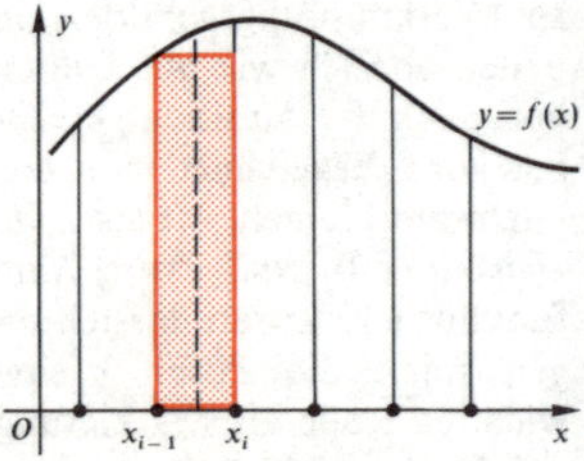


Abb. 1: Rechtecksregel

2) Die **Trapezregel.** Wie bei der Rechtecksregel geht man auch hier von einer äquidistanten Zerlegung von $[a, b]$ aus, ersetzt jetzt aber den Flächeninhalt über dem $i$-ten Intervall durch den Trapezinhalt (vgl. Abb. 2)

$$\frac{b-a}{n} \cdot \frac{f(x_{i-1}) + f(x_i)}{2}.$$

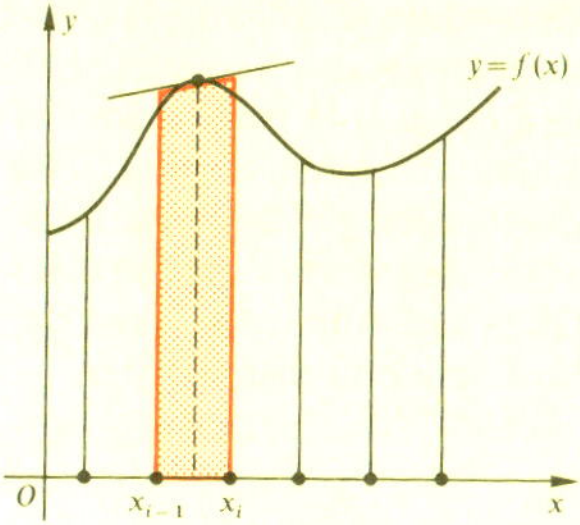


Abb. 2: Trapezregel

3) Die **Tangentenregel.** Man geht wieder von einer äquidistanten Zerlegung von $[a, b]$ aus, wählt jetzt aber die Trapezflächen, welche von der Tangente an die Kurve im Mittelpunkt des Intervalls begrenzt werden (Abb. 3). Dann ergibt sich (in der Schreibweise mit dem ↑Summenzeichen) für das zu berechnende Integral der Näherungswert in der Darstellung

$$\frac{b-a}{n} \cdot \sum_{i=1}^{n} f\left(\frac{x_{i-1}+x_i}{2}\right).$$

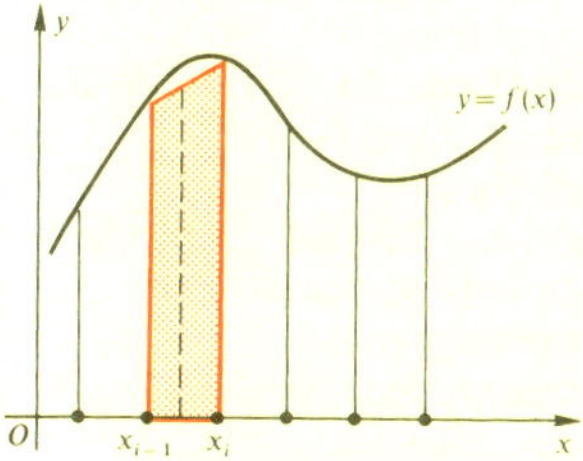


Abb. 3: Tangentenregel

4) **Simpson-Regel** (nach T. Simpson, 1710–1761) oder **Keplersche Faßregel** (nach J. Kepler, 1571–1630). Bei dieser Regel wird die gegebene Kurve nicht durch Strecken wie bei den Regeln 1, 2 und 3 angenähert, sondern durch Parabelbögen. Bei dieser **quadratischen Approximation** ist der Fehler im allgemeinen kleiner als bei der **linearen Approximation** durch Geradenstücke.

**Numerus** ↑Logarithmus.

**Numerus aureus,** svw. ↑goldene Zahl.

# O

***O,*** Formelbuchstabe für den Ursprung eines ↑Koordinatensystems (vgl. ↑Zahlengerade).

**Oberbegriff** ↑Definition.

**obere Grenze** (Supremum, Finis superior): Bezeichnung für die kleinste obere Schranke (↑beschränkt) einer Menge $M$ reeller Zahlen. Man benutzt dafür die mathematische Schreibweise sup $M$.

*Beispiele:*

1) Die Menge

$$\{x \in \mathbb{R} \mid x^2 < 2\}$$

hat die obere Grenze $\sqrt{2}$; diese ist kein Element der Menge.

2) Die Menge

$$\{-x^2+6x-12 \mid x \in \mathbb{R}\}$$

hat die obere Grenze $-3$; diese gehört zu der Menge.
3) Die Menge

$$\{x \in \mathbb{R} \mid x > -5\}$$

besitzt keine obere Grenze.
Zu jeder nach oben beschränkten Menge reeller Zahlen existiert stets das Supremum. Dies ist eine wichtige Eigenschaft der reellen Zahlen (↑Vollständigkeit). Zu einer nach oben beschränkten Menge rationaler Zahlen muß dagegen nicht immer eine rationale obere Grenze existieren: Die Menge

$$\{x \in \mathbb{Q} \mid x^2 < 2\}$$

hat in $\mathbb{Q}$ keine obere Grenze, denn $\sqrt{2}$ ist keine rationale Zahl.
**obere Schranke** ↑beschränkt.
**Oberfläche:** Allgemein die Begrenzungsfläche, die einen Körper bzw. ein geschlossenes Raumstück vom übrigen Raum abgrenzt. In der Geometrie die Menge der Randpunkte eines ↑Körpers (z. B. eines ↑Kegels); oft auch als Bezeichnung für den Flächeninhalt dieser Punktmenge verwendet.
**Obermenge** ↑Teilmenge.
**Obersumme** ↑Integral.
**„oder"-Verknüpfung,** svw. Disjunktion (↑formale Logik). – Vgl. ↑Junktoren.
**offen** ↑Intervall.
**Offiziersproblem** ↑lateinisches Quadrat.
**Off-line-Betrieb** ↑Betriebsart.

**Oktaeder:** Vielflach, das von acht Dreiecken begrenzt wird und bei dem in jeder Ecke vier Kanten zusammenstoßen. Das durch acht gleichseitige Dreiecke begrenzte regelmäßige Oktaeder (Abb. 1) ist einer der fünf ↑platonischen Körper.

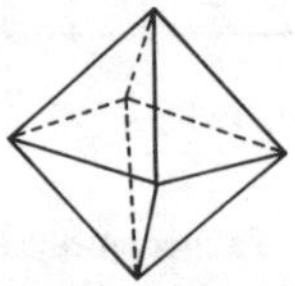

Abb. 1: Regelmäßiges Oktaeder

**Oktalsystem:** Zahlensystem, das (an Stelle der im Dezimalsystem verwendeten Basis 10) als Basis die Zahl 8 verwendet. Es gilt z. B.

$$\begin{aligned} 267_{⑧} &= 2 \cdot 8^2 + 6 \cdot 8 + 7 \cdot 1 \\ &= 2 \cdot 64 + 48 + 7 \\ &= 183. \end{aligned}$$

**Oktant:** 1) spezieller Teil des Raums (↑Koordinatensystem); 2) der achte Teil eines Kreises; speziell ein Kreissektor, dessen Flächeninhalt $\frac{1}{8}$ der Kreisfläche einnimmt.
**Oktillion,** die ↑Zahl 1 Million Septillionen ($= 10^{48}$; eine 1 mit 48 Nullen).
**On-line-Betrieb** ↑Betriebsart.
**Operating system,** svw. ↑Betriebssystem.
**Operation:** Bezeichnung für einen Rechenvorgang, bei dem ein mathematischer ↑Term un-

ter Beachtung mathematischer Gesetze umgeformt oder berechnet wird. Operationen sind z. B. Addition, Subtraktion, Multiplikation, Division, Differentiation und Integration.

**Operator:** Bezeichnung für eine bestimmte Rechen- oder Abbildungsvorschrift. Die Bezeichnung „Operator" wird also in verschiedenen Zusammenhängen in der Bedeutung von ↑Abbildung oder ↑Funktion verwendet: Ein Operator „operiert" *auf* einer Menge $M$, wenn er jedem Element von $M$ eindeutig wieder ein Element von $M$ zuordnet. Bruchzahlen kann man als Operatoren auf einem Größenbereich ansehen: die Bruchzahl $\frac{2}{7}$ ordnet jeder Länge das $\frac{2}{7}$fache dieser Länge zu. Man spricht in diesem Fall von **Bruchoperatoren.** Der Verkettung zweier Bruchoperatoren entspricht die Multiplikation der Bruchzahlen.

Positive und negative Zahlen kann man als **Verschiebungsoperatoren** auf Skalen auffassen. Die Verkettung zweier Verschiebungsoperatoren entspricht der Addition der zugehörigen Zahlen.

**Optimierung.** Eine Aufgabe, bei der nach einem ↑Extremwert (Minimum oder Maximum) einer Größe gefragt wird, welche von mehreren Variablen abhängt, nennt man **Optimierungsaufgabe.** Dabei sind für diese Variablen oft einschränkende Nebenbedingungen gefordert. *Optimal* bedeutet also nicht dasselbe wie *extremal*; vielmehr bedeutet optimal soviel wie „extremal unter gewissen Bedingungen".

Die *Nebenbedingungen* sind meistens durch Gleichungen oder Ungleichungen gegeben, können aber z. B. auch die Ganzzahligkeit der Lösung fordern.

In der Praxis benötigt man häufig die **lineare Optimierung (lineare Programmierung).** Dabei ist der Wert einer linearen Funktion

$$Z(x_1, \ldots, x_n) = a_1 x_1 + \ldots + a_n x_n$$

zu minimieren oder zu maximieren, und die Nebenbedingungen sind lineare Ungleichungen für die Variablen $x_1, \ldots, x_n$. Die Funktion $Z$ heißt die **Zielfunktion.**

*Beispiel:* Ein Landwirt möchte höchstens 40 Hektar seines Landes bebauen. Er will Weizen und Zuckerrüben anbauen, das bedeutet 4 Tage bzw. 8 Tage Arbeitsaufwand pro Hektar. Er hat höchstens 220 Arbeitstage im Jahr und 13 600 DM Kapital für sein Vorhaben zur Verfügung. Der Anbau von 1 ha Weizen kostet 320 DM, der Anbau von 1 ha Zuckerrüben kostet 425 DM. Die Anzahl der mit Weizen bepflanzten Hektare sei $x$, die Anzahl der mit Zuckerrüben bepflanzten Hektare sei $y$. Dann gilt selbstverständlich

$$x \geqq 0, \quad (1)$$
$$y \geqq 0. \quad (2)$$

Die oben angegebenen Bedingungen lauten

$$x + y \leqq 40, \quad (3)$$
$$4x + 8y \leqq 220, \quad (4)$$
$$320x + 425y \leqq 13\,600. \quad (5)$$

Durch die Ungleichungen (1) bis (5) (Ungleichungssystem) wird das sog. **Planungsvieleck (Planungspolygon)** festgelegt (Abb. 1). Jeder Punkt im Innern oder auf dem Rand des Planungsvielecks ist mit den Nebenbedingungen (1) bis (5) verträglich, alle anderen Punkte der Koordinatenebene sind es nicht.

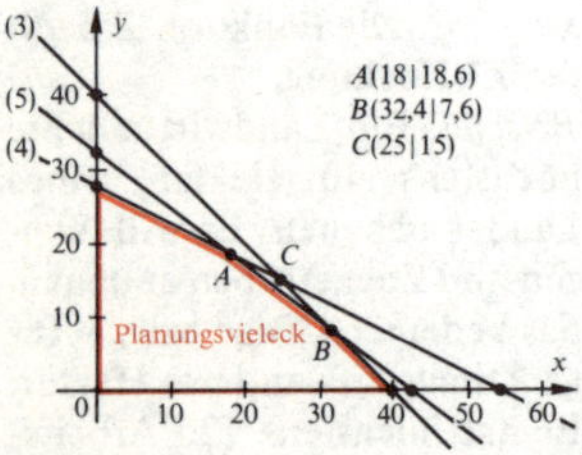


Abb. 1

Der Landwirt hat nun beim Verkauf seiner Erzeugnisse einen Reinerlös von 1800 DM pro Hektar Weizen und 2100 DM pro Hektar Zuckerrüben. Die Zielfunktion

$$Z(x, y) = 1\,800x + 2\,100y$$

soll im Planungsvieleck den größtmöglichen Wert annehmen. Aus der Parallelenschar

$$1\,800x + 2\,100y = a \quad (a \in \mathbb{R})$$

sucht man also diejenige mit dem größten $a$ heraus, welche noch einen Punkt mit dem Planungsvieleck gemeinsam hat (Abb. 2).

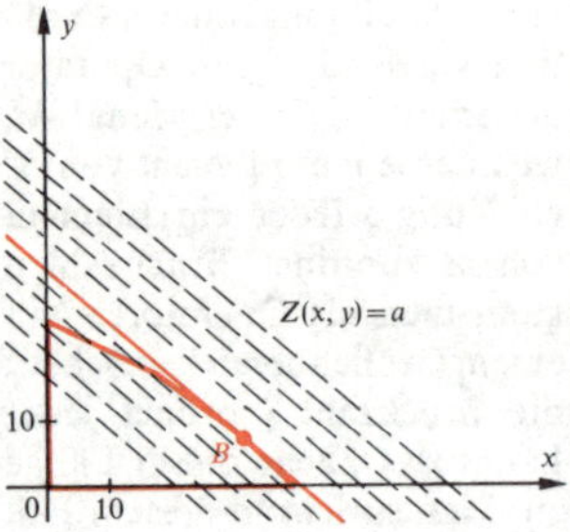


Abb. 2

Diese geht durch den Punkt $B$ in Abb. 2. Er ist der Schnittpunkt der Geraden mit den Gleichungen

$$x + y = 40$$

und

$$320x + 425y = 13\,600.$$

Es ergibt sich $B = (32{,}4;\ 7{,}6)$. Der Landwirt sollte also 32,4 ha Weizen und 7,6 ha Zuckerrüben anbauen. Der Erlös aus dem Verkauf des Weizens und der Zuckerrüben beträgt dann (in DM)

$Z(32{,}4;\ 7{,}6)$
$= 1800 \cdot 32{,}4 + 2100 \cdot 7{,}6$
$= 74280.$

**OR** ↑Alternative.

**Ordinalzahl:** Bezeichnung für eine zur Numerierung einer Menge von Elementen verwendete Zahl. Ordinalzahlen sind z. B. der erste, der zweite, der dritte usw.

**Ordinate** ↑Koordinatensystem.

**Ordinatenachse** ↑Koordinatensystem.

**Ordnung:** 1) Eine ↑Ordnungsrelation bezeichnet man auch kurz als eine *Ordnung*.
2) Statt ↑Anordnung benutzt man zuweilen auch den Ausdruck *Ordnung*.
3) Die Anzahl der Elemente einer endlichen ↑Gruppe nennt man die *Ordnung* der Gruppe. Ist $a$ ein Gruppenelement und $k$ eine natürliche Zahl mit $a^k = e$ ($e$ neutrales Element), dann heißt $k$ die *Ordnung* von $a$, wenn $k$ die kleinste natürliche Zahl mit dieser Eigenschaft ist.
4) Allgemein verwendet man die Bezeichnung Ordnung bei *Numerierungen:*
a) Eine ↑Nullstelle $x_0$ einer Polynomfunktion (↑Polynom) $f$ heißt von *n-ter Ordnung*, wenn

$$f(x) = (x - x_0)^n g(x)$$

und $g(x_0) \neq 0$ gilt.
b) Den Grad eines ↑Polynoms nennt man auch oft seine *Ordnung*.
5) Die Anzahl der Zeilen bzw. Spalten einer ↑Determinante bezeichnet man als *Ordnung* der Determinante.

**Ordnungsrelation:** Bezeichnung für eine zweistellige Relation zwischen den Elementen einer Menge $M$ mit speziellen Eigenschaften. Ist sie reflexiv, antisymmetrisch und transitiv, spricht man von einer Ordnungsrelation 1. Art (Zeichen $\leqq$); es gelten die **Ordnungsaxiome**

(1) $x \leqq x$,
(2) aus $x \leqq y$ und $y \leqq x$ folgt $x = y$
(3) aus $x \leqq y$ und $y \leqq z$ folgt $x \leqq z$.

Man nennt die Relation eine Ordnungsrelation 2. Art (auch **strikte** oder **antireflexive Ordnung,** Zeichen $\prec$), wenn sie asymmetrisch und transitiv ist. Die Ordnungsaxiome lauten also

(1′) wenn $x \prec y$ gilt, dann gilt *nicht* $y \prec x$,
(2′) aus $x \prec y$ und $y \prec z$ folgt $x \prec z$.

Beispiele für Ordnungsrelationen sind die **Kleiner-gleich-Relation** (Zeichen $\leqq$; eine Ordnungsrelation 1. Art) und die **Kleinerrelation** (Zeichen $<$; eine Ordnungsrelation 2. Art) in der Menge der reellen Zahlen. – Zuweilen bezeichnet man eine Ordnungsrelation auch kurz als **Ordnung** oder **Halbordnung.** – Vgl. ↑Hasse-Diagramm.

**Orientierung.** Eine Strecke, Halbgerade, Gerade oder Kurve heißt *orientiert,* wenn ihre Punkte in einer bestimmten Richtung durchlaufen werden **(Richtungssinn).** Das bedeutet, daß für die Punkte auf der Strecke usw. eine Anordnungsbeziehung „vor" gegeben ist: Zu je zwei Punkten $A$, $B$ ist $A$ vor $B$ oder $B$ vor $A$, und ist $A$ vor $B$ und $B$ vor $C$, so ist $A$ vor $C$. Oft führt man auch eine Orientierung für Flächen ein, welche von einer geschlossenen Kurve berandet werden: Liegt die Fläche bei Durchlaufung der Kurve im gegebenen Richtungssinn (positive Orientierung) links der Kurve, so heißt sie positiv orientiert, andernfalls negativ orientiert. – Vgl. ↑Koordinatensystem.

**Origo:** Bezeichnung für den Koordinaten-Nullpunkt (Formelzeichen $O$).

**Ornament.** Ornamente („Verzierungen") untersucht man in der Geometrie auf ihre Symmetrieeigenschaften. Man behandelt also die Frage, bei welchen ↑Kongruenzabbildungen der Ebene ein Ornament auf sich abgebildet wird; diese Kongruenzabbildungen sind dann die ↑Deckabbildungen des Ornaments. Insbesondere untersucht man ebene Ornamente, welche eine Verschiebung als Deckabbildung besitzen. Da die Deckabbildungen einer Figur eine ↑Gruppe bilden, sind damit auch alle ganzzahligen Vielfachen einer solchen Verschiebung Deckabbildungen des Ornaments. Erlaubt ein Ornament nur eine Verschiebung in *eine* Richtung, so heißt es ein **Bandornament** (**Streifenornament**; Abb. 1). Erlaubt es dagegen Verschiebungen in *zwei verschiedene* Richtungen, so heißt es ein **Flächenornament** (Abb. 2).

Abb. 1: Bandornamente

Abb. 2: Flächenornament

**Orthodrome:** Bezeichnung für die kürzeste Verbindungslinie je zweier Punkte auf der Kugeloberfläche; sie verläuft auf einem ↑Großkreis.

**orthogonal:** 1) In der Geometrie bedeutet orthogonal dasselbe wie ↑rechtwinklig.

2) Ein ↑Koordinatensystem heißt orthogonal, wenn seine Achsen (Koordinatenachsen) paarweise zueinander rechtwinklig sind.

3) Zwei Vektoren eines ↑Vektorraums, in dem ein ↑Skalarprodukt definiert ist, heißen orthogonal, wenn ihr Skalarprodukt 0 ergibt.

4) Vgl. ↑lateinisches Quadrat.

5) Vgl. ↑Dreibein.

**Orthogonalprojektion,** svw. senkrechte ↑Projektion.

**Ortsaufgabe** ↑geometrischer Ort.

**Ortslinie,** seltene Bezeichnung für ↑geometrischer Ort, wenn die beschriebene Punktmenge eine Gerade oder eine Kurve ergibt.

**Ortsvektor** (Radiusvektor): ↑Vektor, dessen Anfangspunkt der Nullpunkt des Koordinatensystems und dessen Endpunkt ein gegebener Punkt ist.

**Osterdatum** ↑Kalender.

**östliche Länge** ↑geographische Koordinaten.

**Oval** (Eilinie): Bezeichnung für eine „ellipsenähnliche", geschlossene ebene Kurve mit einer Symmetrieachse.

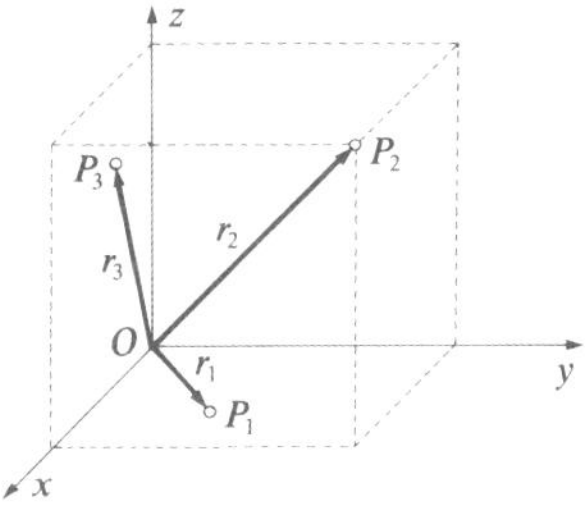


Abb. 1: Ortsvektoren $r_1, r_2, r_3$ des dreidimensionalen Raumes mit den Endpunkten $P_1, P_2$ und $P_3$ (für $r_2$ sind die Koordinaten eingezeichnet)

# P

**p,** Zeichen für den Vorsatz Piko... (↑Vorsatzzeichen).

**P,** Zeichen für den Vorsatz Peta... (↑Vorsatzzeichen).

**Paar** (geordnetes Paar), ↑Tupel, vgl. ↑kartesisches Produkt.

**Paarmenge** ↑kartesisches Produkt.

**Pantograph** (Storchschnabel): Gerät zur maßstäblichen Vergrößerung oder Verkleinerung von Zeichnungen, Diagrammen, Plänen auf der Basis der zentrischen Streckung (Abb. 1; S. 326).

**Papierformate** (Blattgrößen), nach DIN 476 (**DIN,** Abkürzung für **D**eutsches **I**nstitut für **N**ormung e. V.) festgelegte Abmessungen für Papierbogen (DIN-Formate). Grundformat

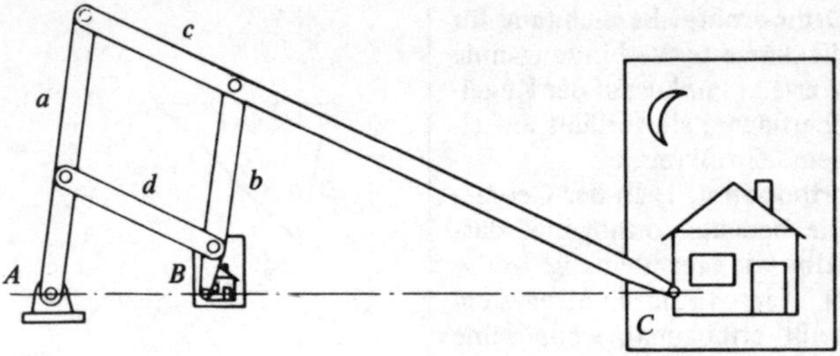


Abb. 1: Pantograph

ist die Bogengröße A0 mit der Fläche 1 m² und dem Seitenverhältnis $1:\sqrt{2}$; durch Halbieren der Fläche entsteht jeweils das nächstkleinere Format (A1, A2 usw.). Für die Bogen der Hauptreihe A ergeben sich folgende Abmessungen (in mm):

| | |
|---|---|
| DIN A0: | 841/1189 |
| DIN A1: | 594/841 |
| DIN A2: | 420/594 |
| DIN A3: | 297/420 |
| DIN A4: | 210/297 |
| DIN A5: | 148/210 |
| DIN A6: | 105/148 |
| DIN A7: | 74/105 |
| DIN A8: | 52/74 |
| DIN A9: | 37/52 |

DIN A4 ist das Briefbogen-Normformat, DIN A6 das Postkarten-Normformat. Daneben sind auch DIN-B-, DIN-C- und DIN-D-Reihen gebräuchlich. Die Grundformate sind: DIN B0 1000/1414 mm, DIN C0 917/1297 mm, DIN D0 771/1090 mm.

**Parabel:** Eine *Parabel* ist der geometrische Ort aller Punkte der Ebene, die von einem festen Punkt $F$ und einer festen Geraden $l$ dieser Ebene denselben Abstand haben (Abb. 1).

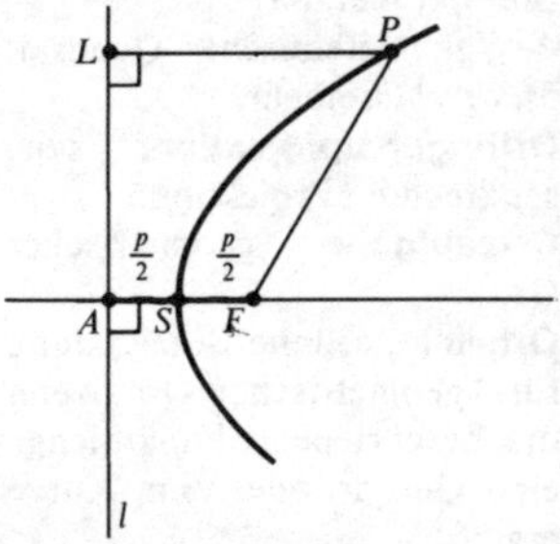


Abb. 1: Parabel

Die spezielle Gestalt einer Parabel hängt vom Abstand des Punktes $F$ von der Geraden $l$ ab. Man nennt diesen Abstand den **Parameter** $p$ ($p > 0$) der Parabel. Ferner vereinbart man für eine Parabel die folgenden Bezeichnungen (vgl. Abb. 1):

$F$: *Brennpunkt*
$l$: *Leitlinie, Leitgerade*

*S*: *Scheitelpunkt, Scheitel*
$\overline{FA} = p$: *Parameter*

$\overline{AS} = \overline{SF} = \frac{p}{2}$: *Halbparameter.*

Jede Parabel hat genau eine Symmetrieachse. Sie verläuft durch den Scheitel *S* und den Brennpunkt *F* und heißt **Parabelachse.**

*Parabel als Kegelschnitt:* Schneidet eine Ebene einen geraden Kreiskegel, so wie dies in Abb. 2 dargestellt ist, dann erhält man als Schnittfigur eine Parabel

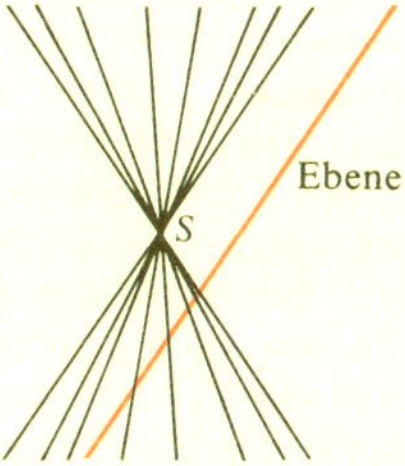


Abb. 2: Parabel als Kegelschnitt

*Gleichung der Parabel:* Gegeben sei eine Parabel mit dem Parameter *p*. Ein kartesisches ↑Koordinatensystem der Ebene sei so gelegt, daß die Leitlinie *l* die Gleichung

$$x = -\frac{p}{2}$$

(Parallele zur *y*-Achse im Abstand $\left(\frac{p}{2}\right)$) und der Brennpunkt *F* das Koordinatenpaar $\left(\frac{p}{2}; 0\right)$ hat. Dann liegt die Parabelachse auf der *x*-Achse und der Scheitelpunkt im Ursprung des Koordinatensystems (Abb. 3). Eine solche Parabel besitzt die Gleichung $y^2 = 2px$ *(Scheitelgleichung).*

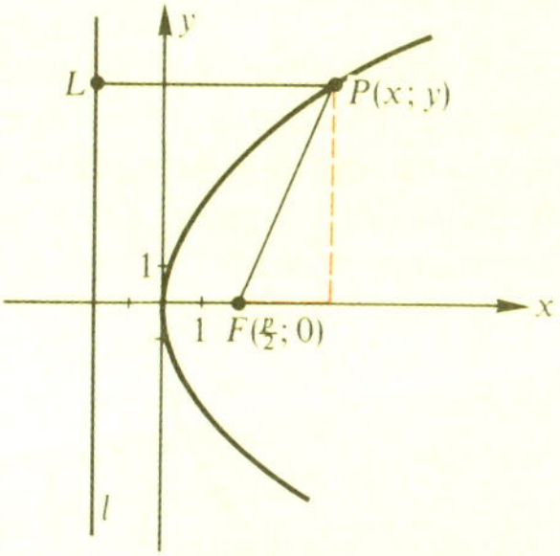


Abb. 3: Parabel mit der Gleichung $y^2 = 2px$

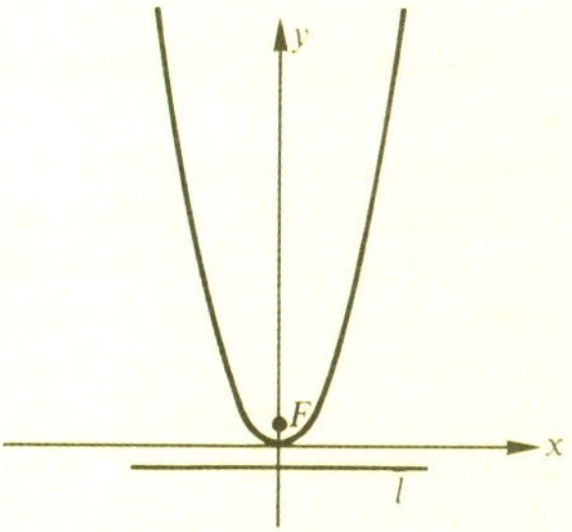


Abb. 4: Parabel mit der Gleichung $x^2 = 2py$

Hat die Parabel den Brennpunkt $F\left(0; \frac{p}{2}\right)$ und eine Leitlinie *l* mit der Gleichung

$y = -\frac{p}{2}$, so besitzt sie die Gleichung $x^2 = 2py$ (Abb. 4). Die Parabelachse ist dann die $y$-Achse und die Parabel ist nach oben geöffnet.
Die **Normalparabel** (Abb. 5) hat die Gleichung

$$y = x^2.$$

Sie ist nach oben geöffnet und hat den Parameter $p = \frac{1}{2}$; ihre Achse ist die $y$-Achse und ihr Scheitel der Ursprung des Koordinatensystems.

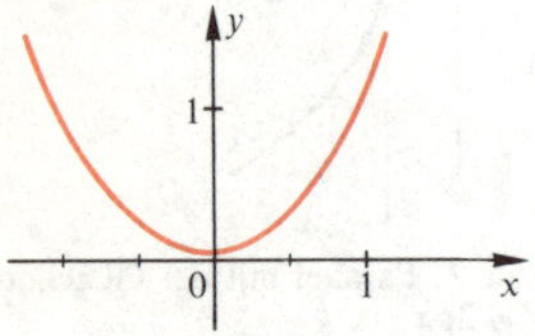


Abb. 5: Normalparabel

**parabolisch,** parabelförmig gekrümmt.
**parabolische Geometrie:** Bezeichnung für die ↑euklidische Geometrie, um ihre Stellung zwischen elliptischer Geometrie und hyperbolischer Geometrie zu kennzeichnen.
**parabolischer Zylinder** ↑Fläche zweiter Ordnung.
**Paraboloid** ↑Fläche zweiter Ordnung.
**Parabolspiegel** ↑Fläche zweiter Ordnung.
**Paradoxon:** Bezeichnung für einen mathematischen Sachverhalt, der zwar nicht falsch oder widersprüchlich ist, aber so erscheint. Die scheinbare Widersprüchlichkeit kommt häufig durch eine unklare oder unvollständige Begriffserklärung zustande.
*Beispiel:* Im Jahre 1654 stellte A. G. Chevalier de Méré (1607–1684) dem französischen Philosophen und Mathematiker B. Pascal (1623–1662) folgende Frage:
„Was ist wahrscheinlicher, bei vier Würfen mit einem Würfel mindestens eine Sechs zu werfen oder bei 24 Würfen mit zwei Würfeln mindestens eine Doppelsechs zu werfen?“
Man glaubte damals, beides müsse gleich wahrscheinlich sein, da 4 Würfe bei 6 Möglichkeiten wegen $\frac{4}{6} = \frac{24}{36}$ die gleiche Chance bieten müßten wie 24 Würfe bei 36 Möglichkeiten. Dies ist jedoch falsch, denn die Wahrscheinlichkeit für mindestens eine Sechs bei vier Würfen mit einem Würfel ist

$$1 - \left(\frac{5}{6}\right)^4 = 0{,}5177;$$

dagegen ist die Wahrscheinlichkeit für mindestens eine Doppelsechs bei 24 Würfen mit zwei Würfeln gleich

$$1 - \left(\frac{35}{36}\right)^{24} = 0{,}4914.$$

Im Gegensatz hierzu bezeichnet man einen tatsächlich widersprüchlichen mathematischen Sachverhalt als **Antinomie.**

**parallel,** gleichlaufend, in gleichem Abstand nebeneinander herlaufend; gesagt von zwei Geraden *g* und *h*, die in einer Ebene liegen und gleich sind oder keinen Punkt gemeinsam haben, sich also nicht schneiden (Schreibweise: $g \| h$): Die Geraden *g* und *h* und alle zu *g* (und damit auch zu *h*) parallelen Geraden nennt man **Parallelen.** Entsprechend sind Ebenen im Raum parallel, wenn sie keine Geraden gemeinsam haben.

**Parallelbetrieb** (Parallelübertragung): Betriebsart in der *Nachrichten-* und *Datentechnik,* bei der die Bits einer Information gleichzeitig auf mehreren Kanälen übertragen und verarbeitet werden; im Gegensatz zur **Serienübertragung,** bei der die Bits einer Information nacheinander auf einem Kanal übertragen und verarbeitet werden.

**Parallelenaxiom** ↑euklidische Geometrie.

**parallelentreu** ↑Ähnlichkeitsabbildung, ↑affine Abbildung, ↑Kongruenzabbildung.

**Parallelflach** (Parallelepiped, Spat): Körper, dessen Oberfläche von sechs Parallelogrammen gebildet wird, von denen je zwei kongruent sind und in parallelen Ebenen liegen (Abb. 1). Spezielle Formen des Parallelflachs sind der ↑Quader und der ↑Würfel.

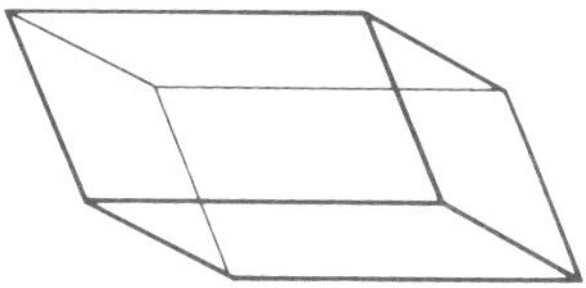

Abb. 1: Parallelflach

**Parallelkreis,** svw. Breitenkreis (↑Gradnetz).

**Parallelogramm:** Viereck, bei dem je zwei sich gegenüberliegende Seiten (Gegenseiten; $\overline{AB}$ und $\overline{CD}$ sowie $\overline{AD}$ und $\overline{BC}$ in Abb. 1) parallel und gleich lang sind. In einem Parallelogramm sind die (sich diagonal gegenüberliegenden) Gegenwinkel gleich groß ($\alpha = \gamma$, $\beta = \delta$), je zwei benachbarte Winkel ergänzen sich zu 180°. Die Diagonalen ($\overline{AC}$ und $\overline{BD}$) halbieren einander. Das Parallelogramm ist punktsymmetrisch zum Diagonalenschnittpunkt (*E*). Der Flächeninhalt *F* eines Parallelogramms ergibt sich als das Produkt aus der Länge der Grundlinie (eine beliebige Seite, z. B. *a*) und der Höhe (Abstand *h* der Gegenseite der Grundlinie von ihr selbst): $F = a \cdot h$. – Vgl. ↑Vierecksarten.

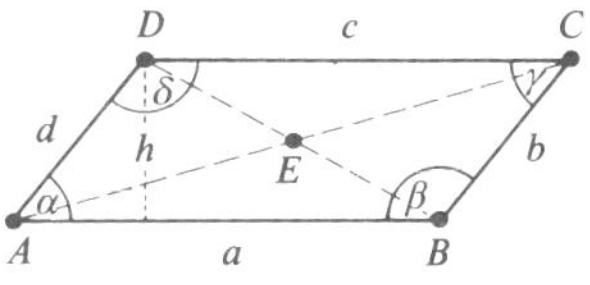


Abb. 1: Parallelogramm

**Parallelogrammregel** (Parallelogrammgleichung, Parallelogrammidentität): In einem Parallelogramm haben die Quadrate über den Diagonalen zusammen den gleichen Flächeninhalt, wie die Quadrate über den Seiten.

**Parallelprojektion** ↑Projektion.

**Parallelverschiebung** (Translation, Gleitung): Bewegung einer geometrischen Figur, bei der alle Punkte der Figur auf parallelen Geraden in derselben Richtung um gleich lange Strecken verschoben werden. Zwei Punkte $A$, $B$ und ihre Bildpunkte $A'$, $B'$ bilden ein Parallelogramm (Abb. 1), wenn die Gerade durch $A$ und $B$ nicht die gleiche Richtung wie die Verschiebung hat. Statt „Parallelverschiebung" benutzt man auch die Bezeichnung „Verschiebung". – Vgl. ↑Bewegung.

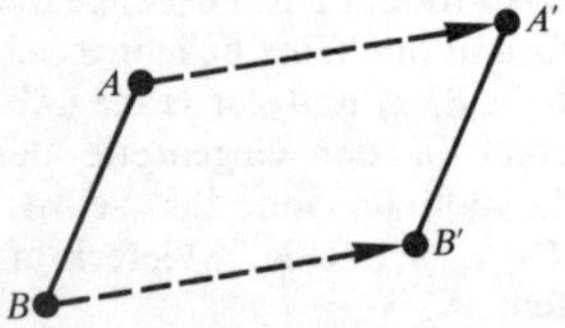


Abb. 1: Punkte und Bildpunkte bei einer Parallelverschiebung

**Parameterdarstellung**: Beschreibung einer Kurve oder Fläche durch Angabe der Koordinaten der Kurven- bzw. Flächenpunkte als Funktionen einer oder mehrerer (unabhängiger) veränderlicher Größen, der sog. Parameter; z. B.

$$x = x(t),\ y = y(t)$$

(Parameter $t$). Die Parameterdarstellung eines Kreises um den Nullpunkt mit dem Radius $r$ lautet z. B.

$$x = r \cos\varphi,\ y = r \sin\varphi$$

(Parameter ist hier der von der positiven $x$-Achse gezählte Winkel $\varphi$).

**Paritätsprüfung** (Parity check): Verfahren zur Erkennung von Fehlern bei der Informationsübertragung. Eine Folge von binären Signalen wird durch ein weiteres binäres Signal **(Prüfbit, Parity bit)** so ergänzt, daß die Gesamtzahl der Signale stets gerade bzw. stets ungerade ist. Jede Verfälschung einer ungeraden Anzahl von binären Signalen wird dadurch erkannt.

**Parkettierung**: Bezeichnung für die lückenlose und überlappungsfreie Überdeckung der Ebene oder einer geometrischen Figur mit Hilfe zueinander kongruenter, zusammenhängender Teilstücke (Parkettsteine). Abb. 1 zeigt ein Beispiel für eine Parkettierung (Grundfigur hervorgehoben). Eine Parkettierung der Ebene mit regelmäßigen Sechsecken ist in Abb. 2 dargestellt.

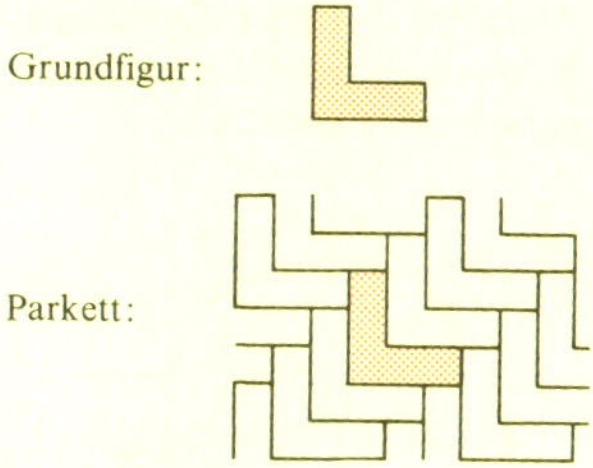


Abb. 1: Parkettierung

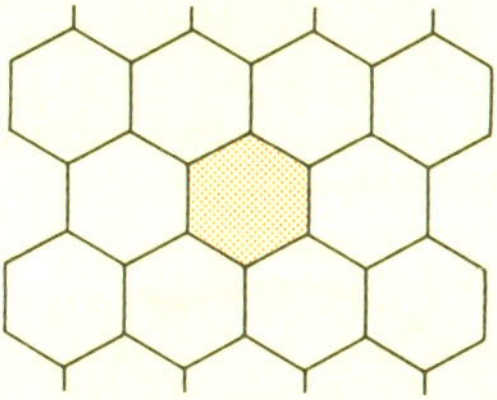

Abb. 2: Parkettierung mit regelmäßigen Sechsecken

**Parameter,** in ↑Gleichungen und Funktionen eine oder mehrere neben den eigentlichen Variablen auftretende, unbestimmt gelassene oder konstant gehaltene Hilfsvariable. – ↑auch Parabel.

**Parsec** ↑Längeneinheit.

**Partialbruch,** Bezeichnung für ↑Teilbruch.

**Partialordnung,** svw. ↑Halbordnung.

**partielle Ableitung:** ↑Ableitung einer Funktion mehrerer Variablen nach *einer* ihrer Variablen, wobei die anderen Variablen als konstant betrachtet werden.

**partielle Differentialgleichung** ↑Differentialgleichung.

**Partikularisator,** svw. Existenzquantor (↑Existenzaussage).

**Partition:** Zerlegung einer Menge in Teilmengen, so daß jedes Element der Menge in genau einer Teilmenge ist.

**PASCAL:** Bezeichnung für eine höhere ↑Programmiersprache, die nach dem französischen Mathematiker Blaise Pascal (1623–1662) benannt wurde. Sie wurde 1971 zum ersten Mal vorgestellt.

PASCAL bietet umfangreiche Möglichkeiten für strukturiertes Programmieren und eignet sich für mathematisch-technische und kommerzielle Probleme aller Art. Gegenüber ↑BASIC bietet PASCAL mehr Möglichkeiten bei der Wahl von Namen für Konstante und Variable. Das Schema eines PASCAL-Programms ist in Abb. 1 dargestellt.

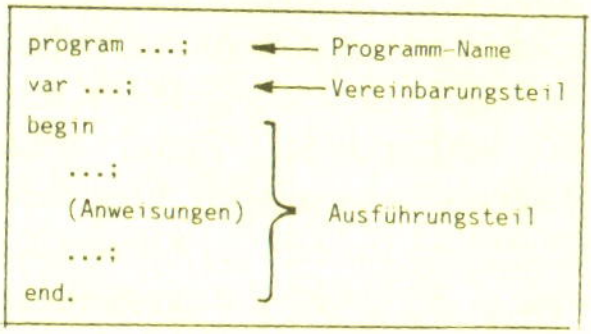


Abb. 1: Schema eines PASCAL-Programms

**Pascal, Satz von** (nach B. Pascal, 1623–1662): Lehrsatz der Geometrie: Die drei Schnittpunkte $X$, $Y$, $Z$ der Gegenseiten eines einem Kreis, allgemein einem Kegelschnitt einbeschriebenen Sechsecks (Sehnensechseck, Ecken $P_1, P_2, \ldots, P_6$) liegen auf einer Geraden, der **Pascalschen Geraden** (Abb. 1; Gegenseiten sind dabei solche Seiten, die jeweils durch zwei Seiten voneinander getrennt sind).

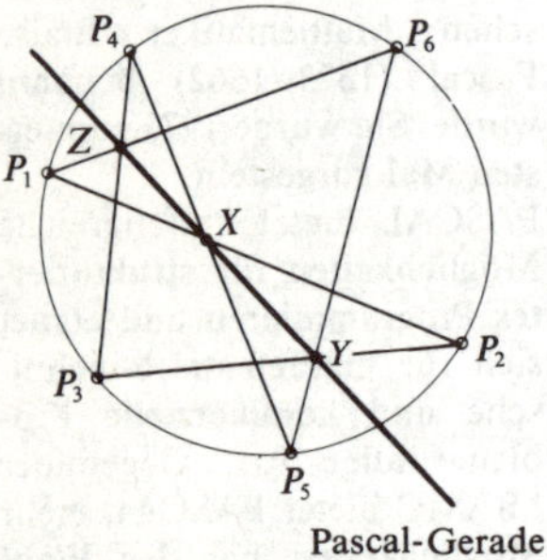


Abb. 1: Satz von Pascal

**Pascalsche Schnecke** (nach B. Pascal, 1623–1662): Rollt auf einem festen Kreis $k$ ein gleich großer Kreis $K$ ab, so beschreibt ein fest mit dem Kreis $K$ verbundener Punkt eine **Pascalsche Schnecke.** Liegt der Punkt im Innern des Kreises $K$, dann entsteht die gestreckte Form der Pascalschen Schnecke (Abb. 1). Liegt der Punkt auf dem Kreis, dann entsteht die spitze Form der Pascalschen Schnecke, welche man auch ↑Kardioide nennt. Liegt der Punkt im Äußeren des Kreises $K$, dann entsteht die geschlungene Form (Abb. 2).

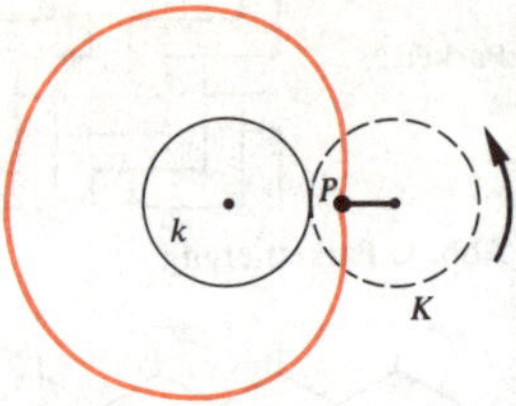


Abb. 1: Gestreckte Form der Pascalschen Schnecke

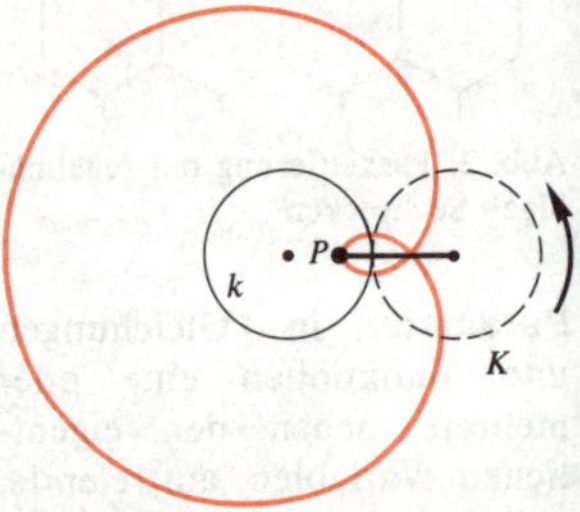


Abb. 2: Geschlungene Form der Pascalschen Schnecke

**Pascalsches Dreieck** (nach B. Pascal, 1623–1662): Zahlenschema, in dem jede Zahl außer der 1, die jeweils am linken und rechten Rand einer Zeile steht, die Summe der unmittelbar links und rechts darüberstehenden Zahlen ist.
Das Zahlenschema läßt sich als ein Dreieck darstellen.

| | | | | | | | | | | | | |
|---|---|---|---|---|---|---|---|---|---|---|---|---|
| | | | | | | 1 | | | | | | |
| | | | | | 1 | | 1 | | | | | |
| | | | | 1 | | 2 | | 1 | | | | |
| | | | 1 | | 3 | | 3 | | 1 | | | |
| | | 1 | | 4 | | 6 | | 4 | | 1 | | |
| | 1 | | 5 | | 10 | | 10 | | 5 | | 1 | |
| 1 | | 6 | | 15 | | 20 | | 15 | | 6 | | 1 |
| ... | | ... | | ... | | ... | | ... | | ... | | ... |

Beispielsweise gilt $6 = 1 + 5$, $15 = 5 + 10$, $4 = 3 + 1$.
In der $n$-ten Zeile stehen die Koeffizienten **(Binomialkoeffizienten)** der Entwicklung von $(a + b)^n$. Die Zahlen der dritten Schrägspalte (1, 3, 6, 10, ...) sind die **Dreieckszahlen,** die der vierten Schrägspalte (1, 4, 10, 20, ...) die **Pyramidenzahlen (Pyramidalzahlen).** Das Zahlenschema war dem persischen Mathematiker, Astronom und Dichter Omar Chaijam (1048–1131) bereits um 1100 bekannt.

**Pasch,** ein beim Würfeln auftretendes ↑Ereignis.

**Passante** ↑Kreis.

**Peanosches Axiomensystem.** Auf den italienischen Mathematiker G. Peano (1858 bis 1932) geht die Beschreibung der Menge ℕ der ↑natürlichen Zahlen durch folgende Axiome zurück:

(P1) 1 ist eine natürliche Zahl.
(P2) der Nachfolger jeder natürlichen Zahl ist eine natürliche Zahl.
(P3) 1 ist nicht Nachfolger einer natürlichen Zahl.
(P4) Verschiedene natürliche Zahlen haben verschiedene Nachfolger.
(P5) Wenn eine Teilmenge von ℕ die Zahl 1 enthält, und mit jeder natürlichen Zahl auch deren Nachfolger, dann ist diese Teilmenge gleich ℕ.

Axiom (P5) heißt **Induktionsaxiom.** Es beinhaltet das *Prinzip der ↑vollständigen Induktion.* Mit Hilfe der Axiome (P1) bis (P5) und den obigen Definitionen der Addition und der Multiplikation lassen sich alle bekannten Eigenschaften der natürlichen Zahlen beweisen.

**Peilung:** Bestimmung einer Richtung bzw. eines Winkels bezüglich einer Bezugsrichtung, z. B. als Kompaßpeilung auf Kompaßnord.

**Peirce-Funktion** (nach C. S. Peirce, 1839 bis 1914; *Nicod-Funktion* (nach J. Nicod); *Antialternative*; Bezeichnungen: $A \downarrow B$ *(Peirce-Pfeil),* $A$ NOR $B$ (Abk. für „NOT OR“)): Schaltfunktion der ↑Schaltalgebra, die durch folgende Tabelle festgelegt wird:

| $A$ | $B$ | $A$ NOR $B$ |
|---|---|---|
| 0 | 0 | 1 |
| 0 | 1 | 0 |
| 1 | 0 | 0 |
| 1 | 1 | 0 |

Für $A \downarrow B$ benutzt man die Sprechweise „weder $A$ noch $B$".
Schaltsymbol:

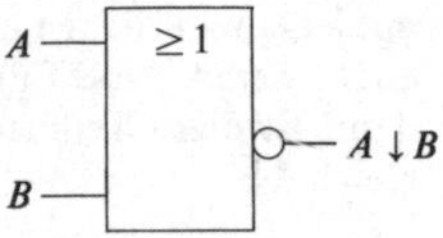


bzw.

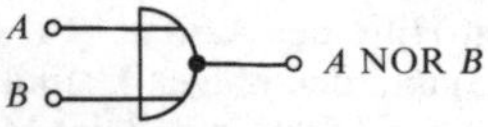


**Pentagon,** svw. ↑Fünfeck.
**Pentagonalzahlen,** svw. ↑Fünfeckszahlen.
**Pentagondodekaeder** ↑Dodekaeder.
**Pentagonikositetraeder** ↑Ikositetraeder.
**Pentagramm** (Sternfünfeck, Fünfstern): Figur, die aus einem regelmäßigen Fünfeck

Abb. 1: Drudenfuß

durch Verlängerung der Seiten entsteht; wurde als magisches Zeichen *(Drudenfuß)* im Altertum verwendet (Abb. 1).

**Periode:** 1) ↑Dezimalbruchentwicklung, ↑periodische Dezimalzahl; 2) ↑periodische Funktion, ↑trigonometrische Funktionen.
**periodische Dezimalzahl:** Dezimalzahl mit unendlich vielen Stellen hinter dem Komma, bei der sich eine Zahl oder Zifferngruppe **(Periode)** ständig wiederholt; z. B. 374 bei der periodischen Dezimalzahl

$$65{,}374374374... = 65{,}\overline{374}.$$

Eine periodische Dezimalzahl stellt stets eine ↑rationale Zahl dar.
**periodische Funktion:** Bezeichnung für eine Funktion $f(z)$, für die $f(z+p) = f(z)$ gilt. Den Zahlenwert $p \neq 0$ bezeichnet man als die **Periode** der Funktion $f(z)$. Für die Sinusfunktion $\sin z$ gilt z. B.

$$\sin(z + 2\pi) = \sin z;$$

sie hat die Periode $2\pi$.
**periodische Kettenbruchentwicklung** ↑Kettenbruch.
**periphere Geräte,** svw. ↑Peripheriegeräte.
**Peripherie:** Begrenzungslinie einer geometrischen Figur, speziell die des ↑Kreises (Kreisperipherie).
**Peripheriegeräte** (periphere Geräte, Ein- und Ausgabegeräte; auch *I/O*-Geräte, *I/O* Abk. für *I*nput/*O*utput): Geräte einer Datenverarbeitungsanlage, mit deren Hilfe die Ein- und

Ausgabe von Daten, Programmen usw. erfolgt.
Neben elektrischen Schreibmaschinen, Lochkartenlesern, Druckern, Datensichtgeräten usw. faßt man auch zusätzliche Datenspeicher (z.B. Magnetbandspeicher, Plattenspeicher, Trommelspeicher) als periphere Geräte auf.

Die zur Umsetzung von Daten in schriftliche oder visuelle Form dienende Datenstelle bezeichnet man als **Terminal.** Ein oft verwendetes Terminal ist das **Datensichtgerät (Bildschirmanzeigegerät, Display).** Dieses besteht im wesentlichen aus einer Kathodenstrahlröhre oder einer Farbbildröhre, auf deren Schirm **(Monitor)** die Informationen angezeigt werden, einem speziellen Speicher zur Bilderstellung und einer Tastatur sowie gegebenenfalls einem **Lichtstift (Lichtgriffel)** zur Dateneingabe. **Teletypes** (Fernschreiber) sind im Prinzip elektrische Schreibmaschinen, die mit Endlospapier arbeiten. Ein Ausgabegerät mit wesentlich höherer Ausgabegeschwindigkeit ist der **Drucker (Printer).** Je nach technischer Ausführung können zwischen 20 Zeichen pro Sekunde bis in die Größenordnung von 1000 Zeilen pro Sekunde gedruckt werden. Ein Ausgabegerät für Zeichnungen, Kurven usw. ist der **Plotter** (Kurvenschreiber).
Im kommerziellen Bereich werden heute zunehmend **Belegleser, Klarschriftleser** und **Magnetkartenleser** eingesetzt.

**Peripheriewinkel,** svw. ↑Umfangswinkel; vgl. ↑Kreis.

**Permutation:** Zusammenstellung aller Elemente einer endlichen Menge in einer Reihenfolge, bei der jedes Element genau einmal vorkommt. Die Menge $\{a, b, c\}$ besitzt die 6 Permutationen

$$\begin{array}{ccc} a\,b\,c & \quad & b\,c\,a \\ a\,c\,b & & c\,a\,b \\ b\,a\,c & & c\,b\,a \end{array}$$

Eine Menge mit $n$ Elementen besitzt

$$n! = 1 \cdot 2 \cdot 3 \cdot \ldots \cdot n$$

(↑Fakultät) Permutationen.
Die Anzahl der fixpunktfreien Permutationen von $n$ Elementen wird durch die ↑Rencontre-Zahl $R_n$ gegeben.
Vgl. ↑zyklische Permutation.

**Perspektive:** Darstellung dreidimensionaler (räumlicher) Objekte auf einer Bildfläche; dabei werden die Bedingungen, unter denen uns die Gegenstände im Raum erscheinen, wiedergegeben, d.h., daß z.B. gleich große Gegenstände bei zunehmender Entfernung kleiner erscheinen (Verkürzung) und Parallelen, die in die Tiefe führen (z.B. Eisenbahnschienen), scheinbar in einem Punkt zusammenlaufen. Eine

Perspektive gibt also nicht die Wirklichkeit objektiv wieder, sondern ein unter bestimmten Bedingungen entstandenes Erscheinungsbild, das auf den betrachtenden Menschen bezogen ist. Stellt man ein transparentes Medium (z.B. Glas) senkrecht auf, durch das man die dahinter befindlichen Gegenstände bzw. den Raum mit einem Auge fixiert, und zeichnet man auf dem Glas die Umrißlinien mit ihren Verkürzungen nach, so erhält man eine räumliche Wiedergabe von Gegenständen auf der Zeichenebene (Bildebene), bei der gerade Linien als ebensolche wiedergegeben sind **(Linearperspektive).** Die Linearperspektive ist also eine Darstellung dreidimensionaler Objekte auf einer Bildfläche unter der Annahme, daß sie durch eine Blickrichtung fixiert werden. Denkt man sich alle wichtigen Punkte des darzustellenden, auf einer Grundfläche ruhenden Gegenstandes durch sogenannte Sehstrahlen mit dem Auge des Betrachters *(Augpunkt, Zentralpunkt)* verbunden und schneidet diese Sehstrahlen mit einer Ebene *(Bildebene),* so ergibt die Schnittfigur ein ebenes Bild des Gegenstandes (*Zentralprojektion;* Abb. 1); man spricht deshalb von **Zentralperspektive** (bei senkrechter Bildebene auch von **Malerperspektive**). Die parallel zur Bildebene verlaufenden Geraden bleiben parallel, die in die Tiefe führenden, zur Bildebene senkrechten Geraden *(Fluchtlinien)* werden Schräge, die sich in einem gemeinsamen Punkt, dem *Fluchtpunkt* schneiden, der durch die

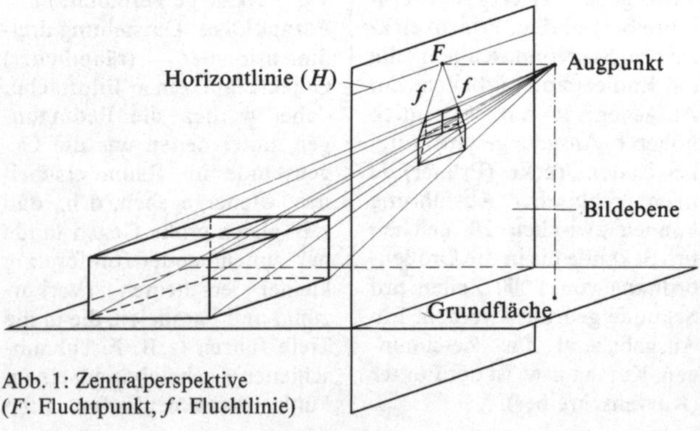


Abb. 1: Zentralperspektive
(*F*: Fluchtpunkt, *f*: Fluchtlinie)

senkrechte Projektion des Augpunktes auf die Bildebene fixiert ist. Die durch diesen Punkt verlaufenden waagrechte, d. h. zur Grundebene parallele Linie bezeichnet man als die *Horizontlinie* (auch kurz als Horizont). Liegt sie tief, und damit auch der Augpunkt (Abb. 2), spricht man von **Froschperspektive** *(Untersicht),* liegt sie hoch, von **Vogelperspektive** *(Aufsicht);* vgl. Abb. 3. Je nach Stellung der Gegenstände zur Zeichenebene werden bei der Zentralperspektive Frontal- und Übereckperspektive unterschieden. Die **Frontalperspektive** ergibt sich, wenn ein rechtwinkliger Körper so zur Zeichenebene steht, daß die in die Tiefe führenden Kan-

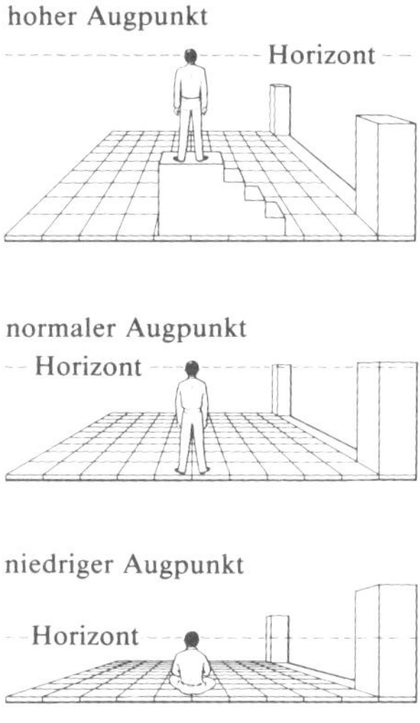


Abb. 2: Veränderung des Horizonts bei Veränderung des Augpunkts

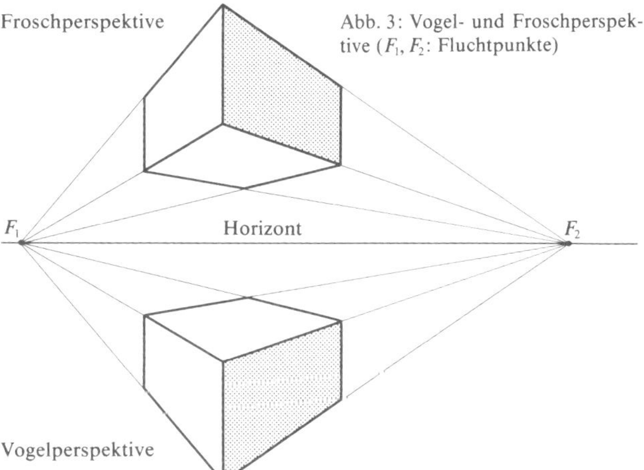


Abb. 3: Vogel- und Froschperspektive ($F_1$, $F_2$: Fluchtpunkte)

ten in ihrer Verlängerung rechtwinklig auf sie stoßen (Abb. 4). Die zur Bildebene parallelen Geraden verlaufen parallel und schneiden sich nicht. Geraden, die senkrecht zur Bildebene verlaufen, werden in solche

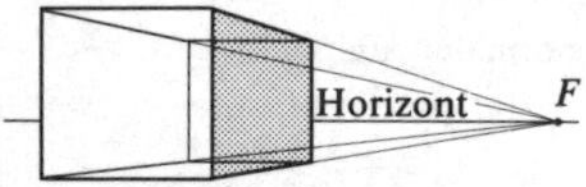


Abb. 4: Frontalperspektive
(*F*: Fluchtpunkt)

Geraden überführt, die sich in einem Punkt schneiden. Die Frontalperspektive wird deshalb auch als *Einpunktperspektive* bezeichnet. Die **Übereckperspektive** oder *schräge Ansicht* wird auch als *Fluchtpunktperspektive* oder *Mehrpunkt-* oder *Zweipunktperspektive* bezeichnet. Sie wird angewendet, wenn keine Flächen parallel zur Bildebene verlaufen. Der Betrachter blickt dabei schräg auf einen Gegenstand. Wenn das Objekt ein Quader ist (Abb. 5), ergeben sich zwei Fluchtpunkte. – Bei perspektivischen Darstellungen werden in der Regel keine wahren Größen, sondern nur Größenverhältnisse abgebildet (im Gegensatz zu Darstellungen, die durch eine ↑Projektion gewonnen werden). – Bei der **polyvalenten Perspektive** ist jedes einzelne Teil perspektivisch richtig, aber die einheitliche Zuordnung fehlt (Abb. 6).

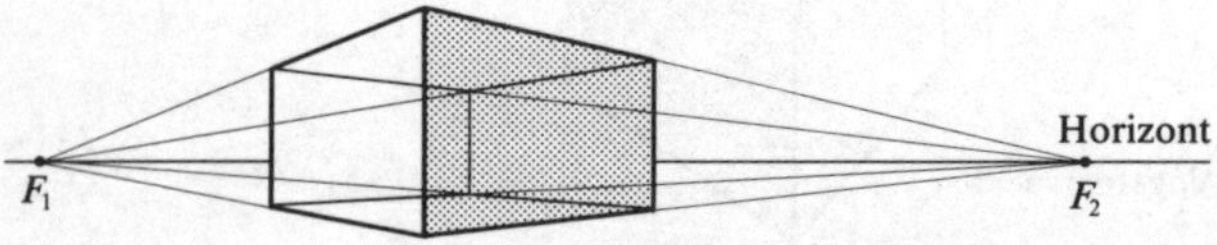


Abb. 5: Übereckperspektive
($F_1$, $F_2$: Fluchtpunkte)

Abb. 6: Beispiele für die polyvalente Perspektive

**Perzent,** österreichische Bezeichnung für ↑Prozent.

**Peta...,** Zeichen P, Vorsatz vor Einheiten, bezeichnet das $10^{15}$fache der betreffenden Einheit (↑Vorsatzzeichen).

**Pfandbriefe** ↑Anleihen.

**Pfeil:** 1) ↑Vektorrechnung; 2) ↑mathematische Zeichen (Folgerungspfeil).

**Pfeildiagramm:** Diagramm, durch das eine Relation *R* veranschaulicht wird: Man verbindet die gemäß *R* miteinander verknüpften [als Punkte dargestellten] Elemente durch Pfeile; steht dabei ein Element in Relation zu sich selbst, so erhält es einen in sich zurücklaufenden Pfeil bzw. eine Schleife (Abb. 1).

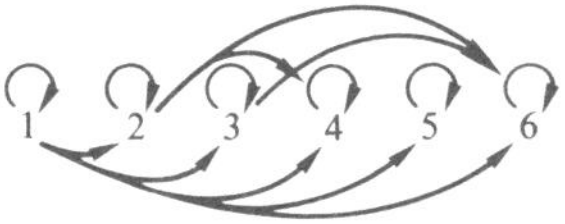


Abb. 1: Teilbarkeitsrelation in der Menge $\{1, 2, 3, 4, 5, 6\}$

**Pferdewetten:** Bezeichnung für verschiedene Glücksspiele; verbreitet sind heute Pferdetoto und Pferdelotto sowie eine Kombination daraus *(Rennquintett)*. Beim **Pferdetoto** muß man auf die drei Erstplazierten in der richtigen Reihenfolge wetten, wobei die anzukreuzenden Nummern durch das Rennprogramm gegeben sind (Programmnummer für Pferdetoto). Es starten stets 18 Pferde, so daß es hier

$$18 \cdot 17 \cdot 16 = 4896$$

verschiedene Tipreihen gibt. Beim **Pferdelotto** muß man auf die vier Erstplazierten in beliebiger Reihenfolge wetten, wobei die anzukreuzenden Nummern durch eine Auslosung gegeben sind (Auslosungsnummer für Pferdelotto). Beim Start von 18 Pferden gibt es hier

$$\binom{18}{4} = 3060$$

verschiedene Tipmöglichkeiten. Beim **Rennquintett** „3 + 4 aus 18" sind Pferdetoto und Pferdelotto miteinander kombiniert. Ihm liegt ein für die jeweilige Veranstaltung festgesetztes Galopp- oder Trabrennen zugrunde, an welchem 18 Pferde teilnehmen. Eine **Systemwette** (ein **Wettsystem**) beim Rennquintett besteht aus der Angabe von

a) festen Zahlen für das Pferdetoto ($0 \leqq a \leqq 3$), welche **Bankzahlen** heißen;

b) **Systemzahlen** für das Pferdetoto ($3 - a \leqq b \leqq 18 - a$), mit denen die $a$ Bankzahlen auf

$$\frac{b!}{(a+b-3)!}$$

Arten zu einem 3er-Tip aufgefüllt werden können;

c) **Systemzahlen** für das Pferdelotto ($4 \leqq c \leqq 18$), aus welchem $\binom{c}{4}$ Tips im Pferdelotto zu bilden sind.

Das System $(a; b; c)$ besteht aus

$$\frac{b!}{(a+b-3)!}\binom{c}{4}$$

Tips.

**Pfingsten** ↑ Kalender.

**Phasenverschiebung** ↑ trigonometrische Funktionen.

**Pi** (π), svw. ↑Kreiszahl.

**Piko...,** Zeichen p, Vorsatz vor Einheiten, bezeichnet den $10^{12}$ten Teil der betreffenden Einheit (↑Vorsatzzeichen).

**PL/1:** Abkürzung für *P*rogramming *L*anguage *1*; höhere ↑Programmiersprache, die in den Jahren 1964–1967 entwikkelt wurde. Diese Sprache ist für alle Zwecke geeignet, speziell jedoch für Probleme aus dem mathematisch-technischen und dem kommerziellen Bereich.

**Planimeter:** Gerät zur mechanischen Ausmessung krummlinig begrenzter ebener Flächen. Beim **Polarplanimeter** wird durch Umfahren der Fläche mit einem am freien Ende des Fahrarms befestigten Fahrstift eine Meßrolle so bewegt, daß an einer Skala der Zahlenwert des Flächeninhalts abgelesen werden kann.

**Planimetrie** ↑Geometrie.

**Planungsvieleck** ↑Optimierung.

**platonische Körper** (kosmische Körper): Bezeichnung für geometrische Körper, die kongruente ↑regelmäßige Vielecke (↑Vieleck) als Seitenflächen haben, von denen in jeder Ecke gleich viele zusammenstoßen. Daraus folgt, daß sich in jeder Ecke auch ebenso viele Kanten treffen.
Solche Körper werden auch **regelmäßige Körper, regelmäßige Polyeder** oder **reguläre Polyeder** genannt.

**Platzhalter,** svw. ↑Variable.

**plus** ↑Addition, ↑Grundrechenarten.

**Poincaré-Modell** (nach J. H. Poincaré, 1854–1912): Modell der hyperbolischen Geometrie (↑nichteuklidische Geometrie): Als „Punkte" werden die Punkte einer Halbebene ohne die Begrenzungsgerade betrachtet, als „Geraden" alle Halbkreise und Halbgeraden, die rechtwinklig zur Begrenzungsgeraden sind.
In Abb. 1 ist angedeutet, daß zu jeder Geraden $g$ und jedem Punkt $P$ außerhalb $g$ unendlich viele „Parallelen" durch $P$ existieren.

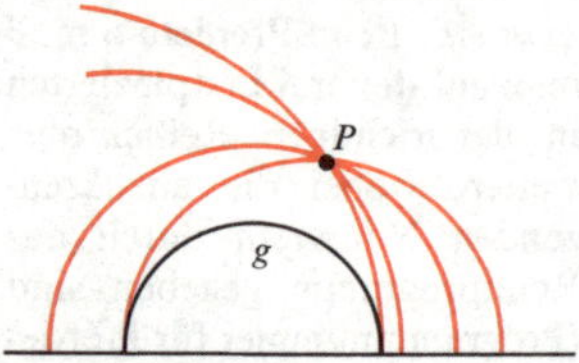


Abb. 1: „Parallelen" durch $P$ zur „Geraden" $g$

**Poisson-Verteilung** (nach S. D. Poisson, 1781–1840). Eine Zufallsgröße $X$ mit den Werten $k = 0, 1, 2, 3, \ldots$ besitzt eine Poisson-Verteilung, wenn

$$P(X = k) = \frac{\mu^k}{k!} e^{-\mu}$$

mit $\mu > 0$ (↑Exponentialfunk-

**Tetraeder**

$e=4$

$f=4$

$k=6$

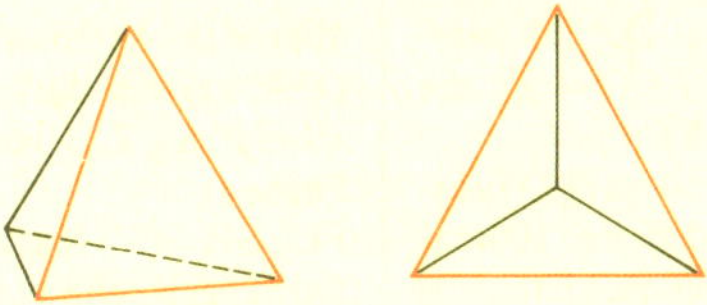

$S=\frac{a^2}{4}\sqrt{3}$

$O=a^2\sqrt{3}$

$V=\frac{a^3}{12}\sqrt{2}$

**Hexaeder**

$e=8$

$f=6$

$k=12$

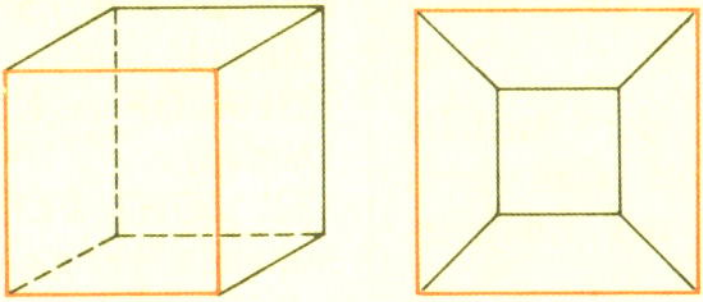

$S=a^2$

$O=6a^2$

$V=a^3$

**Oktaeder**

$e=6$

$f=8$

$k=12$

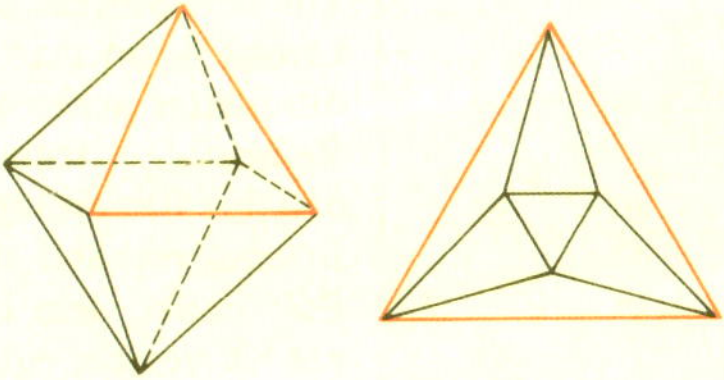

$S=\frac{a^2}{4}\sqrt{3}$

$O=2a^2\sqrt{3}$

$V=\frac{a^3}{3}\sqrt{2}$

**Dodekaeder**

$e=20$

$f=12$

$k=30$

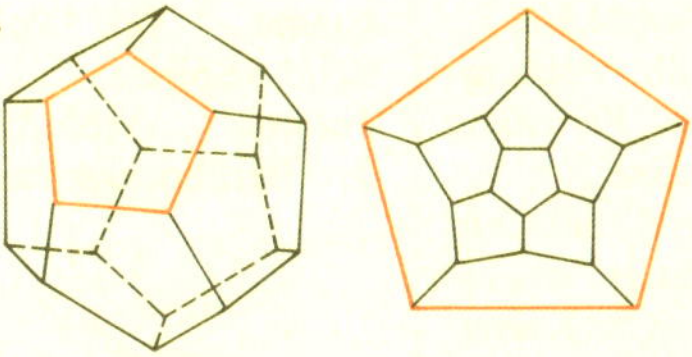

$S=\frac{a^2}{4}\sqrt{25+10\sqrt{5}}$

$O=3a^2\sqrt{25+10\sqrt{5}}$

$V=\frac{a^3}{4}(15+7\sqrt{5})$

**Ikosaeder**

$e=12$

$f=20$

$k=30$

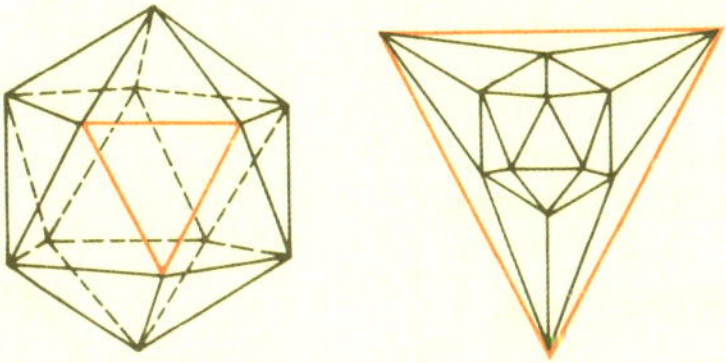

$S=\frac{a^2}{4}\sqrt{3}$

$O=5a^2\sqrt{3}$

$V=\frac{5}{12}a^3(3+\sqrt{5})$

$a$: Kantenlänge, $S$: Seitenfläche, $O$: Oberfläche, $V$: Volumen, $e, f, k$: Ecken-, Flächen- bzw. Kantenanzahl

tion, ↑Fakultät). Der ↑Erwartungswert ist $E(X) = \mu$, die ↑Varianz ist $V(X) = \mu$.

*Beispiel:* Wie groß ist die Wahrscheinlichkeit, daß bei 100maligem Drehen des Rouletterads genau zweimal der Ausfall ZÉRO erscheint? Die Zufallsgröße

$X :=$ Anzahl der Ausfälle ZÉRO bei 100maligem Drehen des Rouletterads

hat den Erwartungswert $\mu = 100 \cdot \frac{1}{37}$. Es ist

$$P(X=2) = \frac{\mu^2}{2!} e^{-\mu} = \frac{1}{2}\left(\frac{100}{37}\right)^2 e^{-\frac{100}{37}} = 0{,}2447\ldots$$

Die gesuchte Wahrscheinlichkeit beträgt also etwa 24,5%. Man bezeichnet die Poisson-Verteilung auch als *Verteilung der seltenen Ereignisse.*

**Pokern:** Glücksspiel, bei dem jeder Spieler 5 Karten aus einem Kartenspiel mit 52 Karten (4 Farben zu je 13 Blatt) erhält. Dabei sind folgende Konstellationen von Bedeutung:

ONE PAIR (z. B. 2 Könige)
TWO PAIRS (z. B. 2 Neuner und 2 Könige)
THREE OF A KIND (z. B. 3 Siebener)
STRAIGHT (5 fortlaufende Werte beliebiger Farbe, wobei über das As hinaus weitergezählt werden darf; z. B. Dame, König, As, 2, 3 von beliebigen Farben)
FLUSH (5 Karten gleicher Farbe, z. B. alle von Kreuz)
FULL HOUSE (ein Dreier und ein Paar; z. B. 3 Siebener und 2 Könige)
FOUR OF A KIND (z. B. 4 Damen)
STRAIGHT FLUSH (5 fortlaufende Werte gleicher Farbe, z. B. 4, 5, 6, 7, 8 von Herz)

Mit den Mitteln der ↑Kombinatorik kann man zeigen, daß die Blätter in der angegebenen Reihenfolge seltener werden, daß ihre Bewertung im Spiel also entsprechend steigen muß.

**Pol:** Punkt, dem bezüglich einer Kurve oder einer Fläche eine besondere Bedeutung zukommt. – Vgl. ↑Polare, ↑Polstelle, ↑Spirale.

**Polare:** Verbindungsgerade der Berührungspunkte zweier

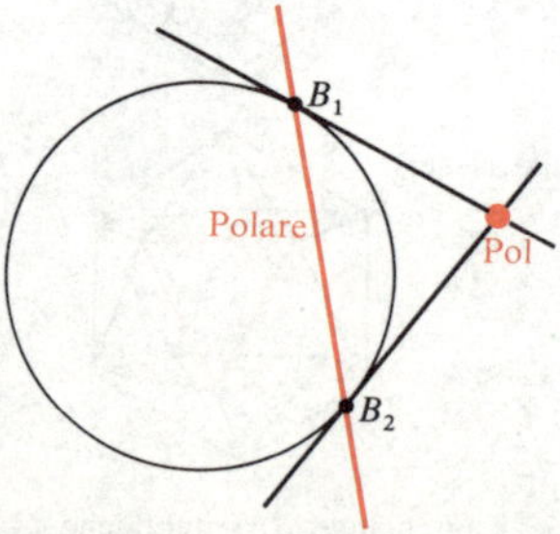

Abb. 1: Kreis und Polare

Tangenten an einen Kegelschnitt (Abb. 1). Der Tangentenschnittpunkt heißt der **Pol** zur Polaren (bezüglich des Kegelschnitts).

**Polstelle:** Eine Funktion $f$ besitzt dort einen **Pol,** wo die Funktionswerte betragsmäßig über alle Grenzen wachsen. Den Wert, für den dies zutrifft, bezeichnet man auch als **Polstelle.**

*Beispiel:* Die Funktion

$$f(x) = \frac{1}{x}$$

hat bei 0 eine Polstelle.

**Polyeder** (Ebenflächner, Vielflach, Vielflächner): *Körper,* der allseitig von ebenen Flächen begrenzt ist. Die Schnittlinien der **Seitenflächen** heißen **Kanten.** Die Kanten stoßen in den **Ecken** zusammen.

Ein Polyeder heißt ↑konvex, wenn die Verbindungsstrecke zweier beliebiger Punkte des Polyeders ganz im Innern oder auf den Seitenflächen liegt.

↑Archimedische Körper und ↑platonische Körper sind konvexe Polyeder mit zusätzlichen Eigenschaften.

**Polygon,** svw. ↑Vieleck.

**Polygonalzahlen** *(Vieleckszahlen):* Bezeichnung für die Glieder einer Folge natürlicher Zahlen, die bei Anordnen aller natürlichen Zahlen in gewissen regelmäßigen Vieleckmustern entsteht.

Man nennt diese Zahlen auch **figurierte Zahlen.** Beispiele sind die ↑Dreieckszahlen, die ↑Viereckszahlen sowie die ↑Fünfeckszahlen.

**Polygonzug:** Streckenzug, durch den mehrere Punkte der Ebene oder des Raumes verbunden werden (Abb. 1). Fallen erster und letzter Punkt eines Polygonzugs zusammen, so spricht man von einem geschlossenen Polygonzug.

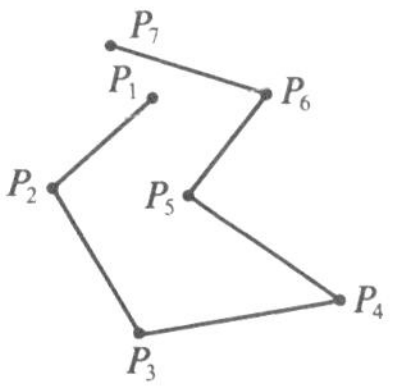


Abb. 1: Nicht geschlossener Polygonzug

**Polynom:** Die Terme

$$3x^2 + 4x - 17,$$
$$5x^9 + 6x^8 - 5x^3 + x^2 + x - 1,$$
$$0{,}3 \cdot x^4 - \sqrt{2} \cdot x^3 + \pi \cdot x^2 - x$$

sind Beispiele für Polynome, genauer für Polynome in einer Variablen.

Allgemein ist ein *Polynom in einer Variablen* vom **Grad** $n$ ein Term der Form

$$a_n x^n + a_{n-1} x^{n-1} + \ldots + a_2 x^2 + a_1 x + a_0$$

mit $a_n \neq 0$. Die **Koeffizienten** $a_0, a_1, \ldots, a_n$ sind dabei reelle

Zahlen. – Die angegebenen Polynome sind vom Grad 2 bzw. 9 bzw. 4.

Eine ↑Funktion *f*, deren Funktionsterm ein Polynom ist, nennt man **Polynomfunktion.** Die Werte von Polynomen bzw. Polynomfunktionen für bestimmte *x*-Werte kann man auch mit dem ↑Horner-Schema ausrechnen.

*Polynome in mehreren Variablen* sind z. B. die Ausdrücke

$$x^2+5y^2-1,$$
$$3xy-7z+25.$$

**Portofunktion:** Treppenfunktion, die das Porto (z. B. für Briefe) in Abhängigkeit vom Gewicht angibt (Abb. 1).

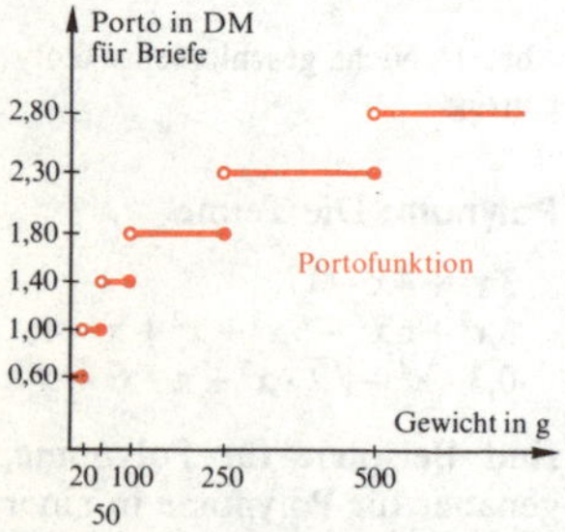


Abb. 1: Portofunktion für Briefe (Stand: 1. 1. 1985)

**Positionssystem,** svw. ↑Stellenwertsystem.

**positiv,** größer als Null (Zeichen: $>0$). Positive Zahlen kennzeichnet man zuweilen durch das Vorzeichen + (plus), ↑negative stets durch das Vorzeichen – (minus).

**positiver Drehsinn** ↑Drehung.

**positiver Umlaufsinn** ↑Umlaufsinn.

**Postfixnotation** ↑Notation.

**postnumerando** ↑Rentenrechnung.

**Potenz.** Für eine natürliche Zahl *n* definiert man

$$a^n = \underbrace{a \cdot a \cdot \ldots \cdot a}_{\text{Produkt aus } n \text{ Faktoren } a}$$

für jede Zahl *a*; man liest dies „*a* hoch *n*". Es gilt also

$$a^1 = a,$$
$$a^2 = a \cdot a,$$
$$a^3 = a \cdot a \cdot a,$$
$$a^4 = a \cdot a \cdot a \cdot a$$

usw.

Die Zahl $a^n$ ist eine **Potenz,** genauer die *n-te Potenz von a.* Dabei heißt *a* **Grundzahl** oder **Basis** und *n* **Hochzahl** oder **Exponent** der Potenz. Für das Rechnen mit Potenzen gelten die ↑Potenzregeln.

Als Folgerung aus der ersten und der zweiten Regel erhält man die Regeln für Quotienten:

$$\frac{a^r}{a^s} = a^{r-s} \quad \text{und} \quad \left(\frac{a}{b}\right)^r = \frac{a^r}{b^r}.$$

Damit der Ausdruck $a^{r-s}$ auch für $r < s$ erklärt ist, definiert man auch Potenzen mit negativen Exponenten:

$$a^{-n} = \frac{1}{a^n} = \left(\frac{1}{a}\right)^n;$$

dabei muß $a \neq 0$ sein. Ferner setzt man

$$a^0 = 1 \text{ für alle } a \text{ mit } a \neq 0.$$

Die Festsetzung ist zweckmäßig, weil dann die Potenzregeln angewendet werden können:

$$a^0 = a^{n-n} = \frac{a^n}{a^n} = 1.$$

*Beispiele:*

1) $2^7 \cdot 2^4 = 2^{11} = 2\,048$;
2) $2^4 \cdot 5^4 = 10^4 = 10\,000$;
3) $(5^2)^3 = 5^6 = 15\,625$;

4) $\left(-\frac{3}{5}\right)^3 = (-1)^3 \cdot \frac{3^3}{5^3} = -\frac{27}{125}$;

5) $(-2^3)^{-2} = (-1)^{-2} \cdot (2^3)^{-2} = (-1)^2 \cdot \left(\frac{1}{2^3}\right)^2 = \frac{1}{64}$.

Man beachte den Unterschied zwischen $(a^r)^s$ und $a^{(r^s)}$. Beispielsweise ist

$$(2^3)^2 = 2^6 = 64$$

und

$$2^{(3^2)} = 2^9 = 512.$$

Sehr große und sehr kleine Zahlen kann man übersichtlich mit Hilfe von Zehnerpotenzen schreiben.

*Beispiele:* 6) Ein Lichtjahr (1 Lj) ist die Strecke, die das Licht in einem Jahr zurücklegt. Es ist

1 Lj ≈ 9 460 500 000 000 km;

dafür schreibt man kürzer

$$1 \text{ Lj} \approx 9{,}4605 \cdot 10^{12} \text{ km}.$$

7) Die Masse eines Wasserstoffatoms ist

0,000 000 000 000 000 000 000 001 67 g;

dafür schreibt man kürzer

$$1{,}67 \cdot 10^{-24} \text{ g}.$$

Zur Benennung der positiven und negativen Zehnerpotenzen hat man Vorsilben erfunden, z. B. *Kilo*gramm, *Milli*meter (↑Vorsatzzeichen).

Für positive Basen $a$ erklärt man auch Potenzen mit gebrochenen Exponenten, und zwar mit Hilfe von ↑Wurzeln:

$$a^{\frac{1}{n}} = \sqrt[n]{a}.$$

Dann gilt

$$\left(a^{\frac{1}{n}}\right)^n = a^{\frac{n}{n}} = a^1 = a.$$

Ferner setzt man für natürliche Zahlen $m, n$

$$a^{\frac{m}{n}} = (\sqrt[n]{a})^m = \sqrt[n]{a^m}.$$

Diese Definitionen sind so getroffen worden, daß die Potenzregeln auch für gebrochene Exponenten gelten.

*Beispiele:*

8) $36^{\frac{3}{4}} \cdot 5^{-\frac{1}{3}} = (6^2)^{\frac{3}{4}} \cdot 5^{-\frac{1}{3}} = \left(\frac{6^9}{5^2}\right)^{\frac{1}{6}} = 6\sqrt[6]{\frac{6^3}{5^2}} = 6\sqrt[6]{8{,}64} = 8{,}59\ldots$

Die Potenzen $2^{\frac{97}{105}}$ und $5^{-\frac{23}{60}}$ berechnet man mit Hilfe der $y^x$-Taste des ↑Taschenrechners.

Man definiert auch Potenzen, deren Exponenten beliebige ↑reelle Zahlen (also auch irrationale Zahlen) sind.
Potenzen mit rationalen Exponenten sind nur für eine positive Basis definiert, erst recht also Potenzen mit reellen Exponenten.

**Potenzfunktion:** Bezeichnung für eine Funktion $f$ der Art

$$f(x) = x^r,$$

wobei $r$ eine reelle Zahl ist. Für natürliche Zahlen $r$ (also $r = 1, 2, 3, \ldots$) kann man als Definitionsbereich von $f$ die Menge $\mathbb{R}$ aller reellen Zahlen wählen; für ganzzahlige negative $r$ (also $r = -1, -2, -3, \ldots$) und für $r = 0$ muß man die Stelle $x = 0$ weglassen, da dort $f(x)$ nicht definiert ist. Für alle übrigen Exponenten $r$ muß man sich auf den Definitionsbereich $\mathbb{R}^+$ (Menge der positiven reellen Zahlen) beschränken, für

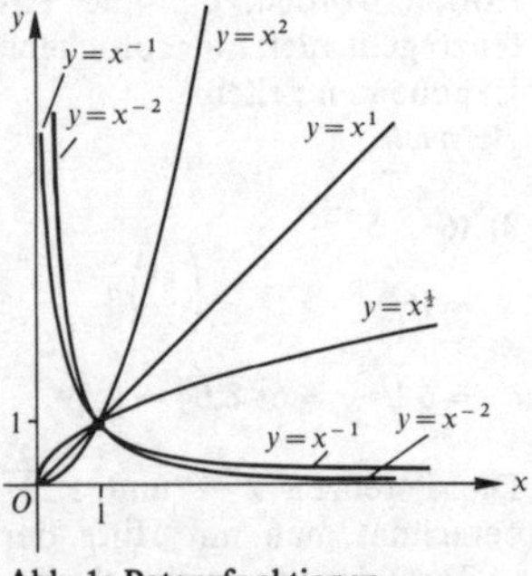


Abb. 1: Potenzfunktionen

$r > 0$ kann man noch die Stelle $x = 0$ hinzunehmen: $f(0) = 0$.
Für ganzzahlige Exponenten $r$ heißt die Potenzfunktion $x^r$ **gerade (ungerade),** wenn $r$ gerade (ungerade) ist.
Abb. 1 zeigt die Graphen einiger Potenz-Funktionen für $x > 0$.

**Potenzieren:** Bildung eines Produkts aus gleichen Faktoren; Berechnung einer ↑Potenz.

**Potenzlinie,** svw. ↑Chordale.

**Potenzmenge:** Menge aller Teilmengen einer gegebenen Menge.

**Potenzregeln:** Für das Rechnen mit ↑Potenzen gelten folgende Regeln:

1) Zwei Potenzen mit gleicher Basis werden multipliziert, indem man die Exponenten addiert und die Basis beibehält:

$$a^r \cdot a^s = a^{r+s}.$$

2) Zwei Potenzen mit gleichem Exponenten werden multipliziert, indem man die Basen multipliziert und den Exponenten beibehält:

$$a^r \cdot b^r = (a \cdot b)^r.$$

3) Eine Potenz wird potenziert, indem man die Exponenten multipliziert und die Basis beibehält:

$$(a^r)^s = a^{r \cdot s}.$$

Als Folgerung aus den Potenzregeln erhält man die Regeln

für Quotienten:

$$\frac{a^r}{a^s} = a^{r-s} \quad \text{und} \quad \left(\frac{a}{b}\right)^r = \frac{a^r}{b^r}.$$

**Potenzschreibweise:** Darstellung sehr großer und sehr kleiner Zahlen als Produkt mit einer Zehnerpotenz.

*Beispiele:*
1) $4\,500\,000 = 4{,}5 \cdot 10^6$;
2) $0{,}00000000167 = 1{,}67 \cdot 10^{-9}$.

**ppb,** Abkürzung für engl. **p**arts **p**er **b**illion (= Teile auf eine Milliarde [billion, amerikan. für Milliarde]), bei Konzentrationsangaben verwendete Bezeichnung, die besagt, daß die Zahlenangabe den Anteil einer Substanz in 1 Milliarde (= $10^9$) Teilen der Grund- oder Gesamtsubstanz angibt. Ein ppb entspricht einem Gramm pro 1 000 Tonnen.

**ppm,** Abkürzung für engl. **p**arts **p**er **m**illion (= Teile auf eine Million), bei Konzentrationsangaben übliche Bezeichnung, die besagt, daß die Zahlenangabe den Anteil einer Substanz in 1 000 000 Teilen der Grund- oder Gesamtsubstanz angibt. Ein ppm entspricht einem Gramm pro Tonne.

**ppq,** Abkürzung für engl. **p**arts **p**er **q**uadrillion (= Teile auf eine Billiarde [quadrillion, amerikan. für Billiarde]), bei Konzentrationsangaben verwendete Bezeichnung, die besagt, daß die Zahlenangabe den Anteil einer Substanz in 1 Billiarde (= $10^{15}$) Teilen der Grund- oder Gesamtsubstanz angibt. Ein ppq entspricht einem Milligramm (= tausendstel Gramm) auf 1 000 000 Tonnen.

**ppt,** Abkürzung für engl. **p**arts **p**er **t**rillion (= Teile auf eine Billion [trillion, amerikan. für Billion]), bei Konzentrationsangaben verwendete Bezeichnung, die besagt, daß die Zahlenangabe den Anteil einer Substanz in 1 Billion (= $10^{12}$) Teilen der Grund- oder Gesamtsubstanz angibt. Ein ppt entspricht einem Gramm auf 1 000 000 Tonnen.

**praenumerando** ↑Rentenrechnung.

**Präfixnotation** ↑Notation.

**Prämie** ↑Versicherungsmathematik.

**Prämisse** ↑Schluß.

**prim,** teilerfremd, keine gemeinsame Teiler (außer einer Einheit, z. B. der Eins) besitzend; z. B. sind die Zahlen 8 und 9 prim zueinander, während 6 und 9 den gemeinsamen Teiler 3 besitzen, also nicht prim zueinander sind.

**Primärteiler:** Teiler einer Zahl, die Potenzen einer Primzahl sind (einschließlich 1). Die Primärteiler von 360 (= $2^3 \cdot 3^2 \cdot 5$) sind 1, 2, $2^2$, $2^3$, 3, $3^2$, 5.

**Primfaktorzerlegung.** Jede ↑natürliche Zahl $n > 1$ kann eindeutig als Produkt von ↑Primzahlen geschrieben werden. Dies besagt der **Funda-**

**mentalsatz der elementaren Zahlentheorie.** Als Produkt ist dabei auch ein „Produkt“ mit nur einem Faktor zulässig (z. B. 7), um auch die Primzahlen zu erfassen. „Eindeutig“ bedeutet „eindeutig bis auf die Reihenfolge der Faktoren“.
Die Primfaktorzerlegung von 1 260 ist

$$7 \cdot 2 \cdot 5 \cdot 2 \cdot 3 \cdot 3.$$

**Primteiler:** Eine ↑Primzahl, welche ein ↑Teiler einer Zahl ist, bezeichnet man als *Primteiler* dieser Zahl.

**Primzahl:** Natürliche Zahlen lassen sich oft als Produkt zweier anderer natürlicher Zahlen darstellen, z. B.

$$18 = 3 \cdot 6;$$

solche Zahlen bezeichnet man auch als *zusammengesetzte* bzw. *zerlegbare Zahlen*. Natürliche Zahlen, die sich nicht als Produkt anderer Zahlen darstellen lassen, z. B. 13, heißen *unzerlegbar*. Die *Primzahlen* sind genau die von 1 verschiedenen unzerlegbaren Zahlen. Primzahlen sind nur durch sich selbst und durch 1 *teilbar*. Jede zusammengesetzte Zahl läßt sich in ein Produkt aus Primzahlen zerlegen (↑Primfaktorzerlegung).
Die Zahl 2 ist die einzige gerade Primzahl (da jede gerade Zahl durch 2 teilbar ist), dagegen gibt es unendlich viele ungerade Primzahlen. Eine einfache Methode, Primzahlen aus einer Zahlenreihe auszusondern, ist das ↑Sieb des Eratosthenes.
Die zur Zeit größte bekannte Primzahl ist

$$2^{216091} - 1.$$

Diese Zahl hat 65 050 Stellen. Ihre Primzahleigenschaft wurde 1985 mit Hilfe eines Hochleistungscomputers nachgewiesen.

**Primzahlzwillinge:** Paar von ↑Primzahlen, die den Abstand 2 haben. Die ersten Primzahlzwillinge sind

$$(3,5), (5,7), (11,13),$$
$$(17,19), (29,31), (41,43).$$

Es ist bis heute nicht bewiesen, ob es unendlich viele Primzahlzwillinge gibt.

**Printer** ↑Peripheriegeräte.

**Prisma.** Ein Prisma ist ein geometrischer Körper, der von zwei kongruenten Vielecken, die in parallelen Ebenen liegen, als Grundfläche und Deckfläche und von Parallelogrammen als Seitenflächen begrenzt wird. Sind die Seitenflächen rechtwinklig zur Grundfläche, so liegt ein *gerades* Prisma vor, andernfalls ein *schiefes* Prisma.
Das ↑Volumen eines (geraden oder schiefen) Prismas ist

$$V = G \cdot h,$$

wenn $G$ der Inhalt der Grundfläche und $h$ die Länge der Höhe (= Abstand von Grund- und Deckfläche) ist (Abb. 1).

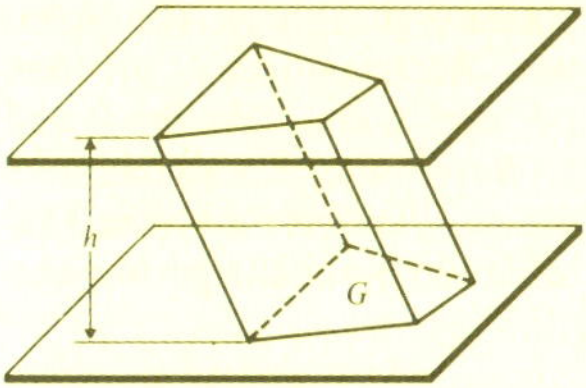


Abb. 1: Prisma

Ist die Grundfläche eines geraden Prismas ein regelmäßiges $n$-Eck, so bezeichnet man es als *regelmäßiges (n-seitiges) Prisma.*
Spezielle Prismen sind *Quader* und *Würfel.* Ein Prisma, dessen Grundfläche ein Parallelogramm ist, heißt **Parallelepiped** oder **Spat** (Abb. 2).

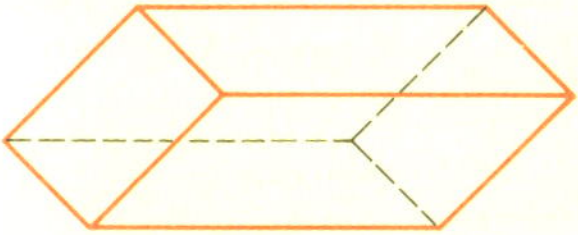

Abb. 2: Parallelepiped

**Probe:** Verfahren zur Prüfung der Richtigkeit einer durchgeführten Rechnung oder einer Gleichung.
1) Die Probe zu einer *Rechenaufgabe* **(Rechenprobe)** besteht im allgemeinen darin, daß man die *Umkehraufgabe* löst:

| Aufgabe | Umkehraufgabe |
|---|---|
| $a - b = c$ | $c + b = a$ |
| $a : b = c$ | $c \cdot b = a$ |
| $\sqrt[n]{a} = b$ | $b^n = a$ |
| $\log_n a = b$ | $n^b = a$ |

Bei den Grundrechenarten für natürliche Zahlen benutzt man zur Probe oft *Teilbarkeitsregeln,* und zwar die ↑*Endziffernregeln* und die ↑*Quersummenregeln.*
2) Die Probe zu einer Gleichung besteht im allgemeinen im *Einsetzen* der gefundenen Lösung(en):

| Gleichung | Lösung | Probe | Fehler? |
|---|---|---|---|
| $2x+3=17$ | 7 | $2\cdot 7+3=17$ | nein |
| $5x-9=86$ | 17 | $5\cdot 17-9=76 \neq 86$ | ja |

Wird eine Gleichung durch ↑Äquivalenzumformung gelöst, so dient die Probe lediglich zur Kontrolle. Wird die Gleichung durch Umformungen gelöst, bei denen sich die Lösungsmenge ändert, dann ist die Probe zur Bestimmung der Lösungsmenge unerläßlich.
Dies ist z. B. bei ↑Wurzelgleichungen der Fall.

**Produkt:** 1) ↑Multiplikation, ↑Grundrechenarten, vgl. ↑russische Multiplikation; 2) ↑kartesisches Produkt; 3) ↑Skalarprodukt; 4) ↑Spatprodukt; 5) ↑Vektorprodukt.

**produktgleich** ↑Dreisatzrechnung.

**Produktgleichung** ↑Verhältnisgleichung.

**Produktmenge,** svw. ↑kartesisches Produkt.

**Produktregel** ↑Ableitungsregeln.

**Produktzeichen:** Für das Produkt mehrerer Zahlen benutzt man das Produktzeichen $\prod$ (griechischer Großbuchstabe Pi):

$$a_1 \cdot a_2 \cdot \ldots \cdot a_n =: \prod_{i=1}^{n} a_i.$$

*Beispiele:*

1) $\prod_{i=2}^{4}\left(1-\frac{1}{i}\right)$

$$= \left(1-\frac{1}{2}\right)\left(1-\frac{1}{3}\right)\left(1-\frac{1}{4}\right).$$

2) $\prod_{i=1}^{n} i = n!$ (↑Fakultät).

3) $\prod_{i=1}^{\infty}\left(1-\frac{1}{i^2}\right)$

ist ein ↑unendliches Produkt.

**Programm:** Bezeichnung für eine Arbeitsanweisung (bzw. eine Folge von Anweisungen) für die Datenverarbeitungsanlage zur Lösung einer bestimmten Aufgabe. Das Programm wird gewöhnlich in einer ↑Programmiersprache abgefaßt.

**Programmiersprache:** Bezeichnung für eine künstliche, formalisierte Sprache zur Beschreibung eines ↑Algorithmus, der in einer elektronischen Rechenanlage bearbeitet werden soll. Ein in einer Programmiersprache niedergeschriebener Algorithmus heißt **Programm.** Die Darstellung erfolgt z. B. mit **Programmablaufplänen** (vgl. Abb. 1). Alle digitalen Rechenanlagen arbeiten mit den binären Werten 0 und 1. Bestimmte Kombinationen dieser Werte stellen vom Maschinentyp abhängige Maschi-

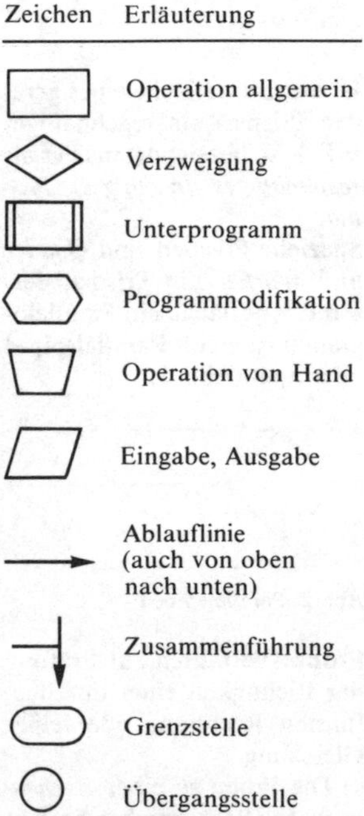


Abb. 1: Symbole für Programmablaufpläne

nenbefehle dar. Durch die Aneinanderreihung von verschiedenen Befehlen erhält man ein Programm in der **Maschinensprache.** Zur Verbesserung der Lesbarkeit und der Merkbarkeit der Befehle werden spezielle Abkürzungen (Symbole) verwendet **(Assemblersprache),** etwa MOV *B*, *C* für „Bewege den Inhalt des Registers *C* nach Register *B*". Ein Programm in Assemblersprache wird durch ein besonderes Übersetzungsprogramm, den **Assembler,** in die Maschinensprache der Rechenanlage übersetzt und kann dann ausgeführt werden. Assemblersprachen sind **maschinenorientiert,** da ihre Befehle eine ähnliche Struktur wie die Befehle der Maschinensprache haben. *Höhere Programmiersprachen* dienen zur Kommunikation zwischen Mensch und Computer, sie erfordern keine detaillierten Kenntnisse über den Aufbau des Rechners. Wichtige höhere Programmiersprachen wie z. B. ALGOL, ↑BASIC, COBOL, ELAN, FORTRAN, ↑PASCAL, PL 1 besitzen meist verschiedene Varianten („Dialekte").

**Programmierung:** Bezeichnung für das Aufstellen eines ↑Programms für eine elektronische Datenverarbeitungsanlage (EDV-Anlage). Zur Programmierung gehört meist eine vorher durchzuführende **Problemanalyse,** in der das Problem so untergliedert wird, daß ein Lösungsalgorithmus entwickelt werden kann.

Eine spezielle Art der Programmierung ist die **strukturierte Programmierung,** bei der, ausgehend von einem vorgegebenen Problem, geeignete Abstraktionen herausgearbeitet werden, die – aufeinander bezogen – in einer Hierarchie angeordnet werden können. Die strukturierte Programmierung umfaßt die schrittweise Verfeinerung vom (abstrakten) Modell zu (konkreten) Programmbausteinen **(Top-down-Programmentwicklung)** sowie das Zusammensetzen vorhandener Bausteine zu größeren Programmbestandteilen **(Bottom-up-Programmierung).**

**Projektion:** Abbildung eines Körpers auf eine Projektionsebene (Bild- oder Zeichenebene), ganz allgemein Abbildung des Raumes in die Ebene. Ziel ist die dem Körper gemäße Darstellung auf der Ebene, so daß z. B. räumliche Gegebenheiten ablesbar sind und ein Körper auch rekonstruierbar ist. Die Projektion ist ein grundlegendes Abbildungsverfahren der Geometrie, der Architektur und des technischen Zeichnens. Man unterscheidet ↑Zentralprojektionen und Parallelprojektionen. Bei den **Par-**

**allelprojektionen (Axonometrien)** unterscheidet man **senkrechte Projektionen (Normalprojektionen, Orthogonalprojektionen, Rechtwinkelprojektionen)** und **schiefwinklige (schiefe) Projektionen.**

Die Darstellung eines Körpers auf der Ebene entsteht durch die Kombination von Grundriß, Aufriß und Seitenriß in der sog. **Dreitafelprojektion,** aus der sich sowohl parallel- wie zentralprojektive Darstellungen entwickeln lassen. Bei der Normalprojektion werden Grundriß, Aufriß und Seitenriß winkel- und längentreu abgebildet. Schiefe Projektionen sind nicht winkeltreu und werden zur besseren Darstellung mit verkürzten Tiefenmaßen gekennzeichnet. Daher erscheint ein Würfel, der in der Normalprojektion als Quadrat dargestellt ist, bei einer schiefen Projektion als schiefwinkliges Gebilde, jedoch mit parallelen Kanten. Bei den Parallelprojektionen kann man vom Grundriß eines Körpers ausgehen **(Grundrißschrägbild, Militärprojektion):** Es werden alle zur Grundfläche parallelen Flächen und die Höhen wahr abgebildet, d. h. der Grundriß bleibt unverändert, alles übrige wird schräg dargestellt. Es kann auch vom Aufriß eines Körpers ausgegangen werden **(Aufrißschrägbild, Kavalierprojektion):** Es werden alle zum Aufriß parallelen Flächen und die Höhen wahr abgebildet. Es kann von der Raumachse eines Würfels ausgegangen werden, die senkrecht auf die Projektionsebene trifft **(Raumachsenschrägbild):** Es werden die Höhen und Tiefen wahr abgebildet. Beim Raumachsenschrägbild eines Würfels sind alle Kanten gleich lang. Es ergibt sich als scheinbarer Umriß ein Sechseck. Bei einer **isometrischen Parallelprojektion (Isometrie)** wird nur ein Grundmaß verwendet (z. B. Grundriß- und Raumachsenschrägbild). Bei **dimetrischer Darstellung (Dimetrie)** werden zwei Grundmaße verwendet. Sie entsteht bei einer Verkürzung einer nach hinten weisenden Kante eines Würfels. Beim Aufrißschrägbild eines Würfels mit der Kantenlänge $a$ wird die Tiefenerstreckung bei einer Schräge von 30° um $\frac{1}{3}a$, bei 45° um $\frac{1}{2}a$, bei 60° um $\frac{2}{3}a$ verkürzt. Die **trimetrische Darstellung (Trimetrie)** arbeitet mit drei Grundmaßen (z. B. Raumachsenschrägbild mit 11° und 20°, Höhe $a$, eine Tiefe $\frac{2}{3}a$, andere $\frac{5}{6}a$). Eine besonders für Geländewiedergaben benutzte Projektionsform ist die **kotierte Projektion,** bei der über dem Grundriß die Meßzahlen für die Höhen (Koten) angegeben sind, vor allem bei Landkarten. Die Darstellung von Körperschatten auf der Ebene wird auch **Schattenprojektion** genannt.

**Promille** [lat. mille = tausend], Zeichen ‰, Abk. p.m. (pro mille) oder v.T. (vom Tausend); Tausendstel; Hinweis[wort] bei Zahlenangaben, die sich auf die Vergleichszahl 1 000 beziehen.

**Promillerechnung:** Bruchteile von Größen kann man am besten miteinander vergleichen, wenn sie durch Brüche mit gleichem Nenner gegeben sind. Wählt man als Nenner 1 000, dann sind die Bruchteile in Tausendstel (↑Promille) gegeben. Man schreibt dann

$$\frac{1}{1000} = 1\,‰$$

(Sprechweise: 1 Promille)

und entsprechend

$$\frac{p}{1000} = p\,‰$$

(Sprechweise: $p$ Promille).

Man berechnet $p$‰ von einer Größe, indem man die Größe mit $\frac{p}{1000}$ multipliziert.

*Beispiel:* 2‰ von 50 000 DM sind 100 DM, denn

$$\frac{2}{1000} \cdot 50\,000 = 100.$$

Man berechnet also $p$‰ von der Größe $G$ nach folgender Formel:

$$\frac{p}{1000} \cdot G = W.$$

Dabei heißt

*G Grundwert,*
*W Promillewert,*
*p Promillesatz.*

**Proportion:** Bezeichnung sowohl für das ↑Verhältnis zweier Zahlen oder Größen als auch für eine ↑Verhältnisgleichung.

**proportional.** Haben zwei veränderliche Größen $x$ und $y$ stets den gleichen Quotienten, also

$$\frac{y}{x} = a \quad (a \text{ fest}),$$

so heißen sie **proportional** zueinander. Es ist dann

$$y = a \cdot x.$$

Dabei heißt $a$ der **Proportionalitätsfaktor.**

*Beispiel:* $x$ = getankte Menge Benzin in Liter, $y$ = zu bezahlender Betrag in DM, $\frac{y}{x}$ = Preis pro Liter (Literpreis).

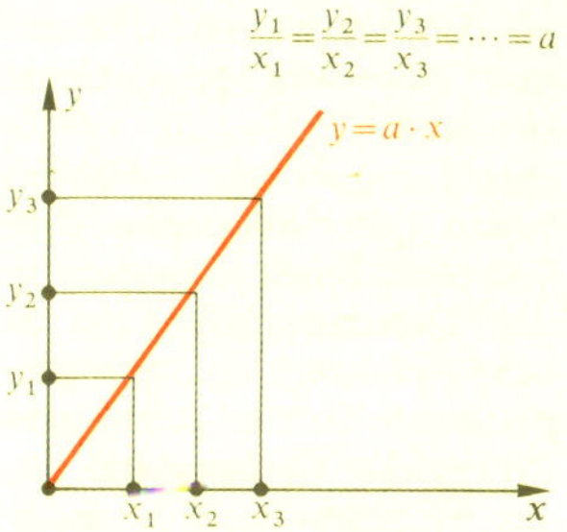


Abb. 1: Darstellung proportionaler Größen

Proportionale Größen stellt man mit Hilfe einer Geraden dar (Abb. 1).
Gilt $y = a \cdot x$, so nennt man $x$ und $y$ auch **direkt proportional.** Ist dagegen

$$y = a \cdot \frac{1}{x} \quad (a \text{ fest})$$

(also $x \cdot y = a$), so heißen die Größen $x$ und $y$ **umgekehrt proportional.** Solche Größen stellt man mit Hilfe einer ↑Hyperbel dar (Abb. 2).

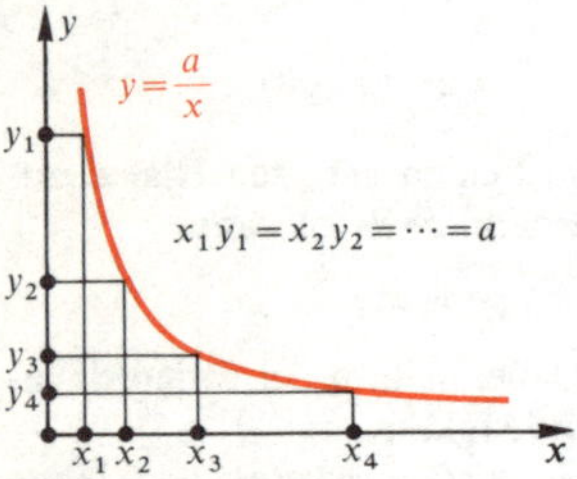


Abb. 2: Darstellung umgekehrt proportionaler Größen

*Beispiel:* Die (veränderbaren) Seitenlängen eines Rechtecks mit dem Flächeninhalt 12 cm² sind umgekehrt proportional zueinander.
Direkt proportionale Größen bilden **quotientengleiche Größenpaare.** Ihnen entspricht in der ↑Dreisatzrechnung der **direkte Dreisatz.** Umgekehrt proportionale Größen bilden **produktgleiche Größenpaare.** Ihnen entspricht in der Dreisatzrechnung der **umgekehrte Dreisatz.**

**Proportionale.** Es seien $a$, $b$, $c$ positive reelle Zahlen, etwa gegeben als Streckenlängen.
a) Die Lösung der ↑Verhältnisgleichung

$$a : b = c : x$$

nennt man die **vierte Proportionale** zu $(a, b, c)$. Es ist

$$x = \frac{b \cdot c}{a}.$$

b) Die Lösung der Verhältnisgleichung

$$a : b = b : x$$

nennt man die **dritte Proportionale** zu $(a, b)$. Es ist

$$x = \frac{b^2}{a}.$$

c) Die Lösung der Verhältnisgleichung

$$a : x = x : b$$

nennt man die **mittlere Proportionale** von $(a, b)$. Es ist

$$x = \sqrt{a \cdot b},$$

die mittlere Proportionale von $(a, b)$ ist also das geometrische Mittel (↑Mittelwert) von $a$ und $b$.

**Proportionalitätsfaktor** ↑proportional.

**Prozeduranweisung** ↑Anweisung.

**Prozent** [aus italien. per cento, lat. centum = hundert] (österr. auch Perzent), Zeichen %, Abk. p.c. (pro centum) oder v.H. (vom Hundert); Hundertstel; Hinweis[wort] bei Zahlenangaben, die sich auf die Vergleichszahl 100 beziehen; die Angabe 25% (einer Gesamtmenge) besagt $\frac{25}{100} = \frac{1}{4}$ (dieser Menge). – ↑Prozentrechnung.

**Prozentpunkte:** Differenz zwischen zwei Prozentzahlen; Beispiel: Bei 10% in einem Jahr, 12% im nächsten beträgt die Differenz 2 „Prozentpunkte".

**Prozentrechnung:** Bruchteile von Größen kann man am besten miteinander vergleichen, wenn sie durch Brüche mit gleichem Nenner gegeben sind. Wählt man als Nenner 100, so sind die Bruchteile in Hundertstel (↑Prozent) gegeben. Man schreibt

$$\frac{1}{100} = 1\%$$

(Sprechweise: 1 Prozent)

und entsprechend

$$\frac{p}{100} = p\%$$

(Sprechweise: $p$ Prozent).

Man berechnet $p\%$ von einer Größe, indem man die Größe mit $\frac{p}{100}$ multipliziert.

*Beispiele:*

1) 5% von 200 DM sind 10 DM, denn

$$\frac{5}{100} \cdot 200 = 10.$$

2) 17,3% von 324 kg sind 56,052 kg, dcnn

$$\frac{17{,}3}{100} \cdot 324 = 56{,}052.$$

3) 240% von 700 DM sind 1680 DM, denn

$$\frac{240}{100} \cdot 700 = 1680.$$

Berechnet man $p\%$ von der Größe $G$, also

$$\frac{p}{100} \cdot G = W,$$

so heißt $G$ der *Grundwert,*
$p$ der *Prozentsatz,*
$W$ der *Prozentwert.*

Den Prozentsatz erhält man mit der Formel

$$p = \frac{100 \cdot W}{G}.$$

*Beispiel 4:* Eine Lieferung wiegt insgesamt 350 kg, die Verpackung wiegt 7 kg. Wieviel % des Gesamtgewichtes sind das?

$$p = \frac{100 \cdot 7}{350} = 2.$$

Die Verpackung macht also 2% des Gesamtgewichtes aus.

Den Grundwert berechnet man mit der Formel

$$G = \frac{100 \cdot W}{p}.$$

*Beispiel 5:* Ein Autohändler hat an einem Autoverkauf 720 DM verdient. Er sagt, dies seien nur 3,4% des Preises. Wie teuer war das Auto?

$$G = \frac{100 \cdot 720}{3{,}4} = 21\,176{,}47.$$

Das Auto hat etwa 21000 DM gekostet.

Die Aufteilung einer Größe in Prozentwerte verschiedener Anteile veranschaulicht man durch **Streifendiagramme** (Abb. 1) oder **Kreisdiagramme** (Abb. 2).

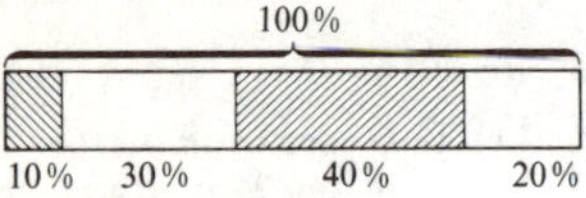


Abb. 1: Streifendiagramm

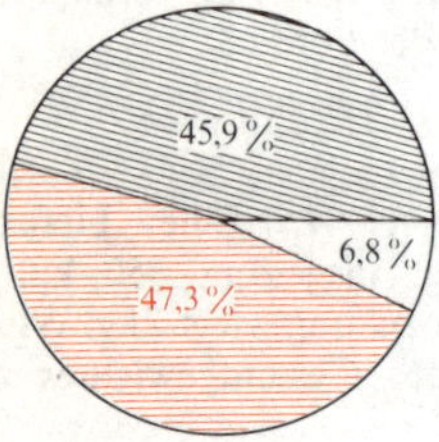


Abb. 2: Kreisdiagramm

Man bezeichnet in der Prozentrechnung

$$V_+ = G + W$$

(„Grundwert zuzüglich Prozentwert") als den **vermehrten Grundwert** und

$$V_- = G - W$$

(„Grundwert abzüglich Prozentwert") als den **verminderten Grundwert.** Beim Prozentsatz $p$ ist

$$V_+ = \left(1 + \frac{p}{100}\right) \cdot G$$

und

$$V_- = \left(1 - \frac{p}{100}\right) \cdot G.$$

*Beispiel 6:* Eine Schreibmaschine kostet 2130 DM zuzüglich 14% Mehrwertsteuer; bei Barzahlung gewährt der Händler 5% Rabatt. Was muß man bezahlen?

Der Preis $P$ ist

$$\left(1 - \frac{5}{100}\right)\left(1 + \frac{14}{100}\right) \cdot 2\,130 \text{ DM},$$

also

$$\begin{aligned} P &= 0{,}95 \cdot 1{,}14 \cdot 2\,130 \text{ DM} \\ &= 2\,306{,}79 \text{ DM}. \end{aligned}$$

Dabei sieht man, daß es gleichgültig ist, ob man erst die Mehrwertsteuer und dann den Rabatt berechnet oder umgekehrt.

**Punkt:** Der Punkt ist ein Grundgebilde der Geometrie. Er besitzt u.a. folgende Eigenschaften:

1. Zwei Punkte bestimmen genau eine Gerade (Verbindungsgerade).
2. Drei Punkte des Raumes, die nicht auf einer Geraden liegen, bestimmen genau eine Ebene.
3. Liegen drei Punkte auf einer Geraden, so kann man genau von einem der Punkte sagen, daß er zwischen den beiden anderen liegt.

Für die Beschreibung eines Punktes $P$ durch seine Koordinaten $x$, $y$ (in der Ebene) bzw. $x$, $y$, $z$ (im Raum) verwendet man folgende Schreibweisen:

$P(x, y)$ bzw. $P(x, y, z)$,
$P(x; y)$ bzw. $P(x; y; z)$,
$P(x|y)$ bzw. $P(x|y|z)$

und

$P = (x, y)$ bzw. $P = (x, y, z)$,
$P = (x; y)$ bzw. $P = (x; y; z)$,
$P = (x|y)$ bzw. $P = (x|y|z)$.

**Punktrechnung:** Bezeichnung für die beiden Grundrechenarten Multiplikation und Division.

**Punkt-Richtungs-Form der Geradengleichung:** Eine Gerade $g$ ist eindeutig durch einen Punkt $A$ von $g$ und einen Vektor $\vec{b}$ in Richtung der Geraden festgelegt. Ist $P$ ein beliebiger Punkt dieser Geraden und $\vec{a}$ der Ortsvektor von $A$, so gibt es eine reelle Zahl $p$, derart daß

$$\vec{a} + p\vec{b}$$

der Ortsvektor $\overrightarrow{OP}$ von $P$ ist. (In Abb. 1 ist beispielsweise $\overrightarrow{OP} = \vec{a} + 2{,}5\vec{b}$.)

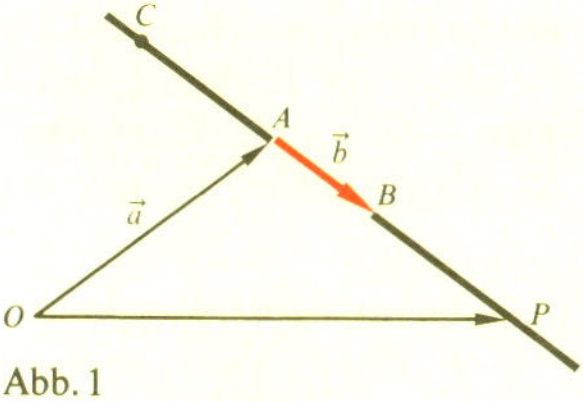

Abb. 1

Die Ortsvektoren aller Punkte der Geraden $g$ erhält man, indem man in der Vektorgleichung

$$\vec{x} = \vec{a} + k\vec{b}$$

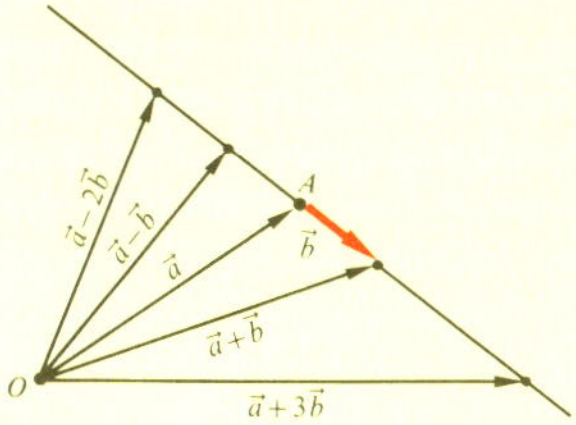

Abb. 2

$k$ alle reellen Zahlen durchlaufen läßt (Abb. 2).

**Punktspiegelung:** Bezeichnung für eine ↑Drehung um einen Fixpunkt $S$ *(Symmetriezentrum, Zentralpunkt)* um 180°. Sie läßt sich als eine doppelte Achsenspiegelung an zwei zueinander rechtwinkligen Geraden darstellen (Abb. 1).

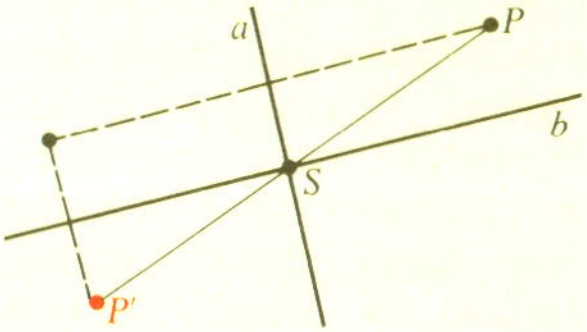

Abb. 1: Doppelte Achsenspiegelung an zwei zueinander rechtwinkligen Geraden

Der Name Punkt*spiegelung* für diese Abbildung rührt daher, daß genau wie bei einer Spiegelung an einer Geraden die zweifache Ausführung dieser Abbildung die ↑identische Abbildung liefert.

**Punkt-Steigungs-Form:** Eine

Gerade $g$ in der Ebene (nicht parallel zur $y$-Achse) durch den Punkt $A(x_A; y_A)$ mit der Steigung $m$ läßt sich durch die *Punkt-Steigungs-Form der Geradengleichung* beschreiben:

$$g: \frac{y - y_A}{x - x_A} = m.$$

**punktsymmetrisch:** Eine geometrische Figur, die durch eine ↑Punktspiegelung auf sich selbst abgebildet wird, nennt man *punktsymmetrisch* (vgl. ↑Deckabbildung, ↑Symmetrie). *Beispiele* für punktsymmetrische Figuren in der Ebene:
1) Die folgenden Buchstabenfiguren sind punktsymmetrisch:

2) Das Parallelogramm ist ein punktsymmetrisches Viereck.

**Pyramidalzahlen** (Pyramidenzahlen) ↑Pascalsches Dreieck.

**Pyramide:** Bezeichnung für einen geometrischen Körper, der von einem ebenen Vieleck ($n$-Eck) als Grundfläche und von $n$ in einem Punkt (der Spitze $S$ der Pyramide) zusammenstoßenden Dreiecken (den Seitenflächen der Pyramide) begrenzt wird. Ist $G$ der Flächeninhalt der Grundfläche und $h$ die Höhe der Pyramide (d.h. der Abstand der Spitze von der Grundfläche; Abb. 1), so beträgt das Pyramidenvolumen:

$$V = \frac{1}{3} G \cdot h$$

(vgl. ↑Cavalierisches Prinzip). Die Pyramide ist **regelmäßig (gerade),** wenn die Grundfläche ein regelmäßiges Vieleck ist und die Spitze senkrecht über dem Mittelpunkt der Grundfläche liegt; andernfalls spricht man von einer **unregelmäßigen** oder **schiefen Pyramide.**

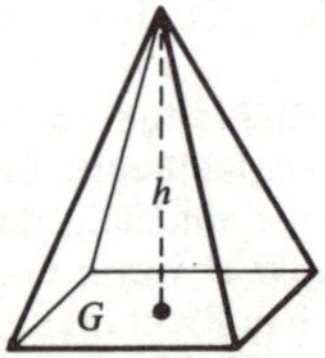


Abb. 1: Regelmäßige Pyramide

**Pyramidenstumpf:** Schneidet man eine ↑Pyramide mit einer zu ihrer Grundfläche parallelen Ebene, so bezeichnet man den zwischen der Schnitt- und der Grundfläche liegenden Teil der Pyramide als **Pyramidenstumpf,** den restlichen Teil der Pyramide als **Ergänzungspyramide.** – Ist $G$ der Flächeninhalt der Grundfläche, $G_s$ der der

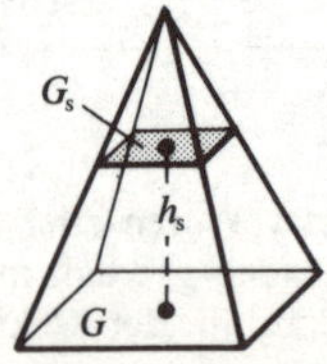


Abb. 1: Ergänzungspyramide und Pyramidenstumpf

Schnittfläche und ist $h_s$ der Abstand der Schnittfläche von der Grundfläche (Abb. 1), so beträgt der Rauminhalt (↑Volumen) des Pyramidenstumpfs

$$V = \frac{1}{3} h_s (G + \sqrt{G \cdot G_s} + G_s).$$

**Pyritoeder** ↑Dodekaeder.

**pythagoreischer Lehrsatz** (Satz des Pythagoras; nach Pythagoras von Samos, um 570 bis um 480 v. Chr.): Lehrsatz der Geometrie: Im rechtwinkligen Dreieck ist die Summe der Quadrate über den Katheten (Kathetenquadrate) gleich dem Quadrat über der Hypotenuse (Hypotenusenquadrat). Sind $a$ und $b$ die Längen der beiden Katheten, und ist $c$ die Länge der Hypotenuse, so gilt: $a^2 + b^2 = c^2$.

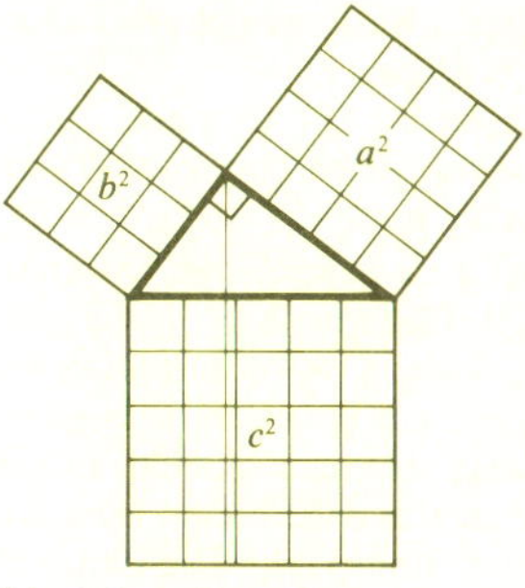


Abb. 1: Satz des Pythagoras

Als **allgemeinen pythagoreischen** Lehrsatz bezeichnet man den ↑Kosinussatz bzw. den Satz: Das Quadrat über einer einem spitzen bzw. stumpfen Winkel gegenüberliegenden Seite eines Dreiecks ist flächengleich der Summe der Quadrate über den beiden anderen Seiten, vermindert bzw. vermehrt um das doppelte Rechteck, das aus einer dieser Seiten und der Strecke gebildet wird, deren Länge der Projektion der anderen Seite auf diese entspricht (Abb. 2).

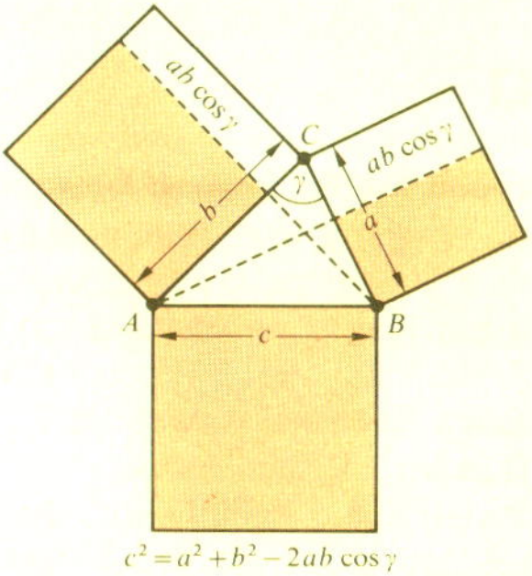


Abb. 2: Verallgemeinerter Satz des Pythagoras

Als **trigonometrischen pythagoreischen Lehrsatz** bezeichnet man die Beziehung

$$\sin^2\alpha + \cos^2\alpha = 1.$$

Vgl. ↑erweiterter Satz des Pythagoras.

**pythagoreisches Zahlentripel:** Die natürlichen Zahlen 3, 4, 5 haben die Eigenschaft, daß

$$3^2 + 4^2 = 9 + 16 = 25 = 5^2$$

gilt. Auch für die Zahlen 5, 12,

13 gilt

$5^2 + 12^2 = 25 + 144 = 169 = 13^2$.

Die Zahlentripel (3, 4, 5) und (5, 12, 13) sind Beispiele für pythagoreische Zahlentripel, d. h. Tripel $(a, b, c)$ natürlicher Zahlen (größer als 0) mit der Eigenschaft

$$a^2 + b^2 = c^2.$$

# Q

**q. e. d.:** Abkürzung für (lateinisch) **q**uod **e**rat **d**emonstrandum (= was zu beweisen war); q. e. d. wird manchmal als Schlußsatz bei mathematischen Beweisen verwendet.

**Quader** (Rechtecksäule, Rechtflach, Rechtkant): Bezeichnung für ein vierseitiges gerades ↑Prisma, dessen sechs Begrenzungsflächen paarweise kongruente Rechtecke sind (Abb. 1).

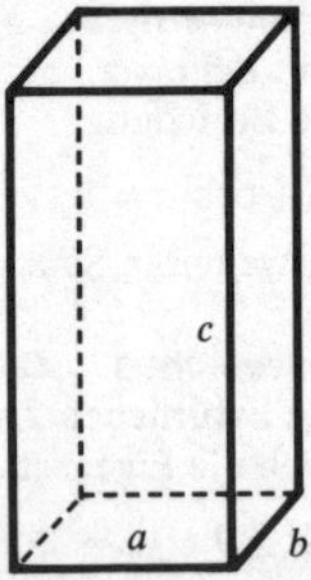


Abb. 1: Quader

Sind $a, b, c$ die Kanten des Quaders, so ist $V = abc$ das ↑Volumen und $O = 2(ab + ac + bc)$ die Oberfläche des Quaders. Ein Quader, dessen Grundfläche ein Quadrat ist (z. B. $a = b$), heißt **quadratische Säule.** Sind alle Kanten gleich lang, ist also $a = b = c$, so spricht man von einem Würfel.

**Quadrant:** 1) Die Ebene wird durch ein kartesisches oder auch schiefwinkliges ↑Koordinatensystem in vier Gebiete, die *Quadranten* eingeteilt.
2) Den vierten Teil des Kreisumfangs oder der Kreisfläche, der von zwei aufeinander senkrecht stehenden Radien und dem von ihnen ausgeschnittenen Teil des Kreisumfangs begrenzt wird, bezeichnet man als *Quadrant.*

**Quadrat:** 1) ↑Rechteck, dessen Seiten gleich lang sind (↑Vierecksarten).

Ist $a$ die Seitenlänge, so beträgt der Flächeninhalt $A = a^2$, der Umfang $U = 4a$. Die Diagonalen eines Quadrats sind gleich lang, stehen senkrecht aufeinander und halbieren einander im Schnittpunkt. Die Länge einer Diagonale ist $d = a\sqrt{2}$; Seite und Diagonale eines Quadrats sind also ↑inkommensurabel. Das Quadrat ist sowohl ↑Tangentenviereck als auch ↑Sehnenviereck.

2) Bezeichnung für zweite Potenz, ↑Quadratzahl. In dieser Bedeutung wurde früher in Deutschland das Kurzzeichen q in den Zusammensetzungen qkm, qm, usw. (Quadratkilometer, Quadratmeter) verwendet; heute ist die Schreibweise $km^2$, $m^2$ usw. verbindlich.

**quadratisch,** 1) von der Form eines Quadrats; 2) in die zweite Potenz erhoben.

**quadratische Approximation** ↑numerische Integration.

**quadratische Ergänzung:** Bezeichnung für einen mathematischen Ausdruck, den man auf beiden Seiten einer ↑quadratischen Gleichung addieren muß, um eine Seite der Gleichung zu einem vollständigen Quadrat zu machen.

**quadratische Gleichungen** (Gleichungen 2. Grades): Die Normalform dieser Gleichungen ist

$$x^2 + px + q = 0.$$

Darin ist $x^2$ das **quadratische Glied,** $px$ das **lineare** und $q$ das **absolute Glied.**

Ist $p = 0$, also kein lineares Glied vorhanden, so heißt die Gleichung **reinquadratisch.** Ist $p \neq 0$, dann heißt die Gleichung **gemischtquadratisch.**

*Beispiele:*

$$x^2 - 9 = 0$$

ist eine reinquadratische Gleichung.

$$x^2 + 5x - 10 = 0$$

ist eine gemischtquadratische Gleichung.

*Lösung der reinquadratischen Gleichung:*

Die Lösungsmenge der Gleichung $x^2 + q = 0$ ist

$$L = \{\sqrt{-q},\ -\sqrt{-q}\}.$$

*Beispiele:*

1) $x^2 - 9 = 0,$
$x^2 = 9,$
$x = 3$ oder $x = -3,$
$L = \{3, -3\}.$

2) $x^2 + 4 = 0,$
$x^2 = -4,$
$x = 2\mathrm{i},$
$L = \{2\mathrm{i}, -2\mathrm{i}\}$

(↑komplexe Zahlen).

*Lösung der gemischtquadratischen Gleichung:*

Falls $q = 0$ ist, hat die quadratische Gleichung

$$x^2 + px = 0$$

die Lösungsmenge

$$L = \{0, -p\}.$$

Falls $p \neq 0$ und $q \neq 0$ gilt, hat die quadratische Gleichung

$$x^2 + px + q = 0$$

die Lösungsmenge

$$L = \left\{-\frac{p}{2} + \sqrt{\left(\frac{p}{2}\right)^2 - q},\ -\frac{p}{2} - \sqrt{\left(\frac{p}{2}\right)^2 - q}\right\}.$$

Gebräuchlich ist auch die

folgende Lösungsformel: Die quadratische Gleichung:

$$ax^2+bx+c=0$$

hat die Lösungen

$$\frac{-b+\sqrt{b^2-4ac}}{2a}$$

und

$$\frac{-b-\sqrt{b^2-4ac}}{2a}.$$

*Beispiele:*

3) $x^2-x-30=0.$

Es ist $p=-1$, $q=-30$, also sind die Lösungen

$$x_1=\frac{1}{2}+\sqrt{\frac{1}{4}+30}$$
$$=\frac{1}{2}+\frac{11}{2}=6,$$
$$x_2=\frac{1}{2}-\sqrt{\frac{1}{4}+30}$$
$$=\frac{1}{2}-\frac{11}{2}=-5.$$

Es ergibt sich

$$L=\{-5,6\}.$$

4) $3x^2-10x+8=0.$

Es ist $a=3$, $b=-10$, $c=8$, also

$$x_1=\frac{10+\sqrt{100-4\cdot3\cdot8}}{6}$$
$$=\frac{10+\sqrt{100-96}}{6}$$
$$=\frac{10+2}{6}=2,$$
$$x_2=\frac{10-2}{6}=\frac{4}{3},$$
$$L=\left\{\frac{4}{3},2\right\}.$$

Jede quadratische Gleichung hat zwei Lösungen, die entweder verschieden und reell, gleich und reell oder konjugiert komplex sein können. Die Entscheidung darüber liefert die **Diskriminante** $D$. Diese ist definiert durch

$$D=\left(\frac{p}{2}\right)^2-q,$$

wenn die quadratische Gleichung in der Normalform gegeben ist, oder

$$D=b^2-4ac,$$

wenn die quadratische Gleichung in der Form

$$ax^2+bx+c=0$$

gegeben ist. Ist nämlich $D>0$, so gibt es zwei verschiedene reelle Lösungen. Ist $D=0$, so gibt es eine reelle Doppellösung (also eigentlich nur eine Lösung), ist dagegen $D<0$, so hat die Gleichung zwei konjugiert komplexe Lösungen, die sich durch das Vorzeichen des imaginären Anteils unterscheiden.

Sind $x_1$ und $x_2$ die Lösungen der quadratischen Gleichung in der Normalform

$$x^2+px+q=0,$$

so gilt

$$x_1+x_2=-p$$

und

$$x_1\cdot x_2=q.$$

Dies sind die **Vietaschen Wurzelsätze** für quadratische Gleichungen.

**quadratische Säule** ↑Quader.

**quadratisches Mittel** ↑Mittelwert.

**quadratische Ungleichung** ↑Ungleichung.

**Quadratmeter** ↑Flächeninhalt.

**Quadratrix:** Bezeichnung für jede zu geometrischen ↑Quadratur des Kreises oder anderer Figuren verwendete Hilfskurve. Die eigentliche *Quadratrix* hat die Darstellung

$$y = 1 - \frac{2}{\pi} \operatorname{arc} \sin x$$

bezüglich des in Abb. 1 angedeuteten Koordinatensystems.

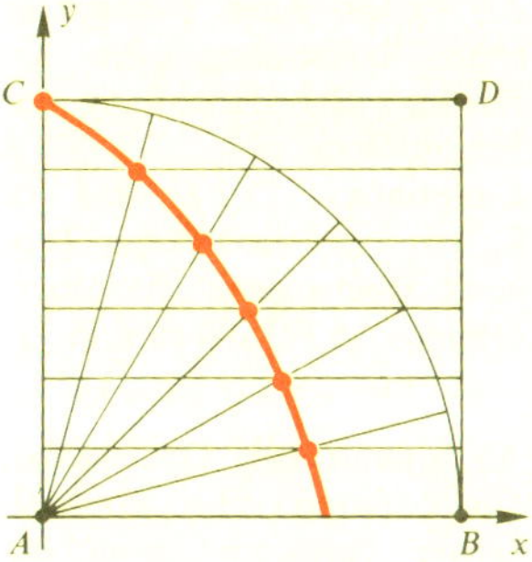


Abb. 1: Quadratrix (rot)

Diese Kurve kann sowohl zur Quadratur des Kreises als auch zur Dreiteilung des Winkels verwendet werden. Sie heißt daher auch **Trisektrix.**

**Quadratur:** 1) Aufgabe, zu einem gegebenen Kreis unter alleiniger Verwendung von Zirkel und Lineal ein flächengleiches Quadrat zu konstruieren (Kreisquadratur, Quadratur des Kreises). Diese Aufgabe ist wegen der Transzendenz der ↑Kreiszahl π (Pi) nicht lösbar (↑Konstruktion mit Zirkel und Lineal).

2) Bestimmung des Flächeninhalts einer von gegebenen Kurven(stücken) berandeten ebenen Figur (durch Berechnung eines Integrals).

**Quadratwurzel:** Eine nichtnegative Zahl $w$ heißt *Quadratwurzel* (kurz: *Wurzel*) einer Zahl $a$, wenn gilt:

$$w^2 = a.$$

Man schreibt $\sqrt{a} = w$. Das Zeichen $\sqrt{\ }$ erinnert an den Buchstaben $r$ für „radix" (lat. Wurzel). Die Zahl unter dem Wurzelzeichen heißt **Radikand.**

Die beiden Gleichungen $\sqrt{a} = w$ und $w^2 = a$ bedeuten für nichtnegative Zahlen $a$ und $w$ dasselbe. Für negative Zahlen ist die Quadratwurzel (in der Menge $\mathbb{R}$ der reellen Zahlen) nicht definiert.

*Beispiel:*

$$\sqrt{7038409} = 2653.$$

Auf dem ↑Taschenrechner bestimmt man die Quadratwurzel mit der Wurzeltaste „$\sqrt{\ }$".

Die Konstruktion von Quadratwurzeln kann mit dem ↑Höhensatz oder mit dem ↑Kathetensatz erfolgen.

**Quadratzahlen:** Bezeichnung für die Quadrate der natürlichen Zahlen (vgl. ↑Viereckszahlen):

$1^2=1,\quad 2^2=4,$
$3^2=9,\quad 4^2=16,\ldots$

**Quadrik,** svw. ↑Fläche zweiter Ordnung.

**Quadrilliarde,** die ↑Zahl 1 Milliarde Trillionen, d.h. die Zahl $10^{27}$ (eine Eins mit 27 Nullen).

**Quadrillion,** die ↑Zahl 1 Million Trillionen, d.h. die Zahl $10^{24}$ (eine Eins mit 24 Nullen).

**Quadrupel** ↑Tupel.

**Quantil.** Es seien $x_1, x_2, \ldots, x_n$ Meßwerte und $p$ eine reelle Zahl zwischen 0 und 1. Eine Zahl $Q_p$ mit den Eigenschaften

(1) wenigstens $pn$ der Meßwerte sind $\leqq Q_p$,
(2) wenigstens $(1-p)n$ der Meßwerte sind $\geqq Q_p$

heißt ein *p-Quantil* der Meßwerte.

Ein 0,5-Quantil heißt **Median** (↑Zentralwert).

Ein 0,25-Quantil heißt **unteres Quantil.**

Ein 0,75-Quantil heißt **oberes Quantil.**

**Quantoren.** Liefert eine ↑Aussageform $A(x)$ für alle $a$ aus der Grundmenge $G$ eine wahre Aussage, so schreibt man

$$\bigwedge_{x \in G} A(x)$$

und liest dies:

*für alle* $x \in G$ gilt $A(x)$.

Das Symbol $\bigwedge$ ist das „großgeschriebene" *und*-Zeichen ( $\wedge$ ); es wird als Allquantor (↑Allaussage) bezeichnet.

Existiert für eine Aussageform $B(x)$ ein $x$ aus der Grundmenge $G$ so, daß $B(x)$ eine wahre Aussage ist, so schreibt man

$$\bigvee_{x \in G} B(x)$$

und liest dies:

es gibt ein $x \in G$ mit $B(x)$.

Das Symbol $\bigvee$ ist das „großgeschriebene" *oder*-Zeichen ( $\vee$ ); es wird als Existenzquantor (↑Existenzaussage) bezeichnet.

**Querschnitt:** Schnittfläche eines Körpers senkrecht zu seiner Längs- oder Drehachse; auch Bezeichnung für die zeichnerische Darstellung der Schnittfläche.

**Quersumme:** Die Summe der Ziffern einer natürlichen Zahl heißt **Quersumme;** die Quersumme von 375 604 ist z.B.

$$3+7+5+6+0+4=25.$$

Als **alternierende Quersumme, Querdifferenz** oder **Wechselsumme** bezeichnet man die Summe, die sich ergibt, wenn man die Ziffern einer vorgegebenen natürlichen Zahl, mit der letzten Stelle beginnend, abwechselnd mit positivem und negativem Vorzeichen versieht und dann addiert; die alternierende Quersumme von 34 925 ist z.B.

$$5+(-2)+9+(-4)+3$$
$$=5-2+9-4+3=11.$$

**Quersummenregeln:** Regeln zum Auffinden von Teilern einer natürlichen Zahl.
*Teilbarkeit durch 3 und 9:*

$10 = 9 + 1$: 10 hat den 9er-Rest 1
$100 = 99 + 1$: 100 hat den 9er-Rest 1
$1\,000 = 999 + 1$: 1 000 hat den 9er-Rest 1
$10\,000 = 9\,999 + 1$: 10 000 hat den 9er-Rest 1
usw.

Der 9er-Rest von

$$8 \cdot 1\,000 + 2 \cdot 100 + 4 \cdot 10 + 7 = 8\,247$$

ist gleich dem 9er-Rest von

$$8 \cdot 1 + 2 \cdot 1 + 4 \cdot 1 + 7 = 8 + 2 + 4 + 7.$$

Es gilt also: Der 9er-Rest einer Zahl ist gleich dem 9er-Rest ihrer ↑Quersumme. Eine Zahl ist durch 9 teilbar, wenn ihre Quersumme durch 9 teilbar ist. Ist eine Zahl durch 9 teilbar, dann ist sie auch durch 3 teilbar. Damit gilt auch: Der 3er-Rest einer Zahl ist gleich dem 3er-Rest ihrer Quersumme. Eine Zahl ist durch 3 teilbar, wenn ihre Quersumme durch 3 teilbar ist.
Um die Teilbarkeit einer sehr großen Zahl durch 9 zu untersuchen, läßt man bei der Berechnung der Quersumme Vielfache von 9 einfach weg:

$$24\,680\,135\,796\,789\,567\,967$$

hat dieselbe Quersumme wie

$$6 + 5 + 0 + 4 + 6 + 0 + 4 = 25,$$

ist also nicht durch 9 (und auch nicht durch 3) teilbar.
Für die Zahlen 99, 999, ... und 11, 101, 1001, ... gelten verallgemeinerte Quersummenregeln; z. B. teilt 11 eine Zahl genau dann, wenn 11 die alternierende ↑Quersumme dieser Zahl teilt.

**Quintillion** (Quinquillion), die ↑Zahl 1 Million Quadrillionen, d.h. die Zahl $10^{30}$ (eine Eins mit 30 Nullen).

**Quintupel** ↑Tupel.

**Quotient** ↑Division, ↑Grundrechenarten.

**quotientengleich** ↑Dreisatzrechnung.

**Quotientenkriterium:** Konvergenzkriterium für Reihen: Gibt es eine Zahl $q$ mit $0 < q < 1$ und

$$\frac{a_{n+1}}{a_n} \leqq q \text{ für alle } n \in \mathbb{N}, \quad (*)$$

dann ist die Reihe $\sum_{n=1}^{\infty} a_n$ ↑konvergent (↑Summenzeichen).
Das Quotientenkriterium ist ein hinreichendes, kein notwendiges Kriterium, d.h. es gibt konvergente Reihen, für welche $(*)$ nicht erfüllt ist. Ein Beispiel hierfür ist die konvergente Reihe $\sum_{n=1}^{\infty} \frac{1}{n^2}$; es gibt nämlich wegen

$$\lim_{n \to \infty} \frac{n^2}{(n+1)^2} = 1$$

keine Zahl $q < 1$, für welche $(*)$

gilt. Man darf „$\leqq q < 1$" in (*) nicht durch „$< 1$" ersetzen, denn diese Bedingung wird z. B. auch von der divergenten Reihe $\sum_{n=1}^{\infty} \frac{1}{n}$ erfüllt.

Von gleicher Bedeutung wie das Quotientenkriterium ist das ↑Wurzelkriterium.

**Quotientenregel** ↑Ableitungsregeln.

# R

**Rabatt:** Bezeichnung für einen Nachlaß auf den regulären Preis einer Ware, wenn man sofort bar zahlt **(Barzahlungsrabatt)** oder größere Stückzahlen abnimmt **(Mengenrabatt).** Wird der Rabatt als Prozentsatz ausgedrückt, so spielt es keine Rolle, ob die Mehrwertsteuer vor oder nach Abzug des Rabatts hinzugerechnet wird (↑Prozentrechnung).

Es gilt:

$$\text{Rabatt} = \text{Rechnungsbetrag} \cdot \frac{\text{Rabattsatz}}{100},$$

$$\text{Endwert} = \text{Rechnungsbetrag} - \text{Rabatt}.$$

*Beispiel:* Herr Meyer kauft ein Auto zum Preis von 28 160,– DM. Da er bar bezahlt, wird ihm ein Rabatt von 3% gewährt:

| | |
|---|---|
| Rechnungsbetrag: | |
| | 28 160,– DM |
| – 3% Rabatt: | $28\,160 \cdot \frac{3}{100}$ DM |
| | = 844,80 DM |
| Endpreis: | 27 315,20 DM |

**rad** ↑Bogenmaß.

**RAD**: Taste eines ↑Taschenrechners zur Einstellung auf ↑Bogenmaß.

**Radiant** ↑Bogenmaß.

**Radikal** (von radix lat. = Wurzel), ältere Bezeichnung für ↑Wurzel.

**Radikand:** Zahl, deren ↑Wurzel berechnet werden soll, d. h. die unter dem Wurzelzeichen steht. – Vgl. ↑Kubikwurzel, ↑Quadratwurzel.

**Radius** (lat. = Stab, Speiche, Strahl), bei ↑Kreis und ↑Kugel svw. Halbmesser.

**Radix,** seltene Bezeichnung für die Lösung einer ↑quadratischen Gleichung.

**radizieren,** die ↑Wurzel einer Zahl ermitteln.

**Radlinie,** svw. ↑Zykloide.

**Rand** ↑Gebiet.

**Randmaximum** ↑Extremwert.

**Randminimum** ↑Extremwert.

**Rang einer Matrix** ↑Matrix.

**Ratenzahlung:** Erfüllung einer Schuld in Teilbeträgen. Ratenzahlungen haben im Prinzip folgende Form:

Anzahlung $A$ beim Kauf;

$n$ Raten $R$ monatlich, beginnend einen Monat nach dem Kauf;

Restzahlung $Z$ einen Monat nach Zahlung der letzten Rate.

Der Betrag $A + R \cdot n + Z$ ist in der Regel höher als der Kaufpreis. Um ihn damit vergleichen zu können, muß man die einzelnen Zahlungen auf das ↑Kaufdatum abzinsen (↑Zinsrechnung, ↑Diskontierung), d. h., man muß ihren **Barwert** berechnen. Dafür muß man einen bestimmten Zinssatz $p$ annehmen (etwa den Zinssatz, den eine Bank für ein Darlehen berechnet). In der folgenden Tabelle ist $u$ der **monatliche Abzinsungsfaktor,** also

$$u = \frac{1}{1 + \frac{p}{1200}}.$$

| Zahlung | Barwert |
|---|---|
| Anzahlung $A$ | $A$ |
| 1. Rate $R$ | $R \cdot u$ |
| 2. Rate $R$ | $R \cdot u^2$ |
| .......... | ...... |
| $n$. Rate $R$ | $R \cdot u^n$ |
| Restzahlung $Z$ | $Z \cdot u^{n+1}$ |

Der Barwert der Zahlungen beträgt also

$$A + R \cdot (u + u^2 + \ldots + u^n) + Z \cdot u^{n+1}.$$

Für die Summe in der Klammer ergibt sich mit Hilfe der Summenformel für die ↑geometrische Folge

$$u + u^2 + \ldots + u^n = u \cdot \frac{1 - u^n}{1 - u},$$

womit man die Formel weiter vereinfachen kann.

*Beispiel:* Die Anzahlung betrage 300 DM, es sind 30 **Monatsraten** zu 80 DM zu leisten, die Restzahlung betrage 54 DM. Es wird ein Zinssatz von 8% angenommen. Dann ist mit den obigen Bezeichnungen

$$u = \frac{1}{1 + \frac{8}{1200}} = \frac{150}{151},$$

$$A = 300 \text{ DM},$$

$$R \cdot u \cdot \frac{1 - u^{30}}{1 - u}$$
$$= 80 \text{ DM} \cdot 150 \cdot \left(1 - \left(\frac{150}{151}\right)^{30}\right)$$
$$= 2\,168{,}71 \text{ DM},$$

$$Z \cdot u^{31} = 54 \text{ DM} \cdot \left(\frac{150}{151}\right)^{31}$$
$$= 43{,}95 \text{ DM}.$$

Als Barwert der Ratenzahlung ergibt sich die Summe dieser Beträge, also 2512,66 DM. Dies ist weniger als die Summe der nicht abgezinsten Beträge

$$A + 30R + Z = 2\,754 \text{ DM}.$$

**rationale Funktion:** Funktion, die als Quotient zweier Polynome darstellbar ist (genauer: *gebrochen rationale Funktion*). Polynome bezeichnet man als *ganzrationale Funktionen*.

**rationale Zahlen:** Zahlen, die als Quotient zweier ↑ganzer Zahlen zu schreiben sind, wobei der Divisor von Null verschieden sein muß, also z. B.

$$\frac{-3}{+5}, \frac{+7}{+9}, \frac{-5}{-2}, \frac{+8}{-1}, \frac{0}{-2}, \ldots$$

Rationale Zahlen sind also Brüche der Form $\frac{m}{n}$ mit $m$, $n \in \mathbb{Z}$ (Menge der ganzen Zahlen) und $n \neq 0$. Man bezeichnet die Menge der rationalen Zahlen mit $\mathbb{Q}$ (Großbuchstabe $Q$ mit einem Strich). Die Vorzeichen in Zähler und Nenner faßt man zu *einem* Vorzeichen zusammen, schreibt also

$$+\frac{\mathrm{a}}{\mathrm{b}} \quad \text{für} \quad \frac{+a}{+b} \quad \text{und} \quad \frac{-a}{-b},$$

$$-\frac{\mathrm{a}}{\mathrm{b}} \quad \text{für} \quad \frac{+a}{-b} \quad \text{und} \quad \frac{-a}{+b},$$

wobei $a$, $b$ Platzhalter für natürliche Zahlen sind. Man beachte hierbei die Vorzeichenregeln für die Multiplikation ganzer Zahlen. Bei den positiven rationalen Zahlen wird das Vorzeichen meist weggelassen. In der Menge $\mathbb{Q}$ der rationalen Zahlen gelten bezüglich der Addition und Multiplikation die gleichen Rechenregeln wie für ↑ganze Zahlen. Darüber hinaus ist die Division in $\mathbb{Q}$ stets ausführbar (mit Ausnahme der Division durch ↑Null): Die Gleichung

$$a \cdot x = b \quad (a \neq 0)$$

ist in $\mathbb{Q}$ also stets lösbar; die Lösung ist

$$x = \frac{b}{a}.$$

*Beispiel:*

$$\frac{3}{2} \cdot x = -\frac{5}{7}$$

$$x = \frac{-\frac{5}{7}}{\frac{3}{2}} = -\frac{5}{7} \cdot \frac{2}{3} = -\frac{10}{21}.$$

$\mathbb{Q}$ bildet bezüglich der Addition und der Multiplikation einen ↑Körper.

Zwischen je zwei rationalen Zahlen liegt immer noch eine weitere rationale Zahl:

$$\frac{a}{b} < \frac{1}{2}\left(\frac{a}{b} + \frac{c}{d}\right) < \frac{c}{d},$$

Eine reelle Zahl, die nicht rational ist, nennt man irrational. Beispielsweise sind $\sqrt{2}$, lg 7, sin 17° ↑irrationale Zahlen.

**Raum**, allgemein ein von Wänden, Boden und Decke umschlossener Teil eines Gebäudes; in der Mathematik im weiteren Sinne ein ohne feste Grenzen sich nach Länge, Breite und Höhe ausdehnendes Gebiet **(Anschauungsraum);** im engeren Sinne eine Menge von Punkten, Vektoren, Funktionen u. a., zwischen denen bestimmte Relationen bestehen, bzw. in der eine Struktur erklärt ist. Dem Anschauungsraum am nächsten kommt der dreidimensionale euklidische Raum $R^3$: Jedem Punkt des euklidischen Raums entsprechen drei reelle Zahlen $x, y, z$, die z. B. Länge, Breite und Höhe angeben; die Zusammenfassung dieser drei Zahlen $(x, y, z)$ bezeichnet man als (Zahlen-)Tripel. Man benutzt auch

$(x_1, x_2, x_3)$ zur Bezeichnung eines Punktes.
Ganz analog erhält man mit vier Zahlen $(x_1, x_2, x_3, x_4)$ (einem sog. Quadrupel) einen 4-*dimensionalen Raum* bzw. allgemein mit $n$ Zahlen (einem $n$-Tupel) $(x_1, x_2, \ldots, x_n)$ einen *n-dimensionalen Raum.*

**Raumachsenschrägbild** ↑Projektion.

**Raumdiagonale** ↑Diagonale.

**Raumeinheit:** 1 **Kubikmeter** ($m^3$) entspricht dem Rauminhalt eines Würfels mit den Kantenlängen 1 m. Entsprechend sind Kubikmillimeter, Kubikzentimeter, Kubikdezimeter und Kubikkilometer definiert. Ein **Liter** ($l$) ist ein Kubikdezimeter. Dienen wie beim Liter Raummaße zum Messen von Flüssigkeiten, so spricht man von **Hohlmaßen.** Die *englischen Hohlmaße* sind nicht dezimal unterteilt:

1 bushel = 8 gallons (= 36,367 $l$),
1 gallon = 4 quarts (= 4,545 $l$),
1 quart = 2 pints (= 1,136 $l$),
1 pint = 4 gills (= 0,568 $l$).

**Rauminhalt,** svw. ↑Volumen.

**Raummaß,** svw. ↑Raumeinheit, vgl. auch ↑Hohlmaß.

**Raumwinkel** ↑Bogenmaß.

**Raute** *(Rhombus):* Bezeichnung für ein ↑Parallelogramm mit vier gleich langen Seiten (Abb. 1).
Jede Raute besitzt einen Inkreis. – Vgl. ↑Vierecksarten.

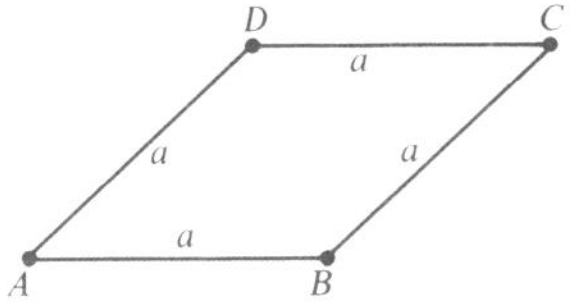

Abb. 1: Raute

**real** ↑Datentyp.

**Realteil** ↑komplexe Zahlen.

**Rechenanlage,** svw. ↑Computer.

**Rechenarten:** Bezeichnung für die ↑Grundrechenarten und die drei höheren Rechenarten Radizieren, Potenzieren und Logarithmieren.

**Rechenbefehl** ↑Anweisung.

**Rechenbrett:** Bezeichnung für ein im Mittelalter verwendetes, dem ↑Abakus entsprechendes Rechengerät, bei dem mit Rechensteinen gerechnet wurde.

**Rechenmaschinen:** Rechengeräte, die in den letzten Jahren zunehmend von elektronischen Tisch- und Taschenrechnern verdrängt wurden. Sie führen die vier Grundrechenarten **(Vierspeziesmaschinen)** oder nur Addition und Subtraktion **(Additions-, Addiermaschinen)** aus.

**Rechenprobe** ↑Probe.

**Rechenscheibe** (Rechenuhr), nach dem Prinzip des Rechenschiebers arbeitendes Rechengerät mit kreisförmigen, konzentrisch angeordneten Skalen.

**Rechenstab** (Rechenschieber): Instrument zur mechanischen Durchführung von numerischen Rechnungen. Es besteht aus einem *Stabkörper* und einer darin verschiebbaren *Zunge*. Mit Hilfe des Rechenstabs werden Addition und Multiplikation von Zahlen auf die Addition und Subtraktion von Strecken zurückgeführt. Neben der Multiplikation und Division sind noch viele weitere Operationen mit dem Rechenstab durchführbar.

**Rechentafeln:** Zahlentafeln mit tabellierten Rechenergebnissen.

**Rechenuhr,** svw. ↑Rechenscheibe.

**Rechenvorschrift** ↑Verknüpfung.

**Rechenvorteil:** Ausnutzen besonders einfacher Rechenoperationen bei Berechnungen.

*Beispiel:* Statt $39 \cdot 17$ kann man

$$40 \cdot 17 - 1 \cdot 17$$
$$= 680 - 17 = 663$$

rechnen.

**Rechenwerk** ↑Computer.

**Rechenzeichen.** Bei den vier **Grundrechenarten** dienen die Rechenzeichen

$$+, -, \cdot, :$$

zur Verknüpfung von Zahlen. Auf dem ↑Taschenrechner benutzt man dafür die Symbole

$$+, -, \times, \div.$$

Die Zeichen + und − dienen auch zur Kennzeichnung von positiven und negativen Zahlen, also als **Vorzeichen.** Außerdem bezeichnet man mit $-a$ die **Gegenzahl** der Zahl $a$, also $a + (-a) = 0$. Bildet man das Produkt aus einer Zahl und einer Variablen oder aus zwei Variablen, so verzichtet man meistens auf den Malpunkt. Man schreibt z. B.

$$3x \text{ statt } 3 \cdot x$$

und

$$ab \text{ statt } a \cdot b.$$

Der Divisionsdoppelpunkt (:) wird oft auch durch den Bruchstrich ersetzt; man schreibt $\frac{a}{b}$ statt $a:b$. Da man für $\frac{1}{b}$ auch $b^{-1}$ schreiben kann (↑Potenz), gilt $a:b = a \cdot b^{-1}$.

Die Summe bzw. das Produkt der Zahlen einer ↑Folge schreibt man mit Hilfe des ↑Summenzeichens bzw. des ↑Produktzeichens.

Vgl. ↑mathematische Zeichen.

**Rechnen:** Bezeichnung für das Anwenden der vier *Grundrechenoperationen* ↑Addition, ↑Subtraktion, ↑Multiplikation und ↑Division (↑Grundrechenarten) sowie der *höheren Rechenoperationen* Potenzieren, Radizieren und Logarithmieren im Bereich der ganzen Zahlen, darüber hinaus im Bereich der Brüche bzw. rationalen Zahlen **(Bruchrechnen)** allgemein im Bereich der reellen Zahlen.

**Rechteck:** Bezeichnung für

ein ↑Parallelogramm, dessen benachbarte Seiten rechtwinklig zueinander sind. Ein Rechteck mit den Seitenlängen $g$ und $h$ hat den Umfang

$$U = 2 \cdot (g + h)$$

und den Flächeninhalt

$$F = g \cdot h.$$

Vgl. ↑Vierecksarten.

**Rechtecksäule** ↑Quader.

**Rechtecksregel** ↑numerische Integration.

**Rechtecksverteilung** ↑gleichverteilt.

**Rechteckszahlen:** Bezeichnung für die Zahlen

$$2, 6, 12, 20, 30, 42, \ldots$$

die sich als die Produkte

$$1 \cdot 2,\ 2 \cdot 3,\ 3 \cdot 4,\ 4 \cdot 5,\ 5 \cdot 6,\ 6 \cdot 7, \ldots$$

schreiben lassen. Eine Darstellung der Rechteckszahlen kann mit Hilfe rechtecksförmiger Anordnungen von Punkten erfolgen (Abb. 1).

Abb. 1: Rechteckszahlen

**rechter Winkel** (Rechter): Formelzeichen R, ∟, ⦝ oder ⦜, Winkel, dessen Schenkel aufeinander senkrecht stehen; die Größe eines rechten ↑Winkels beträgt 90° oder 100 gon, im ↑Bogenmaß $\pi/2$ [rad]. Man konstruiert einen rechten Winkel mit Zirkel und Lineal, indem man die Mittelsenkrechte auf einer Strecke errichtet.

**Rechtflach** ↑Quader.

**Rechtkant** ↑Quader.

**Rechtsdrehung** ↑Drehung.

**rechtseindeutig** ↑eindeutig.

**Rechtssystem:** Man sagt von drei ↑linear unabhängigen Vektoren $\vec{u}, \vec{v}, \vec{w}$ des geometrischen Vektorraumes, daß sie ein *Rechtssystem* bilden, wenn man die Finger der *rechten* Hand so halten kann, daß der Daumen in Richtung von $\vec{u}$, der Zeigefinger in Richtung von $\vec{v}$ und der Mittelfinger in Richtung von $\vec{w}$ zeigen (Abb. 1).

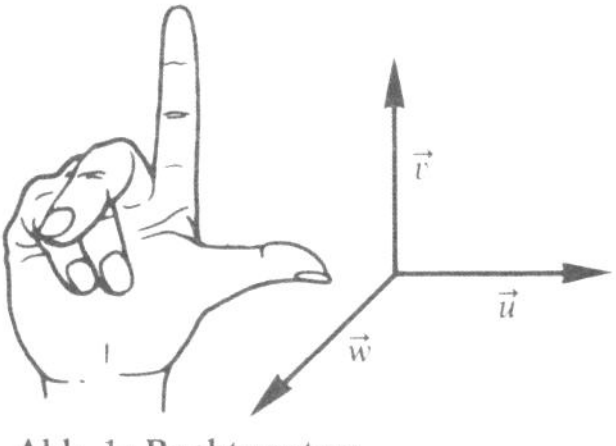


Abb. 1: Rechtssystem

**rechtsvollständig** (rechtstotal): Die Größerrelation > auf der Menge $\{1, 2, 3, \ldots\}$ der natürlichen Zahlen hat die Eigenschaft, daß es zu jeder natürlichen Zahl $b$ eine natürliche Zahl $a$ gibt mit $a > b$.

Allgemein heißt eine ↑Relation $R$ zwischen zwei Mengen $A$ und $B$ rechtsvollständig, wenn zu jedem $b$ aus $B$ ein $a$ aus $A$ existiert mit $aRb$.
Die Größerrelation ist also rechtsvollständig.

**Rechtwinkellineal** (Rechtwinkelhaken): Haken, der aus zwei Linealen besteht, die einen ↑rechten Winkel miteinander bilden. Mit dem Rechtwinkellineal lassen sich außer den Konstruktionen, die mit Zirkel und Lineal ausführbar sind, auch z. B. die Konstruktionen zur Würfelverdoppelung und zur Dreiteilung des Winkels ausführen.

**Rechtwinkelprojektion,** svw. senkrechte ↑Projektion.

**rechtwinklig:** Zwei Geraden heißen *rechtwinklig zueinander,* wenn sie sich unter einem ↑rechten Winkel schneiden. Halbgeraden und Strecken heißen rechtwinklig zueinander, wenn sie in zueinander rechtwinkligen Geraden enthalten sind.
Statt rechtwinklig sagt man auch **senkrecht,** jedoch ist das Begriffspaar

*rechtwinklig–parallel*

in geometrischen Zusammenhängen eher zu empfehlen als das Begriffspaar

*senkrecht–waagerecht.*

Ferner benutzt man für rechtwinklig auch die Bezeichnung **orthogonal.**
Rechtwinkligkeit deutet man mit dem Symbol $\perp$ an; beispielsweise bedeutet $AB \perp g$, daß die Strecke $AB$ zu der Geraden $g$ rechtwinklig ist.

**rechtwinkliges Dreieck:** Dreieck mit einem rechten Winkel (Abb. 1). Die beiden anderen Winkel sind spitz. Die Seite des Dreiecks, die dem rechten Winkel gegenüberliegt, heißt **Hypotenuse.** Die beiden anderen Seiten, die Schenkel des rechten Winkels, werden **Katheten** genannt. Die Hypotenuse ist stets die längste Seite des rechtwinkligen Dreiecks.

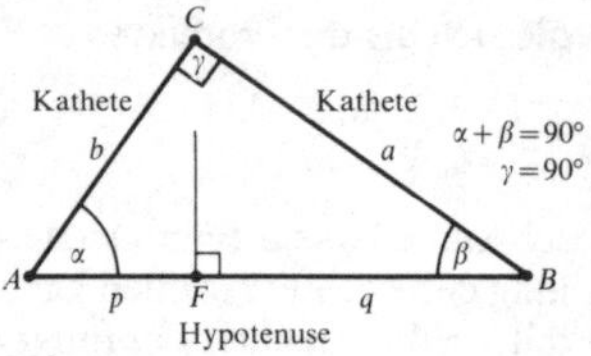


Abb. 1: Rechtwinkliges Dreieck

Der Fußpunkt $F$ des Lotes vom Scheitel $C$ des rechten Winkels auf die Hypotenuse zerlegt diese in die beiden **Hypotenusenabschnitte** $p$ und $q$, die man auch als *Projektionen der Katheten a und b auf die Hypotenuse* bezeichnet.

**Redundanz** ↑Informationstheorie.

**reduzierte kubische Gleichung** ↑Cardanosche Formeln.

**reduzierter Bruch:** Bruch, bei dem Zähler und Nenner teilerfremd sind, z. B. $\frac{5}{9}$, $\frac{12}{25}$.
$\frac{12}{15}$ ist kein reduzierter Bruch, da 12 und 15 nicht teilerfremd sind. Kürzt man mit dem gemeinsamen Teiler 3, so erhält man den reduzierten Bruch $\frac{4}{5}$.

**reelle Achse** ↑ Hyperbel.

**reelle Zahlen:** Sammelbezeichnung für alle Zahlen, die man durch ↑ Dezimalzahlen mit endlich oder unendlich vielen Stellen darstellen kann. Die Menge der reellen Zahlen bezeichnet man mit ℝ (Großbuchstabe *R* mit einem doppelten Anfangsstrich). Da jede ↑ rationale Zahl eine *periodische* ↑ Dezimalbruchentwicklung besitzt, es darüber hinaus jedoch auch *nichtperiodische* Dezimalbrüche gibt, gibt es sicher „mehr" reelle als rationale Zahlen. Beispiele für nichtperiodische Dezimalzahlen und damit für reelle nicht-rationale (irrationale) Zahlen sind

0,1234567891011121314... (Folge der natürlichen Zahlen als Ziffern);

0,369121518212427... (Folge der Vielfachen von 3 als Ziffern);

0,23571113171923... (Folge der Primzahlen als Ziffern);

Beim praktischen Rechnen mit reellen Zahlen benutzt man stets abbrechende Dezimalzahlen als Näherungswerte. Trotzdem sind die reellen Zahlen von großer Bedeutung, weil viele in den Anwendungen der Mathematik vorkommende Funktionen (↑ trigonometrische Funktionen, ↑ Logarithmusfunktionen, ↑ Exponentialfunktionen) als Werte reelle Zahlen besitzen. Die rationalen Zahlen sind ↑ abzählbar (numerierbar). Im Gegensatz hierzu ist ℝ überabzählbar (↑ Gleichmächtigkeit von Mengen). ℝ heißt auch *Kontinuum.*

Die reellen Zahlen bilden (mit der Addition und der Multiplikation als Verknüpfungen) einen Körper, der die rationalen und die irrationalen Zahlen umfaßt.

**reflexiv:** Stehen bei einer Relation *R* in einer Menge *M* alle Elemente zu sich selbst in Beziehung, so heißt die Relation *reflexiv.* Es gilt also $aRa$ für alle Elemente $a$ aus $M$. Beispielsweise ist die Relation „... besitzt die gleiche Quersumme wie ..." in der Menge der natürlichen Zahlen reflexiv.

Gilt $aRa$ für *kein* Element aus *M*, so heißt die Relation *antireflexiv* oder *irreflexiv.* Beispielsweise ist die Kleinerrelation antireflexiv.

**Regeldetri,** ältere Bezeichnung für ↑ Dreisatzrechnung.

**Regelfläche:** Jede durch die Bewegung einer Geraden im Raum erzeugbare Fläche. Beispiele für Regelflächen sind Zylinderflächen, Kegelflächen, das einschalige Hyperboloid und das hyperbolische Paraboloid (↑Flächen zweiter Ordnung). – Vgl. ↑abwickelbare Fläche.

**regelmäßige Körper** (regelmäßige Polyeder), svw. ↑platonische Körper.

**regelmäßige Vielecke:** Vielecke, deren Seiten gleich lang und deren Innenwinkel gleich groß sind. Jedem regelmäßigen ↑Vieleck läßt sich ein Kreis einbeschreiben (Inkreis) und ein Kreis umbeschreiben (Umkreis). Die Kreise haben denselben Mittelpunkt.

**Regel von Sarrus** ↑Determinante.

**Regression:** In der Statistik nennt man eine Gerade mit der Gleichung $y = mx + b$ **Regressionsgerade** oder **Ausgleichsgerade** für die Meßpunkte

$$(x_1, y_1), (x_2, y_2), \ldots, (x_n, y_n),$$

wenn

$$\sum_{i=1}^{n} (y_i - mx_i - b)^2$$

minimal ist (↑Summenzeichen). Setzt man

$$\bar{x} := \frac{1}{n} \sum_{i=1}^{n} x_i \quad \text{und}$$

$$\bar{y} := \frac{1}{n} \sum_{i=1}^{n} y_i,$$

so hat die Regressionsgerade die Gleichung

$$y - \bar{y} = m(x - \bar{x}).$$

**Regula falsi:** Methode zur näherungsweisen Berechnung der Nullstelle einer Funktion $f(x)$. Sind $x_1$ und $x_2$ zwei Näherungswerte für die Nullstelle und gilt $f(x_1) \cdot f(x_2) < 0$, so ist

$$x_3 = x_1 - \frac{x_2 - x_1}{f(x_2) - f(x_1)}$$

ein verbesserter Wert.

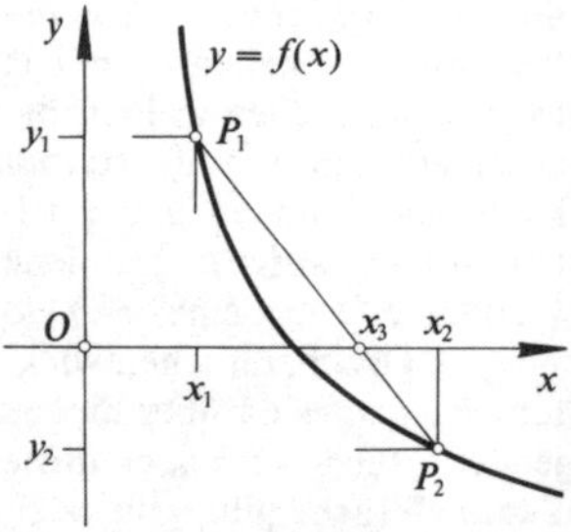


Abb. 1: Regula falsi

**regulär:** 1) Eine ↑Matrix, deren ↑Determinante von Null verschieden ist, heißt *reguläre Matrix*. 2) Die ↑platonischen Körper werden auch als *reguläre Polyeder* bezeichnet. 3) Die ↑regelmäßigen Vielecke heißen auch *reguläre Polygone*.

**Reihe.** Ist $\langle a_n \rangle$ eine Zahlenfolge (↑Folge), dann bezeichnet man die Folge $\langle s_n \rangle$ mit

$$s_n := a_1 + a_2 + \ldots + a_n = \sum_{i=1}^{n} a_i$$

als *Reihe* (↑Summenzeichen). Eine Reihe ist also eine Folge von besonderer Gestalt: Sie entsteht aus einer gegebenen Folge durch Summieren ihrer Glieder. Statt $\langle s_n \rangle$ schreibt man üblicherweise

$$\sum_{i=1}^{\infty} a_i .$$

Statt „Reihe" ist auch die Bezeichnung *unendliche Reihe* üblich. Damit will man andeuten, daß man sich für den Grenzwert dieser speziellen Folge interessiert. Ist

$$\lim_{n\to\infty} \sum_{i=1}^{n} a_i = s,$$

dann heißt die Reihe *konvergent,* und der Grenzwert $s$ heißt der *Wert der Reihe.* Man schreibt dann

$$\sum_{i=1}^{\infty} a_i = s;$$

das Symbol $\sum_{i=1}^{\infty} a_i$ dient also sowohl zur Bezeichnung der Folge $\left\langle \sum_{i=1}^{n} a_i \right\rangle$ als auch zur Bezeichnung ihres eventuell vorhandenen Grenzwerts. Existiert dieser Grenzwert nicht, dann heißt die Reihe *divergent.* Oft ist es zweckmäßig, den Laufindex der Reihe schon bei 0 beginnen zu lassen, die Reihe also in der Form $\sum_{i=0}^{\infty} a_i$ zu schreiben.

Beispiel: Bei der **geometrischen Reihe** bilden die Summanden eine ↑geometrische Folge, sie hat also die Gestalt

$$\sum_{i=0}^{\infty} aq^i = a + aq + aq^2 + \ldots$$

Für die Partialsummen der geometrischen Reihe gilt im Falle $q \neq 1$

$$s_n = a + aq + \ldots + aq^n$$
$$= a\frac{1-q^{n+1}}{1-q}.$$

Im Falle $|q| < 1$ ist

$$\lim_{n\to\infty} q^{n+1} = 0,$$

also

$$\lim_{n\to\infty} s_n = \frac{a}{1-q}.$$

In diesem Fall ist die geometrische Reihe also konvergent. Für $|q| > 1$ ist die Folge $\langle q^{n+1} \rangle$ und damit auch die Reihe divergent. Für $q = 1$ erhält man die divergente Reihe

$$\sum_{i=0}^{\infty} a = a + a + a + \ldots,$$

*falls* $a \neq 0$. Für $q = -1$ und $a \neq 0$ erhält man ebenfalls eine divergente Reihe.

**Rektaszensionssystem,** ein ↑astronomisches Koordinatensystem.

**Rektifikation:** Bestimmung der Bogenlänge einer Kurve.

**rekursive Folge** nennt man eine ↑Folge $\langle a_n \rangle$, bei welcher das $n$-te Glied gemäß einer Rekursionsvorschrift aus den vorangehenden Gliedern berechnet werden kann. Bei den einfachsten rekursiven Folgen berechnet man $a_n$ aus $a_{n-1}$, *wobei ein Anfangswert* $a_0$ vorgegeben ist.

*Beispiel:* Eine Folge $\langle a_n \rangle$ sei durch

$$a_0 := 1,$$
$$a_n := \frac{1}{2} a_{n-1} + \frac{1}{a_{n-1}} \quad \text{für } n > 0$$

gegeben. Es ist also

$$a_1 = \frac{1}{2} \cdot 1 + 1 = \frac{3}{2} = 1{,}5;$$
$$a_2 = \frac{1}{2} \cdot \frac{3}{2} + \frac{2}{3} = \frac{17}{12} = 1{,}41\overline{6};$$
$$a_3 = \frac{1}{2} \cdot \frac{17}{12} + \frac{12}{17} = \frac{577}{408} = 1{,}4142\ldots$$

Die Folge $\langle a_n \rangle$ konvergiert gegen $\sqrt{2}$.

**Relation:** Beziehung zwischen den Elementen einer oder mehrerer Mengen. Eine Relation $R$ zwischen zwei Mengen $A$ und $B$ kann durch die Menge der Elementpaare $(a, b)$ ausgedrückt werden, für die $aRb$ gilt. Damit ist eine Relation zwischen zwei Mengen $A$ und $B$ also eine Teilmenge des ↑kartesischen Produkts $A \times B$.
*Beispiel:* Es sei $S$ die Menge aller deutschen Städte und $F$ die Menge aller deutschen Flüsse. Die Lösungsmenge von

$x$ liegt am/an der $y$

über der Grundmenge $S \times F$ ist eine Relation zwischen $S$ und $F$. Zu ihr gehören z. B. die Paare

(Köln, Rhein),
(Ulm, Donau).

**Relationsdiagramm:** *Pfeilbild* einer endlichen ↑Relation.
*Beispiel:* Die Teilbarkeitsrelation in der Menge {1, 2, 3, 4, 5, 6} kann durch das Relationsdiagramm in Abb. 1 oder durch das Relationsdiagramm in Abb. 2 dargestellt werden.

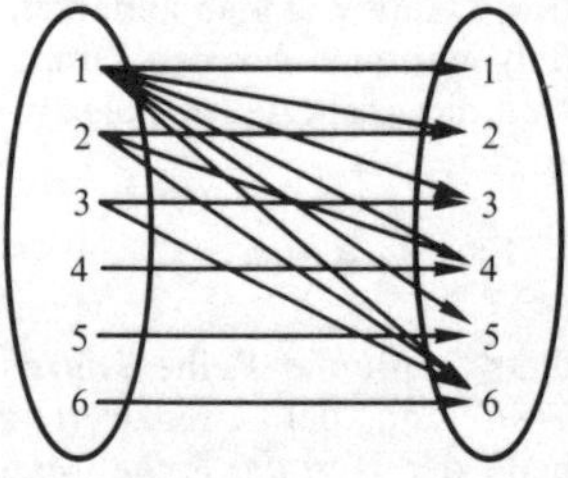

Abb. 1

Abb. 2

**Relationstafel.** Eine endliche ↑Relation zwischen der Menge $A$ und der Menge $B$ (oder „von $A$ zu $B$") kann man durch Ankreuzen in einer Tafel angeben.
*Beispiel:* Sei

$A$ = {Frankfurt, Hamburg, Köln, München}

und

$B$ = {Donau, Elbe, Main, Mosel, Rhein}.

Der Aussageform „$x$ liegt am/an der $y$" entspricht eine Relation zwischen $A$ und $B$, deren Relationstafel in Abb. 1 dargestellt ist.

| $A$ \ $B$ | Donau | Elbe | Main | Mosel | Rhein |
|---|---|---|---|---|---|
| Frankf. | | | × | | |
| Hamburg | | × | | | |
| Köln | | | | | × |
| München | | | | | |

Abb. 1

**relatives Maximum** ↑Extremwert.
**relatives Minimum** ↑Extremwert.
**relativ prim** ↑größter gemeinsamer Teiler.
**Rennquintett** ↑Pferdewetten.
**Rentenrechnung.** Unter einer Rente versteht man in der Mathematik eine in regelmäßigen Abständen erfolgende Zahlung. In der Rentenrechnung bestimmt man den Wert einer solchen Zahlung unter Berücksichtigung der Zinsen (↑Zinsrechnung). Beispielsweise berechnet man den **Barwert** (den heutigen Wert) einer Rente oder den Endbetrag eines Guthabens bei Sparverträgen. Dabei wird stets ein fester Zinssatz $p\%$ angenommen. Da dieser Zinssatz aber im Laufe der Jahre stark schwanken kann, sind die entsprechenden Berechnungen bei realen Verhältnissen etwas schwieriger als in den folgenden angegebenen Beispielen.
Grundlegend für die Rentenrechnung ist die Zinseszinsformel (↑Zinsrechnung)

$$K_n = K_0 q^n.$$

Dabei ist $K_0$ das Anfangskapital, $K_n$ das Endkapital nach $n$ Jahren und

$$q = 1 + \frac{p}{100}$$

der Zinsfaktor, wobei

$$\frac{p}{100} = p\%$$

der zugrundeliegende Zinssatz (Zinsfuß) ist. Alle Aufgaben der Rentenrechnung lassen sich auf folgende **Grundaufgabe** zurückführen: Am Anfang eines jeden Jahres wird ein Betrag $r$ auf ein Konto eingezahlt und dort mit $p\%$ verzinst. Auf welchen Betrag haben sich diese Zahlungen am Ende des $n$-ten Jahres summiert?
*Lösung der Grundaufgabe:* Das am Ende des $n$-ten Jahres angesammelte Kapital beträgt

$$\begin{aligned} K_v &= rq + rq^2 + \ldots + rq^n \\ &= rq \cdot (1 + q + \ldots + q^{n-1}) \\ &= rq \cdot \frac{q^n - 1}{q - 1}. \end{aligned}$$

Dabei wurde die Summenformel für die ↑geometrische Folge benutzt.
Bei dieser Grundaufgabe handelt es sich um eine **vorschüssige Rente (praenumerando),** d. h. die Zahlung erfolgt am Anfang des Jahres, der Endbetrag wird aber am Ende des Jahres berechnet. Bei einer **nachschüssi-**

**gen Rente (postnumerando)** erfolgt die Zahlung (und auch die Berechnung des Endbetrags) am Ende des Jahres. Die Formel für die nachschüssige Rente lautet

$$K_n = r \cdot \frac{q^n - 1}{q - 1},$$

es fehlt also ein Zinsfaktor $q$.

*Beispiel:* An jedem Geburtstag zahlt der Vater 1 200 DM auf das Sparkonto seiner Tochter ein. Er beginnt damit am 1. Geburtstag, die letzte Zahlung leistet er am 18. Geburtstag. Die Tochter verwendet das Geld erst an ihrem 25. Geburtstag. Wieviel Geld steht ihr zu diesem Zeitpunkt zur Verfügung, wenn der Zinsfuß 8 % beträgt?

Am 18. Geburtstag hat das Kapital den Wert

$$K_{18} = 1\,200 \text{ DM} \cdot \frac{1{,}08^{18} - 1}{1{,}08 - 1}$$
$$= 44\,940{,}29 \text{ DM}.$$

Am 25. Geburtstag (7 Jahre später) hat es den Wert

$$K_{18} \cdot 1{,}08^7 = 77\,019{,}76 \text{ DM}.$$

**Repräsentativumfrage** ↑Meinungsumfrage.

**restegleich** ↑Division mit Rest.

**Restklasse:** Zwei ↑natürliche Zahlen $a, b$ heißen *restegleich* bei Division durch eine natürliche Zahl $m$, wenn sie bei ↑Division mit Rest durch $m$ den gleichen Rest lassen. Restegleiche Zahlen bilden eine *m-Restklasse.*

2er-Restklassen:

$[0] = \{2, 4, 6, 8, 10, \ldots\}$ (2er-Rest 0)
$[1] = \{1, 3, 5, 7, 9, \ldots\}$ (2er-Rest 1)

3er-Restklassen:

$[0] = \{3, 6, 9, 12, \ldots\}$ (3er-Rest 0)
$[1] = \{1, 4, 7, 10, \ldots\}$ (3er-Rest 1)
$[2] = \{2, 5, 8, 11, \ldots\}$ (3er-Rest 2)

4er-Restklassen:

$[0] = \{4, 8, 12, 16, \ldots\}$ (4er-Rest 0)
$[1] = \{1, 5, 9, 13, \ldots\}$ (4er-Rest 1)
$[2] = \{2, 6, 10, 14, \ldots\}$ (4er-Rest 2)
$[3] = \{3, 7, 11, 15, \ldots\}$ (4er-Rest 3)

Statt [0], [1], [2], … schreibt man auch $\overline{0}, \overline{1}, \overline{2}, \ldots$

In der Zahlentheorie betrachtet man Restklassen in der Menge der ↑ganzen Zahlen. Man definiert für ganze Zahlen $a, b$ und eine natürliche Zahl $m$

$$a \equiv b \,(\text{mod}\, m) :\Leftrightarrow m \mid a - b$$

(*a kongruent zu b modulo m* genau dann, wenn $m$ ein Teiler von $a - b$ ist). Diese *Kongruenzrelation* ist eine ↑Äquivalenzrelation in der Menge $\mathbb{Z}$ der ganzen Zahlen; die zugehörigen Äquivalenzklassen sind die *Restklassen modulo m.* Man kann Restklassen addieren und multiplizieren:

$[a] \oplus [b]$ ist diejenige $m$-Restklasse, in welcher $a + b$ liegt;

$[a] \odot [b]$ ist diejenige $m$-Restklasse, in welcher $a \cdot b$ liegt.

*Beispiele* für 12er-Restklassen:

$$[5] \oplus [7] = [0]$$
$$[8] \oplus [8] = [4]$$

$$[6] \odot [8] = [0]$$
$$[7] \odot [5] = [11]$$

**Restmenge** ↑Differenzmenge.
**Resultat,** svw. Ergebnis.
**Resultierende** ↑Vektor.
**reverse polnische Notation** ↑Notation.
**reziprok.** Den ↑Kehrwert einer Bruchzahl bezeichnet man auch als ihren **reziproken Wert:**

$$\frac{2}{5} \quad \text{und} \quad \frac{5}{2}$$

sind **reziprok** zueinander.
Allgemein nennt man für eine ↑reelle Zahl $a \neq 0$ die Zahl $\frac{1}{a}$ den **Reziprokwert** von $a$.
Ist $f$ eine ↑Funktion, dann heißt die Funktion

$$\frac{1}{f} \text{ mit } \left(\frac{1}{f}\right)(x) := \frac{1}{f(x)}$$

die **Reziprokfunktion (Kehrfunktion)** von $f$ (zu unterscheiden von der ↑Umkehrfunktion von $f$):
Die Kehrfunktion von

$$f(x) = x^2$$

(Definitionsmenge sei die Menge der positiven reellen Zahlen) ist

$$\left(\frac{1}{f}\right)(x) = \frac{1}{x^2};$$

die Umkehrfunktion von $f$ ist

$$f^{-1}(x) = \sqrt{x}.$$

**Rhombendodekaeder** ↑Dodekaeder. – Vgl. ↑Archimedische Körper.
**Rhomboid,** svw. ↑Drachenviereck.
**Rhombus,** svw. Raute (↑Vierecksarten).
**Richtung** ↑affine Abbildung.
**Richtungssinn** ↑Orientierung.
**Riemann-Integral** ↑Integral.
**Riemannsche Zahlenkugel:** Neben der ↑Gaußschen Zahlenebene verwendet man oft eine auf B. Riemann (1826–1866) zurückgehende geometrische Interpretation der komplexen Zahlen, bei der die komplexen Zahlen umkehrbar eindeutig den Punkten einer Kugel zugeordnet werden. Hierzu erweitert man das kartesische Koordinatensystem in der Gaußschen Zahlenebene zu einem solchen im Raum. Dann ordnet man jedem Punkt $P$ der Einheitskugel mit dem Mittelpunkt (0, 0, 1) den Schnittpunkt $Q$ der Verbindungsgeraden

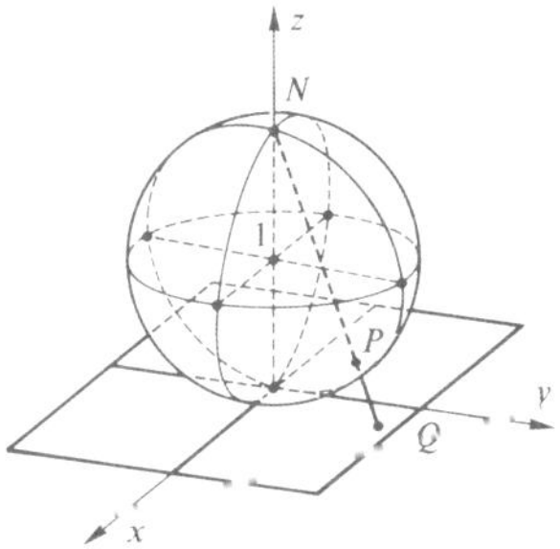


Abb. 1: Riemannsche Zahlenkugel

dieses Punktes und des Punktes (0, 0, 2) *(Nordpol)* mit der Gaußschen Zahlenebene zu (Abb. 1).

**Ring:** Verknüpfungsgebilde mit zwei Verknüpfungen + und ·, wenn bezüglich + eine kommutative ↑Gruppe und bezüglich · eine Halbgruppe vorliegt, und wenn · bezüglich + ↑distributiv ist.

*Beispiel:* Das Verknüpfungsgebilde ($\mathbb{Z}$, +, ·) ($\mathbb{Z}$ = Menge der ganzen Zahlen) ist ein Ring mit dem Nullelement 0 und dem Einselement 1 (Ring der ganzen Zahlen).

**Riß:** Bezeichnung für das bei ↑Projektion eines Körpers, eines Gebäudes, einer Maschine u. a. auf eine Ebene entstehende Bild (z. B. Grundriß).

**Rollkurve,** svw. ↑Zykloide.

**römische Zahlen** (besser *römische Zahlzeichen*): Zahlzeichen, die im römischen Reich sowie in Mittel- und Westeuropa bis zum 15. Jahrhundert allgemein verwendet wurden. Man benutzte zu dieser Zeit die folgenden Zahlzeichen *(römische Ziffern):*

| I | V | X | L | C | D | M |
|---|---|---|---|---|---|---|
| 1 | 5 | 10 | 50 | 100 | 500 | 1000 |

Im antiken Rom benutzte man noch folgende Zeichen:

| I) | (I) | ((I)) | (((I))) | usw. |
|---|---|---|---|---|
| 500 | 1000 | 10000 | 100000 | |

Gebräuchlich war auch die Vertausendfachung einer Zahl durch einen übergesetzten Strich wie $\bar{\text{X}}$ (= 10 000). $\overline{\text{XV}}$ (= 15 000).

Während bei den arabischen Ziffern 1, 2, 3, ... jedes Zeichen je nach seiner Stellung einen verschiedenen Wert haben kann, behalten die römischen Zahlzeichen unabhängig von ihrer Stellung ihren Wert (I hat also immer den Wert 1, V den Wert 5 usw.). Dennoch ist die Stellung der einzelnen Zeichen nicht belanglos. Es gelten folgende Regeln, die sich z. T. erst im späten Mittelalter gebildet haben:

(1) Ein Zeichen wird höchstens dreimal hintereinander gesetzt (und sein Wert wird addiert:

$$\text{II} = 1 + 1 = 2,$$
$$\text{XXX} = 10 + 10 + 10 = 30,$$
$$\text{CCC} = 100 + 100 + 100, \ldots);$$

statt vier Zeichen schreibt man das nächstgrößere Zeichen und setzt das kleinere Zeichen einmal davor:

$$\text{IV} = 5 - 1 = 4,$$
$$\text{XC} = 100 - 10 = 90 \quad \text{usw.}$$

(Ausnahme: IIII (= 4) auf dem Ziffernblatt mancher Uhren).

(2) Die Zeichen V, L und D treten nie zweimal auf, da man dann einfach X, C und M schreiben könnte. Sie treten auch nie vor einem größeren Zeichen auf, da etwa VX, LC, DM dasselbe bedeuten würden wie V, L, D.

(3) Vor einem Zeichen stehen nie zwei kleinere, sondern höchstens ein kleineres Zeichen; man schreibt z. B. nicht IIX, sondern VIII (= 8).
(4) Vor einem Zeichen steht höchstens das nächstkleinere der Zeichen I, X, C, nie ein noch kleineres. Für 99 schreibt man also nicht IC, sondern XCIX.
Unter Beachtung dieser Regeln werden die Werte in einer Zeichenkette addiert.
Für den heutigen Gebrauch römischer Zahlen besitzt Regel (4) nur noch eingeschränkte Gültigkeit. Von zwei möglichen Schreibweisen wählt man heute nämlich meist die kürzere, etwa IL (= 49, nicht XLIX), MIM oder MCMIC (= 1999, nicht MCMXCIX).

**Rotationsellipsoid** ↑ Fläche zweiter Ordnung.

**Rotationshyperboloid** ↑ Fläche zweiter Ordnung.

**Rotationskegel** ↑ Kegel.

**Rotationsparaboloid** ↑ Fläche zweiter Ordnung.

**Rotationskörper:** Körper, der durch Drehung eines ebenen Flächenstücks um eine Gerade **(Drehachse, Rotationsachse)** erzeugt werden kann; z. B. ist die Kugel ein Rotationskörper und jede Gerade durch den Kugelmittelpunkt ist Rotationsachse.

**rotationssymmetrisch** ↑ Symmetrie.

**Rotationszylinder** ↑ Zylinder.

**Roulette:** Glücksspiel, welches auf einem Zufallsversuch mit 37 gleichwahrscheinlichen Ausfällen 0, 1, 2, 3, ..., 36 beruht.

**Rubik-Würfel** (Rubik's Cube), svw. ↑ Zauberwürfel.

**Rückfangmethode** ↑ Schätzen, ↑ Maximum-Likelihood-Methode.

**Rückwärtseinschneiden:** Bezeichnung für ein trigonometrisches Verfahren zur Bestimmung eines Punktes durch Richtungs- bzw. Winkelmessung von diesem Punkt aus, wobei mindestens drei Festpunkte bekannter Lage vorhanden sein müssen, die anvisiert werden können.

**Runden.** Beim Rechnen mit vielstelligen Zahlen genügt es oft, auf einige Stellen *genau* zu rechnen. Beispielsweise ist

$$\sqrt{2} = 1{,}414213562\ldots$$

eine Dezimalzahl, die man für das praktische Rechnen geeignet **rundet.** Die drei Punkte in obiger Darstellung deuten an, daß jede Ziffer **gültig** ist, d. h. ebenso in der unendlichen Folge der Ziffern steht. In dieser Schreibweise sind die letzten Ziffern also nicht gerundet. Dagegen ist die Dezimalzahl

$$\sqrt{2} = 1{,}4142$$

auf 4 Stellen nach dem Komma genau, die letzte Stelle ist gerundet.
Statt = schreibt man häufig ≈

(„ungefähr gleich"); es setzt sich aber immer mehr der Gebrauch des Gleichheitszeichens durch, da Dezimalzahlen in der Praxis grundsätzlich als Näherungswerte verstanden werden können.
Um den Rundungsfehler klein zu halten, beachtet man folgende Regeln.

1. **Abrunden:** Steht an der $(n+1)$-ten Stelle eine der Ziffern 0, 1, 2, 3, 4, so bleiben die Ziffern vor der $(n+1)$-ten Stelle wie sie sind.
2. **Aufrunden:** Steht an der $(n+1)$-ten Stelle eine der Ziffern 6, 7, 8, 9, so wird die Ziffer an der $n$-ten Stelle um 1 erhöht.
3. **Sonderstellung der Ziffer 5:**
*a)* Folgt nach der Ziffer 5 noch eine weitere von 0 verschiedene Ziffer, dann wird aufgerundet.
*b)* Ist die Ziffer 5 durch Aufrunden entstanden, dann wird abgerundet.
*c)* Handelt es sich um eine genaue 5 oder um eine 5 unbekannter Herkunft, dann wird aufgerundet. Oft rundet man in diesem Fall aber auch so, daß die $n$-te Ziffer gerade wird.

Beim Rechnen mit gerundeten Zahlen können Fehler auftreten. Bei der Addition von $k$ Dezimalzahlen, die alle auf $n$ Stellen genau gegeben sind, kann die wahre Summe von der Summe der gerundeten Zahlen um maximal $\frac{k}{2} \cdot 10^{-n}$ abweichen. Bei der Multiplikation von zwei Dezimalzahlen zwischen 1 und 10, die beide auf $n$ Stellen genau gegeben sind, kann das Produkt in der Regel nur auf $n-1$ Stellen genau angegeben werden (↑Fehler). – Vgl. ↑Taschenrechner.

**Russellsche Antinomie** (nach B. Russell, 1872–1970). Die Beschreibung von Mengen durch Eigenschaften ihrer Elemente kann zu logischen Widersprüchen führen. Ein Beispiel hierfür ist

> *„die Menge aller Mengen, die sich nicht selbst als Element enthalten."*

Bezeichnet man diese Menge mit $M$, so sind zunächst zwei Fälle möglich:

*1. Fall:* $M \notin M$

Dann gehört aber $M$ zur Menge $M$, denn $M$ besitzt in diesem Fall ja gerade die Eigenschaft, sich nicht selbst als Element zu enthalten. Aus $M \notin M$ folgt also $M \in M$.

*2. Fall:* $M \in M$

Hier folgt aufgrund der Beschreibung von $M$, daß $M \notin M$ gilt.
Zur Vermeidung von solchen sinnlosen Mengenbildungen hat man Axiomensysteme für die Mengenlehre festgelegt.

**russische Multiplikation** (russische Bauernmultiplikation): Verfahren zur schriftlichen

Multiplikation. Dieses Verfahren war schon im alten Ägypten in Gebrauch und heißt daher auch **(alt)ägyptische Multiplikation.** Bei der russischen Multiplikation werden neben der Addition nur das Halbieren und Verdoppeln benutzt.
*Beispiel:* Berechnung des Produkts 377 · 53. Man kann das folgende Schema verwenden:

| | |
|---|---|
| 377 | 53 |
| 188 | ~~106~~ |
| 94 | ~~212~~ |
| 47 | 424 |
| 23 | 848 |
| 11 | 1696 |
| 5 | 3392 |
| 2 | ~~6784~~ |
| 1 | 13568 |
| | 19981 |

Abb. 1

Die linke Spalte in diesem Schema entsteht durch fortgesetzte Division durch 2, wobei ein eventuell auftretender Rest weggelassen wird. Die rechte Spalte entsteht durch fortgesetztes Verdoppeln. Steht links eine gerade Zahl, dann wird die rechtsstehende Zahl gestrichen. Die nicht gestrichenen Zahlen werden addiert und liefern das Produkt.

**russische Rechenmaschine** ↑Abakus.

**ℝ-Vektorraum** ↑Vektorraum.

# S

**s,** Einheitenzeichen für die ↑Zeiteinheit Sekunde, bei Angabe eines Zeitpunktes hochgestellt ($^s$).

**Saldo** (Mrz. Salden), bei der Aufrechnung eines *Kontos* sich ergebender Unterschiedsbetrag zwischen Soll- und Habenspalte bzw. (bei Bilanzen) zwischen Aktiva und Passiva, der nach der betragsmäßig größeren Seite (als **Aktivsaldo** oder **Passivsaldo**) bezeichnet wird.

**Sammelspiegel** ↑Fläche zweiter Ordnung.

**Sarrus, Regel von** ↑Determinante.

**Sattelfläche,** svw. hyperbolisches Paraboloid (↑Fläche zweiter Ordnung).

**Sattelpunkt:** 1) Hat die Funktion $f$ an der Stelle $x_0$ einen ↑Wendepunkt mit waagerechter Tangente, dann nennt man $(x_0, f(x_0))$ einen *Sattelpunkt* des Graphen von $f$ (Abb. 1).

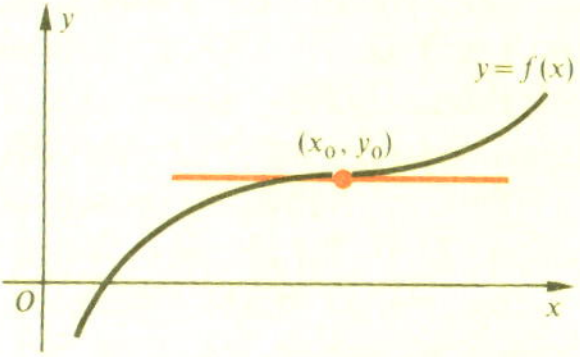


Abb. 1: Sattelpunkt einer Funktion

2) Den Begriff des *Sattelpunktes* einer *Fläche* entnehme man

Abb. 2. Die dort dargestellte Fläche heißt *Sattelfläche* (↑ Fläche zweiter Ordnung).

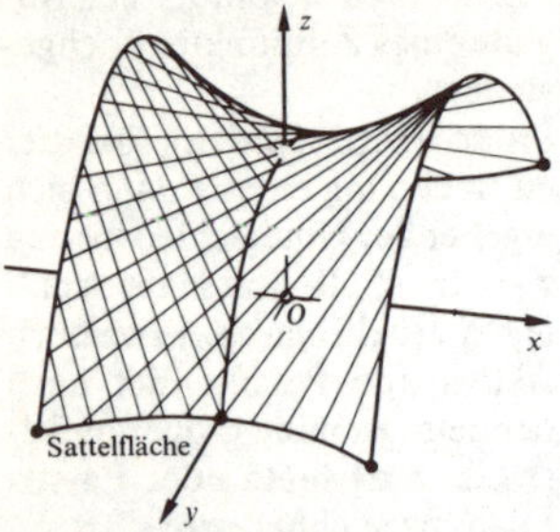


Abb. 2: Sattelpunkt einer Fläche

**Satz:** 1) *Datenverarbeitung:* ↑ Datei.

2) *Mathematik:* Eine wahre Aussage über einen mathematischen Sachverhalt nennt man einen *mathematischen Satz.*

*Beispiele:*

1) Im Parallelogramm sind die Gegenseiten gleich lang.
2) Wenn die Quersumme einer Zahl durch 9 teilbar ist, dann ist auch die Zahl durch 9 teilbar.

Mathematische Sätze kann man häufig in der Gestalt „Wenn..., dann..." aussprechen. Den Inhalt des Wenn-Satzes nennt man *Voraussetzung,* den Inhalt des Dann-Satzes *Behauptung.* Als *Beweis* eines mathematischen Satzes bezeichnet man einen durch logisches Schließen erhaltenen Nachweis, daß dieser Satz wahr ist.

Manchmal verwendet man für den Begriff „Satz" auch die Bezeichnungen „Theorem" oder „Gesetz".

**Satz des Pythagoras** ↑ pythagoreischer Lehrsatz.

**Satzfolge** ↑ Daten.

**Satz vom ausgeschlossenen Dritten** ↑ Tertium non datur.

**Satz vom Umfangswinkel:** Ein Umfangswinkel über einem Bogen ist halb so groß wie der zugehörige Zentriwinkel über demselben Bogen. Es folgt: Alle Umfangswinkel über demselben Bogen haben dieselbe Größe (Abb. 1).

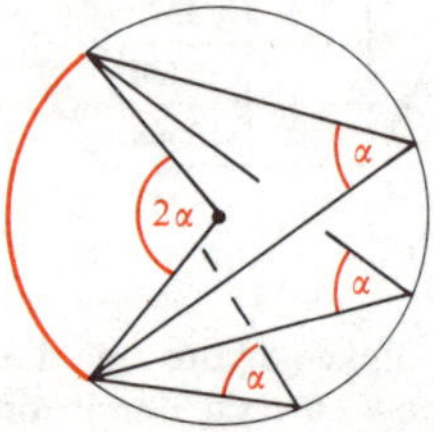


Abb. 1: Satz vom Umfangswinkel

**Schaltalgebra:** Bezeichnung für die Anwendung der ↑ Booleschen Algebra auf die Verknüpfung *binärer Schaltungen* (elektrische Schaltelemente mit zwei stabilen Zuständen) in und zu elektrischen Schaltungen (Verknüpfungsglieder in Datenverarbeitungsanlagen). Schaltelemente und Schaltungen müssen dabei Ausdrücken

der ↑formalen Logik zuzuordnen sein. Entsprechend den Regeln der formalen Logik kann dann z. B. eine Schaltung (genauer: deren Schaltbild) umgeformt und gegebenenfalls durch eine einfachere gleichwertige Schaltung ersetzt werden.
In der Schaltalgebra können Variable (Schaltvariable) nur zwei Werte annehmen; diese Werte werden häufig durch 0, 1 gekennzeichnet. Den Werten der Schaltvariablen entsprechen in den dazugehörenden binären Schaltungen spezielle Zustandsgrößen, z. B. leitend – nicht leitend, magnetisiert – nicht magnetisiert, geladen – nicht geladen.
Die Schaltungen der Schaltalgebra werden durch Schaltfunktionen (Boolesche Funktionen) beschrieben, die einem oder mehreren 0- bzw. 1-Zuständen jeweils wieder einen 0-Zustand oder einen 1-Zustand zuweisen. Wichtige Schaltfunktionen sind die ↑identische Funktion, die ↑Negation, die ↑Konjunktion, die ↑Alternative, die ↑Sheffer-Funktion und die ↑Peirce-Funktion. Die entsprechenden elektronischen Bauelemente bezeichnet man als *Verknüpfungsglieder.*

**Schätzen.** Beim überschlägigen Rechnen schätzt man eine Summe, ein Produkt u. a. aus den Summanden, Faktoren usw., um einen Fehler in der Größenordnung zu vermeiden.
*Beispiel:* Es soll das Produkt

$$3\,601 \cdot 89\,107$$

berechnet werden. Dieses Produkt ist größer als

$$3\,000 \cdot 80\,000 = 240\,000\,000$$

und kleiner als

$$4\,000 \cdot 90\,000 = 360\,000\,000.$$

Beim Zählen (z. B. einer großen Menschenmenge) zählt man einen geeigneten Teil der Elemente und schätzt, mit welchem Faktor diese Anzahl zu multiplizieren ist.

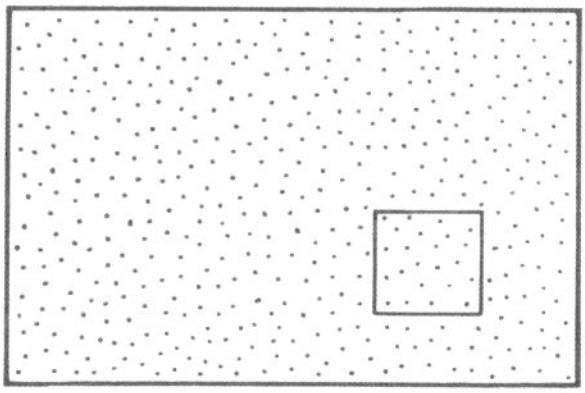

Abb. 1

*Beispiel:* Das kleine Quadrat in Abb. 1 enthält 23 Punkte. Es bedeckt etwa den 20. Teil des Rechtecks. Also enthält das Rechteck zwischen 400 und 500 Punkte (20 · 23 = 460).
Um die Zahl der Fische in einem Teich zu schätzen, benutzt man die **Rückfangmethode (Capture-Recapture-Methode):** Man fängt *a* Fische, markiert diese, und läßt sie wieder frei.

Nach einiger Zeit fängt man $n$ Fische. Sind unter diesen genau $b$ markierte, so enthält der Teich schätzungsweise $\frac{a}{b} \cdot n$ Fische. Denn für die Gesamtzahl $N$ der Fische gilt näherungsweise

$$\frac{a}{N} = \frac{b}{n}.$$

**Schaubild einer Funktion** ↑Funktionsgraph.

**Scheinwerferspiegel** ↑Fläche zweiter Ordnung.

**Scheitel** ↑Parabel, ↑Kegel, ↑Winkel.

**Scheitelgleichung** ↑Kegelschnitte, ↑Parabel.

**Scheitelpunkt** ↑Parabel.

**Scheitelwert** (Höchstwert): Bezeichnung für den größten Wert in einer Folge von Meßwerten; auch Bezeichnung für die ↑Amplitude einer periodischen Funktion.

**Scheitelwinkel** *(Scheitelwinkelfelder).* Zwei sich schneidende Geraden teilen die Ebene in vier *Winkelfelder* ein. Je zwei

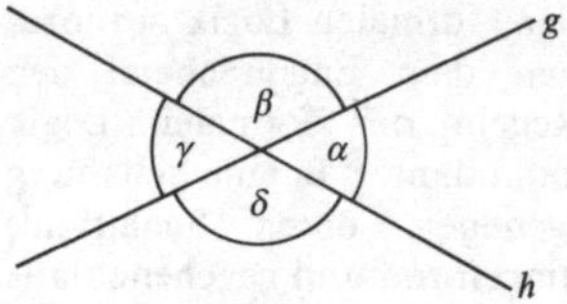


Abb. 1: Scheitelwinkel

gegenüberliegende Winkelfelder (in Abb. 1 $\alpha$ („alpha") und $\gamma$ („gamma") bzw. $\beta$ („beta") und $\delta$ („delta")) heißen **Scheitelwinkelfelder.** Die zugehörigen **Scheitelwinkel** (Winkelmaße) sind gleich.

**Schenkel,** in der Geometrie ↑Winkel, vgl. ↑gleichschenkliges Dreieck.

**Scherung (Gleitung):** Bezeichnung für eine ↑affine Abbildung in der Ebene oder im Raum, bei der die Affinitätsstrahlen parallel zur Affinitäts-

Abb. 1: Scherung eines an der Unterseite festgehaltenen Quaders $ABCDEFGH$ zu einem Parallelflach $ABCDE'F'G'H'$ unter dem Scherungswinkel $\gamma$ („gamma")

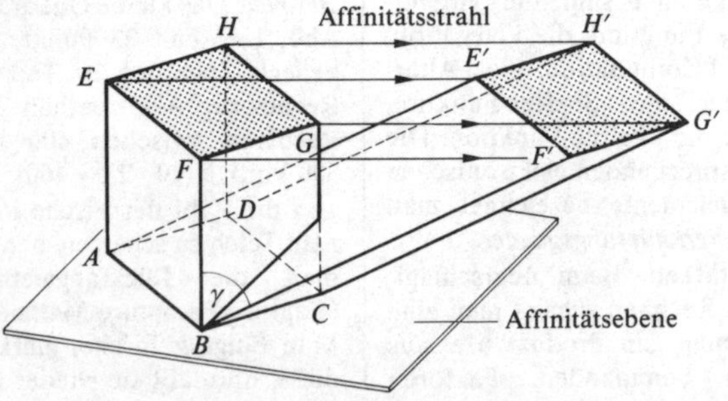

achse bzw. Affinitätsebene sind (Abb. 1). Die Scherung ist eine flächentreue Abbildung.

**Schieblehre** ↑ Nonius.

**Schiefkörper:** Algebraischer ↑ Körper, in dem das Kommutativgesetz (↑ kommutativ) der Multiplikation nicht gilt.

**schiefsymmetrisch,** svw. ↑ schrägsymmetrisch.

**Schleife** (Programmschleife): Bezeichnung für einen mehrfach durchlaufenen Abschnitt in einem Programm.

**Schluß:** Übergang von einer Reihe von ↑ Aussagen **(Prämissen)** zu einer weiteren Aussage **(Konklusion).** Einen Schluß von wahren Aussagen auf andere (wahre) Aussagen bezeichnet man auch als **Beweis.**

**Schlußrechnung,** svw. ↑ Dreisatzrechnung.

**Schluß von *n* auf *n*+1** ↑ vollständige Induktion.

**Schnittgerade** ↑ Ebene.

**Schnittmenge** (Durchschnittsmenge): Die *Schnittmenge* zweier Mengen $A$, $B$ besteht aus allen Elementen, die sowohl zu $A$ als auch zu $B$ gehören (vgl. Abb. 1):

$$A \cap B := \{x | x \in A \text{ und } x \in B\}.$$

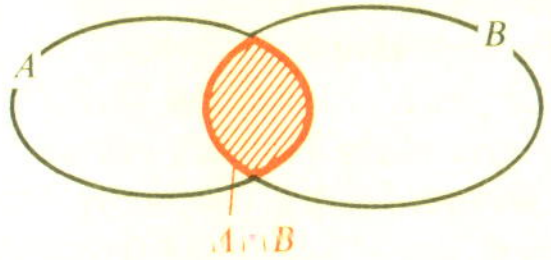


Abb. 1: Schnittmenge

Statt Schnittmenge sagt man auch *Durchschnitt* von $A$ und $B$ und liest $A \cap B$ als „$A$ geschnitten mit $B$". Ist $A \cap B = \emptyset$, so nennt man die Mengen $A$, $B$ *elementefremd* oder *disjunkt.*

**Schnittpunkt,** gemeinsamer Punkt von Strecken, Geraden, Kurven usw. (vgl. ↑ Ebene).

**Schnittstelle** ↑ Computer.

**Schnittwinkel:** Winkel, den zwei sich schneidende Geraden miteinander bilden. Schneidet eine Gerade $g$ zwei Parallelen $g_1$ und $g_2$ (Abb. 1), so bezeichnet man die auf derselben Seite der Geraden und auf gleichen Seiten der Parallelen gelegenen Winkel ($\alpha_1$ und $\alpha_2$, $\beta_1$ und $\beta_2$ usw.) als **Stufenwinkel;** je zwei Stufenwinkel sind einander gleich ($\alpha_1 = \alpha_2$, $\beta_1 = \beta_2$ usw.).

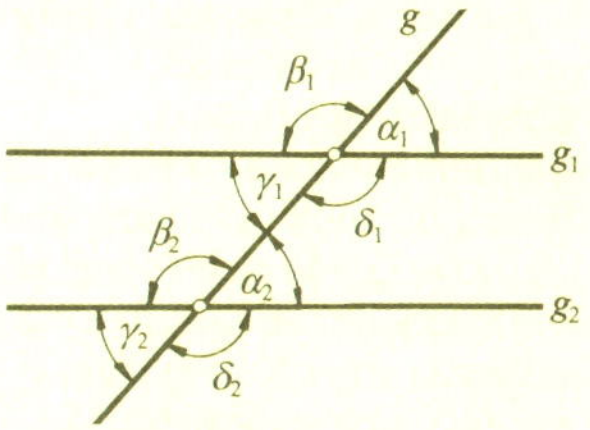


Abb. 1: Schnittwinkel

**Gegenwinkel** liegen auf derselben Seite der schneidenden Geraden und auf verschiedenen Seiten der Parallelen (z. B. $\alpha_1$ und $\delta_2$, $\beta_1$ und $\gamma_2$ usw.); je zwei Gegenwinkel ergänzen sich zu 180°. Auf verschiedenen Seiten der schneidenden Geraden und der Parallelen liegende Winkel bezeichnet man als **Wechselwinkel** ($\alpha_1$ und $\gamma_2$, $\beta_1$ und $\delta_2$ usw.); je zwei Wechselwinkel sind einander gleich. Unter dem Sch. zweier Kurven versteht man den Winkel, den die Tangenten im Schnittpunkt miteinander bilden.

**Schock,** altes deutsches ↑Zählmaß; entsprach 60 Stück.

**Schrägbild,** das Bild bei einer schiefen Parallelprojektion (↑Projektion).

**schräge Ansicht** ↑Perspektive.

**Schrägspiegelung** ↑affine Abbildung.

**schrägsymmetrisch** *(schiefsymmetrisch):* Eigenschaft einer Figur, die bei einer geeigneten Schrägspiegelung auf sich abgebildet wird. Beispielsweise ist ein Trapez ein schrägsymmetrisches Viereck.

**Schranke** ↑beschränkt.

**Schraubenfläche:** Fläche im Raum, die durch Drehung und gleichzeitige Verschiebung einer Strecke, einer Geraden (allgemeiner einer Kurve) längs einer Achse entsteht (Abb. 1).

**Schraubenlinie:** ↑Kurve im Raum, die durch Drehung und gleichzeitige Verschiebung eines Punktes längs einer Achse entsteht (Abb. 1).

**schrittweise Annäherung** ↑Iteration.

**Schubbetrieb** ↑Betriebsart.

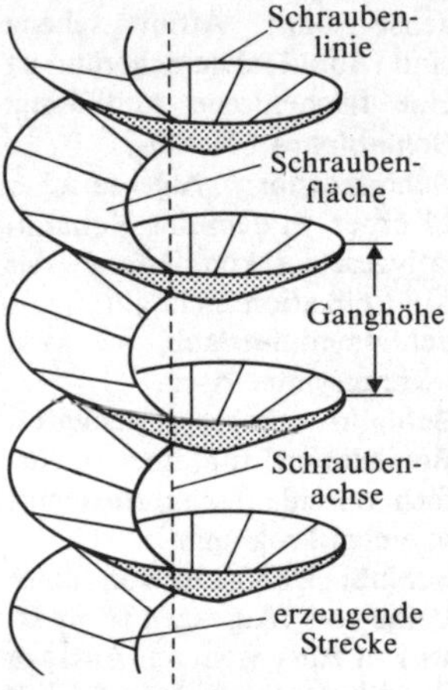

Abb. 1: Schraubenfläche und Schraubenlinie

**Schubspiegelung** (Gleitspiegelung): Bezeichnung für eine ↑Kongruenzabbildung, welche aus einer ↑Parallelverschiebung und einer ↑Spiegelung zusammengesetzt ist. Dabei muß die Verschiebung parallel zur Spiegelachse erfolgen.

**Schubstreckung:** Verkettung einer ↑Parallelverschiebung und einer ↑zentrischen Streckung.

**Schusterkneif** (Schustermesser), svw. ↑Arbelos.

**Schwerelinie:** Bezeichnung für jede durch den Schwerpunkt eines Körpers führende Gerade. In der *Geometrie* heißen die ↑Seitenhalbierenden eines Dreiecks Schwerelinien.

Sie schneiden sich im ↑ Schwerpunkt des Dreiecks. Dieser teilt die Schwerelinien im Verhältnis 1:2 (Abb. 1).

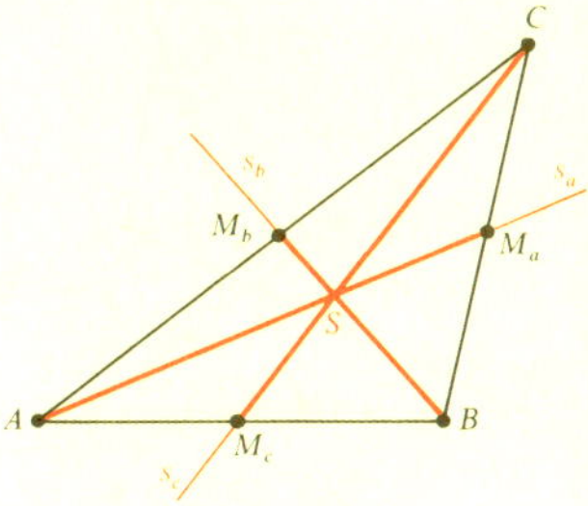


Abb. 1: Schwerelinien und Schwerpunkt eines Dreiecks

Eine Schwerelinie zerlegt ein Dreieck in zwei flächengleiche Teildreiecke.

**Schwerpunkt:** Den Schnittpunkt der ↑ Seitenhalbierenden eines Dreiecks bezeichnet man als Schwerpunkt des Dreiecks. Der Schwerpunkt teilt jede Seitenhalbierende im Verhältnis 1:2.

**Schwingungsdauer** ↑ trigonometrische Funktionen.

**Schwingungsweite,** svw. ↑ Amplitude.

**sech** ↑ hyperbolische Funktionen.

**Sechs** (Zahlzeichen 6): Die Zahl Sechs galt im Altertum als vollkommenste Zahl, da sie als Summe und als Produkt ihrer Teiler darstellbar ist:

$$6 = 1 + 2 + 3, \qquad 6 = 1 \cdot 2 \cdot 3.$$

**Sechseck** (Hexagon): Vieleck mit sechs Ecken; die Seitenlänge des regelmäßigen Sechsecks ist gleich dem Radius des Umkreises. – Das Sechseck erscheint in der Natur u. a. bei Bienenwaben, in der hexagonalen Kristallform der Schneeflocken und in der Gestalt des Benzolrings ($C_6H_6$).

**Sechsflach** (Sechsflächner), svw. ↑ Hexaeder (vgl. ↑ Würfel).

**Sechzigersystem,** svw. ↑ Sexagesimalsystem.

**Sectio aurea,** svw. ↑ Goldener Schnitt.

**Sedezimalsystem,** svw. ↑ Hexadezimalsystem.

**Seemeile** ↑ Längeneinheit.

**Segment** ↑ Kreis.

**Sehne** ↑ Bogen.

**Sehnenformeln** ↑ Dreiecksberechnung.

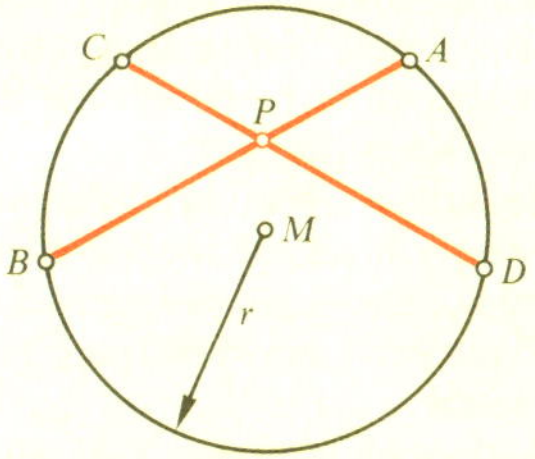


Abb. 1: Sehnensatz

**Sehnensatz:** Schneiden sich zwei Sehnen eines Kreises innerhalb des Kreises, so ist das Produkt der Längen der Sehnenabschnitte der einen Sehne gleich dem Produkt der Längen der Abschnitte der anderen Sehne. In Abb. 1 gilt also

$$\overline{PA} \cdot \overline{PB} = \overline{PC} \cdot \overline{PD}.$$

**Sehnensechseck:** Sechseck, dessen Seiten Sehnen eines ↑Kegelschnitts, insbesondere eines Kreises sind.

**Sehnen-Tangenten-Winkel:** Winkel zwischen einer Kreissehne und einer Kreistangente durch einen ihrer Endpunkte.

**Sehnenvieleck:** Vieleck, dessen Seiten Sehnen eines ↑Kegelschnitts, insbesondere eines Kreises sind. Bei Sehnenvielecken mit gerader Seitenanzahl (z. B. Sehnenviereck, Sehnensechseck) ist die Summe der Winkelmaße des 1., 3., 5.,… Winkels gleich der Summe der Winkelmaße des 2., 4., 6.,… Winkels.

**Sehnenviereck:** Viereck, dessen Ecken auf einem ↑Kegelschnitt, insbesondere auf einem Kreis liegen.

**Seilkurve,** svw. ↑Kettenlinie.

**Seite:** Strecke bzw. Flächenstück, das eine geometrische Figur bzw. einen Körper begrenzt.

**Seitenhalbierende** (Mittellinie): Gerade, welche durch eine Ecke und den Mittelpunkt der gegenüberliegenden Seite eines Dreiecks geht (Abb. 1). Jedes Dreieck besitzt drei Seitenhalbierende: $s_a$, $s_b$ und $s_c$. Häufig wird der Begriff Seitenhalbierende für die Strecken $AM_a$, $BM_b$ und $CM_c$ verwendet. Die Bezeichnungen $s_a$, $s_b$ und $s_c$ stehen dann auch für diese Strecken bzw. deren Längen.

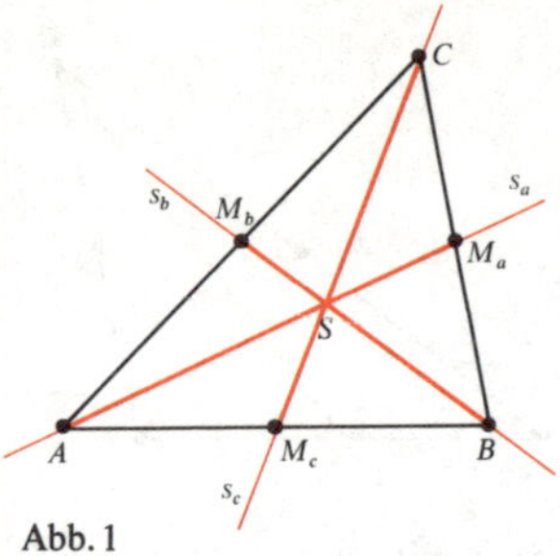


Abb. 1

Die drei Seitenhalbierenden des Dreiecks schneiden sich in einem Punkt, dem ↑*Schwerpunkt* des Dreiecks. Die Seitenhalbierenden werden deshalb auch Schwerelinien *(Schwerlinien)* genannt.

**Seitenriß:** Bezeichnung für die ↑Projektion eines Gegenstandes auf eine zur Grundrißebene senkrechte Ebene.

**Sekans** ↑Trigonometrie.

**Sekante:** Gerade, die eine Kurve (speziell einen ↑Kreis) schneidet. Das zwischen zwei Schnittpunkten gelegene Stück einer Sekante bezeichnet man als Sehne.

**Sekantensatz** (Sekantenproduktsatz): Schneiden sich zwei Sekanten eines Kreises außerhalb des Kreises, so ist das Produkt der Längen der Abschnitte der einen Sekante gleich dem

Produkt der Längen der Abschnitte der anderen Sekante. In Abb. 1 gilt also

$$\overline{PA} \cdot \overline{PB} = \overline{PC} \cdot \overline{PD}.$$

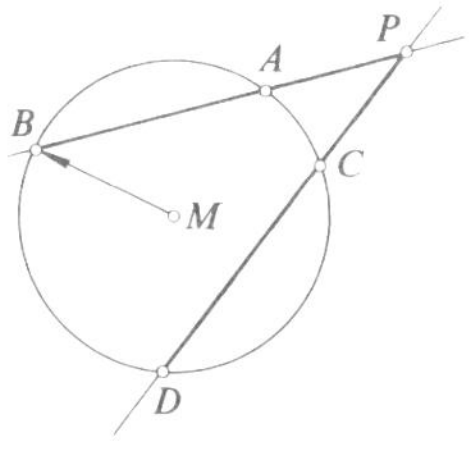


Abb. 1: Sekantensatz

**Sekantentangentensatz,** svw. ↑Tangentensatz.
**Sektor:** Bezeichnung für ein von den Schenkeln eines Winkels und einer Kurve (speziell einem ↑Kreis) begrenztes Flächenstück.
**Sekunde:** 1) ↑Gradmaß; 2) ↑Zeiteinheit.
**senkrecht** ↑rechtwinklig.
**Septillion,** die ↑Zahl 1 Million Sextillionen (eine Eins mit 42 Nullen).
**Sequenz** ↑Anweisung.
**Sexagesimalsystem** (zu lat. sexaginta = 60; Sechzigersystem): Bezeichnung für ein auf der Basis 60 aufgebautes Zahlensystem. Das Sexagesimalsystem für ganze Zahlen und Brüche, das die Babylonier schon um 3000 v. Chr. besaßen, ist das älteste geschriebene ↑Stellenwertsystem.
**Sextillion,** die ↑Zahl 1 Million Quintillionen (eine Eins mit 36 Nullen).
**sgn:** Funktionszeichen für die Vorzeichenfunktion (↑Vorzeichen, vgl. ↑Signum).
**Sharing** (engl. *share,* aufteilen). Dieser Begriff aus der Datenverarbeitung läßt sich sowohl auf die Hardware als auch auf die Software anwenden. Man spricht z. B. von einem Sharing des Prozessors, wenn bei Anlagen mit *einem* Prozessor die einzelnen Prozesse dem Prozessor nacheinander zugeführt werden (Zeitscheibentechnik). Von Sharing spricht man auch, wenn Programme oder Daten mehreren Benutzern innerhalb kurzer Zeit zur Verfügung gestellt werden *(Time-sharing).* Das Verfahren zur Realisierung des Sharings heißt *Multiplexing.*
**Sheffer-Funktion** (nach H. M. Sheffer, 1901–1964; *Antikonjunktion, Exklusion;* Bezeichnungen: $sh(A, B)$, $A|B$ (*Sheffer-Strich*), NAND($A$, $B$) (Abk. für „NOT AND“)).
Schaltfunktion der ↑Schaltalgebra, die durch folgende Tabelle festgelegt wird:

| $A$ | $B$ | $A$ NAND $B$ |
|---|---|---|
| 0 | 0 | 1 |
| 0 | 1 | 1 |
| 1 | 0 | 1 |
| 1 | 1 | 0 |

Für $A|B$ benutzt man oft die Sprechweise „$A$ und $B$ sind nicht beide wahr“.
Schaltsymbol:

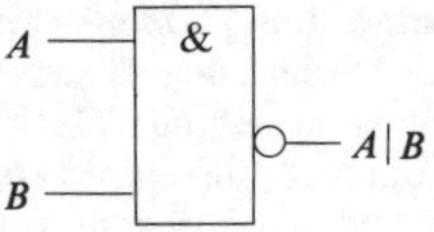


bzw.

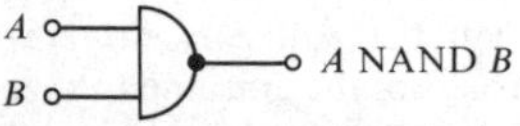


**Sichel des Archimedes,** svw. ↑Arbelos.

**sicheres Ereignis** ↑Ereignis.

**Sieb des Eratosthenes:** Bezeichnung für folgendes Verfahren zur Bestimmung von ↑Primzahlen, welches auf den griechischen Philosophen Eratosthenes (276 bis 195 v. Chr.) zurückgeht:

1. Man schreibe alle Zahlen von 2 bis $N$ (etwa $N = 100\,000$) auf.
2. Man rahme die Zahl 2 ein und streiche dann jede zweite Zahl.
3. Ist $n$ die erste nicht-gestrichene Zahl, so rahme man $n$ ein und streiche jede $n$-te Zahl.
4. Man führe Schritt 3 für alle $n$ mit $n^2 \leqq N$ aus; ist $n^2 > N$, so stoppe man den Prozeß.
5. Alle eingerahmten bzw. nicht gestrichenen Zahlen sind Primzahlen.

*Beispiel* ($N = 100$):

| | | | | | | | | | |
|---|---|---|---|---|---|---|---|---|---|
| | [2] | [3] | ~~4~~ | [5] | ~~6~~ | [7] | ~~8~~ | ~~9~~ | ~~10~~ |
| 11 | ~~12~~ | 13 | ~~14~~ | ~~15~~ | ~~16~~ | 17 | ~~18~~ | 19 | ~~20~~ |
| ~~21~~ | ~~22~~ | 23 | ~~24~~ | ~~25~~ | ~~26~~ | ~~27~~ | ~~28~~ | 29 | ~~30~~ |
| 31 | ~~32~~ | ~~33~~ | ~~34~~ | ~~35~~ | ~~36~~ | 37 | ~~38~~ | ~~39~~ | ~~40~~ |
| 41 | ~~42~~ | 43 | ~~44~~ | ~~45~~ | ~~46~~ | 47 | ~~48~~ | ~~49~~ | ~~50~~ |
| ~~51~~ | ~~52~~ | 53 | ~~54~~ | ~~55~~ | ~~56~~ | ~~57~~ | ~~58~~ | 59 | ~~60~~ |
| 61 | ~~62~~ | ~~63~~ | ~~64~~ | ~~65~~ | ~~66~~ | 67 | ~~68~~ | ~~69~~ | ~~70~~ |
| 71 | ~~72~~ | 73 | ~~74~~ | ~~75~~ | ~~76~~ | ~~77~~ | ~~78~~ | 79 | ~~80~~ |
| ~~81~~ | ~~82~~ | 83 | ~~84~~ | ~~85~~ | ~~86~~ | ~~87~~ | ~~88~~ | 89 | ~~90~~ |
| ~~91~~ | ~~92~~ | ~~93~~ | ~~94~~ | ~~95~~ | ~~96~~ | 97 | ~~98~~ | ~~99~~ | ~~100~~ |

Die Primzahlen unter 100 sind also

2, 3, 5, 7, 11, 13, 17, 19, 23,
29, 31, 37, 41, 43, 47, 53, 59,
61, 67, 71, 73, 79, 83, 89, 97.

**Sieben** (Zahlzeichen 7): Die Primzahl spielt als vollkommene oder heilige Zahl im Zahlendenken vieler Völker eine herausragende Rolle (z. B. Einteilung der Woche).

**Siebeneck** (Heptagon): Vieleck mit sieben Ecken. Die Seiten eines regelmäßigen Siebenecks sind nicht mit Zirkel und Lineal konstruierbar.

**Siebformel.** Für eine endliche Menge $A$ ist $|A|$ die Anzahl der Elemente von $A$. Es gilt (vgl. Abb. 1)

$$|A \cup B| = |A| + |B| - |A \cap B|,$$

d. h. die Anzahl der Elemente der Vereinigungsmenge von $A$ und $B$ ist gleich der Summe der Anzahlen der Menge $A$ und der Menge $B$ vermindert um die Anzahl des Durchschnitts.

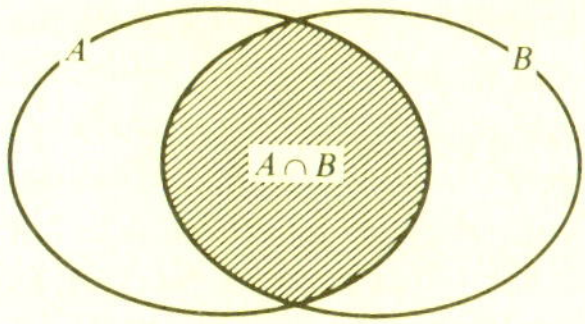


Abb. 1

Es gilt eine entsprechende Formel für drei Mengen:

$$|A \cup B \cup C| = |A| + |B| + |C| - |A \cap B| - |A \cap C| - |B \cap C| + |(A \cap C) \cap (B \cap C)|.$$

**Siebzehneck:** Vieleck mit 17 Ecken. C. F. Gauß (1777–1855) hat bewiesen, daß das regelmäßige Siebzehneck mit Zirkel und Lineal konstruiert werden kann.

**Signum:** 1) ↑Vorzeichen einer Zahl; 2) Bezeichnung für die Funktion *(Signumfunktion)*

$$\operatorname{sgn}(x) = \begin{cases} -1 & \text{für } x < 0, \\ 0 & \text{für } x = 0, \\ +1 & \text{für } x > 0. \end{cases}$$

**Simpson-Regel** ↑numerische Integration.

**sin** ↑trigonometrische Funktionen.

**sin⁻¹** ↑Arkusfunktionen.

**sinh** ↑hyperbolische Funktionen.

**Sinus** ↑Trigonometrie, ↑trigonometrische Funktionen.

**Sinusfunktion** ↑trigonometrische Funktionen.

**Sinus hyperbolicus** ↑hyperbolische Funktionen.

**Sinussatz.** Der Sinussatz ist neben dem ↑Kosinussatz der für Dreiecksberechnungen wichtigste Satz der ↑Trigonometrie. Er besagt in den Bezeichnungen der Abb. 1:

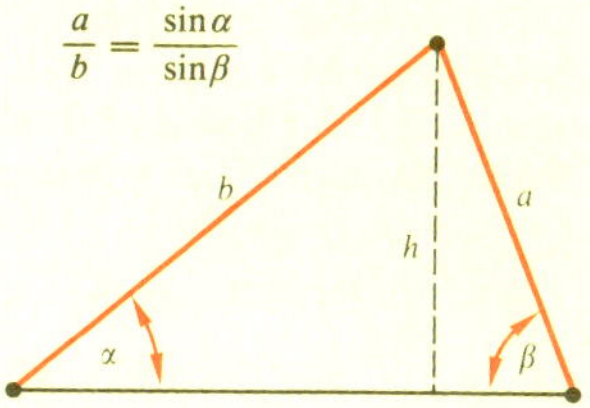


Abb. 1: Sinussatz

Unter Einbeziehung des dritten Dreieckswinkels formuliert man auch oft folgende Proportionengleichung:

$$a : b : c = \sin\alpha : \sin\beta : \sin\gamma$$

Der Sinussatz läßt sich auch in der Form

$$\frac{a}{\sin\alpha} = \frac{b}{\sin\beta} = \frac{c}{\sin\gamma} = 2r$$

schreiben, wobei $r$ der Umkreisradius ist.

**Skalar.** Zahlen bezeichnet man als *Skalare,* um sie von ↑Vektoren (vgl. ↑Vektorraum) zu unterscheiden. Das $r$-fache des Vektors $\vec{a}$, also $r \cdot \vec{a}$, erhält man durch Multiplikation des Skalars $r$ mit dem Vektor $\vec{a}$. In der Physik nennt man Größen *skalar,* wenn es nur auf den Betrag ankommt. Skalare Größen sind also durch Angabe einer Maßzahl und einer Maßeinheit bestimmt (z. B. Masse, Dichte, Temperatur). Kommt es bei physikalischen Größen zusätzlich auf die Richtung an (z. B. bei Kräften, Geschwindigkeiten), so handelt es sich um *vektorielle* Größen.

**Skalarprodukt.** Für zwei ↑ Vektoren $\vec{v}$, $\vec{w}$ in der Ebene oder im Raum ist ihr *Skalarprodukt* $\vec{v} \cdot \vec{w}$ als die reelle Zahl

$$\vec{v} \cdot \vec{w} := \|\vec{v}\| \cdot \|\vec{w}\| \cdot \cos\alpha$$

definiert. Dabei sind $\|\vec{v}\|$, $\|\vec{w}\|$ die Beträge der Vektoren, und $\alpha$ („alpha") ist der von den Vektoren eingeschlossene Winkel.

Zwei Vektoren $\vec{v}$, $\vec{w}$ heißen **orthogonal,** wenn ihr Skalarprodukt gleich Null ist:

$$\vec{v} \perp \vec{w} :\Leftrightarrow \vec{v} \cdot \vec{w} = 0.$$

Dies ist der Fall, wenn $\vec{v} = \vec{o}$ oder $\vec{w} = \vec{o}$ oder wenn $\cos\alpha = 0$, also $\alpha = 90°$ gilt.

**Skonto:** Bezeichnung für eine vereinfachte Form des kaufmännischen Diskonts: Bei Zahlung einer Rechnung innerhalb einer bestimmten Frist gewährt der Kaufmann dem Kunden einen Preisnachlaß.

*Beispiel:* Eine Rechnung vom Betrag $K$ sei zahlbar

a) sofort mit 3% Skonto;

b) nach 30 Tagen mit 2% Skonto;

c) nach 3 Monaten ohne Skonto.

Welche der Zahlungsarten für den Kunden am günstigsten ist, hängt von dem zugrundeliegenden Zinssatz ab, also davon, welche Zinsen er z. B. für Überziehung seines Kontos zu zahlen hat (↑ Zinsrechnung). Ist dieser Zinssatz $p$%, dann zahlt der Kunde

im Fall a): $0{,}97 \cdot K$ sofort;

im Fall b): $0{,}98 \cdot K$ in 30 Tagen, also einen Betrag vom heutigen Wert (Barwert)

$$\frac{0{,}98}{1+\frac{p}{1200}} \cdot K;$$

im Fall c): $K$ in 3 Monaten, also einen Betrag vom Barwert

$$\frac{1}{1+\frac{p}{400}} \cdot K.$$

Für kleine Zinssätze (unter 12%) ist a) die günstigste Zahlungsweise, für hohe Zinssätze dagegen c).

**Software:** Gesamtheit der für eine *Datenverarbeitungsanlage* verfügbaren nichtapparativen Funktionsbestandteile, insbesondere Programme, die eine optimale Ausnutzung der Anlage ermöglichen sollen.

**Soroban** ↑ Abakus.

**Spaltenvektor** ↑ Matrix.

**Spannseite,** svw. ↑ Hypotenuse.

**Spat,** svw. ↑ Parallelflach, vgl. ↑ Prisma.

**Spatprodukt** (gemischtes Vektorprodukt, Dreierprodukt):

Zu je drei Vektoren $\vec{u}$, $\vec{v}$, $\vec{w}$ im Raum läßt sich das Produkt

$$(\vec{u} \times \vec{v}) \cdot \vec{w}$$

bilden. Dabei bedeutet „·" das ↑Skalarprodukt und „×" das ↑Vektorprodukt. Dieses Produkt bezeichnet man als *Spatprodukt,* dessen Wert die folgende geometrische Bedeutung besitzt:

Man betrachte den von den Vektoren $u$, $v$, $w$ aufgespannten Spat (Parallelepiped; Abb. 1). Bilden $u$, $v$, $w$ ein Rechtssystem, so ist

$$V = (\vec{u} \times \vec{v}) \cdot \vec{w}$$

das Volumen des Spats.

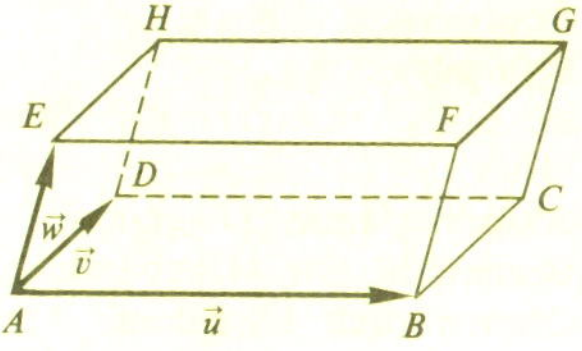

Abb. 1: Spatprodukt

**Speer:** Bezeichnung für eine mit einem Richtungssinn versehene Gerade.

**Speicheradresse** ↑Adresse.

**Speichereinheit** ↑Computer.

**Spezies,** ältere Bezeichnung für ↑Grundrechenarten.

**Sphäre:** Bezeichnung für die Kugeloberfläche (↑Kugel).

**sphärisches Dreieck,** svw. ↑Kugeldreieck.

**sphärische Trigonometrie:** Teilgebiet der Mathematik, in dem die Geometrie der Kugeloberfläche, insbesondere die Berechnung von Kugeldreiecken, behandelt wird. Sie wird angewendet in der Geographie (Erdsphärik), der Kartenkunde, der Navigation und der Astronomie (Himmelssphärik).

**Sphäroid:** Bezeichnung für einen kugelähnlichen Körper bzw. eine nur wenig von einer Kugel verschiedene Fläche; im engeren Sinne Bezeichnung für ein Rotationsellipsoid (↑Fläche zweiter Ordnung).

**Spiegelachse** ↑Spiegelung.

**Spiegelstreckung** *(Streckspiegelung):* Verkettung einer Spiegelung mit einer zentrischen Streckung, deren Zentrum auf der Spiegelachse liegt.

**spiegelsymmetrisch** ↑Symmetrie.

**Spiegelung.** Unter einer Spiegelung in der Ebene versteht man folgende ↑Kongruenzabbildung: Gegeben sei eine Gerade $a$ **(Spiegelachse** bzw. **Symmetrieachse).** Für den Bildpunkt $P'$ eines Punktes $P$ gilt:

1) Liegt $P$ auf der Geraden $a$, so ist $P' = P$ (die Spiegelachse ist also eine Fixpunktgerade).
2) Liegt $P$ nicht auf $a$, so liegen $P$ und $P'$ auf verschiedenen Seiten von $a$, die Strecke $PP'$ ist ↑rechtwinklig zu $a$, und $P$ hat von $a$ den gleichen Abstand wie der Punkt $P'$ (Abb. 1).

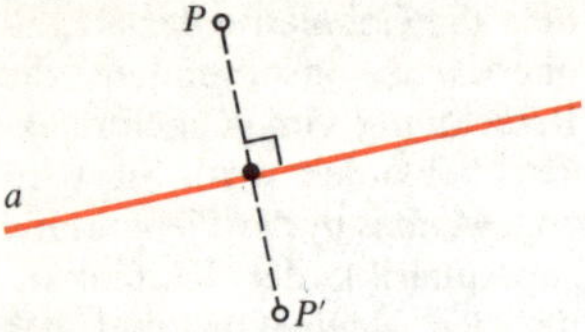

Abb. 1: Punkt und Bildpunkt bei der Spiegelung

Die Spiegelung ist eine wichtige Kongruenzabbildung, weil sich jede Kongruenzabbildung durch Verketten von höchstens drei Spiegelungen darstellen läßt (↑Dreispiegelungssatz).
Bei einer Spiegelung ändert sich der Umlaufsinn einer Figur. Eine Figur, welche bei einer Spiegelung auf sich abgebildet wird, heißt **achsensymmetrisch.**
Genauer nennt man eine Spiegelung auch eine **Achsenspiegelung** oder **Geradenspiegelung.** Bei der *Spiegelung im Raum* (genauer: **Ebenenspiegelung**) erfolgt die Konstruktion eines Bildpunktes zu einem gegebenen Punkt analog zur Spiegelung des Punktes an einer Geraden.
**Spirale:** Kurve, die in unendlich vielen, immer weiter werdenden Windungen einen festen Punkt, den **Pol** der Spirale umläuft. Spezielle Spiralen sind die ↑archimedische Spirale und die ↑logarithmische Spirale.
**Spira mirabilis,** svw. ↑Fermatsche Spirale.
**Spitze** ↑Kegel, ↑gleichschenkliges Dreieck.
**spitzer Winkel** ↑Winkel.
**spitzwinkliges Dreieck:** Dreieck mit drei spitzen Winkeln (Abb. 1).

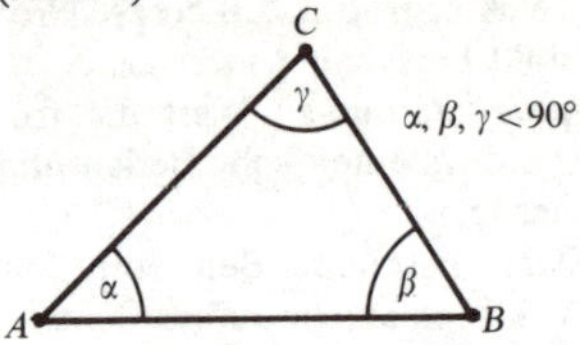

Abb. 1: Spitzwinkliges Dreieck

**Sprunganweisung** ↑Anweisung.
**Sprungbefehl** ↑Anweisung.
**Spur** ↑Ebene.
**Spurgerade** ↑Ebene.
**Spurpunkt** ↑Ebene.
**sr,** Einheitenzeichen für ↑Steradiant.
**Stabdiagramm** ↑Diagramm.
**Staffelbild,** svw. ↑Histogramm.
**Stammbruch:** ↑Bruch mit dem Zähler 1, dessen Nenner eine natürliche Zahl ist.
**Stammfunktion:** Als Stammfunktion einer Funktion $f$ bezeichnet man eine Funktion $F$, deren ↑Ableitung $F'$ auf dem Definitionsbereich der Funktion $f$ gleich $f$ ist. Ist $F$ eine Stammfunktion von $f$, dann ist für eine beliebige Konstante $c$ auch $F + c$ eine Stammfunktion von $f$. Je zwei Stammfunktionen $F_1$ und $F_2$ von $f$ unterscheiden sich nur durch eine additive Konstante. Die Menge aller

Stammfunktionen von $f$ bezeichnet man mit

$$\int f \quad \text{oder} \quad \int f(x)\,\mathrm{d}x;$$

sie heißt unbestimmtes Integral von $f$ (↑Integral).

**Standardabweichung:** Die Standardabweichung dient als Streuungsmaß einer Zufallsgröße bzw. einer Meßreihe. Sie wird stets mit $\sigma$ („sigma") oder genauer mit $\sigma(X)$ bezeichnet, wobei $X$ die Zufallsgröße ist. Es ist

$$\sigma(X) := \sqrt{V(X)},$$

wobei $V(X)$ die ↑Varianz von $X$ ist.

**Standardisieren:** Umwandlung verschiedener Meßwertreihen derart, daß alle Reihen den gleichen vorgegebenen Mittelwert und die gleiche Standardabweichung aufweisen. Ziel ist die Vergleichbarkeit der Daten. Eine ↑Zufallsgröße heißt **standardisiert,** wenn sie den ↑Erwartungswert 0 und die ↑Standardabweichung 1 besitzt.

**Standardtyp** ↑Datentyp.

**Stapelbetrieb** ↑Betriebsart.

**Startbefehl** ↑Anweisung.

**Statement** ↑Anweisung.

**Statistik:** 1) Bezeichnung für die meist in Form von Tabellen zusammengestellten Ergebnisse von zahlenmäßigen Erfassungen bestimmter Sachverhalte (z. B. Bevölkerungsstatistik). 2) Teilgebiet der Mathematik, das sich mit der mathematischen Erfassung und Auswertung von Massenerscheinungen befaßt.

**statistische Lagemaße:** Die zur Beschreibung der Häufigkeitsverteilung in Meßreihen und statistischen Erhebungen dienenden Kennzahlen bezeichnet man als **statistische Lagemaße (Lageparameter).** Neben ↑Mittelwerten benutzt man auch den **häufigsten Wert** als Lagemaß. Bei statistischen Lagemaßen spricht man auch oft von *Kenngrößen* einer Häufigkeitsverteilung.

**statistische Streuungsmaße:** Die zur Beschreibung der Abweichung der Häufigkeiten in einer Meßreihe oder in einer statistischen Erhebung von einem ↑Mittelwert dienenden Kennzahlen bezeichnet man als **statistische Streuungsmaße (Streuungsparameter).** Beispiele für statistische Streuungsmaße sind ↑Varianz und ↑Standardabweichung, ferner die *Spannweite* (Abstand zwischen kleinstem und größtem Wert) und der *Abstand der Quartile* (↑Quantile).

**Stauchung** ↑affine Abbildung.

**Steigung:** 1. *Steigung einer Strecke:* Als die Steigung der Strecke $AB$ bezeichnet man den Quotienten

$$m_{AB} = \frac{y_B - y_A}{x_B - x_A} \quad \text{(vgl. Abb. 1).}$$

Für Strecken, die parallel zur

$y$-Achse sind ($x_B = x_A$), ist die Steigung nicht definiert.

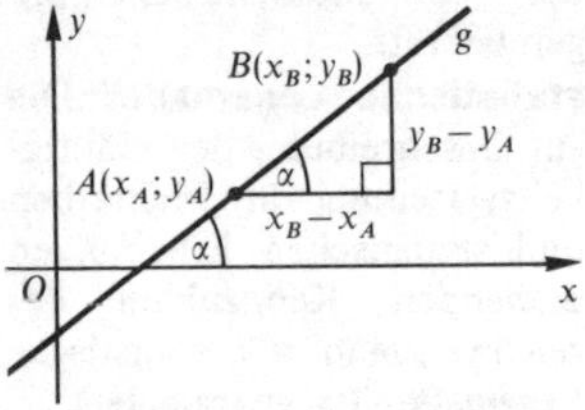


Abb. 1: Steigung

2. *Steigung einer Geraden:* Es sei $g$ eine Gerade, nicht parallel zur $y$-Achse, und $A$, $B$ zwei Punkte von $g$ mit $A \neq B$; dann ist die Geradensteigung $m_g$ (mit den Bezeichnungen aus Abb. 1) definiert durch

$$m_g = m_{AB} = \frac{y_B - y_A}{x_B - x_A} = \tan\alpha.$$

3. Unter der *Steigung eines Funktionsgraphen* an einer Stelle versteht man die Steigung der Tangente an den Graphen an dieser Stelle (vgl. ↑Ableitung).

4. Die *Steigung einer Straße* wird in % oder in der Form $1:x$ angegeben, wobei $x$ die waagrechte Entfernung (in Meter) ist, auf die bezogen die Höhendifferenz 1 Meter beträgt. Die Steigung 1:50 bzw. 2% entspricht also einer Höhendifferenz von 1 Meter auf 50 Meter.

**Stelle** ↑Abbildung.

**Stellenwertsystem** *(Positionssystem):* System zur Darstellung von Zahlen durch Ziffern, bei denen der Wert der Ziffer von der Stelle abhängt, an welcher sie innerhalb der Zahl geschrieben ist. Das gebräuchlichste Stellenwertsystem ist das ↑Dezimalsystem (Zehnersystem):

9732

bedeutet im Zehnersystem

$$\begin{aligned} &9 \cdot 10^3 + 7 \cdot 10^2 + 3 \cdot 10^1 + 2 \cdot 10^0 \\ &= 9 \cdot 1000 + 7 \cdot 100 \\ &\quad + 3 \cdot 10 + 2 \cdot 1. \end{aligned}$$

Die **Stufenzahlen** 1, 10, 100, 1000,... sind ↑Potenzen von 10. Mit Hilfe der Stufenzahlen $\frac{1}{10}, \frac{1}{100}, \frac{1}{1000}, \ldots$ (also der Potenzen $10^{-1}, 10^{-2}, 10^{-3}, \ldots$) lassen sich auch Bruchzahlen (und ↑reelle Zahlen) im Zehnersystem darstellen.

Neben dem Zehnersystem benutzt man häufig (z.B. bei internen Abläufen in elektronischen Rechnern) das *Dualsystem* oder *Binärsystem,* wo die Stufenzahlen Potenzen von 2 sind. Sind die Stufenzahlen Potenzen von 2, 3, 4, 5 usw., so spricht man vom *2er-System, 3er-System, 4er-System, 5er-System* usw. und deutet dies durch die Indizes ②, ③, ④, ⑤ usw. an.

Beim Zehnersystem verzichtet man auf den Index ⑩.

*Beispiele:*

$$\begin{aligned} 4532_{⑦} &= 4 \cdot 7^3 + 5 \cdot 7^2 + 3 \cdot 7 + 2 \\ &= 1372 + 245 + 21 + 2 \\ &= 1640. \end{aligned}$$

$100\,110_{(2)} = 1 \cdot 2^5 + 0 \cdot 2^4 + 0 \cdot 2^3$
$+ 1 \cdot 2^2 + 1 \cdot 2 + 0$
$= 32 + 4 + 2 = 38.$

$9X01XI_{(12)} = 9 \cdot 12^4 + 10 \cdot 12^3$
$+ 0 \cdot 12^2 + 1 \cdot 12 + 11$
$= 186\,624 + 17\,280$
$+ 12 + 11 = 203\,927$

(X und XI sind Ziffern!)

*Historische Bemerkungen:* Im alten Babylon (um 2000 v. Chr.) wurde im 60er-System *(Sexagesimalsystem)* gerechnet, woher noch unsere Einteilung der Zeit stammt:

1 Minute = 60 Sekunden,
1 Stunde = 60 Minuten
= $60^2$ Sekunden.

Auch die Gradeinteilung der ↑Winkel geht auf dieses System zurück: Der Vollwinkel mißt 6 · 60 Grad,
1 Grad = 60 Sekunden.

Das 20er-System wurde u.a. bei den Galliern verwendet, worauf noch einige französische Zahlwörter hinweisen:

quatrevingt („vier(mal)-zwanzig“) = 80.

Das 12er-System ist an einigen noch heute bei uns benutzten Zahlenangaben zu erkennen:

1 Dutzend = 12 Stück
1 Gros = 12 Dutzend
= $12^2$ Stück.

**Steradiant,** Einheitenzeichen sr, Einheit des räumlichen Winkels. Festlegung: 1 sr ist gleich dem räumlichen Winkel, der als gerader Kreiskegel mit der Spitze im Mittelpunkt einer Kugel vom Halbmesser 1 m aus der Kugeloberfläche eine Kalotte der Fläche 1 m² ausschneidet.

**stereographische Projektion:** Abbildung der Punkte einer Kugeloberfläche (mit Ausnahme des „Nordpols“ $N$) auf eine Ebene, die die Kugel im „Südpol“ berührt.
Der zu einem Punkt $P$ auf der Kugeloberfläche gehörende Bildpunkt $P'$ auf der Ebene ergibt sich als Durchstoßpunkt der Geraden durch $N$ und $P$ durch die Ebene (Abb. 1).

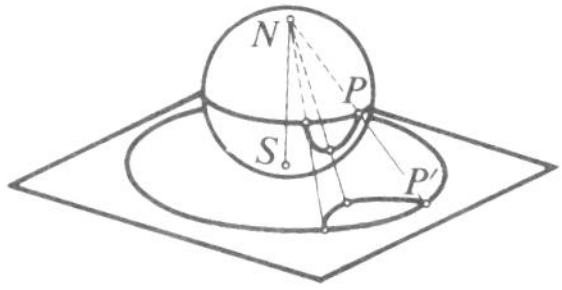


Abb. 1: Stereographische Projektion

**Stereometrie** ↑Geometrie.
**Sternfünfeck,** svw. ↑Pentagramm.
**Sternkörper** ↑Keplersche Sternkörper.
**Sternkurve,** svw. ↑Astroide.
**stetig:** Eine ↑Funktion heißt stetig an einer Stelle $x_0$ ihres Definitionsbereichs, wenn es zu jeder Umgebung von $f(x_0)$ eine Umgebung von $x_0$ gibt, so daß für jedes $x$ aus dieser Umgebung der Funktionswert $f(x)$ in der Umgebung von $f(x_0)$ liegt.

**stetige Teilung** ↑Goldener Schnitt.

**Steuerfunktion.** Die Einkommensteuern können durch Kurven (Funktionsgraphen) beschrieben und in Steuertabellen angegeben werden, wobei der zu versteuernde Betrag in der Regel auf den nächsten durch 54 ohne Rest teilbaren vollen Deutsche-Mark-Betrag abgerundet wird. Die Steuerfunktion $s$ wird gesetzlich festgelegt.

Die *Durchschnittssteuerfunktion* $d$ mit $d(x) = \frac{s(x)}{x}$ gibt an, welchen Anteil des Einkommens $x$ man als Steuern zahlen muß. Die Spitzensteuerfunktion $s'(x)$ (↑Ableitung) gibt an, welchen Anteil jeder zusätzlich verdienten Mark man als Steuern abführen muß, wenn das Einkommen die Höhe $x$ hat.

**Stichprobe:** Bezeichnung für eine durch ein Auswahlverfahren gewonnene Teilmenge einer statistischen Grundgesamtheit (z. B. eine Meinungsumfrage bei 2000 Wählern). Der Vorteil der Erhebung von Stichproben liegt in der durch den geringeren Umfang der Erhebung bedingten Kosten- und Zeitersparnis, der Nachteil im Auftreten von zufälligen Fehlern. – Vgl. ↑Ergebnismenge.

**Stichprobenraum,** svw. ↑Ergebnismenge, vgl. ↑Zufallsversuch.

**Stifel-Quadrat** (nach dem deutschen Mathematiker M. Stifel, um 1487–1567): Bezeichnung für ein ↑magisches Quadrat, bei dem nach Streichen der Randzeilen und Randspalten wieder ein magisches Quadrat übrigbleibt.

**Stirlingsche Formel** ↑Fakultät.

**Stochastik:** Dieser Begriff wurde früher im Sinne von ↑Zufallsgröße verwendet. Heute bezeichnet man damit die mathematischen Teilgebiete der ↑Wahrscheinlichkeitsrechnung und der ↑Statistik.

**stochastisch** bedeutet so viel wie „zufällig"; eine „stochastisch verteilte Größe" ist also eine „zufällig verteilte Größe".

**stochastische Matrix** ↑Markoff-Kette.

**stochastischer Prozeß** *(zufälliger Prozeß)*: Folge von Zufallsversuchen.

*Beispiel:* Aus einer Urne mit 5 weißen und 5 schwarzen Kugeln werden nacheinander (et-

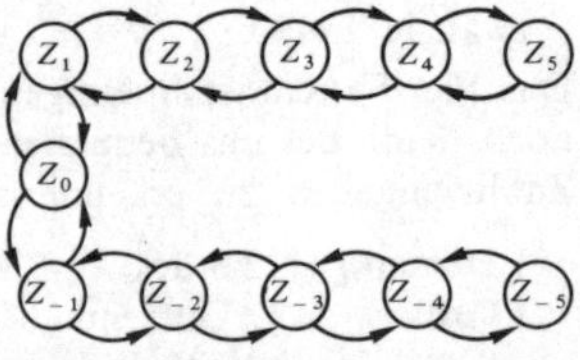


Abb. 1

wa jede Sekunde eine) Kugeln gezogen. Es sei $Z_i$ der Zustand, daß die Differenz der Zahl der

weißen und der Zahl der schwarzen Kugeln $i$ beträgt. Es sind also Zustände $Z_{-5}$, $Z_{-4}, \ldots, Z_0, Z_1, \ldots, Z_5$ möglich. Die Übergangsmöglichkeiten sind in Abb. 1 dargestellt.
Die Übergangswahrscheinlichkeit $p_{23}$ beispielsweise hängt davon ab, auf welche Art Zustand $Z_2$ erreicht wurde. In Abb. 2 sind alle Möglichkeiten dargestellt.

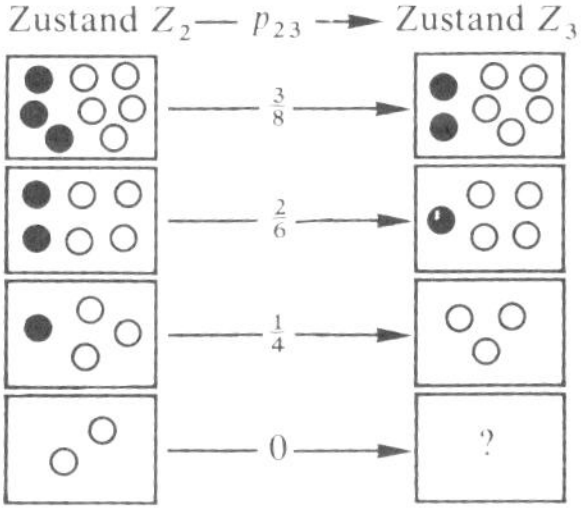

Abb. 2

**Storchschnabel,** svw. ↑Pantograph.
**Strahl** ↑Halbgerade.
**Strahlenbündel:** Menge aller Strahlen im Raum, die von *einem* Punkt ausgehen.
**Strahlenbüschel:** Menge aller Strahlen in einer Ebene, die von *einem* Punkt ausgehen.
**Strahlendiagramm,** spezielles ↑Diagramm.
**Strahlensätze:** Lehrsätze der Geometrie: **Erster Strahlensatz:** Werden zwei von einem Punkt $S$ ausgehende Strahlen von parallelen Geraden geschnitten (Abb. 1), so sind die Verhältnisse entsprechender Strecken auf den Strahlen gleich: $\overline{SA}:\overline{SA'} = \overline{SB}:\overline{SB'}$.
**Zweiter Strahlensatz:** Werden zwei von einem Punkt $S$ ausgehende Strahlen von parallelen Geraden geschnitten, so verhalten sich die Abschnitte auf den Parallelen wie die entsprechenden Scheitelabschnitte:

$$\overline{AB}:\overline{A'B'} = \overline{SA}:\overline{SA'}.$$

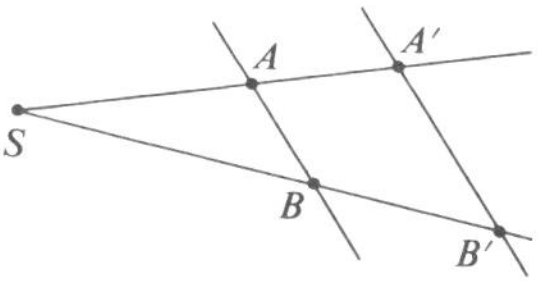

Abb. 1: Strahlensätze

**Strecke:** Gesamtheit der Punkte des kürzesten Verbindungsweges zwischen zwei Punkten $A$ und $B$; symbolisiert durch $AB$. Die ↑Länge einer Strecke wird durch $\overline{AB}$ symbolisiert.
**Streckenverhältnis** ↑Doppelverhältnis.
**streckenverhältnistreu** ↑Ähnlichkeitsabbildung.
**Streckenzug** ↑Polygonzug.
**Streckspiegelung,** svw. ↑Spiegelstreckung.
**Streckung,** svw. ↑zentrische Streckung, vgl. ↑affine Abbildung.
**Streifen:** Punktmenge zwischen zwei parallelen Geraden, einschließlich der beiden Geraden.

**Streifendiagramm** ↑Prozentrechnung.

**Streifenornament,** svw. Bandornament (↑Ornament).

**streng monoton fallend** ↑monoton.

**streng monoton wachsend** ↑monoton.

**Streuung,** svw. ↑Varianz.

**Streuungsmaße,** svw. ↑statistische Streuungsmaße.

**Strich:** 1) In der Seefahrt früher übliche Einheit für den ebenen Winkel, definiert als der 32ste Teil eines Vollwinkels (360°), d.h. 1 Strich = 11,25° (vgl. ↑Windrose). 2) Als artilleristisches Winkelmaß verwendete Einheit des ebenen Winkels (Zeichen: ⁻), definiert als der 1600ste Teil eines rechten Winkels (90°), d.h.

$$1^{-} = 0{,}05625° = 3{,}375' = 202{,}5''.$$

3) Gezeichnetes Geradenstück. Man unterscheidet z.B. gezogene, gestrichelte oder punktierte Linien.

**Strichmaß** ↑Winkel.

**Strichrechnung:** Bezeichnung für die beiden Grundrechenarten Addition und Subtraktion.

**Strichziffern** ↑Ziffern.

**strikte Ordnung** ↑Ordnung.

**Struktogramm:** Darstellung des Ablaufs eines Algorithmus bzw. Programms mit speziellen Symbolen.

**Struktur:** Bezeichnung für eine Menge, in der eine oder mehrere Relationen bzw. Verknüpfungen definiert sind, die bestimmte Axiome erfüllen (z.B. Gruppenstruktur, Ordnungsstruktur). Algebraische Strukturen bezeichnet man auch als ↑Verknüpfungsgebilde.

**Stschoty** ↑Abakus.

**Stückmaße,** svw. ↑Zählmaße.

**Stufenwinkel:** Winkel an parallelen Geraden, die von einer weiteren Geraden geschnitten werden. Stufenwinkel liegen auf gleichen Seiten der Parallelen und auf derselben Seite der schneidenden Geraden und sind gleich groß. Vgl. ↑Schnittwinkel.

**Stufenzahl** ↑Bündeln, ↑Stellenwertsystem.

**stumpfer Winkel** ↑Winkel.

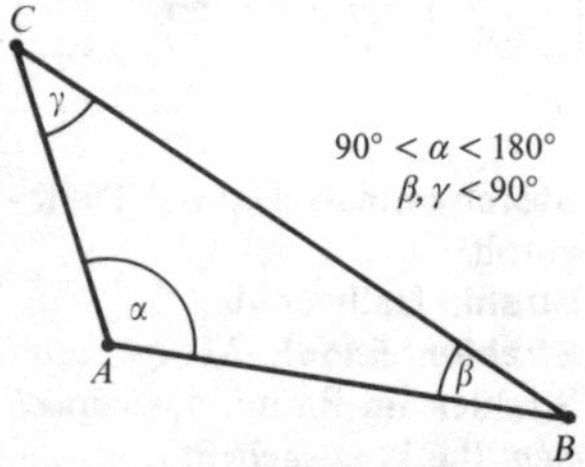


Abb. 1: Stumpfwinkliges Dreieck

**stumpfwinkliges Dreieck:** Dreieck mit einem stumpfen Winkel (Abb. 1). Die beiden anderen Winkel sind spitz.

**Stundenwinkel:** Winkel zwischen dem Meridian und dem Stundenkreis eines Gestirns, gemessen auf dem Himmelsäquator in Stunden, Minuten und Sekunden, entweder von $0^h$ bis $24^h$ in Richtung der täglichen Bewegung der Gestirne oder als östlicher bzw. westlicher Stundenwinkel von $0^h$ bis $12^h$ nach beiden Richtungen.

**Stundenwinkelsystem** ↑astronomische Koordinatensysteme.

**Suanpan**, der chinesische ↑Abakus.

**Subnormale:** Projektion des Normalenabschnitts (zwischen dem Punkt *P* einer ebenen Kurve, in dem die Normale errichtet ist, und ihrem Schnittpunkt *P'* mit der Abszissenachse) auf die Abszissenachse (Abb. 1).

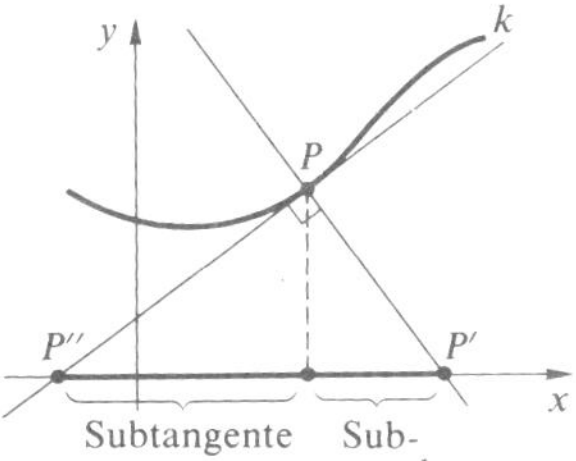


Abb. 1: Subnormale und Subtangente zum Punkt *P*

Die Projektion des Tangentenabschnitts (zwischen dem Berührpunkt *P* einer ebenen Kurve und dem Schnittpunkt *P''* der Tangente mit der Abszissenachse) auf die Abszissenachse bezeichnet man als **Subtangente.**

**Substitution:** 1) svw. ↑Permutation. 2) Ersetzen einer Variablen nach einem bestimmten Verfahren (vgl. ↑Eliminationsverfahren).

**Subtangente** ↑Subnormale.

**Subtrahend** ↑Subtraktion, ↑Grundrechenarten.

**subtrahieren** ↑Subtraktion, ↑Grundrechenarten.

**Subtraktion:** Das Subtrahieren („Abziehen") von Zahlen wird mit dem Minuszeichen „–" beschrieben. Das Ergebnis einer Subtraktion heißt **Differenz.** In einer Subtraktionsaufgabe $a - b$ heißt $a$ der **Minuend** und $b$ der **Subtrahend.**

Die Subtraktion einfacher Zahlen ist oft „im Kopf" durchführbar, wenn man den Subtrahend geschickt zerlegt:

$$185 - 96 = 185 - 100 + 4$$
$$= 85 + 4 = 89.$$

Bei der Subtraktion mehrerer Zahlen ist es oft zweckmäßig, erst die Minuenden zu addieren und dann diese Summe zu subtrahieren:

$$347 - 19 - 85 - 32 - 105$$
$$= 347 - (19 + 85 + 32 + 105)$$
$$= 347 - 241 = 106.$$

Zur Subtraktion größerer Zahlen benutzt man den ↑Taschenrechner oder das folgende Verfahren zur *schriftlichen Subtraktion*. Zunächst schreibt man den Minuenden stellengerecht unter den Subtrahenden. Dann ergänzt man ziffernweise

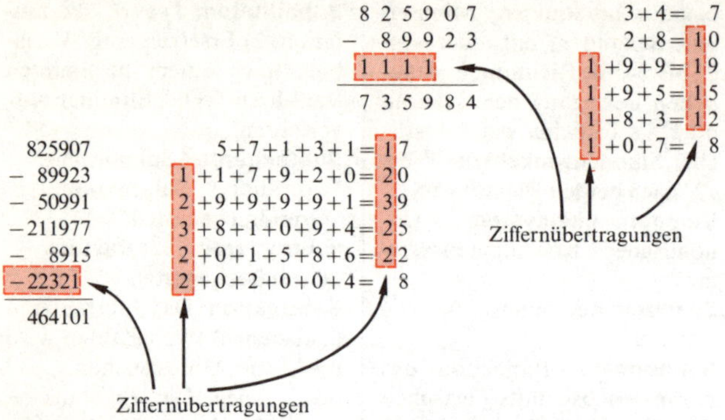


Abb. 1: Subtraktion

den Minuenden zum Subtrahenden, wobei man mit der Einerziffer beginnt. Dabei ergeben sich in der Regel *Ziffernübertragungen,* wie das erste Beispiel in Abbildung 1 zeigt. Sind mehrere Zahlen zu subtrahieren, dann verfährt man entsprechend: Man bildet die Summe der Ziffern der Subtrahenden und ergänzt diese zur entsprechenden Ziffer des Minuenden (vgl. zweites Beispiel in Abb. 1).
Ist der Minuend größer als der Subtrahend, dann erhält man eine negative Differenz (↑ganze Zahlen). – Vgl. ↑Bruchrechnen.

**Subtraktionsmethode,** svw. Subtraktionsverfahren (↑Eliminationsverfahren).

**südliche Breite** ↑geographische Koordinaten.

**Südpol, geographischer** ↑mathematische Geographie.

**Summand** ↑Addition, ↑Grundrechenarten.

**Summe** ↑Addition, ↑Grundrechenarten.

**Summenregel** ↑Ableitungsregeln.

**Summenzeichen:** Für die Summe mehrerer Zahlen benutzt man das Summenzeichen Σ (griechischer Großbuchstabe Sigma):

$\sum_{i=1}^{n} a_i$ ist also eine Kurzschreibweise für

$$a_1 + a_2 + \ldots + a_n$$

*Beispiele:*

1) $\sum_{i=1}^{4} i^2 = 1^2 + 2^2 + 3^2 + 4^2$

2) $\sum_{p\ \text{Primzahl}} \frac{1}{p} = \frac{1}{2} + \frac{1}{3} + \frac{1}{5} + \ldots$

Hier wird über alle Primzahlen summiert. Es handelt sich um

eine „unendliche“ Summe (vgl. ↑Reihe).

**Supplementwinkel,** svw. ↑Ergänzungswinkel.

**Supremum,** svw. ↑obere Grenze.

**surjektiv:** Eine ↑Abbildung $f: A \to B$ heißt **surjektiv,** wenn jedes Element von $B$ als Bild vorkommt, wenn also für jedes $b$ aus $B$ ein $a$ aus $A$ existiert mit $f(a) = b$. Man nennt dann auch $f$ eine Abbildung von $A$ *auf* $B$ und spricht von einer **Surjektion.**

**Symbol,** in der Mathematik svw. Formelzeichen (vgl. ↑mathematische Zeichen, ↑Zeichen).

**Symbolisierung** ↑formale Logik.

**Symmediane:** Spiegelbild einer Seitenhalbierenden eines Dreiecks bezüglich der durch dieselbe Ecke gehenden Winkelhalbierenden. Die drei Symmedianen eines Dreiecks schneiden sich im **Symmedianpunkt.**

**Symmetrie.** Bezeichnung für die Spiegelung um eine Symmetrieachse, eine Symmetrieebene oder einen Symmetriepunkt. Die identischen Teile können durch Aufeinanderklappen zur Deckung gelangen *(Klappsymmetrie, Spiegelsymmetrie),* durch Verschiebung, durch Drehen der Teile, insbesondere durch eine Drehung der identischen Teile um 180° *(Punktsymmetrie, -spiegelung, -inversion).*

Eine ebene Figur heißt **achsensymmetrisch, axialsymmetrisch** oder **spiegelsymmetrisch,** wenn sie bei Spiegelung an einer Geraden auf sich abgebildet wird. Die Spiegelachse heißt dann die **Symmetrieachse** der Figur.

Eine ebene Figur heißt **punktsymmetrisch** oder **zentrisch symmetrisch,** wenn sie bei Spiegelung an einem Punkt (Drehung um 180°) auf sich abgebildet wird. Der Punkt, an dem gespiegelt wird, heißt **Symmetriezentrum** der Figur.

Eine Figur heißt **drehsymmetrisch** oder **rotationssymmetrisch,** wenn sie bei Drehung um einen Punkt auf sich abgebildet wird. Ein Sonderfall der Drehsymmetrie ist die Punktsymmetrie. Gibt es einen kleinsten Drehwinkel $\alpha$ („alpha“) mit $0° < \alpha < 360°$, bei welchem die Figur auf sich abgebildet wird, dann ist

$$\alpha = \frac{1}{n} \cdot 360°$$

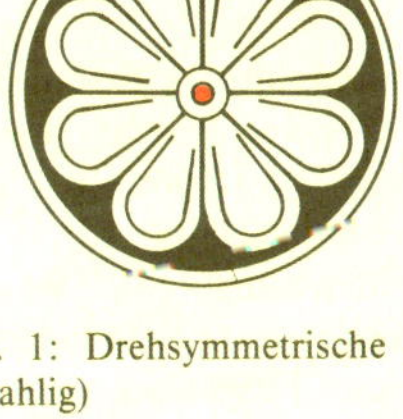

Abb. 1: Drehsymmetrische Figur (8strahlig)

mit einer geeigneten natürlichen Zahl $n$. Das **Symmetriezentrum** (der **Drehpunkt**) heißt dann *n-zählig* oder *n-strahlig* und man spricht dann auch von *n-strahliger Symmetrie*. Abbildung 1 zeigt ein Beispiel für eine 8strahlige Symmetrie. Weitere Beispiele für symmetrische Figuren sind ↑Ornamente (Bandornamente, Flächenornamente).

Für Körper im Raum sind analog Symmetrien definiert (Ebenensymmetrie bzw. Spiegelsymmetrie, Drehsymmetrie). Beispielsweise hat ein *Dodekaeder* 6 fünfzählige Drehachsen (durch die Mittelpunkte gegenüberliegender Seitenflächen), 10 dreizählige Drehachsen (durch zwei gegenüberliegende Ecken) 15 zweizählige Drehachsen (durch die Mittelpunkte gegenüberliegender Kanten) und 15 Symmetrieebenen (durch zwei gegenüberliegende Kanten).

**Symmetrieachse** ↑Spiegelung, ↑Symmetrie.

**Symmetriepunkt** ↑Punktspiegelung.

**Symmetriezentrum** ↑Symmetrie.

**symmetrisch:** 1) Eine ↑Relation in einer Menge $A$ heißt *symmetrisch,* wenn aus $aRb$ auch $bRa$ folgt.

Die Gleichheit „=" ist beispielsweise eine symmetrische Relation. Folgt hingegen aus $aRb$ und $bRa$ stets $a = b$, dann heißt die Relation $R$ *antisymmetrisch* oder *identitiv*.

2) Eine geometrische Figur heißt *symmetrisch,* wenn sie spiegelbildlich zu einer Geraden (ebener Fall) oder einer Ebene (räumlicher Fall) ist. Allgemeiner nennt man eine Figur symmetrisch, wenn sie außer der identischen Abbildung weitere Deckabbildungen besitzt. Diese Deckabbildungen nennt man dann auch die *Symmetrien* der Figur.

**symmetrische Differenz** (Kontravalenz): Als symmetrische Differenz $A \triangle B$ (manchmal auch $A * B$ geschrieben) der Mengen $A$ und $B$ bezeichnet man die Menge (Abb. 1)

$$A \triangle B := (A \setminus B) \cup (B \setminus A),$$

also die Menge aller Elemente, die zu *genau einer* der beiden Mengen $A$ und $B$ gehören.

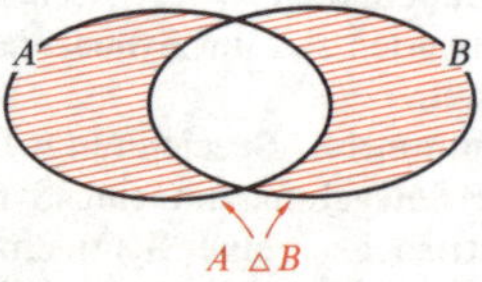


Abb. 1: Symmetrische Differenz

$A \triangle B$ entsteht aus der ↑Vereinigungsmenge $A \cup B$, indem man genau die Elemente der ↑Schnittmenge $A \cap B$ entfernt, also gilt

$$A \triangle B = (A \cup B) \setminus (A \cap B).$$

**symmetrische Matrix** ↑Matrix.

**System:** 1. (Gleichungssystem) Bezeichnung für mehrere gleichzeitig geltende Gleichungen. 2. (Mengensystem) Menge, deren Elemente ebenfalls Mengen sind.

**Systembruchentwicklung:** Verallgemeinerung der ↑Dezimalbruchentwicklung; statt der Basiszahl 10 benutzt man eine beliebige Basiszahl ($\neq 1$). – Vgl. ↑Stellenwertsystem.

**Systemwette** ↑Fußballtoto, ↑Pferdewetten, ↑Zahlenlotto.

**Systemzahl** ↑Pferdewetten, ↑Zahlenlotto.

# T

**T,** Zeichen für den Vorsatz Tera... (↑Vorsatzzeichen).

**Tabelle:** Übersicht, in der das darzustellende Material (z. B. Zahlenwerte, Funktionswerte, Wahrheitswerte) in Zeilen und Spalten angeordnet ist.

**Taktionsproblem,** svw. ↑apollonische Berührungsaufgabe.

**tan** ↑trigonometrische Funktionen.

**Tangens** ↑Trigonometrie, ↑trigonometrische Funktionen.

**Tangensfunktion** ↑trigonometrische Funktionen.

**Tangens hyperbolicus** ↑hyperbolische Funktionen.

**Tangenssatz.** Dieser Lehrsatz der Trigonometrie besagt in den Bezeichnungen der Abb. 1:

$$\frac{a+b}{a-b} = \frac{\tan\frac{\alpha+\beta}{2}}{\tan\frac{\alpha-\beta}{2}}$$

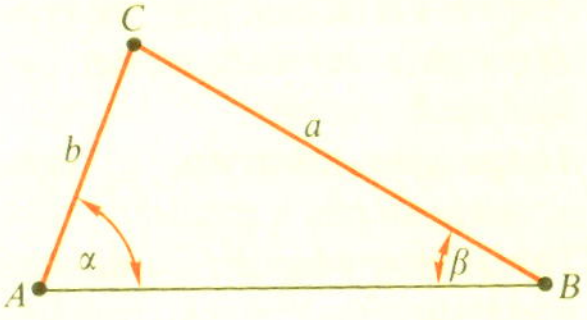


Abb. 1

**Tangente:** Eine Gerade, welche eine Kurve in einem Punkt *P berührt,* heißt Tangente an diese Kurve in *P* (Abb. 1).

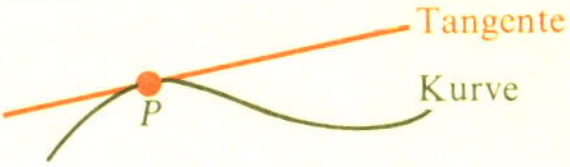


Abb. 1

**Tangentensatz** (Sekantentangentensatz): Schneiden sich eine Tangente und eine Sekante eines Kreises, so ist das Pro-

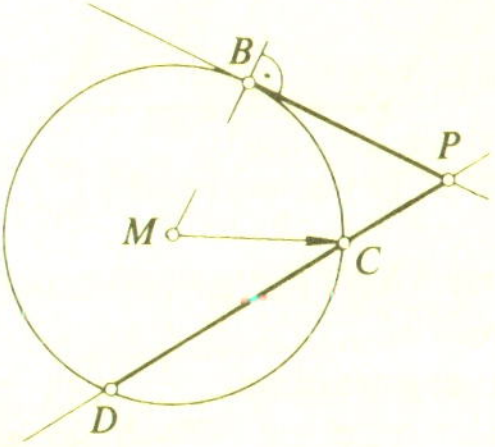


Abb. 1: Tangentensatz

dukt der Längen der Sekantenabschnitte gleich dem Quadrat der Länge des Tangentenabschnitts. In Abb. 1 gilt also

$$(\overline{PB})^2 = \overline{PC} \cdot \overline{PD}.$$

Die Länge des *Tangentenabschnitts PB* ist also mittlere Proportionale der Längen der *Sekantenabschnitte.*

**Tangentenverfahren,** svw. ↑Newtonsches Verfahren.

**Tangentenviereck:** Bezeichnung für ein Viereck, welches einen Inkreis besitzt (Abb. 1). Die Seiten eines Tangentenvierecks sind also ↑Tangenten eines Kreises. Ein Viereck ist genau dann ein Tangentenviereck, wenn die Summe der Längen gegenüberliegender Seiten gleich ist:

$$a + c = b + d$$

(Abb. 1).

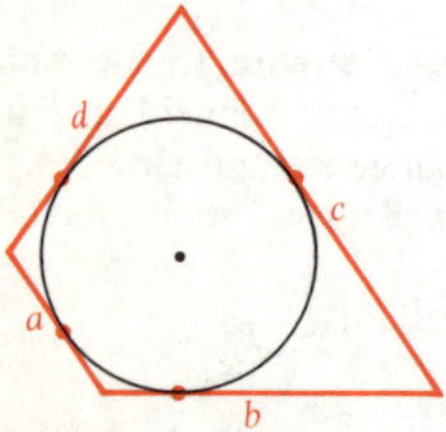


Abb. 1: Tangentenviereck

**tanh** ↑hyperbolische Funktionen.

**Taschenrechner.** Es gibt bei elektronischen Taschenrechnern verschiedener Fabrikate unterschiedliche Bedienungsweisen, so daß man vor Benutzung eines Taschenrechners stets die zugehörige Bedienungsanleitung lesen sollte. Die meist verwendeten Bedienungssysteme sind die algebraische Logik (erkennbar an der Taste [=]), die algebraische Logik mit Hierarchie (über- und untergeordnete Rechenoperationen), die algebraische Logik mit Hierarchie und Klammern, die arithmetische (kaufmännische) Logik (mit den Tasten [$\overset{-}{=}$], [$\overset{\pm}{=}$]) und die Logik mit umgekehrter polnischer ↑Notation (Eingabe des Rechenzeichens nach der Eingabe der zu verknüpfenden Größen: erkennbar an der [ENTER↑]-Taste). Wie unterschiedlich die Bedienungsweise dadurch sein kann, verdeutlicht das folgende Beispiel:

$$(8 - 3) \cdot 6 =$$

*Algebraische Logik*

[8] [−] [3] [×] [6] [=]

*Algebraische Logik mit Hierarchie:*

[8] [−] [3] [M] [6] [×] [RCL] [=]

*Algebraische Logik mit Hierarchie und Klammern:*

[(] [8] [−] [3] [)] [×] [6] [=]

*Arithmetische (kaufmännische) Logik*

[8] [$\overset{\pm}{=}$] [3] [−] [×] [6] [$\overset{\pm}{=}$]

*Umgekehrte polnische Notation:*

[8] [ENTER↑] [3] [−] [6] [×]

Bei der algebraischen Logik mit Hierarchie ohne Klammern müssen Zwischenergebnisse gelegentlich gespeichert werden (mit [M]), um sie bei der weiteren Rechnung wieder benutzen zu können (mit [RCL]).
Neben den *gewöhnlichen Taschenrechnern* mit den vier Grundrechenarten (meist mit Prozent- und Wurzeltaste) wurden für verschiedene Problemstellungen unterschiedliche Taschenrechner entwickelt. *Technisch-wissenschaftliche Rechner* besitzen eingebaute Funktionen (zur Berechnung der Exponentialfunktion, des Logarithmus, der trigonometrischen Funktionen usw.), eingebaute Konstanten (z. B. die Kreiszahl $\pi = 3{,}14159265$) sowie adressierbare und/oder rechnende Speicher. *Kaufmännische Rechner* besitzen eingebaute statistische Funktionen, Funktionstasten für Trendrechnungen usw. sowie adressierbare und/oder rechnende Speicher. Manche Taschenrechner besitzen darüberhinaus eine ↑Tauschtaste. Vielseitig einsetzbar sind *programmierbare Taschenrechner,* deren Tastatur neben Funktions- und Speichertasten die für Programmerstellung, Programmeingabe und Programmablauf erforderlichen Tasten enthält. Bei vielen programmierbaren Taschenrechnern sind Anschlußmöglichkeiten an Druckwerke und andere Ein- und Ausgabegeräte (sog. Peripherie) vorhanden.
Bei den auf dem Markt befindlichen Rechnern handelt es sich im wesentlichen um die beiden auf Seite 410 dargestellten Varianten.
Wenn man mit gerundeten Zahlen rechnet (↑Runden), dann sind nicht alle vom Taschenrechner angegebenen Stellen verwertbar, das Ergebnis muß gerundet werden:

*Beispiele:*

1) $a = 1{,}391$ bedeutet
$1{,}3905 \leqq a < 1{,}3915$;
$b = 0{,}983$ bedeutet
$0{,}9825 \leqq b < 0{,}9835$.
Es gilt dann also
$2{,}3730 \leqq a + b < 2{,}3750$.
Daher darf man nicht das Ergebnis als $a + b = 2{,}374$ angeben, wie es der Taschenrechner liefert, sondern nur $a + b = 2{,}37$.

2) $a = 7{,}16$ bedeutet
$7{,}155 \leqq a < 7{,}165$;
$b = 2{,}09$ bedeutet
$2{,}085 \leqq b < 2{,}095$.
Durch Multiplikation der unteren und oberen Abschätzungen ergibt sich
$14{,}918175 \leqq a \cdot b < 15{,}010675$.
Der Taschenrechner liefert $a \cdot b = 14{,}9644$. Als Ergebnis kann man aber nur

# Taschenrechner

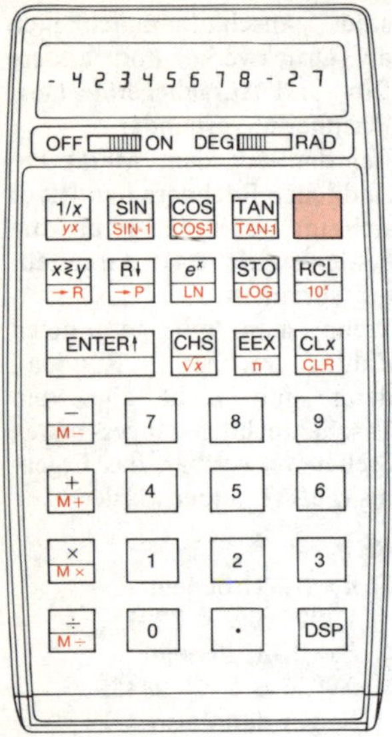


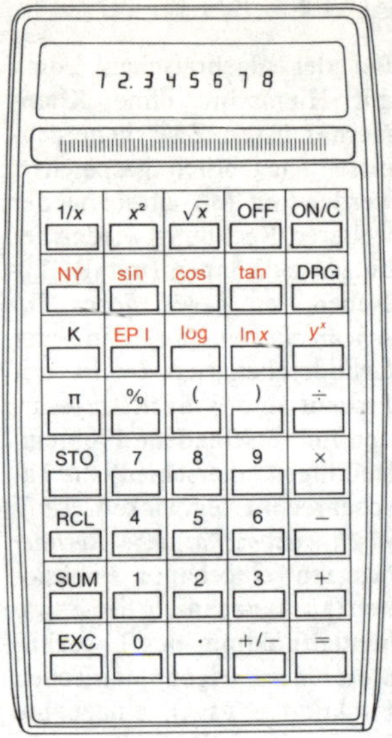


Taschenrechner mit umgekehrter polnischer Notation

Taschenrechner mit algebraischer Logik

**Grundrechenarten $a+b$, $a-b$, $a\cdot b$, $a:b$**

$a$ [ENTER↑] $b$ [+] / [−] / [×] / [÷]

$a$ [+] $b$ [=] / [−] / [×] / [÷]

**Rechnen mit Klammern: $(a+b)\cdot c$**

$a$ [ENTER↑] $b$ [+] $c$ [×]

[(] $a$ [+] $b$ [)] [×] $c$ [=]

**Werte von ↑Funktionen: $a$ [$f$] liefert den Funktionswert $f(a)$.**

Die untere Belegung der Taste erhält man nach Drücken der Umschalttaste ▨ (rechts oben).

Durch Drücken der Taste [INV] erhält man jeweils die Umkehrfunktion.

Die Taste [$y^x$] dient zum Berechnen von ↑ Potenzen $a^b$

$a$ [ENTER↑] $b$ [▨] [$y^x$] | $a$ [$y^x$] $b$ [=]

Bei der Eingabe von Kommazahlen dient die Taste [·] als Komma. Mit [CHS] bzw. [+/−] ändert man das Vorzeichen der Zahl in der Anzeige. Es gibt verschiedene Darstellungsformen des Ergebnisses einer Rechnung in der Anzeige. Bei dem Rechner in Abbildung 1 wird z.B. durch die Tastenfolge [DSP] [$n$] ($n = 0, 1, 2, 3, 4, 5, 6, 7, 8, 9$) die Zahl in der Anzeige in der Form $a, a_1 a_2 \ldots a_n \cdot 10^k$ gerundet dargestellt, wobei $1 \leq a \leq 9$.

---

$a \cdot b = 15$ angeben. Selbst $a \cdot b = 15{,}0$ ist keine genaue Angabe, denn dies hat die Bedeutung

$14{,}95 \leqq a \cdot b < 15{,}05.$

**Tauschtaste:** Taste bei ↑ Taschenrechnern, durch die die Inhalte der beiden Rechenspeicher vertauscht werden können; Bezeichnung [EX], [↔] oder [$x \leftrightarrow y$].

*Beispiel:* 6 [÷] 3 [=] 2,

6 [÷] 3 [EX] [=] 0,5.

**tausend** (eintausend), die Zahl 1 000 ($= 10^3$).

**Tautologie** ↑ formale Logik.

**Taylorsche Reihe** (Taylor-Entwicklung; nach B. Taylor, 1865–1731): Bezeichnung für ein Potenzreihe bzw. Reihenentwicklung der Form

$$f(x) = f(a) + \frac{f'(a)}{1!}(x-a) + \frac{f''(a)}{2!}(x-a)^2 + \ldots + \frac{f^{(n)}(a)}{n!}(x-a)^n + \ldots,$$

wobei $f(x)$ eine beliebig oft differenzierbare Funktion ist und $f^{(n)}(a)$ ihre $n$-te ↑ Ableitung an der Stelle $a$ bedeutet. Für den Spezialfall $a = 0$ gewinnt man aus der Taylorschen Reihe die **Maclaurinsche Reihe** oder **Entwicklung,**

$$f(x) = f(0) + f'(0) \cdot x + \frac{f''(0)}{2!}x^2 + \frac{f'''(0)}{3!}x^3 + \ldots,$$

die eine Entwicklung von $f(x)$ nach Potenzen von $x$ um die Stelle $x = 0$ darstellt.

**Teilbarkeitsregeln** ↑ Endziffernregeln, ↑ Quersummenregeln.

**Teilbruch** (Partialbruch): Ein Bruch, dessen Nenner sich nicht in ein Produkt zerlegen läßt.

**Teilen,** svw. ↑ Division (vgl. ↑ Grundrechenarten).

**Teiler.** Für ↑ natürliche Zahlen $a$, $b$ heißt $a$ ein Teiler von $b$, wenn eine natürliche Zahl $c$ mit $c \cdot a = b$ existiert. Die ↑ Division $b:a$ geht dann auf. Man sagt „$a$ teilt $b$" und schreibt $a|b$. Statt „$a$ ist ein Teiler von $b$" sagt man auch „$b$ ist ein Vielfaches von $a$". Ist $a$ kein Teiler von $b$, so sagt man „$a$ teilt nicht $b$" und schreibt $a \nmid b$.

*Beispiele:*

1) $6 \mid 18$, denn $3 \cdot 6 = 18$;
2) $20 \mid 20$, denn $1 \cdot 20 = 20$;
3) $1 \mid 47$, denn $47 \cdot 1 = 47$;
4) $3 \nmid 14$, denn die Division $14:3$ geht nicht auf.

Die Menge aller Teiler von $a$ nennt man die **Teilermenge** von $a$ und bezeichnet sie mit $T_a$. Die Menge aller Vielfachen von $a$ nennt man die **Vielfachenmenge** von $a$ und bezeichnet sie mit $V_a$.
Im Gegensatz zur Teilermenge ist die Vielfachenmenge eine unendliche Menge; beispielsweise ist

$$V_3 = \{3, 6, 9, 12, 15, 18, 21, \ldots\}$$

die Vielfachenmenge der Zahl 3.
Zur Berechnung der Teilermengen benutzt man folgende Tatsache:

Ist $d \mid a$, dann ist auch $\frac{a}{d} \mid a$,

z. B. gilt $4 \mid 12$ und, da $3 = 12:4$, auch $3 \mid 12$.

Die Zahlen $d$ und $\frac{a}{d}$ heißen *komplementäre Teiler* bzw. *Komplementärteiler* von $a$.

*Beispiel:*

$$T_{12} = \{1, 2, 3, 4, 6, 12\}$$

Folgendes Schema ist zweckmäßig zur Berechnung der Teilermengen:

| 12 | |
|---|---|
| 1 | 12 |
| 2 | 6 |
| 3 | 4 |

← Paare komplementärer Teiler

Für die Teilbarkeit in der Menge $\mathbb{N}$ der natürlichen Zahlen gelten folgende *Regeln:*

(1) $a \mid a$ für alle natürlichen Zahlen $a$;
(2) aus $a \mid b$ und $b \mid a$ folgt $a = b$;
(3) aus $a \mid b$ und $b \mid c$ folgt $a \mid c$.

**Teilerdiagramm:** Bezeichnung für das ↑Hasse-Diagramm der Teilbarkeitsrelation, also eine graphische Darstellung für die Teilbarkeitsbeziehungen in einer Teilermenge (↑Teiler) der folgenden Art (Abb. 1 und 2):

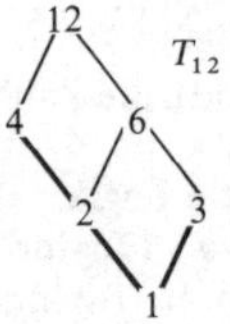

Abb. 1

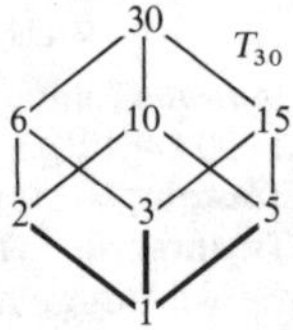

Abb. 2

**teilerfremd** ↑größter gemeinsamer Teiler.

**Teilersumme:** Summe aller ↑Teiler einer natürlichen Zahl. Die Teilersumme von 30 ist

$$1 + 2 + 3 + 5 + 6 + 10 + 15 + 30 = 72.$$

Vgl. ↑befreundete Zahlen, ↑vollkommene Zahlen.

**teilgültig** ↑Aussageform, ↑Gleichungen.

**Teilmenge:** Eine Menge $A$ heißt eine *Teilmenge* der Menge $B$, wenn jedes Element von $A$ auch Element von $B$ ist; man schreibt dann $A \subseteq B$.
Beispielsweise gilt

$$\{2,4,6\} \subseteq \{1,2,3,4,5,6\}.$$

Ist $A \subseteq B$ und $A \neq B$, ist also $A$ Teilmenge von $B$, aber $B$ nicht Teilmenge von $A$, so nennt man $A$ eine **echte Teilmenge** von $B$ und schreibt $A \subset B$.
Manchmal verwendet man statt $\subseteq$ das Zeichen $\subset$; für echte Teilmengen kann man dann das Symbol $\subsetneqq$ verwenden. Die Teilmengenbeziehung $\subseteq$ nennt man auch **Inklusion** oder **Inklusionsrelation.** Es gelten folgende Regeln:

(i) $A \subseteq A$ für jede Menge $A$,
(ii) aus $A \subseteq B$ und $B \subseteq A$ folgt $A = B$,
(iii) aus $A \subseteq B$ und $B \subseteq C$ folgt $A \subseteq C$.

Statt

„$A$ ist Teilmenge von $B$"

sagt man auch

„$A$ ist enthalten in $B$",
„$B$ umfaßt $A$"

oder

„$B$ ist **Obermenge** von $A$".

**Teilung einer Strecke:** Ist $T$ ein Punkt der ↑Strecke $AB$, dann ist das Längenverhältnis (↑Länge)

$$t = \overline{AT} : \overline{TB}$$

das Verhältnis, in welchem der Punkt $T$ die Strecke $AB$ teilt (Abb. 1). Man nennt dann $t$ das **Teilverhältnis** der Punkte $A$, $T$, $B$ (in dieser Reihenfolge).

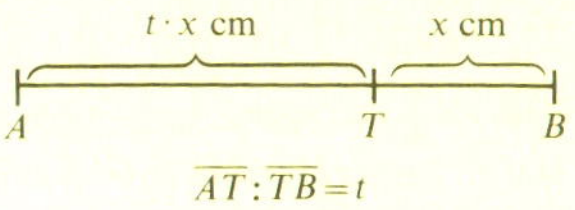


Abb. 1: Teilverhältnis

Im allgemeinen Fall in Abbildung 1 teilt $t$ die Strecke $AB$ im Verhältnis $t:1$. Es ist dann

$$\overline{AT} = \frac{t}{1+t} \cdot \overline{AB}$$

und

$$\overline{TB} = \frac{1}{1+t} \cdot \overline{AB}.$$

Um eine Strecke im Verhältnis $a:b$ zu teilen, wobei $a, b$ natürliche Zahlen sind, teilt man sie in $a+b$ gleich lange Teile und

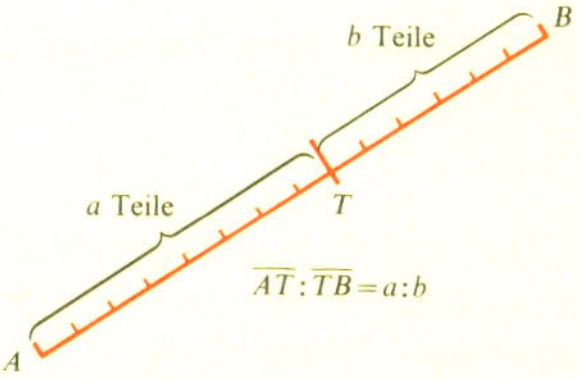


Abb. 2: Teilung einer Strecke im Verhältnis $a:b$

wählt den Teilpunkt $T$ gemäß Abbildung 2. Die Zerlegung einer Strecke in $n$ gleich lange Teile geschieht mit Hilfe des ↑Strahlensatzes (Abb. 3).

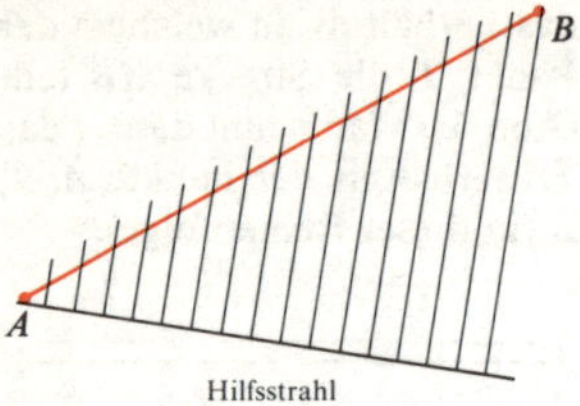


Abb. 3: Zerlegung einer Strecke mit Hilfe des Strahlensatzes

Vgl. auch ↑Goldener Schnitt, ↑harmonische Teilung.

**Tera...,** Zeichen T, Vorsatz vor Einheiten, bezeichnet das $10^{12}$fache der betreffenden Einheit (↑Vorsatzzeichen).

**Term:** Bezeichnung für gewisse sinnvolle mathematische Zeichenreihen, mit denen man „rechnen" kann.

*Beispiele:*

$$3,\ 5+7,\ x,\ 4a,$$
$$\frac{3y-7}{5x+2},\ \sqrt{x},\ a^3,\ x^y,\ |3+x|$$

sind Terme. *Keine* Terme sind z. B.

$$3:0,\ 7+.$$

Gleichungen und Ungleichungen (z. B. $13x=7$, $x+y<15$) sind auch keine Terme, sondern ↑Aussageformen.

Werden also Zahlen, Variable mit Verknüpfungszeichen (z. B. $+, -, \cdot, :$) und Funktionssymbolen (z. B. $\sqrt{\ }$) in sinnvoller Weise miteinander verknüpft, so entsteht ein *Term* oder *Ausdruck*. Verknüpft man Terme auf die gleiche Weise, so entstehen wieder Terme. Setzt man für die Variablen in einem Term Zahlen ein, dann erhält man in der Regel Zahlen. Alle in diesem Sinn „zulässigen" Ersetzungen der Variablen bilden die *Definitionsmenge* des Terms.

Allgemein spricht man auch bei Verknüpfungsgebilden von Termen, wenn entsprechende Zeichenreihen vorliegen.

**Terminal** ↑Peripheriegeräte.

**Termumformung:** Bezeichnung für das Ersetzen eines ↑Terms durch einen äquivalenten Term. Zwei Terme, die ↑Variable enthalten, heißen *äquivalent* in einer Grundmenge $G$, wenn sie bei jeder Einsetzung von gleichen Elementen der Grundmenge $G$ in dieselbe Zahl übergehen. Entsprechend heißen Terme ohne Variable äquivalent, wenn sie dieselbe Zahl darstellen.

Für die Äquivalenz von Termen wird das Gleichheitszeichen benutzt. Sind also die Terme $T_1$ und $T_2$ äquivalent, so schreibt man: $T_1 = T_2$.

Die wichtigsten Termumformungen erhält man durch Anwendung der Gesetze und Regeln des Zahlenrechnens auf Terme. Wendet man auf einen Term die Assoziativ- und Kommutativgesetze der Addition und Multiplikation und/oder das Distributivgesetz (Klam-

merregeln) an, so entstehen äquivalente Terme.
*Beispiel:*
$x^2 + x = x \cdot x + x = x \cdot (x+1)$.
Termumformungen werden beim Lösen von ↑Gleichungen und ↑Ungleichungen benötigt.

**Ternärsystem:** ↑Stellenwertsystem mit der Basis 3.

**Tertium non datur** (lat. = Ein Drittes gibt es nicht): Ein auch als *Satz vom ausgeschlossenen Dritten* bezeichnetes logisches Grundprinzip, wonach eine Aussage nur entweder wahr oder falsch sein kann.

**Tesserakt** (Achtzell, Hypercubus, Überwürfel): Bezeichnung für eine dem dreidimensionalen ↑Würfel entsprechende Struktur im vierdimensionalen Raum (sog. „vierdimensionaler Würfel").

**Tetrade:** Folge von vier Dualziffern, die eine der Ziffern 0, 1,…, 9 verschlüsseln. Tetraden werden v.a. zur Darstellung von Zahlen in Computern verwendet.

**Tetraeder** (*Vierflächner,* Vierflach): Bezeichnung für eine ↑Pyramide, die von vier kongruenten gleichseitigen Dreiecken begrenzt wird. Das Tetraeder ist einer der fünf ↑platonischen Körper.
Es gibt nur drei wesentlich verschiedene Möglichkeiten, vier gleichseitige Dreiecke mit ihren Seiten aneinanderzusetzen. Die Lösungen a) und c) in Abb. 1 stellen *Abwicklungen* des Tetraeders dar.

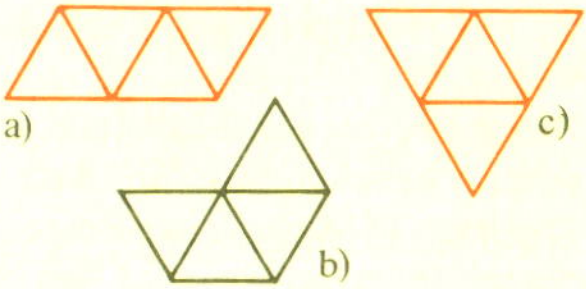


Abb. 1

**Textaufgabe:** Bezeichnung für eine in Worten ausgedrückte Aufgabe der Praxis, die, mathematisch gefaßt, auf eine oder mehrere Gleichungen und/oder Ungleichungen führt.
Allgemein brauchbare Regeln für das Ansetzen der Gleichungen bzw. Ungleichungen gibt es nicht. Häufig lassen sich Gleichungen nach den Regeln der ↑Dreisatzrechnung aufstellen.

**Thaleskreis** (nach Thales von Milet, 624–546 v.Chr.): Der *Satz des Thales* besagt, daß jedes Dreieck, dessen Grundseite der Durchmesser eines Kreises ist und dessen Spitze auf diesem Kreis liegt, rechtwinklig ist. Kurz: „Der Winkel im Halbkreis ist ein rechter" (Abb. 1).

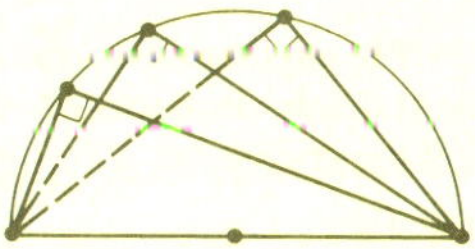

Abb. 1: Satz des Thales

Der **Thaleskreis** ist der ↑ geometrische Ort aller Punkte, die zusammen mit einem Durchmesser ein rechtwinkliges Dreieck bilden.

**Theorem,** in der Mathematik seltene Bezeichnung für ↑ Satz.

**Theorie:** 1) Menge aller Folgerungen (Sätze) aus einem Axiomensystem. 2) Ein inhaltlich abgegrenzter Bereich mathematischer Forschung bzw. mathematischen Wissens, z. B. Funktionentheorie, Zahlentheorie.

**Tilgung:** Soll ein Darlehen der Höhe $K_0$ nach $n$ Jahren bei einem festen Zinssatz von $p$% getilgt sein, so muß mit

$$q = 1 + \frac{p}{100}$$

(Zinsfaktor) die Beziehung

$$K_0 q^n = r \cdot \frac{q^n - 1}{q - 1}$$

gelten. Man muß also die jährliche Rate (nachschüssig)

$$r = \frac{K_0 q^n (q-1)}{q^n - 1}$$

bezahlen; diese Rate heißt **Annuität** des Darlehens. Sie setzt sich aus der Tilgung und den Zinsen zusammen. Die Größe

$$i = \frac{q-1}{q^n - 1}$$

heißt **Tilgungssatz.** Sie gibt die Annuität als Prozentsatz des Kapitalendwerts an:

$$r = K_0 q^n \cdot i.$$

Legt man $r$ fest, so ergibt sich die **Tilgungsdauer** $n$ aus der Gleichung

$$K_0 q^n = r \frac{q^n - 1}{q - 1}$$

durch Auflösen nach $n$:

$$n = \frac{\lg r - \lg(r - K_0(q-1))}{\lg q},$$

wobei lg der Zehnerlogarithmus ist (↑ Logarithmus).

*Beispiel:* Ein Darlehen von 30 000,– DM ist in 5 Jahren bei 5 % Zinsen zurückzuzahlen:

$$K_0 = 30\,000,$$
$$q = 1 + \frac{5}{100} = 1{,}05.$$

Es ergibt sich die jährliche Rate

$$r = \frac{30\,000 \cdot 1{,}05^5 \cdot (1{,}05 - 1)}{1{,}05^5 - 1} = 6\,929{,}24,$$

die am Ende jeden Jahres zurückzuzahlen ist.

**Tischrechner** (Tischcomputer): Bezeichnung für eine mit höheren Programmiersprachen programmierbare kleine elektronische *Datenverarbeitungsanlage* mit Bildschirm, Tastatur, Mikroprozessor-Zentraleinheit und Datenspeicher. Die meisten Tischrechner sind an externe Datenspeicher (z. B. Disketten, Magnetbandspeicher) und andere Ein- und Ausgabegeräte (z. B. Meßgeräte) über geeignete Schnittstellen anschließbar. Tischrechner können z. B. als *Heimcomputer* ausgeführt sein.

**Top-down-Programmentwicklung** ↑Programmierung.

**Torus** (Ringfläche, auch Kreiswulst): Fläche, die durch Rotation eines Kreises um eine in seiner Ebene liegende, den Kreis nicht treffende Gerade entsteht (Abb. 1); auch Bezeichnung für den von dieser Fläche begrenzten Körper. Die ebenen Schnittfiguren eines Torus bezeichnet man als sphärische Linien.

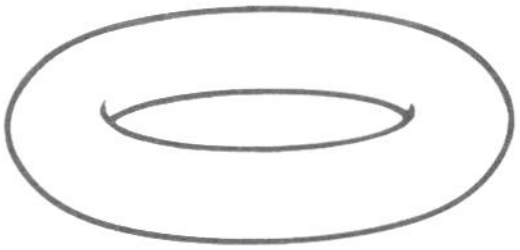

Abb. 1: Torus

Die Oberfläche des Torus hat den Inhalt

$$O = 4\pi^2 r R;$$

das Volumen des Torus beträgt

$$V = 2\pi^2 r^2 R,$$

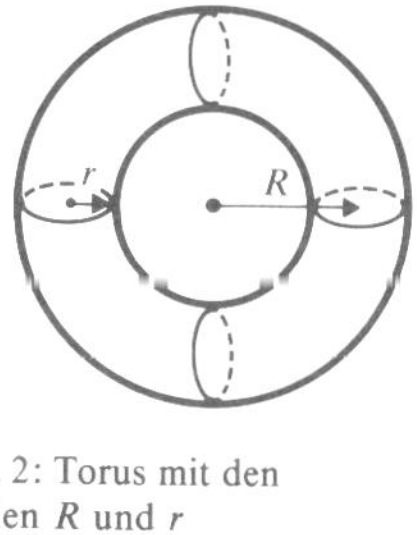


Abb. 2: Torus mit den Radien $R$ und $r$

wobei $r$ und $R$ gemäß Abb. 2 definiert sind.

**total** *(linear):* Eigenschaft, die eine ↑Ordnungsrelation $R$ in einer Menge $M$ besitzt, wenn zwei Elemente von $M$ *vergleichbar* sind, wenn also für Elemente $x, y$ aus $M$ mit $x \neq y$ entweder $xRy$ oder $yRx$ gilt.

Auf der Menge der ↑ganzen Zahlen ist beispielsweise die Kleinerrelation „<" total.

**Totospiel** ↑Fußballtoto.

**Transformation** („Umformung"): Veraltete Bezeichnung für ↑Abbildung. Im Zusammenhang mit der Darstellung von Punktmengen im ↑Koordinatensystem benutzt man heute manchmal noch den Begriff **Koordinatentransformation**: Mit einer geeigneten Abbildung („Transformation der Koordinaten") versucht man, einer gegebenen Punktmenge eine anschauliche Form zu geben.

*Beispiel:* Die Punktmenge, die durch die Gleichung

$$xy - y^2 = 1$$

beschrieben wird, stellt eine Relation in der Menge ℝ der ↑reellen Zahlen dar. Durch die Koordinatentransformation

$$\begin{aligned} x' &= x - y \\ y' &= y \end{aligned} \qquad (1)$$

bzw.

$$\begin{aligned} x &= x' + y' \\ y &= y' \end{aligned} \qquad (2)$$

erhält die Relationsgleichung die Gestalt

$$(x' + y')y' - y'^2 = 1$$

bzw.

$$x'y' = 1.$$

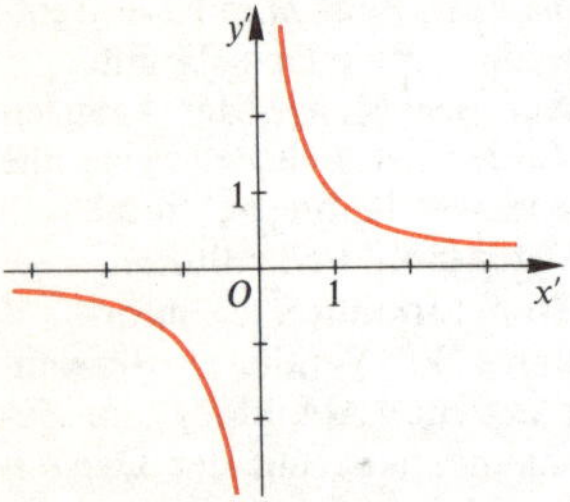


Abb. 1: Darstellung der Funktion $y' = \frac{1}{x'}$ im $x'$-$y'$-Koordinatensystem

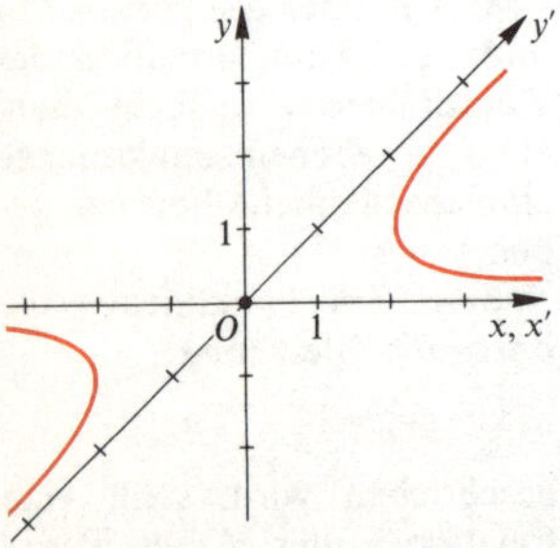


Abb. 2: Darstellung der Relation $xy - y^2 = 1$ im $x$-$y$-Koordinatensystem

Dies ist die Gleichung der Hyperbelfunktion

$$\left(y' = \frac{1}{x'}\right)$$

im $x'$-$y'$-Koordinatensystem (Abb. 1).

Die Umkehrtransformation (2) liefert dann das Schaubild der gegebenen Relation (Abb. 2).

**transitiv:** Eine Relation $R$ (in einer Menge $M$) heißt *transitiv*, wenn für alle Elemente $a$, $b$, $c$ aus $M$ gilt: Aus $aRb$ und $bRc$ folgt $aRc$.

*Beispiel:* Die Kleinerrelation „<" ist transitiv.

Sämtliche ↑Ordnungsrelationen und ↑Äquivalenzrelationen sind transitiv.

**Translation,** svw. ↑Parallelverschiebung.

**Transponierte,** svw. transponierte ↑Matrix.

**Transposition:** Umstellung, insbesondere die gegenseitige Vertauschung zweier Elemente eines Tupels. Z. B. geht (1, 3, 2, 4) aus (1, 2, 3, 4) durch eine Transposition hervor. Jede ↑Permutation kann durch eine Folge von Transpositionen ersetzt werden.

**Transversale:** Eine Gerade, welche Punkte mit einem Dreieck gemeinsam hat, heißt **Dreieckstransversale** (kurz: **Trans-**

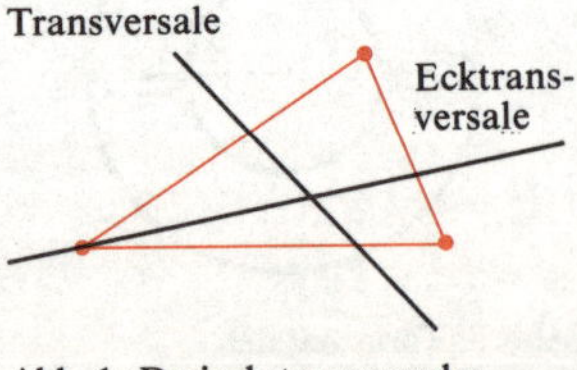


Abb. 1: Dreieckstransversalen

**versale**; Abb. 1). Geht die Transversale durch einen Eckpunkt des Dreiecks, so bezeichnet man sie als **Ecktransversale.** Wichtige Transversalen des Dreiecks sind die ↑Mittelsenkrechten, die ↑Seitenhalbierenden, die ↑Winkelhalbierenden und die ↑Höhen.

**transzendente Zahl** ↑algebraische Zahl.

**Trapez:** Viereck mit zwei parallelen Gegenseiten. Die Seiten eines Trapezes bzw. deren Längen bezeichnet man mit *a*, *b*, c, *d* (Abb. 1). Die Summe der zwei Innenwinkel, die an jeder der beiden nichtparallelen Seiten anliegen, beträgt 180°. Für den Flächeninhalt $F_T$ eines Trapezes gilt

$$F_T = \frac{a+c}{2} \cdot h$$

(*h* ist der Abstand zwischen den beiden parallelen Seiten).

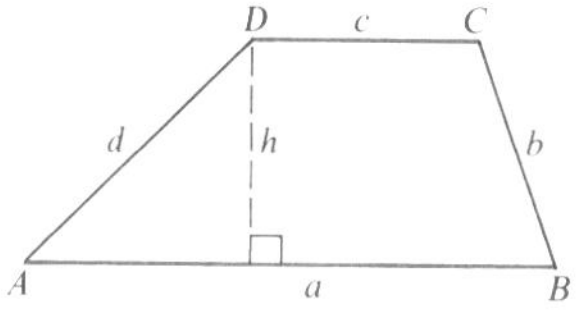


Abb. 1: Trapez mit der Höhe *h*

Sind die den parallelen Gegenseiten anliegenden Winkel jeweils gleich groß, so heißt das Trapez *gleichschenklig*; in diesem Fall sind die beiden nichtparallelen Seiten gleich lang. Ein gleichschenkliges Trapez ist achsensymmetrisch. – Vgl. ↑Vierecksarten.

**Trapezregel** ↑numerische Integration.

**Treppenfunktion** (Stufenfunktion): Bezeichnung für eine reellwertige ↑Funktion, deren Definitionsbereich sich so in Teilintervalle zerlegen läßt, daß die Funktion auf diesen Teilintervallen konstant ist. Beispiele für Treppenfunktionen sind die ↑Ganzteilfunktion und die ↑Portofunktion.

**Treppenpolygon,** svw. ↑Histogramm.

**Triangel,** svw. ↑Dreieck.

**Trichotomie:** Bezeichnung für die folgende Eigenschaft einer ↑totalen, strengen ↑Ordnungsrelation *R* in einer Menge *M*:

> Für jedes Paar von Elementen *x*, *y* aus *M* gilt genau eine der Beziehungen
>
> $xRy,\ x = y,\ yRx.$

Die Kleinerrelation „$<$" besitzt diese Eigenschaft, während die Kleiner-oder-gleich-Relation „$\leqq$" die Trichotomie-Eigenschaft nicht besitzt, denn es gilt z. B. $5 \leqq 5$ und $5 = 5$.

**Trigon,** svw. ↑Dreieck.

**Trigonometrie** (griech. Dreiecksmessung): Teil der Mathematik, der sich mit der Berechnung ebener Dreiecke unter Benutzung der ↑trigonometrischen Funktionen (Sinus, Kosinus usw.) beschäftigt. Grundlage aller Berechnungen ist das ↑rechtwinklige Dreieck. In einem rechtwinkligen Dreieck (Abb. 1) hängen die Seitenverhältnisse $\frac{a}{c}$, $\frac{b}{c}$ usw. nur von dem Winkel $\alpha$ („alpha") ab. Bezüglich des Winkels $\alpha$ führt man für die Katheten die Bezeichnungen *Ankathete* und *Gegenkathete* (zu $\alpha$) ein, dann definiert man die folgenden Winkelfunktionen (trigonometrische Funktionen):

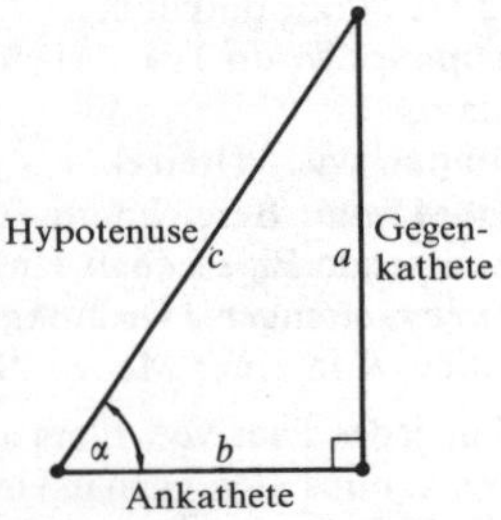


Abb. 1: Bezeichnung am rechtwinkligen Dreieck

$$\sin\alpha \;:= \frac{a}{c} = \frac{\text{Gegenkathete}}{\text{Hypotenuse}}$$

$$\cos\alpha \;:= \frac{b}{c} = \frac{\text{Ankathete}}{\text{Hypotenuse}}$$

$$\sec\alpha \;:= \frac{c}{b} = \frac{\text{Hypotenuse}}{\text{Ankathete}}$$

$$\operatorname{cosec}\alpha \;:= \frac{c}{a} = \frac{\text{Hypotenuse}}{\text{Gegenkathete}}$$

$$\tan\alpha \;:= \frac{a}{b} = \frac{\text{Gegenkathete}}{\text{Ankathete}}$$

$$\cot\alpha \;:= \frac{b}{a} = \frac{\text{Ankathete}}{\text{Gegenkathete}}$$

Diese Winkelfunktionen heißen

*Sinus, Kosinus,*
*Sekans, Kosekans,*
*Tangens, Kotangens.*

Wegen

$$\sec\alpha = \frac{1}{\cos\alpha}$$

$$\operatorname{cosec}\alpha = \frac{1}{\sin\alpha}$$

$$\cot\alpha = \frac{1}{\tan\alpha}$$

genügt es, sich mit den Funktionen sin, cos und tan zu beschäftigen. Manchmal werden auch noch die älteren Bezeichnungen tg und ctg für tan und cot verwendet.

Wegen

$$\tan\alpha = \frac{\sin\alpha}{\cos\alpha}$$

könnte man auch auf den Tangens verzichten, seine Benutzung bringt jedoch viele Vorteile.

Im Zusammenhang mit der Berechnung *ebener* Dreiecke spricht man von der *ebenen* Trigonometrie zur Unterscheidung von der ↑*sphärischen* Trigonometrie.

**trigonometrische Funktionen** (goniometrische Funktionen): Die Winkelfunktionen (↑Trigonometrie) nennt man auch trigonometrische Funktionen. Diese Bezeichnung verwendet man vor allem dann, wenn die Winkel im ↑Bogenmaß angegeben werden.

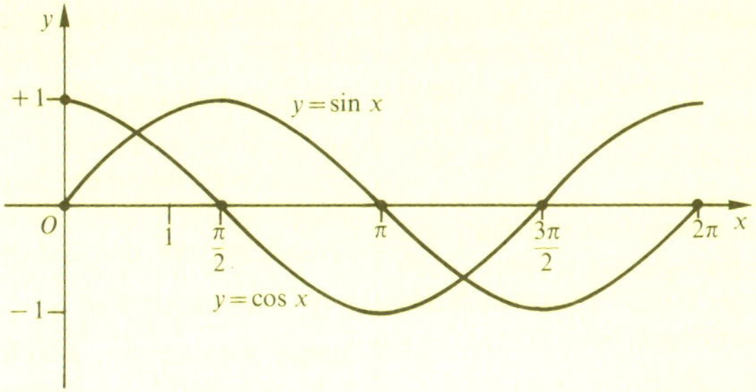


Abb. 1: Sinus- und Kosinusfunktion

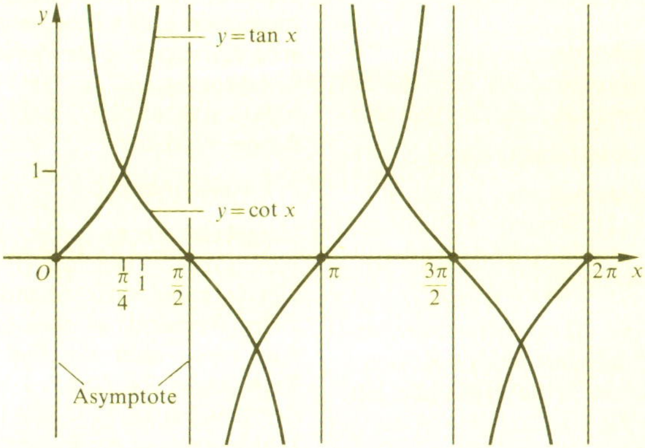


Abb. 2: Tangens- und Kotangensfunktion

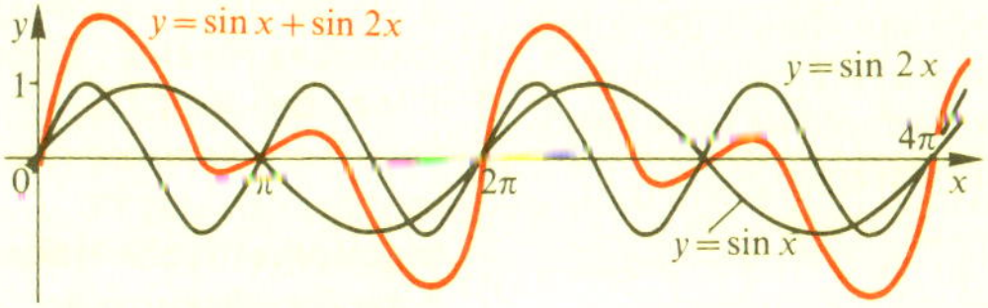


Abb. 3: Überlagerung von $\sin x$ und $\sin 2x$

**Sinusfunktion:** Die Funktion $y = \sin x$ (Abb. 1) ist *periodisch* mit der Periode $2\pi$, denn $\sin(x+2\pi) = \sin x$. Sie hat eine Nullstelle bei $z \cdot \pi$ für jede ganze Zahl $z$.

**Kosinusfunktion:** Die Funktion $y = \cos x$ (Abb. 1) ist periodisch mit der Periode $2\pi$; ihre Nullstellen liegen bei

$$(2z+1)\frac{\pi}{2}$$

für jede ganze Zahl $z$. Wegen

$$\cos x = \sin\left(x + \frac{\pi}{2}\right)$$

entsteht der Graph der Kosinusfunktion aus dem der Sinusfunktion durch Verschieben „nach links" um $\frac{\pi}{2}$.

**Tangensfunktion:** $y = \tan x$ (Abb. 2). Wegen

$$\tan x = \frac{\sin x}{\cos x}$$

ist die Tangensfunktion nur dort definiert, wo die Kosinusfunktion keine Nullstelle hat, also für

$$x \neq (2z+1) \cdot \frac{\pi}{2}$$

für jede ganze Zahl $z$. Sie hat die Periode $\pi$; ihre Nullstellen stimmen mit denen der Sinusfunktion überein.

**Kotangensfunktion:** $y = \cot x$ (Abb. 2). Wegen

$$\cot x = \tan\left(\frac{\pi}{2} - x\right)$$

geht der Graph der Kotangensfunktion aus dem der Tangensfunktion durch Verschieben um $\frac{\pi}{2}$ nach links und Spiegeln an der $y$-Achse hervor.

Sinuskurven treten bei *Schwingungsvorgängen* auf. Bei einer Sinuskurve mit der Gleichung

$$y = A \cdot \sin(\omega t + \varphi)$$

nennt man $A$ die **Amplitude** und $\varphi$ („phi") die **Phasenverschiebung**; die **Periode (Schwingungsdauer)** ist $\frac{2\pi}{\omega}$. Die **Überlagerung** (Addition) zweier Sinuskurven ergibt eine periodische Kurve, wenn die Perioden in einem rationalzahligen Verhältnis stehen. Abb. 3 zeigt dies für die Funktion

$$y = \sin x + \sin 2x.$$

Umgekehrt kann man eine periodische Funktion $f$ als Überlagerung (evtl. unendlich vieler) Sinuskurven darstellen; dies nennt man die **Fourier-Entwicklung** von $f$ (nach J. Fourier 1768 bis 1830). – Die Umkehrfunktionen der trigonometrischen Funktionen sind die ↑Arkusfunktionen.

**trigonometrische Gleichung** *(goniometrische Gleichung):* Bezeichnung für eine ↑Gleichung, in der die Variable als Argument von ↑trigonometrischen Funktionen auftritt.

**trigonometrische Höhenmessung:** Bestimmung der Höhe $h$ eines Punktes $P$ durch Messen des Vertikalwinkels $\alpha$ („alpha") von einem Standpunkt $S$ aus und Messen des horizontalen Abstandes $d$ zwischen $S$ und $P$ (Abb. 1). Die Formel für die Höhe ist dann $h = d \cdot \tan\alpha$. Bei der trigonometrischen Höhenmessung muß die Erdkrümmung bei $d > 300$ m berücksichtigt werden.

**Trilliarde,** die ↑Zahl (ein)tausend Trillionen ($= 10^{21}$, eine Eins mit 21 Nullen).

**Trillion,** die ↑Zahl eine Million Billionen ($= 10^{18}$, eine Eins mit 18 Nullen); im amerikanischen Sprachgebrauch auch Bezeichnung für $10^{12}$.

**Trimetrie** ↑Projektion.

**Trinom:** Term, der aus einer Summe (bzw. Differenz) von drei Teiltermen besteht, z. B.

$3x^2 + 7x - 12,$

$a + b + c,$

$7a^5 - 3z^2 + 5.$

**Tripel:** Aus drei Elementen bestehende mathematische Größe (↑Tupel), z. B. das aus den Zahlen 13, −7 und 28 bestehende Tripel (13, −7, 28), das z. B. als Punkt im dreidimensionalen Raum angesehen werden kann.

**Trisektion** ↑Dreiteilung des Winkels.

**Trisektrix** ↑Quadratrix.

**trivialer Unterraum** ↑Unterraum.

**triviale Teiler:** Jede natürliche Zahl ist durch 1 und sich selbst teilbar; diese beiden Teiler einer Zahl bezeichnet man als ihre *trivialen Teiler;* z. B. besitzt 27 die trivialen Teiler 1 und 27.

**Trochoide** ↑Zykloide.

**true** ↑Datentyp.

**Tupel:** Kunstwort, das man zur Verallgemeinerung der Begriffe Paar, Tripel usw. benutzt:

$(a_1, a_2)$ ist ein *Paar;*

$(a_1, a_2, a_3)$ ist ein *Tripel;*

$(a_1, a_2, a_3, a_4)$ ist ein *Quadrupel;*

$(a_1, a_2, a_3, a_4, a_5)$ ist ein *Quintupel;*

...

$(a_1, a_2, \ldots, a_{14})$ ist ein *14-Tupel;*

$(a_1, a_2, \ldots, a_n)$ ist ein *n-Tupel.*

Man schreibt auch $n$-tupel statt $n$-Tupel. Die einzelnen Elemente $a_1, a_2, \ldots, a_n$ eines $n$-Tupels $(a_1, a_2, \ldots, a_n)$ nennt man seine **Koordinaten** (manchmal auch **Komponenten**).

Bei einem $n$-Tupel kommt es auf die Reihenfolge der Elemente an. Die Tripel

$$(2,3,5) \quad \text{und} \quad (3,2,5)$$

sind verschieden. Zwei $n$-Tupel sind also genau dann gleich, wenn die entsprechenden Koordinaten gleich sind. Bei einem $n$-Tupel dürfen Elemente mehrfach vorkommen, z. B. ist (2, 2, 7) ein Tripel (ein Tripel natürlicher Zahlen). Die Koordinaten eines $n$-Tupels können sehr verschiedenen Mengen entstammen; beispielsweise besteht das Tripel

($\mathbb{N}$, +, ·) aus einer Menge (der Menge $\mathbb{N}$ der ↑natürlichen Zahlen) und zwei ↑Rechenzeichen. Das Quadrupel

$$(2, x, \mathbb{R}, f: x \to \sqrt{x})$$

besteht aus einer Zahl, einer Variablen, einer Menge (der Menge $\mathbb{R}$ der ↑reellen Zahlen) und einer Funktion. – Vgl. ↑kartesisches Produkt.

# U

**überabzählbar:** Eine Menge heißt überabzählbar, wenn sie weder endlich noch ↑abzählbar ist.
*Beispiel:* Die Menge $\mathbb{R}$ der ↑reellen Zahlen ist überabzählbar.

**Übereckperspektive** ↑Perspektive.

**Übergangsmatrix** ↑Markoff-Kette.

**Überkreuzmultiplizieren** ↑Bruchgleichung.

**Überlagerung:** Bezeichnung für die Summe bzw. die Addition zweier ↑Funktionen (vgl. ↑trigonometrische Funktionen).

**überschlagenes Viereck** ↑Viereck.

**Überschlagsrechnung:** Rechnung mit stark gerundeten Werten (↑Runden). Mit einer solchen Rechnung soll die Größenordnung (ungefähre Größe) festgestellt werden („ist das Ergebnis ungefähr 200 oder ungefähr 2000?“).
*Beispiele:* 1) Das Produkt

$$37{,}34 \cdot 128{,}9 \quad (= 4\,813{,}126)$$

besitzt die Ziffernfolge

4 8 1 3 1 2 6.

Es ist $40 \cdot 100 = 4\,000$, also lautet das Ergebnis 4 813,…
2) Der Quotient

$$\frac{7\,394}{0{,}00231} \quad (= 3\,200\,865{,}801)$$

besitzt die Ziffernfolge

3 2 0 0 8 6 5 8…

Es ist

$$\frac{8\,000}{0{,}002} = \frac{8\,000\,000}{2} = 4\,000\,000,$$

also lautet das Ergebnis 3 200 865,…

**überstumpfer Winkel** ↑Winkel.

**Übertrag:** Zahlenwert, um den bei Additionen der nächsthöhere Stellenwert erhöht wird.
*Beispiel:* Bei der Addition

$$\begin{array}{r} 26 \\ +17 \\ {}^{1}\phantom{7} \\ \hline 43 \end{array} \qquad \text{Übertrag}$$

tritt der Übertrag 1 auf, da die Summe der Einerstellen $6 + 7 = 13$ ist.

**Überwürfel,** svw. ↑Tesserakt.

**Umfang:** Als Umfang einer ebenen Figur, die durch eine Linie begrenzt ist, bezeichnet man die Länge ihrer Begrenzungslinie. Der Umfang eines ↑Vielecks ist die Summe seiner Seitenlängen.

**Umfangswinkel.** Wählt man auf einer Kreislinie (↑Kreis) zwei Punkte $A$, $B$, so wird dadurch der Kreis in zwei Kreisbogen zerlegt. Betrachtet man einen solchen Kreisbogen $b$ und einen Punkt $C$ auf dem anderen Kreisbogen, so heißt der ↑Winkel $\sphericalangle ACB$ ein **Umfangswinkel** über dem Bogen $b$ (Abb. 1).

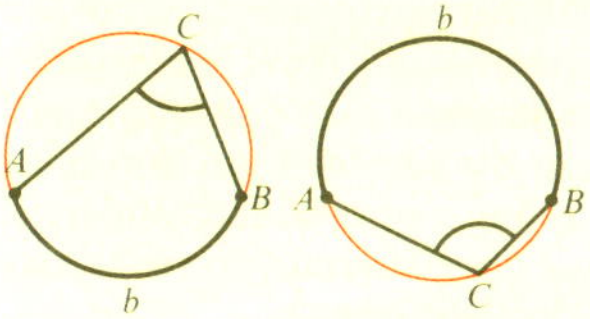

Abb. 1: Umfangswinkel über $b$

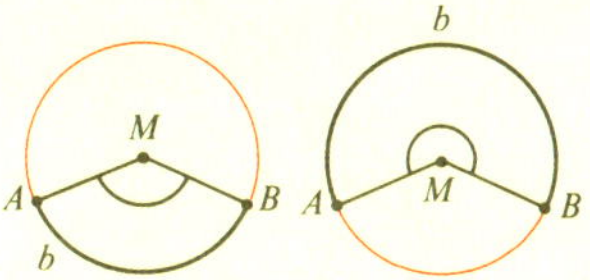

Abb. 2: Mittelpunktswinkel über $b$

Statt Umfangswinkel sagt man auch **Peripheriewinkel.** Ist $M$ der Mittelpunkt des Kreises, so heißt $\sphericalangle AMB$ der **Mittelpunktswinkel** oder **Zentriwinkel** über dem Bogen $b$ (Abb. 2). Gemeint ist dabei derjenige Winkel, in dessen Winkelfeld der Bogen liegt.

**Umgebung:** Ist $x$ eine reelle Zahl, dann nennt man das offene ↑Intervall

$$]x-\varepsilon, x+\varepsilon[$$

eine $\varepsilon$-Umgebung von $x$; dabei ist $\varepsilon$ eine positive reelle Zahl (Abb. 1).

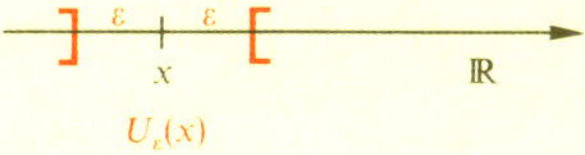

Abb. 1: $\varepsilon$-Umgebung

Allgemeiner heißt eine Teilmenge $U$ der Menge $\mathbb{R}$ der ↑reellen Zahlen eine Umgebung von $x$, wenn $U$ eine $\varepsilon$-Umgebung von $x$ mit einer geeigneten Zahl $\varepsilon$ enthält.
Eine Umgebung von $x$ bezeichnet man mit $U(x)$, eine $\varepsilon$-Umgebung mit $U_\varepsilon(x)$. Statt von der Umgebung einer Zahl spricht man auch von der Umgebung eines Punktes, da man Zahlen als Punkte auf der Zahlengeraden darstellen kann.
Der Begriff der Umgebung läßt sich verallgemeinern *(Umgebung in der Ebene, Umgebung im Raum).*

**umgekehrter Dreisatz** ↑Dreisatzrechnung.

**umgekehrt proportional** ↑proportional.

**Umkehrabbildung** einer ↑Abbildung $f: A \to B$ nennt man die Abbildung $g: B \to A$, welche jedem Bildelement unter $f$ sein Ausgangselement zuordnet (Abb. 1).
Man schreibt $f^{-1}$ für die Umkehrabbildung. Die Umkehr-

abbildung von $f$ existiert nur, wenn $f$ ↑bijektiv ist.

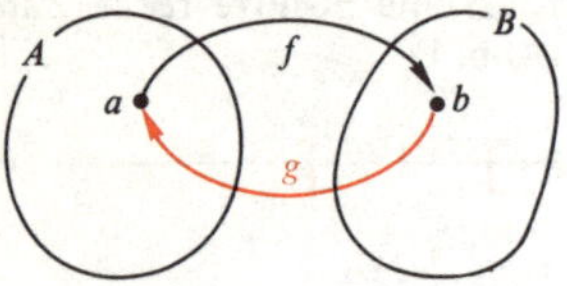


Abb. 1: Abbildung $f$ und Umkehrabbildung $g$

**umkehrbar eindeutig,** svw. ↑bijektiv; vgl. ↑eindeutig.

**Umkehrfunktion** (auch inverse Funktion): Bezeichnung für die ↑Umkehrabbildung einer ↑Funktion, also einer Abbildung $f: A \to B$, wo $A$ und $B$ Teilmengen von $\mathbb{R}$ sind ($\mathbb{R}$ = Menge der ↑reellen Zahlen). Eine Funktion $f: A \to B$

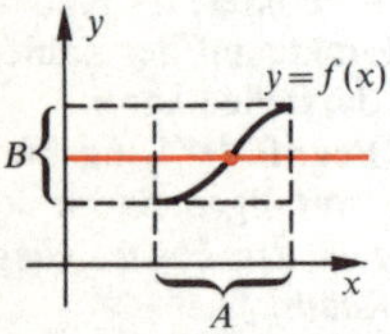


$f$ ist umkehrbar

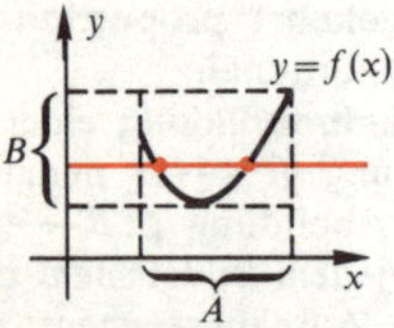


$f$ ist nicht umkehrbar

Abb. 1: Umkehrbarkeit einer Funktion

besitzt genau dann eine Umkehrfunktion, wenn gilt:

1) Für alle $a_1, a_2 \in A$ mit $a_1 \neq a_2$ ist $f(a_1) \neq f(a_2)$.
2) Für jedes $b \in B$ gibt es ein $a \in A$ mit $f(a) = b$.

Die Umkehrbarkeit einer Funktion erkennt man oft schon an ihrem ↑Funktionsgraph (Abb. 1): Jede Parallele zur $x$-Achse darf den Graph höchstens einmal schneiden.

Den Graph der Umkehrfunktion erhält man durch Spiegeln an der Geraden mit der Gleichung $y = x$ (Winkelhalbierende des ersten und dritten ↑Quadranten; Abb. 2).

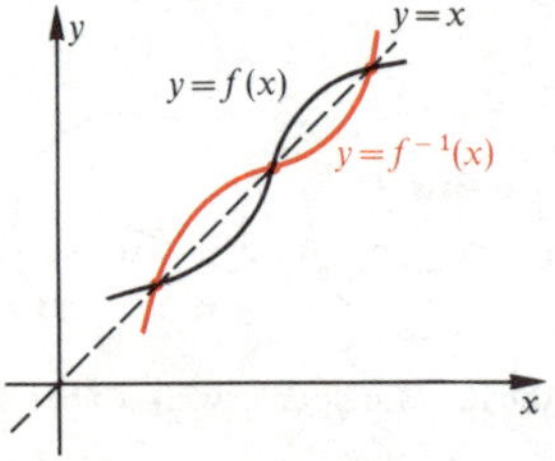


Abb. 2: Spiegelung an der Geraden $y = x$

Die *Funktionsgleichung* der Umkehrfunktion erhält man folgendermaßen:

| | |
|---|---|
| Funktion $f$: | $y = f(x)$ |
| $x, y$ vertauschen: | $x = f(y)$ |
| nach $y$ auflösen: | $y = f^{-1}(x)$ |

*Beispiel 1:* Die ↑*Wurzelfunktionen* sind die Umkehrfunktionen der ↑Potenzfunktionen.

*Beispiel 2:* Die ↑*Logarithmusfunktionen* sind die Umkehrfunktionen der ↑Exponentialfunktionen.

**Umkehrung eines Satzes** (Konversion): Vertauscht man in einem Satz Voraussetzung und Behauptung, so erhält man die **Umkehrung des Satzes (Kehrsatz):**

$A \Rightarrow B$ Satz
$B \Rightarrow A$ Umkehrung
WENN... DANN...

Den Kehrsatz erhält man also durch Vertauschung des WENN-Teils mit dem DANN-Teil der Satzes.
*Beispiele:*
1) *Satz:*
Wenn eine Zahl durch 9 teilbar ist, dann ist ihre Quersumme durch 9 teilbar.
*Umkehrung:*
Wenn die Quersumme einer Zahl durch 9 teilbar ist, dann ist die Zahl durch 9 teilbar.
2) *Satz:*
Wenn eine Zahl Quadratzahl ist, dann hat sie den 10er-Rest 0, 1, 4, 5, 6 oder 9.
*Umkehrung:*
Wenn eine Zahl den 10er-Rest 0, 1, 4, 5, 6 oder 9 hat, dann ist sie eine Quadratzahl.
In Beispiel 1) ist der Satz wahr und seine Umkehrung ebenfalls. In Beispiel 2) ist der Satz wahr, die Umkehrung ist aber falsch.
Ist von einem wahren Satz auch die Umkehrung wahr, so schreibt man ihn oft in der Form

$A \Leftrightarrow B$
WENN DANN
DANN WENN

und benutzt die Redewendung „genau dann, wenn" oder „dann und nur dann, wenn".

*Beispiel:* Eine Zahl ist genau dann durch 9 teilbar, wenn ihre Quersumme durch 9 teilbar ist.
Als **Kontraposition** bezeichnet man den Übergang von einem Satz der Form „wenn $A$ gilt, so gilt $B$" zu einem Satz der Form „wenn die Verneinung (Negation) von $B$ gilt, dann gilt die Verneinung von $A$". Die Kontraposition eines wahren mathematischen Satzes ist eine wahre Aussage. Beispielsweise ist die Kontraposition des Satzes „Wenn eine Zahl eine Quadratzahl ist, dann ist ihre letzte Ziffer 0, 1, 4, 5, 6 oder 9" wahr; sie lautet: „Wenn die letzte Ziffer einer Zahl von 0, 1, 4, 5, 6, 9 *verschieden* ist, dann ist diese Zahl *keine* Quadratzahl".

**Umklappung,** svw. ↑Spiegelung an einer Achse.

**Umkreis:** Ein Kreis, der durch alle Ecken eines ↑Vielecks geht, heißt *Umkreis* des Vielecks. Nicht jedes Vieleck besitzt einen Umkreis. Einen Umkreis besitzen z.B. alle ↑Dreiecke, ↑Quadrate, ↑Rechtecke, gleichschenkligen ↑Trapeze sowie alle ↑regelmäßigen Vielecke. Ein Vieleck besitzt genau dann einen Umkreis, wenn sich die ↑Mittelsenkrechten der Seiten in einem Punkt (dem *Umkreismittelpunkt*) schneiden. Ein Viereck, welches einen Umkreis besitzt, bezeichnet man als ↑*Sehnenviereck.*

**Umkugel.** Entsprechend dem ↑Umkreis eines ↑Vielecks ist die *Umkugel* eines ↑Polyeders definiert. Sie geht durch alle Ecken des Polyeders. Nicht jedes Polyeder besitzt eine Umkugel, denn durch vier ihrer Punkte, die nicht alle in einer Ebene liegen, ist eine Kugel eindeutig bestimmt. Deshalb besitzt jedes Polyeder mit genau 4 Ecken eine Umkugel. Auch jeder ↑platonische Körper besitzt eine Umkugel.

**Umlaufsinn.** Durchläuft man die Seiten eines Dreiecks *ABC* so, daß die Ecken in der Reihenfolge $A-B-C$ (oder $B-C-A$ oder $C-A-B$) aufeinander folgen, so liegt das Innere des Dreiecks stets links oder stets rechts des „Weges" (Abb. 1 und Abb. 2).

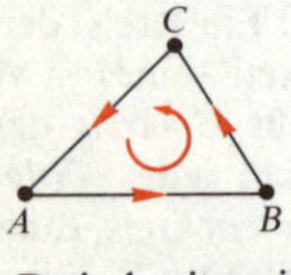


Abb. 1: Dreieck mit positivem Umlaufsinn

Man trifft folgende Vereinbarung: Das Dreieck in Abb. 1 hat einen *positiven Umlaufsinn,* das Dreieck in Abb. 2 einen *ne-*

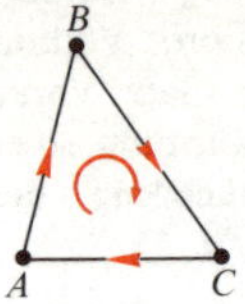


Abb. 2: Dreieck mit negativem Umlaufsinn

*gativen Umlaufsinn.* Der Umlaufsinn spielt bei ↑Kongruenzabbildungen eine besondere Rolle. So ändert sich der Umlaufsinn z. B. bei der ↑Spiegelung an einer Geraden (Abb. 3).

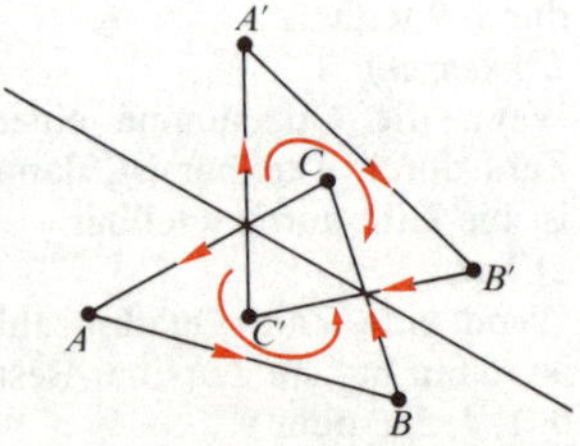


Abb. 3: Änderung des Umlaufsinns bei der Spiegelung an einer Geraden

Eine Kongruenzabbildung heißt *eigentlich,* wenn der Umlaufsinn erhalten bleibt (z. B. ↑Verschiebung, ↑Drehung); sie heißt *uneigentlich,* wenn sich der Umlaufsinn ändert (z. B.

↑Spiegelung, ↑Schubspiegelung).
Allgemein kann man für jedes ↑Vieleck einen Umlaufsinn festlegen.

**Umriß:** Bezeichnung für die äußere Begrenzungslinie des ebenen Bildes eines Körpers.

**unabhängig:** 1) ↑Unabhängigkeit von Ereignissen; 2) ↑Axiomensystem.

**unabhängige Variable** ↑Variable.

**Unabhängigkeitstest** ↑Chi-Quadrat-Tests.

**Unabhängigkeit von Ereignissen.** Die ↑Ereignisse $A$, $B$ ($\subseteq \Omega$) heißen *unabhängig* oder *stochastisch unabhängig,* wenn die Wahrscheinlichkeit, daß das Ereignis $A$ und das Ereignis $B$ (gleichzeitig) eintreten, gleich dem Produkt der Wahrscheinlichkeiten der Ereignisse $A$ und $B$ ist, wenn also

$$P(A \cap B) = P(A)\,P(B)$$

gilt. Die Ereignisse $A$, $B$ sind also genau dann unabhängig, wenn für die ↑bedingten Wahrscheinlichkeiten gilt:

$$P(A|B) = P(A) \quad \text{und}$$
$$P(B|A) = P(B)$$

(↑Multiplikationssatz).
Die Unabhängigkeit von Ereignissen kann man entsprechend auch für mehr als zwei Ereignisse definieren.
Oft weiß man bereits aus der Beschreibung eines Zufallsversuchs, ob zwei Ereignisse $A$, $B$ unabhängig sind, z. B. wenn offensichtlich kein „Zusammenhang" zwischen den Ereignissen besteht. Dann kann man aus $P(A \cap B) = P(A)\,P(B)$ die Wahrscheinlichkeit $P(A \cap B)$ berechnen.

**unbedingt konvergent** ↑konvergent.

**Unbekannte** ↑Variable.

**unbenannte Größe** (dimensionslose Größe): Zahlengröße, die nicht mit einer Maßeinheit versehen ist. Eine unbenannte Größe wird meist als Quotient von Größen gleicher Maßeinheit, aber mit verschiedenem Sachbezug definiert; z. B. ist die unbenannte Größe „Brechzahl (eines Mediums)" definiert als Quotient

$$\frac{\text{Lichtgeschwindigkeit im Medium}}{\text{Lichtgeschwindigkeit im Vakuum}}\,.$$

**Unbestimmte** ↑Variable.

**„und"-Verknüpfung,** svw. Konjunktion (↑formale Logik). – Vgl. ↑Junktoren.

**uneigentlich:** Bezeichnung, die in verschiedenen Zusammenhängen auftritt. Eine ↑Kongruenzabbildung heißt *uneigentlich* (uneigentliche ↑Bewegung), wenn sie den ↑Umlaufsinn eines Dreiecks ändert. Bei einem *uneigentlichen* ↑Bruch ist der Zähler betragsmäßig größer als der Nenner.

**unendlich:** Eine Menge heißt *unendlich,* wenn sie zu einer echten ↑Teilmenge gleichmächtig ist: Die Menge $\mathbb{N}$ der natürlichen Zahlen ist unendlich, denn sie ist gleichmächtig zur Menge aller geraden natürlichen Zahlen.

Weitere Beispiele für unendliche Mengen sind $\mathbb{Z}$ (Menge der ganzen Zahlen), $\mathbb{Q}$ (Menge der rationalen Zahlen) und $\mathbb{R}$ (Menge der reellen Zahlen).

Es gibt keine „Zahl" namens „unendlich", etwa mit dem Symbol ∞ bezeichnet, auch wenn man manchmal Ausdrücke wie

$$\frac{1}{0} = \infty$$

liest.

Das Symbol ∞ verwendet man in der Analysis bei Grenzübergängen (↑Grenzwert). Man spricht auch von unendlichen ↑Folgen und unendlichen ↑Reihen.

**unerfüllbar** ↑Aussageform.

**ungerade Zahl:** Zahl, die bei Division durch 2 den Rest 1 läßt. Die ungeraden natürlichen Zahlen sind die Zahlen 1, 3, 5, 7, 9, 11,...

**ungleichseitiges Dreieck:** Dreieck mit drei verschieden langen Seiten.

**Ungleichung:** Schreibt man zwischen zwei Rechenausdrükke (↑Terme) eines der Zeichen

$<$ (ist kleiner als),
$\leqq$ (ist kleiner als oder gleich),
$>$ (ist größer als),
$\geqq$ (ist größer als oder gleich),

so entsteht eine *Ungleichung*. Kommen in den Termen keine Variablen vor, so ist die Ungleichung eine Aussage. Enthält mindestens einer der Terme Variable, so ist die Ungleichung eine ↑Aussageform. Die Menge $G$, deren Elemente man für die Variablen einsetzen darf, ist die **Grundmenge** oder **Definitionsmenge** der Ungleichung. Sie ist die Schnittmenge der Definitionsmengen der auftretenden Terme. Diejenigen Elemente aus $G$, bei deren Einsetzung für die Variablen die Ungleichung zu einer wahren Aussage wird, heißen **Lösungen,** ihre Gesamtheit die **Lösungsmenge** (meist mit $L$ symbolisiert) der Ungleichung. Ist die Lösungsmenge gleich $G$, so handelt es sich um eine **identische Ungleichung** auf $G$. Beispielsweise ist

$$(x+y)^2 \geqq 2xy$$

eine identische Ungleichung auf der Menge der reellen Zahlenpaare $(x, y)$. Ist die Lösungsmenge eine echte Teilmenge von $G$, dann handelt es sich um eine **Bestimmungsungleichung.** Solche können oft mit Hilfe von ↑Äquivalenzumformungen gelöst werden, z. B.:

↑Termumformung;

Addition eines Terms auf beiden Seiten;

Multiplikation mit einem Term auf beiden Seiten, sofern dieser Term auf $G$ nur positive Werte

annehmen kann; Multiplikation mit $-1$ und gleichzeitige Vertauschung der Zeichen $<$ und $>$ bzw. $\leqq$ und $\geqq$.
Bei den folgenden Beispielen soll die Grundmenge jeweils die Menge $\mathbb{R}$ der ↑reellen Zahlen sein.

*Beispiel 1: Lineare Ungleichung*

$$\begin{array}{rl} 2x+1 < 3x-7 & |-3x+7 \\ -x+8 < 0 & |\cdot(-1) \\ x-8 > 0 & |+8 \\ x > 8 & \end{array}$$

*Beispiel 2: Betragsungleichung*

$$\begin{array}{l} |x+2| \geqq 5 \\ x+2 \leqq -5 \text{ oder } x+2 \geqq 5 \\ x \leqq -7 \qquad\qquad x \geqq 3 \end{array}$$

*Beispiel 3: Quadratische Ungleichung*

$$\begin{array}{l} x^2-7x+10 \leqq 0 \\ (x-2)(x-5) \leqq 0 \\ x-2 \leqq 0 \quad \text{und} \quad x-5 \geqq 0 \end{array}$$

(keine Lösung) oder

$$\begin{array}{l} x-2 \geqq 0 \quad \text{und} \quad x-5 \leqq 0 \\ x \geqq 2 \quad \text{und} \quad x \leqq 5 \\ 2 \leqq x \leqq 5 \end{array}$$

**unmögliches Ereignis** ↑Ereignis.

**untere Grenze** (Infimum, Finis inferior): Bezeichnung für die größte untere Schranke (↑beschränkt) einer Menge $M$ reeller Zahlen. Man bezeichnet sie mit $\inf M$.

*Beispiele:*

1) Die Menge $\{x \in \mathbb{R} \mid x^2 < 2\}$ hat die untere Grenze $-\sqrt{2}$; diese ist kein Element der Menge.

2) Die Menge

$$\{x^2-6x+12 \mid x \in \mathbb{R}\}$$

hat die untere Grenze 3; diese gehört zu der Menge.

3) Die Menge $\{x \in \mathbb{R} \mid x < 5\}$ besitzt keine untere Grenze.

Zu jeder nach unten beschränkten Menge reeller Zahlen existiert stets das Infimum. Dies ist eine wichtige Eigenschaft der reellen Zahlen (↑Vollständigkeit).

**untere Schranke** ↑beschränkt.

**Untergruppe** ↑Gruppe.

**Unterprogramm** (Prozedur; engl. *subprogram, subroutine, procedure*): Bezeichnung für eine Folge von Befehlen, die nur einmal programmiert und gespeichert wird, jedoch an verschiedenen Stellen eines Programms benötigt wird. Von einem **Hauptprogramm** (engl. *main program*) aus kann ein Unterprogramm durch einen Sprungbefehl zum ersten Befehl des Unterprogramms (**Aufruf,** engl. *call*) beliebig oft aufgerufen werden.

**Unterraum:** Eine Teilmenge $U$ eines ↑Vektorraumes $V$ heißt Unterraum von $V$, falls $U$ bezüglich der in $V$ definierten Addition und Vervielfachung selbst ein Vektorraum ist. Man schreibt dann häufig

$$U \preccurlyeq V$$

und liest dies: $U$ ist Unterraum von $V$. Jeder Vektorraum $V$ hat sogenannte **triviale Unterräume,** nämlich $V$ selbst und den Vektorraum $\{\vec{o}\}$, der nur den Nullvektor enthält. Ist $U$ ein Unterraum von $V$ *und* $U \neq V$, so heißt $U$ ein **echter Unterraum** von $V$.

**Untersumme** ↑Integral.

**unvereinbar** (konträr): Zwei ↑Ereignisse heißen *unvereinbar,* wenn sie nicht gleichzeitig entreten können. Beim Würfeln sind z. B. die Ereignisse, eine Sechs zu würfeln und eine ungerade Zahl zu würfeln, unvereinbar.

**unzerlegbare Zahl** ↑Primzahl.

**Urbild** ↑Abbildung.

**Urnenmodell:** Wahrscheinlichkeitsmodell, bei dem sich in einem Gefäß (der *Urne*) verschieden gefärbte oder numerierte Kugeln von jeweils gleicher oder verschiedener Anzahl befinden. Es können eine oder mehrere Kugeln mit oder ohne Zurücklegen gezogen werden.

Eine Urne mit $n$ Kugeln (mit den Nummern $1, 2, 3, \ldots, n$) kann für $n = 2$ zur Simulation des Münzwurfs, für $n = 6$ zur Simulation des Würfelns, für $n = 37$ zur Simulation des Roulette-Spiels verwendet werden. – Vgl. auch ↑hypergeometrische Verteilung.

**Ursprung** ↑Zahlengerade, ↑Koordinatensystem.

# V

**V,** römisches Zahlzeichen für die Zahl 5 (↑römische Zahlen).

**Variable** *(Platzhalter, Leerstelle):* Bezeichnung für ein Symbol (z. B. in einer Gleichung), für welches reelle Zahlen oder Elemente einer anderen Grundmenge eingesetzt werden dürfen. Meistens benutzt man für Variable Buchstaben:

$$a, b, c, \ldots, k, l, m, \ldots, x, y, z$$

Man kann auch andere Symbole benutzen, etwa ○ oder □:

$$4 \cdot \bigcirc + 6 \cdot \square = 14$$

Beim Einsetzen von Elementen der Grundmenge für die Variablen muß man darauf achten, daß gleiche Variable auch durch gleiche Elemente ersetzt werden. Man beachte dabei, daß zu verschiedenen Variablen auch verschiedene Grundmengen gehören können.

In einer ↑Gleichung ist nach den Elementen aus der Grundmenge gefragt, die bei Einsetzen für die Variablen eine wahre Aussage liefern. Die Gleichungsvariablen nennt man manchmal auch **Unbestimmte** oder **Unbekannte.** Sind die ↑Koeffizienten einer Gleichung selbst Variable, so heißen sie **Formvariable;** z. B. handelt es sich bei der Variablen $a$ und $b$ in der Gleichung

$$ax + b = 0$$

um Formvariable. In der Gleichungslehre ist **allgemeine Zahl** eine veraltete Bezeichnung für Variable. Bei Funktionsgleichungen, z. B.

$$y = x^2 + 2x + 1,$$

unterscheidet man **abhängige** und **unabhängige Variable.** Im Beispiel ist $x$ die unabhängige und $y$ die abhängige Variable. Ferner bezeichnet man eine Variable, die in einer ↑Aussageform nicht im Wirkungsbereich eines ↑Quantors steht, auch als **freie Variable.** Eine Variable, auf die sich ein Quantor bezieht, heißt **gebundene Variable.** So kommen in der Aussageform

$$\bigvee_y (x + y = z)$$

(„Es gibt ein $y$ mit $x + y = z$") die freien Variablen $x$ und $z$ sowie die gebundene Variable $y$ vor.

**Varianz** (Dispersion, Streuung): Bezeichnung für ein in der Wahrscheinlichkeitsrechnung und Statistik verwendetes Maß für die Größe der Abweichung einer die (Beobachtungs)werte $x_i$ annehmenden Zufallsgröße von ihrem Mittelwert. Die Varianz einer diskreten Zufallsgröße $X$, also einer Zufallsgröße, die nur endlich viele Werte annimmt, erhält man z. B., indem man das Quadrat jeder Abweichung $(x_i - \mu)$ vom Mittelwert $\mu$ („mü") mit der zugehörigen Wahrscheinlichkeit multipliziert und alle diese Produkte addiert.

**Vektor:** Bezeichnung für eine in der Mathematik, Physik und Technik oft verwendete Größe, die in geometrischer Deutung als eine mit bestimmtem Richtungssinn versehene Strecke aufgefaßt und durch einen Pfeil dargestellt werden kann. Kräfte, Geschwindigkeiten und zahlreiche weitere physikalische Größen sind außer durch einen Betrag auch durch eine Richtung gekennzeichnet. Man beschreibt sie geometrisch durch einen Pfeil in einem Bezugssystem (↑Koordinatensystem), dessen Länge den Betrag und dessen Richtung die Richtung der betreffenden physikalischen Größe angibt. Greifen zwei Kräfte $\vec{f}_1$ und $\vec{f}_2$ am gleichen Punkt eines Körpers an, so ist die resultierende Gesamtkraft *(Resultierende)* gleich der Summe $\vec{f}_1 + \vec{f}_2$, welche man mit Hilfe des *Kräfteparallelogramms* (Abb. 1) konstruiert.

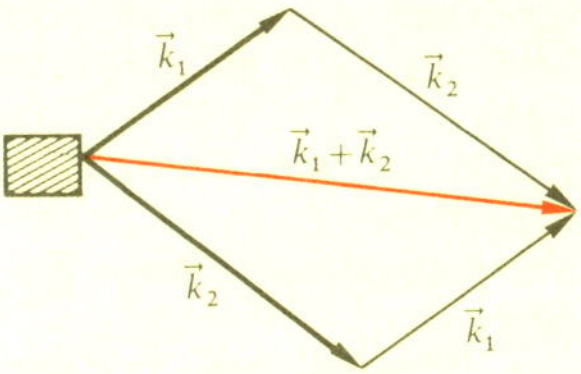


Abb. 1: Kräfteparallelogramm

Eine Verschiebung wird durch ihren Betrag und ihre Richtung eindeutig festgelegt, sie kann also auch durch einen gerichteten Pfeil beschrieben werden (Abb. 2).

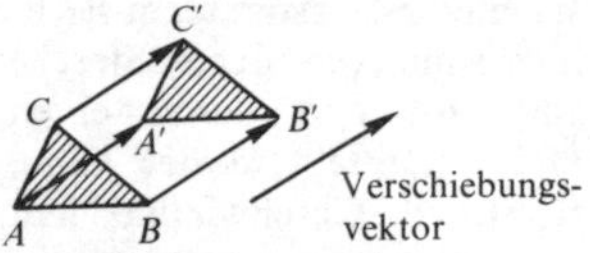


Abb. 2: Verschiebung

Man kann einen Vektor im Anschauungsraum (Ebene oder Raum) als eine *Pfeilklasse* definieren: Die Menge aller Pfeile mit derselben Länge und derselben Richtung bildet einen Vektor. Ein einzelner Pfeil aus einer Pfeilklasse heißt *Vertreter* oder *Repräsentant* des Vektors. Sowohl Vektoren als auch ihre Vertreter werden mit lateinischen Kleinbuchstaben und einem darüberliegenden Pfeil oder, falls ein Vertreter den Anfangspunkt $A$ und den Endpunkt $B$ hat, mit $\overrightarrow{AB}$ bezeichnet. Den Betrag eines Vektors bezeichnet man mit $|\vec{a}|$ oder $|\overrightarrow{AB}|$, oft auch mit $\|\vec{a}\|$ und $\|\overrightarrow{AB}\|$.

Ein Vektor vom Betrag einer Längeneinheit (im vorgegebenen Bezugssystem) heißt *Einheitsvektor*.

Die Addition von Vektoren *(Vektoraddition)* wird durch Aneinandersetzen der Pfeile definiert (Abb. 3).

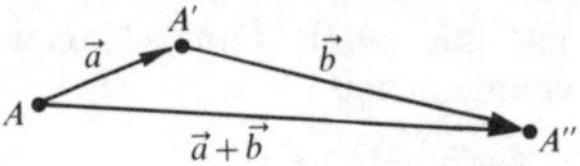


Abb. 3: Addition von zwei Vektoren

Die Vektoraddition ist ↑assoziativ und ↑kommutativ.

Mit $\vec{o}$ bezeichnet man den *Nullvektor,* d.h. den Vektor vom Betrag 0. Mit $-\vec{a}$ bezeichnet man den *Gegenvektor* von $\vec{a}$; es gilt also $\vec{a}+(-\vec{a})=\vec{o}$.

Ist $\vec{a}$ ein Vektor und $k$ eine reelle Zahl, dann versteht man unter dem $k$-fachen von $\vec{a}$, geschrieben $k\vec{a}$, den Vektor mit dem $k$-fachen Betrag wie $\vec{a}$ und derselben Richtung bzw. der entgegengesetzten Richtung, falls $k>0$ bzw. $k<0$ gilt. Zusätzlich vereinbart man $0\vec{a}=k\vec{o}=\vec{o}$ für alle Vektoren $\vec{a}$ und alle reellen Zahlen $k$. Man spricht hier von der *Vervielfachung* oder *skalaren Multiplikation* von Vektoren.

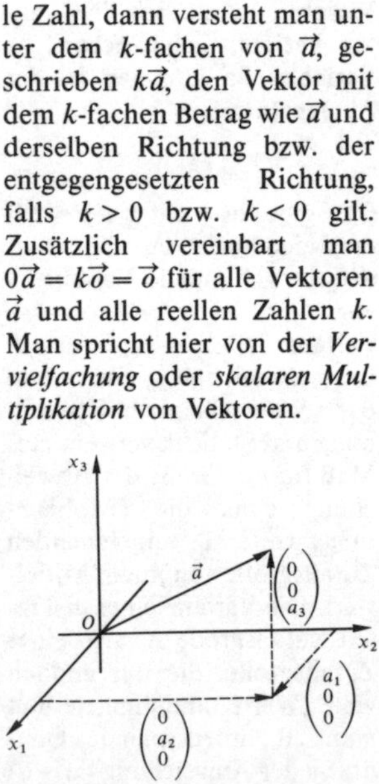


Abb. 4: Komponenten eines Vektors

Ist ein kartesisches ↑ Koordinatensystem in der Ebene oder im Raum gegeben, dann kann man einen Vektor durch ein Zahlenpaar bzw. ein Zahlentripel darstellen. Üblicherweise gibt man Vektoren dann in Spaltenform an:

$$\vec{a} = \begin{pmatrix} a_1 \\ a_2 \end{pmatrix} \quad \text{bzw.} \quad \vec{a} = \begin{pmatrix} a_1 \\ a_2 \\ a_3 \end{pmatrix}$$

Die Zahlen $a_1, a_2$ bzw. $a_1, a_2, a_3$ heißen die *Koordinaten* des Vektors, die Vektoren

$$\begin{pmatrix} a_1 \\ 0 \end{pmatrix}, \begin{pmatrix} 0 \\ a_2 \end{pmatrix} \quad \text{bzw.}$$

$$\begin{pmatrix} a_1 \\ 0 \\ 0 \end{pmatrix}, \begin{pmatrix} 0 \\ a_2 \\ 0 \end{pmatrix}, \begin{pmatrix} 0 \\ 0 \\ a_3 \end{pmatrix}$$

heißen die *Komponenten* des Vektors (Abb. 4).

Zu jedem Vektor $\vec{a}$ gibt es einen Vertreter, dessen Anfangspunkt der Koordinatenursprung $O$ ist, also

$$\vec{a} = \overrightarrow{OP} = \begin{pmatrix} p_1 \\ p_2 \\ p_3 \end{pmatrix}.$$

Dieser Vektor heißt *Ortsvektor* des Punktes $P = (p_1, p_2, p_3)$.

Den Betrag eines Vektors berechnet man aus seinen Koordinaten mit Hilfe des Satzes von ↑ Pythagoras:

$$|\vec{a}| = \sqrt{a_1^2 + a_2^2}$$

bzw.

$$|\vec{a}| = \sqrt{a_1^2 + a_2^2 + a_3^2}.$$

**Vektorprodukt.** Das *Vektorprodukt im geometrischen Vektorraum* $\mathbb{V}$ ordnet je zwei Vektoren $\vec{u}, \vec{v} \in \mathbb{V}$ einen Vektor $\vec{u} \times v \in \mathbb{V}$ mit folgenden Eigenschaften zu:

(1) Sind $\vec{u}, \vec{v}$ linear abhängig, so ist $\vec{u} \times \vec{v} = \vec{o}$ (Nullvektor).

(2) Sind $\vec{u}, \vec{v}$ ↑ linear unabhängig, so ist $\vec{u} \times \vec{v}$ ↑ orthogonal zu $\vec{u}$ und zu $\vec{v}$, die Vektoren $\vec{u}, \vec{v}$ und $\vec{u} \times \vec{v}$ bilden ein ↑ Rechtssystem, und für den Betrag von $\vec{u} \times \vec{v}$ gilt

$$\|\vec{u} \times \vec{v}\| = \|\vec{u}\| \cdot \|\vec{v}\| \cdot \sin\alpha.$$

Dabei ist $\alpha$ der von $\vec{u}$ und $\vec{v}$ eingeschlossene Winkel mit $0° \leqq \alpha \leqq 180°$ (Abb. 1).

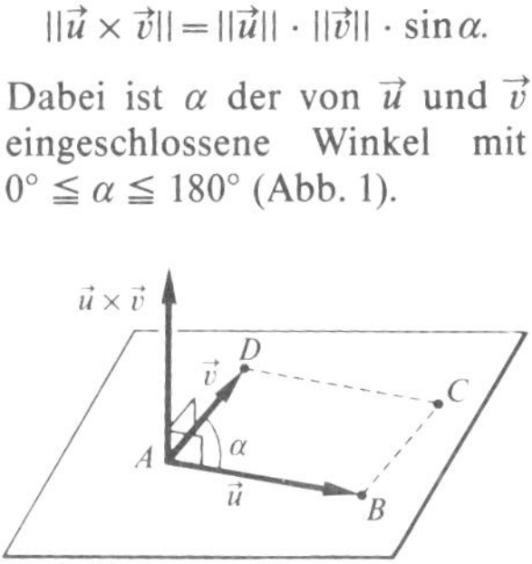


Abb. 1: Vektorprodukt

Der Vektor $\vec{u} \times \vec{v}$ ist orthogonal zu der von $\vec{u}$ und $\vec{v}$ erzeugten Ebene, falls $\vec{u}, \vec{v}$ linear unabhängig sind. Der Betrag von $\vec{u} \times \vec{v}$ ist gleich dem Flächeninhalt des von den Vektoren $\vec{u}$ und $\vec{v}$ aufgespannten Parallelogramms $ABCD$ (Abb. 1).

Das Vektorprodukt wird auch als **äußeres Produkt, Kreuzprodukt** oder **vektorielles Produkt** bezeichnet.

**Vektorraum** (genauer $\mathbb{R}$-*Vektorraum, Vektorraum über dem*

*Körper* $\mathbb{R}$, *linearer Raum*): Bezeichnung für eine Menge $V$, wenn folgende *Vektorraumaxiome* erfüllt sind:

(1) In $V$ ist eine Addition definiert, so daß $(V, +)$ eine kommutative ↑Gruppe ist:

(V1) $(u+v)+w = u+(v+w)$ für alle Elemente $u, v, w$ aus $V$;

(V2) es gibt ein Element $o$ aus $V$ *(Nullvektor)* mit $o+v = v$ für alle $v$ aus $V$;

(V3) für jedes $v$ aus $V$ gibt es ein $w$ aus $V$ mit $v+w = o$, für dieses $w$ schreibt man $(-v)$;

(V4) $u+v = v+u$ für alle $u, v$ aus $V$.

(2) Für jede reelle Zahl $r$ und jedes $v$ aus $V$ ist ein Element $rv\,V$ definiert *(Vervielfachung, S-Multiplikation),* so daß für alle reellen Zahlen $r, s$ und alle $v$, w aus $V$ gilt:

(V5) $(rs)v = r(sv)$;
(V6) $(r+s)v = rv+sv$;
(V7) $r(v+w) = rv+rw$;
(V8) $1v = v$.

Gelten die Axiome (V5) bis (V8) für die Elemente eines *beliebigen Körpers K* anstelle von $\mathbb{R}$, so spricht man von einem *K-Vektorraum (Vektorraum über dem Körper K).* Die Elemente eines Vektorraumes $V$ heißen *Vektoren* von $V$; die Körperelemente nennt man zur Unterscheidung hiervon *Skalare;* statt Vervielfachung benutzte man früher auch die Bezeichnung *Skalarmultiplikation.*

Zur besseren Unterscheidung zwischen Skalaren und Vektoren kennzeichnet man Vektoren oft durch einen Pfeil: $\vec{a}, \vec{b}, \vec{c}, \vec{u}, \vec{v}, \vec{w}, \ldots$

Die *lineare Algebra* ist das mathematische Teilgebiet, in dem die Struktur von Vektorräumen untersucht wird.

**Vektorrechnung:** Teil der ↑analytischen Geometrie, in dem geometrische Sachverhalte und Probleme mit Hilfe von ↑Vektoren *(Pfeile)* dargestellt und behandelt werden.

**vel** ↑Alternative.

**Venn-Diagramm** *(Mengendiagramm):* Beziehungen zwischen ↑Mengen (Teilmengenbeziehung, Schnittmenge, Vereinigungsmenge usw.) veranschaulicht man durch Venn-Diagramme (nach J. Venn, 1834–1923; zuerst benutzt von L. Euler, 1707–1783, daher auch **Euler-Diagramme** genannt). Dabei werden die Elemente einer endlichen Menge durch eine geschlossene Linie zusammengefaßt; unendliche Mengen stellt man durch Flächenstücke dar (vgl. Abb. 1 und Abb. 2).

Während bei Venn-Diagrammen die Mengen durch geschlossene, meist ovale Linien dargestellt werden, verwendet man bei **Karnaugh-Diagrammen** rechteckförmige Figuren (Abb. 3).

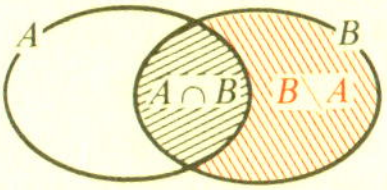


Abb. 1: Venn-Diagramm zweier Mengen $A$ und $B$ mit dem Durchschnitt $A \cap B$ und der Differenz $B \setminus A$

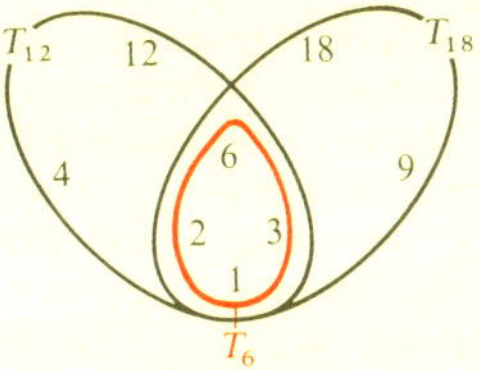


Abb. 2: Die Teilermenge von 6 als Durchschnitt der Teilermenge von 12 und der Teilermenge von 18

| | $B$ | |
|---|---|---|
| $A$ | $A \cap B$ | $A \cap \bar{B}$ |
| | $\bar{A} \cap B$ | $\bar{A} \cap \bar{B}$ |

Abb. 3: Karnaugh-Diagramm der Durchschnitte zweier Mengen und der Komplemente

**Verband:** Bezeichnung für ein ↑Verknüpfungsgebilde $(V, \sqcap, \sqcup)$ mit zwei Verknüpfungen, wenn für alle Elemente $x$, $y$, $z$ aus $V$ folgende Beziehungen gelten:

(1) $x \sqcap (y \sqcap z) = (x \sqcap y) \sqcap z$
(2) $x \sqcup (y \sqcup z) = (x \sqcup y) \sqcup z$
(3) $x \sqcap y = y \sqcap x$
(4) $x \sqcup y = y \sqcup x$
(5) $x \sqcap (x \sqcup y) = x$
(6) $x \sqcup (x \sqcap y) = x.$

Beide Verknüpfungen sind also assoziativ (Regeln (1), (2)), kommutativ (Regeln (3), (4)) und es gelten **Absorptionsgesetze** (Regeln (5) und (6)). Eine ↑Boolesche Algebra ist ein spezieller Verband.

**Vereinigungsmenge:** Die *Vereinigungsmenge* oder kurz *Vereinigung* von $A$ und $B$ besteht aus allen Elementen, die wenigstens zu einer dieser beiden Mengen gehören (vgl. Abb. 1):

$A \cup B := \{x \mid x \in A \text{ oder } x \in B\}.$

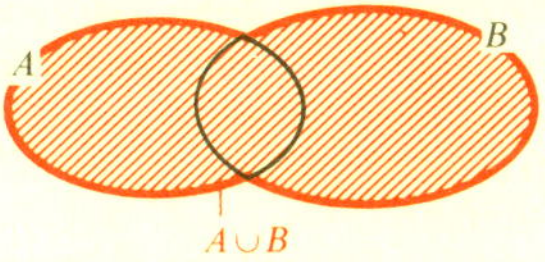


Abb. 1: Vereinigungsmenge

**Vergleichsbefehl** ↑Anweisung.

**Verhältnis.** Den Quotienten zweier Größen nennt man *Verhältnis* oder *Proportion,* wenn er zum Vergleich der beiden Größen dient.

Man benutzt zuweilen auch Verhältnisse für mehr als zwei Größen *(fortlaufende Proportion):*

*Beispiel:* Der ↑Sinussatz läßt sich folgendermaßen formulieren:

$a:b:c = \sin\alpha : \sin\beta : \sin\gamma.$

Dies liest man so: „Es verhält sich $a$ zu $b$ zu $c$ wie $\sin\alpha$ zu $\sin\beta$ zu $\sin\gamma$".

**Verhältnisgleichung** (Bestimmungsproportion): Bezeichnung für eine Gleichung der Form

$$\frac{A(x)}{B(x)} = \frac{C(x)}{D(x)},$$

in welcher $A(x)$, $B(x)$, $C(x)$, $D(x)$ ↑Terme sind. Eine Gleichung dieser Form wird auch als **Proportion** bezeichnet. Die Verhältnisgleichung ist gleichwertig mit der **Produktgleichung**

$$A(x) \cdot D(x) = B(x) \cdot C(x).$$

*Beispiel:* Eine Erbschaft von 54 000 DM soll auf zwei Familien $A$ und $B$ nach der Zahl der Familienmitglieder verteilt werden.

Familie $A$ besteht aus 5 Personen, Familie $B$ aus 4 Personen.
Familie $A$ erhält $x$ DM,
Familie $B$ $(54\,000 - x)$ DM.
Es soll gelten

$$\frac{x}{54000 - x} = \frac{5}{4},$$

also

$$\begin{aligned} 4x &= 270\,000 - 5x, \\ 9x &= 270\,000, \\ x &= 30\,000. \end{aligned}$$

Familie $A$ erhält 30 000 DM,
Familie $B$ erhält 24 000 DM.

**Verhältniswahl** *(Proportionalwahl, Proporz, Listenwahl):* Wahlsystem für Vertretungskörperschaften (z. B. Parlamente, Gemeindevertretungen), bei dem die Vergabe der Mandate auf die verschiedenen Wählergruppen (Parteien) nach dem *Verhältnis* der abgegebenen Stimmen zueinander erfolgt. Jede Stimme hat im Gegensatz zur Mehrheitswahl nicht nur den gleichen Zähl-, sondern auch den gleichen Erfolgswert. Die Wahlen zum Deutschen Bundestag werden nach einem System der „personalisierten Verhältniswahl" in Einzelwahlkreisen (Erststimme) und über Landeslisten (Zweitstimme) durchgeführt.

Wichtige Wahlverfahren sind das ↑d'Hondtsche Höchstzahlverfahren, das ↑Hagenbach-Bischoff-Verfahren und das ↑Niemeyer-Verfahren.

**Verkettung:** Die *Hintereinanderschaltung (Hintereinanderausführung)* zweier ↑Abbildungen (↑Funktionen) bezeichnet

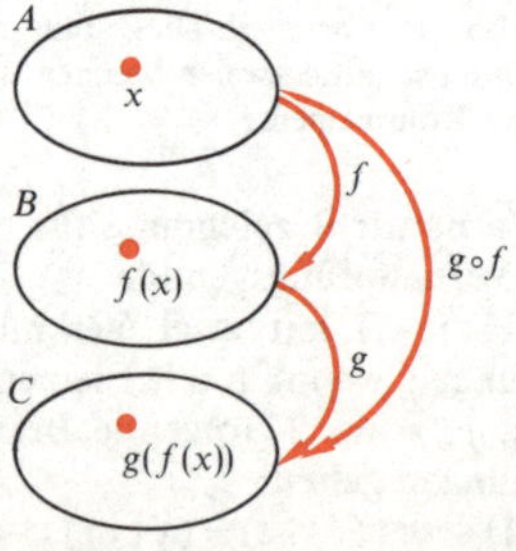


Abb. 1: Verkettung $g \circ f$

man als ihre *Verkettung*. Sind

$f: A \to B$ und $g: B \to C$

Abbildungen, so ist die *Verkettung (Komposition)* $g \circ f$ (lies „$g$ verkettet mit $f$" oder „$g$ nach $f$") folgendermaßen definiert (vgl. Abb. 1):

$$g \circ f: A \to C$$
$$(g \circ f)(x) := g(f(x)).$$

In der Geometrie und in der Algebra verwendet man häufig eine andere Reihenfolge beim Verketten; man versteht dort unter $f \circ g$ die Abbildung „erst $f$, dann $g$". Dies ist besonders zweckmäßig, wenn das Abbildungssymbol als Exponent oder hinter das abzubildende Element geschrieben wird:

$$x^{f \circ g} = (x^f)^g,$$
$$x(f \circ g) = (xf)g.$$

**Verknüpfung:** Eine Abbildung, die je zwei Elementen einer nichtleeren Menge $M$ genau ein Element dieser Menge zuordnet, bezeichnet man als *innere Verknüpfung (algebraische Operation* oder kurz: *Verknüpfung*) in $M$. Bei einer Verknüpfung handelt es sich also um

$$f: M \times M \to M$$

(↑kartesisches Produkt).
Die Abbildungsvorschrift der Abbildung $f: M \times M \to M$ nennt man auch *Rechenvorschrift* der Verknüpfung $f$.

*Beispiele:*
Verknüpfungen in der Menge $\mathbb{N}$ der ↑natürlichen Zahlen sind z. B. durch folgende Rechenvorschriften definiert:

1) $a + b$ (↑Addition);
2) $a \cdot b$ (↑Multiplikation);

Dagegen sind durch die folgenden Rechenvorschriften keine Verknüpfungen in $\mathbb{N}$ definiert:

3) $a - b$, da z. B. $3 - 5 \notin \mathbb{N}$;

4) $\frac{b}{a}$, da z. B. $\frac{4}{9} \notin \mathbb{N}$.

Neben inneren Verknüpfungen werden in der Mathematik noch „äußere" Verknüpfungen benutzt:
a) *Äußere Verknüpfung 1. Art:* sind $R$ und $M$ nichtleere Mengen, so heißt die Abbildung

$$g: R \times M \to M$$

eine äußere Verknüpfung 1. Art von $R \times M$ in $M$.
b) *Äußere Verknüpfung 2. Art:* Sind $R$ und $M$ nichtleere Mengen, so heißt die Abbildung

$$h: M \times M \to R$$

eine äußere Verknüpfung 2. Art von $R \times M$ in $M$.
*Beispiele:*
Es sei $V$ ein Vektorraum (↑Vektor) und $\mathbb{R}$ die Menge der ↑reellen Zahlen.
1) Die Addition von Vektoren ist eine innere Verknüpfung in $V$:

$$(\vec{a}, \vec{b}) \mapsto \vec{a} + \vec{b} \in V.$$

2) Die Vervielfachung eines Vektors mit einer reellen Zahl ist eine äußere Verknüpfung 1. Art:

$$(r, \vec{a}) \mapsto r\vec{a} \in V.$$

3) Die Bildung des ↑Skalarprodukts ist eine äußere Verknüpfung 2. Art:

$$(\vec{a}, \vec{b}) \mapsto (\vec{a}|\vec{b}) \in \mathbb{R}.$$

**Verknüpfungsgebilde** (algebraische Struktur): Addition und Multiplikation von Zahlen sind Verknüpfungen: Jedem Zahlenpaar $(a, b)$ wird eine neue Zahl ($a + b$ oder $a \cdot b$) zugeordnet. Man kann außer Zahlen auch andere Elemente verknüpfen. Man kann z. B. geometrische Abbildungen hintereinanderschalten, ↑Vektoren addieren, ↑Funktionen multiplizieren und ↑Mengen vereinigen. Ist in einer Menge $M$ eine Verknüpfung $*$ definiert, dann heißt das Paar $(M, *)$ ein *Verknüpfungsgebilde* oder eine *algebraische Struktur*. In einem Verknüpfungsgebilde $(M, *)$ ist also jedem Paar $(a, b)$ mit Elementen $a, b$ aus $M$ eindeutig ein Element $a * b$ zugeordnet.

*Beispiele:* 1) Ist $\mathbb{N}$ die Menge der ↑natürlichen Zahlen und bedeutet $+$ die Addition, dann ist $(\mathbb{N}, +)$ ein Verknüpfungsgebilde.

2) $(\mathbb{N}, -)$, also die Menge der natürlichen Zahlen mit der Subtraktion, ist *kein* Verknüpfungsgebilde, da die Subtraktion keine Verknüpfung in der Menge $\mathbb{N}$ ist. Denn nicht für alle natürlichen Zahlen $a, b$ gilt

$$a - b \in \mathbb{N} \quad (\text{z. B. } 3 - 5 \notin \mathbb{N}).$$

In einer Menge können auch zwei verschiedene Verknüpfungen definiert sein. Es liegt dann ein *Verknüpfungsgebilde* bzw. eine *algebraische Struktur mit zwei Verknüpfungen* vor.

*Beispiele:* 3) $(\mathbb{N}, +, \cdot)$ ist die algebraische Struktur der natürlichen Zahlen bezüglich der Addition und der Multiplikation. Besonders wichtige Verknüpfungsgebilde sind die ↑Gruppe und der ↑Körper.

**Verknüpfungsglied** ↑Schaltalgebra.

**Verknüpfungstafel:** Bezeichnung für eine quadratische Wertetabelle, in der die Verknüpfung einer endlichen Menge beschrieben wird (↑Gruppe).

**Verknüpfungszeichen.** Für ↑Verknüpfungen von Zahlen (↑Grundrechenarten) haben sich bestimmte ↑mathematische Zeichen durchgesetzt (Pluszeichen, Minuszeichen, Malpunkt, Divisionsdoppelpunkt), oft findet man aber auch abweichende Bezeichnungen. So schreibt man bei der Multiplikation statt $a \cdot b$ oft $a \times b$ oder, falls $a$ und $b$ nicht als Zahlen gegeben sind, $ab$.

Für die Summe mehrerer Zahlen verwendet man das ↑*Summenzeichen.* Für das Produkt mehrerer Zahlen benutzt man das ↑*Produktzeichen.*

Für die ↑Verkettung von Abbildungen (Funktionen) verwendet man meistens das Zeichen $\circ$. Man liest $f \circ g$ als „$f$ nach $g$", „$f$ verkettet mit $g$" oder häufig auch nur „$f$ Kringel $g$".

Für die Bildung der ↑Schnittmenge (Durchschnitt) und der ↑Vereinigungsmenge (Vereinigung) haben sich die Zeichen $\cap$ und $\cup$ durchgesetzt, ältere Schreibweisen sind $AB$ (für die Schnittmenge) bzw. $A+B$ (für die Vereinigungsmenge). Für den Durchschnitt und die Vereinigung mehrerer Mengen $A_1, A_2, \ldots, A_n$ verwendet man folgende Schreibweisen:

$$\bigcap_{i=1}^{n} A_i \quad \text{und} \quad \bigcup_{i=1}^{n} A_i.$$

**Verknüpfung von Aussagen** ↑formale Logik.

**Verneinung,** svw. ↑Negation; vgl. ↑Umkehrung eines Satzes.

**Verschiebung,** svw. ↑Parallelverschiebung.

**Verschlüsselung:** Das Teilgebiet der Mathematik und Informatik, das sich mit den Methoden zur Verschlüsselung (Chiffrierung) und Entschlüsselung (Dechiffrierung) von Informationen befaßt, bezeichnet man als **Kryptologie;** sie findet v. a. im Datenschutz und in der Nachrichtenübertragung Anwendung. Durch die Verwendung mathematischer Methoden wird erreicht, daß für Unbefugte auch bei Einsatz modernster Computer ein enormer Aufwand zur Informationsentschlüsselung **(Kryptanalyse)** nötig ist. – Bei den modernen Chiffriermethoden unterscheidet man die **Blockchiffrierung,** bei der die Information in gleich lange Datenblöcke unterteilt wird, die jeweils nach einem Schema verschlüsselt und übertragen bzw. gespeichert werden, und die **Bitstromchiffrierung,** bei der jedes Datenbit unabhängig von den vorhergehenden und nachfolgenden Zeichen nach einem bestimmten Schlüssel chiffriert wird.

**Verschmelzungsgesetz,** Gesetz der ↑Booleschen Algebra.

**Versicherungsmathematik:** In der Versicherungsmathematik werden die Ergebnisse der Wahrscheinlichkeitsrechnung mit denen der Zinseszins- und Rentenrechnung verbunden. Die Versicherung von Schadensfällen aller Art muß sich auf eine Statistik der möglichen Ereignisse stützen und die Wahrscheinlichkeit ihres Eintrittes erfassen. Bei der Lebensversicherung muß man wissen, mit welcher Wahrscheinlichkeit der Versicherungsfall in einem bestimmten Zeitraum eintritt.

Eine Unterlage für die Prämienberechnung der Lebensversicherungen liefert die *Sterbetafel* (↑ Lebenserwartung).

Als *Prämien* bezeichnet man die vom Versicherungsnehmer zu leistenden Beiträge, die die Versicherungsgesellschaft ansammelt. Bei Eintritt eines Versicherungsfalles kann aus dem von der Gesellschaft gesammelten Kapital die Verpflichtung eingelöst werden, sei es als Rentenzahlung, sei es als einmalige Zahlung.

**Verteilung,** svw. ↑ Wahrscheinlichkeitsverteilung.

**Verteilungsrechnen.** Wenn eine Größe in einem vorgegebenen Verhältnis in mehrere Teile zerlegt werden soll, dann spricht man von *Verteilungsrechnen.*

*Beispiel:* Ein Lottogewinn von 120 000 DM soll unter drei Spieler verteilt werden. Am Einsatz von 24 DM war der erste Spieler mit 2 DM, der zweite mit 7 DM und der dritte Spieler mit 15 DM beteiligt. Der Gewinn muß also im Verhältnis 2:7:15 aufgeteilt werden. Die Spieler erhalten der Reihe nach

$$\frac{2}{24}, \quad \frac{7}{24}, \quad \frac{15}{24}$$

des Gewinns, also

10 000 DM,
35 000 DM,
75 000 DM.

**vertikal** (lotrecht), in Richtung zum Erdmittelpunkt weisend. Die zur vertikalen Richtung ↑ rechtwinkligen Geraden bzw. Ebenen bezeichnet man als **horizontal.**

**verwandte Zahlen,** svw. ↑ befreundete Zahlen.

**Vieleck** (Polygon): Bezeichnung für ein Gebilde aus $n$ Punkten $P_1, P_2, \ldots, P_n$ (den *Ecken* des Vielecks) und den $n$ Verbindungsstrecken

$$P_1P_2,\ P_2P_3, \ldots,\ P_{n-1}P_n,\ P_nP_1$$

(den *Seiten*). Nach der Anzahl der Ecken unterscheidet man ↑ Dreieck, ↑ Viereck usw. und spricht allgemein auch von einem $n$-Eck. Die Verbindungsstrecken nicht benachbarter Ecken bezeichnet man als *Diagonalen;* ihre Anzahl ist $n(n-3)/2$. Verlaufen alle Diagonalen im Innern des Vielecks, so bezeichnet man es als *konvexes Vieleck,* andernfalls als *konkaves Vieleck,* falls sich zwei (oder mehr) Seiten schneiden, als *überschlagenes Vieleck.* Besondere Bedeutung besitzen die *regulären (regelmäßigen) Polygone* oder Vielecke, das sind konvexe Vielecke, bei denen alle Seiten gleich lang und alle Innenwinkel gleich groß sind. Jedem regelmäßigen Vieleck läßt sich ein Kreis einbeschreiben *(Inkreis),* der sämtliche Vieleckseiten als Tangenten besitzt, und ein Kreis um-

schreiben *(Umkreis)*, auf dem sämtliche Ecken liegen. Inkreis und Umkreis eines solchen Vielecks haben denselben Mittelpunkt.
Unter alleiniger Verwendung von Zirkel und Lineal (↑Konstruktion mit Zirkel und Lineal) lassen sich alle regelmäßigen Vielecke konstruieren, wenn in der Primfaktorzerlegung von $n$ außer einer gegebenenfalls auftretenden Zweierpotenz höchstens Primzahlen der Form

$$p = 2^{2^k} + 1$$

in der ersten Potenz vorkommen ($k$ ganzzahlig).
**Vieleckszahlen,** svw. ↑Polygonalzahlen.
**Vielfaches** ↑Teiler.
**Vielflach,** svw. ↑Polyeder.
**Vier** (Zahlzeichen 4): Bezeichnung für die kleinste von Eins verschiedene Quadratzahl. Es gilt $2^2 = 4$.
**vierdimensional** ↑Dimension.
**Viereck:** Verbindet man vier verschiedene Punkte $A$, $B$, $C$, $D$ einer Ebene, von denen keine drei auf einer Geraden liegen, durch die vier Strecken $AB$, $BC$, $CD$, $DA$, so erhält man ein **Viereck** (Abb. 1).
Enthalten zwei der Strecken außer den Endpunkten einen gemeinsamen Punkt, so liegt ein **überschlagenes Viereck** vor (Abb. 2).
Um überschlagene Vierecke auszuschließen, fordert man, daß $AB$, $BC$, $CD$, $DA$ außer $A$, $B$, $C$, $D$ keine gemeinsamen Punkte haben. Im folgenden seien überschlagene Vierecke ausgeschlossen.

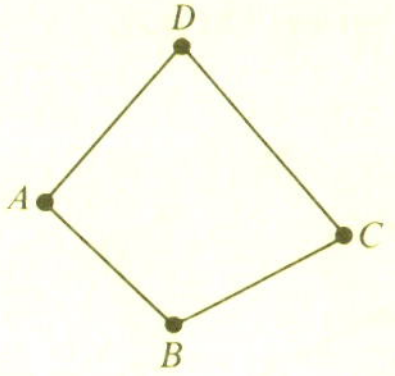


Abb. 1: Viereck

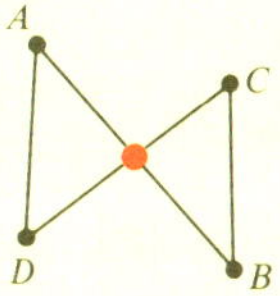


Abb. 2: Überschlagenes Viereck

Die Punkte $A$, $B$, $C$, $D$ bezeichnet man als die **Ecken** des Vierecks, die Strecken $AB$, $BC$, $CD$, $DA$ als die **Seiten** des Vierecks. Ein Viereck heißt **konvex,** wenn für je zwei Punkte aus dem Innern des Vierecks die Verbin-

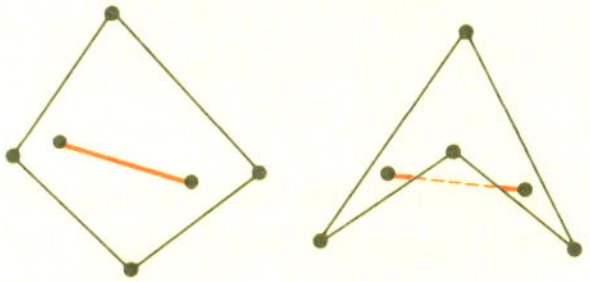

konvexes Viereck — nicht-konvexes Viereck

Abb. 3

dungsstrecke ganz im Innern des Vierecks liegt (Abb. 3).
Die Strecken $AC$ und $BD$ heißen **Diagonalen** oder **Ecklinien** des Vierecks $ABCD$. Ein konvexes Viereck wird durch jede der Diagonalen in zwei Dreiecke zerlegt (Abb. 4).

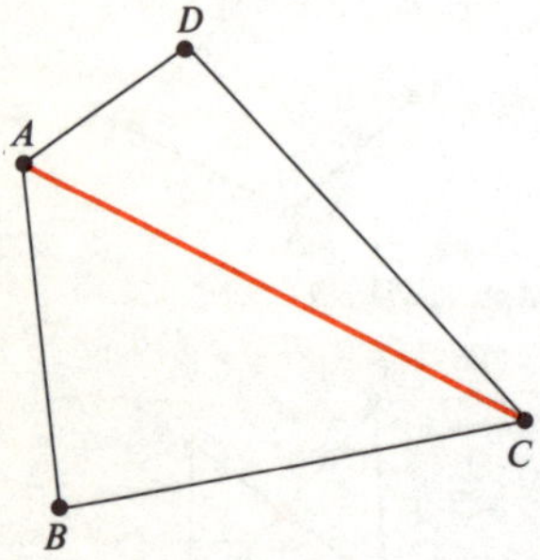


Abb. 4: Diagonale $AC$ eines konvexen Vierecks

Die Winkelsumme im Viereck beträgt 360°.
Zur Konstruktion eines Vierecks benötigt man im allgemeinen 5 (unabhängige) Bestimmungsstücke.
*Beispiel:* Man konstruiere ein Viereck mit (vgl. Abb. 5)

$a = 3$ cm $\quad \alpha = 70°$,
$e = 6$ cm $\quad \beta = 120°$.
$f = 5$ cm,

Ein Dreieck ist durch seine drei Seitenlängen eindeutig bestimmt, ein Viereck dagegen nicht. Ein **Gelenkviereck** ist beweglich (Abb. 6).

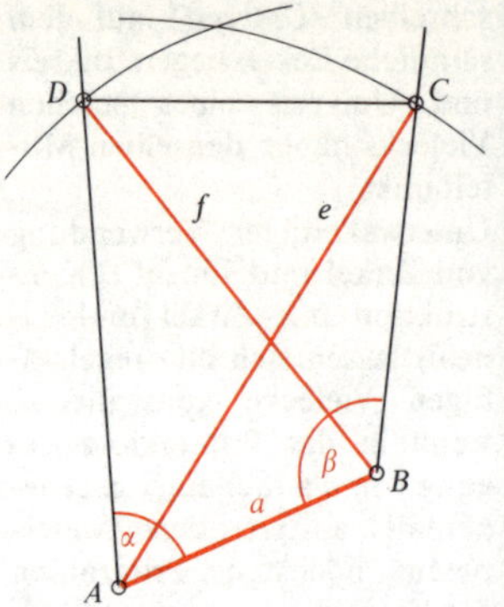


**Abb. 5: Konstruktion eines Vierecks, bei dem eine Seite, die beiden anliegenden Winkel und die beiden Diagonalen gegeben sind**

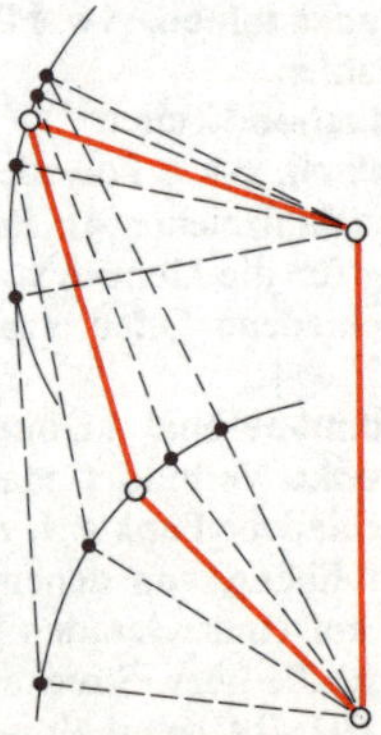

Abb. 6: Gelenkviereck

Man teilt Vierecke nach ihren Symmetrieeigenschaften ein (↑Vierecksarten; vgl. ↑Tangentenviereck, ↑Sehnenviereck).
Die vier Ecken eines Vierecks

zusammen mit den sechs Verbindungsgeraden von je zwei Ecken bilden ein **vollständiges Viereck.** Die geradlinigen Verlängerungen gegenüberliegender Seiten und der Diagonalen schneiden sich in den Punkten *E*, *F*, *G*, falls sie nicht parallel sind. Diese Punkte heißen **Diagonalpunkte** und bilden das **Diagonaldreieck** (Abb. 7).

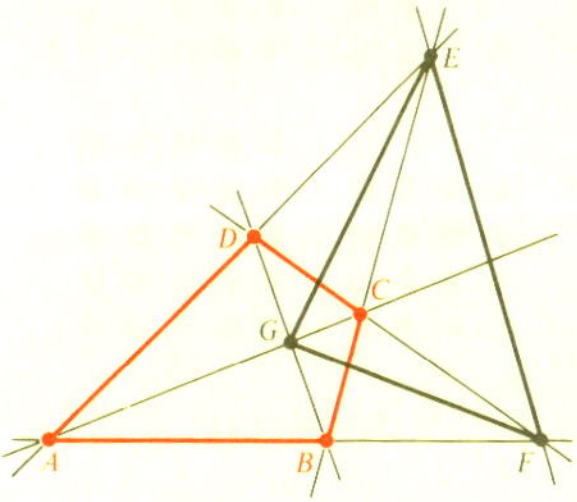


Abb. 7: Vollständiges Viereck und Diagonaldreieck

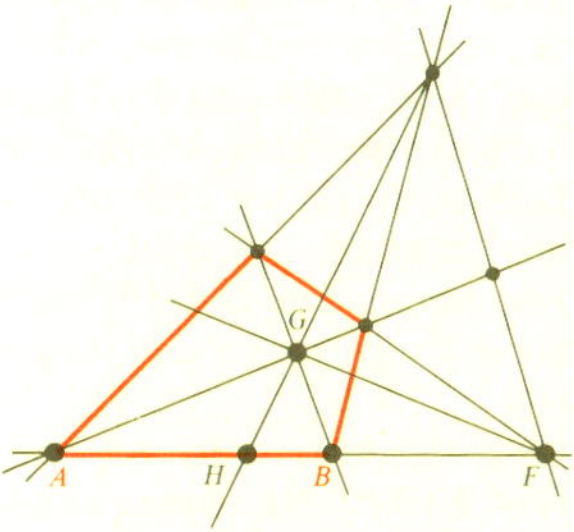


Abb. 8: Vollständiges Viereck und harmonische Punkte

Die vier Geraden durch den Diagonalpunkt *G* schneiden die Gerade durch *AB* in den Punkten *A*, *B*, *H*, *F*. Dies sind **harmonische Punkte** (↑harmonische Teilung). Entsprechendes gilt für die Diagonalpunkte *E* und *F* (Abb. 8).

**Vierecksarten:** Man teilt die Vierecke nach ihren Symmetrieeigenschaften ein (↑Symmetrie): Ein Viereck, welches achsensymmetrisch zu einer Diagonalen ist, ist ein **gleichschenkliges Drachenviereck.**

Ein Viereck, welches achsensymmetrisch zu einer Mittenlinie (Verbindungsgerade zweier Seitenmittelpunkte) ist, ist ein **gleichschenkliges Trapez.**

Ein Viereck, welches punktsymmetrisch ist, ist ein **Parallelogramm.**

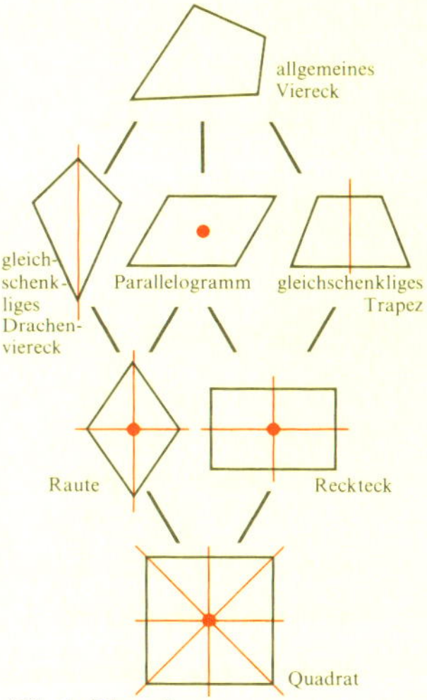


Abb. 1: Vierecke

Ein Viereck, welches zu beiden Diagonalen achsensymmetrisch ist, ist auch punktsymmetrisch; ein solches Viereck heißt **Raute** oder **Rhombus.**
Ein Viereck, welches achsensymmetrisch zu beiden Mittenlinien ist, ist auch punktsymmetrisch; ein solches Viereck ist ein **Rechteck.**
Ein Viereck, welches sowohl eine Raute als auch ein Rechteck ist, ist ein **Quadrat.**
In Abb. 1 sind die Vierecke nach ihren Symmetrieeigenschaften geordnet dargestellt.
Vierecke, die bei einer **Schrägspiegelung** auf sich abgebildet werden, heißen **schrägsymmetrisch.**

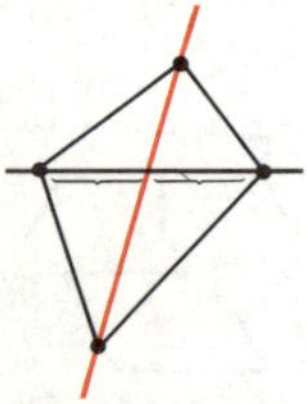

Abb. 2: Drachenviereck

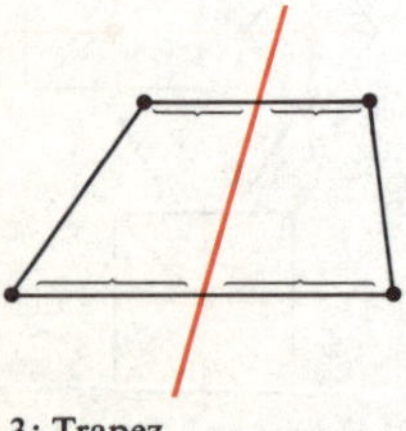

Abb. 3: Trapez

Ein Viereck, welches schrägsymmetrisch zu einer Diagonalen ist, ist ein **Drachenviereck** (Abb. 2), ein zu einer Mittenlinie schrägsymmetrisches Viereck ist ein **Trapez** (Abb. 3).

**Viereckszahlen** (Quadratzahlen): Zahlen, die durch quadratische Muster dargestellt werden können (Abb. 1).

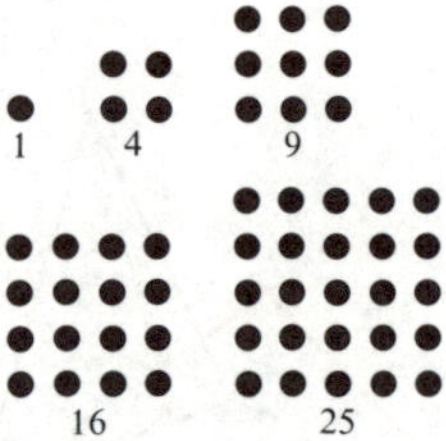


Abb. 1: Viereckszahlen

**Vierfarbensatz:** Bei der Färbung von Landkarten wird gefordert, daß benachbarte Länder verschiedene Farben erhalten. Dabei stellt sich die Frage nach der kleinsten Anzahl von Farben, die für die Färbung jeder Landkarte ausreicht.
Für ebene Landkarten blieb diese Frage lange Zeit ungelöst.
Man konnte beweisen, daß fünf Farben für ebene Landkarten in jedem Fall ausreichen **(Fünffarbensatz).**
Erst 1976 wurde der Vierfarbensatz von den amerikanischen Mathematikern K. Appel und W. Haken an der Universi-

tät Illinois (USA) mit Hilfe eines Computers bewiesen.

**Vierflach** (Vierflächner), svw. ↑Tetraeder.

**Vierseit:** Bezeichnung für eine Figur in der Ebene, die aus vier Geraden und vier der insgesamt sechs möglichen Schnittpunkte besteht (Abb. 1).

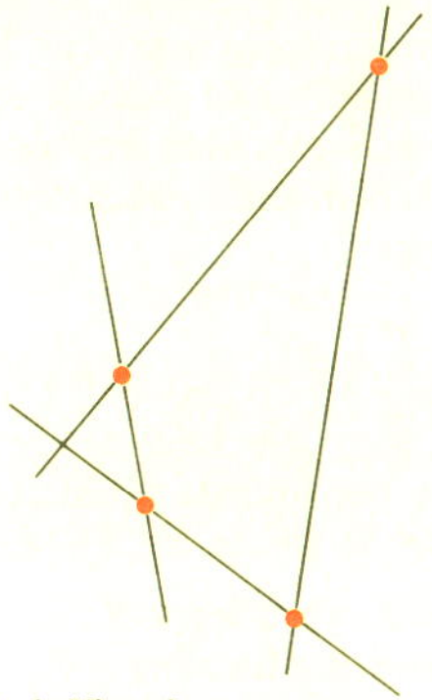

Abb. 1: Vierseit

**Vierundzwanzigflach** (Vierundzwanzigflächner), svw. ↑Ikositetraeder.

**Vietasche Formeln** (nach F. Viète (Vieta), 1540–1603): Hat die ↑quadratische Gleichung

$$x^2 + px + q = 0$$

die Lösungen $x_1$ und $x_2$, so ist

$$x^2 + px + q = (x - x_1)(x - x_2),$$

also

$$x^2 + px + q = x^2 - (x_1 + x_2)x + x_1 x_2.$$

Daraus folgt

$$x_1 + x_2 = -p,$$
$$x_1 \cdot x_2 = q.$$

Dies sind die Formeln von Vieta. Man spricht auch vom **Vietaschen Wurzelsatz.** Entsprechendes gilt für ↑kubische Gleichungen (und für ↑algebraische Gleichungen höherer Ordnung).

**Vigesimalsystem** (Zwanzigersystem): Zahlensystem, das auf der Zahl 20 aufbaut. Es tritt meist mit einem ↑Dezimalsystem vermischt auf. Besonders weit hatten die Maya ein Vigesimalsystem entwickelt. Vigesimale Zahlstufen sind auch in keltischen Sprachen sowie im Dänischen und Französischen zu finden, z.B. in der neuirischen Zählweise: fiche (20), da fiche (40), tri fiche (60), ceithri fiche (80; im Französischen quatre-vingt).

**virtuelle Adresse** ↑Adresse.

**Vogelperspektive** ↑Perspektive.

**vollkommene Zahl:** Bezeichnung für eine natürliche Zahl, deren ↑Teilersumme doppelt so groß wie die Zahl ist. Eine Zahl $a$ ist also *vollkommen*, wenn die Summe ihrer Teiler $2a$ beträgt, wenn also die Summe der von $a$ verschiedenen Teiler $a$ ist.

*Beispiele:*

$$6 = 1 + 2 + 3,$$
$$28 = 1 + 2 + 4 + 7 + 14.$$

Eine Zahl $a$, bei der die Summe der von $a$ verschiedenen Teiler größer als $a$ ist, heißt **abundant**; ist die Summe der echten Teiler von $a$ kleiner als $a$, so heißt $a$ **defizient.** Eine Primzahl $p$ ist stets defizient, denn die Summe der von $p$ verschiedenen Teiler ist 1.
Eine abundante Zahl ist z. B. 12, denn es gilt

$$1+2+3+4+6>12.$$

**vollständig:** 1) ↑Axiomensystem; 2) ↑Vollständigkeit.

**vollständige Induktion:** Beweisverfahren für Aussagen $A(n)$ über ↑natürliche Zahlen $n$. Will man diese Aussagen für alle natürlichen Zahlen beweisen, so geht man folgendermaßen vor: Man beweist, daß $A(1)$ wahr ist (Induktionsanfang), und daß aus der Wahrheit von $A(n)$ stets die Wahrheit von $A(n+1)$ folgt (Induktionsschritt). Dann ist nämlich $A(n)$ für alle natürlichen Zahlen $n$ wahr:

$$\begin{aligned} A(1) \text{ wahr} &\Rightarrow A(2) \text{ wahr}\\ &\Rightarrow A(3) \text{ wahr}\\ &\Rightarrow A(4) \text{ wahr} \Rightarrow \ldots \end{aligned}$$

Statt „Beweis durch vollständige Induktion" sagt man auch kurz *Schluß von $n$ auf $n+1$*. Das *Prinzip der vollständigen Induktion,* wie dieses Beweisverfahren auch heißt, ist Inhalt des 5. Axioms im ↑Peanoschen Axiomensystem (Induktionsaxiom).
Als Induktionsanfang kann eine beliebige natürliche Zahl vorkommen.

**Vollständigkeit.** Die ↑reellen Zahlen (Mengensymbol: $\mathbb{R}$) unterscheiden sich von den ↑rationalen Zahlen (Mengensymbol: $\mathbb{Q}$) bezüglich ihrer Anordnungseigenschaften. Zunächst bilden sowohl die reellen Zahlen als auch die rationalen Zahlen einen angeordneten ↑Körper.
Der Unterschied zwischen $\mathbb{Q}$ und $\mathbb{R}$ besteht nun darin, daß $\mathbb{R}$ folgende Eigenschaft hat:
Zu jeder nichtleeren, nach oben beschränkten Teilmenge $T$ von $\mathbb{R}$ gibt es ein $s \in \mathbb{R}$ mit

(i) $t \leqq s$ für alle $t \in T$;
(ii) ist $t \leqq s'$ für alle $t \in T$, dann ist $s \leqq s'$.

Die Menge $T$ besitzt also in $\mathbb{R}$ eine ↑obere Grenze (Supremum).
Diese *Supremumseigenschaft* gilt in $\mathbb{Q}$ nicht; beispielsweise gibt es kein $s \in \mathbb{Q}$, welches für die Menge

$$T=\{x \in \mathbb{Q} \mid x^2<2\}$$

die Eigenschaften (i) und (ii) besitzt. (Man beachte, daß $\sqrt{2}$ keine rationale Zahl ist.)
Einen angeordneten Körper, der die Supremumseigenschaft besitzt, bezeichnet man als *vollständigen* angeordneten Kör-

per. In diesem Sinne ist also der Körper der reellen Zahlen vollständig, der Körper der rationalen nicht.

Aus der Supremumseigenschaft kann man viele Eigenschaften des Körpers der reellen Zahlen herleiten. Die Vollständigkeit von $\mathbb{R}$ kann durch eine der folgenden gleichwertigen Eigenschaften von $\mathbb{R}$ definiert werden.:

I. Jede nichtleere, nach oben beschränkte Teilmenge von $\mathbb{R}$ besitzt ein Supremum in $\mathbb{R}$ *(Supremumsaxiom).*

II. Jede nichtleere, nach unten beschränkte Teilmenge von $\mathbb{R}$ besitzt eine ↑untere Grenze (Infimum) in $\mathbb{R}$ *(Infimumsaxiom).*

III. Jede unendliche beschränkte Teilmenge von $\mathbb{R}$ besitzt mindestens einen Häufungspunkt in $\mathbb{R}$ *(Bolzano-Weierstraß-Axiom).*

IV. Jede ↑Cauchy-Folge besitzt in $\mathbb{R}$ einen Grenzwert *(Cauchy-Axiom).*

V. Jede ↑monotone, beschränkte Folge konvergiert in $\mathbb{R}$ *(Monotonieaxiom).*

VI. Jede ↑Intervallschachtelung in $\mathbb{R}$ besitzt einen Kern in $\mathbb{R}$ *(Intervallschachtelungsaxiom).*

VII. Eine stetige Funktion auf einem Intervall nimmt jeden Zwischenwert an *(Zwischenwertaxiom).*

VIII. Zu jeder auf einem abgeschlossenen Intervall $[a, b]$ stetigen Funktion $f$ gibt es ein $n \in \mathbb{N}$ mit $f(x) \leqq n$ für alle $x \in [a, b]$ *(Beschränktheitsaxiom).*

IX. Zu jeder auf einem abgeschlossenen Intervall $[a, b]$ stetigen Funktion $f$ existiert ein $c \in [a, b]$ mit $f(x) \leqq f(c)$ für alle $x \in [a, b]$ *(Maximumsaxiom).*

**Vollwinkel** ↑Winkel.

**Volumen** *(Rauminhalt):* Das *Volumen* eines geometrischen ↑Körpers ist ein Maß für den vom Körper ausgefüllten Raumteil. Das Volumen eines Würfels mit der Kantenlänge 1 Längeneinheit (z. B. 1 m) wird als 1 Volumeneinheit (z. B. $1\,\text{m}^3$) definiert (↑Maßsystem). Das Volumen eines beliebigen Körpers wird dann in reellzahligen Vielfachen der Volumeneinheit gemessen. Dies ist häufig nur mit Hilfe der Methoden der Integralrechnung möglich, z. B. mit Hilfe des ↑Cavalierischen Prinzips.

**Voraussetzung** ↑Satz.

**Vorbereich:** Ist $R$ eine Relation zwischen den Mengen $A$, $B$ (Schreibweise: $R \subseteq A \times B$), so heißt die Menge der $a$ aus $A$, zu denen mindestens ein Element $b$ aus $B$ in Relation steht, der **Vorbereich** der Relation $R$.

*Beispiel:* Es sei

$$A = B = \{1, 2, 3, 4, \ldots\}$$

und $R$ sei die Größerrelation „$>$". Dann ist die Menge $\{2, 3, 4, \ldots\}$ der Vorbereich von

*R*. 1 gehört nicht zum Vorbereich, da es kein Element *b* aus *B* gibt mit $1 > b$.

**Vorperiode** ↑Dezimalbruchentwicklung.

**Vorsatzzeichen.** Dezimale Vielfache und Teile von Einheiten können durch **Vorsätze** (vor den Namen der betreffenden Einheit) bzw. Vorsatzzeichen (vor dem betreffenden Einheitenzeichen) bezeichnet werden (vgl. Tabelle 1). Dabei ist zu berücksichtigen, daß zur Bezeichnung eines dezimalen Vielfachen oder Teiles einer Einheit nicht mehr als ein Vorsatz verwendet werden darf; z. B. kann man eine Masse von $10^{-9}$ g mit dem Vorsatz Nano kennzeichnen (1 Nanogramm; Einheitenzeichen ng), die Bezeichnungen Millimikrogramm (mμg) oder Mikromilligramm (μmg) sind nicht zulässig.

**vorschüssige Rente** ↑Rentenrechnung.

**Vorwärtseinschneiden:** Bezeichnung für ein trigonometrisches Verfahren zur Bestimmung der Entfernung eines unzugänglichen Punktes von drei gegebenen Punkten mittels Winkelmessung (Anvisieren des Punktes von den gegebenen Punkten aus).

**Vorzeichen:** Bezeichnung für die Zeichen + (lies „plus")

| | Vorsatz | Vorsatzzeichen | Beispiel |
|---|---|---|---|
| Für das | | | |
| $10^{18}$fache der Einheit | Exa… | E | Exameter, Em |
| $10^{15}$fache | Peta… | P | Petajoule, PJ |
| $10^{12}$fache | Tera… | T | Terawatt, TW |
| $10^{9}$fache | Giga… | G | Gigavolt, GV |
| $10^{6}$fache | Mega… | M | Megaelektronvolt, MeV |
| $10^{3}$fache | Kilo… | k | Kilojoule, kJ |
| $10^{2}$fache | Hekto… | h | Hektoliter, hl |
| 10fache | Deka… | da | Dekameter, dam |
| $10^{-1}$fache (10ter Teil) | Dezi… | d | Dezigramm, dg |
| $10^{-2}$fache ($10^{2}$ter Teil) | Zenti… | c | Zentiliter, cl |
| $10^{-3}$fache ($10^{3}$ter Teil) | Milli… | m | Milliampere, mA |
| $10^{-6}$fache ($10^{6}$ter Teil) | Mikro… | μ | Mikrosekunde, μs |
| $10^{-9}$fache ($10^{9}$ter Teil) | Nano… | n | Nanometer, nm |
| $10^{-12}$fache ($10^{12}$ter Teil) | Piko… | p | Pikofarad, pF |
| $10^{-15}$fache ($10^{15}$ter Teil) | Femto… | f | Femtometer, fm |
| $10^{-18}$fache ($10^{18}$ter Teil) | Atto… | a | Attosekunde, as |

Tabelle 1: Vorsätze und Vorsatzzeichen

und – (lies „minus"), mit denen man die positiven von den negativen Zahlen unterscheidet.

$$+2,\ +3,\ +\frac{7}{4}$$

sind positive Zahlen;

$$-2,\ -3,\ -\frac{7}{4}$$

sind negative Zahlen.

Die Zeichen + und – werden auch als ↑Rechenzeichen verwendet, und zwar für die ↑Addition und die ↑Subtraktion.

Die folgenden Regeln für das Multiplizieren (Dividieren) positiver und negativer Zahlen heißen **Vorzeichenregeln:**

> Das Produkt (der Quotient) zweier Zahlen mit gleichem Vorzeichen ist positiv.
>
> Das Produkt (der Quotient) zweier Zahlen mit verschiedenem Vorzeichen ist negativ.

Die Zahl 0 besitzt kein Vorzeichen.

Die Funktion $x \rightarrow \operatorname{sgn}(x)$ mit

$$\operatorname{sgn}(x) := \begin{cases} -1 & \text{für} \quad x < 0 \\ 0 & \text{für} \quad x = 0 \\ +1 & \text{für} \quad x > 0 \end{cases}$$

heißt **Vorzeichenfunktion** oder **Signumfunktion.**

Das Minuszeichen wird außer als Vorzeichen und als Rechenzeichen noch als Bezeichnung der ↑Gegenzahl verwendet: Ist $a$ eine (positive oder negative) Zahl, so ist $-a$ ihre Gegenzahl; es ist also $-(-3) = +3$ und $-(+3) = -3$.

**Vorzeichenregeln** ↑Vorzeichen.

# W

**waagrecht,** svw. ↑horizontal.

**Wachstumsspirale** ↑logarithmische Spirale.

**Wahlverfahren** ↑d'Hondtsches Höchstzahlverfahren, ↑Hagenbach-Bischoff-Verfahren, ↑Niemeyer-Verfahren.

**Wahrheitstafel** (logische Matrix): Schema, in dem die Wahrheitswerte einer Aussage in Abhängigkeit von den Wahrheitswerten der Teilaussagen aufgezeichnet sind (↑formale Logik).

**Wahrheitswert,** in der ↑formalen Logik ein Wert („wahr" oder „falsch") der Aussagen zugeordnet wird.

**Wahrscheinlichkeit.** Der Begriff der Wahrscheinlichkeit ist untrennbar mit dem des ↑Zufallsversuchs verbunden und wie dieser ein *Grundbegriff* der Wahrscheinlichkeitsrechnung.

Bei der klassischen *Definition der Wahrscheinlichkeit* nimmt man an, daß je zwei der (im einzelnen Fall) möglichen Ausfälle eines Zufallsversuchs gleichwahrscheinlich sind.

Beim Würfeln darf man z. B. voraussetzen, daß man bei genügend häufigem Würfeln in einem Sechstel aller Fälle eine 6 (oder eine 5 usw.) erzielt. Man kommt so zur Laplaceschen Definition der klassischen Wahrscheinlichkeit: Die Wahrscheinlichkeit $P(E)$ für das Eintreten des Ereignisses $E$ ist gleich dem Quotienten aus der Anzahl $g$ der „günstigen" und der Anzahl $m$ der „möglichen" Fälle:

$$P(E) = \frac{g}{m}.$$

Diese klassische Konzeption der Wahrscheinlichkeit hat sich bei vielen Zufallsversuchen (sog. Laplace-Versuche) z. B. in der Theorie der Glücksspiele bewährt. Folgendes Beispiel zeigt, daß sie nicht immer ausreicht und erweitert werden muß: Die klassische Wahrscheinlichkeit, daß bei einer Geburt ein Knabe ($K$) bzw. ein Mädchen ($M$) das Licht der Welt erblickt, ist

$$P(K) = P(M) = \frac{1}{2}.$$

In Wirklichkeit werden aber mehr Knaben als Mädchen geboren ($P(K) \approx 0{,}517$). Man führt daher die statistische Definition der Wahrscheinlichkeit ein, bei der die *Wahrscheinlichkeit eines Ausfalls der beste Schätzwert ist, den man für die relative Häufigkeit in einer langen Zufallsversuchsreihe angeben kann.* Näherungswerte für die Wahrscheinlichkeit kann man also durch die Berechnung von relativen Häufigkeiten erhalten.

Zur Bezeichnung von Wahrscheinlichkeiten benutzt man den Buchstaben $W$ oder (wie oben) den Buchstaben $P$ (engl.: probability; frz.: probabilité).

**Wahrscheinlichkeitspapier:** Funktionsnetz, bei dem die Ordinate mit einer durch die Verteilungsfunktion der Normalverteilung festgelegten Skala versehen ist. Auf einem Wahrscheinlichkeitspapier kann jede Normalverteilung als Gerade dargestellt werden.

**Wahrscheinlichkeitsrechnung:** Teilgebiet der Mathematik, das sich mit der Berechnung von ↑Wahrscheinlichkeiten für ↑Ereignisse in ↑Zufallsversuchen beschäftigt. Insbesondere werden in der Wahrscheinlichkeitsrechnung Methoden zur Beschreibung zufälliger Ereignisse („6" beim Würfeln, „vier Asse" beim Kartenausteilen, „sechs Richtige" beim Zahlenlotto usw.) entwickelt. Gemeinsam mit der ↑Statistik gehört sie zur *Stochastik.*

**Wahrscheinlichkeitsverteilung** (Verteilung): Für viele Anwendungen ist es nützlich, die einer ↑Zufallsgröße $X$ zugeordnete *Wahrscheinlichkeitsverteilung* (kurz: *Verteilung*) $f(x)$ zu untersuchen, die als Funktion

$$f(x) = P(X = x)$$

definiert ist: $f(x)$ gibt an, wie groß die Wahrscheinlichkeit $P$ ist, daß $X$ den Wert $x$ besitzt.
*Beispiel:* Beim zweimaligen Würfeln sind die Ausfälle

(1, 1), (1, 2), (1, 3),
(1, 4), (1, 5), (1, 6),
(2, 1), (2, 2), ...
⋮
(6, 1), (6, 2), (6, 3),
(6, 4), (6, 5), (6, 6)

möglich. Die Wahrscheinlichkeitsverteilung der Zufallsgröße $X$, die einem Ausfall die Augensumme zuordnet, ist im Stabdiagramm (Abb. 1) dargestellt; beispielsweise ist

$$f(5) = P(X = 5) = \frac{4}{36}.$$

Der wahrscheinlichste Wert von $X$ ist 7.

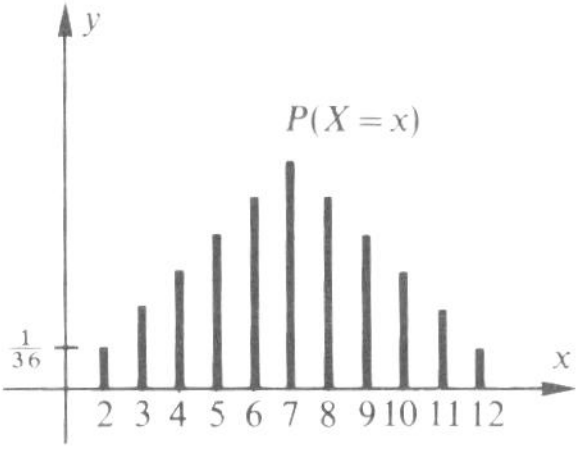


Abb. 1: Stabdiagramm der Wahrscheinlichkeitsverteilung der Augensumme beim zweimaligen Würfeln

Die einer Zufallsgröße $X$ zugeordnete *summierte* (auch: *kumulative*) *Wahrscheinlichkeitsverteilung* $F(x)$ gibt an, wie groß die Wahrscheinlichkeit ist, daß $X$ einen kleineren Wert als $x$ oder den Wert $x$ besitzt:

$$F(x) = P(X \leqq x).$$

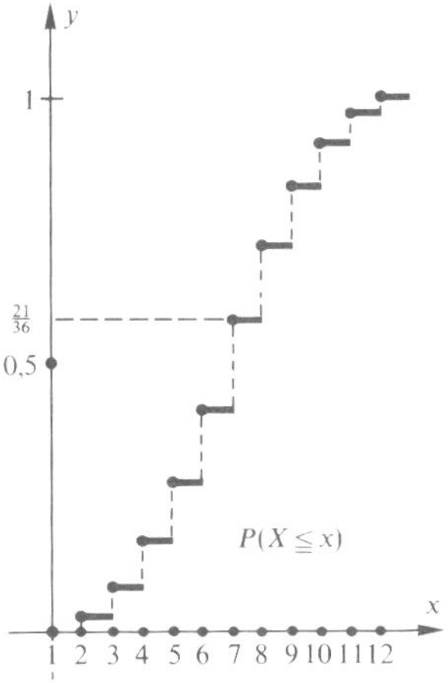


Abb. 2: Verteilungsfunktion der Augensumme beim Würfeln mit zwei Würfeln

$F(x)$ wird auch als *Verteilungsfunktion* bezeichnet. In Abb. 2 ist die Verteilungsfunktion der Augensumme beim Würfeln mit zwei Würfeln als ↑Treppenfunktion dargestellt.
Beispielsweise ist die Wahrscheinlichkeit, mit zwei Würfeln die Augenzahl 7 oder eine kleinere Augenzahl zu erzielen, genau $\frac{21}{36}$.
Wichtige Wahrscheinlichkeitsverteilungen endlicher Zufalls-

größen sind die ↑Binomialverteilung und die ↑hypergeometrische Verteilung. Die ↑geometrische Verteilung und die ↑Poisson-Verteilung sind Beispiele für Wahrscheinlichkeitsverteilungen *unendlicher* Zufallsgrößen, wobei der Wertebereich der Zufallsgröße jeweils die Menge der natürlichen Zahlen (einschließlich der Null) ist. Wahrscheinlichkeitsverteilungen, bei denen wie in diesen Beispielen eine endliche oder höchstens ↑abzählbare Wertemenge vorliegt, nennt man *diskret.* Auch die Zufallsgröße heißt dann *diskret.*

Die Verteilungsfunktionen diskreter bzw. stetiger Zufallsgrößen sind Treppenfunktionen bzw. stetige Funktionen, die von 0 ausgehend sich dem Wert 1 nähern.

**Währungsrechnen:**

*Umrechnung von fremder Währung in eigene Währung im Inland*

Die Berechnung geschieht nach der Formel

$$\text{Inlandsbetrag} = \frac{\text{Auslandsbetrag} \cdot \text{Wechselkurs}}{\text{Auslandseinheit}}.$$

*Beispiel:*

Ein Reisender, der die Länder Frankreich, Italien, die Schweiz und Österreich bereisen will, kauft folgendes Geld: 1 155,25 F, 92 100 L., 1 150 sFrs. und 685 S. Wieviel DM muß er dafür bezahlen?

*Lösung* (Wechselkurse vom Januar 1986):

| Währung | Rechnung | DM |
|---|---|---|
| F | $\frac{1155{,}25 \cdot 33{,}35}{100}$ | 385,28 |
| L. | $\frac{92100 \cdot 1{,}5}{1000}$ | 138,15 |
| sFrs. | $\frac{1150 \cdot 119{,}25}{100}$ | 1 371,38 |
| S | $\frac{685 \cdot 14{,}35}{100}$ | 98,30 |

*Umrechnung von eigener Währung auf fremde Währung im Inland*

Die Berechnung geschieht nach der Formel

$$\text{Auslandsbetrag} = \frac{\text{Inlandsbetrag} \cdot \text{Auslandseinheit}}{\text{Wechselkurs}}$$

*Beispiel:*

Wieviel F, L., sFrs. und S bekommt man für 982 DM, 618 DM, 1 104 DM und 110 DM?

*Lösung* (Wechselkurse vom Januar 1986):

| DM | Rechnung | Betrag |
|---|---|---|
| 982 | $\frac{982 \cdot 100}{33{,}35}$ | 2 944,52 F |
| 618 | $\frac{618 \cdot 1000}{1{,}5}$ | 412 000 L. |
| 1 104 | $\frac{1104 \cdot 100}{119{,}25}$ | 925,78 sFrs. |
| 110 | $\frac{110 \cdot 100}{14{,}35}$ | 766,55 S |

**Wallis-Produkt** (nach J. Wallis, 1616–1703): Bezeichnung für die folgende Darstellung der Zahl $\frac{\pi}{2}$ ($\pi$ ↑ Kreiszahl) durch das unendliche Produkt:

$$\frac{\pi}{2} = \frac{2}{1} \cdot \frac{2}{3} \cdot \frac{4}{3} \cdot \frac{4}{5} \cdot \frac{6}{5} \cdot \frac{6}{7} \cdot \frac{8}{7} \cdots$$

**Walze,** svw. gerader Kreiszylinder (↑ Zylinder).

**Waringsches Problem** (nach E. Waring, 1734–1798): Bezeichnung für die Frage, wieviele dritte Potenzen ↑ natürlicher Zahlen man höchstens addieren muß, um eine gegebene natürliche Zahl darzustellen. Man benötigt höchstens 9 dritte Potenzen und die Zahl 239 ist nicht mit weniger als 9 dritten Potenzen darstellbar:

$$239 = 1^3 + 1^3 + 1^3 + 3^3 + 3^3 + 3^3 + 3^3 + 4^3 + 4^3.$$

**Wechselkurs:** Preis einer Währung, ausgedrückt in einer anderen Währung (↑ Währungsrechnen).

**Wechselsumme** ↑ Quersumme.

**Wechselwegnahme:** Bezeichnung für die auf dem ↑ euklidischen Algorithmus beruhende Berechnung des ↑ größten gemeinsamen Teilers zweier Zahlen. Dabei subtrahiert man ein geeignetes Vielfaches der kleineren Zahl von der größeren Zahl. Auf diese Art kann man den größten gemeinsamen Teiler von zwei Zahlen ausrechnen, ohne die Teilermengen der beiden Zahlen zu bestimmen.

*Beispiel:* ggT(1024, 2344) soll berechnet werden:

$$\begin{aligned} 2344 - 2 \cdot 1024 &= 296 \\ 1024 - 3 \cdot 296 &= 136 \\ 296 - 2 \cdot 136 &= 24 \\ 136 - 5 \cdot 24 &= 16 \\ 24 - 1 \cdot 16 &= \mathbf{8} \\ 16 - 2 \cdot \mathbf{8} &= 0 \end{aligned}$$

Also ist 8 der größte gemeinsame Teiler von 1024 und 2344.

**Wechselwinkel** ↑ Schnittwinkel.

**Wendepunkt:** Bezeichnung für einen Punkt einer Kurve, in welchem die ↑ Krümmung ihr Vorzeichen ändert. In einem Wendepunkt geht eine Linkskurve (Linksbogen) in eine Rechtskurve (Rechtsbogen) über oder umgekehrt (Abb. 1).

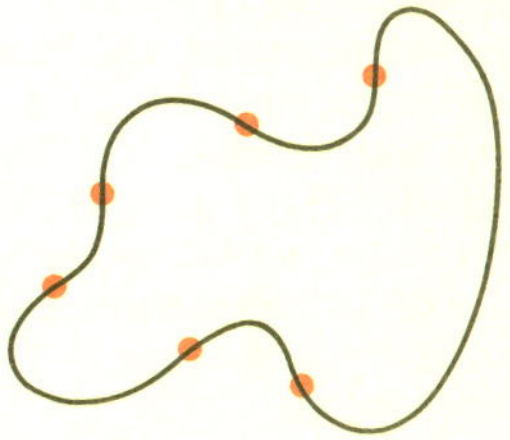

Abb. 1: Wendepunkte einer geschlossenen Kurve

*Wendepunkte von Funktionsgraphen:* Es sei $f$ eine Funktion, die mindestens zweimal differenzierbar ist. Liegt an der Stelle $x_0$ ein Wendepunkt des Graphen von $f$ vor, dann ist dort die Steigung extremal (minimal oder maximal), es liegt also ein ↑Extremwert der ↑Ableitungsfunktion vor (Abb. 2).

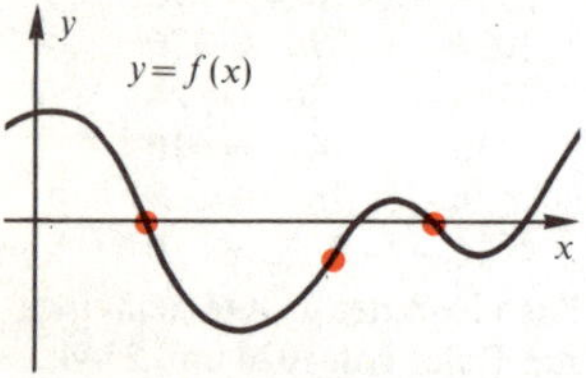


Abb. 2: Wendepunkte eines Funktionsgraphen

**Wendetangente:** Tangente an eine Kurve in einem Wendepunkt.
**wenn..., dann** ↑Junktoren.
**Wert,** svw. Bild (↑Abbildung).
**Wertemenge,** svw. Bildmenge (↑Abbildung).
**Wertetabelle:** Zusammenstellung von Argument- und Funktionswerten einer Funktion in Form einer Tabelle.
*Beispiel:* $f(x) = 2x$, Definitionsmenge = Bildmenge = ℕ (Menge der ↑natürlichen Zahlen).
Wertetabelle:

| $x$ | 1 | 2 | 3 | 4 | 5 | ... |
|---|---|---|---|---|---|---|
| $f(x)$ | 2 | 4 | 6 | 8 | 10 | ... |

**Wertzuweisung** ↑Anweisung.
**westliche Länge** ↑geographische Koordinaten.
**Wettsystem** ↑Fußballtoto, ↑Pferdewetten, ↑Zahlenlotto.
**While-Anweisung** ↑Anweisung.
**Widderpunkt,** svw. ↑Frühlingspunkt.
**Widerspruchsbeweis** ↑Beweis.
**widerspruchsfrei** ↑Axiomensystem.
**Wiederholungsanweisung** ↑Anweisung.
**Wilsonscher Satz** (nach J. Wilson, 1741–1793): Satz der Zahlentheorie:
Ist $p$ eine ↑natürliche Zahl größer als 1, so ist die Zahl $(p-1)!+1$ (↑Fakultät) genau dann durch $p$ ohne Rest teilbar, wenn $p$ eine Primzahl ist.
**Windrose** (Kompaßrose): Bezeichnung für eine mit einer Grad- und/oder Stricheinteilung versehene Skala in einem Kompaß; auch Bezeichnung für die Scheibe, auf der sie sich befindet. Die Windrose ist mit einer von N über O, S, W verlaufenden Gradeinteilung (0 bis 360°) versehen.
**windschief:** Zwei Geraden im Raum heißen *windschief zueinander,* wenn sie sich nicht schneiden und nicht parallel sind. In Abb. 1: ist das Schrägbild eines Würfels gezeichnet. Die Geraden $g_{AG}$, $g_{BE}$, $g_{HF}$ sind paarweise windschief zueinander.

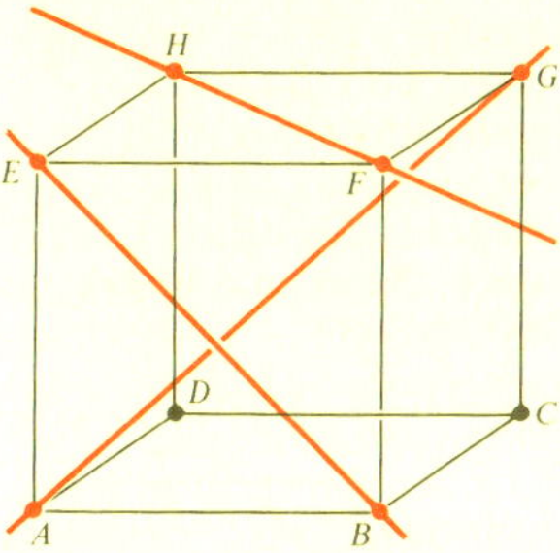


Abb. 1: Paarweise windschiefe Geraden

**Windvogelviereck,** svw. ↑ Deltoid.

**Winkel:** Die Bezeichnung „Winkel" wird in der Mathematik in unterschiedlichen Bedeutungen verwendet.

Ein Winkel besteht aus zwei Halbgeraden (Strahlen) $p$ und $q$, die einen gemeinsamen Anfangspunkt $S$ besitzen (Abb. 1). Die Halbgeraden $p$ und $q$ heißen die **Schenkel** des Winkels, der Punkt $S$ der **Scheitel** des Winkels. Den Winkel bezeichnet man mit $\sphericalangle (p, q)$. Ist $P$ ein Punkt auf $p$ und $Q$ ein Punkt auf $q$, dann gibt man diesen Winkel auch in der Form $\sphericalangle PSQ$ an.

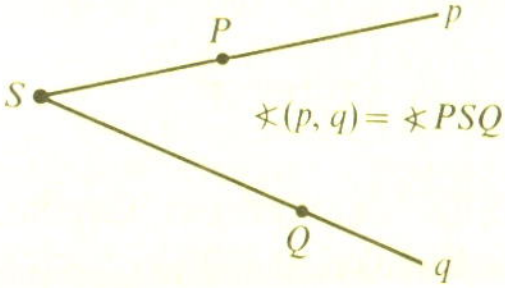


Abb. 1: Winkel

Durch einen Winkel wird die Ebene in zwei **Winkelfelder** zerlegt, das **innere** und das **äußere Winkelfeld** von $\sphericalangle (p, q)$ (Abb. 2).

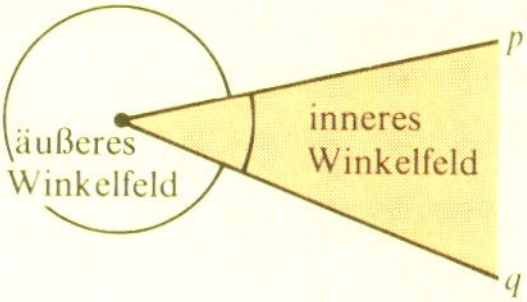


Abb. 2: Winkelfelder

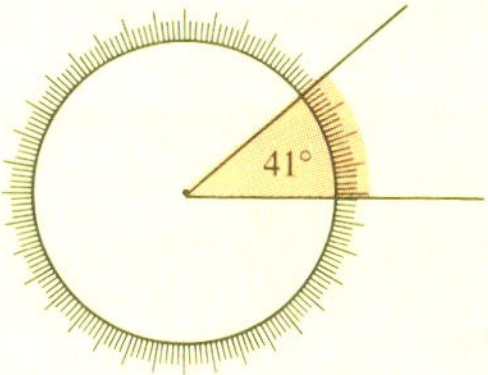


Abb. 3: Winkelmessung

Zwei Winkelfelder heißen gleich groß, wenn sie kongruent (deckungsgleich) sind. Die Größe eines Winkelfeldes mißt man mit dem **Winkelmesser** (wie er z. B. auf einem Geodreieck eingraviert ist): Der Kreis wird in 360 gleiche Teile eingeteilt, und mit diesen Teilen wird das Winkelfeld gemäß Abbildung 3 ausgemessen. Ein solcher Teil eines Kreises heißt *Grad;* statt 17 Grad schreibt man 17°. Ein Grad wird unterteilt in 60 Minuten; statt 35 Minuten schreibt man 35′. Eine Minute wird eingeteilt in 60 Se-

kunden; statt 18 Sekunden schreibt man 18″.
Die Größe eines Winkelfeldes nennt man ebenfalls **Winkel,** unter einem Winkel versteht man also nicht nur eine geometrische Figur, sondern auch eine Größe.
In Abb. 4 bis Abb. 10 sind verschiedene Arten von Winkeln zusammengestellt.

Abb. 4: Nullwinkel, $\alpha = 0°$

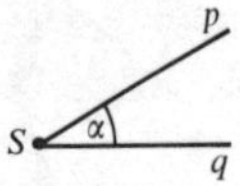


Abb. 5: Spitzer Winkel, $0° < \alpha < 90°$

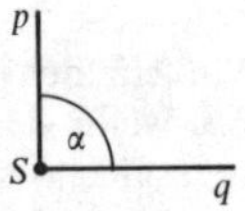


Abb. 6: Rechter Winkel, $\alpha = 90°$

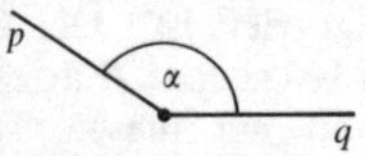


Abb. 7: Stumpfer Winkel, $90° < \alpha < 180°$

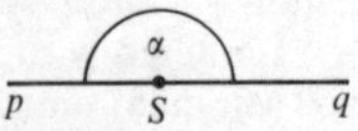


Abb. 8: Gestreckter Winkel, $\alpha = 180°$

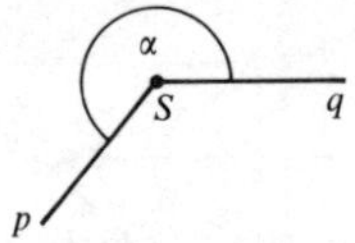


Abb. 9: Überstumpfer Winkel, $180° < \alpha < 360°$

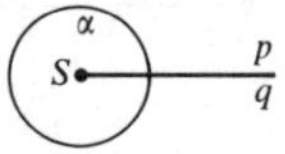


Abb. 10: Vollwinkel, $\alpha = 360°$

Eine Drehung um einen festen Punkt beschreibt man durch Angabe des **Drehwinkels.** Eine Linksdrehung hat einen positiven Drehwinkel, eine Rechtsdrehung einen negativen Drehwinkel (Abb. 11). Drehwinkel, die sich nur um Vielfache von 360° unterscheiden, gehören zur gleichen Drehung (im geometrischen, nicht im physikalischen Sinn).

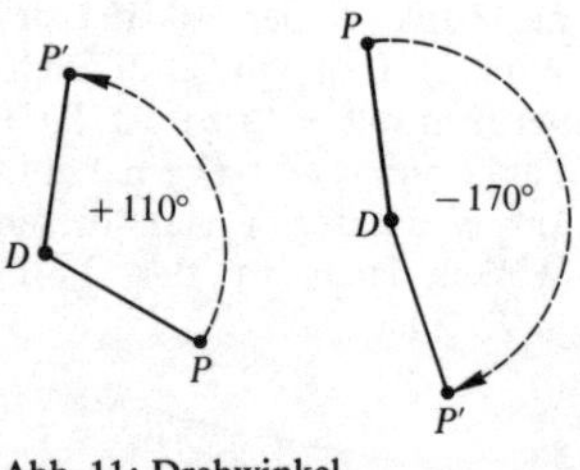


Abb. 11: Drehwinkel

Außer dem obigen Gradmaß (Vollwinkel = 360°), welches von den Babyloniern einge-

führt wurde, gibt es noch weitere Winkelmaße:
Ein **Gon** (Einheitenzeichen: gon) ist der 400ste Teil des Vollwinkels (100 gon = 90°). Nach dem „Gesetz über Einheiten im Meßwesen" von 1969 durfte die Bezeichnung **Neugrad** für das Gon (Einheitenzeichen $^{g}$) im amtlichen Verkehr bis zum 31. Dezember 1974 verwendet werden. Die Bezeichnung **Neuminute** für den hundertsten Teil des Gons und das Einheitenzeichen $^{c}$ sowie die Bezeichnung **Neusekunde** für den hundertsten Teil der Neuminute und das Einheitenzeichen $^{cc}$ durften im amtlichen Verkehr bis zum 31. Dezember 1977 verwendet werden.
Beim **Strichmaß** wird der Vollwinkel in 32 gleich große Teile eingeteilt, was mit fortgesetzter Halbierung sehr einfach durchzuführen ist. Ein solcher Winkel heißt dann 1 Strich, also ist 1 Strich = 11,25°. Die ↑Windrose des Kompasses ist in Striche eingeteilt.
Im Zusammenhang mit den ↑trigonometrischen Funktionen werden Winkel im ↑Bogenmaß gemessen. Der ↑Taschenrechner besitzt eine Taste zur Einstellung auf Gradmaß (DEG) und auf Bogenmaß (RAD).

**Winkeldreiteilung** ↑Dreiteilung des Winkels.

**Winkelfeld** ↑Winkel.

**Winkelfunktionen,** svw. ↑trigonometrische Funktionen.

**Winkelhalbierende** (Kapitale): Eine Gerade, welche ein Innenwinkelfeld eines Dreiecks in zwei ↑kongruente Winkelfelder teilt, bezeichnet man als Winkelhalbierende des Dreiecks (Abb. 1). Jedes Dreieck besitzt drei Winkelhalbierende: $w_\alpha$, $w_\beta$ und $w_\gamma$. Häufig wird der Begriff Winkelhalbierende für die Strecken $AW_a$, $BW_b$ und $CW_c$ verwendet. Die Bezeichnungen $w_\alpha$, $w_\beta$ und $w_\gamma$ stehen dann auch für diese Strecken bzw. deren Längen.

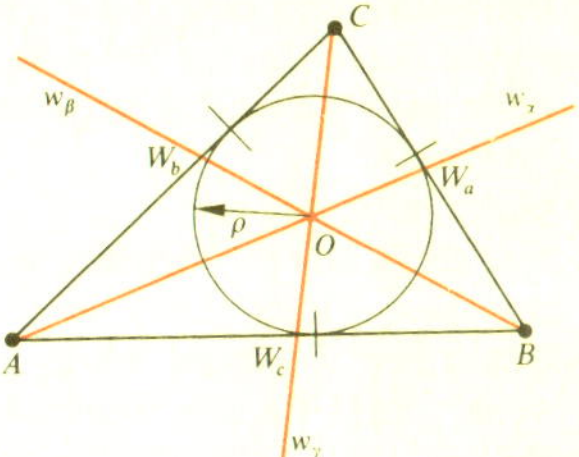


Abb. 1: Winkelhalbierende im Dreieck

Die drei Winkelhalbierenden des Dreiecks schneiden sich im Mittelpunkt des ↑*Inkreises* des Dreiecks.

**Winkelmaß** ↑Winkel.

**Winkelmesser** ↑Winkel.

**Winkelsumme:** Im ↑Dreieck beträgt die Winkelsumme 180°, im $n$-Eck $(n-2) \cdot 180°$. Im

$n$-Eck beträgt die Summe der Außenwinkel 360°.

**winkeltreu** ↑Ähnlichkeitsabbildung, vgl. ↑Kongruenzabbildung.

**Wohlordnung:** Die Menge $\mathbb{N}$ der ↑natürlichen Zahlen hat die Eigenschaft, daß jede nichtleere Teilmenge von $\mathbb{N}$ ein kleinstes Element besitzt. Man sagt, die Menge $\mathbb{N}$ ist *wohlgeordnet*. Allgemein heißt eine Menge mit einer strengen linearen ↑Ordnungsrelation wohlgeordnet bezüglich dieser Relation, wenn jede nichtleere Teilmenge dieser Menge ein kleinstes Element besitzt.

**Wort:** Bezeichnung für eine Folge von ↑Zeichen; in der Datenverarbeitung eine Folge von ↑Bits zur Darstellung einer Information.

**Wulst**, svw. ↑Torus.

**Würfel** (Kubus): Vielflächner, der von sechs kongruenten Quadraten begrenzt wird. Er weist zwölf Kanten und acht Ecken auf. Jede Fläche ist rechtwinklig zu jeder ihrer vier Nachbarflächen, und je drei Kanten treffen sich rechtwinklig in einer Ecke. Der Würfel wird auch als regelmäßiges ↑Hexaeder, *regelmäßiges Sechsflach* bzw. als *regelmäßiger Sechsflächner* bezeichnet. Er ist einer der fünf ↑platonischen Körper.

Ein Würfel mit der Kantenlänge $a$ hat das Volumen $V = a^3$, die Oberfläche $O = 6a^2$, die Flächendiagonale $d_F = a\sqrt{2}$ sowie die Raumdiagonale $d_R = a\sqrt{3}$.

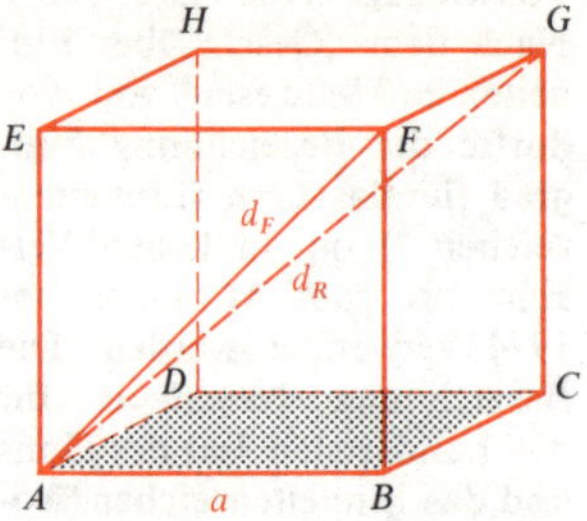


Abb. 1: Würfel mit der Flächendiagonalen $d_F$ und der Raumdiagonalen $d_R$

Schneidet man ein Würfelmodell nach Abb. 1 längs einiger Kanten in geeigneter Weise auf und breitet sämtliche Seitenflächen in einer Ebene auseinander, so erhält man eine *Abwicklung des Würfels* oder ein *Würfelnetz*.

**Würfeln:** Zufallsversuch mit einem Würfel. Die Ausfälle „1", „2", „3", „4", „5" und „6" besitzen alle die Wahrscheinlichkeit $\frac{1}{6}$. – Vgl. ↑Binomialverteilung.

**Würfelverdoppelung** (delisches Problem, nach einem würfelförmigen Altar des Apollon auf Delos, von dem berichtet wurde, daß er auf Grund eines Orakels verdoppelt werden sollte): Bezeichnung für die im Altertum sehr berühmte geometrische Aufgabe, zu einem ↑Würfel mit gegebener Kante $a$ die Kante $a'$ eines zweiten Würfels, der das doppelte ↑Volumen hat, nur unter Verwendung von Zirkel und Lineal zu konstruieren (↑Konstruktion mit Zirkel und Lineal). Mit algebraischen Mitteln kann man zeigen, daß dieses Problem mit den vereinbarten Zeichengeräten nicht lösbar ist.

**Wurzel:** 1.) Wurzel ist eine ältere Bezeichnung für die Lösung einer ↑Gleichung.

2.) $n$-te Wurzel aus einer nichtnegativen reellen Zahl $a$ heißt diejenige nichtnegative Zahl $w$, deren $n$-te Potenz gleich $a$ ist:

$$\sqrt[n]{a} = w \Leftrightarrow w^n = a.$$

Z. B. ist

$$\sqrt[4]{16} = 2 \quad \text{und} \quad \sqrt[3]{27} = 3.$$

Das Wurzelzeichen $\sqrt{\ }$ erinnert an den Buchstaben $r$ für „radix" (lat. Wurzel).

In $\sqrt[n]{a}$ heißt $a$ *Radikand*. Statt $\sqrt[2]{a}$ schreibt man meistens nur $\sqrt{a}$ und spricht von ↑*Quadratwurzeln*.

Aus der Definition folgt:

$$(\sqrt[n]{a})^n = a = \sqrt[n]{a^n}.$$

Für das Rechnen mit Wurzeln gelten die folgenden Regeln:

a) $\sqrt[n]{a} \cdot \sqrt[n]{b} = \sqrt[n]{a \cdot b}$

b) $\sqrt[n]{a} : \sqrt[n]{b} = \sqrt[n]{a : b}$

c) $(\sqrt[m]{a})^n = \sqrt[m]{a^n}$

d) $\sqrt[m]{\sqrt[n]{a}} = \sqrt[m \cdot n]{a}$

e) $\sqrt[m \cdot k]{a^{n \cdot k}} = \sqrt[m]{a^n}$

Diese Regeln beweist man mit den entsprechenden ↑Potenzregeln.

Wurzeln sind nur für nicht-negative Radikanden definiert.

Dritte Wurzeln werden als ↑Kubikwurzeln bezeichnet.

Für viele Zwecke ist es nützlich, Wurzeln als ↑Potenzen mit rationalen Exponenten zu schreiben, also

$$a^{\frac{1}{n}} := \sqrt[n]{a}, \; a^{\frac{m}{n}} := \sqrt[n]{a^m}.$$

Dabei sind $m, n$ ↑natürliche Zahlen und $a$ ist eine beliebige positive Zahl.

Man berechnet $n$-te Wurzeln $a^{\frac{1}{n}}$ und allgemeiner $a^{\frac{m}{n}}$ auf dem Taschenrechner mit Hilfe der $y^x$-Taste. Die Tastenfolge lautet je nach Typ des Rechners z. B.

[a] [ENTER] [m] [ENTER] [n]
[÷] [Funktionstaste] [$y^x$]

oder

[a] [$y^x$] [(] [m] [÷] [n] [)] [=].

**Wurzelfunktion.** Schränkt man die Definitionsmenge der ↑Potenzfunktion auf die Menge der nichtnegativen reellen Zahlen ein, so gilt:

Die Potenzfunktion

$$f: x \to x^n$$

besitzt eine ↑Umkehrfunktion, sie heißt *Wurzelfunktion*

$$g: x \to \sqrt[n]{x}.$$

**Wurzelgleichungen:** Gleichungen, in welchen die Variable unter dem Wurzelzeichen vorkommt.
Da beim Lösen von Wurzelgleichungen neben ↑Äquivalenzumformungen auch „Gewinnumformungen" (Quadrieren einer Gleichung) benutzt werden, ist die ↑*Probe* unerläßlich.

**Wurzelkriterium:** Bezeichnung für folgendes hinreichende Konvergenzkriterium für Reihen: Gibt es eine Zahl $q$ mit $0 < q < 1$ und

$$\sqrt[n]{|a_n|} \leqq q$$

für alle natürlichen Zahlen $n$, dann ist die Reihe

$$\sum_{n=1}^{\infty} a_n$$

(↑Summenzeichen) konvergent.

# X

**X,** römisches Zahlzeichen für 10 (↑römische Zahlen).
***x*-Achse** ↑Koordinatensystem.
***x*-Koordinate** ↑Koordinatensystem.
***x*-*y*-Ebene** ↑Koordinatensystem.
***x*-*z*-Ebene** ↑Koordinatensystem.

# Y

***y*-Achse** ↑Koordinatensystem.
**yard,** englische ↑Längeneinheit.
***y*-Koordinate** ↑Koordinatensystem.
***y*-*z*-Ebene** ↑Koordinatensystem.

# Z

***z*-Achse** ↑Koordinatensystem.
**Zahl.** Der Begriff der Zahl ist im Laufe der Geschichte ständig erweitert worden. Ursprünglich verstand man darunter nur die zum *Zählen* geeigneten Zahlen, also die ↑*natürlichen* Zahlen 1, 2, 3, 4, 5,… Etwa seit 2000 v. Chr. rechneten die Ägypter und Sumerer mit Bruchzahlen; besonders wichtig waren dabei die *Stammbrüche* $\frac{1}{2}, \frac{1}{3}, \frac{1}{4}, \frac{1}{5}, \ldots$ Um 500 v. Chr. wurden in Griechenland die ersten Versuche unternommen, auch ↑*irrationale Zahlen* wie $\sqrt{2}, \sqrt{5} \ldots$ als Zahlen anzuerkennen.
Die ↑Null und die *negativen Zahlen* wurden in der Folgezeit in Indien benutzt und später durch arabische Mathematiker auch in Europa eingeführt. Der französische Mathematiker François Viète (Vieta, 1540 bis 1603), der niederländische

**Große Zahlen im Dezimalsystem**

| | | |
|---|---|---|
| 1 | eins | $10^0$ |
| 10 | zehn | $10^1$ |
| 100 | (ein)hundert | $10^2$ |
| 1 000 | (ein)tausend | $10^3$ |
| 10 000 | zehntausend | $10^4$ |
| 100 000 | (ein)hunderttausend | $10^5$ |
| 1 000 000 | eine Million | $10^6$ |
| 10 000 000 | zehn Millionen | $10^7$ |
| 100 000 000 | (ein)hundert Millionen | $10^8$ |
| 1 000 000 000 | eine Milliarde | $10^9$ |
| 10 000 000 000 | zehn Milliarden | $10^{10}$ |
| 100 000 000 000 | (ein)hundert Milliarden | $10^{11}$ |
| 1 000 000 000 000 | eine Billion | $10^{12}$ |
| 10 000 000 000 000 | zehn Billionen | $10^{13}$ |
| 100 000 000 000 000 | (ein)hundert Billionen | $10^{14}$ |
| 1 000 000 000 000 000 | eine Billiarde | $10^{15}$ |
| 10 000 000 000 000 000 | zehn Billiarden | $10^{16}$ |
| 100 000 000 000 000 000 | (ein)hundert Billiarden | $10^{17}$ |
| 1 000 000 000 000 000 000 | eine Trillion | $10^{18}$ |
| (ein)tausend Trillionen | eine Trilliarde[1] | $10^{21}$ |
| 1 Million Trillionen | eine Quadrillion | $10^{24}$ |
| 1 Million Quadrillionen | eine Quintillion (Quinquillion) | $10^{30}$ |
| 1 Million Quintillionen | eine Sextillion | $10^{36}$ |
| 1 Million Sextillionen | eine Septillion | $10^{42}$ |
| 1 Million Septillionen | eine Oktillion | $10^{48}$ |
| 1 Million Oktillionen | eine Nonillion | $10^{54}$ |
| 10 000 Septillionen Nonillionen | ein Googol (sprich „Gugol“) | $10^{100}$ |

Zur leichteren Lesbarkeit trennt man (von rechts nach links) jeweils drei Ziffern durch einen kleinen Zwischenraum. – In der rechten Spalte ist die Potenzschreibweise der Zahlen angegeben; sie wird in Wissenschaft und Technik – vor allem bei größeren Zahlen – bevorzugt. Man schreibt also z. B. $7 \cdot 10^9$ statt 7 000 000 000. Die Hochzahl, der sogenannte Exponent, gibt dabei direkt die Anzahl der Nullen an, die bei der übl. Schreibweise nach der 1 folgen.

Im Amerikanischen haben die Bezeichnungen „billion“, „trillion“ usw. eine abweichende Bedeutung:

| | | | |
|---|---|---|---|
| 1 billion | $= 10^9$ (1 Milliarde) | 1 sextillion | $= 10^{21}$ (1 Trilliarde) |
| 1 trillion | $= 10^{12}$ (1 Billion) | 1 septillion | $= 10^{24}$ (1 Quadrillion) |
| 1 quadrillion | $= 10^{15}$ (1 Billiarde) | 1 octillion | $= 10^{27}$ (1 Quadrilliarde) |
| 1 quintillion | $= 10^{18}$ (1 Trillion) | 1 nonillion | $= 10^{30}$ (1 Quintillion) |

Mathematiker Simon Stevin (1548–1620) und der schweizerische Mathematiker Jobst Bürgi (1552–1632) verwendeten erstmals *Dezimalbrüche.* Der Begriff der ↑reellen Zahl wurde aber erst im 19. Jahrhundert mathematisch zufriedenstellend geklärt.
Die erste strenge Einführung der ↑komplexen Zahlen stammt von Carl Friedrich Gauß (1777–1855).
Unter den reellen Zahlen unterscheidet man ↑algebraische Zahlen und transzendente Zahlen.

**Zahlbereich** *(Zahlenbereich):* Bezeichnung für eine Menge $M$ von Zahlen, wenn die Summe und das Produkt zweier Zahlen aus $M$ wieder zu $M$ gehört. In einem Zahlbereich kann man also rechnen. Die wichtigsten Zahlbereiche sind die folgenden:

$\mathbb{N}$ = Menge der ↑*natürlichen* Zahlen,
$\mathbb{Z}$ = Menge der ↑*ganzen* Zahlen,
$\mathbb{Q}$ = Menge der ↑*rationalen* Zahlen,
$\mathbb{R}$ = Menge der ↑*reellen* Zahlen,
$\mathbb{C}$ = Menge der ↑*komplexen* Zahlen.

**Zählbrett,** svw. ↑Abakus.

**Zahlenfolge:** Bezeichnung für jede Folge, die aus Zahlen besteht.

*Beispiel:* Die Folge $\langle \frac{1}{n} \rangle$ beginnt mit

$$1, \frac{1}{2}, \frac{1}{3}, \frac{1}{4}, \ldots$$

**Zahlengerade.** Die ↑reellen Zahlen veranschaulicht man auf der *Zahlengeraden:* Auf einer Geraden wählt man einen Punkt $O$ *(Nullpunkt, Ursprung)* und einen Punkt $E$ *(Einspunkt, Einheitspunkt).* Dann stellt man die reelle Zahl $a$ durch einen Punkt auf der Geraden dar, dessen Abstand von $O$ gleich $a \cdot \overline{OE}$ (also das $a$-fache der *Einheitsstrecke*) ist. Ist $a$ positiv, so liegt der zugehörige Punkt von $O$ aus auf der gleichen Seite wie $E$, andernfalls auf der anderen Seite (Abb. 1).

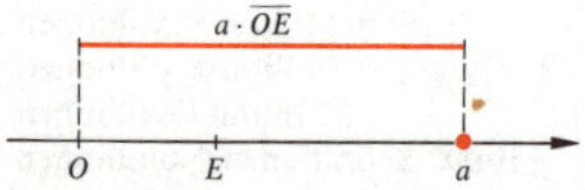


Abb. 1: Zahlengerade

Die Durchlaufungsrichtung der Zahlengeraden deutet man durch eine Pfeilspitze (an der „positiven“ Seite) an.

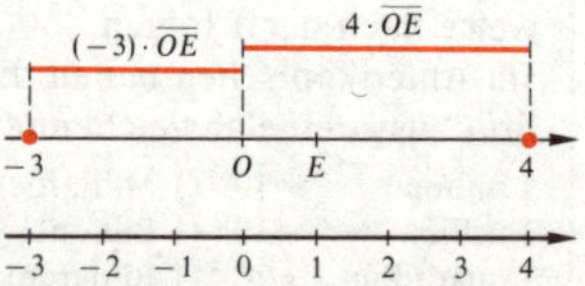


Abb. 2: Darstellung der ganzen Zahlen auf der Zahlengeraden

In Abb. 2 ist dargestellt, wie man den ↑ganzen Zahlen Punkte auf der Zahlengeraden zuordnet.
Zur Darstellung der nicht-negativen Zahlen genügt der *Zahlenstrahl* (Abb. 3).

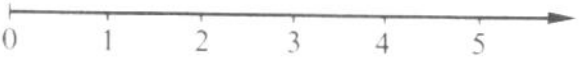


Abb. 3: Zahlenstrahl

**Zahlenlotto:** Beim Zahlenlotto „6 aus 49" muß man aus der Menge $\{1,2,3,\ldots,49\}$ sechs Zahlen auswählen. Die Chance für einen „Treffer" hängt von der Anzahl der möglichen Auswahlen ab. Diese Anzahl ist (↑Kombinatorik)

$$\binom{49}{6} = \frac{49 \cdot 48 \cdot 47 \cdot 46 \cdot 45 \cdot 44}{6 \cdot 5 \cdot 4 \cdot 3 \cdot 2 \cdot 1}$$
$$= 13983816.$$

Beim „Mittwochslotto 7 aus 38" sind aus der Menge $\{1,2,3,\ldots,38\}$ sieben Zahlen auszuwählen. Hier beträgt die Anzahl der möglichen Tips

$$\binom{38}{7} = \frac{38 \cdot 37 \cdot 36 \cdot 35 \cdot 34 \cdot 33 \cdot 32}{7 \cdot 6 \cdot 5 \cdot 4 \cdot 3 \cdot 2 \cdot 1}$$
$$= 12620256.$$

Im folgenden wird nur das Spiel „6 aus 49" behandelt, beim Spiel „7 aus 38" gelten entsprechende Überlegungen. Hat man alle $\binom{49}{6}$ möglichen Tips abgegeben, dann hat man darunter genau einmal „6 Richtige", außerdem aber mehrmals „5 Richtige", „4 Richtige" und „3 Richtige". Tabelle 1 gibt die Anzahlen an.

| Gewinn-Rang | Ausfall | Anzahl |
|---|---|---|
| I*a* | 6 Richtige | 1 |
| I*b* | 5 Richtige u. Zusatzzahl | 6 |
| II | 5 Richtige | 252 |
| III | 4 Richtige | 13 545 |
| IV | 3 Richtige | 246 820 |

Tabelle 1

**Systemwetten (Wettsysteme)** dienen zur übersichtlichen Abgabe von sehr vielen Tips. Die gängigsten Systemwetten arbeiten mit **Bankzahlen** und **Systemzahlen:** Man wählt $a$ feste Zahlen als Bankzahlen ($0 \leqq a \leqq 5$) und $b$ Zahlen als Systemzahlen ($7 \leqq b \leqq 12$); die $a$ Bankzahlen werden auf $\binom{b}{6-a}$ Arten durch $6-a$ der $b$ Systemzahlen zu einem 6er-Tip ergänzt. Beispielsweise besteht das System 411 (4 Bankzahlen, 11 Systemzahlen) aus $\binom{11}{2} = 55$ Tips.
Hat man bei einer Systemwette „6 Richtige", so hat man gleichzeitig auch einige Gewinne in den anderen Rängen. Beim System 411 hat man neben dem Hauptgewinn noch 18 Gewinne in Klasse II und 36 Gewinne in Klasse III.
Weitere Wettsysteme im Zah-

lenlotto werden mit Hilfe von Blockplänen konstruiert.

**Zahlenquadrat,** svw. ↑magisches Quadrat.

**Zahlenstrahl** ↑Zahlengerade.

**Zahlensystem:** Gesamtheit der zur Darstellung einer Zahl verwendeten Zahlzeichen (Ziffern) und Regeln für deren Zusammensetzung. Die beiden heute am meisten verwendeten Zahlensysteme sind das ↑Dezimalsystem und das ↑Dualsystem.

**Zahlentheorie:** Teilgebiet der Mathematik, das sich mit den Eigenschaften der natürlichen Zahlen und der ganzen Zahlen beschäftigt (↑Teiler).

**Zähler** ↑Bruch.

**Zählmaße** (Stückmaße): Bezeichnung für Mengenmaße, die durch eine bestimmte Stückzahl gegeben sind, z. B. Gros (144 Stück), Dutzend (12 Stück), Mandel (15 bzw. 16 Stück) und Schock (60 Stück).

**Zauberwürfel** (Rubik-Würfel, Rubik's Cube; nach dem ungarischen Bildhauer und Innenarchitekten E. Rubik, * 1944): Bezeichnung für einen Würfel, der aus 8 dreifarbigen Eckenteilwürfeln, aus 12 zweifarbigen Kantenteilwürfeln und aus 6 einfarbigen Flächenteilwürfeln besteht, wobei jede der 9 Teilwürfelschichten um Vielfache von 90° gegenüber dem restlichen Würfelkörper gedreht werden kann.

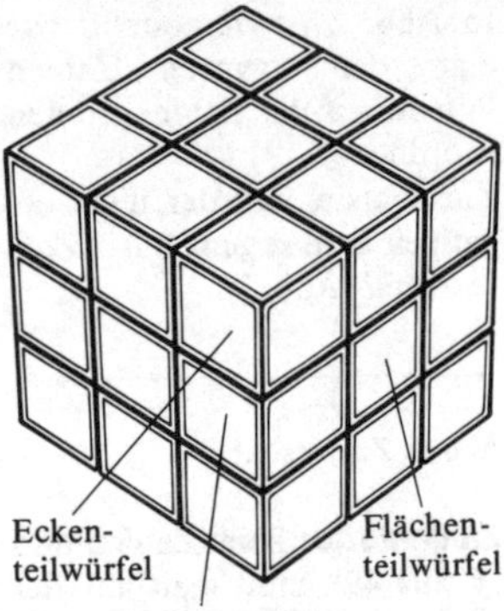


Abb. 1: Zauberwürfel

Durch Drehungen einzelner Schichten bewirkt man nun, daß die Farben der Würfelseiten durcheinandergemischt werden. Jedes Teilstück kann durch solche Drehungen von seinen ursprünglichen Nachbarn getrennt und wieder mit ihnen vereinigt werden. Insgesamt gibt es mehr als 43 Trillionen verschiedene Farbkombinationen, nämlich

43 252 003 274 489 856 000,

von denen nur eine einzige Kombination dem originalen, auf jeder Seite einfarbigen Würfel entspricht. Es gibt mehrere Strategien, den Zauberwürfel in den Originalzustand zu bringen, z. B. kann man den Würfel schichtweise ordnen, wobei die Flächenstücke zwischen den einzelnen Operatio-

nen immer die gleiche Stelle einnehmen.
Das technische Prinzip des Zauberwürfels kann in vielfacher Weise variiert und auf andere platonische Körper übertragen werden. So gibt es u.a. $2 \times 2 \times 2$-, $4 \times 4 \times 4$- und $5 \times 5 \times 5$-Würfel sowie das „magische Dodekaeder".

**Zehn** (Zahlzeichen 10): Grundzahl des ↑Dezimalsystems. Die Zehn ist als Summe der ersten vier natürlichen Zahlen darstellbar:

$$10 = 1 + 2 + 3 + 4.$$

**Zehneck:** Für das regelmäßige Zehneck ist die ↑Konstruktion mit Zirkel und Lineal möglich. Die Zehneckseite $s$ und der Umkreisradius $r$ stehen zueinander in der Beziehung

$$\frac{r}{s} = \frac{s}{r-s}.$$

**Zehnerbruch** ↑Bruch, ↑Dezimalbruchentwicklung.

**Zehnerlogarithmus** ↑Logarithmus.

**Zehnerpotenz:** Bezeichnung für eine ↑Potenz mit der Basis 10, allgemeine Schreibweise: $10^n$; für positive ganzzahlige Exponenten $n$ läßt sich $10^n$ als eine 1 mit $n$ Nullen schreiben, z.B. $10^3 = 1\,000$, entsprechend $10^{-n}$ als Dezimalzahl $0{,}0\ldots01$, wobei die 1 an $n$-ter Stelle nach dem Komma steht, z.B. $10^{-3} = 0{,}001$; definitionsgemäß ist $10^0 = 1$.

**Zehnersystem,** svw. ↑Dezimalsystem, ↑auch Stellenwertsystem.

**Zeichen:** Bezeichnung für die Elemente eines Zeichenvorrats. Ein geordneter Zeichenvorrat heißt **Alphabet.** Existiert ein Kriterium, mit dem man eine Folge von Zeichen als Einheit zusammenfassen kann, so nennt man diese Folge auch **Wort.** Dabei kann es vorkommen, daß auch einzelne Zeichen Wörter sind. Belegt man ein Zeichen mit einer Bedeutung, spricht man von einem **Symbol.** Das Zeichen „+" wird z.B. als Additionssymbol verwendet; die Zeichen „×", „*" und „·" werden üblicherweise als Symbole für die Multiplikation benutzt.
Besteht die Menge der Zeichen nur aus zwei Elementen, so spricht man von **Binärzeichen.** Solche schreibt man häufig in der Form 0, 1. Ein Wort aus Binärzeichen heißt **Binärwort.** – Vgl. ↑mathematische Zeichen, ↑Rechenzeichen, ↑Vorzeichen.

**Zeilenmatrix** ↑Matrix.

**Zeilenvektor** ↑Matrix.

**Zeiteinheit:** Die Einheit der Zeit ist die Sekunde (s – ältere Abkürzungen: sek oder sec), früher definiert als der 86 400. Teil eines mittleren Sonnentages ($86\,400 = 24 \cdot 60 \cdot 60$). Für die Belange der modernen Physik hat man im Jahre 1967 eine besser meßbare Einheit festgelegt. Dabei legte man geeignete atomare Strahlungen konstanter Frequenz zugrunde.

**Zeitrente:** Rente, bei der die Anzahl der Zahlungen begrenzt ist (vgl. ↑Rentenrechnung).

**Zenit:** Bezeichnung für den senkrecht über dem Beobachtungsort liegenden Punkt des Himmelsgewölbes; der Gegenpunkt wird *Nadir* genannt.

**zentesimal,** hundertteilig, in 100 gleiche Teile geteilt.

**Zentesimalteilung:** Teilung der Winkeleinheit Grad in 100 Teile.

**Zenti...,** Zeichen c, Vorsatz vor Einheiten, bezeichnet den 100ten Teil der betreffenden Einheit (↑Vorsatzzeichen).

**Zentrale:** Gerade durch den Mittelpunkt eines Kreises.

**Zentraleinheit** ↑Computer.

**Zentralperspektive** ↑Perspektive.

**Zentralprojektion:** Bezeichnung für eine Abbildung, bei der die Bildfigur aus einem ebenen oder räumlichen Originalgebilde dadurch entsteht, daß man von den Punkten des Originalgebildes aus Geraden *(Projektionsstrahlen)* zeichnet, die durch einen Punkt *(Projektionszentrum)* gehen, und diese Geraden mit einer Bildebene schneidet. Die Schnittpunkte der Projektionsstrahlen mit der Bildebene sind die Bildpunkte, die Gesamtheit der Bildpunkte ergibt die Bildfigur, den sog. *Riß* (Abb. 1).

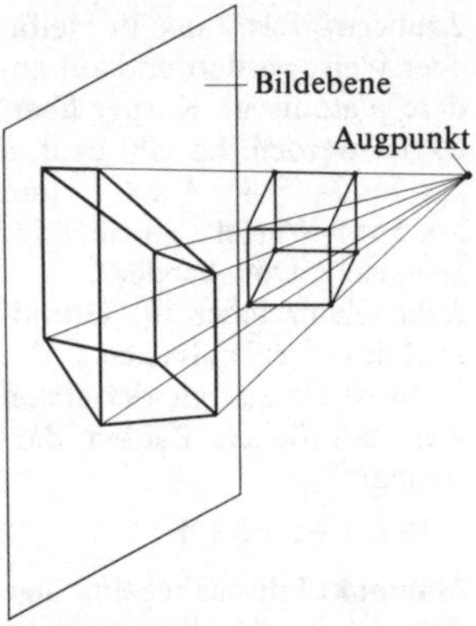


Abb. 1: Zentralprojektion eines Würfels auf eine Bildebene

**Zentralpunkt** ↑Perspektive, ↑Punktspiegelung.

**Zentralriß** (kurz: Riß): Bezeichnung für das durch eine ↑Zentralprojektion erzeugte Bild einer Figur.

**Zentralwert.** Hat die Messung einer Größe bei $n$ Versuchen der Reihe nach die Werte $x_1, x_2, \ldots, x_n$ ergeben, so heißt der Wert $z$ ein *Zentralwert* oder *Median* dieser Datenmenge, wenn

$$x_i \leqq z \quad \text{und} \quad x_i \geqq z$$

für jeweils mindestens die Hälfte der Werte $x_i$ gilt.

*Beispiel 1:* Es soll der Zentralwert folgender Daten bestimmt werden:

| Alter (in Jahren) | Absolute Häufigkeit |
|---|---|
| 17 | 8 |
| 18 | 24 |
| 19 | 36 |
| 20 | 29 |
| 21 | 18 |
| 22 | 12 |
| 23 | 10 |
| Summe | 137 |

Es ist

$$8+24+36+29 \geqq \tfrac{137}{2},$$
$$29+18+12+10 \geqq \tfrac{137}{2},$$

also $z=20$.
Die „mittlere Abweichung“ ist

$$\tfrac{1}{137}(|20-17| \cdot 8+|20-18| \cdot 24 + |20-19| \cdot 36+|20-20| \cdot 29 + |20-21| \cdot 18+|20-22| \cdot 12 + |20-23| \cdot 10) = \tfrac{180}{137} \approx 1{,}3.$$

Hätte man statt 20 einen der anderen Werte eingesetzt, so wäre diese Abweichung größer gewesen.

**zentrische Streckung:** Bezeichnung für die folgende Abbildung der Ebene auf sich: Ein Punkt $Z$ *(Zentrum, Streckzentrum)* sei fest gewählt und werde auf sich abgebildet, ferner sei eine Zahl $k \neq 0$ *(Streckfaktor)* gegeben. Für jeden Punkt $P \neq Z$ sei der Bildpunkt $P'$ durch folgende Bedingungen festgelegt (Abb. 1):

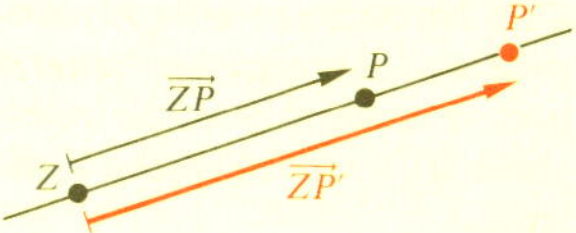


Abb. 1: Zentrische Streckung mit dem Streckfaktor 1,5: $\overrightarrow{ZP'} = 1{,}5 \cdot \overrightarrow{ZP}$

a) $P'$ liegt auf der Geraden durch $P$ und $Z$;
b) $\overrightarrow{ZP'} = k \cdot \overrightarrow{ZP}$.

Eine zentrische Streckung ist eine ↑Ähnlichkeitsabbildung. Jede Ähnlichkeitsabbildung kann durch Verketten einer zentrischen Streckung mit einer ↑Kongruenzabbildung dargestellt werden.

**Zentriwinkel** ↑Bogen, ↑Kreis, ↑Umfangswinkel.

**Zentrum:** 1) Mittelpunkt einer geometrischen Figur, insbesondere eines ↑Kreises.
2) Fixpunkt bei einer ↑zentrischen Streckung.

**zerlegbare Zahl** ↑Primzahl.

**Zerlegung** ↑Klasse.

**Zermelosches Axiom,** svw. ↑Auswahlaxiom.

**Zielfunktion** ↑Optimierung.

**Zielmenge** ↑Abbildung.

**Ziffern:** Zeichen für Zahlen. In ↑Stellenwertsystemen schreibt man Zahlen durch eine Folge von Ziffern, wobei der Wert der Ziffer von ihrer Stellung innerhalb der Folge abhängt. Wir benutzen zur *Zahlendarstellung* die *arabischen Ziffern*

0, 1, 2, 3, 4, 5, 6, 7, 8, 9.

Zum Numerieren oder zur Angabe von Jahreszahlen benutzt man manchmal noch die *römischen Ziffern* (↑römische Zahlen).

Schon in der ägyptischen Hieroglyphenschrift (entstanden um 2900 v. Chr.) kannte man Zahlzeichen; die *ägyptischen Ziffern* haben folgende Gestalt:

Einer
Zehner
Hunderter
Tausender
Zehntausender

Aus diesen Ziffern setzte man Zeichen für Zahlen zusammen, etwa

= 1205

Etwas später entstand bei den Sumerern die babylonische Keilschrift; die *babylonischen Ziffern* berücksichtigen, daß die Sumerer im Sechzigersystem gerechnet haben:

Einer
Zehner
Sechziger
Sechshunderter

Aus diesen Ziffern setzte man die Zahlen zusammen, z. B.

$= 600 + 2 \cdot 60 + 3 \cdot 10 + 5$
$= 755.$

Auch in der *minoischen Schrift* (Kreta um 1500 v. Chr.) kannte man *Ziffern:*

Einer
Zehner
Hunderter
Tausender
Zehntausender

Beispielsweise ist

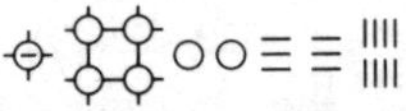

= 14 268

*Griechische Ziffern* wurden mit Hilfe der Anfangsbuchstaben der entsprechenden Zahlwörter gebildet:

I Einer
Δ Zehner
H Hunderter
X Tausender
M Zehntausender

Ferner benutzte man

$\Gamma$ = 5
$\Gamma^{\Delta}$ = 50
$\Gamma^{H}$ = 500
$\Gamma^{X}$ = 5 000
$\Gamma^{M}$ = 50 000

usw. Beispielsweise ist

HHΔΔΔΓ = 235,

X𐅅HH𐅄ΔΔIII = 1773,

MXXX𐅅HII = 13602.

Bei den Chinesen gab es vier Zahlschriften: die Grundziffern, bei denen jedes Zeichen auch ein Zahlwort ausdrückte, und die aus den Stäbchenzahlen des Rechenbretts entwikkelten Strichziffern sowie die auf Banknoten und Münzen verwendeten Amtsziffern und die für rasche Notierungen benutzten vereinfachten Handelsziffern. Als Strichziffern benutzte man

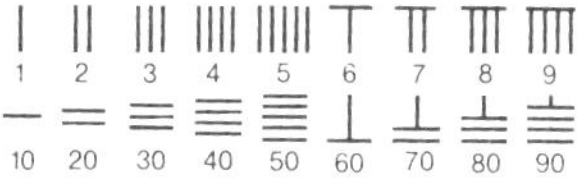


Beispielsweise ist

 = 11399

**Ziffernsystem:** Bezeichnung für ein Verfahren zur Darstellung von Zahlen mit Hilfe von ↑Ziffern. Während in den alten Ziffernsystemen die Ziffern für Einer, Zehner, Hunderter usw. oder auch Fünfer, Sechziger u. a. einfach nebeneinander geschrieben wurden, verfährt man in einem ↑Stellenwertsystem anders: Jede Ziffer wird mit dem Wert ihrer Stelle multipliziert und diese Produkte werden addiert.

**Zinsdivisor** ↑Zinsrechnung.

**Zinsen** ↑Zinsrechnung.

**Zinseszinsen:** Zinsen, die entstehen, wenn fällige Zinsen nicht ausbezahlt, sondern dem Kapital hinzugefügt und mit diesem zusammen verzinst werden (↑Zinseszinsrechnung).

**Zinseszinsformel** ↑Rentenrechnung, ↑Zinseszinsrechnung.

**Zinseszinsrechnung:** Wird ein festes Kapital $K$ auf einem Sparkonto mehrere Jahre verzinst, ohne daß man am Ende jeden Jahres die Zinsen abhebt, so werden die jeweils angefallenen Zinsen auch verzinst. Man spricht dann von *Zinseszinsen*. Das Wachstum des Kapitals bei einem Zinssatz von $p\%$ ergibt sich aus Tabelle 1. Nach $n$ Jahren ist das Kapital also auf

$$K_n = K \cdot \left(1 + \frac{p}{100}\right)^n$$

angewachsen. Die gesamten Zinsen

$$\begin{aligned} Z &= K_n - K \\ &= K \cdot \left(\left(1 + \frac{p}{100}\right)^n - 1\right) \end{aligned}$$

sind höher als die nach der einfachen Zinsformel

$$Z' = \mathrm{K} \cdot \frac{p}{100} \cdot n$$

zu berechnenden Zinsen.

Für den *Zinssatz* $p\%$ nennt man die Zahl

$$q = 1 + \frac{p}{100}$$

den *Zinsfaktor*. Verzinsung eines Kapitals über $t$ Jahre bedeutet Multiplikation mit $q^t$, also ist

$$K_t \quad = K \cdot q^t$$

der Wert des Kapitals nach $t$ Jahren (vgl. Tabelle 1). Dies gilt auch, wenn $t$ Bruchteile von Jahren angibt oder wenn $t$ negativ ist:

$K_{0,25} \quad = K \cdot q^{0,25}$
Wert von $K$
in 0,25 Jahren;

$K_{7,5} \quad = K \cdot q^{7,5}$
Wert von $K$
in 7,5 Jahren;

$K_{-12,3} = K \cdot q^{-12,3}$
Wert von $K$
vor 12,3 Jahren.

| Kapital am Anfang des Jahres | Zinsen | Kapital am Ende des Jahres |
|---|---|---|
| $K_0 = K$ | $K \cdot \frac{p}{100}$ | $K \cdot \left(1 + \frac{p}{100}\right)$ |
| $K_1 = K\left(1 + \frac{p}{100}\right)$ | $K_1 \cdot \frac{p}{100}$ | $K \cdot \left(1 + \frac{p}{100}\right)^2$ |
| $K_2 = K\left(1 + \frac{p}{100}\right)^2$ | $K_2 \cdot \frac{p}{100}$ | $K \cdot \left(1 + \frac{p}{100}\right)^3$ |
| $K_3 = K\left(1 + \frac{p}{100}\right)^2$ | $K_3 \cdot \frac{p}{100}$ | $K \cdot \left(1 + \frac{p}{100}\right)^4$ |
| ... | ... | ... |
| $K_n = K\left(1 + \frac{p}{100}\right)^n$ | $K_n \cdot \frac{p}{100}$ | $K \cdot \left(1 + \frac{p}{100}\right)^{n+1}$ |

Tabelle 1: Wachstum des Kapitals bei einem Zinssatz von $p$%

Ist $t$ negativ, so berechnet man also, welches Kapital vor $|t|$ Jahren angelegt werden mußte, um bis heute auf den Wert $K$ anzuwachsen (↑Diskontieren). Bei $|t| < 1$ (unterjährige Verzinsung) pflegen Banken die Zinsen nach der einfachen Zinsformel zu berechnen, also

$$K_t = K\left(1 + \frac{p}{100} \cdot t\right)$$

statt

$$K_t = K\left(1 + \frac{p}{100}\right)^t$$

zu benutzen. Dies ist im Kreditwesen von Vorteil für die Bank, wenn die Unterschiede auch gering sind.

*Beispiel:* Bei einem Jahreszinssatz von 8% (also 8% p.a.) laut Kreditvertrag verlangt eine Bank 12 Monatsraten Zinsen zu je $\frac{8}{12}$% (also $\frac{8}{12}$% p.m.). Begleicht der Bankkunde die Zinsen nicht, so wächst seine Schuld in einem Jahr auf

$$K \cdot \left(1 + 0{,}08 \cdot \frac{1}{12}\right)^{12}$$
$$= K \cdot 1{,}0829995.$$

Laut Definition des Jahreszinssatzes beträgt seine Schuld am Ende des Jahres aber nur

$$K \cdot (1 + 0{,}08) = K \cdot 1{,}0800000.$$

Durch die Ratenzahlung gewinnt die Bank also zusätzlich

$$K \cdot 0{,}0029995.$$

Dies macht bei $K = 100\,000$ DM immerhin einen zusätzlichen Zinsgewinn von 300 DM aus. Soll der Jahreszinssatz tatsächlich nur 8% betragen, so muß für den Monatszinssatz

$$\frac{p}{100} \cdot \frac{1}{12}$$

| abgelaufene Jahre | Zinsfuß 2% | 4% | 6% | 8% | 10% | 12% |
|---|---|---|---|---|---|---|
| 1 | 102 | 104 | 106 | 108 | 110 | 112 |
| 2 | 104,04 | 108,16 | 112,36 | 116,64 | 121 | 125,44 |
| 3 | 106,12 | 112,49 | 119,10 | 125,97 | 133,10 | 140,49 |
| 4 | 108,24 | 116,99 | 126,25 | 136,05 | 146,41 | 157,35 |
| 5 | 110,41 | 121,67 | 133,82 | 146,93 | 161,05 | 176,23 |
| 6 | 112,62 | 126,53 | 141,85 | 158,69 | 177,16 | 197,38 |
| 7 | 114,87 | 131,59 | 150,36 | 171,38 | 194,87 | 221,07 |
| 8 | 117,17 | 136,86 | 159,38 | 185,09 | 214,36 | 247,60 |
| 9 | 119,51 | 142,33 | 168,95 | 199,90 | 235,79 | 277,31 |
| 10 | 121,90 | 148,02 | 179,08 | 215,89 | 259,37 | 310,58 |
| 30 | 181,14 | 324,34 | 574,35 | 1006,27 | 1744,94 | 2995,99 |
| 50 | 269,16 | 710,67 | 1842,02 | 4690,16 | 11739,09 | 28900,22 |
| 100 | 724,46 | 5050,49 | 33930,21 | 219976,13 | 1378061,23 | 8352226,57 |

Tabelle 2: Anwachsen eines Kapitals von 100 DM durch Zinseszinsen. Die Zinsen werden jährlich nachträglich zum Kapital addiert.

die Beziehung

$$\left(1 + \frac{p}{100} \cdot \frac{1}{12}\right)^{12} = 1{,}08$$

gelten; also darf bei der Berechnung der Monatsraten nur der Zinssatz

$$\frac{p}{100} = 12\,(\sqrt[12]{1{,}08} - 1) = 0{,}077208$$

zugrunde gelegt werden.
Der Wert eines Geldbetrages hängt davon ab, zu welchem Zeitpunkt er zur Verfügung gestellt wird. Um also Geldbeträge miteinander vergleichen zu können, muß man sie auf einen gemeinsamen Termin beziehen. Früher gezahlte Beträge muß man *aufzinsen*, später fällige Zahlungen muß man *abzinsen* (↑Diskontierung). Dies spielt insbesondere bei der ↑Rentenrechnung und bei ↑Ratenzahlungen eine Rolle.
Denkt man sich ein Kapital $K$ im Abstand $\frac{1}{n}$ Jahr stets mit $p$% p.a. verzinst, so ist es nach einem Jahr auf

$$K \cdot \left(1 + \frac{p}{100\,n}\right)^n$$

gewachsen.
Vgl. ↑kontinuierliche Verzinsung.

**Zinsfaktor** ↑Zinseszinsrechnung.

**Zinsfuß** (Zinssatz): Höhe der Zinsen, ausgedrückt in % des Kapitals. Im allgemeinen bezieht sich der Zinsfuß auf ein Jahr, was durch den Zusatz pro anno (abgekürzt: p.a.) angegeben wird (↑Zinsrechnung).

**Zinsrechnung.** Zinsen sind eine Vergütung für leihweise überlassenes Kapital. Die Höhe der Zinsen hängt von der Höhe des Kapitals, der Zeitdauer und dem Zinssatz ab. Der *Zinssatz* (oder *Zinsfuß*) gibt an, wieviel Prozent des Kapitals für ein Jahr als Zinsen zu zahlen sind. Ist der Zinssatz

$p$% pro anno (p. a.; d. h. pro Jahr),

so ist für das Kapital $K$ in einem Jahr der Zinsbetrag

$$Z_1 = K \cdot \frac{p}{100}.$$

Für $t$ Jahre (z. B. $t = \frac{1}{12}$, $t = \frac{1}{2}$, $t = 3, \ldots$) ist das $t$-fache zu zahlen, also

$$Z_t = K \cdot \frac{p}{100} \cdot t.$$

Auf Spar- oder Girokonten müssen oft verschiedene Kapitalbeträge über verschiedene Zeiten verzinst werden. Man rechnet dann das Jahr zu 360 (statt 365 bzw. 366) Tagen und erhält den täglichen Zinssatz zu $\frac{1}{360}p$%. Für $T$ Tage zahlt man dann

$$Z = K \cdot \frac{p}{100} \cdot \frac{T}{360} = \frac{\frac{K \cdot T}{100}}{\frac{360}{p}}.$$

Setzt man

$$\textit{Zinszahl} := \frac{K \cdot T}{100},$$

$$\textit{Zinsdivisor} := \frac{360}{p},$$

so ist der Zinsbetrag gegeben durch

$$Z = \frac{\text{Zinszahl}}{\text{Zinsdivisor}}$$

*Beispiel:* Wieviel Zinsen erhält man am Ende eines Jahres auf einem Sparkonto bei den angegebenen Einzahlungen ($p = 3$)?

| Datum | Einzahlung | Tage | Zinszahl |
|---|---|---|---|
| 15. 1. | 400 DM | 345 | 1380 |
| 10. 2. | 200 DM | 320 | 640 |
| 10. 5. | 175 DM | 230 | 402,5 |
| Summe der Zinszahlen | | | 2422,5 |

$$\text{Zinsdivisor} \frac{360}{3} = 120,$$

$$\text{Zinsen } Z = \frac{2422{,}5}{120} \text{ DM}$$

$$= 20{,}19 \text{ DM}.$$

Man erhält also 20,19 DM Zinsen.

**Zinssatz,** svw. ↑Zinsfuß. – Vgl. ↑Zinsrechnung.

**Zinstage:** Tage, für die auf ein Kapital Zinsen gerechnet werden. In der Bundesrepublik Deutschland wird das Jahr mit 360 und der Monat mit 30 Zinstagen angenommen. In einigen anderen Ländern (z. B. in den USA) rechnet man genau nach Kalendertagen. – Vgl. ↑Zinsrechnung, vgl. ↑Zinseszinsrechnung.

**Zinszahl** ↑Zinsrechnung.

**Zirkel:** Gerät zum Zeichnen von Kreisen (Abb. 1).

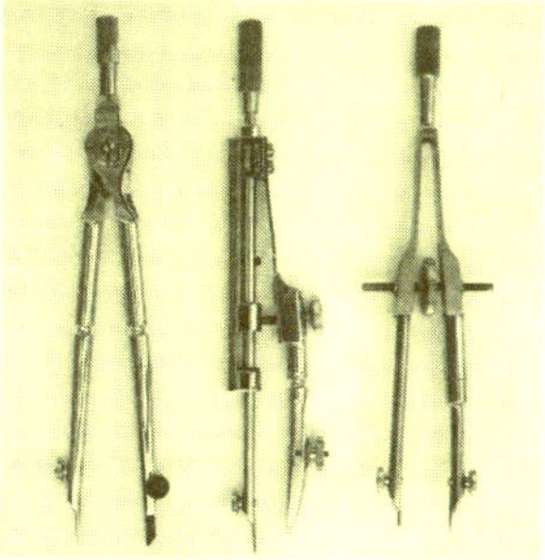

Abb. 1: Einsatzzirkel mit Minensatz, Fallnullenzirkel und Präzisionszirkel als Stechzirkel (von links nach rechts)

**Zirkelkonstruktion:** Konstruktion einer ebenen geometrischen Figur, bei der als Konstruktionsgerät nur der Zirkel verwendet wird. Es gilt der *Satz:* Jede mit Zirkel und Lineal lösbare Konstruktionsaufgabe ist auch mit dem Zirkel allein ausführbar.

**Zissoide** (Cissoide, *Kissoide;* griech. „Efeublatt"): Kurve, welche aus den Fußpunkten aller Lote vom Scheitel einer Parabel auf ihre Tangenten besteht. Hat die Parabel die Gleichung $x^2+4ay=0$, dann hat die zugehörige Zissoide die Gleichung

$$y^3 = x^2(a-y).$$

Die Konstruktion der Zissoide ist aus Abb. 1 zu entnehmen.

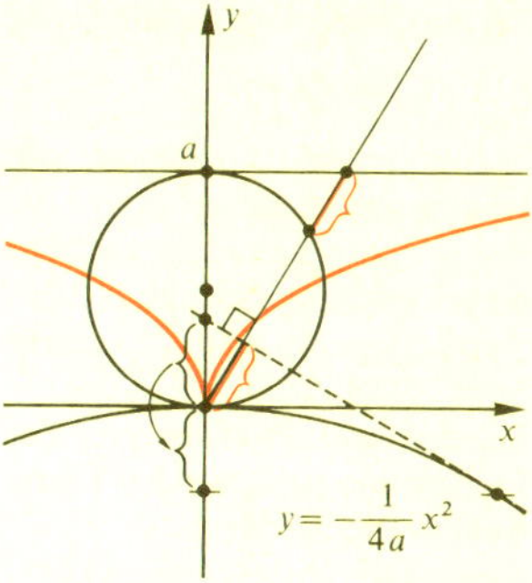


Abb. 1: Konstruktion der Zissoide

**Zone,** svw. Kugelzone (↑Kugel).

**zufälliger Fehler** ↑Fehler.

**zufälliger Prozeß,** svw. ↑stochastischer Prozeß.

**Zufallsgröße** *(Zufallsvariable, Zufallsveränderliche, stochastische Variable):* Jedem Ausfall eines ↑Zufallsversuchs wird durch eine Zufallsgröße eine reelle Zahl zugeordnet. Eine Zufallsgröße ist also eine Abbildung von der Menge der möglichen Ausfälle eines Zufallsversuchs in die Menge $\mathbb{R}$ der ↑reellen Zahlen. Zur Bezeichnung von Zufallsgrößen benutzt man meistens Großbuchstaben $X, Y, \ldots$

*Beispiel:* Der Zufallsversuch bestehe im zweimaligen Würfeln und Notieren der gefallenen Augenpaare. Die Menge der möglichen Ausfälle ist

$$\{(1,1),(1,2),\ldots,(6,5),(6,6)\}$$

(36 Ausfälle). Die Zufallsgröße

$$X:(i,j) \mapsto i+j$$

ordnet jedem Augenpaar die Augensumme zu.
Die wichtigsten Kenngrößen einer Zufallsgröße sind ↑Erwartungswert und ↑Varianz bzw. ↑Standardabweichung.
Summe und Produkt von Zufallsgrößen sind, wie bei Funktionen üblich, durch

$$(X+Y)(\omega) := X(\omega)+Y(\omega)$$

und

$$(X \cdot Y)(\omega) := X(\omega) \cdot Y(\omega)$$

definiert. Dabei müssen $X$ und $Y$ auf demselben Zufallsversuch (also auf ein und derselben Menge der möglichen Ausfälle) definiert sein.
Eine Zufallsgröße heißt **zentriert,** wenn sie den Erwartungswert 0 hat. Sie heißt **normiert** oder **standardisiert,** wenn sie darüber hinaus die Standardabweichung 1 besitzt.

**Zufallsversuch.** Durch ein Experiment, dessen Ausfall durch gegebene Versuchsbedingungen nicht eindeutig festgelegt ist, das also verschiedene Ausfälle zuläßt, wird ein *Zufallsversuch* beschrieben. Dabei muß die Menge *Ω der möglichen Ausfälle (Ergebnismenge, Stichprobenraum)* genau festgelegt sein. (Ω ist der griechische Großbuchstabe „Omega".) Bei einem Zufallsversuch interessiert man sich vor allem für die ↑Wahrscheinlichkeit der Ausfälle.
*Beispiel:* Beim zweimaligen Würfeln kann man nach verschiedenen Arten von Ausfällen fragen:
a) Welche Augenzahl fällt beim ersten Wurf und welche fällt beim zweiten Wurf? Dieser Zufallsversuch hat 36 Ausfälle (Abb. 1).

| | | | | | |
|---|---|---|---|---|---|
| (1,1) | (1,2) | (1,3) | (1,4) | (1,5) | (1,6) |
| (2,1) | (2,2) | (2,3) | (2,4) | (2,5) | (2,6) |
| (3,1) | (3,2) | (3,3) | (3,4) | (3,5) | (3,6) |
| (4,1) | (4,2) | (4,3) | (4,4) | (4,5) | (4,6) |
| (5,1) | (5,2) | (5,3) | (5,4) | (5,5) | (5,6) |
| (6,1) | (6,2) | (6,3) | (6,4) | (6,5) | (6,6) |

Abb. 1: Zweimaliges Würfeln

b) Welche Augenzahlen fallen ohne Berücksichtigung der Reihenfolge? Jetzt sind 21 Ausfälle möglich (rot umrandete Menge in Abb. 1).
c) Wie groß ist die Summe der Augenzahlen? Hier sind 11 Ausfälle möglich:

$$\Omega = \{2,3,4,5,6,7,8, 9,10,11,12\}.$$

d) Wie oft ist die Sechs gefallen? Die Menge der möglichen Ausfälle ist

$$\Omega = \{0,1,2\}.$$

Das dem Zufallsversuch zugrundeliegende Experiment muß (zumindest „theoretisch") beliebig oft wiederholbar sein; das bedeutet insbesondere, daß die Wahrscheinlichkeit der Ausfälle eindeutig festliegen muß.

*Statistische Erhebungen* können auch als Zufallsversuche betrachtet werden. Dabei bildet das zu untersuchende *Merkmal* mit der Menge $\Omega$ der *Merkmalsausprägungen* den Zufallsversuch; das Experiment besteht z. B. in der Beobachtung eines Vorgangs, in der Befragung eines Bürgers usw.

**Zufallsziffern.** Ein ↑ Zufallsversuch mit den 10 gleichwahrscheinlichen Ausfällen

0, 1, 2, 3, 4, 5, 6, 7, 8, 9

werde sehr oft durchgeführt.

Es entsteht eine Folge von Ziffern, z. B.:

| | | | |
|---|---|---|---|
| 85967 | 73152 | 14511 | 85285 |
| 07483 | 51453 | 11649 | 86348 |
| 96283 | 01898 | 61414 | 83525 |
| 49174 | 12074 | 98551 | 37895 |
| 97366 | 39941 | 21225 | 93... |

Dies ist ein Teil einer *Zufallsziffertafel.* In solchen Tafeln sind die Ziffern der Übersichtlichkeit wegen in Fünferblöcken angeordnet.

Zufallsziffern dienen zur Simulation von Zufallsversuchen (↑ Monte-Carlo-Methode).

In der Praxis benutzt man Tafeln, die von einem elektronischen Zufallsgenerator erstellt worden sind, oder man läßt Zufallsziffern von einem programmierbaren Rechner zur sofortigen Verwendung bei einer Simulation „berechnen". In der Regel spricht man dann von *Pseudo-Zufallsziffern,* da die „Berechnung" jederzeit wiederholt werden kann und die Ziffern damit nicht wirklich zufällig sind. Der Unterschied spielt für praktische Anwendungen jedoch keine Rolle.

**zusammengesetzter Dreisatz,** svw. doppelter Dreisatz (↑ Dreisatzrechnung).

**Zusammengesetzte Zahl** ↑ Primzahl.

**Zusammenzählen,** svw. ↑ Addition (↑ Grundrechenarten).

**Zwanzigersystem,** svw. ↑ Vigesimalsystem.

**Zwanzigflach** (Zwanzigflächner), svw. ↑ Ikosaeder.

**Zwei** (Zahlzeichen 2): Bezeichnung für die auf die Eins folgende natürliche Zahl; die kleinste und einzige gerade Primzahl; Basis des ↑ Dualsystems.

**zweidimensional** ↑ Dimension.

**Zweiersystem,** svw. ↑ Dualsystem.

**Zweipunkteform der Geradengleichung:** Eine Gerade $g$ in der Ebene (nicht parallel zur $y$-Achse) durch die beiden Punkte $A(x_A; y_A)$, $B(x_B; y_B)$ mit $x_A \neq x_B$ läßt sich durch die *Zweipunkteform* der Geradengleichung beschreiben.

$$g: \frac{y - y_A}{x - x_A} = \frac{y_B - y_A}{x_B - x_A}.$$

Beispielsweise besitzt die Gerade durch die Punkte $A(-2;1)$ und $B(3;-4)$ die Zweipunkteform

$$\frac{y-1}{x+2} = \frac{-4-1}{3+2} = \frac{-5}{5} = -1,$$

sie hat die Gleichung

$$y = -x - 1.$$

**Zweitafelprojektion:** Abbildungsverfahren der darstellenden Geometrie, bei dem der abzubildende Gegenstand durch je eine senkrechte Parallelprojektion (↑Projektion) auf zwei zueinander senkrechte Bildebenen *(Grundrißebene* und *Aufrißebene)* dargestellt wird.

**Zwischenwertsatz:** Satz der Analysis, der besagt, daß eine auf einem abgeschlossenen Intervall stetige ↑Funktion jeden Zwischenwert zwischen dem größten und dem kleinsten Wert an einer Stelle im Innern dieses Intervalls annimmt

**Zwölf** (Zahlzeichen 12): Basiszahl des ↑Duodezimalsystems und des ↑Sexagesimalsystems.

**Zwölfflächner,** svw. ↑Dodekaeder.

**zyklisch:** Diese Bezeichnung kommt in der Mathematik in verschiedenen Zusammenhängen vor. Meistens wird damit zum Ausdruck gebracht, daß eine Operation nach einer endlichen Zahl von Wiederholungen stets wieder das gleiche Ergebnis liefert.

a) Eine *zyklische Permutation* der Menge $\{1,2,3,\ldots,n\}$ hat die Gestalt

$$\begin{pmatrix} 1 & 2 & 3\ldots & n-1 & n \\ 2 & 3 & 4\ldots & n & 1 \end{pmatrix}$$

oder allgemeiner

$$\begin{pmatrix} 1 & 2 & 3 & \ldots n-1 & n \\ i & i+1 & i+2 & \ldots i-2 & i-1 \end{pmatrix}.$$

Die Elemente werden zyklisch vertauscht.

b) Eine ↑*Gruppe* heißt *zyklisch,* wenn sich alle Elemente der Gruppe als Potenzen eines einzigen Elementes und seines inversen Elementes darstellen lassen.

**Zykloide** *(Radlinie, Rollkurve).* Wenn ein Kreis auf einer Geraden abrollt, dann beschreibt ein mit der Kreisscheibe starr verbundener Punkt *P* eine als *Zykloide* bezeichnete Kurve. Je nachdem, ob der die Zykloide beschreibende Punkt im Kreisinnern, auf der Kreislinie oder im Außengebiet des Kreises liegt, nennt man die beschriebene Kurve eine *gestreckte, spitze* oder *geschlungene Zykloide* (Abb. 1).

Läßt man einen Kreis auf einem anderen festen Kreis außen abrollen, dann entstehen auf dieselbe Art *Epizykloiden* (Abb. 2).

Rollt ein Kreis im Innern eines anderen festen Kreises ab, dann entstehen *Hypozykloiden* (Abb. 3).

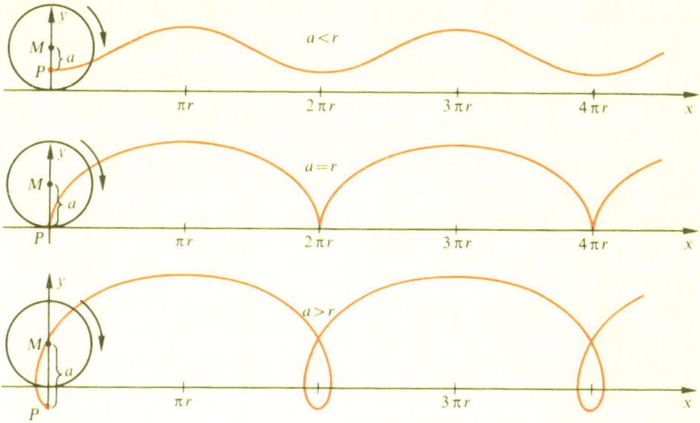


Abb. 1: Gestreckte, spitze und geschlungene Zykloide

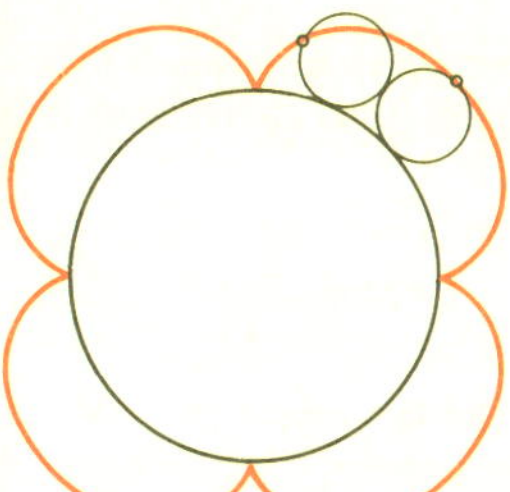

Abb. 2: Epizykloide

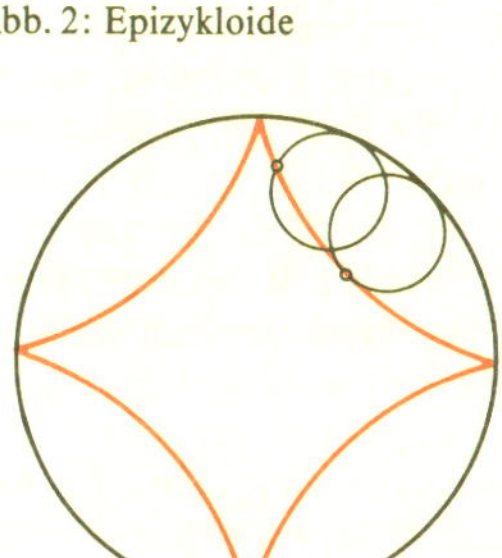

Abb. 3: Hypozykloide

Bei geschlungenen oder gestreckten Epizykloiden bzw. Hypozykloiden spricht man auch von *Trochoiden,* genauer von *Epitrochoiden* bzw. *Hypotrochoiden.*

**zyklometrische Funktionen,** svw. ↑Arkusfunktionen.

**Zylinder:** Verschiebt man ein durch eine geschlossene Kurve begrenztes Flächenstück parallel zu sich um eine bestimmte Strecke, so entsteht ein (allgemeiner) *Zylinder.* Das Flächenstück und ihr kongruentes Bild sind die *Grundflächen* des Zylinders. Eine der Grundflächen wird häufig als *Deckfläche* bezeichnet. Die Verbindungsstrecke eines Punktes vom Rand der Grundfläche mit seinem Bildpunkt auf dem Rand der Deckfläche wird *Mantellinie* genannt. Die Vereinigungsmenge aller Mantellinien heißt *Mantel* des Zylinders. Der Abstand der Grundflächen ist die *Höhe h* des Zylinders.

Sind die Mantellinien rechtwinklig zu den Ebenen, in welchen die Grundflächen liegen, so heißt der Zylinder *gerade,* sonst *schief.* Sind die Grundflächen *Kreisflächen,* so nennt man den erzeugten Zylinder *Kreiszylinder.* Jeder *gerade Kreiszylinder* geht auch durch Drehung eines Rechtecks *ABCD* um eine Seite, etwa *AB*, hervor, er heißt daher auch *Dreh-* oder *Rotationszylinder.* Die Drehachse, also die Verbindungsgerade der Mittelpunkte der Grundflächen bezeichnet man als *Achse* des Zylinders.

Für das ↑Volumen $V$ von schiefen und geraden Zylindern gibt es eine einheitliche Berechnungsformel: Ist $G$ der Flächeninhalt der Grundfläche und $h$ der Abstand der Deckfläche von der Grundfläche, so ist

$$V = G \cdot h.$$

Für den Flächeninhalt $M$ des Mantels von *geraden* Zylindern gibt es ebenfalls eine einheitliche Berechnungsformel: Ist $U$ der Umfang der Grundfläche und $h$ die Höhe des Zylinders, so gilt

$$M = U \cdot h.$$

Speziell für den Kreiszylinder mit dem Grundkreisradius $r$ und der Höhe $h$ gilt also

$$V = \pi r^2 h \quad \text{und} \quad M = 2\pi r h.$$

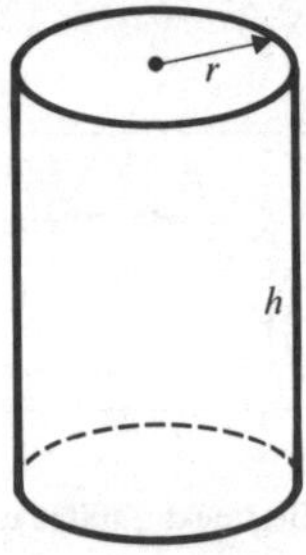


Abb. 1: Gerader Kreiszylinder

Der *Oberflächeninhalt* (Abb. 1) des geraden Kreiszylinders beträgt

$$\begin{aligned} O &= 2G + M \\ &= 2\pi r^2 + 2\pi r h \\ &= 2\pi r(r+h). \end{aligned}$$

**Zylinderprojektion:** Kartennetzentwurf, bei dem um die Erde ein Zylinder gelegt wird, der verschiedene Achsenlage haben kann. Der Zylinder kann z. B. die Erde am Äquator berühren, er kann aber auch durch die Erde hindurchstoßen, wie es z. B. bei der ↑*Mercatorprojektion* der Fall ist. Eine Zylinderprojektion liegt auch den amtlichen deutschen Kartenwerken zugrunde: die sog. *Gauß-Krüger-Abbildung* (bei der die Zylinderachse senkrecht zur Erdachse liegt).